제5판

화학 교재 연구 및 지도

대표 저자 **남정희**

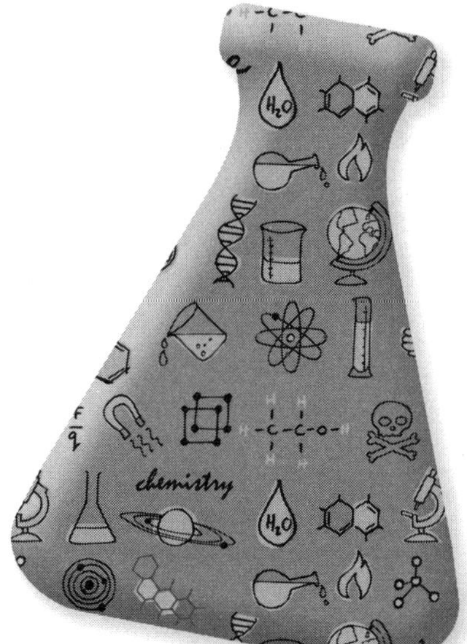

자유아카데미

머리말

『화학 교재 연구 및 지도』는 예비 화학 교사를 위해 '화학 교재 연구 및 지도'라는 교과목의 교재가 필요하다는 점에 국내 화학 교육 연구자들이 뜻을 모아 2004년 8월, 첫 번째 인쇄본이 출판되었습니다. 이후『화학 교재 연구 및 지도』는 2009년에 개정판, 2012년에 제3판, 2016년에는 제4판을 출간하였고 첫 출판으로부터 17년이 지난 2021년에 제5판을 내기에 이르렀습니다.

초판을 집필할 당시 과학 교육론 및 교수 방법과 관련된 많은 교재가 시중에 존재하였으나 사범대학의 화학 교사 양성과정에서 필수교과목으로 지정된 화학 교재 연구 및 지도를 위한 교재가 없다 보니, 예비 화학 교사 교육을 담당하던 많은 분의 요청에 답하고자 이 교재를 집필하게 되었습니다.

『화학 교재 연구 및 지도』의 제5판은 초판부터 제4판까지 대표 저자로서 집필 책임을 맡으셨던 최병순 교수님을 비롯하여 강순희 교수님, 이범홍 박사님의 은퇴와 더불어 최근 변동하는 교육 환경에 발맞추고자 집필을 결심하게 되었습니다. 제5판을 준비하면서 그동안『화학 교재 연구 및 지도』를 예비 화학 교사의 교육을 위해 앞장서며 활용해온 경험을 바탕으로 일부 내용은 수정하였고, 잘 다루지 않는 내용은 삭제하였으며, 교육과정 및 교육 환경변화에 따라 내용을 추가하였습니다. 물론 화학 교사로서 필요한 지식이라고 간주할 수 있는 화학이라는 교과의 본성 및 화학교육 과정, 화학 교재 분석, 화학 학습 지도, 화학 학습 평가의 기본적인 내용에는 큰 변화를 주지 않은 상태에서 현재 학교 교육 현실을 반영하여 실제 사례 등을 수정하였습니다. 이렇듯 좋은 책을 만들기 위해 최선을 다했지만 부족한 점이 있을 수도 있습니다. 출간 후에라도 수정사항이 있다면 자유아카데미 홈페이지(www.freeaca.com) 자료실에 제공할 예정이니 참고하기를 바랍니다.

저자들은 앞으로 화학 교사가 될 예비 화학 교사들이 교사양성과정에서 '무엇을 배워야 하는가?'에 대해 의문을 가지고 출발하였습니다. 이 교재를 집필하면서 '화학 교사로서 지녀야 할 기본 소양은 무엇인가?', '화학 교사의 전문성은 무엇인가?', '예비 화학 교사 교육과정에서 무엇을 다루어야 하는가?' 등 여러 측면에서 고민하였습니다. 좋은 화학 교사가 되기 위해서는 무엇보다도 자신이 가르치는 교과에 대한 기본 지식을 바탕으로 어떻게 가르쳐야 하는가에 대한 지식이 중요합니다. 『화학 교재 연구 및 지도』가 예비 화학 교사에게 실제 교육 현장에 나가기 전에 어떻게 가르칠 것인가에 대한 고민과 계획, 그리고 적용의 과정에서 배움의 길잡이가 되기를 기대합니다.

2021년 8월

저자 일동

차례

1장 화학의 본성과 화학 교육

1 과학의 본성 2
- 1.1 과학적 세계관 3
- 1.2 과학적 탐구 4
- 1.3 과학적 활동 6

2 화학의 본성 8

3 화학 교육 활동과 지도 13

2장 화학 교육과정

1 2015 과학과 교육과정 20
- 1.1 2015 개정 과학과 교육과정의 목표 20
- 1.2 과학의 성격 및 교과 역량 21
- 1.3 과학의 내용 체계 24
- 1.4 초·중학교 과학 물질 대영역의 성취기준 25
- 1.5 고등학교 통합과학과 과학 탐구 실험 29
- 1.6 고등학교 선택과목「화학 Ⅰ·Ⅱ」 35

2 외국의 화학 교육과정 40
- 2.1 미국의 화학 교육과정 40
- 2.2 에스토니아의 화학 교육과정 48
- 2.3 싱가포르의 화학 교육과정 56

3장 화학 교재 분석

1 교육 목표에 따른 교재 분석 74
- 1.1 과학적 소양 74
- 1.2 과학과 핵심 역량 77

2 표상에 따른 교재 분석 84
- 2.1 다중 표상 84
- 2.2 준미시적 표상 88

3 모델에 따른 교재 분석 95
- 3.1 물의 전기 분해 97
- 3.2 산과 염기 세기 104

4 탐구 활동에 따른 교재 분석 107
- 4.1 탐구 과정 및 상황 107
- 4.2 실험 활동 111
- 4.3 실험 설계와 방법 114

4장 화학 학습 지도와 실례

1 수업 방식에 따라 126
- 1.1 실험 중심의 수업 126
- 1.2 시범 실험을 활용한 수업 132
- 1.3 토론 및 글쓰기 138
- 1.4 발문의 활용 141
- 1.5 협동(력)학습 148
- 1.6 Small Scale Chemistry의 활용 155
- 1.7 컴퓨터를 활용한 MBL 실험 수업 167
- 1.8 스마트 교육 176

2 교수 모형에 따라 182
- 2.1 가설검증 수업 모형 182
- 2.2 발견학습 수업 모형 189

2.3 순환학습 수업 모형 195
2.4 개념변화 수업 모형(인지갈등 전략) 203
2.5 발생학습 수업 모형 208
2.6 STEAM 수업 모형 212
2.7 STS 수업 모형 216
2.8 POE 수업 모형 222

3 교수 전략에 따라 228
3.1 개념도를 활용한 학습 지도 228
3.2 비유를 활용한 학습 지도 239
3.3 V도(Vee diagram)를 활용한 학습 지도 250
3.4 메타 인지 전략 260

5장 화학 학습 평가와 실례

1 학습과 평가 304
1.1 평가의 본질 304
1.2 평가의 역할 305
1.3 평가의 목적과 기능 307
1.4 평가의 형태 309
1.5 평가의 방법 311
1.6 평가의 계획 312

2 화학 교육 목표와 평가틀 316
2.1 지식 영역의 평가 316
2.2 탐구 영역의 평가 334
2.3 정의적 영역의 평가 338

3 과정중심 평가 347
3.1 수행평가 349
3.2 수행평가의 실례 363

1장

화학의 본성과 화학 교육

1. 과학의 본성
2. 화학의 본성
3. 화학 교육 활동과 지도

화학 교재를 연구하고 이를 기초로 지도하기 위해서 우선은 화학이 무엇인지 알아야 한다. 이 장에서는 미국과학진흥협회에서 제시한 과학의 본성을 살펴보고, 이와 연관해서 화학의 본성을 2015 개정 교육과정 상에 제시된 화학의 성격과 목표 측면에서 알아본다. 이후 화학교육 활동과 지도를 학교 현장 측면에서 살펴본다.

1 과학의 본성

화학의 본성(The Nature of Chemistry), 즉 화학이란 무엇인가를 알아보기 전에 과학의 본성(The Nature of Science, NOS)을 살펴보자.

과학의 본성은 단순하게 정의되지 않는 다면적인 개념이다. 역사, 사회학, 과학 철학의 측면을 포함하며 과학 인식론, 과학 지식의 특성, 아는 방법으로서의 과학으로 다양하게 정의되었다. 과학의 본성을 이해하는 가장 좋은 방법은 먼저 과학적 소양을 살펴보는 것이다. 미국과학교육진흥협회에서는 과학 교육의 주요 목표로 과학적 소양을 강조했다(AAAS, 1989; 1993). 이 협회에서 발간한 교육 개혁 문서를 보면 과학적 소양을 과학 미디어를 이해하고, 과학의 공헌을 인식하고 감사하며, 일상적인 문제와 사회 과학적 문제 모두에 대한 의사결정에 과학을 사용할 수 있는 능력으로 설명한다. 과학 교육자들은 과학적 소양 개발에 중요한 세가지 과학 영역을 제시한다(그림 1.1).

이들 중 첫 번째는 과학 지식 체계인데 세 가지 중에서 가장 친숙하고 구체적인 영역이며, 과학 교과서에 일반적으로 제시되는 과학적 사실, 개념, 이론 및 법칙을 포함한다. 두 번째는 과학자들이 첫 번째 영역에 포함된 지식을 생성하기 위해 사용하는 다양한 방법을 설명하는 과학적 방법과 과정을 포함한다. 과학의 본성은 세 번째 영역을 구성하며 세 영역 중 가장 추상적이고 가장 친숙하지 않은 영역이다. 이 영역은 과학 사업의 특성과 그것이 생성하는 지식의 특성을 설명한다(Randy L.Bell, 2009).

미국과학진흥협회(1989)는 Science for All Americans(SFAA)에서 미국의 모든 학생들이 고등학교를 졸업할 때까지 과학, 기술, 수학에서 수행해야 할 능력이 무엇인지 총론적으로 기술하고 있다. 첫 단원에서 과학의 본성을 과학적 세계관(THE SCIENTIFIC WORLD VIEW), 과학적 탐구(SCIENTIFIC INQUIRY), 과학적 체계(THE SCIENTIFIC ENTERPRISE)의 세 가지 주요 주제로 나누어 기술하고 있다.

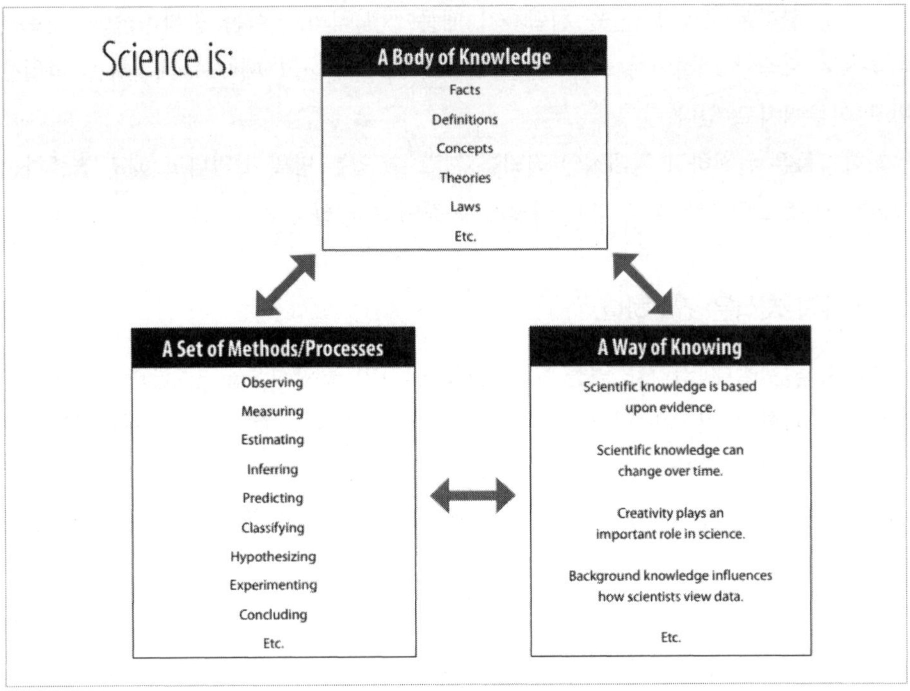

| 그림 1.1 | 과학의 세 가지 영역

1.1 과학적 세계관

과학자들은 무엇을 할 것인지 그리고 그들 작업을 어떻게 바라볼 것인지에 대해 확실한 기본 신념과 태도를 공유한다. 이것은 세계의 본성에 관련되며, 세계에 대해 무엇을 배울 수 있는지와 관련된다.

(1) 세상은 이해할 만하다.

우주에서 일어나는 사물과 사건은 일관된 유형이 있으며 사람들은 그러한 유형들을 밝힐 수 있다.

우주는 거대한 단일 체계이며 기본 규칙들은 어디서나 같다. 따라서 우주의 일부를 연구하여 얻어낸 지식은 다른 곳에도 적용할 수 있다.

(2) 과학적 개념은 변한다.

과학은 지식을 도출하는 과정이다. 이 과정은 현상의 주의 깊은 관찰과 적절한 이론을 고안하는 것에 의존한다.

새로운 관찰은 주된 이론을 위협하기 때문에 지식의 변화는 불가피하다. 새로운 이론이든 오래된 이론이든 그 이론을 검증하고, 개선하고 때때로 폐기하는 작업은 항상 이루어지고 있다.

과학자들은 완전하고 절대적인 진리를 지킬 수 있는 방법이 없다고 해도 점증하는 정확한 예측으로 세상과 그것이 어떻게 움직이는지 설명할 수 있다고 가정한다.

(3) 과학적 지식은 견고하다.

과학자들은 절대 진리를 얻을 수 없다고 여기며 불확정성을 받아들이고 있지만, 대부분의 과학적 지식은 견고하다. 과학에서는 개념들을 철저하게 거부하기보다는 수정하는 것이 일반적이다.

연속성과 안정성은 변화와 마찬가지로 과학의 속성이며 확신은 불확실과 마찬가지로 일반적이다.

(4) 과학은 모든 질문에 완벽하게 답을 할 수 없다.

초자연적 신통력, 불가사의한 존재 등 과학적 방법으로 유용하게 검증할 수 없는 것들이 아주 많다.

1.2 과학적 탐구

근본적으로 다양한 과학적 학문 분야는 증거에 의존하거나 가설과 이론, 논리를 사용한다는 점 등 여러 가지 면에서 비슷하다. 그런데도 과학자들은 그들이 연구하는 현상이 무엇인지, 작업을 어떻게 착수하는지 등 여러 가지 측면에서 서로 매우 다르다. 그렇지만 과학자들은 항상 기술과 정보, 개념들을 교환하며 그들 사이에는 과학적으로 유용한 연구를 계속해야 한다는 공통의 이해가 있다.

과학적 탐구를 특정 연구 상황으로부터 분리해서 설명하는 것은 어렵다. 과학자들이 항상 따라야 하는 정해진 단계가 있지 않으며 그들을 과학적 지식으로 확실하게 이끄는 길이 있지도 않다. 그러나 탐구의 유형으로서 분명한 특징을 가지고 있는 과학의 속성이 있다. 그러한 속성들은 전문 과학자들이 행하는 일의 특별한 특징이지만 모든 사람이 일상생활 속에서 여러 가지 일에 대해 과학적으로 생각함으로써 그것들을 수행할 수 있다.

(1) 과학은 증거를 요구한다.

과학적 주장의 타당성은 관찰한 현상을 제시함으로써 해결된다. 따라서 과학자들은 정확한 자료를 모으는 데 주력한다. 그러한 증거는 자연상태로부터 실험실 상황에서까지 이루어진 측정과 관찰로부터 얻어진다. 어떤 상황에서 과학자는 증거를 얻기 위해 신중하고 정확하게 조건을 조절할 수 있다(온도, 농도 등). 그러나 종종 조건을 조절하는 것이 불가능하거나 비윤리적이며 자연현상을 왜곡하는 경우도 있다. 증거의 의존성 때문에 좀 더 나은 기구와 관찰 기술을 개발하는 데 높은 가치가 주어진다.

(2) 과학은 논리와 상상의 혼합이다.

증거에 대한 제한된 조사와 논리의 사용은 필요하지만 과학의 진보에 충분하지는 않다. 가설이나 이론을 고안하는 것은 세상이 어떻게 움직이는지 상상하는 것이며 그것들이 사실을 검증할 수 있는지를 알아내는 것은 시를 쓰거나 음악을 작곡하는 것처럼 창조적이다. 때때로 과학에서의 발견은 우연으로 이루어진다. 어떤 과학자가 무시했던 자료를 가지고 다른 과학자는 새로운 발견을 할 수도 있다.

(3) 설명과 예측

설명(이론)은 철저하거나 제한적일지 모르나 논리적으로 적절해야 하며 과학적으로 타당한 관찰에 대해 중요한 형체를 구현해야 한다. 과학적 이론의 확실성은 이미 관련이 없는 것 같았던 현상 간의 관련성을 보일 수 있는 능력으로부터 파생되기도 한다.

과학의 핵심은 관찰에 의한 타당성이다. 그러나 과학적 이론은 이미 알려진 관찰에만 적절한 것이 아니다. 이론을 설정하는 초기에는 사용되지 않았던 부가적 관찰에도 적합해야 한다. 즉 이론은 예측력이 있어야 한다. 이론의 예측력을 보여주는 것이 미래에 있을 사건을 예언한다는 것은 아니다. 예측은 아직 연구되거나 발견되지 않은 과거로부터의 증거가 될지 모른다. 예를 들어 사람의 기원에 대한 이론은 사람과 비슷한 화석의 잔해의 새로운 발견으로 검증될 수 있다.

(4) 과학자들은 편견을 밝히며 그것을 멀리한다.

과학적 증거는 자료를 어떻게 해석하는지, 그 자료를 어떻게 기록하고 보고하는지, 또는 심지어 초기에 고려했던 자료로 어떤 것을 선택했는지에 따라 편향될 수 있다. 과학자의 국적, 성별, 민족의 기원, 나이, 정치적 신념 등이 그들이 어떤 종류의 증거나 해석을 강조 또는 기대하도록 해 준다.

연구자, 표본, 방법 또는 기구 등 편견의 속성을 모든 상황에서 완전히 피할 수는 없지만, 과학자는 편견을 유도하는 것이 무엇인지 그리고 편견이 증거에 어떤 영향을 미치는지 알고 싶어 한다. 어떤 연구 분야에서 감지할 수 없는 편견에 대한 안전장치는 많은 다양한 연구자들이나 연구자 집단을 가지는 것이다.

(5) 과학은 권위적이지 않다.

다른 학문에서와 마찬가지로 과학에서도 관련된 분과에 전문화된 사람이 정보와 견해를 지식화하는 데 적당하다. 그러나 과학사에서 높이 평가된 사람에게 잘못이 여러 번 있었다. 그러나 과학자는 다른 과학자가 진실이 무엇인지 결정할 수 있게 해주지 않는다. 왜냐하면 다른 과학자들이 진리를 향해 특별히 접근하는 것을 아무도 믿지 않는다. 과학자들이 그들의 연구에 바탕해서 도달해야만 하는 결론이 미리 설정되어 있지 않다.

주도적인 사고에 잘 어울리지 않는 새로운 생각은 격렬한 비판을 받으며 그런 생각을 연구하는 과학자들은 그들의 연구에 대해 지지를 얻는 것이 힘들다. 사실 새로운 생각에 대한 도전은 타당한 지식을 만드는 데 있어 과학의 합법적인 활동이다. 심지어 가장 신망 있는 과학자들도 때때로 다른 사람들이 확신하는 축적된 증거가 충분한데도 불구하고 새로운 생각을 거부해왔다. 그러나 이론은 결과에 의해 판단된다. 어떤 사람이 이전의 이론보다 좀 더 중요한 문제에 답을 하거나 좀 더 많은 현상을 설명하는 새롭거나 개선된 이론을 제시했다면 결국 새로운 이론이 대치하게 된다.

1.3 과학적 활동

(1) 과학은 복잡한 사회 활동이다.

과학적 작업은 다양한 종류의 활동을 하는 많은 개인을 포함한다. 모든 민족과 국가 배경의 남녀가 과학과 그것의 응용에 참여한다. 그들은 스스로를 위한 또는 특정의 실질적 목적을 위한 과학적 지식에 초점을 둘지도 모른다. 그리고 그들은 자료 수집, 이론 설정, 기계 설계에 관심을 가질지도 모른다. 사회적 활동으로 과학은 사회 가치와 입장을 반영할 수밖에 없다.

과학적 연구의 방향은 과학 자체의 문화 내에 있는 비공식적인 작용(가장 흥미 있는 질문이 무엇인지에 대한 다수의 견해나 가장 생산적일 것 같은 연구 방법이 무엇인지 등)에 영향을 받는다. 또한 과학은 많은 다양한 상황에서 진행된다. 과학자는 대학, 병원, 산업체, 정부, 사립 연구기관, 과학 단체 등에 소속되어 있다. 그들은 홀로, 소규모 집단에서, 대규모 연구팀의 구성원으로 있으면서 일을 한다.

과학의 사회성 때문에 과학적 정보의 보급은 그것의 발전에 매우 중요하다. 과학자들은 저널에 그들이 밝혀낸 것이나 이론을 게재하고 다른 과학자들은 이것을 참고해서 새로운 정보를 얻거나 연구를 한다. 정보 과학의 진전과 정보 기술의 발달은 모든 과학에 영향을 미친다. 이러한 기술은 정보수집, 정리, 분석의 속도를 높인다.

(2) 과학은 내용 영역으로 조직되어 있고 다양한 학회에 의해 수행된다.

조직적으로 과학은 모든 다양한 과학 분야 또는 내용 분과의 집합으로 생각될 수 있다. 인류학으로부터 동물학까지 매우 많은 교과가 있다. 이것들은 역사, 연구된 현상, 사용된 기술과 언어, 요구되는 산출물의 종류를 포함해서 여러 방법에서 서로 구별된다. 그러나 목적과 철학의 관점에서 이 모든 것은 과학적으로 동등하며 똑같은 과학적 시도를 구성한다. 분과의 장점은 연구를 조직화하고 밝혀내기 위한 개념 구조를 제공하는 것이다. 단점은 이들 구분이 자연을 바라보는 방법과 일치하지는 않는다는 것이며 의사소통을 어렵게 한다는 것이다. 어쨌든 과학의 분과는 고정된 영역이 있는 것은 아니다.

대학, 산업체, 정부 또한 과학적 시도(노력) 중 일부가 된다. 대학의 연구는 비록 실질적 문제를 다루기도 하지만 대개 그 자체를 위한 지식을 강조한다. 또한 대학은 과학자, 수학자 등을 양성하기 위한 교육 역시 실시하며, 산업체는 대부분 실질적 목표를 향한 연구를 강조한다. 또한 정부는 대학과 산업체에 연구를 위한 지원을 하고 정부 연구소에 대해서도 지원을 한다.

(3) 과학의 수행에는 일반적으로 받아들여지는 윤리 원칙이 있다.

과학자의 대부분은 스스로 과학의 윤리 기준에 따라 활동한다. 정확한 기록, 개방성, 반복 실험, 자신의 업적에 대해 동료들이 비평적으로 검토해서 지지하는 전통은 대부분 과학자가 윤리적 전문 활동 영역 내에서 잘 따르고 있다. 그러나 일부 과학자들은 다른 과학자보다 앞서서 관찰하거나 아이디어를 공표해야 한다는 압박감을 가지며 심지어는 결과를 거짓으로 보고하기도 한다.

과학적 윤리에 대한 또 다른 부분은 과학 실험이 초래할 수 있는 위험과 관련된다. 하나의 예로 생물을 실험 대상으로 쓰는 것을 들 수 있다. 현대 과학 윤리는 건강, 안전, 실험 대상인 동물을 올바르게 처우하는 것을 요구한다. 또한 과학적 윤리는 연구의 결과를 적용했을 때 생길 수 있는 유해한 효과에도 관련된다.

(4) 과학자들은 전문가와 시민의 두 가지 입장에서 공적 사건에 개입한다.

과학자는 대중이 관심을 가지는 문제에 관련된 정보, 직관, 분석 기술 등을 제시할 수 있다. 사건의 원인을 이해하고 수행된 정책의 가능한 효과를 측정하는 것으로 과학자는 대중을 도울 수 있으며, 때로는 가능하지 않은 것을 증명하기도 한다. 이러한 자문 역할을 함으로써 과학자들은 사실과 해석, 그리고 연구 결과와 추론, 견해를 주의 있게 구분하길 기대한다.

그렇다고 해도 과학자들은 좀처럼 대중의 논쟁에 관해 명확한 답을 제시하지 않는다. 어떤 논쟁은 현재의 과학적 안목으로는 해결할 수 없는 매우 복잡한 것이거나 이용할 수 있는 정보의 신뢰성이 적기도 하다.

과학자들은 그들의 활동에서 편견을 피하려고 매우 노력한다. 그러나 대중의 관심에 관한 문제에서 다른 사람처럼 과학자들도 위기 상황에서는 자신의 개인적, 조직적, 사회적 관심이 어디에 있는가에 따라 편향될 수 있다.

2 화학의 본성

화학의 본성(The Nature of Chemistry) 또한 과학의 본성과 같은 관점에서 볼 수 있다. 화학 교재 연구 및 지도법 측면에서 화학이 무엇인지를 알아보기 위해서는 그림 1.2의 세 가지 과학 영역 중 가장 친숙하고 구체적인 영역이며 과학 교과서에 일반적으로 제시되는 과학적 사실, 개념, 이론 및 법칙을 포함하는 과학 지식 체계를 살펴볼 필요가 있다(Ziman, 1984).

화학 지식의 체계로서 '화학이란 무엇인가'라는 질문을 받으면 떠오르는 대답은 바로 화학은 물질을 다루는 학문이라는 것이다. 고등학교 화학 과목의 여러 교과서 머리말에도 화학 = 물질 과학이라는 언급이 많다.

우리가 사는 세상을 포함해서 우주는 물질로 이루어졌다. 우주 속 물질의 98%는 순수한 수소와 헬륨이다. 수십억 년 전 핵융합으로 수소와 헬륨은 더 무거운 원소들이 되었고, 이 원소들이 모여서 별이 만들어진 후 초거성이 된 후 폭발해서 그 원소

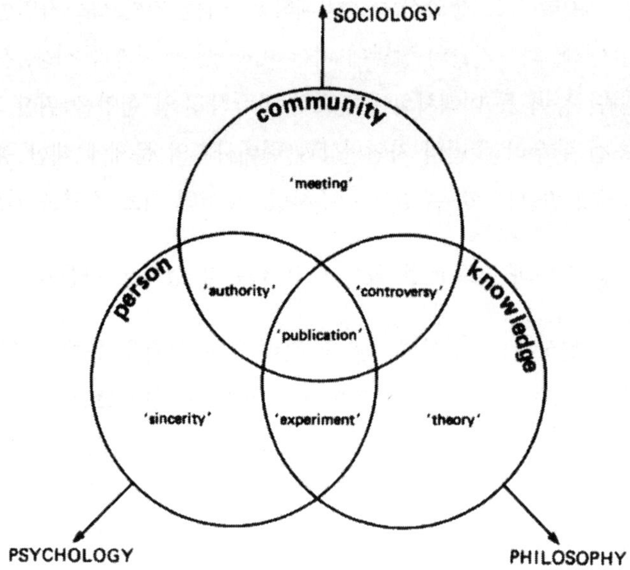

| 그림 1.2 | 과학 지식 체계

들을 우주 전체에 퍼지게 했다. 이들 원소는 서로 결합하여 매우 다양한 분자를 만들었고, 이 분자들은 복잡한 방식으로 수없이 서로 결합했다.

화학은 물질의 조성, 구조, 성질과 변화를 연구하는 것이다. 화학의 연구대상은 단순한 원자로부터 단백질이나 DNA와 같이 복잡한 생체 분자까지 다룬다. 화학은 거대하고 매혹적이며 복잡하다. 인류는 아주 오래전부터 화학에 관심을 가졌다. 만약 화학 반응을 일으키는 불이 없었다면 오늘날 우리가 이렇게 존재하지 못했을 것이다. 인류는 불을 이용해서 여러 화학 기술을 개발해왔다. 예를 들어 음식물의 조리, 광석으로부터 금속의 정제, 유리의 제조 등이다. 그 후, 금속 가공, 비료 제조, 신소재나 신약을 개발했다. 화학의 진보로 문명은 크게 발전해왔다.

이러한 화학 교과는 교육과정에서 초등학교와 중학교 과학, 고등학교 통합과학과 화학 I, II와 관련된다. 2015 개정 과학과 교육과정에 기술된 초·중학교 과학, 고등학교 통합과학 과목의 성격은 다음과 같다.

- '과학'은 모든 학생이 과학의 개념을 이해하고 과학적 탐구 능력과 태도를 함양하여 개인과 사회의 문제를 과학적이고 창의적으로 해결할 수 있는 과학적 소양을 기르기 위한 교과이다. '과학'에서는 일상의 경험과 관련이 있는 상황을 통해 과학 지식과 탐구 방법을 즐겁게 학습하고 과학적 소양을 함양하여 과학과 사회의 올바른 상호 관계를 인식하며 바람직한 민주시민으로 성장할 수 있도록 한다.

- '통합과학'은 자연현상을 통합적으로 이해하고, 이를 기반으로 자연현상과 인간의 관계에 대한 이해, 과학기술의 발달에 따른 미래 생활 예측과 적응, 사회문제에 대한 합리적 판단 능력 등 미래사회에 필요한 과학적 소양 함양을 위한 과목이다. '통합과학'의 초점은 우리 주변의 자연현상과 현대사회의 문제에 대한 통합적 이해를 추구하고 합리적 판단을 할 수 있는 민주시민으로서의 기초 소양을 기르는 데 둔다.

한편, 2015 개정 과학과 교육과정 화학 I, II 과목의 성격은 다음과 같다.

- '화학 I'은 자연현상 또는 일상의 경험과 관련 있는 상황을 통해 화학 개념과 탐구 방법을 즐겁게 학습하고 현대 지식 기반 사회의 민주 시민으로서 화학에 대한 기초 소양을 갖추도록 하기 위한 과목이다. '화학 I'은 인류 문명의 발전에 기여하고 우리 삶과 밀접하게 관련된 화학을 이해함으로써 학생들이 화학에 대한 호기심과 흥미를 갖고, 과학적 탐구 능력과 태도를 함양하여 개인과 사회의 문제를 과학적이고 창의적으로 해결할 수 있는 바람직한 민주시민으로 성장할 수 있도록 한다.
- '화학 II'는 '화학 I'에서 다루는 개념을 기초로 심화된 화학 개념과 다양한 탐구 방법을 즐겁게 학습하고 현대 지식 기반 사회의 민주 시민으로서 화학에 대한 기초 전문 지식을 갖추기 위한 과목이다. '화학 II'는 화학이 인류 문명의 발전에 기여하고 우리 삶과 밀접하게 관련됨을 이해함으로써 화학에 대한 호기심과 흥미를 갖고, 과학적 탐구 능력과 태도를 함양하여 개인과 사회의 문제를 과학적이고 창의적으로 해결할 수 있는 바람직한 민주 시민으로 성장할 수 있도록 한다.

화학 I과 화학 II 과목의 성격에는 화학 개념, 탐구, 화학의 기초 소양뿐만 아니라 화학에 대한 이해, 화학에 대한 호기심과 흥미도 중요한 요소가 된다. 그러므로 화학 교재를 연구할 때는 화학 지식, 탐구와 화학에 대한 이해, 화학에 대한 호기심과 흥미를 대상으로 해야 한다. 이러한 연구대상은 교육과정 화학 I의 내용 체계에도 제시되어 있다. 핵심 개념, 일반화된 지식 그리고 내용 요소가 바로 화학 지식이다.

| 표 1.1 | 화학 지식의 예 (계속)

영역	핵심 개념	일반화된 지식	내용 요소	기능
			화학 I	
물질의 구조	물질의 구성 입자	물질은 입자로 구성되어 있다.	• 양성자 • 중성자 • 전자	• 물제 인식 • 탐구 설계와 수행 • 자료의 수집·분석 및 해석 • 수학적 사고와 컴퓨터 활용

| 표 1.1 | 화학 지식의 예

영역	핵심 개념	일반화된 지식	내용 요소 화학 I	기능
물질의 구조		입자를 재는 기본 단위는 몰이다.	• 몰 • 화학 반응식 • 몰 농도	• 무형의 개발과 사용 • 증거에 기초한 토론과 논증 • 결론 도출 및 평가 • 의사소통
	물질의 구성 입자	원소는 주기성을 갖는다.	• 양자수 • 오비탈 • 전자 배치 • 주기율표 • 유효 핵전하 · 원자 반지름 · 이온화 에너지의 주기성	
	화학 결합	원소는 화학 결합을 하여 다양한 화합물을 형성한다.	• 이온 결합 • 공유 결합 • 금속 결합 • 전기 음성도 • 쌍극자 모멘트 • 결합의 극성 • 전자점식 • 전자쌍 반발 이론 • 분자 구조	
물질의 변화	화학 반응	물질은 화학 반응을 통해 다른 물질로 변한다.	• 산화 • 환원 • 산화수	
		물질은 가역 반응에서 동적 평형 상태를 이룬다.	• 가역 반응 • 동적 평형 • pH	
		화학 반응에서 규칙성이 발견된다.	• 중화 반응의 양적 관계	
		화학과 우리 생활이 밀접한 관련이 있다.	• 화학의 유용성 • 탄소 화합물의 유용성	
	에너지 출입	물질의 변화에는 에너지 출입이 수반된다.	• 발열 반응 • 흡열 반응	

이러한 화학 지식은 화학자(과학자)들의 연구 활동 결과로 생성된다. 화학 지식의 형태는 화학적 사실, 개념, 원리, 법칙, 이론으로 구분된다.

화학적 사실이란 실제로 존재하거나 일어나는 사물·현상에 관하여 객관적으로 확증된 언명으로, 경험적 자료나 관찰 내용에 대한 설명이다. 사실들은 개념, 원리, 이론이라는 더 큰 틀 안에서 의미를 가져야 이해되는 경우가 많다.

개념은 자연계의 사물·현상들의 유사성에 기초한 지적 조직화이다. 개념은 특별한 예들로부터 일반화된 생각으로, 개념을 형성할 때는 여러 사실이 차이점을 가지고 있다 해도 유사한 면이 있는 것을 범주화해서 개념이라고 한다. 원리란 개념 간의 관계를 일반화한 것이다. 원리는 경험적이기보다는 분석적이며, 몇 가지 사례에서 사실인 것을 확대해서 유사한 모든 경우에도 그러할 것이라는 결론을 내리며, 이 결론이 원리가 된다. 그러나 원리는 잠정적으로 새로운 관찰에 의해 쉽게 바뀌는 귀납적 본성을 가진다.

화학적 법칙은 잠정적이지만 특별히 잘 정립되고 널리 수용되는 화학적 원리를 말한다. 법칙은 일반적으로 화학적 원리들보다는 더 엄격한 검증을 거치며, 검증 결과가 뒷받침하는 경우 '영구적'인 것으로 간주되지만, 법칙도 변화되고 다듬어질 가능성이 많다. 화학적 이론이란 관련된 사실, 개념, 원리들보다 더 광범위한 망이다. 이론은 일종의 자연이 총체적으로 어떻게 이루어져 있는가에 대한 화학자들의 상상적 형상이라고 할 수 있는 일종의 모형이다. 법칙과 마찬가지로, 이론도 새로운 증거가 축적되면 변한다.

화학을 학습하는 것은 화학적 지식을 이해하는 것과 동시에 증거수집 방법과 그 증거를 해석하는 방법을 학습하는 것이기도 하다. 화학자들이 다양한 경험적 절차와 분석적 과정을 이용해서 자연계의 질서를 찾는 과정을 탐구 과정이라고 한다. 탐구 기능은 크게 기초 탐구 기능과 통합 탐구 기능으로 구분된다. 기초 탐구 기능에는 관찰, 분류, 측정 등의 요소가 포함되어 있다. 통합적 탐구 기능 요소는 자료 해석, 조작적 정의, 일반화 등의 기초 탐구 기능 요소들이 복합적으로 작용하는 탐구 기능이다.

교육과정에서는 탐구 활동이 제목 수준에서 제시되어 있다. 이를 참고해서 교과서(교재)에 탐구가 여러 형태로 진술되어 있다.

● 탐구 활동

- 화학이 실생활의 문제 해결에 기여한 사례 조사하기
- 탄소 화합물의 활용 사례 조사하기

- 1몰의 질량과 부피를 체험하는 실험을 계획하고 수행하기
- 화학 반응에서의 양적 관계를 확인할 수 있는 실험을 계획하고 수행하기
- 몰 농도 용액 제조하기

태도는 사람, 사물, 주제, 사상 등에 대한 지적 성향으로 화학을 학습하기 위한 원동력이 된다. 일반적으로 학생이 가진 태도는 선천적인 것이 아니라 경험으로 변화되며, 긍정적인 태도는 지적 준비를 자극하고, 의사결정, 선호도 결정에 중요한 요인으로 작용하기 때문에 화학 교육에서는 탐구 기능과 지식의 형성뿐만 아니라, 학생들의 태도 형성을 매우 중요한 과제로 생각하고 있다. 학생이 화학 학습을 통해서 배우고 가져야 할 중요한 태도는 다음과 같다(Bybee et al., 1989).

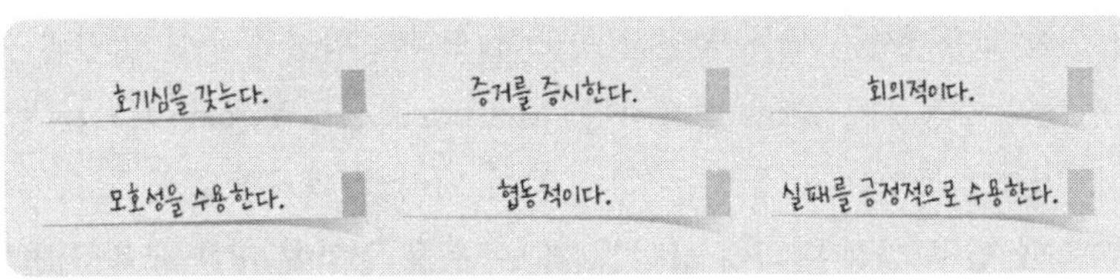

| 그림 1.3 | 화학 학습을 통해 익혀야 하는 태도

3 화학 교육 활동과 지도

일반적으로 화학 교육은 화학에 관한 지식과 화학적 방법, 화학적 태도를 함양하는 교육으로, 과학자적 입장, 심리학적 관점, 교육적 견해, 사회적 측면 등의 관점을 바탕으로 좀 더 구체적으로 정의한다.

현재 화학 교육의 주된 관심 분야는 화학 지식, 탐구 과정, 태도 등 화학의 본질적 요소, 화학을 학습하는 학생들의 심리적 특성, 효과적인 학습 지도 방법 등의 사회적 요소로 구성되어 있다. 따라서 화학 교육이란 학생들에게 화학의 내용과 화학 기술의 적용, 화학의 사회적 영향을 가르치고, 학습하는 과정에 관련된 모든 활동이라고 정의할 수 있다.

학교에서 이루어지는 화학 교육 활동은 교과 교육의 한 영역으로 실제로는 매우 복잡한 요소들이 관련되어 있지만, 크게 볼 때 화학, 화학 교사 그리고 학생의 3가지 요소로 구성되어 있다. 이 3요소의 상호작용을 통해 화학 교육 활동이 일어나게 되

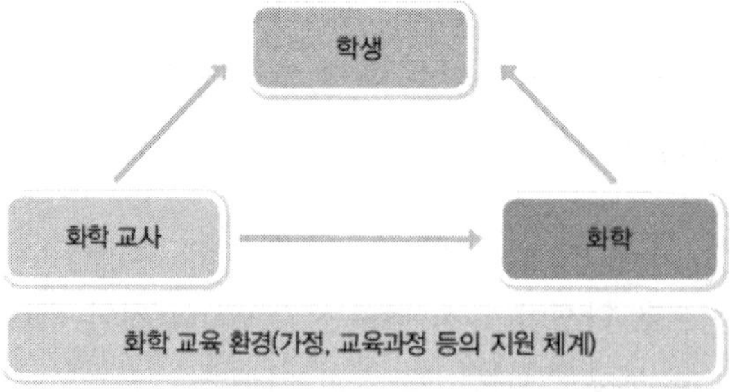

| 그림 1.4 | 화학 교육 활동의 3요소

며, 이 활동은 교육과정, 교육 행정, 부모나 사회 지원체제 등의 교육 환경 속에서 이루어지게 된다.

현대의 화학 교육에서는 모든 국민의 화학적 소양의 함양을 위한 방안과 화학 기술 전문 인력의 양성 모두 매우 중요하다. McCormack & Yager(1989)는 학생들에게 화학적 · 기술적 소양을 갖게 하는 데 도움이 되려면, 과거의 화학 교육에서 강조된 화학 지식과 탐구 과정 이외에 창의성, 태도, 응용 영역에 대한 교육도 반드시 포함된 화학 교육의 5가지 영역의 강조가 필요하다고 제안했다.

| 표 1.2 | 화학 교육의 5가지 영역 (계속)

영역	학습할 내용
지식 · 이해 (화학적 정보)	• 구체적인 정보(사실, 개념, 원리, 이론, 법칙)를 학습한다. • 화학의 역사와 철학에 대한 지식을 탐구한다.
탐색 · 발견 (화학적 탐구 과정)	• 화학적 탐구 과정을 활용해서 실제 화학자가 어떻게 생각하고 연구하는가를 배운다. → 관찰 · 기술(묘사), 분류 · 조직, 측정 · 도표화, 의사소통, 예측 · 추론, 가설 설정, 가설검증, 변인 동정 · 통제, 자료 해석, 간단한 설계 및 모형 제작 등 • 인지 기능뿐만 아니라 조작적 기능을 사용한다.
상상 · 창의 (창의성)	• 지적 이미지를 생성하거나 가시화한다. • 사물과 아이디어를 새로운 방식을 조합한다. • 사물의 대안적 · 비통상적 용도를 찾아낸다. • 문제와 수수께끼를 해결한다. • 상상(공상)한다. 흉내 낸다. • 장치 · 기계를 고안한다. • 비통상적인 아이디어를 만들어 낸다.

| 표 1.2 | 화학 교육의 5가지 영역

영역	학습할 내용
감정 · 가치 (태도)	• 화학, 학교, 교사, 자신에 대하여 긍정적인 태도를 기른다. • 인간의 감정을 탐색한다. • 타인의 느낌에 대한 감수성을 기르고 존중한다. • 건설적인 방식으로 개인적인 느낌을 표현한다. • 가인적 가치와 사회적 · 환경적 쟁점에 관한 의사결정을 한다.
사용 · 적용 (응용)	• 일상생활에서 화학적 개념을 사용한다. • 공부한 화학 개념 · 기능을 실제 기술적 문제에 적용한다. • 가정용품과 관련된 화학적 · 기술적 원리를 이해한다. • 일상생활에서 발생하는 문제를 해결할 때 화학적 과정을 활용한다. • 화학적 발달에 관한 대중 매체의 보고 내용을 이해하고 평가한다. • 소문과 감정보다는 화학적 개념이 들어 있는 지식에 근거하여 개인의 건강, 영향, 생활 양식과 관련된 의사결정을 한다. • 화학을 다른 주제와 통합한다.

교육과정에서 화학 교과의 지도는 교수 · 학습 방향으로 제시되어 있다. 화학의 기본 개념에 대한 이해와 다양한 탐구 중심의 학습을 통해서 과학적 사고력, 과학적 탐구 능력, 과학적 문제 해결력, 과학적 의사소통 능력, 과학적 참여와 평생 학습능력 등의 과학과 핵심 역량을 함양하도록 지도하며, 특히 다음 사항에 중점을 둔다.

1) 학습 지도 계획수립 시 학교의 실정이나 지역의 특성, 학생의 능력, 자료의 준비 가능성 등을 고려하여 학습 내용과 지도의 시기를 조정할 수 있다.
2) 학생 참여 중심의 수업이 이루어질 수 있도록 강의, 실험, 토의, 조사, 프로젝트, 과제 연구, 과학관 견학과 같은 학교 밖 과학 활동 등의 다양한 교수 · 학습 방법을 적절히 활용하여 지도한다.
3) 기초 탐구 과정(관찰, 분류, 측정, 예상, 추리, 의사소통 등)과 통합 탐구 과정(문제 인식, 가설 설정, 변인 통제, 자료 해석, 결론 도출, 일반화 등), 수학적 사고와 컴퓨터 활용, 모형의 개발과 사용, 증거에 기초한 토론과 논증 등의 기능을 학습 내용과 관련하여 지도한다.
4) 과학적 창의성을 계발하고 인성과 감성을 함양하기 위해서 화학 내용과 관련된 기술, 공학, 예술, 수학 등의 다른 교과와 통합, 연계해서 지도한다.
5) 탐구 활동을 모둠 학습으로 할 때에는 과학 탐구에서의 상호 협력의 중요함을 인식시키고, 의사소통 시에는 자신의 의견을 명확히 표현하고 다른 사람의 의견을 존중하는 태도를 가지며, 과학적인 근거에 기초해서 탐구 결과를 발표하고,

설득하며, 수용하도록 지도한다.

6) 화학 및 화학 관련 사회적 쟁점을 활용한 과학 글쓰기와 토론을 통해서 과학적 사고력 및 과학적 의사소통 능력을 함양할 수 있도록 지도한다.
7) 학생의 지적 호기심과 학습 동기를 유발할 수 있도록 개방형 질문을 제공하고, 또한 화학 이론이 첨단 과학기술이나 일상생활에 적용된 사례와 화학자 이야기, 과학사, 시사성 있는 화학 내용 등을 활용한다.
8) 과학의 잠정성, 과학적 방법의 다양성, 과학 윤리, 과학 · 기술 · 사회의 상호 관련성, 과학적 모델의 특성 등 과학의 본성과 관련된 내용을 적절한 소재를 활용해서 지도한다.
9) 학생의 이해를 돕고 흥미를 유발하며 구체적 조작 경험과 활동을 제공하기 위해 모형이나 시청각 자료, 소프트웨어, 컴퓨터나 스마트 기기, 인터넷 등의 최신 정보 통신기술과 기기 등을 적절히 활용한다.
10) 학습 내용과 관련된 첨단 과학기술을 다양한 형태의 자료로 제시함으로써 현대 생활에서 첨단과학이 갖는 가치와 잠재력을 인식하도록 지도한다.
11) 교사 중심의 확인 실험보다 학생 중심의 탐구 실험이 되도록 하며, 탐구 활동에서 제시된 내용 이외에 다양한 탐구 활동을 수업에서 활용한다.
12) 실험의 목적과 방법을 이해하고 실험을 수행할 수 있도록 지도하며, 안전사고 예방을 위해서 실험 기구의 사용 방법, 화학 약품을 다룰 때의 주의사항 및 안전 사항, 안전사고 발생 시 대처방안을 사전에 지도한다.
13) 실험 기구나 재료는 수업을 진행하기 전에 미리 점검하고 충분히 준비하되, 환경보존을 고려하여 필요 이상으로 사용하지 않도록 유의한다.
14) 실험 후 발생하는 폐기물은 올바른 방법으로 수거 처리하여 환경을 오염시키지 않도록 한다.

임용고사 기출문제

1. 다음을 읽고 ( ) 안에 공통적으로 들어갈 용어를 쓰시오. (2014학년도)

1983년 미국에서는 '국가 위기'라는 보고서가 발표되었다. 국가 위기를 극복하기 위한 노력으로 미국과학진흥협회(AAAS)는 Project 2061 연구단을 구성하여 ( )의 함양을 학교 과학 교육의 목적으로 설정해서 '모든 미국인을 위한 과학(Science for All Americans)'을 달성하고자 노력하였다. 미국 국가연구위원회(NRC)에 의하면 ( )은/는 의사 결정, 사회적 · 문화적 행사의 참여, 경제적 생산성 등에 필요한 과학적 개념과 과정에 대한 지식과 이해이다. 한편, '2009 개정 교육과정에 따른 과학과 교육과정'에 제시된 공통교육과정의 '과학'의 목표는 자연 현상과 사물에 대하여 흥미와 호기심을 가지고 탐구하여 과학의 기본 개념을 이해하고, 과학적 사고력과 창의력 문제 해결력을 길러 일상생활의 문제를 해결할 줄 아는 ( )을/를 기르는 것이다.

참고문헌

교육부(2015). 과학과 교육과정. 교육부 고시 제2015-74호 [별책9]

American Association for the Advancement of Science(1989). Project 2061: Science for all Americans. New York: Oxford University Press.

Rodgcr W. Bybee, C. Edward Buchwald, Sally Crissman, David R. Heil, Paul J. Kucrbis, Caro lee Matsumoto, Joseph D. Mclnerney(1989). Science and Technology Education For the Elementary Years: Frameworks. The National Center for Improving Science Education, For Curriculum and Instruction.

McCormack, Alan J., Yager, Robert E.(1989). A new taxonomy of science education, Science Teacher, 56, 47–48.

Randy L.Bell(2009). Teaching the Nature of Science: Three Critical Questions, Best Practices in Science Education, 22, 1–6.

Ziman, J.(1984). 'Academic' science. In An Introduction to Science Studies: The Philosophical and Social Aspects of Science and Technology. Cambridge: Cambridge University Press.

키워드

Project 2061, 과학의 목표, 과학적 소양

2장

화학 교육과정

1. 2015 과학과 교육과정
2. 외국의 화학 교육과정

이 장에서는 2015 과학 및 화학 교육과정에 대해 알아보고, 미국 및 에스토니아, 싱가포르 등 외국의 화학 교육과정에 대해 소개하고자 한다.

1 2015 과학과 교육과정

1.1 2015 개정 과학과 교육과정의 목표

국가 수준의 교육과정을 운영하는 우리나라는 모든 교과목에서 추구할 공통의 목표로 '초·중등학교 학교 교육에서 추구하는 인간상'을 제시하고 있다(교육부a, 2015). 우리나라 교육과정 총론에서 제시된 '초·중등학교 학교 교육에서 추구하는 인간상'에 근거해서 모든 교과에서는 초·중등교육을 마친 뒤, 학생들이 자신의 삶을 개척하는 자주적인 사람, 기초 능력의 바탕 위에 새로운 것을 창출하는 창의적인 사람, 문화적 소양의 이해를 바탕으로 다원적 가치를 이해하는 교양 있는 사람, 배려와 나눔을 실천하는 민주 시민이 되기를 기대하고 있다.

| 표 2.1 | 2015 개정 교육과정의 초·중등학교 학교 교육에서 추구하는 인간상

- 전인적 성장을 바탕으로 자아정체성을 확립하고 자신의 진로와 삶을 개척하는 자주적인 사람
- 기초 능력의 바탕 위에 다양한 발상과 도전으로 새로운 것을 창출하는 창의적인 사람
- 문화적 소양과 다원적 가치에 대한 이해를 바탕으로 인류 문화를 향유하고 발전시키는 교양 있는 사람
- 공동체 의식을 가지고 세계와 소통하는 민주 시민으로서 배려와 나눔을 실천하는 더불어 사는 사람

2015 개정 교육과정의 총론에 제시된 인간상에 근거해서 과학과 교육과정의 목표를 제시하고 있다(교육부b, 2015). 2015 개정 과학과 교육과정의 목표는 자연현상에 대한 흥미와 문제를 과학적으로 해결하려는 태도를 지니고, 다양한 문제 해결에 필요한 탐구 능력을 기르며, 이를 바탕으로 과학이라는 배경 학문에서 다루는 핵심 개념을 이해하여, 과학과 기술, 사회의 상호 관계 속에서 발생하는 다양한 문제를 해결하는 과학적 소양을 길러, 과학 학습의 즐거움과 같은 과학의 유용성을 인식할 것을 목표로 제시하고 있다. 2015 개정 과학과 교육과정의 목표 중 앞의 4개는 2009 개정 과학과 교육과정의 목표와 거의 유사하지만 '과학 학습의 즐거움과 과학의 유용성을 인식하여

평생 학습능력을 기른다'의 목표가 새롭게 추가되었다. 이는 기존의 과학과 교육과정의 목표에서도 지속적으로 강조해 온 과학적 소양의 역할을 개인적 학습뿐만 아니라 일상생활의 문제 해결로 확대하는 것의 중요성을 나타냈다고 볼 수 있다.

| 표 2.2 | 2015 개정 교육과정의 과학과 목표

자연현상과 사물에 대하여 호기심과 흥미를 가지고, 과학의 핵심 개념에 대한 이해와 탐구 능력의 함양을 통하여, 개인과 사회의 문제를 과학적이고 창의적으로 해결하기 위한 과학적 소양을 기른다.
가. 자연현상에 대한 호기심과 흥미를 갖고, 문제를 과학적으로 해결하려는 태도를 기른다.
나. 자연현상 및 일상생활의 문제를 과학적으로 탐구하는 능력을 기른다.
다. 자연현상을 탐구하여 과학의 핵심 개념을 이해한다.
라. 과학과 기술 및 사회의 상호 관계를 인식하고, 이를 바탕으로 민주 시민으로서의 소양을 기른다.
마. 과학 학습의 즐거움과 과학의 유용성을 인식하여 평생 학습능력을 기른다.

1.2 과학의 성격 및 교과 역량

2015 개정 교육과정의 '과학'은 모든 학생이 과학의 개념을 이해하고 과학적 탐구 능력과 태도를 함양하여 개인과 사회의 문제를 과학적이고 창의적으로 해결할 수 있는 과학적 소양을 기르기 위한 교과(교육부b, 2015)로, 2009 개정 교육과정과 달리 핵심 역량을 새롭게 제시했다. 핵심 역량은 사회구성원으로서 성공적으로 살아가기 위해 학습자에게 요구되는 지식, 기능, 태도의 총체로서 초·중등 교육을 통해 모든 학습자가 길러야 할 기본적이고 필수적이며 보편적인 능력을 의미한다(송진웅, 나지연, 2015; 이광우 외, 2014). 과학과에서는 교과 역량으로 5가지를 제시하고 있다(교육부b, 2015).

| 표 2.3 | 2015 개정 교육과정의 과학과 교과 역량 (계속)

교과 역량	의미
과학적 사고력	과학적 주장과 증거의 관계를 탐색하는 과정에서 필요한 사고이다. 과학적 세계관 및 자연관, 과학의 지식과 방법, 과학적인 증거와 이론을 토대로 합리적이고 논리적으로 추론하는 능력, 추리 과정과 논증에 대해 비판적으로 고찰하는 능력, 다양하고 독창적인 아이디어를 산출하는 능력 등을 포함한다.
과학적 탐구 능력	과학적 문제 해결을 위해 실험, 조사, 토론 등 다양한 방법으로 증거를 수집해석, 평가하여 새로운 과학 지식을 얻거나 의미를 구성해 가는 능력을 말한다. 과학적 탐구를 위해서는 과학 탐구 기능과 지식을 통합해서 적용하고 활용하는 능력이 필요하며 과학적 사고력이 이 과정에 기초가 된다.

| 표 2.3 | 2015 개정 교육과정의 과학과 교과 역량

교과 역량	의미
과학적 문제 해결력	과학적 지식과 과학적 사고를 활용해서 개인적 혹은 공적 문제를 해결하는 능력이다. 일상생활의 문제를 해결하기 위해 문제와 관련 있는 과학적 사실, 원리, 개념 등의 지식을 생각해 내고 활용하며 다양한 정보와 자료를 수집, 분석, 평가, 선택, 조직해서 가능한 해결 방안을 제시하고 실행하는 능력이 필요하다. 문제 해결력은 문제 해결 과정에 대한 반성적 사고 능력과 문제 해결 과정에서의 합리적 의사결정 능력도 포함한다.
과학적 의사소통 능력	과학적 문제 해결 과정과 결과를 공동체 내에서 공유하고 발전시키기 위해 자신의 생각을 주장하고 타인의 생각을 이해하며 조정하는 능력을 말한다. 말, 글, 그림, 기호 등 다양한 양식의 의사소통 방법과 컴퓨터, 시청각 기기 등 다양한 매체를 통해서 제시되는 과학기술 정보를 이해하고 표현하는 능력, 증거에 근거하여 논증 활동을 하는 능력 등을 포함한다.
과학적 참여와 평생 학습능력	사회에서 공동체의 일원으로 합리적이고 책임 있게 행동하기 위해 과학기술의 사회적 문제에 대한 관심을 가지고 의사결정 과정에 참여하며 새로운 과학기술 환경에 적응하기 위해 스스로 지속적으로 학습해 나가는 능력을 가리킨다.

2015 개정 과학과 교육과정에서는 핵심 역량 함양을 통해 과학과 교육과정의 목표에 도달할 수 있도록 문제 인식, 탐구 설계와 수행, 자료의 수집 분석 및 해석, 수학적 사고와 컴퓨터 활용, 모형의 개발과 사용, 증거에 기초한 토론과 논증, 결론 도출 및 평가, 의사소통 등을 함께 제시하고 있다. 각 기능의 의미는 미국 차세대 과학 교육 표준의 과학 실천을 참고하여 제시하면 다음과 같다(강남화, 이온미, 2013; 강남화, 2016).

| 표 2.4 | 2015 개정 과학과 교육과정의 기능(skills)

문제 인식	질문하기(과학) 및 문제 정의하기(공학): 현상에 대해 경험적으로 답할 수 있는 질문을 형성하고, 이미 알려진 것을 설정하고, 아직 만족한 답을 얻지 못한 질문을 결정하기. (1) 자연과 인간이 만든 세상에 대한 질문하기. (2) 과학적 질문과 비과학적 질문을 구별하기. (3) 교실 내에서 실험적으로 답을 할 수 있는 질문을 하고, 그 질문을 정교화하며, 그 질문을 이용하여 탐구를 고안하거나 실용적 해결책을 구성하기. (4) 논쟁의 전제를 확인하거나 부가 설명이 필요한 질문하기. 연구 질문이나 공학적 문제를 정교화하기 위한 질문을 하거나 자료의 해석에 도전하는 질문하기. (5) 관찰에서 특징이나 패턴, 모순을 인식하고 그것들에 대한 질문하기. (6) 해결책에 영향을 미치는 제한점을 밝히기 위한 질문하기.
모형의 개발과 사용	자연현상을 설명하거나 아이디어를 표현하기 위해 모형을 구성하고 사용하기. (1) 사건이나 시스템을 그림이나 도표로 표현하기. (2) 현상을 다양한 종류의 모형으로 표현하고 설명하기. 예를 들면 분자를 3-D 모형이나 결합모형으로 나타내고, 목적에 따라 가장 유용한 모형을 자유롭게 사용하기. (3) 시스템이나 과정을 표현하는 도구로서의 모형의 정확성과 한계를 논하고 실험적인 증거와 비판을 반영하여 질과 설명 능력을 개선할 수 있는 모형 개선 방안 제시하기. (4) 시스템, 특히 눈으로 볼 수 없는 시스템을 탐구하고 이해하는 도구로서 시뮬레이션을 이용

	하기. (5) 설계나 설계의 특성, 또는 서로 다른 문제 해결 방안의 효과를 비교하기 위하여 모형을 만들고 사용하기.
탐구 설계와 수행	탐구 현장에서 자료를 확인하거나 실험에서 변인을 밝히는 체계적인 연구를 계획하고 수행하기. (1) 교실, 학교 실험실 또는 현장에서 연구할 수 있는 질문을 구성하고 가능하면 이론이나 모형에 기초한 가설(결과를 예측할 수 있는 가능한 설명)을 설정하기. (2) 어떤 자료가 필요한지, 그 자료의 수집을 위해 어떤 도구가 필요한지, 어떻게 측정치를 기록할 것인지 결정하기. (3) 타당한 측정치 산출을 위해 얼마만큼의 자료가 필요한지 결정하고 자료의 정밀도 한계를 고려하기. (4) 실험 또는 현장 연구 절차를 계획하고 관련된 독립 변인과 종속 변인을 정하고 필요하면 통제변인 결정하기. (5) 결과에 영향을 줄 수 있는 다른 변수의 가능성을 고려하고, 이러한 점을 연구 설계에 반영하기.
자료의 수집 분석 및 해석	수집된 자료의 의미를 끌어내기 위해 여러 가지 도구(표 만들기, 그래프 나타내기, 시각화, 통계적 분석을 포함한)를 이용하여 자료가 가지는 중요한 특징과 패턴이 나타나도록 자료를 변형하고 유의미한 요소들과 패턴을 찾아내기. 오차의 원인을 찾아내고, 자료의 신뢰도 계산하기. (1) 숨은 패턴을 찾기 위해, 또는 자료가 가설과 일치되는지를 시험하기 위해 체계적으로 자료 분석하기. (2) 자료가 기대와 다른 경우에는 그것을 인지하고, 초기 모형의 어떤 점의 수정이 필요한지 검토하기. (3) 자료를 대조하고, 요약하고, 보여주기 위해서 그리고 변수 간의 관계, 특히 입력과 출력의 관계를 알아내기 위해 스프레드시트, 표, 차트, 그래프, 통계, 수학, 정보와 컴퓨터 기술 등을 사용하기. (4) 적절한 수학과 통계기술을 사용하여 자료로부터 이끌어낸 결론의 신뢰도 평가하기. (5) 더 연구할 가치가 있는 관계를 암시하는 자료의 경향을 인지하기. 우연한 상관관계와 인과적인 상관관계를 구분하기. (6) 물리적 모형에서 자료를 수집하고 조건 구간 내에서 설계의 성능을 분석하기.
수학적 사고와 컴퓨터 활용	물리적 변인들과 그들 간의 관계를 표현하는 도구로서 수학과 전산(computation) 사용하기. 시뮬레이션 구성하기, 정확한 해나 대략적인 해 구하기. 변인 간의 정량적인 관계를 나타내고, 적용하고 표현하기 등에 수학과 전산을 사용하기. 중요한 패턴과 상관관계를 밝히는 도구로 통계 사용하기. (1) 차원의 양을 인식하고 수학 공식과 그래프의 응용에서 적절한 단위를 사용하기. (2) 과학 모형 만들기와 조사에서 적절한 수학이나 알고리즘으로 관계와 양을 표현하기. (3) 컴퓨터 시뮬레이션이 현상이나 계에 관한 가정에 기초한 수학적 모형을 바탕으로 만들어졌음을 인식하기. (4) 간단한 대표적인 수학 표현, 컴퓨터 프로그램, 또는 시뮬레이션이 제대로 작동하는지 보기 위해 간단한 시험하기. (5) 자료 분석에 수준에 적합한 수학과 통계학을 이용하기.
결론 도출 및 평가	과학적 개념, 원리, 이론과 일치하는 다양하고 독립적인 증거에 의해 지지되는 설명과 디자인을 구성하기. (1) 받아들여진 과학 이론 지식을 사용하고, 모형이나 증거와 연결하여 현상에 대한 설명 구성하기. (2) 현상에 대한 설명을 지지하거나 반대하기 위하여 1차적인 증거나 보조 증거 혹은 모형 사용하기. (3) 자신들의 수준에서의 과학 지식으로 논리적인 설명하기. (4) 자신이나 다른 사람의 설명에서 취약점을 알아내기. (5) 과학 지식을 적절히 사용하여 디자인하는 문제를 해결하기. (6) 기준에 부합하는 계획을 세우고 디자인 전 과정에 참여하여 디자인 과제를 수행하기. (7) 장치를 만들거나 디자인 문제를 해결하기. (8) 공동으로 개발한 디자인 기준에 따라 여러 경쟁하는 디자인을 평가하기.
증거에 기초한 토론과 논증	자연 세계와 설계된 세계에 대한 주장과 설명을 방어하거나 비판하기 위해 적합한 증거와 과학적 이유를 사용하기. (1) 자료가 어떻게 주장하는 바를 지지하고 있는지를 보여주는 과학적 논증 구성하기. (2) 과학적 논증의 가능한 취약점을 찾아내고, 학생의 지식수준에서 논리와 증거를 사용하여 토론하기.

	(3) 자신이 제시한 논증에서 결점을 인식하고 비판을 받아들여 그것을 수정하고 향상시키기. (4) 과학적 논증의 주요 특징은 주장, 자료, 논리적 근거임을 알고 주어진 예에서 그 요소들을 구분하기. (5) 주어진 과학 아이디어를 둘러싼 초기의 논쟁과 반론의 본질을 설명하고, 특정 이론이 살아남게 된 이유를 설명하기. (6) 과학계에서 지식에 대한 주장의 평가가 어떻게 이루어지고 있고, 동료 평가의 장점과 한계, 그리고 중요한 연구의 독립적인 반복 실험이 필요한 이유에 대하여 설명하기. (7) 과학과 기술에 대한 매체의 보도를 비판적으로 읽고 장단점을 파악하기.
의사 소통	말, 글, 표, 그림, 그래프, 식을 이용하여 동료와 개방된 토론에 참여하여 생각과 탐구의 결과를 소통하기. 획득한 정보의 과학적 타당성을 평가하고, 설명을 산출하는 데 그 정보를 이용하기. (1) 말, 표, 도표, 그래프 또는 수식을 이용하여 자신이 이해한 바를 전달하거나, 학습하고 있는 시스템에 대하여 질문하는 데 사용하기. (2) 학생의 과학 지식에 적합한 표, 그림, 그래프를 포함하는 과학, 공학 문서를 읽고 그것이 전달하고 있는 핵심 아이디어를 설명하기. (3) 과학, 기술적 말과 글의 특성을 인식하고 말과 글로 자신의 아이디어와 한 일 전달하기. (4) 교실상황에 맞게 편집된 과학 문헌들 또는 과학에 대한 대중매체 보도를 비판적으로 읽고 자료, 가설, 결과의 타당도와 신뢰도를 논하기.

1.3 과학의 내용 체계

2015 개정 과학과 교육과정에서는 핵심 역량을 기반으로 과학과 교육과정 목표에 도달할 수 있도록 에너지, 물질, 생명, 지구의 대영역을 영역으로 구분하고, 영역별 핵심 개념과 일반화된 지식을 제시했다. 그리고 각 일반화된 지식에 도달할 수 있도록 각 학년군별로 다룰 내용 요소를 내용 체계 표에 제시했다(교육부, 2015b). 에너지 대영역을 구성하는 하위 영역에는 힘과 운동, 전기와 자기, 열과 에너지, 파동이 있으며, 물질 대영역을 구성하는 하위 영역에는 물질의 구조, 물질의 성질, 물질의 변화가 있다. 생명 대영역을 구성하는 하위 영역에는 생명과학과 인간의 생활, 생물의 구조와 에너지, 항상성과 몸의 조절, 생명의 연속성, 환경과 생태계가 있다. 그리고 지구 대영역을 구성하는 하위 영역으로 고체 지구, 대기와 해양, 우주가 있다. 다음 표는 물질 대영역을 구성하는 하위 영역별 핵심 개념과 일반화된 지식이다.

| 표 2.5 | 물질 대영역 내의 영역, 핵심 개념, 일반화된 지식 (계속)

영역	핵심 개념	일반화된 지식
물질의 구조	물질의 구성 입자	물질은 입자로 구성되어 있다.
		입자를 세는 기본 단위는 몰이다.

| 표 2.5 | 물질 대영역 내의 영역, 핵심 개념, 일반화된 지식

영역	핵심 개념	일반화된 지식
물질의 변화		원소는 주기성을 갖는다.
	화학 결합	원소는 화학 결합을 하여 다양한 화합물을 형성한다.
	물질의 상태 변화	물질은 온도와 압력에 따라 상태가 변화한다.
		물질은 상태 변화 시 에너지 출입이 있다.
	화학 반응	물질은 화학 반응을 통해 다른 물질로 변한다.
		물질은 가역 반응에서 동적 평형 상태를 이룬다.
		화학 반응에서 규칙성이 발견된다.
		물질이 변화하는 속도는 화학 반응마다 다르다.
		화학과 우리 생활이 밀접한 관련이 있다.
	에너지 출입	물질의 변화에는 에너지 출입이 수반된다.
		물질의 화학 에너지는 화학 반응을 통해 다른 에너지로 전환될 수 있다.
물질의 성질	물질의 상태	물질은 여러 가지 상태로 존재한다.
		물질은 상태에 따라 물리적 성질이 달라진다.
		물질의 상태는 구성하는 입자의 운동에 따라 달라진다.
	물리적 성질과 화학적 성질	물질은 고유한 성질을 가지고 있다.
		혼합물은 여러 가지 순물질로 구성되어 있다.
		물질의 고유한 성질을 이용하여 혼합물을 분리할 수 있다.

1.4 초·중학교 과학 물질 대영역의 성취기준

초등학교 3~4학년군, 5~6학년, 중학교 1~3학년군의 과학의 물질 영역 성취기준과 탐구 활동은 다음과 같다.

|표 2.6| 초등학교 3～4학년군 과학의 물질 영역 성취기준과 탐구 활동

단원	교육과정	탐구 활동
(1) 물질의 성질	[4과01-01] 서로 다른 물질로 만들어진 물체들을 비교하여 물체의 기능과 물질의 성질을 관련지을 수 있다. [4과01-02] 크기와 모양은 같지만 서로 다른 물질로 이루어진 물체들을 관찰하여 물질의 여러 가지 성질을 비교할 수 있다. [4과01-03] 서로 다른 물질을 섞었을 때 물질을 섞기 전과 후의 변화를 관찰하여 어떤 성질이 달라졌는지 설명할 수 있다. [4과01-04] 여러 가지 물질을 선택하여 다양한 물체를 설계하고 장단점을 토의할 수 있다.	• 물체가 어떤 재료로 만들어졌는지 조사하기 • 물체의 기능과 물질의 성질 관계 짓기 • 물질의 성질 변화 관찰하기
(7) 물질의 상태	[4과07-01] 고체와 액체의 성질을 용기에 따른 모양과 부피 변화를 관찰하여 설명할 수 있다. [4과07-02] 기체가 공간을 차지하고 있음을 알아보는 실험을 할 수 있다. [4과07-03] 기체가 무게가 있음을 알아보는 실험을 할 수 있다. [4과07-04] 우리 주변의 물질을 고체, 액체, 기체로 분류할 수 있다.	• 기체가 공간을 차지하고 있음을 알아보는 실험하기 • 기체가 무게가 있음을 알아보는 실험하기
(12) 혼합물의 분리	[4과12-01] 일상생활에서 혼합물의 예를 찾고 혼합물 분리의 필요성을 설명할 수 있다. [4과12-02] 알갱이의 크기와 자석에 붙는 성질을 이용하여 고체 혼합물을 분리할 수 있다. [4과12-03] 거름장치를 꾸며 물에 녹는 물질과 녹지 않는 물질의 혼합물을 분리할 수 있다. [4과12-04] 물을 증발시켜 물에 녹아있는 고체 물질을 분리할 수 있다.	• 고체 혼합물 분리하기 • 거름 실험하기 • 증발 실험하기
(14) 물의 상태 변화	[4과14-01] 물이 수증기나 얼음으로 변할 수 있음을 알고, 물이 얼 때와 얼음이 녹을 때의 부피와 무게 변화를 관찰할 수 있다. [4과14-02] 물이 증발할 때와 끓을 때의 변화를 관찰하여 차이점을 알고, 이와 관련된 예를 우리 주변에서 찾을 수 있다. [4과14-03] 수증기가 응결하는 현상을 관찰하고, 이와 관련된 예를 우리 주변에서 찾을 수 있다.	• 물과 얼음의 상태 변화에서 부피와 무게 변화 비교하기 • 물이 증발할 때와 끓을 때의 특징 관찰하기 • 수증기가 응결되는 현상 관찰하기

| 표 2.7 | 초등학교 5～6학년군 과학의 물질 영역 성취기준과 탐구 활동

단원	교육과정	탐구 활동
(3) 용해와 용액	[6과03-01] 물질이 물에 녹는 현상을 관찰하고 용액을 설명할 수 있다. [6과03-02] 용질의 종류에 따라 물에 녹는 양이 달라짐을 비교할 수 있다. [6과03-03] 물의 온도에 따라 용질의 녹는 양이 달라짐을 실험할 수 있다. [6과03-04] 용액의 진하기를 상대적으로 비교하는 방법을 고안할 수 있다.	• 다양한 물질의 용해 현상 관찰하기 • 용해 전과 후의 무게 측정하기 • 용해에 영향을 주는 요인 찾기 • 용액의 진하기를 비교하는 기구 만들기
(8) 산과 염기	[6과08-01] 우리 주변에서 볼 수 있는 여러 가지 용액을 다양한 기준으로 분류할 수 있다. [6과08-02] 지시약을 이용하여 여러 가지 용액을 산성 용액과 염기성 용액으로 분류할 수 있다. [6과08-03] 산성 용액과 염기성 용액의 여러 가지 성질을 비교하고, 산성 용액과 염기성 용액을 섞었을 때의 변화를 관찰할 수 있다. [6과08-04] 우리 생활에서 산성 용액과 염기성 용액을 이용하는 예를 찾아 발표할 수 있다.	• 여러 가지 용액을 관찰하여 분류하기 • 지시약을 만들어 산성 용액과 염기성 용액 구분하기 • 산성 용액과 염기성 용액을 섞을 때의 변화 관찰하기
(10) 여러 가지 기체	[6과10-01] 산소, 이산화 탄소를 실험을 통해 발생시키고 성질을 확인한 후, 각 기체의 성질을 설명할 수 있다. [6과10-02] 온도와 압력에 따라 기체의 부피가 달라지는 현상을 관찰하고, 일상생활에서 이와 관련된 사례를 찾을 수 있다. [6과10-03] 공기를 이루는 여러 가지 기체를 조사하여 발표할 수 있다.	• 산소를 발생시켜 그 성질을 확인하기 • 이산화 탄소를 발생시켜 그 성질을 확인하기 • 온도와 압력에 따른 기체의 부피 변화 관찰하기
(15) 연소와 소화	[6과15-01] 물질이 탈 때 나타나는 공통적인 현상을 관찰하고, 연소의 조건을 찾을 수 있다. [6과15-02] 실험을 통해 연소 후에 생성되는 물질을 찾을 수 있다. [6과15-03] 연소의 조건과 관련지어 소화 방법을 제안하고 화재 안전 대책에 대해 토의할 수 있다.	• 물질이 탈 때 나타나는 현상 관찰하기 • 연소 후 생성되는 물질 확인하는 실험하기 • 다양한 연소 물질에 의해 발생하는 화재 안전 대책 조사하기

| 표 2.8 | 중학교 1~3학년군 과학의 물질 영역 성취기준과 탐구 활동 (계속)

단원	교육과정	탐구 활동
(4) 기체의 성질	[9과04-01] 기체의 확산과 증발 현상을 관찰하여 입자가 운동하고 있음을 알고, 이를 입자 모형으로 표현할 수 있다. [9과04-02] 기체의 압력을 입자의 운동으로 설명할 수 있다. [9과04-03] 기체의 압력과 부피의 관계를 입자 모형으로 해석하고, 이와 관련된 실생활의 예를 찾을 수 있다. [9과04-04] 기체의 온도와 부피의 관계를 입자 모형으로 해석하고, 이와 관련된 실생활의 예를 찾을 수 있다.	• 기체의 압력과 부피 관계 탐구하기 • 기체의 온도와 부피 관계 탐구하기
(5) 물질의 상태 변화	[9과05-01] 물질의 세 가지 상태의 특징을 설명하고 이를 입자 모형으로 표현할 수 있다. [9과05-02] 여러 가지 물질의 상태 변화를 관찰하고, 상태 변화 시 나타나는 현상을 입자 모형으로 설명할 수 있다. [9과05-03] 상태 변화가 일어날 때의 온도 변화에 대한 자료를 해석하여 녹는점, 어는점, 끓는점을 찾을 수 있다. [9과05-04] 상태 변화와 열에너지의 관계를 이해하고, 상태 변화 과정에서 출입하는 열에너지가 생활에 이용되는 사례를 찾고 설명할 수 있다.	• 물질의 상태가 변할 때 나타나는 현상을 관찰하기 • 상태 변화가 일어날 때의 온도 변화 측정하기
(8) 물질의 구성	[9과08-01] 모든 물질은 원소로 이루어져 있음을 이해하고 실험을 통해 원소의 종류를 구별할 수 있다. [9과08-02] 원자는 원자핵과 전자로 구성됨을 설명할 수 있다. [9과08-03] 원자와 분자의 개념을 구별하고, 원소와 분자를 원소 기호로 나타낼 수 있다. [9과08-04] 이온의 형성 과정을 모형과 이온식으로 표현하고, 이온이 전하를 띠고 있음을 설명할 수 있다.	• 모형을 사용하여 원자 나타내기 • 이온이 전하를 띠고 있음을 확인할 수 있는 탐구 활동하기 • 앙금 생성 반응을 이용해 이온의 존재 확인하기
(13) 물질의 특성	[9과13-01] 우리 주변에서 볼 수 있는 여러 물질을 순물질과 혼합물로 구별할 수 있다. [9과13-02] 밀도, 용해도, 녹는점, 어는점, 끓는점 이물질의 특성이 될 수 있음을 설명할 수 있다. [9과13-03] 끓는점 차를 이용한 증류의 방법을 이해하고, 우리 주변에서 사용되는 예를 찾아 설명할 수 있다. [9과13-04] 밀도 차를 이용하여 고체 혼합물 또는 섞이지 않는 액체 혼합물을 분리하는 방법을 이해하고, 우리 주변에서 사용되는 예를 찾아 설명할 수 있다. [9과13-05] 재결정, 크로마토그래피를 이용한 혼합물 분리 방법을 이해하고, 이를 활용하는 예를 찾아 설명할 수 있다.	• 다양한 물질의 특성 측정하고 비교하기 • 혼합물을 다양한 방법으로 분리하기

| 표 2.8 | 중학교 1~3학년군 과학의 물질 영역 성취기준과 탐구 활동

단원	교육과정	탐구 활동
(17) 화학 반응의 규칙과 에너지 변화	[9과17-01] 물리 변화와 화학 변화의 차이를 알고, 일상생활에서 물리 변화와 화학 변화의 예를 찾을 수 있다. [9과17-02] 간단한 화학 반응을 화학 반응식으로 표현하고, 화학 반응식에서 계수의 비를 입자 수의 비로 해석할 수 있다. [9과17-03] 질량 보존 법칙을 이해하고, 이를 모형을 사용하여 설명할 수 있다. [9과17-04] 화합물을 구성하는 성분 원소의 질량에 관한 자료를 해석하여 일정 성분비 법칙을 설명할 수 있다. [9과17-05] 기체 반응 법칙을 이해하고, 이를 실험을 통해 확인할 수 있다. [9과17-06] 화학 반응에서 에너지의 출입을 이해하고, 이를 활용한 장치를 설계할 수 있다.	• 화학 반응을 화학 반응식으로 나타내기 • 질량 보존 법칙 실험하기 • 자료 해석을 통해 일정 성분비 법칙 확인하기 • 화학 반응을 이용한 간단한 냉각 장치 만들기

1.5 고등학교 통합과학과 과학 탐구 실험

고등학교 통합과학과 과학 탐구 실험의 성취기준과 탐구 활동은 다음과 같다.

| 표 2.9 | 고등학교 통합과학의 성취기준과 탐구 활동 (계속)

단원	교육과정	탐구 활동
(1) 물질의 규칙성과 결합	[10통과01-01] 지구와 생명체를 비롯한 우주의 구성 원소들이 우주 초기부터의 진화 과정을 거쳐서 형성됨을 물질에서 방출되는 빛을 활용하여 추론할 수 있다. [10통과01-02] 우주 초기의 원소들로부터 태양계의 재료이면서 생명체를 구성하는 원소들이 형성되는 과정을 통해 지구와 생명의 역사가 우주 역사의 일부분임을 해석할 수 있다. [10통과01-03] 세상을 이루는 물질은 원소들로 이루어져 있으며, 원소들의 성질이 주기성을 나타내는 현상을 통해 자연의 규칙성을 찾아낼 수 있다.	• 분광기로 선스펙트럼과 연속 스펙트럼을 관찰하고 우주 전역에서 수소의 선스펙트럼이 관찰되는 까닭 토론하기 • 빅뱅 우주론이 확립되는 과정에서 쟁점이 되었던 문제나 관측 증거를 조사하고 토론하기 • 지구의 원소 분포, 원소의 성질, 용도 등을 바탕으로 창의적인 주기율표 만들기 • 원소의 주기적 성질을 이해하기 위해 알칼리 금속과 할로겐의 반응성을 확인하고 실생활에서의 역할 토의하기 • 이온 결합과 공유 결합을 모형으로 표현함으로써 원자들이 화학 결합을 통하여 지구 시스템과 생명 시스템을 형성하고 생명 현상을 나타내는 원리 탐구하기 • 겨울철 제설에 사용하는 염화칼슘을 대체할 수 있는 친환경적 물질을 찾아 그 유용성 토의하기

| 표 2.9 | 고등학교 통합과학의 성취기준과 탐구 활동 (계속)

단원	교육과정	탐구 활동
	[10통과01-04] 지구와 생명체를 구성하는 주요 원소들이 결합을 형성하는 이유와 원소들의 성질에 따라 형성되는 결합의 종류를 추론할 수 있다. [10통과01-05] 인류의 생존에 필수적인 산소, 물, 소금 등이 만들어지는 결합의 차이를 알고, 각 화합물의 성질을 비교할 수 있다.	
(2) 자연의 구성 물질	[10통과02-01] 지각과 생명체를 구성하는 다양한 광물과 탄소 화합물은 특정한 규칙에 따라 결합하여 만들어진다는 것을 논증할 수 있다. [10통과02-02] 생명체를 구성하는 물질들은 기본적인 단위체의 다양한 조합을 통해 형성됨을 단백질과 핵산의 예를 통해 설명할 수 있다. [10통과02-03] 물질의 다양한 물리적 성질을 변화시켜 신소재를 개발한 사례를 찾아 그 장단점을 평가할 수 있다.	• 지구(지각, 해양, 대기)와 생명체의 구성 성분을 비교하여, 우주의 탄생에서부터 태양계의 형성 및 생명체의 출현에 이르는 과정에서 구성 성분의 유래 탐구하기 • 핵산 모형을 관찰하여 핵산의 구조적 특징과 규칙성을 설명하고, 일정한 구조를 가진 단위체들 이 다양한 배열을 통해 생명체의 주요 구성 물질을 생성하는 원리 토의하기 • 물리적 성질을 이용한 신소재 개발 사례를 조사하고 자연을 모방하여 만드는 신소재의 종류와 양태를 조사하고 토론하기
(3) 역학적 시스템	[10통과03-01] 자유 낙하와 수평으로 던진 물체의 운동을 이용하여 중력의 작용에 의한 역학적 시스템을 설명할 수 있다. [10통과03-02] 일상생활에서 충돌과 관련된 안전사고를 탐색하고 안전장치의 효과성을 충격량과 운동량을 이용하여 평가할 수 있다.	• 자유 낙하와 수평으로 던진 물체의 운동 비교하고, 중력이 지구 시스템과 생명 시스템에서 일어나는 많은 현상에 어떻게 작용하고 있는지 논의하기 • 운동 관련 안전사고 예방 장치 고안하고, 스포츠와 교통수단을 비롯한 일상생활에서 안전을 위한 충격 흡수 방법 탐구하기
(4) 지구 시스템	[10통과04-01] 지구 시스템은 태양계라는 시스템의 구성 요소이면서 그 자체로 수많은 생명체를 포함하는 시스템임을 추론하고, 지구 시스템을 구성하는 하위 요소를 분석할 수 있다.	• 지구 시스템을 구성하는 여러 권들 사이의 상호작용에 대해 조사하고, 각 권이 생명 유지에 기여하는 원리 토론하기 • 화산 분출로 인한 환경적, 사회적, 경제적 피해의 종류를 조사하고, 지구와 생명 시스템 측면에서 피해를 줄이기 위한 대책 수립의 필요성 논의하기

| 표 2.9 | 고등학교 통합과학의 성취기준과 탐구 활동 (계속)

단원	교육과정	탐구 활동
	[10통과04-02] 다양한 자연현상이 지구 시스템 내부의 물질의 순환과 에너지의 흐름의 결과임을 기권과 수권의 상호작용을 사례로 논증할 수 있다. [10통과04-03] 지권의 변화를 판구조론적 관점에서 해석하고, 에너지 흐름의 결과로 발생하는 지권의 변화가 지구 시스템에 미치는 영향을 추론할 수 있다.	• 지구 시스템 내의 상호작용과 순환 과정에 대한 이해를 바탕으로, 화산 폭발이나 환경 오염이 확산하는 양상을 예측하고 이에 대한 대응책 토론하기
(5) 생명 시스템	[10통과05-01] 지구 시스템의 생물권에는 인간과 다양한 생물들이 포함되는데, 모든 생물은 생명 시스템의 기본 단위인 세포로 구성되어 있으며, 이러한 세포에서는 생명 현상 유지를 위해 세포막을 경계로 한 물질 출입이 일어남을 설명할 수 있다. [10통과05-02] 생명 시스템 유지에 필요한 화학 반응에서 생체 촉매의 역할을 이해하고, 일상생활에서 생체 촉매를 이용하는 사례를 조사하여 발표할 수 있다. [10통과05-03] 생명 시스템 유지에 필요한 세포 내 정보의 흐름을 유전자와 단백질의 관계로 설명할 수 있다.	• 막을 통한 물질의 이동을 실험하고 세포막이 생명 활동 유지에 어떤 역할을 하는지 토의하기 • 카탈레이스 유무에 따른 과산화수소 분해를 실험하고 촉매가 산업현장에서 유용하게 사용되는 사례 조사하기 • 생활 속 생체 촉매 이용 사례를 조사하고, 생명 현상에서 촉매의 역할 토론하기 • 세포 내 정보 흐름 관련 역할 놀이를 통해 지구상의 모든 생명체가 동일한 유전 암호를 사용함으로써 생명의 연속성을 유지하는 원리 탐구하기
(6) 화학 변화	[10통과06-01] 지구와 생명의 역사에 큰 변화를 가져온 광합성, 화석연료 사용, 철기시대를 가져온 철의 제련 등의 공통점을 찾을 수 있다. [10통과06-02] 생명 현상 및 일상생활에서 일어나고 있는 다양한 변화의 이유를 산화와 환원에서 나타나는 규칙성과 특성 측면에서 파악하여 분석할 수 있다.	• 지구와 생명의 역사에 혁신적 변화를 가져온 여러 가지 화학 반응 조사하기 • 산과 염기의 중화 반응을 실험하고, 일상생활에서 중화 반응의 사례 탐구하기 • 산성화된 토양, 호수 등을 효과적으로 중화시키기 위해 석회 가루를 정밀하게 살포하는 방법을 고안하고, 지속가능 발전의 측면에서 토양과 호수 산성화를 방지하기 위한 대책 토의하기 • 천연 지시약으로 그림을 그려보고, 생활 주변에서 다양한 천연 지시약 사례 찾아보기

| 표 2.9 | 고등학교 통합과학의 성취기준과 탐구 활동 (계속)

단원	교육과정	탐구 활동
	[10통과06-03] 생활 주변의 물질들을 산과 염기로 구분할 수 있다. [10통과06-04] 산과 염기를 섞었을 때 일어나는 변화를 해석하고, 일상생활에서 중화 반응을 이용하는 사례를 조사하여 토의할 수 있다.	• 이산화 탄소 농도 조절과 같이 지구와 우주의 환경에 영향을 주는 산, 염기의 사례 조사하기
(7) 생물 다양성과 유지	[10통과07-01] 지질 시대를 통해 지구환경이 끊임없이 변화해 왔으며 이러한 환경변화에 적응하며 오늘날의 생물 다양성이 형성되었음을 추론할 수 있다. [10통과07-02] 변이와 자연 선택에 의한 진화의 원리를 이해하고, 항생제나 살충제에 대한 내성 세균의 출현을 추론할 수 있다. [10통과07-03] 생물 다양성을 유전적 다양성, 종 다양성, 생태계 다양성으로 이해하고, 생물 다양성 보전 방안을 토의할 수 있다.	• 생물 대멸종의 원인과 그 이후의 변화에 대해 조사하고 생물 대멸종의 원인을 설명하는 여러 가설의 과학적 타당성 토론하기 • 내성 생명체 출현에 관한 자연 선택 모의 활동을 하고, 지구상의 생명체 출현을 설명하는 여러 가설의 장·단점을 과학적으로 토론하기 • 생물 다양성 보전을 위한 실천방안을 탐구하고, 생태계 측면에서 생물 다양성 보전의 필요성 토의하기 • 다윈의 진화론이 과학과 사회에 준 영향에 대해 조사·토론하고, 새로운 이론의 탄생이 다른 학문과 사회의 발달에 주는 영향 논의하기 • 지질 시대의 주요 화석을 이용하여 과거 지구에 살던 생물의 생활환경을 추론하고, 지질 시대의 생활환경과 전혀 다른 환경에서 화석이 발견되는 이유 토의하기
(8) 생태계와 환경	[10통과08-01] 인간을 포함한 생태계의 구성 요소와 더불어 생물과 환경의 상호 관계를 이해하고, 인류의 생존을 위해 생태계를 보전할 필요성이 있음을 추론할 수 있다. [10통과08-02] 먹이 관계와 생태 피라미드를 중심으로 생태계 평형이 유지되는 과정을 이해하고, 환경변화가 생태계에 영향을 미치는 다양한 사례를 조사하고 토의할 수 있다. [10통과08-03] 엘니뇨, 사막화 등과 같은 현상이 지구환경과 인간 생활에 미치는 영향을 분석하고, 이와 관련된 문제를 해결하기 위한 다양한 노력을 찾아 토론할 수 있다.	• 생물 다양성 파괴가 생태계 보전에 미친 영향을 조사하고, 인류의 생존에서 생태계와 생물 다양성의 가치 토론하기 • 마른 멸치를 해부하여 위장 속의 먹이 종류를 관찰하고, 먹이 관계와 생태 피라미드를 중심으로 생태계 평형이 유지되는 원리 토의하기 • 관측 자료를 활용하여 한반도의 기후변화 경향성을 파악하고, 지구 전체의 경향성과 비교하기 • 지구의 기후가 어떤 변화를 거쳐왔는지를 알아내는 방법을 조사하고, 기후변화의 원인을 설명하는 다양한 가설을 주제로 과학적 논쟁하기 • 기후변화로 인한 지구 미래 시나리오를 작성하고, 예측되는 지구환경 변화를 극복하기 위한 방안 토의하기

| 표 2.9 | 고등학교 통합과학의 성취기준과 탐구 활동

단원	교육과정	탐구 활동
	[10통과08-04] 에너지가 사용되는 과정에서 열이 발생하며, 특히 화석연료의 사용 과정에서 버려지는 열에너지로 인해 열에너지 이용의 효율이 낮아진다는 것을 알고, 이 효율을 높이는 것이 사회적으로 어떤 의미가 있는지를 설명할 수 있다.	• 에너지 제로 하우스를 구상하여 발표하고, 에너지 제로 하우스가 미래형 주거형태에 주는 시사점 토의하기
(9) 발전과 신재생 에너지	[10통과09-01] 화석연료, 핵에너지 등을 가정이나 산업에서 사용하는 전기 에너지로 전환하는 과정을 분석할 수 있다. [10통과09-02] 발전소에서 가정 및 사업장까지의 원거리 전력 수송 과정에 대해 이해하고, 전력의 효율적이고 안전한 수송 방안을 토의할 수 있다. [10통과09-03] 태양에서 수소 핵융합 반응을 통해 질량 일부가 에너지로 바뀌고, 그 중 일부가 지구에서 에너지 순환을 일으키고 다양한 에너지로 전환되는 과정을 추론할 수 있다. [10통과09-04] 핵발전, 태양광발전, 풍력발전의 장단점과 개선 방안을 기후변화로 인한 지구환경 문제 해결의 관점에서 평가할 수 있다. [10통과09-05] 인류 문명의 지속가능한 발전을 위한 신재생에너지 기술개발의 필요성과 파력발전, 조력발전, 연료전지 등을 정성적으로 이해하고, 에너지 문제를 해결하기 위한 현대과학의 노력과 산물을 예시할 수 있다.	• 자전거, 놀이 기구, 운동 기구 등을 이용한 간이 발전기를 만들고, 이 과정에서 운동 에너지가 전기로 변환되는 과정 토의하기 • 태양광 발전을 이용한 장치를 고안하고, 태양광 발전의 장단점과 전망 토의하기 • 화석연료의 생성 과정을 조사하고 화석 원료 고갈 문제에 대해 토론한 후, 현재와 같은 비율로 에너지 사용량이 증가할 경우에 에너지가 고갈되는 시점을 예상하고 이에 대한 창의적인 대안 구상하기 • 물의 전기 분해와 연료전지 실험을 수행해 보고, 열효율 측면에서 연료전지가 가지는 장점 토의하기 • 지속가능한 친환경에너지 도시를 설계하고, 친환경에너지 도시에서 환경오염, 지구온난화 문제 등을 해결하는 방안 구상하기 • 적정 기술을 적용한 장치를 고안해보고, 사회적, 경제적, 과학적 측면에서 적정 기술이 미치는 영향 토론하기

| 표 2.10 | 고등학교 과학 탐구 실험의 성취기준과 탐구 활동 (계속)

단원	교육과정	탐구 활동
(1) 역사 속의 과학 탐구	[10과탐01-01] 과학사에서 패러다임의 전환을 가져온 결정적 실험을 따라 해보고, 과학의 발전 과정에 대해 설명할 수 있다. [10과탐01-02] 과학사에서 우연한 발견으로 이루어진 탐구 실험을 수행하고, 그 과정에서 발견되는 과학의 본성을 설명할 수 있다. [10과탐01-03] 직접적인 관찰을 통한 탐구를 수행하고, 귀납적 탐구 방법을 설명할 수 있다. [10과탐01-04] 가설 설정을 포함한 과학사의 대표적인 탐구 실험을 수행하고, 연역적 탐구 방법의 특징을 설명할 수 있다.	• 자유 낙하와 수평으로 던진 물체의 운동 비교하기 • 멘델레예프의 주기율표 만들기 • 파스퇴르의 생물 속생설 도출 과정 검토하기 • 지질 시대 동안 생물 대멸종의 원인과 그 후 변화 조사하기
(2) 생활 속의 과학 탐구	[10과탐02-01] 생활 제품 속에 담긴 과학 원리를 파악할 수 있는 실험을 통해 실생활에 적용되는 과학 원리를 설명할 수 있다. [10과탐02-02] 영화, 건축, 요리, 스포츠, 미디어 등 생활과 관련된 다양한 분야에 적용된 과학 원리를 알아보는 실험을 통해 과학의 유용성을 설명할 수 있다. [10과탐02-03] 과학 원리를 활용한 놀이 체험을 통해 과학의 즐거움을 느낄 수 있다. [10과탐02-04] 흥미와 호기심을 갖고 과학 탐구에 참여하고, 분야 간 협동 연구 등을 통해 협력적 탐구 활동을 수행하며, 도출한 결과를 증거에 근거하여 해석하고 평가할 수 있다.	• 우리 주변에서 천연 항생 물질 찾기 • 생활 주변에서 탐구 가능한 질문을 찾아서 탐구 수행하기 • 운동 관련 안전사고 예방 장치 고안하기
(2) 생활 속의 과학 탐구	[10과탐02-05] 탐구 활동 과정에서 지켜야 할 생명존중, 연구 진실성, 지식재산권 존중 등과 같은 연구 윤리와 함께 안전 사항을 준수할 수 있다. [10과탐02-06] 과학 관련 현상 및 사회적 이슈에서 과학 탐구문제를 발견할 수 있다.	• 관측 자료를 활용하여 한반도의 기후변화 경향성 파악하기 • 산성화된 토양, 호수 등을 중화시키는 방법 고안하기

| 표 2.10 | 고등학교 과학 탐구 실험의 성취기준과 탐구 활동

단원	교육과정	탐구 활동
	[10과탐02-07] 생활 속에서 발견한 문제 상황 해결을 위한 과학 탐구 활동 계획을 수립하고 탐구 활동을 수행할 수 있다. [10과탐02-08] 탐구 수행으로 얻은 정성적 혹은 정량적 데이터를 분석하고 그 결과를 다양하게 표상하고 소통할 수 있다. [10과탐02-09] 과학의 핵심 개념을 적용하여 실생활문제를 해결하거나, 탐구에 필요한 도구를 창의적으로 설계하고 제작할 수 있다.	
(3) 첨단 과학 탐구	[10과탐03-01 첨단 과학기술 속의 과학 원리를 찾아내는 탐구 활동을 통해 과학 지식이 활용된 사례를 추론할 수 있다. [10과탐03-02] 첨단 과학기술 및 과학 원리가 적용된 과학 탐구 활동의 산출물을 공유하고 확산하기 위해 발표 및 홍보할 수 있다.	• 태양광 발전을 이용한 장치 고안하기 • 신소재 개발 사례 조사하기 • 지속가능한 친환경 에너지 도시 설계하기 • 적정 기술을 적용한 장치 고안하기

1.6 고등학교 선택과목 「화학 I·II」

고등학교 화학 I은 일반 선택과목, 화학 II는 진로 선택과목으로 분류되며, 고등학교 선택과목 화학 I, II의 성취기준과 탐구 활동은 다음과 같다.

| 표 2.11 | 고등학교 화학 I의 성취기준과 탐구 활동 (계속)

단원	교육과정	탐구 활동
(1) 화학의 첫걸음	[12화학 I 01-01] 화학이 식량문제, 의류문제, 주거문제 해결에 기여한 사례를 조사하여 발표할 수 있다. [12화학 I 01-02] 탄소화합물이 일상생활에 유용하게 활용되는 사례를 조사하여 발표할 수 있다. [12화학 I 01-03] 아보가드로수와 몰의 의미를 이해하고, 고체, 액체, 기체물질 1몰의 양을 어림하고 체험할 수 있다.	• 화학이 실생활의 문제 해결에 기여한 사례 조사하기 • 탄소 화합물의 활용 사례 조사하기 • 1몰의 질량과 부피를 체험하는 실험을 계획하고 수행하기 • 화학 반응에서의 양적 관계를 확인할 수 있는 실험을 계획하고 수행하기 • 몰 농도 용액 제조하기

| 표 2.11 | 고등학교 화학 I의 성취기준과 탐구 활동 (계속)

단원	교육과정	탐구 활동
	[12화학 I 01-04] 여러 가지 반응을 화학 반응식으로 나타내고 이를 이용해서 화학 반응에서의 양적 관계를 설명할 수 있다. [12화학 I 01-05] 용액의 농도를 몰농도로 표현할 수 있다.	
(2) 원자의 세계	[12화학 I 02-01] 양성자, 중성자, 전자로 구성된 원자를 원소 기호와 원자 번호로 나타내고, 동위원소의 존재비를 이용하여 평균 원자량을 구할 수 있다. [12화학 I 02-02] 양자수와 오비탈을 이용하여 원자의 현대적 모형을 설명할 수 있다. [12화학 I 02-03] 전자 배치 규칙에 따라 원자의 전자를 오비탈에 배치할 수 있다. [12화학 I 02-04] 현재 사용하고 있는 주기율표가 만들어지기까지의 과정을 조사하고 발표할 수 있다. [12화학 I 02-05] 주기율표에서 유효핵 전하, 원자반지름, 이온화 에너지의 주기성을 설명할 수 있다.	• 주기율표가 만들어지기까지의 과정 조사하기 • 다양한 활동으로 주기율표 표현하기 • 간단한 오비탈 모형에 바닥 상태 전자 배치 표시하기 • 2주기 3주기 원소의 유효 핵 전하, 원자반지름, 이온화 에너지의 변화를 그래프에 표시하기
(3) 화학 결합과 분자의 세계	[12화학 I 03-01] 실험을 통해 화학 결합의 전기적 성질을 설명할 수 있다. [12화학 I 03-02] 이온 결합의 특성과 이온 화합물의 성질을 설명하고 예를 찾을 수 있다. [12화학 I 03-03] 공유 결합, 금속 결합의 특성을 이해하고 몇 가지 물질의 성질을 결합의 종류와 관련 지어 설명할 수 있다. [12화학 I 03-04] 전기 음성도의 주기적 변화를 이해하고 결합한 원소들의 전기 음성도 차이와 쌍극자 모멘트를 활용하여 결합의 극성을 설명할 수 있다. [12화학 I 03-05] 원자, 분자, 이온, 화합물을 루이스 전자점식으로 표현할 수 있다.	• 물의 전기 분해 실험하기 • 원자, 분자, 이온, 화합물을 루이스 전자점식으로 표현하기 • 분자의 구조를 모형으로 나타내기 • 물질의 극성 확인하기

| 표 2.11 | 고등학교 화학 I의 성취기준과 탐구 활동

단원	교육과정	탐구 활동
	[12화학 I 03-06] 전자쌍 반발 이론에 근거하여 분자의 구조를 모형으로 나타낼 수 있다. [12화학 I 03-07] 물리적, 화학적 성질이 분자 구조와 관계가 있음을 설명할 수 있다.	
(4) 역동적인 화학 반응	[12화학 I 04-01] 가역 반응에서 동적 평형 상태를 설명할 수 있다.	
	[12화학 I 04-02] 물의 자동 이온화와 물의 이온화 상수를 이해하고, 수소 이온의 농도를 pH로 표현할 수 있다.	
	[12화학 I 04-03] 산 · 염기 중화 반응을 이해하고, 산 · 염기 중화 반응에서의 양적 관계를 설명할 수 있다.	
	[12화학 I 04-04] 중화적정 실험을 계획하고 수행할 수 있다.	• 식초 속의 아세트산 함량 구하기
	[12화학 I 04-05] 산화 · 환원을 전자의 이동과 산화수의 변화로 설명하고, 산화수를 이용하여 산화 · 환원 반응식을 완성할 수 있다.	
	[12화학 I 04-06] 화학 반응에서 열의 출입을 측정하는 실험을 수행할 수 있다.	• 화학 반응에서 열의 출입 측정하기 • 화학 반응에서 열의 출입을 이용한 장치 고안하기

| 표 2.12 | 고등학교 화학 II의 성취기준과 탐구 활동 (계속)

단원	교육과정	탐구 활동
(1) 물질의 세 가지 상태와 용액	[12화학 II 01-01] 기체의 온도, 압력, 부피, 몰수 사이의 관계를 설명할 수 있다. [12화학 II 01-02] 이상 기체 방정식을 활용하여 기체의 분자량을 구할 수 있다. [12화학 II 01-03] 혼합 기체에서 몰분율을 이용하여 분압의 의미를 설명할 수 있다.	• 기체의 분자량을 구하는 실험하기 • 몇 가지 액체 물질의 증기압 곡선 자료 해석하기 • 여러 가지 농도의 용액 만들기 • 삼투 현상 관찰하기

| 표 2.12 | 고등학교 화학 Ⅱ의 성취기준과 탐구 활동 (계속)

단원	교육과정	탐구 활동
(1) 물질의 세 가지 상태와 용액	[12화학Ⅱ01-04] 분자 간 상호작용을 이해하고, 분자 간 상호작용의 크기와 끓는점의 관계를 설명할 수 있다.	
	[12화학Ⅱ01-05] 물의 밀도, 열용량, 표면 장력 등의 성질을 수소 결합으로 설명할 수 있다.	
	[12화학Ⅱ01-06] 액체의 증기압과 끓는 점의 관계를 설명할 수 있다.	
	[12화학Ⅱ01-07] 고체를 화학 결합의 종류에 따라 분류하고, 간단한 결정 구조를 설명할 수 있다.	
	[12화학Ⅱ01-08] 퍼센트 농도, ppm, 농도, 몰랄 농도의 의미를 이해하고, 여러 가지 농도의 용액을 만들 수 있다.	
	[12화학Ⅱ01-09] 묽은 용액의 증기압 내림, 끓는 점 오름, 어는 점 내림을 이해하고, 일상생활의 예를 들 수 있다.	
	[12화학Ⅱ01-10] 삼투 현상을 관찰하고, 삼투압을 설명할 수 있다.	
(2) 반응 엔탈피와 화학 평형	[12화학Ⅱ02-01] 열화학 반응식을 엔탈피를 이용하여 표현할 수 있다.	• 헤스 법칙을 확인하는 실험하기
	[12화학Ⅱ02-02] 엔탈피와 결합 에너지의 관계를 이해하고, 헤스 법칙을 설명할 수 있다.	
	[12화학Ⅱ02-03] 가역 반응에서 동적 평형을 이해하고, 평형 상수를 이용해서 반응의 진행 방향을 예측할 수 있다.	• 농도, 온도, 압력 변화에 따른 화학 평형 이동 실험하기
	[12화학Ⅱ02-04] 농도, 압력, 온도 변화에 따른 화학 평형의 이동을 관찰하고 르샤틀리에 원리로 설명할 수 있다.	
	[12화학Ⅱ02-05] 상평형 그림을 이용하여 물질의 상태 변화를 설명할 수 있다.	

| 표 2.12 | 고등학교 화학 Ⅱ의 성취기준과 탐구 활동

단원	교육과정	탐구 활동
	[12화학Ⅱ02-06] 이온화 상수를 이용하여 산과 염기의 세기를 이해하고, 염의 가수 분해를 설명할 수 있다.	
	[12화학Ⅱ02-07] 완충 용액이 생체 내 화학 반응에서 중요함을 설명할 수 있다.	• 생체 내 완충 용액의 역할 조사하기
(3) 반응 속도와 촉매	[12화학Ⅱ03-01] 화학 반응의 속도가 다양하다는 것을 알고, 화학 반응 속도를 계산할 수 있다. [12화학Ⅱ03-02] 자료 해석을 통하여 반응 속도식을 구할 수 있다. [12화학Ⅱ03-03] 1차반응의 반감기를 구할 수 있다. [12화학Ⅱ03-04] 화학 반응에서 활성화 에너지의 의미를 설명할 수 있다. [12화학Ⅱ03-05] 농도에 따라 반응 속도가 달라짐을 설명할 수 있다. [12화학Ⅱ03-06] 온도에 따라 반응 속도가 달라짐을 설명할 수 있다. [12화학Ⅱ03-07] 촉매가 반응 속도를 변화시킬 수 있음을 설명할 수 있다. [12화학Ⅱ03-08] 촉매가 생명 현상이나 산업현장에서 중요한 역할을 하는 예를 찾을 수 있다.	• 농도에 따른 반응 속도 실험하기 • 온도에 따른 반응 속도 실험하기 • 촉매에 따른 반응 속도 실험하기 • 현대 산업에 활용되고 있는 촉매와 효소의 활용 사례 조사하기
(4) 전기 화학과 이용	[12화학Ⅱ04-01] 화학 전지의 작동원리를 산화·환원 반응으로 설명할 수 있다. [12화학Ⅱ04-02] 전기 분해의 원리를 산화·환원 반응으로 설명할 수 있다. [12화학Ⅱ04-03] 수소 연료전지가 활용되는 예를 조사하여 설명할 수 있다.	• 간단한 화학 전지 만들기 • 연료전지 활용 사례 조사하기 • 전기 화학 기술이 사회에 미치는 영향 조사 발표하기

2 외국의 화학 교육과정

이 절에서는 우리나라 국가 교육과정과 함께 살펴보면 좋은 주요국가의 화학 교육과정을 소개하고자 한다. 우리나라의 국가 교육과정 설계 시 주요하게 살펴보는 미국의 화학 교육과정을 살펴보고, 'OECD Education 2030' 등 국제적 교육 동향을 교육과정에 반영하고 있는 국가들의 화학 교육과정을 살펴보고자 한다. 유럽권에서 최근 국제학업성취도 PISA(Programme for International Student Assessment, 이하 PISA)와 TIMSS(Trends in International Mathematics and Science Study, 이하 TIMSS)에서 핀란드를 제치고 가장 높은 성취를 보이는 에스토니아의 화학 교육과정과, 아시아권에서 최상위 성취를 보이는 싱가포르의 화학 교육과정을 살펴보고자 한다.

2.1 미국의 화학 교육과정

미국은 주별로 교육시스템을 가지고 교육 자치를 실현하는 국가로 국가 차원의 교육과정을 운영하지 않았으나, Project 2061의 보고서들을 기점으로 최근 과학 교육과정이 표준화의 길을 걷기 시작했다. 1989년 미국과학진흥협회(American Association for the Advancement of Science, AAAS)의 'Project 2061'을 통해 고등학교를 졸업한 사람이면 누구나 갖춰야 할 과학적 소양(scientific literacy)의 필요성을 제시하고, 모든 미국인을 위한 과학(Science for All Americans)을 출판했으며(AAAS, 1990), 1994년 과학적 소양을 위한 기준(Benchmarks for science literacy)을 발표했다(AAAS, 1994).

미국의 유 · 초 · 중등과정은 K - 12라고 표현되며 교육구마다 학제들이 조금씩 다른데, 가장 일반적인 유형은 K - 5학년 초등학교(5년), 6 ~ 8학년 중학교(3년), 9 ~ 12학년 고등학교(4년)인 학제이다. 초등학교가 5년제 또는 6년제로 구성되며, 초등학교 6년, 중학교 3년, 고등학교 3년으로 구성되어 우리나라 학제와 유사해 보이는 경우도 있다.

(1) 국가과학 교육기준(National Science Education Standards; NSES)

미국은 1996년 모든 학생이 과학적 소양을 성취해야 한다는 목표를 달성하기 위하여 국가과학 교육표준을 발표했다. 이 기준은 21세기 모든 사람을 위한 과학적 소양이라는 목표를 실현할 수 있는 과학 교육의 이상을 자세히 설명하고 있으며, 목표를 실현할 방법을 제시하고 있다. NSES의 구성은 1장: NESE의 의의, 2장: NESE의 개발 원리와 과학적 소양의 정의, 3장: 교수 기준, 4장: 교사의 전문성 계발을 위한 기준, 5장: 과학 교육 평가 기준, 6장: 과학 교육 내용 기준(과학의 통합 개념과 과정, 탐구로서의 과학, 물상 과학, 생명 과학, 지구 및 우주 과학, 과학과 기술, 개인과 사회적 관점에서의 과학, 과학의 역사와 본성의 8가지 범주), 7장: 질 높은 과학 교육 프로그램을 제공하기 위한 조건, 8장: 과학 교육체제의 구성 요소들의 수행을 판단하기 위한 준거 등으로 구성되어 있다.

NSES에서 제시하는 과학적 소양은 '개인적인 의사결정, 사회적, 문화적 사건에의 참여, 경제적 생산성을 위해 필요한 과학적 개념과 과정에 대한 지식과 이해'를 뜻한다. 과학적 소양을 갖추고 있다는 것은 한 개인이 일상 경험에 관한 호기심으로부터 문제를 제기하고, 이에 대한 답을 찾거나 결정할 수 있다는 것을 의미하며, 자연현상을 기술하고, 설명하고, 예측하는 능력, 대중 출판물에 실린 과학에 관한 글을 읽고 이해할 수 있는 능력, 특정한 결론의 타당성에 대하여 공적인 대화를 나눌 수 있는 능력을 갖추는 것을 뜻하기도 한다.

1) 통합 개념과 과정 기준

통합 개념과 과정 기준에서는 과학 과목을 통합하고 학생들에게 자연 세계를 이해하는 데 도움이 되는 유용한 아이디어를 제공한다. 이 기준에서는 K ~ 12학년까지의 과학 교육을 통해 학생들이 체험하는 많은 경험을 연결할 수 있는 통합적인 도식에 관해 이야기한다. NESE의 통합 개념과 과정 기준에는 표 2.13과 같은 것들이 포함된다.

2) 탐구로서의 과학 기준

탐구는 학생들이 관찰, 추론, 실험과 같은 기능을 배우는 '과정으로서의 과학' 이상의 것을 의미한다. 탐구는 과학의 과정들을 포괄하는 것으로 학생들이 과정과 지식을 결합하여 과학적으로 추론하고 비판적으로 사고함으로써 과학에 대한 이해를 함양하도록 요구한다. 학생들은 직접 탐구를 수행함으로써 다음과 같은 것들을 얻을 수 있다.

- 과학 개념의 이해
- 과학 지식을 알게 된 과정에 대한 이해
- 과학의 본성에 대한 이해
- 스스로 자연 세계를 탐구하는 데 필요한 기능
- 과학과 관련된 기능, 능력, 태도를 사용하려는 성향

| 표 2.13 | NESE의 통합 개념과 과정

통합 개념	하위 개념	
계, 질서, 조직	계	계의 구조, 기능, 피드백과 평형, 열린계와 닫힌계의 구분
	질서	계의 규칙성, 자연 세계를 설명하는 기본 법칙, 이론
	조직	기본 입자들의 조직, 주기율표, 분류 체계
증거, 모형, 설명	증거	관찰과 데이터, 증거 이용하여 자연계 변화 예측
	모형	물리적 사물, 계획, 수학의 방정식, 컴퓨터 모의실험
	설명	가설, 모형, 법칙, 원리, 이론, 패러다임
항상성, 변화, 측정	항상성	계의 에너지와 질량의 총합 보존
	변화	에너지 전달, 물질 변화
	측정	계의 변화를 양적으로 표현
진화, 평형	진화	공룡의 조상으로부터 다양한 후손 발생, 우주 변화
	평형	균형, 항상성, 상호작용하는 물질들은 평형 상태를 지향
형태, 기능	형태	형태나 모양은 용도, 작용, 기능과 관련됨
	기능	형태를 고려하여 기능 설명, 기능을 고려하여 형태 설명

탐구로서의 과학은 과학 교육의 기초이며 학생들의 활동을 선택하고 조직하는 궁극적인 원리이다. 탐구에 대한 기준들은 탐구 수행 능력과 과학적 탐구에 대한 이해의 증진을 강조한다. 모든 학년의 학생들은 어느 과학 영역에서나 과학적 탐구를 수행할 기회를 얻어야 하며, 문제의 제기, 탐구의 설계와 수행, 자료 수집을 위한 적절한 도구와 방법의 사용, 증거와 설명의 관계에 대한 비판적이고 논리적인 사고, 대안적인 설명의 구성과 분석, 그리고 과학적인 주장과 같은 탐구와 관련된 사고와 행동 능력을 계발해야 한다. 탐구로서의 과학 기준은 '과학적 탐구 수행에 필요한 능력'과 '과학적 탐구에 대한 이해'이다.

3) 내용 기준(물상 과학 중 화학 내용)

물상 과학 기준은 K ~ 4학년, 5 ~ 8학년, 9 ~ 12학년으로 구분해서 제시하고 있다. 이 기준에서는 모든 학생이 알고, 이해하고, 활용해야 할 중요한 사실, 개념, 원리, 이론, 모형에 초점을 두고 있다.

| 표 2.14 | 물상 과학 기준

학년	대범주	소범주
K ~ 4학년	물체와 물질의 성질	• 물체의 크기, 무게, 모양, 색 등의 성질 관찰 • 물질의 성질, 물질의 분리와 분류 • 물질의 세 가지 상태, 물의 상태 변화
5 ~ 8학년	물질의 성질과 변화	• 물질의 특성(밀도, 끓는점, 녹는점, 용해도), 혼합물과 물질의 분리 • 화학 반응과 화합물, 질량 보존, 금속의 반응 • 원소의 성질, 원소의 종류, 화합물
9 ~ 12학년	원자의 구조	• 원자, 원자를 구성하는 입자들의 성질 • 원자핵, 양성자와 중성자, 동위원소 • 핵력, 핵반응 시 방출되는 에너지, 핵융합 반응 • 방사성 동위원소의 핵반응, 핵의 붕괴율 예측과 적용
	물질의 구조와 성질	• 최외각 전자와 화학적 성질 • 원소와 원자, 물리적 화학적 성질의 규칙성과 최외각 전자의 관계 • 공유 결합, 홑원소 물질, 분자성 공유 결정, 화합물 • 화합물의 물리적 성질과 분자 간의 상호작용, 분자 구조 • 분자 간 거리, 분자 간 인력 • 탄소 화합물
	화학 반응	• 화학 반응의 종류 • 화학 반응에서의 에너지 출입 • 산화 환원 반응(전자의 이동, 수소 이온의 이동), 산 염기 반응, 대기 중의 오존 발생 반응, 온실 기체, 화석연료의 연소와 가공, 중합체 합성 반응 • 화학 반응 속도와 반응 속도에 영향을 미치는 요인, 촉매
	에너지와 물질의 상호작용	• 원자나 부자의 불연속적인 특정한 양의 에너지 흡수 및 방출 • 금속 결정과 자유 전자, 반도체, 초전도체

(2) 차세대과학기준(Next Generation Science Standards, 이하 NGSS)

2012년 유 · 초 · 중등 과학 교육의 새로운 표준을 만들기 위해서 '유 · 초 · 중등 과학 교육의 체계(A Framework for K-12 Science Education)'를 발표했으며, 이를 통해 여러 주에 통용되는 과학 교육 체계를 정립하고자 했다(NRC, 2012). 궁극적인 목표는 12학년을 마친 학생이라면 누구나 과학의 아름다움을 인식할 수 있고, 과학과 관련된 일반적인 대화에서 충분히 자신의 의견을 개진할 수 있을 정도의 과학과 공학의 지식을 갖추며, 일상생활과 관련된 과학과 기술 정보를 올바르게 활용할 수 있고, 학교 밖에서 과학에 관한 공부를 계속하거나 과학과 공학, 그리고 기술과 관련된 직업을 선택할 수 있을 정도의 능력을 배양하도록 하는 것이다. 유 · 초 · 중등 과학 교육이 '과학과 공학 실천, 관통 개념, 학문 분야의 핵심 아이디어' 3개의 주요 차원을 바탕으로 이루어져야 한다고 제안했다.

이를 바탕으로 2013년 미국 국립연구심의회(National Research Council)에서는 '차세대 과학 교육 표준'이라는 이름으로 개정된 과학 교육 표준을 발표했다. NGSS의 강조점은 단편적 지식 교육을 탈피해서 핵심 개념을 중심으로 문제를 해결하는 방법을 가르치는 교육에 초점이 있으며, 증거를 기반으로 모델과 이론을 형성하는 과정을 통해 과학 지식이 지속해서 정교화되는 것을 이해해야 함을 강조하고 있다. 또한 지식을 아는 것에서 더 나아가 사용할 줄 아는 학습을 위한 교육을 강조라는 것을 가장 중요한 특성으로 내세우고 있다.

NGSS에서는 30년 이상의 과학 교육 및 인지 과학 연구를 바탕으로 정리한 보고서인 학교에서 과학하기(Taking Science To School)에 기초해서 과학의 교육과정 내용을 3개 차원[과학 · 공학에서 실천 차원(Practices), 관통 개념(Crosscutting Concepts), 교과 핵심 아이디어(Disciplinary Core Ideas)]과 그에 대한 하위 요소들로 구분하고 특정 학년 학생들이 해당 학년 말에 갖추기를 기대하는 최소한의 성취 수준을 수행의 형태로 진술하고 있다. 이 수행기대는 표 2.15의 세 가지 차원 요소로 구성되며 각각의 수행기대에 대해서 세 가지 차원 요소 분석뿐 아니라 타 과학 분야와 선수 · 후 학습, 과학 · 국어 교육과정과의 연관성이 명시되어 있다.

탐구 기능 습득에 초점을 두어 잘못 인식되고 있는 과학 탐구의 개념을 명료화하고 확장해서 8가지 과학 실천(Science Practices)을 제시하고 있으며, 과학 탐구 기능이 아닌 과학 실천이라는 용어를 쓰는 이유는 과학을 하는 데 있어 기능뿐 아니라 지식도 필요하기 때문이라고 설명하고 있다. NGSS에서는 과학 실천과 함께 공학 실

| 표 2.15 | 과학 교육과정의 세 가지 차원

과학 · 공학적 실천	관통 개념	교과 핵심 아이디어
1. 과학적 질문하기, 공학적 문제 규정하기 2. 모델 개발 및 사용하기 3. 탐구 계획 및 수행하기 4. 자료 분석 및 해석하기 5. 수학 및 전산적 사고 활용하기 6. 과학적 설명 구성하기, 공학적 해결책 고안하기 7. 증거 기반 논증하기 8. 정보수집, 평가 및 소통하기	1. 규칙성 2. 원인과 결과 3. 크기, 비율, 양 4. 시스템과 시스템 모델 5. 에너지와 물질 6. 구조와 기능 7. 안정성과 변화	〈물리화학 영역〉 1. 물질과 물질의 상호작용 2. 운동과 안정성: 힘과 상호작용 3. 에너지 4. 파동과 정보전달에의 응용

천을 연계해서 제시하고 있는데 과학 실천 1은 탐구 질문의 제기이고, 공학 실천 1은 설계에 의해 해결될 수 있는 문제의 제기와 같이 서로 구별된다. 표 2.16은 과학 실천 3인 '탐구 계획 및 수행하기'의 각 학년군 별 세부 성취 목표이다.

| 표 2.16 | '탐구 계획 및 수행하기'의 학년군 별 세부 성취 목표

3~5학년	6~8학년	9~12학년
3-1. 변인을 통제하고 실험횟수를 고려한 공정한 실험을 사용하여 증거에 기초한 데이터를 만들기 위해 협동적으로 조사를 계획하고 수행하기	3-1. 개별적으로나 협동적으로 탐구 또는 디자인을 계획하기 (독립 변인과 종속 변인을 확인하고 통제하기/데이터 수집을 위해 무슨 도구가 필요할지, 측정 및 기록 방법, 주장을 지지하는 데 필요한 데이터 확인하기)	3-1. 모형을 제작하거나 수정하고, 현상에 대한 설명을 지지하거나 문제의 해결책을 찾기 위한 실험을 하는 데 있어 증거 기반 데이터를 생산을 위해 개인적, 협동적으로 탐구를 설계거나 설계에 따른 실험하기
3-2. 데이터를 수집하는 데 적합한 방법이나 도구를 평가하기	3-2. 탐구의 목적에 적합한 증거 기반 데이터를 생산하기 위한 탐구를 수행하기 또는 실험 설계를 평가하거나 수정하기	3-2. 증거 기반 데이터를 생산하기 위해 개인적, 협동적으로 탐구를 설계하고 수행하며, 설계 과정에서 신뢰가 가는 측정을 위한 데이터의 정확성, 데이터의 유형, 데이터의 양에 대해 결정하고 데이터의 정밀성에 대한 한계(실험횟수, 비용, 위험, 시간)를 고려하고 설계를 개선하기
3-3. 현상을 설명하기 위한 증거의 기반이 되는 데이터를 생산하기 위해 관찰하거나 측정하기	3-3. 데이터를 수집하기 위한 다양한 방법의 정확성 평가하기	3-3. 환경적, 사회적, 개인적 영향의 상황을 포함하여 안전하고 도덕적인 방법으로 탐구를 설계하고 수행하기 또는 설계의 문제를 탐구하기
3-4. 변인을 변화시켰을 때 일어날 변화 예측하기	3-4. 과학적 질문에 답을 하기 위해 증거 기반 데이터를 생산하고 수집하기	3-4. 데이터를 수집하고, 기록하고, 분석하고, 평가하기 위해 적합한 도구를 선택하기
3-5. 어느 모형이 성공 기준에 더 적합한지 결정하기 위해 같은 물체, 도구 또는 과정에 다른 두 모형 실험하기	3-5. 제안된 물체, 도구, 과정, 다양한 상황의 시스템에서 수행에 대한 데이터 수집하기	3-5. 독립 변인을 조작할 때 종속 변인이 어떻게 변할지 명시하는 가설 만들기
		3-6. 성공을 위한 기준 또는 다른 변인들과 관련하여 수행을 향상하거나 실패 요소를 확인하기 위해 시스템의 복잡한 모형에 대해서 자료를 수집하고 변인을 조정하기

관통 개념은 여러 과학의 영역에 걸쳐 적용 가능한 관통 개념(교차 개념)으로, NGSS에서는 학생들이 여러 가지 과학 분야에서 얻은 지식을 통합적으로 구조화하는 체계를 구축해서 자연 세계에서 일어나는 현상을 과학적으로 이해할 수 있도록 권장하고 있다. 과학 영역별 핵심 개념은 '물리화학, 생명과학, 지구와 우주과학, 공학, 기술과 과학의 응용'으로 구분하여 제시하고 있으며, 화학 분야가 속해있는 물리화학에서 화학 분야에 대한 핵심 개념은 물질의 구성, 화학 반응, 화학 반응에서의 에너지 등이다. 다음은 고등학교 화학 분야인 '물질의 구조와 성질(표 2.14 참조)'에 대한 과학 실천, 과학 실천, 관통 개념에 대한 예시이다.

| 표 2.17 | 9–PS1. 물질과 상호작용 (계속)

수행기대
9–PS1. 일상생활에서 일어나는 다양한 변화를 찾고, 이를 물리 변화와 화학 변화로 분류할 수 있다. (설명: 일상생활에서 일어나는 변화 중 물리 변화의 예로 유리가 깨짐, 물의 기화, 종이 오리기 등이 있으며 화학 변화의 예로 나무의 연소, 철이 녹스는 것, 음식물의 부패 등이 있다.)
9–PS2. 화학 반응을 모형으로 표현할 수 있다. (설명: 화학 반응 시 물질을 구성하는 원자의 종류와 개수는 변하지 않으나 원자의 배열이 달라져 생성물이 만들어진다는 것을 모형으로 나타낸다.)
9–PS3. 간단한 화학 반응을 화학 반응식으로 나타낼 수 있다. (설명: 간단한 화학 반응의 예로 과산화수소의 분해, 메탄올의 연소 등이 있다.) (평가범위: 반응물과 생성물의 화학식을 적고, 계수를 맞추어 반응식을 완성하는 것을 포함한다.)
9–PS4. 질량 보존 법칙을 설명하기 위하여 모형을 사용할 수 있다. (설명: 모형을 통해 입자의 개수와 종류가 변하지 않음을 통하여, 질량 보존 법칙을 설명한다.)
9–PS5. 질량 보존 법칙을 확인할 수 있는 실험을 설계하고 수행할 수 있다. (설명: 질량 보존 법칙을 확인하기 위해서는 밀폐된 계에서 실험을 진행한다.)
9–PS6. 일정 성분비 법칙을 설명하기 위하여 모형을 사용할 수 있다. [(설명: 간단한 화학 반응에 대해 질량비를 계산하는 활동을 포함한다(예: 수소와 산소의 반응으로 물이 생성되는 반응)].
9–PS7. 일정 성분비 법칙을 확인할 수 있는 실험을 설계하고 수행할 수 있다. (설명: 화학 반응에 참여한 반응물의 질량과 생성물의 질량을 계산하고, 질량비를 구하는 것을 포함한다. 실험의 예로 같은 부피의 질산납 수용액에 아이오딘화 칼륨 수용액을 첨가하면서 생성되는 아이오딘화납 침전의 양을 관찰하는 실험이 있다.)
9–PS8. 화학 반응식에서 계수가 의미하는 것을 설명할 수 있다. (설명: 화학 반응식에서의 계수를 분자 또는 원자 수의 비로 설명하고, 기체의 반응의 경우 부피비로 설명한다.)

| 표 2.17 | 9-PS1. 물질과 상호작용

과학 · 공학적 실천	핵심 개념	관통 개념
자료 분석 및 해석하기 이전 학년의 경험을 바탕으로 보다 상세한 통계분석, 일관성 확보를 위한 자료를 비교, 자료 생성 및 분석을 위한 모델의 사용을 도입하는 방향으로 진전한다. • 타당하고 신뢰할 수 있는 과학적 주장을 위하여 또는 최적의 설계안을 위하여 도구, 기술, 모델(예: 전산적 모델, 수학적 모델)을 사용하여 자료를 분석한다. (9-PS1-1) **모형 개발 및 사용하기** 이전 학년의 경험을 바탕으로 모델을 사용, 종합, 개발하여 자연 및 인공계의 계 사이 또는 계의 구성 요소 변인 간의 관계를 예측하고 나타내는 방법으로 진전한다. • 증거에 기초해 모델을 개발, 수정, 사용해서 계 사이의 관계 또는 계의 구성 요소 간의 관계를 나타내고 예측한다. (9-PS1-2, 9-PS1-3, 9-PS1-4, 9-PS1-6, 9-PS1-8)	**PS1.8: 화학 반응** • 물리 변화는 물질의 성질은 변하지 않고 모양이나 상태가 달라지는 현상이고 화학 변화는 물질의 성질이 전혀 다른 새로운 물질로 변하는 현상이다. (9-PS1-1) • 화학 반응 시 물질을 구성하는 원자의 종류와 수는 변하지 않으며 배열만 달라진다. (9-PS1-2) • 화학식을 사용해서 화학 반응을 나타낸 식을 화학 반응식이라고 하며, 화학 반응식에서 화살표의 왼쪽은 반응물을, 오른쪽은 생성물을 나타낸다. 화학 반응식을 보면 반응물과 생성물의 종류, 분자 수의 비를 알 수 있다. (9-PS1-3) • 화학 반응 시 물질을 구성하는 원자의 종류와 수가 변하지 않으므로 질량은 보존된다. (9-PS1-4) • 화학 반응 시 물질의 성질은 변하지만 질량은 보존된다. (9-PS1-5)	**규칙성** • 한계가 연구되는 각각의 규모에서 다양한 규칙성이 관찰될 수 있다. 이 규칙성은 현상을 설명에 있어서 인과에 관한 증거를 제공할 수 있다. (9-PS1-1) • 경험적 증거는 규칙성을 확인하는데 필요하다. (9-PS1-5, 9-PS1-7) **에너지, 물질: 흐름, 순환, 보존** • 닫힌 시스템에서 총 에너지와 물질의 양은 보존된다. (9-PS1-2, 9-PS1-4, 9-PS1- 5) • 시스템 내에서 에너지와 물질의 변화는 시스템 내에서나 안팎으로 에너지와 물질이 흐름을 통해 묘사할 수 있다. (9-PS1-3, 9-PS1-6, 9-PS1-7, 9-PS1-8)
	• 화학 반응 시 반응하는 물질의 질량 사이에는 일정한 비율일 존재한다. (9-PS1-6) • 화학 반응 시 반응물들의 질량에는 일정한 양적 관계가 존재하는 데 이를 일정 성분비 법칙이라고 한다. (9-PS1-7) • 화학 반응식에서 계수는 분자 또는 원자 수의 비이거나 기체 반응의 경우는 부피 비를 의미한다. (9-PS1-8)	**시스템 및 시스템 모델** • 시스템과 시스템 내 또는 시스템 간 상호작용(에너지, 물질, 정보의 흐름)을 여러 규모에서 흉내 내기 위해 모델(예: 실체, 수학, 컴퓨터 모델)을 사용할 수 있다. (9-PS1-2, 9 - PS1-3, 9-PS1-4, 9-PS1-76, 9-PS1-78)

다음은 미국 고등학교 화학 교과서의 예시이다.

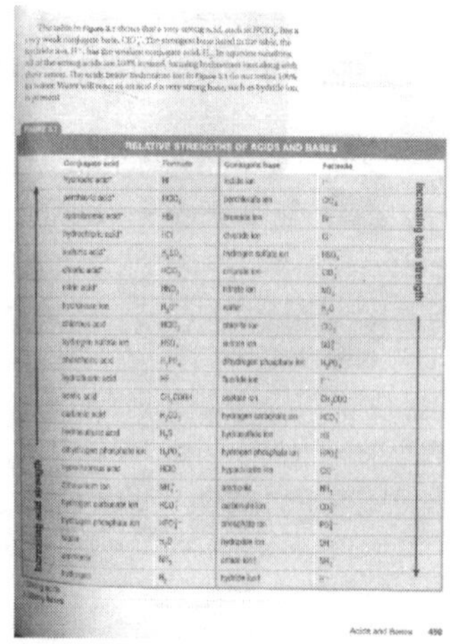

| 그림 2.1 | 고등학교 화학, 산과 염기의 상대적 세기(Sarquis & Sarquis, 2012)

2.2 에스토니아의 화학 교육과정

에스토니아는 오랜 시간 동안 발트해를 둘러싼 지리적인 요인 등으로 스웨덴, 독일, 러시아 등 주변 강대국의 지배하에 있던 국가이며, 1991년 소비에트 연방 붕괴로 비로소 독립했다. 에스토니아는 디지털 강국으로 4차 산업혁명의 중심이 되면서 유명해지기 시작했다. 세계은행 디지털 국가 인덱스에서도 1위로 선정된 디지털 강국이며, 유럽에서 가장 학업성취도가 높은 나라이다. 국제학업성취도 PISA 2012부터 두각을 나타내기 시작했으며, 교육 강국으로 알려진 핀란드보다 우수한 성과를 보이면서 많은 국가가 이 작은 나라의 교육에 관심을 갖기 시작했다. 우리나라에서도 KBS의 '명견만리', EBS의 코딩 교육 프로그램 등에서 에스토니아의 교육이 소개되었다. 에스토니아의 교육과정은 국가 교육과정으로 1991년 소련 연방에서 독립 후 현재까지 3번의 교육과정 개정이 있었으며, 현재의 교육과정은 2010년에 발표되고 2011년부터 적용된 국가 교육과정이다.

에스토니아는 전 초등 교육(Pre-primary education), 기초 교육(Basic education), 후기 중등 교육(Upper secondary education)으로 학제가 구성되며, 기초 교육과정이 다시 초등교육(1 ~ 6학년, 6년)과 전기 중등 교육(7 ~ 9학년)으로 나뉜다. 교육과정 문서에서는 3단계로 학년군제로 표시되며, 1단계(1 ~ 3학년), 2단계(4 ~ 6학년), 3단계(7 ~ 9학년)로 구분되어 있다. 기초 교육과정은 의무교육으로 1 ~ 9학년까지 하나의 연속된 학제로 구성되어 초등학교와 중학교 과정이 동일 학교 내에서 단일 시스템으로 운영된다. 후기 중등 교육은 다시 고등 교육 진학을 목표로 하는 일반 후기 중등 교육(General upper secondary education)과 직업 후기 중등 교육(Vocational upper secondary education)으로 나뉜다. 종합학교(Gymnasium)에 입학할 경우 기초 교육부터 후기 중등 교육과정까지 교육받을 수 있어 교육의 연속성이 높다. 하나의 연속된 학제로 초등학교와 중학교 과정이 동일 학교 내에서 단일 시스템으로 운영될 뿐만 아니라 기초 교육 이수자의 43%가 동일 학교(고등학교)에서 후기 중등 교육과정을 밟는다(조성민 외, 2018).

(1) 에스토니아의 핵심 역량

에스토니아의 핵심 역량은 총론에서 지향하는 핵심 역량과 교과 역량으로 구성된다. 총론에서 지향하는 핵심 역량은 특정 활동 영역이나 분야에서 진취적이고 유연성 있게 창의적으로 기능하기 위해 필수적이며, 중요한 관련 지식, 능력, 태도의 총합으로 정의한다. 총론에서의 핵심 역량은 다음과 같다.

- **문화 및 가치 역량**: 통상적으로 용인되는 도덕적 규범의 관점에서 인간관계 및 활동을 평가하는 능력. 타인, 사회, 자연, 소속 국가의 문화유산, 타국의 문화유산, 현대 문화 이벤트와의 관계를 인지하고 그 가치를 이해하는 능력. 예술과 창작의 가치를 이해하고 미적 감각을 개발하는 능력. 일반적인 인본 및 사회적 가치의 이해력, 인간, 문화 및 자연 다양성의 가치에 대한 이해 능력. 자신의 가치들을 파악하는 능력.
- **사회적 및 시민 역량**: 자아실현 능력. 능동적이고, 인지하며, 유용하고 책임 있는 시민으로 기능하고 사회의 민주적 발전을 지원하는 능력. 사회의 사치와 도덕률을 이해하고 이에 따르는 능력. 소통환경과 사회적 다양성, 인권, 각 종교 및 국가별 특성 등을 포함하여 다양한 환경의 규칙을 존중하는 능력. 타인의 다른 가치를 인용하고 이들과의 상호작용에서 이를 고려하는 능력.
- **자기관리 역량**: 자신의 장단점을 이해하고 적절한 방식으로 평가하는 능력. 자신의 능력과 선택 가능성을 고려하고, 다양한 상황에서의 행태를 분석, 안전수칙과 건강한 라이프 스타일을 따르는 능력. 정신 및 신체 건강 관련 문제를 해결하는 능력.
- **학습 역량**: 개인 또는 집단의 학습 환경을 구축하는 능력. 학습, 취미, 보건 및 직업선택에 필요한 정보를 입수, 적합한 정보원 및 조언자를 검색하고 이들의 도움을 활용, 학습 계획을 수립하고 이를 이행하는 능력. 다양한 상황에서 학습 성과를 활용하여 문제를 해결, 신규로 습득한 지식과 기학습한 내용을 연결, 지식과 능력,

동인과 자신감을 분석하고 이를 바탕으로 향후 학습 동인을 얻는 능력.

- **의사소통 역량:** 상대방 언어 사용자의 수준에 따라 모국어와 최소한 두 가지 외국어로 자신을 분명하고 적절하며 정중하게 표현하는 능력. 의사소통 시 상황을 고려하고 의사소통의 안전한 상황 및 타인을 이해하는 능력. 자신을 소개하고 자신의 입장을 제시하거나 정당화하는 능력. 정보가 담긴 글과 소설을 읽고 그 차이를 이해하는 능력. 적절한 참조, 언어적 장치 및 적절한 문체를 활용하여 다양한 형식의 글을 쓰는 능력. 상호합의에 바탕을 둔 의사소통에서 풍부한 표현력을 지닌 언어와 문체를 올바르게 우선적으로 활용하는 능력.
- **수학, 과학 및 기술 역량:** 학교생활 및 일상생활에서 다양한 문제를 해결할 때 수학과 과학의 언어, 상징 및 특징적인 방법들을 활용하는 능력. 일상생활과 자연, 사회에 미치는 과학과 기술의 영향력과 중요성을 이해하는 능력. 과학과 기술의 한계를 이해하는 능력. 다양한 삶의 영역에서 증거에 기반하여 결정을 내리는 능력. 새로운 기술을 목적을 가지고 활용하는 능력.
- **기업가 역량:** 삶과 활동의 여러 분야에서 습득한 지식과 기술을 이용하여 아이디어를 창출하고 구현하는 능력. 문제점을 인식하고 그 속에 놓인 해결의 기회를 알아보는 능력. 목표를 설정하고 수행하는 능력. 단기 계획과 장기 계획을 수립하여 이를 소개하고 실행하는 능력. 공동 활동을 조직하고 참여하며 주도할 수 있고 결과에 대해 책임질 수 있는 능력. 창의적이고 혁신적으로 반응하며 변화에 유연하게 대처하는 능력. 현명하게 위험을 감수하는 능력.
- **디지털 역량:** 급변하는 사회에 대처하기 위한 학습을 위해 디지털 개발 기술을 사용하는 능력. 지역사회에서의 의사소통은 물론 시민으로의 역할을 다할 수 있는 능력. 정보를 검색하고 보존하기 위해 디지털 수단을 활용할 수 있는 능력. 정보의 관련성 및 신뢰성을 평가할 수 있는 능력. 글(텍스트), 이미지, 멀티미디어의 제작과 활용을 포함한 디지털 콘텐츠 제작에 참여할 수 있는 능력. 문제를 해결하기 위해 적절한 디지털 도구 및 방법들을 이용할 수 있는 능력. 서로 다른 디지털 환경에서 의사소통하고 협력하는 능력. 디지털 환경의 위험성을 인식하고 개인의 사생활, 개인 정보 및 디지털 신원을 보호하는 방법을 아는 능력. 일상생활에서와 같은 도덕과 가치 원칙들을 따를 수 있는 능력.

과학 과목에서의 핵심 역량은 과학기술 활용 능력, 즉 자연, 인공 및 사회적 환경에서 발생하는 현상을 관찰하고 설명하는 능력, 환경을 총체적으로 분석하고, 그 내부에서 발생하는 다양한 문제들을 파악하며 합당한 결정을 내리며, 과학적 방법론을 활용하고 생물학, 이화학 및 기술적 시스템을 이용하여 문제를 해결하고, 문화의 한 부분으로서 과학의 가치를 이해하고 지속가능한 삶의 방식을 영위할 수 있는 능력을 의미한다.

(2) 졸업시험

기초 학교를 졸업하기 위해서는 졸업시험(lower secondary exams)을 통과해야 한다. 에스토니아어, 수학 시험은 필수이며, 1개의 자유 선택 시험(외국어, 역사, 공민, 지리학, 생물학, 화학, 물리학)에서 최소한 하나를 '만족' 등급을 받고 3단계(7~9학년)에서 '연구 또는 창의적 작업(research or creative work)'을 수행한 최근 학년 성적이 '만족' 이상의 성적은 받은 학생은 기초 학교를 졸업할 수 있다. 출제는 에스토니아의 'Innove 재단'에서 출제하며, 채점은 단위 학교에서 진행한다.

에스토니아에서 대학을 진학하기 위해서는 상위 중등학교 졸업시험(upper secondary exams)을 통과해야 하는데, 이 시험은 12학년에 졸업과 대학 진학을 위해 보는 시험이다. 에스토니아어, 수학, 외국어 시험을 치러야 하며, 학교 시험과 연구 논문도 반영된다. 2명의 채점자가 채점하고 이들의 점수 차가 큰 경우 세 번째 채점자가 채점하며, 이 점수를 이용해서 학점을 받은 후 그에 맞춰서 대학을 진학하게 된다.

(3) 에스토니아 과학 교육과정의 구성

에스토니아는 1단계(1 ~ 3학년)부터 과학 과목을 배우기 시작하며, 2단계(4 ~ 6학년), 3단계(7 ~ 9학년)로 올라갈수록 수업 시수가 많아지며, 3단계에서는 과학 과목과 별도로, 물리학, 화학, 생명과학, 지구과학 과목을 학습한다. 1단계에서는 과학 과목이 주당 3시간이며, 2단계에서는 과학 과목이 주당 7시간이다. 3단계에서는 과학 과목이 주당 2시간이며, 과학 과목과 함께 물리학이 주당 4시간, 화학이 주당 4시간, 생명과학이 주당 5시간, 지구과학이 주당 5시간씩 구성된다. 그러나 학습 단계 내 과목의 주당 시수 배분은 교육의 목적과 성취 목표에 따라 학교 교육과정에서 결정된다. 본 연구에서는 기초 학교의 과학과 교육과정을 분석 대상으로 한다.

에스토니아의 교육과정은 학년군 별로 가치와 태도(Values and Attitudes), 탐구기능(Inquiry Skills), 자연에서의 관찰(Observations in nature), 자연현상(Natural Phenomena), 생물의 다양성과 서식지(Diversity and Habitat of Organisms), 인간(Human Beings), 계획 및 지도(Plan and Map) 등의 성취기준이 제시된 후, 학습 결과(Learning Outcomes)와 학습 내용(Learning content)의 성취기준 등이 제시된다. 각 학년군 별로 다양한 주제가 나열식으로 제시되어 있다. 1단계(1 ~ 3학년)는 사람

의 감각과 그 기능, 계절, 생물체와 서식지, 측정과 비교, 인간, 날씨, 생물체와 공동서식, 운동, 전기와 자기, 나의 고향 에스토니아의 10개 주제에 대한 개념을 배우며, 2단계(4 ~ 6학년)는 우주, 지구, 지구의 다양한 생물, 강과 호수, 물질로서의 물, 생활환경으로서의 정착지, 지형 및 지형 그룹 살아있는 환경으로서의 습지, 생활환경으로서의 토양, 공기, 생활환경으로서의 발틱해, 에스토니아에서의 생활환경, 에스토니아의 천연자원, 에스토니아의 자연과 환경 보호 등의 17개 주제로 주로 에스토니아인들이 접하는 주변 환경과 관련한 내용을 체험을 기반으로 학습하는 단계이다. 3단계(7 ~ 9학년)는 자연을 연구하는 인간, 물질과 몸의 다양성, 자연현상, 생물체와 무생물체 사이의 연관 등의 4가지 주제를 인간의 연구와 관련지어 학습하는 단계이다.

우리나라의 중학교 과정에서 과학과 더불어 배우게 되는 물리학, 화학, 생명과학, 지구과학의 경우 소주제별로 학습 결과, 학습 내용, 개념, ICT의 실제 작업과 사용으로 구성되며, 화학의 경우 실제적인 작업 및 정보와 의사소통 기술의 활용(Practical work and application of information and communication technology)에 대해 서술한 소주제도 구성되어 있다.

에스토니아의 성취기준은 각 단계에 학습해야 하는 내용에 과학에서 길러야 하는 핵심 역량이 기술되어 있다.

기초 학교에서 화학을 배우는 목적은 학생이 기초 학교를 마칠 때까지 다음을 수행하는 것이다.

1) 화학에 대한 관심을 더욱 발전시키고, 사회 발전, 현대 기술 및 일상생활에서 화학의 역할을 이해하고 평생 학습에 대한 동기를 부여한다.
2) 과학적, 기술적 소양, 창의성 및 체계적인 사고 방식을 더욱 발전시키고 과학적 방법을 사용하여 화학 문제를 해결한다.
3) 화학에 대한 정보를 얻고 이 정보를 분석하고 비판적으로 평가하기 위해 다양한 출처를 식별, 평가 및 사용한다.
4) 화학 및 기타 과학 과목을 공부하여 통합된 과학적 세계관을 개발하고 화학의 주요 정의와 주요 화학 과정을 지배하는 규칙에 대한 체계적인 개요를 얻고 화학 용어를 적절한 방식으로 사용할 수 있다.
5) 안전한 방식으로 화학 탐구를 수행하고, 실험실 및 일상생활에서 화학 시약을 경제적이고 안전하게 사용할 수 있다.
6) 과학적, 경제적, 사회적, 환경적, 정치적, 윤리적, 도덕적 관점에 기초하여 유능한 결정을 내리고 결정의 가능한 결과를 예측한다.

7) 환경에 대한 책임 있는 태도를 중요시하고 건강하고 지속 가능한 삶의 방식을 중시한다.
8) 화학과 관련된 직업에 대한 개요를 얻고 직업을 계획하는 데 화학 지식과 기술을 사용한다.

다음은 기초학교 3단계(7~9학년)의 성취기준 진술이다.

가치와 태도(Values and Attitudes)

1) 자연 과학 연구에 관심이 보이고 자연 과학 및 기술 분야의 경력에 관심이 있다.
2) 자연현상을 알아가는 연구 활동에 가치를 두고 자신 있게 창의력을 사용한다.
3) 자신의 능력을 믿고 자연현상을 연구하는 데 자신이 있다.
4) 실험을 수행할 때 가치 순서, 합의된 규칙을 따르고 실험 도구를 관리한다.
5) 생명체와 무생물의 다양성을 중시한다.

탐구 기능(Inquiry Skills)

1) 자연 과학에 관한 질문을 보고 질문할 수 있다.
2) 관찰 실험으로 검증할 수 있는 연구 문제 또는 가설을 공식화한다.
3) 실험을 포함한 연구를 다른 학생들과 협력하여 계획하고 수행할 수 있다.
4) 측정 가능하고 측정 불가능한 변수를 제안할 수 있다.
5) 간단한 실험에서 독립 변수와 종속 변수를 구별한다.
6) 데이터의 신뢰성을 분석하고 반복 테스트 및 검증 테스트의 필요성과 보조 변수 확인의 필요성을 이해한다.
7) 결과를 표와 도표로 제시한다.
8) 그래픽 및 비 그래픽으로 표시된 데이터 수집에서 연관성을 가져올 수 있다.
9) 수집된 데이터를 기반으로 결론을 내리고, 결과를 설명 및 예측하고, 가설의 타당성을 평가한다.
10) 연구 결과를 구두 및 구두로 시각적으로 이해할 수 있는 방식으로 제시한다.
11) 자연 과학 문제를 해결할 때 수학적 지식 · 기술을 적용한다.
12) 실험을 수행할 때 지침 및 안전 요구 사항을 따른다.
13) 일상생활에서 자연 과학 지식의 필요성을 정당화한다.

2.5.4.2. 원자 구조와 주기율표: 물질의 구성

학습 결과

학생들은:

1) 원자 구조를 설명한다(이전에 과학에서 연구한 것과 연관됨).
2) 가장 중요한 화학 원소의 이름과 기호를 연결한다(예: H, F, Cl, Br, I, O, S, N, P, C, Si, Na, K, Mg, Ca, Ba, Al, Sn, Pb, Fe, Cu, Zn, Ag, Au 및 Hg). 물질에 대한 공식에서 화학 원소 기호를 올바르게 읽는다.
3) 주기율표(A- 그룹)에서 화학 원소의 위치를 원소의 원자 구조(핵 전하 또는 핵의 양성자 수, 전자층 수 및 외층의 전자 수)와 연관시킨다. 화학 원소의 일련번호를 기준으로 원소의 전자 체계를 컴파일한다(1-4주기의 A- 그룹 원소에 대해).

4) 금속 및 비금속 화학 원소의 구별을 알고 주기율표에서 그 위치에 대한 이유를 제시하고 일상생활에서 금속 및 비금속의 사용 예를 제공한다.
5) 단순 물질과 복합 물질(화학 화합물)을 구분한다.
6) 이온과 중성 원자를 구별하고 이온의 발생과 전하를 설명한다.
7) 공유 결합과 이온 결합의 차이점을 설명한다.
8) 분자(분자로 구성)와 비 분자 물질 사이에 차이가 있음을 알고 그 예를 제시한다.

학습 내용
원자 구조, 화학 원소와 그 기호, 화학 원소 및 주기율표 특성의 주기성, 원자의 전자 구조에 대한 주기율표의 관계: 핵 전하, 전자 층 수 및 외부 층의 전자 수 (전자 구조), 주기율표의 화학 원소, 금속 및 비금속 원소, 금속 및 비금속의 금속 및 비금속 특성.
단순 및 복합 물질(화학 화합물), 분자식, 분자 내 원자 간의 화학 결합 개요(공유 결합), 원자 이온과 이온 전하 생성, 원자와 이온의 차이, 이온(이온성 물질)으로 구성된 물질, 이온 결합 개요(소개), 분자 및 비 분자 물질(금속 및 염의 예에서).

개념: 화학 원소, 원소 원자 번호(순차 번호), 외층의 전자 수, 주기율표, 단체, 복합 물질(화합물), 원자 질량, 분자 질량(공식 질량), 금속, 비금속, 이온, 양이온, 음이온, 공유 결합, 이온 결합, 분자 물질, 비 분자 물질

ICT의 실무 및 활용
1. 화학 원소에 대한 정보를 인터넷에서 검색하고 비교하고 체계화한다.
2. 분자 모델 연구 및 컴파일.

(4) 에스토니아 기초학교 3단계(7~9학년)의 화학 내용

우리나라 중학교 수준의 '과학' 내용은 '운동과 에너지', '물질', '생명', '지구와 우주' 영역의 핵심 개념을 체계적으로 구성하고, 핵심 개념과 과학 탐구가 학교급과 학년 그리고 영역 간에 연계되도록 한다. 에스토니아의 3단계 과학을 살펴보면, 공통 과학 영역은 '자연을 연구하는 인간', '물질 및 신체의 가변성', '자연 현상', '동물과 무생물 사이의 연관성'으로 구성되어 있으며, 그 이후 화학 영역으로 따로 분리된다. 8~9학년의 화학은 '물질의 구성', '산소와 수소', '산과 염기', '금속', '무기 물질', '물질의 양', '탄소 및 탄소 화합물'로 구성되어 있다.

| 표 2.18 | 에스토니아 3단계 과학(7학년) 및 화학(8~9학년) 중 일부 (계속)

영역	내용 요소
물질과 신체의 가변성(7)	• 원자, 분자, 전자껍질, 화학 원소 및 화학 원소 분포, 주기율표, 순물질과 혼합물, 용액, 밀도, 농축, 침투, 여과, 기화, 증류를 사용하여 혼합물 분리
자연 현상(7)	• 에너지의 전달과 변형, 화학 반응

| 표 2.18 | 에스토니아 3단계 과학(7학년) 및 화학(8 ~ 9학년) 중 일부

영역	내용 요소
화학이 포함하는 것(8 ~ 9)	• 화합물, 용매, 물질의 용해, 콜로이드 용액, 에멀젼, 현탁액, 에어로졸, 겔, 거품, 용액의 질량 백분율
원자의 구조와 주기율표 (8 ~ 9)	• 화학 원소, 원자번호, 최외각전자수, 주기율표, 원소와 화합물, 원자량, 분자량, 금속과 비금속, 양이온, 음이온, 이온 결합, 공유 결합, 분자성 물질, 비분자성 물질
산과 염기(8 ~ 9)	• 산, 염기, 염, 중화반응 • pH, 지시약
가장 잘 알려진 금속(8 ~ 9)	• 활성화, 금속의 이온화 경향, 산화, 환원, 산화제, 환원제, 반응 속도, 합금, 금속 부식
주요 무기 물질 분류(8 ~ 9)	• 산성 산화물, 염기성 산화물, 강산, 약산, 수소산, 강염기, 약염기
탄소 및 탄소 화합물(8 ~ 9)	• 탄화수소, 탄소 화합물, 구조식, 고분자, 알코올, 카르복시산

다음은 에스토니아 화학 교과서와 워크북 예시이다.

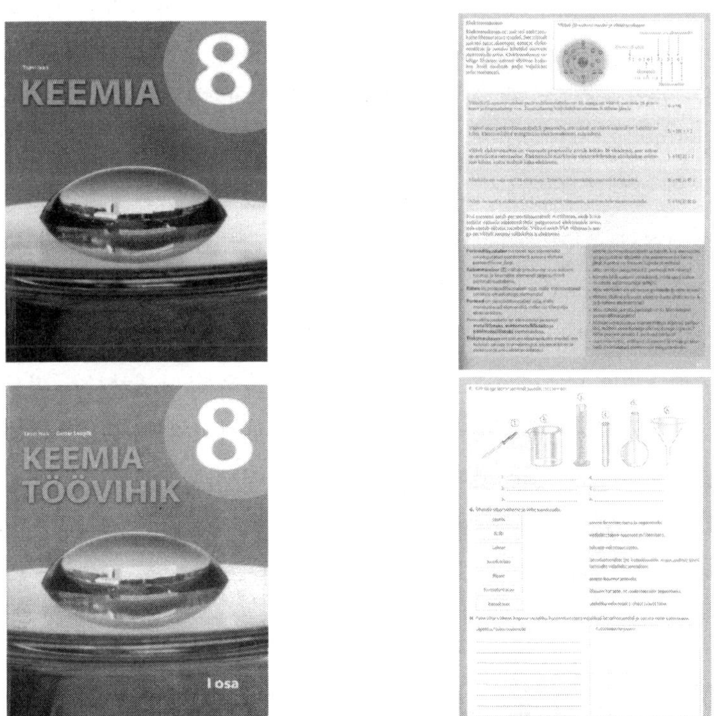

| 그림 2.2 | 에스토니아 화학 교과서와 워크북(위: 교과서, 아래: 워크북)

2.3 싱가포르의 화학 교육과정

싱가포르는 19세기 초까지는 네덜란드의 영향하에 있었으며, 1820년대부터 영국의 식민지 시대를 겪었다. 일본에도 잠시 점령당했으며 영국이 재점령 후, 1963년 말레이시아연방의 구성원으로 영국으로부터 독립하고 1965년 말레이연방으로부터 독립했다. 작은 섬나라인 데다 천연자원 등이 부족한 국가였으나, 국가 차원의 교육을 통한 인적자원 양성을 통하여 현재의 경제적 교육적 성장을 이루었다. PISA와 TIMSS의 모든 영역에서 최상위 성취를 보이는 싱가포르는 학생들이 각자의 재능을 발견·발휘함으로써 잠재력을 실현하고, 전 생애에 걸쳐 학습에 대한 열정을 키울 수 있도록 국가 수준 교육과정을 개발하는 한편, 유연하고 다양한 학제를 운영하고 있다. 또한 21세기 역량을 설정하고 이를 기반으로 과학적 소양을 강조한 과학과 교육과정을 2013년부터 순차적으로 개발·실행하고 있다. 최근 과학과 교육과정은 인공지능·무인 자동차·사물 인터넷 등의 고도화된 지능정보사회가 도래함에 따라 지능정보사회에 대응하는 역량을 계발하는 것과 함께 새로운 과학기술 지식 내용을 교육과정 내용에 담아낼 수 있도록 새로운 도전을 시도하고 있다. 이와 동시에 학업 부담을 줄이기 위하여 교육과정이 개정되는 주기마다 과학과 교육과정의 내용을 경감하도록 요구받고 있다.

싱가포르는 유연하고 다양한 학제를 운영하고 있는데, 초등학교는 6년으로 국가시험으로 초등학교 졸업 시험을 치르게 된다. 이 결과에 따라 학생들은 각자의 학습능력 및 관심사에 맞도록 속성(express) 과정 또는 정규(normal) 과정에 배치된다. 정규과정은 학업 과정과 우리의 직업 교육에 해당하는 기술 과정으로 구분된다. 중등 교육과정은 4~5년간의 교육 기간 동안 이루어지는데, 속성 과정 학생들은 학업 과정 학생들과 과학과 교육과정 내용에는 차이가 없으나 학업 과정 학생들이 주당 5차시(1차시 35~40분 기준)로 편성되고, 속성 과정 학생들은 주당 6차시가 편성된다. 또한 싱가포르 교육과정에서는 과학 교육과정 주제에 대하여 85%를 할애하고, 나머지 15%에 대해서는 교사가 자유롭게 구성할 수 있는 여지를 남겨둔다.

(1) 싱가포르의 핵심 역량

싱가포르에서는 총론 차원의 역량으로서 21세기 역량 프레임워크를 제시하고 있다. 역량 프레임워크에 따르면, 핵심 가치를 중심으로 자기 인식, 자기관리, 사회적 인식, 관계 관리, 책임감 있는 의사결정의 5가지가 포함되며, 이를 통해 21세기 핵심 역량

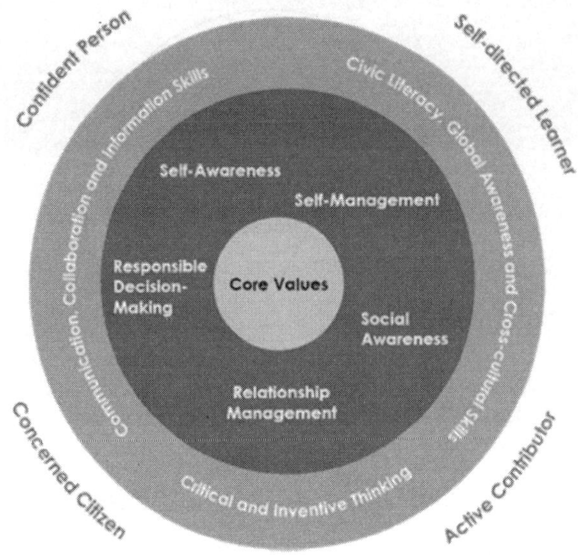

출처: https://www.moe.gov.sg/education-in-sg/21st-century-competencies

| 그림 2.3 | 싱가포르의 Framework for 21st Century Competencies and Student Outcomes

으로 '시민 문해력, 글로벌 의식, 다문화적 역량, 의사소통, 협동, 정보 기술, 그리고 비판적 사고력과 독창적 사고력'을 함양하도록 하고 있다. 21세기 핵심 역량의 배양을 통해 싱가포르 학생들이 자신감 있는 사람, 자기 주도적 학습자, 의식 있는 시민, 적극적인 기여자로 성장하기를 기대하고 있다.

싱가포르의 과학 교육과정은 탐구이며 학생을 탐구자로, 교사는 탐구의 리더로서 규정하고 있다. 과학 교육과정의 프레임워크에서도 중앙 부분에 과학 탐구의 정신을 담았다고 강조하고 있으며, 이를 중심으로 탐구의 실행이 세 가지 영역인 지식, 이해, 적용(Knowledge, Understanding and Application), 기능과 과정(Skills and Processes), 윤리와 태도(Ethics and Attitudes)에 기초한다고 기술하고 있다. 이것은 일상생활에서의 과학, 사회 속의 과학, 과학과 환경이라는 맥락을 통해 구현된다. 과학 교육은 단순히 과학 지식을 전달하는 것이 아니라 학생이 과학적 탐구를 통해 자신들이 살아가는 세상에 대해 이해할 수 있게 하는 것이 궁극적이 목적이다. 학생은 탐구로서의 과학 교육 안에서 책임감을 가지고 질문을 만들고, 탐구를 설계하고, 자신이 주도한 학습에 대해 평가하고 의사소통한다.

우리나라 과학과 교육과정의 교과 역량과 유사한 내용은 교수요목 프레임워크의 '기술과 과정(skills and processes)' 항목이다. 초등학교 수준에서는 가설 설정 등을

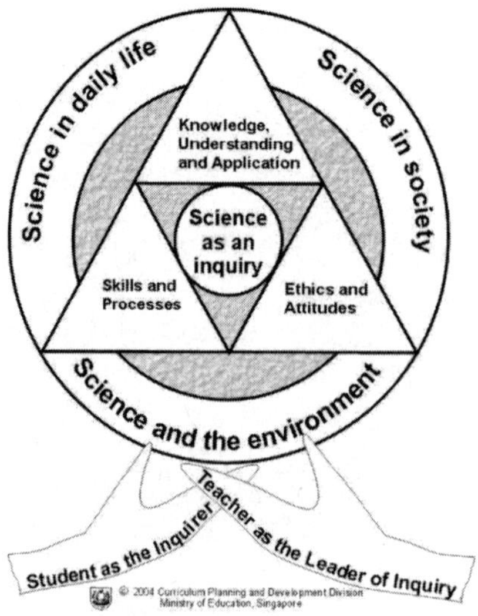

출처: Ministy of Education, Singapore(2014b, p.1)

| 그림 2.4 | 싱가포르 과학 교육과정 프레임워크

통한 '사건, 현상 또는 문제에 참여하기', 관찰 등을 통한 '증거수집', 그리고 비교, 분류, 유추 등을 통한 '추론 및 의미 생성'과 '의사소통'을 제시하고 있으며, 이와 같은 여러 가지 탐구 기능이 복합적으로 작동하는 과정으로서 '창의적 문제 해결', '의사결정', '조사'를 설정하고 있다. 중등 과학과 교육과정에서는 탐구 기능으로서 '문제 정의'와 '타당화' 등을 추가로 제시하고 있다.

Skills and Processes	Engaging with an event, phenomenon or problem through:	Collecting and presenting evidence through:	Reasoning; making meaning of information and evidence through:
Skills	• Formulating hypothesis • Generating possibilities • Predicting	• Observing • Using apparatus and equipment	• Comparing • Classifying • Inferring • Analysing • Evaluating
	Communicating		
Processes	Creative problem-solving, investigation and Decision-making		
Essential Features of Inquiry	Question	Evidence	Explain Connect
	Communication		

Ministry of Education, Singapore(2014a, p.8)

Lower Block Skill sets	Engaging with an event, phenomenon or problem through:	Collecting and presenting evidence through:	Reasoning; Making meaning of information and evidence through:
Skills	• Posing questions • Formulating hypothesis • Defining the problem • Generating possibilities • Predicting	• Observing • Using apparatus and equipment	• Comparing • Classifying • Inferring • Analyzing • Evaluating • Verifying
	Communicating		
Processes	Creative problem-solving, Planning investigation and Decision-making		
Essential Features of Inquiry	Question	Evidence	Explain Connect
	Communication		

Ministry of Education, Singapore(2014b, p.7)

| 그림 2.5 | 싱가포르 'skills and processes'

(2) 싱가포르 교육과정의 구성

과학 교육과정 체제의 구성을 살펴보면, 지식, 이해, 적용에는 학생들이 과학 교육과정을 통해 학습해야 하는 과학 지식 관련 내용이 주로 포함되며, '과학 현상, 사실, 개념, 원리와 과학 용어, 규칙, 과학 실험도구 및 실험 안전, 과학의 적용, 기술의 적용' 등이 포함된다. 기능과 과정에서는 학생들이 과학 교육과정을 통해 길러야 할 기능으로 '연구 문제 제안하기, 가설 설정하기, 문제를 정의하기, 가능성 만들기, 예측하기, 관찰하기, 실험 기구 및 장비 사용하기, 비교하기, 분류하기, 추론하기, 분석하기, 평가하기, 타당화하기, 의사소통하기'가 제시되어 있으며, 과정에서는 '창의적으로 문제 해결하기, 탐구 설계하기, 의사결정하기' 등이 포함되어 있다. 윤리와 태도에는 호기심(Curiosity), 창의성(Creativity), 객관성(Objectivity), 진실성(Integrity), 개방성(Open-mindedness), 인내심(Perseverance), 책임감(Responsibility)이 포함된다.

| 표 2.19 | 싱가포르 과학 교육과정 문서의 체제

Knowledge, Understanding and Application	Skills and Processes	Ethics and Attitudes
• Scientific phenomena, facts, concepts and principles • Scientific vocabulary, terminology and conventions • Scientific instruments and apparatus including techniques and aspects of safety • Scientific and technological applications	**Skills** • Posing questions • Formulating hypothesis • Defining the problem • Generating possibilities • Predicting • Observing • Using apparatus and equipment • Comparing • Classifying • Inferring • Analysing • Evaluating • Verifying • Communicating **Processes** • Creative problem–solving • Planning investigation • Decision–making	• Curiosity • Creativity • Objectivity • Integrity • Open–mindedness • Perseverance • Responsibility

출처: Ministry of Education, Singapore(2014b, p.2)

과학 교육과정의 내용은 주제가 기본이 되어 구성된다. 싱가포르는 초등학교 과학 교과는 3~4학년군과 5~6학년군으로 구분되는데, 내용 영역은 '다양성(diversity)', '순환(cycles)', '시스템(systems)', '에너지(energy)', '상호작용(interaction)'의 5가지 주제를 다루며, 5~6학년군에서는 '다양성'이 제외된다. 중등 과학과 교육과정에서는 '다양성(diversity)', '모형(models)', '시스템(systems)', '상호작용(interaction)'의 4가지 주제와 함께 도입의 성격을 가지면서 과학에 대한 지식과 관련한 '과학적 노력(scientific endeavour)'을 다룬다. 각각의 주제마다 제시하는 토픽을 살펴보면 각 학교급과 학년군에서 과학과 내용에서 다루어야 하는 상세 내용을 파악할 수 있는데, 3~4학년군에 해당하는 저학년에서는 1~2개의 토픽, 5~6학년군에 해당하는 고학년에서는 2~4개의 토픽을 제시하고 있다. 또한 고학년은 기본 과학과 기초 과학의 수준별 개념으로 구분하고 있으며, 기초 과학에 참여하는 학생들은 기본에서 몇 개의 토픽이 제외되어 필수로 학습하지 않아도 된다. 또한 교육과정의 내용은 85%만 제시되며, 15%는 여백(White Space)으로 설정해서 과학 교사의 교육과정 재량권을 인정한다. 다음은 싱가포르의 중학교 교육과정에서 화학 주제를 제시한 것이다.

| 표 2.20 | 싱가포르 중학교 교육과정의 화학 주제

학년	화학 주제
중학교 (Secondary)	• 물리적 성질에 의한 물질의 다양성 탐색하기(Exploring Diversity of Matter by their Physical Properties) : 물리적 성질 • 화학 조성에 의한 물질의 다양성 탐색하기(Exploring Diversity of Matter by its Chemical Composition) : 원소, 화합물, 혼합물, 용질, 용제, 용액 등 • 분리 기술을 이용한 물질의 다양성 탐색하기(Exploring Diversity of Matter Using Separation Techniques) : 물질의 특성을 이용한 혼합물의 분리, 물의 정수과정 • 물질의 모형 – 물질의 입자적 성질(Model of Matter – The Particulate Nature of Matter) : 물질의 세 가지 상태를 모형을 이용하여 입자의 배열과 움직임으로 설명 • 물질의 모형 – 원자와 분자(Model of Matter – Atoms and Molecules) : 원자와 분자를 모형을 이용해서 학습, 양성자, 중성자, 전자, 원자핵 • 화학 변화(Chemical Changes) : 화학 반응을 원자의 재배열 과정으로 이해, 질량 보존 법칙, 산과 염기

(3) 싱가포르 성취기준의 진술

싱가포르의 과학과 교육과정에서 성취기준의 진술 방식은 앞서 설명한 각 학교급과 학년군에서 다루는 4~5가지의 주제 각각에 대해서 교수요목 프레임워크에서 언급한 지식, 기술, 태도의 세 가지 측면과 결합하고 행동 동사를 사용해서 제시하고 있다. 화학 관련 사례를 제시하면 다음과 같다.

| 표 2.21 | 싱가포르 과학과 교육과정 성취기준 제시 방식 예시

<table>
<tr><td colspan="2">Theme: Models
모델은 현상을 표현한 것으로, 직접 관찰할 수 없는 과정과 구조를 쉽게 이해하거나 합리적인 예측을 할 수 있도록 구성된다. 과학 학습에 사용되는 모델은 물리, 개념 및 수학적 모델을 포함한다. 모델은 실제 현상의 근사치이므로 본질적으로 정확하지 않다. 따라서 현상을 표현한 모델은 인간이 현상을 표현, 설명 및 예측하는 모델을 개선하기 위해 노력함에 따라 변화한다.

Essential Takeaways:
• 모델은 현상의 단순화된 표현이다.
• 모델은 현상을 설명하기 위해 구성된다.
• 모델은 예측하는 데 사용될 수 있다.</td><td>Key Inquiry questions in Models include:

• 왜 모델이 중요한가?
• 적용된 모델이 실제계를 잘 표현하고 있는지 어떻게 알 수 있는가?</td></tr>
<tr><td colspan="3">Learning Outcomes</td></tr>
<tr><td>Knowledge, Understanding and Application</td><td>Skills and Processes</td><td>Ethics and Attitudes</td></tr>
<tr><td>• 물질의 입자성에 따라 물질이 끊임없이 무작위로 움직이는 작은 이산(작고 따로 떨어진) 입자로 구성되어 있음을 인식한다.
• 입자의 배열 및 움직임 측면에서 고체, 액체, 기체의 간단한 모델을 이해한다.</td><td>• 물질의 세 가지 상태 변화 측면에서 융해, 끓음을 설명하기 위한 모델을 만든다.
• 팽창과 수축, 이러한 과정에서 질량이 보존됨을 설명하기 위한 모델을 만든다.
• 입자의 배열과 움직임 측면에서 고체, 액체, 기체의 특성(예: 부피, 모양, 밀도, 압축성)을 비교한다.</td><td>• 현상을 설명하기 위해 실제로 모델이 어떻게 구성되는지에 공감한다.
• 사사물의 근본적 성질을 설명하기 위한 모델을 만드는 데 있어 창의성과 열린 마음, 기존 모델을 기꺼이 재검토하는 마음 등의 과학적 태도를 보인다.</td></tr>
</table>

*optional for Normal(Academic) syllabus(출처: Ministry of Education, 2014, p.23)

다음은 싱가포르 초등학교 과학 교과서와 워크북 예시이다. 싱가포르는 초등학교 과학책이 순환, 에너지, 시스템, 상호작용 4권으로 구성되어 있다.

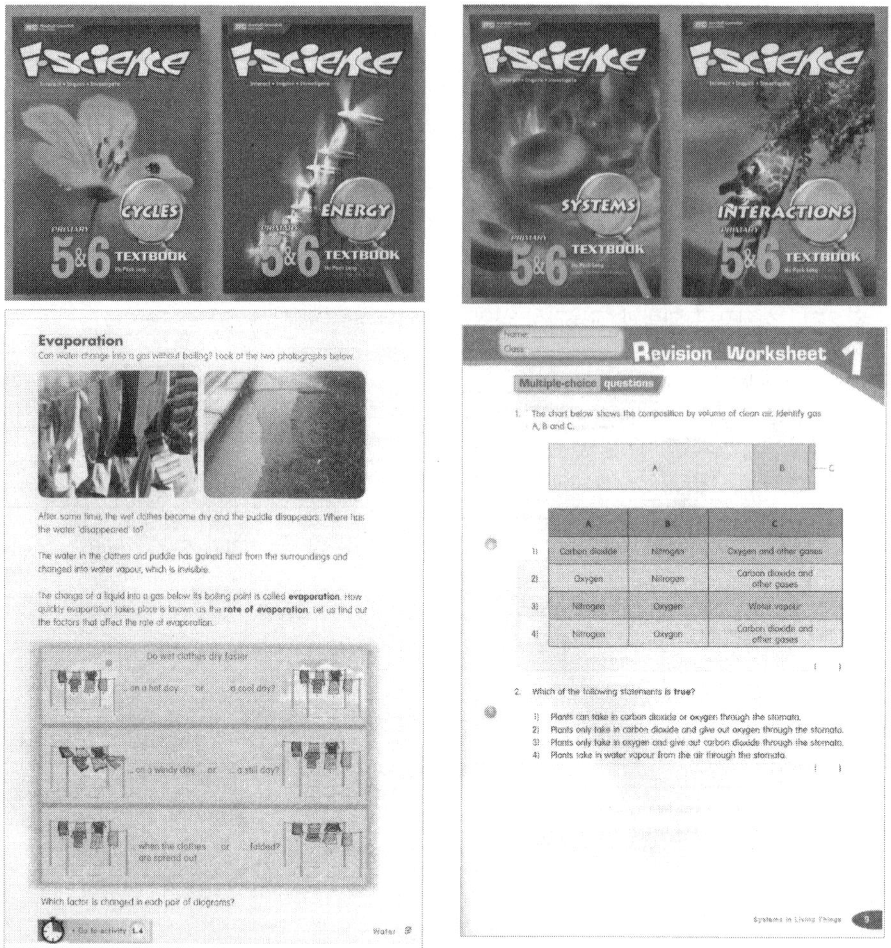

| 그림 2.6 | 싱가포르 과학 교과서와 워크북 화학 분야 예시(Leng, 2009)

임용고사 기출문제

1. 다음은 2015 개정 과학과 교육과정에 따른 '화학 I'의 내용 체계의 일부를 나타낸 것이다.

영역	핵심 개념	일반화된 지식	내용 요소
			화학 I
물질의 구조	물질의 구성 (㉠)	물질은 (㉠)(으)로 구성되어 있다.	• 양성자 • 중성자 • 전자
		(㉠)을/를 세는 기본 단위는 몰이다.	• 몰 • 화학 반응식 • 몰농도
		원소는 주기성을 갖는다.	• 양자수 • 오비탈
	화학결합	원소는 화학 결합을 하여 다양한 화합물을 형성한다.	• 이온 결합 • 공유 결합
물질의 변화	(㉡)	물질은 (㉡)을/를 통해 다른 물질로 변한다.	• 산화 • 환원
		물질은 가역 반응에서 동적 평형 상태를 이룬다.	• 가역 반응 • 동적 평형
		(㉡)에서 규칙성이 발견된다.	• 중화 반응의 양적 관계
		화학과 우리 생활이 밀접한 관련이 있다.	• 화학의 유용성
	에너지 출입	물질의 변화에는 에너지 출입이 수반된다.	• 발열 반응 • 흡열 반응

영역, 핵심 개념, 일반화된 지식, 내용 요소를 고려하여 괄호 안의 ㉠과 ㉡에 들어갈 용어를 순서대로 쓰시오. [2점] (2018학년도)

2. <자료 1>은 초임 교사가 '물의 어는점'을 주제로 작성한 학생 활동지의 일부이고, <자료 2>는 수석 교사가 학생 활동지를 검토한 후 초임 교사와 나눈 대화의 일부이다. (2019학년도)

자료 1

성취기준	[9과05-03] 상태 변화가 일어날 때의 온도 변화에 대한 자료를 해석하여 녹는점, 어는점, 끓는점을 찾을 수 있다.
실험 목표	물을 냉각하면서 온도 변화를 측정하여 물의 어는점을 찾을 수 있다.
실험과정	① 비커에 잘게 부순 얼음 조각과 소금을 넣는다. ② 시험관에 증류수 5 mL를 넣고 온도계가 꽂혀 있는 고무마개로 막은 후, 과정 ①의 비커에 넣는다. ③ 1분 간격으로 온도를 측정하여 표에 기록하면서 시험관 속 물의 상태도 함께 관찰한다.

	④ 가로축은 시간, 세로축은 온도로 하여 실험 결과를 그래프로 나타낸다.
정리	그래프를 해석하여 어는점을 찾는다.

자료 2

수석 교사: ㉠ 저의 경험에 비추어 보면 학생들이 이 실험을 할 때 1분 간격으로 온도를 측정하다가 0℃가 되면 바로 측정을 멈추는 경우가 종종 있었어요. 그렇게 하는 학생들은 선생님께서 설정하신 실험 목표를 달성하기 어려워요.

초임 교사: 그러면 실험 과정 ③을 조금 더 구체적으로 보완하겠습니다.

수석 교사: 이 실험에는 관찰, 측정, 자료 해석의 탐구 기능이 포함되어 있네요. 2015 개정 과학과 교육과정의 내용 체계와 교수 · 학습 방향에서 제시한 '증거에 기초한 토론과 논증' 기능도 연계되도록 해보세요.

초임 교사: 이 실험 정리 단계에서 '증거에 기초한 토론과 논증' 기능을 연계하려면 학생들이 (㉡)을/를 증거로 (㉢)을/를 논증하고 토론하도록 하면 되겠지요?

수석 교사: 좋아요. 그리고 '[9과05-02] 여러 가지 물질의 상태 변화를 관찰하고, 상태 변화 시 나타나는 현상을 입자 모형으로 설명할 수 있다.'는 성취기준을 다음 차시에서 달성하는 것으로 단원을 재구성할 수 있습니다. 2015 개정 과학과 교육과정의 내용 체계와 교수 · 학습 방향에 제시된 기능 중 (㉣)을/를 다음 차시의 학습 목표에 포함해 보세요.

초임 교사: 네, 그렇게 하면 (㉣) 기능도 연계하는 수업이 되어 학생들이 물질의 상태 변화에엇 관찰되는 현상을 입자 모형으로 표현할 수 있을 것 같습니다.

㉠에서 수석 교사가 실험 목표를 달성하기 어렵다고 말한 이유가 무엇인지 서술하시오. 또한, 괄호 안의 ㉡. ㉢에 적절한 내용을 구체적으로 서술하고, 2015 개정 과학과 교육과정에 제시된 기능 중 괄호 안의 ㉣에 해당하는 것을 쓰시오. [4점]

3. <자료 1>은 2015 개정 과학과 교육과정에 따른 통합과학 과목의 '화학 변화'와 관련하여 제시된 [성취기준 해설]과 [평가 방법 및 유의 사항]의 일부이고, <자료 2>는 교사가 이 단원의 학습을 평가하기 위해 세운 [평가 계획]이다.

자료 1

(6) 화학 변화

[성취기준 해설]

- 지구와 생명의 역사에 큰 영향을 미친 연소, 철광석의 제련, 호흡, 광합성 등이 (㉠) 반응의 사례임을 다룬다.
- (㉠) 반응은 산소 또는 전자의 이동으로 다루되, 산화수는 다루지 않는다. 생명 현상에서 나타나는 (㉠) 반응의 예로 미토콘드리아의 세포 호흡과 엽록체의 광합성을 다룬다.

[평가 방법 및 유의 사항]

- (㉠) 반응의 예는 협동 학습을 통한 자료 검색, 종합, 발표 등의 과정을 평가하거나 (㉡) 등을 활용할 수 있다.

자료 2

[평가 계획]

- 모둠별로 발표할 과제를 부여한다.
- 학생들에게 아래와 같은 체크리스트를 주고, 다른 모둠이 발표하는 것에 대해 학생들끼리 서로 평가하도록 한다.

※ 각각의 항목에 대해 1 ~ 3점으로 평가한다.

평가 준거	1모둠	2모둠	3모둠	…
발표가 체계적으로 구성되었다.				
신뢰성 있는 자료를 수집하였다.				
모둠 내 역할 분담이 잘 이루어졌다.				
(하략)				

㉠에 공통으로 해당하는 용어를 쓰고, <자료 2>의 밑줄 친 부분과 같은 평가 방법 ㉡의 이름을 쓰시오. [2점] (2020학년도)

4. <자료 1>은 '물질의 성질' 단원 내용에 대해 예비 교사들이 교재 연구를 하며 나눈 대화이고, <자료 2>는 2015 개정 과학과 교육 과정의 일부와 관련 내용에 대해 화학 교사가 작성한 성취기준이다. <작성 방법>에 따라 서술하시오. [4점] (2019학년도)

자료 1

예비 교사 1: 탄산음료에 빨대를 넣고 입김을 불어 넣으면 이산화 탄소가 모두 빠져 나오겠지?

예비 교사 2: 이산화 탄소가 모두 나올 것 같지는 않은데?

예비 교사 1: 왜 그럴까?

예비 교사 2: 날숨 속에도 이산화 탄소가 들어있기 때문이야.

예비 교사 1: 그렇다면 탄산음료에서 이산화 탄소를 모두 제거하는 방법은 없을까?

예비 교사 3: [그림]과 같이 순수한 질소 기체를 탄산음료에 계속 불어넣으면 되겠지.

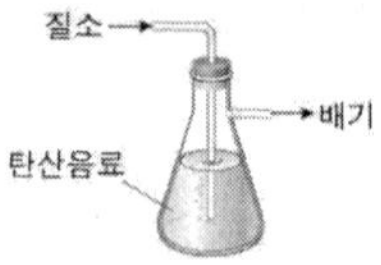

[그림]

예비 교사 1: 질소가 어떻게 이산화 탄소를 물속에서 제거해?

예비 교사 3: 그건 2009 개정 과학과 교육과정의 화학Ⅱ에서 다루는 내용인 '기체의 (㉠)은/는 해당 기체의 (㉡)에 비례한다'는 헨리 법칙(Henry's law)으로 설명할 수 있어. 순수한 질소로 이루어진 기포에는 이산화 탄소가 없으므로 이산화 탄소의 (㉡)은/는 0이야. 이런 기포가 지속적으로 만들어지면 헨리 법칙에 따라 용액에서 기포로 이산화 탄소가 유입되어 이산화 탄소가 거의 다 제거될 수 있을 거야.

예비 교사 2: (가) <u>이것과 관련된 내용은 2015 개정 과학과 교육과정의 중학교 과학에서 다루고 있어</u>. 하지만 헨리 법칙이라는 말은 중학교 교과서에 나오지 않아.

예비 교사 3: 그렇지. 그 법칙을 이해하려면 기체의 (㉡)을/를 알아야 하는데, 그것은 2015 개정 과학과 교육과정의 화학Ⅱ에서 다루기 때문이야. 교사가 중학교 과학을 가르칠 때, 이렇게 헨리 법칙과 같은 심도 있는 내용까지 교재 연구를 해서 알고 있는 것이 좋아.

예비 교사 1: 중학교에서 (㉠)에 영향을 미치는 요인 중 하나로 말하는 압력은 실제로는 (㉡)을/를 말하는 거구나. 또 다른 요인은 뭐지?

예비 교사 2: (나) <u>또 다른 요인은 (㉢)(이)야. 이것이 (㉠)에 영향을 미치는 것은 르샤틀리에 원리(Le Chatelier's principle)로 설명할 수 있어. 이산화 탄소가 물에 녹는 과정은 흡열 과정이기 때문에, (㉢)이/가 높아지면 (㉠)이/가 감소하는 것이지.</u>

자료 2

[과학과 교육과정]

영역	핵심 개념	일반화된 지식	내용 요소
			중학교
			1 ~ 3학년
물질의 성질	물리적 성질과 화학적 성질	물질은 고유한 성질을 가지고 있다.	• 밀도 • (㉠) (하략)

[OO고등학교 화학Ⅱ 성취기준]

영역	성취기준
물질의 성질	혼합 기체에서 몰 분율을 이용하여 (㉡)의 의미를 설명할 수 있다.

작성 방법

- 예비 교사 2의 밑줄 친 (가) 부분에 해당하는 내용 요소인 ㉠을 쓰고, ㉡에 공통으로 해당하는 용어를 쓸 것.
- ㉢을 고려하여 [그림]에서 탄산음료의 이산화 탄소를 더 빨리 제거할 수 있는 실험 방법을 1가지 제안할 것.
- 예비 교사 2의 밑줄 친 (나) 부분에 나타난 오류를 찾아 수정할 것.

5. <자료 1>은 2015 개정 과학과 교육과정의 목표이고, <자료 2>는 자유학기제 프로그램으로 화학 관련 연구소를 진로탐방한 후 학생이 작성한 소감문의 일부이다. (2020학년도)

자료 1

가. 자연 현상에 대한 호기심과 흥미를 갖고, 문제를 과학적으로 해결하려는 태도를 기른다.
나. 자연 현상 및 일상생활의 문제를 과학적으로 탐구하는 능력을 기른다.
다. 자연 현상을 탐구하여 과학의 핵심 개념을 이해한다.
라. (㉠)을/를 인식하고, 이를 바탕으로 민주시민으로서의 소양을 기른다.
마. 과학 학습의 즐거움과 과학의 유용성을 인식하여 평생 학습 능력을 기른다.

자료 2

오늘은 친구들과 ㅇㅇ화학연구소를 방문했다. 우리를 친절하게 맞아주신 박사님과 인터뷰를 하면서 과학자들의 삶을 깊게 들여다볼 수 있었다.

과학자가 되려면 대학원을 졸업해야 한다는 것은 어렴풋이 알고 있었다. 대학원에서는 지도교수님이나 선배들로부터 실험방법이나 결과 분석 등을 배운다고 하셨다. 이렇게 연구한 내용은 학술대회에서 발표하거나 학술지에 게재한다고 하셨다.

연구소에서 과학 실험을 할 때에는 고가의 첨단 분석 장비와 비싼 시약을 사용하는 경우가 종종 있어, 연구비가 많이 필요하다고 하셨다. 연구비는 정부나 기업에서 제공하는데, 연구비를 받기 위한 경쟁이 심하다는 얘기도 하셨다. 박사님은 이렇게 받은 연구비로 우리나라의 발전에 필요한 성과를 내며 보람을 느낀다고 하셨다. 그리고 과학 실험을 하며 환경이나 안전 문제에도 신경을 많이 기울이고 있다고 하셨다.

㉡ 집으로 돌아와 그간 수행평가를 대비해 정리해 온 자료집을 펼쳤다. 과학 관련 신문기사 스크랩 뒤쪽에 연구소에서 받아온 홍보자료를 꽂아 두었다. 박사님과 함께 찍은 사진이랑 분석 장비 사진도 출력해서 함께 넣었다. 이제 이 소감문을 출력해서 제일 마지막에 꽂으면 된다. 자료집을 처음 만들기 시작할 때는 여러 직업에 대해 잘 몰랐지만, 이렇게 정리하며 비교해 보니 어른들이 하는 일을 더 잘 이해할 수 있어 뿌듯했다.

(하략)

6. <자료 1>은 성취기준에 따라 예비 교사가 설계한 실험 내용이고 <자료 2>는 성취기준 해설과 지도 교사가 예비 교사에게 제공한 실험 설계 내용에 대한 [피드백]이다. <작성 방법>에 따라 서술하시오. [4점] (2021학년도)

자료 1

실험 목표: 산과 염기 용액을 섞었을 때의 액성(산성, 중성, 염기성) 변화에 따른 지시약의 색 변화를 관찰하고 용액의 온도 변화를 측정하는 실험을 수행하고 그 결과를 해석할 수 있다.

준비물: 5% 염산, 5% 수산화 나트륨 수용액, BTB 용액, 비커, 스포이트, 피펫, 교반기, 자석 젓개 막대, 온도계, pH 미터, 시험관, 눈금 실린더, 100 mL, 부피 플라스크, 실험복, 보안경, 실험용 고무장갑

[실험 과정]

(가) 비커에 5% 염산 20 mL를 넣고, 자석 젓개 막대를 넣은 후 다음 과정 동안 교반시킨다.

(나) (가)의 용액에 BTB 용액 3 ~ 4방울을 넣고 온도를 측정하고, 용액의 색깔을 기록한다.

(다) (나)의 용액에 피펫을 사용하여 수산화 나트륨 수용액 4 mL씩 첨가하면서 온도를 측정하고, 용액의 색깔을 기록한다.

(라) (다)의 용액 색깔이 초록색이 되던 온도를 측정한 후 실험을 멈춘다.

[실험 결과]

다음 표를 작성한다.

수산화 나트륨 수용액의 부피(mL)	0	4	8	12	16	20	24	28
용액의 색깔								
온도								
용액의 액성								

(중략)

[참고 자료]

액성 지시약	산성	중성	염기성
BTB	노란색	초록색	푸른색

자료 2

2015 개정 과학과 교육과정의 성취기준 해설

[10통과06-04] 중화 반응 과정에서의 변화는 용액의 온도 변화와 지시약의 색 변화만을 다룬다.

[피드백]

① pH 미터와 100 mL 부피 플라스크는 불필요한 준비물입니다.

② 실험 과정 중 오류가 있습니다.

(하략)

작성 방법

- 〈자료 1〉에서 실험 목표를 고려할 때, [실험 과정]의 (가)~(라) 중 오류가 있는 과정 1개를 골라 쓰고, 올바르게 수정할 것.
- 〈자료 2〉에서 ①의 피드백 이유를 2015 개정 과학과 교육과정 성취기준 해설과 실험 기구 용도를 근거로 하여 설명한 것.

7. <자료>는 교사와 예비 교사가 고체의 결정 구조를 3D 소프트웨어를 활용하여 지도하는 수업을 계획하면서 나눈 대화의 일부이다. <작성 방법>에

따라 서술하시오. [4점] (2021학년도)

자료

예비 교사: 지난 수업에서 고체의 결정 구조에 대한 수업을 했어요. 교과서의 그림을 보고 단위 세포 안에 들어 있는 입자수를 세어 보게 했는데, 학생들이 잘 이해하지 못한 것 같아요. 어떤 방법이 있을까요?

교사: 고체의 결정 구조를 이해하는 데 3D 소프트웨어를 활용할 수 있을 거예요.

예비 교사: 3D 소프트웨어를 어떻게 활용할 수 있나요?

교사: ㉠ 다양한 결정 구조를 3D 형태의 모형으로 형상화하여 다양한 각도에서 입체적으로 볼 수 있어요.

예비 교사: 그렇군요. 3D 소프트웨어를 활용하면 비대면 수업에서도 학생 스스로 이온의 종류를 바꿔 가면서 결정 구조가 어떻게 변하는지 3차원으로 살펴보고, 단위 세포당 입자수나 배위수 등의 변화를 볼 수 있겠네요.

교사 : 그렇지요. 이 방법으로 학생들이 스스로 '탐구 설계의 수행'과 '자료 수집 분석 및 해석' 기능을 수행해 볼 수 있겠네요.

예비 교사: 맞아요. 2015 개정 과학과 교육과정의 교수 · 학습 및 평가의 방향에도 교사 중심의 확인 실험을 지양하고 (㉡) 탐구 실험을 강조하고 있네요.

작성 방법

- 2015 개정 과학과 교육과정의 '내용 체계'에 제시된 8가지 기능 중 ㉠에 해당하는 기능 1가지를 제시할 것. (단, 〈자료〉에 제시된 기능은 제외할 것.)
- ㉠을 제외하고 3D 소프트웨어를 활용하는 사례 1가지를 〈자료〉에서 찾아 쓸 것.
- ㉡에 들어갈 용어를 쓰고, 그 근거를 〈자료〉에서 찾아 쓸 것.

참고문헌

강남화(2016). 차세대 과학교육 표준. 한국과학창의재단.

강남화, 이은미(2013). 한국과학교육학회지. 33(1). 132-143.

교육부(2015a). 초 · 중등학교 교육과정 총론. 교육부.

교육부(2015b). 과학과 교육과정. 교육부.

송진웅, 나지연(2015). 2015 과학과 교육과정 개정의 주요 방향 및 쟁점 그리고 과학교실 문화. 현장과학 교육 9(2): 72-84.

이광우, 정영근, 서영진(2014). 교과 교육과정 개발 방향 설정 연구. 한국교육과정평가원 연구보고 CRC 2014-7.

조성민, 김현정, 이소연, 구남욱, 이인화(2018). 'PISA 2015 상위국 성취 특성 및 및 교육 맥락변인과의 구조적 관계 분석. 한국교육과정평가원 연구보고 PRE 2018-2.
American Association for the Advancement of Science[AAAS].(1990). Science for all Americans.
American Association for the Advancement of Science[AAAS].(1994). Benchmarks for science literacy. Oxford University Press.
Ivan, T.(2016). KEEMIA 8. Avita.
Ivan, T., & Leppik, G.(2016). Keemia töövihik 8. Avita.
Leng, H. P.(2009). I-science : interact, inquire, investigate : INTERACTIONS primary 5&6 TEXTBOOK. EPB Pan Pacific.
Ministry of Education and Research in Republic of Estonia(2014). National curriculum for basic schools.
Ministry of Education and Research in Republic of Estonia(2014). National curriculum Appendix 4.
Ministry of Education, Singapore.(2014a). Science Syllabus Primary.
Ministry of Education, Singapore. (2014b). Science Syllabus Lower Secondary.
National Research Council[NRC].(1996). National science education standards. National Academies Press.
National Research Council[NRC].(2012). A framework for K-12 science education: Practices, crosscutting concepts, and core ideas. National Academies Press.Davis.
National Research Council[NRC].(2013). National generation science standards. Washington: National Academy Press.
Sarquis, M., & Sarquis, J. L.(2016). Modern chemistry. Houghton Mifflin Harcourt.

키워드

교육과정, 성취기준, 학생중심 교육과정, 핵심 역량

3장

화학 교재 분석

1. 교육 목표에 따른 교재 분석
2. 표상에 따른 교재 분석
3. 모델에 따른 교재 분석
4. 탐구 활동에 따른 교재 분석

많은 화학 교육 연구자들이 중학교와 고등학교 과학 교과서의 화학 단원, 그리고 고등학교 화학 교과서를 분석하는 다양한 사례를 제시하고 있다. 이 장에서는 대표적인 사례로 교육 목표에 따른 분석 사례, 표상에 따른 분석 사례, 모델에 따른 분석 사례, 탐구 활동에 따른 분석 사례 등을 제시했다.

1 교육 목표에 따른 교재 분석

미래사회는 단순히 지식을 풍부히 갖춘 인재가 아니라 협력과 소통을 바탕으로 창의적 사고력과 문제 해결력 등의 역량을 발휘해서 책임 있는 시민으로서 삶과 사회의 문제를 해결해 갈 수 있는 인재를 요구하고 있다. 이러한 인재는 과학적 소양(scientific literacy)을 갖추고, 이를 바탕으로 사회의 다른 구성원들과 조화롭게 살아갈 수 있는 창의적인 사람이다. 이때 이들이 갖추어야 할 과학적 소양은 과학 관련 역량과 지식을 지니고 개인과 사회의 문제 해결에 민주시민으로서 참여하고 실천하는 태도와 능력을 의미하며 과학 교육의 중요한 목표에 해당한다. 따라서 미래세대 과학 교육표준(Korea Science Education Standard, KSES)에서 제시하는 과학적 소양에 대해 살펴보고자 한다.

1.1 과학적 소양

미래세대 과학 교육표준에서는 과학적 소양을 세 가지 차원, 즉 역량 차원(competence dimension), 지식 차원(knowledge dimension), 참여와 실천 차원(participation & action dimension)으로 제시했다. 과학적 소양은 이 세 차원이 서로 상호보완 관계를 형성해서 어우러질 때 완성될 수 있다(송진웅 외, 2019).

과학적 소양 나무(ToSL) 모형은 3가지 뿌리가 서로 뒤엉키면서 풍성하게 성장하는 나무의 모습으로 성장하는 모습으로 표현된다. 그중에서 역량 차원은 과학적 탐구력(scientific inquiry ability), 과학적 사고력(scientific thinking ability), 의사소통과 협업 능력(communication and collaboration ability), 정보처리와 의사결정 능력(information processing and decision making ability), 초연결사회 대응과 평생학습 능력(lifelong learning ability in hyper-connected society)의 5개 영역으로 나뉜다.

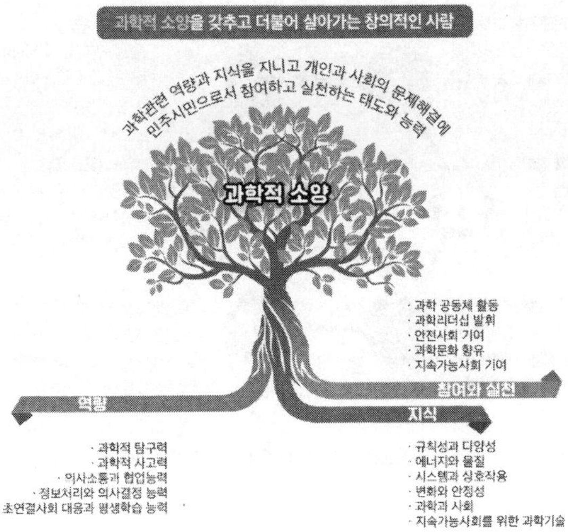

| 그림 3.1 | 과학적 소양(ToSL: Tree of Scienctific Literacy) 모형(송진웅 외, 2019)

특히 디지털 혁명으로 특징되는 미래사회에 필요하다고 예상되는 기능들을 포함하고 있다.

지식 차원은 규칙성과 다양성(regularity and diversity), 에너지와 물질(energy and matter), 시스템과 상호작용(system and interaction), 변화와 안정성(change and stability), 과학과 사회(science and society), 지속가능 사회를 위한 과학기술(science and technology for a sustainable society)의 6개 영역으로 나뉜다. 이는 분과적 구분이 아닌 빅아이디어(big ideas) 중심으로 나누는 것이 특징적이다.

또한 '과학과 사회' 및 '지속가능 사회를 위한 과학기술'은 전통적인 과학 교육의

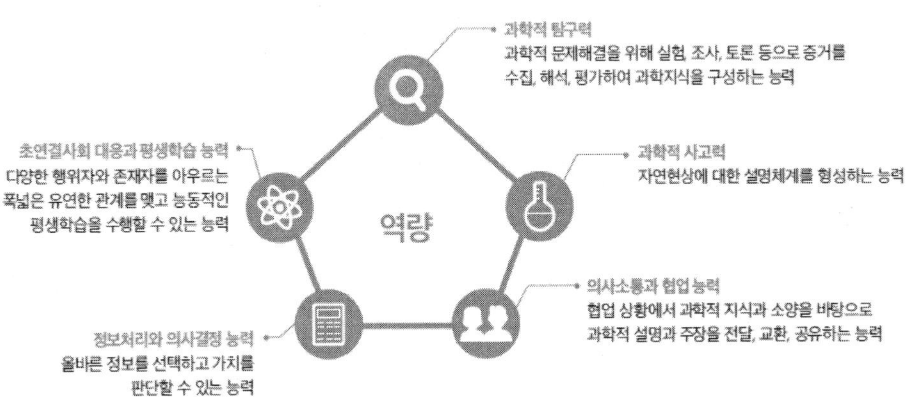

| 그림 3.2 | 역량 차원을 구성하는 5개 영역(송진웅 외, 2019)

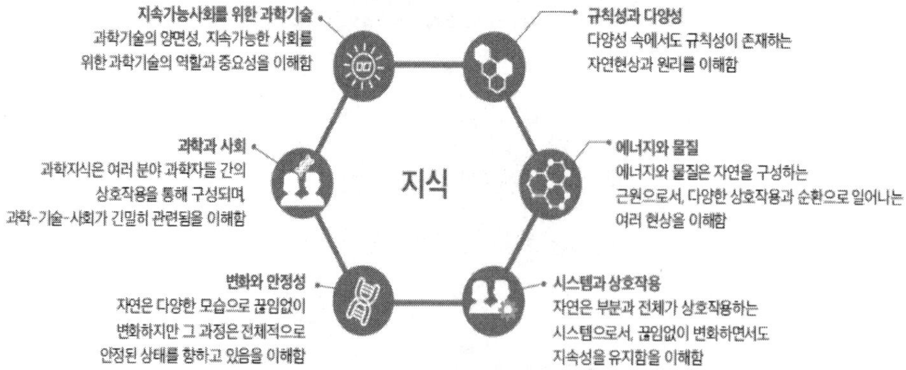

| 그림 3.3 | 지식 차원을 구성하는 6개 영역(송진웅 외, 2019)

내용 범위를 뛰어넘어, 미래사회의 책임 있는 민주시민이 갖춰야 할 과학 관련 인문·사회적 그리고 공학적 지식에 해당한다. 참여와 실천 차원은 과학 공동체 활동(science community activities), 과학 리더십 발휘(scientific leadership), 안전 사회 기여(contribution to safe society), 과학문화 향유(enjoying science culture), 지속가능 사회 기여(contribution to sustainable society)의 5개 영역으로 나뉜다. 특히 적극적인 탐구 활동 참여뿐만 아니라 삶 속에서 벌어지는 사회와 일상의 문제 해결에 참여와 실천을 강조하고 있다.

이처럼 과학 교육의 목표로 과학적 소양을 이해하고 과학 교육 맥락에서 과학적 소양을 구현하기 위한 구체적 실천방안을 탐색하는 것은 중요하다. 2015 개정 과학과 교육과정에서 다루는 과학적 소양과 역량, 지식에 해당하는 내용을 소개하면 표 3.1과 같다.

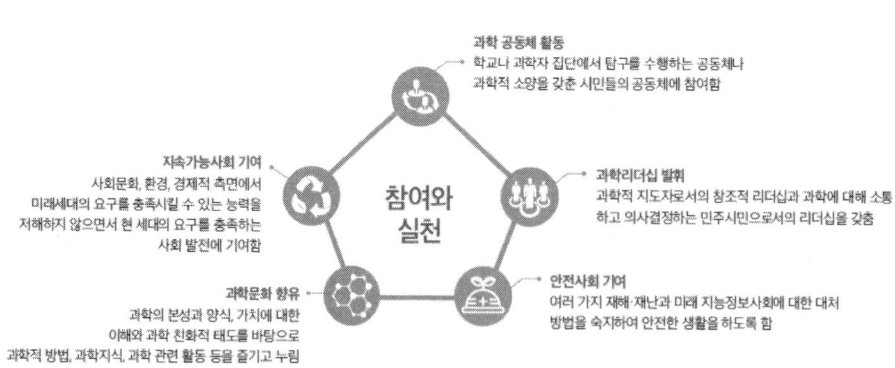

| 그림 3.4 | 참여와 실천 차원을 구성하는 5개 영역(송진웅 외, 2019)

| 표 3.1 | 2015 개정 과학과 교육과정에서 다루는 과학적 소양, 역량, 지식, 참여와 실천에 해당하는 내용(교육부, 2015)

구분	2015 개정 과학과 교육과정
과학적 소양	• 자연현상과 사물에 대하여 호기심과 흥미가 있고, 과학의 핵심 개념에 대한 이해와 탐구 능력의 함양을 통해서, 개인과 사회의 문제를 과학적이고 창의적으로 해결하기 위한 과학적 소양을 기른다.
역량	• 과학적 사고력 • 과학적 탐구 능력 • 과학적 문제 해결력 • 과학적 의사소통 능력 • 과학적 참여와 평생학습능력
지식	• 운동과 에너지, 물질, 생명, 지구와 우주 영역의 핵심 개념으로 구성 • 초중등학교에 물의 여행 등의 5개 통합 주제 제시 • 고등학교에 '통합과학'을 신설하고, '물질과 규칙성', '시스템과 상호작용', '변화와 다양성', '환경과 에너지' 영역으로 재구성
참여와 실천	• 과학적 참여와 평생학습능력은 사회에서 공동체의 일원으로 합리적이고 책임 있게 행동하기 위해 과학기술의 사회적 문제에 관한 관심을 가지고 의사결정과정에 참여하며 새로운 과학기술 환경에 적응하기 위해 스스로 지속해서 학습해 나가는 능력을 가리킨다.

1.2 과학과 핵심 역량

과학은 모든 학생이 과학의 개념을 이해하고 과학적 탐구 능력과 태도를 함양해서 개인과 사회의 문제를 과학적이고 창의적으로 해결할 수 있는 과학적 소양을 기르기 위한 교과이다. 그러므로 2015 개정 과학과 교육과정에서는 다양한 탐구 중심의 학습, 기본 개념의 통합적인 이해 및 탐구 경험을 통해 과학과 핵심 역량인 '과학적 사고력', '과학적 탐구 능력', '과학적 문제 해결력', '과학적 의사소통 능력', '과학적 참여와 평생학습능력'을 함양하도록 했으며, 각 하위 요소를 표 3.2와 같이 제시했다.

과학적 사고력은 과학적 주장과 증거의 관계를 탐색하는 과정에서 필요한 사고이다. 과학적 세계관 및 자연관, 과학의 지식과 방법, 과학적인 증거와 이론을 토대로 합리적이고 논리적으로 추론하는 능력, 추리 과정과 논증에 대해 비판적으로 고찰하는 능력, 다양하고 독창적인 아이디어를 산출하는 능력을 포함한다. 과학적 탐구 능력은 과학적 문제 해결을 위해 실험, 조사, 토론 등 다양한 방법으로 증거를 수집, 해석, 평가해서 새로운 과학 지식을 얻거나 의미를 구성해 가는 능력을 말한다. 과학적

| 표 3.2 | 2015 개정 과학과 교육과정의 과학과 핵심 역량과 하위 요소(교육부, 2015)

과학과 핵심 역량	하위 요소
과학적 사고력	• 논리적 사고력
	• 비판적 사고력
	• 창의적 사고력
과학적 탐구 능력	• 질문
	• 탐구 설계 및 수행
	• 결과의 분석 및 해석
	• 수학적 사고와 컴퓨팅 활용
	• 모형의 개발과 사용
	• 증거에 기초한 토론과 논증
	• 결론 도출 및 평가
	• 의사소통
과학적 문제 해결 능력	• 문제 규정
	• 정보수집 및 선택
	• 정보 분석 및 평가
	• 해결방법 제안
	• 실행
	• 반성적 사고
	• 합리적 의사결정
과학적 의사소통 능력	• 다양한 생각의 이해 및 조정
	• 다양한 의사소통 방법 사용
	• 다양한 매체로부터 정보 이해
	• 증거에 근거하여 논증
과학적 참여와 평생학습능력	• 과학, 기술, 사회적 주제에 관심 갖기
	• 컴퓨터와 과학기술 사용
	• 자기조절 학습에 참여

탐구를 위해서는 과학 탐구 기능과 지식을 통합해서 적용하고 활용하는 능력이 필요하며 과학적 사고력이 이 과정에 기초가 된다. 그 하위 요소인 질문, 탐구 설계 및 수행, 결과의 분석 및 해석, 수학적 사고와 컴퓨팅 활용, 모형의 개발과 사용, 증거에 기초한 토론과 논증, 결론 도출 및 평가, 의사소통을 교과서가 고루 포함하는 것이 필요하다. 과학적 문제 해결력은 과학적 지식과 과학적 사고를 활용하여 개인적 혹

은 공적 문제를 해결하는 능력이다. 일상생활의 문제를 해결하기 위해 문제와 관련 있는 과학적 사실, 원리, 개념 등의 지식을 생각해내고 활용하며 다양한 정보와 자료를 수집, 분석, 평가, 선택, 조직해서 가능한 해결 방안을 제시하고 실행하는 능력이 필요하다. 이러한 문제 해결력은 문제 해결 과정에 대한 반성적 사고 능력과 문제 해결 과정에서의 합리적 의사결정 능력도 포함한다. 과학적 의사소통 능력은 과학적 문제 해결 과정과 결과를 공동체 내에서 공유하고 발전시키기 위해 자신의 생각을 주장하고 타인의 생각을 이해하며 조정하는 능력을 말한다. 말, 글, 그림, 기호 등 다양한 양식의 의사소통 방법과 컴퓨터, 시청각 기기 등 다양한 매체를 통하여 제시되는 과학기술 정보를 이해하고 표현하는 능력, 증거에 근거하여 논증 활동을 하는 능력 등을 포함한다. 마지막으로 참여와 실천에 필요한 역량인 과학적 참여와 평생학습 능력이 있다. 사회에서 공동체의 일원으로 합리적이고 책임 있게 행동하기 위해 과학기술의 사회적 문제에 관심을 가지고 의사결정 과정에 참여하며 새로운 과학기술 환경에 적응하기 위해 스스로 지속해서 학습해 나가는 능력을 말한다.

이와 관련된 교재 분석 사례로 통합과학, 화학 I, 화학 II에 제시된 과학과 핵심 역량 분석(고은아, 최애란, 2019)을 소개했다. 그림 3.5는 통합과학 교과서 'III(4) 중화

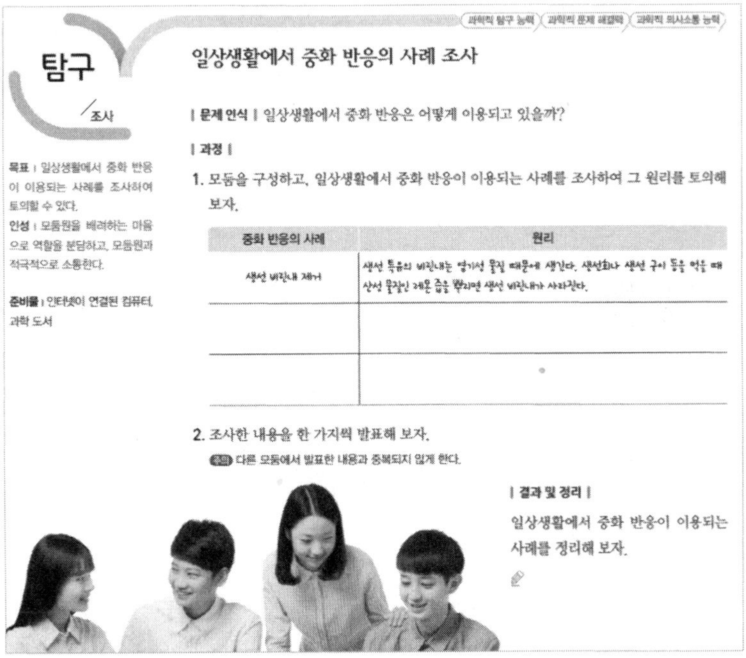
과학적 탐구 능력 / 과학적 문제 해결력 / 과학적 의사소통 능력

탐구 / 조사

일상생활에서 중화 반응의 사례 조사

목표 | 일상생활에서 중화 반응이 이용되는 사례를 조사하여 토의할 수 있다.

인성 | 모둠원을 배려하는 마음으로 역할을 분담하고, 모둠원과 적극적으로 소통한다.

준비물 | 인터넷이 연결된 컴퓨터, 과학 도서

| 문제 인식 | 일상생활에서 중화 반응은 어떻게 이용되고 있을까?

| 과정 |

1. 모둠을 구성하고, 일상생활에서 중화 반응이 이용되는 사례를 조사하여 그 원리를 토의해 보자.

중화 반응의 사례	원리
생선 비린내 제거	생선 특유의 비린내는 염기성 물질 때문에 생긴다. 생선회나 생선 구이 등을 먹을 때 산성 물질인 레몬 즙을 뿌리면 생선 비린내가 사라진다.

2. 조사한 내용을 한 가지씩 발표해 보자.

주의 다른 모둠에서 발표한 내용과 중복되지 않게 한다.

| 결과 및 정리 |

일상생활에서 중화 반응이 이용되는 사례를 정리해 보자.

| 그림 3.5 | 과학적 사고력, 과학적 문제 해결력, 과학적 의사소통 능력, 과학적 참여와 평생학습능력을 포함하는 예(2015 교육과정 통합과학 교과서, 비상교육)

반응의 이용' 단원에 포함된 활동으로 일상생활에서 중화 반응이 이용되는 사례를 조사하고 관련된 과학 원리에 기반해서 토의하는 활동이다. 먼저 현상을 설명하기 위해 과학 지식을 토대로 추론하고 토론하는 과학적 사고력의 하위 요소인 '논리적 사고하기'를 포함하고 있고, 과학적 의사소통 능력의 '증거에 근거하여 논증하기'를 포함하고 있다. 또한 문제를 해결하기 위해 다양한 정보와 자료를 탐색·조사하는 과정이 필요하므로 과학적 문제 해결력의 '정보와 자료 수집 및 선택하기'가 포함되어 있다. 조사한 내용을 정리하고 발표하는 과정에서 수집된 정보를 분석하고 종합하며 말, 글, 그림 등 다양한 방법을 활용해서 의사소통하는 것이 필요하므로 과학적 문제 해결력의 '정보와 자료 분석 및 평가하기'와 과학적 의사소통 능력의 '말·글·그림·기호 등 다양한 의사소통 방법 사용하기'가 포함되어 있다.

그림 3.6은 화학 I 교과서 'VI(2) 산-염기 중화 반응' 단원에 포함된 활동인 '읽기자료 - 화학과 기술과 사회'이다. 이 활동은 자료를 읽고 관련된 화학 공정의 장단점

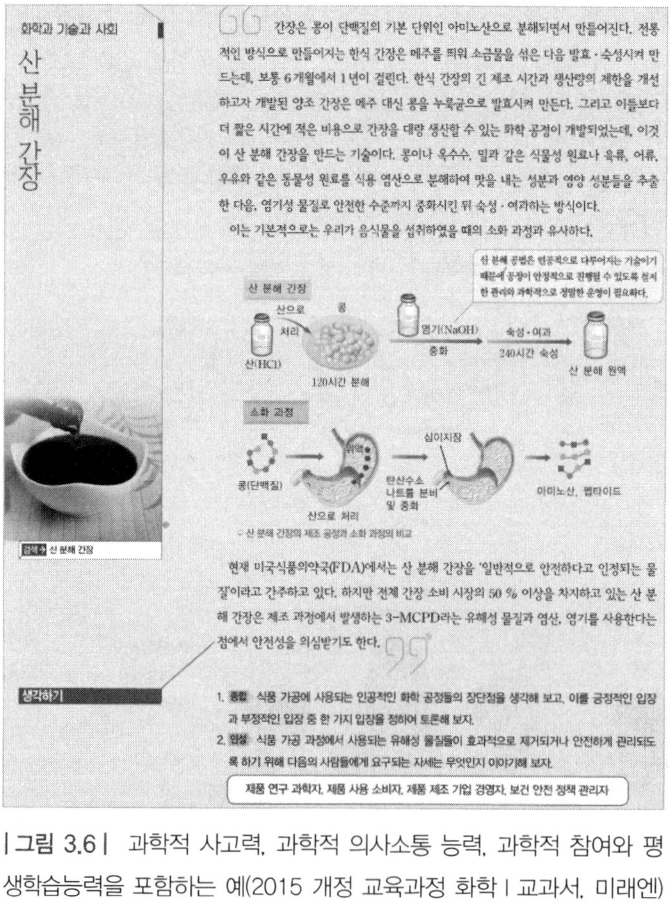
화학과 기술과 사회

산 분해 간장

간장은 콩이 단백질의 기본 단위인 아미노산으로 분해되면서 만들어진다. 전통적인 방식으로 만들어지는 한식 간장은 메주를 띄워 소금물을 섞은 다음 발효·숙성시켜 만드는데, 보통 6개월에서 1년이 걸린다. 한식 간장의 긴 제조 시간과 생산량의 제한을 개선하고자 개발된 양조 간장은 메주 대신 콩을 누룩균으로 발효시켜 만든다. 그리고 이들보다 더 짧은 시간에 적은 비용으로 간장을 대량 생산할 수 있는 화학 공정이 개발되었는데, 이것이 산 분해 간장을 만드는 기술이다. 콩이나 옥수수, 밀과 같은 식물성 원료나 육류, 어류, 우유와 같은 동물성 원료를 식용 염산으로 분해하여 맛을 내는 성분과 영양 성분들을 추출한 다음, 염기성 물질로 안전한 수준까지 중화시킨 뒤 숙성·여과하는 방식이다.

이는 기본적으로는 우리가 음식물을 섭취하였을 때의 소화 과정과 유사하다.

▲ 산 분해 간장의 제조 공정과 소화 과정의 비교

검색 ✚ 산 분해 간장

현재 미국식품의약국(FDA)에서는 산 분해 간장을 '일반적으로 안전하다고 인정되는 물질'이라고 간주하고 있다. 하지만 전체 간장 소비 시장의 50 % 이상을 차지하고 있는 산 분해 간장은 제조 과정에서 발생하는 3-MCPD라는 유해성 물질과 염산, 염기를 사용한다는 점에서 안전성을 의심받기도 한다.

생각하기

1. 종합 식품 가공에 사용되는 인공적인 화학 공정들의 장단점을 생각해 보고, 이를 긍정적인 입장과 부정적인 입장 중 한 가지 입장을 정하여 토론해 보자.
2. 입장 식품 가공 과정에서 사용되는 유해성 물질들이 효과적으로 제거되거나 안전하게 관리되도록 하기 위해 다음의 사람들에게 요구되는 자세는 무엇인지 이야기해 보자.

제품 연구 과학자, 제품 사용 소비자, 제품 제조 기업 경영자, 보건 안전 정책 관리자

| 그림 3.6 | 과학적 사고력, 과학적 의사소통 능력, 과학적 참여와 평생학습능력을 포함하는 예(2015 개정 교육과정 화학 I 교과서, 미래엔)

을 생각하며 찬·반의 입장을 정해서 토론하는 활동이므로, 자료나 주장에 대해 비판적으로 고찰하는 과학적 사고력의 '비판적 사고하기'와 과학적 의사소통 능력의 '증거에 근거하여 논증하기'가 포함되어 있다. 또한 과학기술의 사회적 문제에 대한 논의이므로 과학적 참여와 평생학습능력의 '과학기술의 사회적 문제 관심 갖기'가 포함되어 있다. 식품 가공 과정에서 각 구성원에게 요구되는 역할에 관해 이야기하는 활동은 문제 상황에서 타당한 이유에 근거해서 주장을 도출하고 설명하게 되므로, 과학적 사고력의 '논리적 사고하기'와 과학적 의사소통 능력의 '증거에 근거하여 논증하기', 과학적 참여와 평생학습능력의 '과학기술의 사회적 문제 관심 갖기'를 포함하고 있다.

그림 3.7은 화학 II 교과서 'II(7) 완충 용액' 단원에 포함된 활동인 '해보기' 내용이다. 이 활동에서는 적합한 실험 도구를 사용해서 자료를 수집하고 기록하므로 과학적 탐구 능력의 '탐구 설계와 수행'이 포함되어 있다. 또한 과학 개념을 토대로 추론과 데이터로부터 타당한 설명을 구성해야 하므로 과학적 사고력의 '논리적 사고하기'와 과학적 탐구 능력의 '결론 도출 및 평가'를 포함한다. 탐구 과정과 결과에 대해 pH와 같은 과학 기호를 포함해서 말이나 글로써 과학 정보를 의사소통하므로 과

실험 해 보기 산을 가해도 pH가 변하지 않는 수용액 알아보기

준비물
- 증류수
- 0.1 M 아세트산 수용액
- 0.1 M 아세트산 나트륨 수용액
- 0.1 M 염산
- 비커
- pH 미터
- 스포이트
- 실험복
- 보안경
- 실험용 장갑

유의할 점
- 실험복, 보안경, 실험용 장갑을 착용한다.
- 실험 후 사용한 시약은 폐수통에 버린다.

❶ 크기가 같은 네 개의 비커에 다음의 수용액을 20 mL씩 넣고 pH 미터로 수용액의 pH를 측정해 보자.

증류수, 아세트산 수용액,
아세트산 나트륨 수용액,
아세트산과 아세트산 나트륨의 혼합 용액

❷ 위 수용액에 염산을 5 mL씩 각각 넣은 후 pH 미터로 수용액의 pH를 측정해 보자.

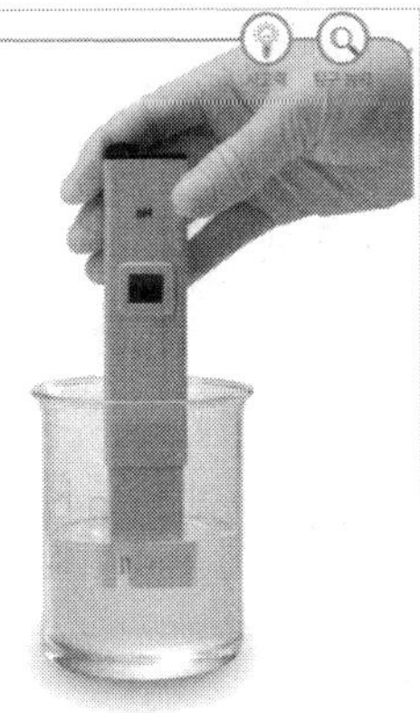

결과 및 정리

1. 위 과정 ❶, ❷에서 측정한 pH를 표에 써 보자.

구분	처음 수용액의 pH	HCl을 넣은 후 수용액의 pH
증류수		
CH_3COOH 수용액		
CH_3COONa 수용액		
CH_3COOH과 CH_3COONa의 혼합 용액		

2. 각 수용액에 염산을 넣었을 때 나타나는 pH 변화의 차이점을 설명해 보자.

| 그림 3.7 | 과학적 사고력, 과학적 탐구 능력을 포함하는 예(2015 개정 교육과정 화학 II 교과서, 미래엔)

학적 탐구 능력의 '의사소통'도 포함되어 있다. 이는 새로운 과학 지식을 얻거나 의미를 구성해나가는 탐구 맥락에서 제안된 계에 대한 과학 정보나 생각을 의사소통하는 활동이므로 과학적 탐구 능력의 '의사소통'에 해당한다. 또한 교재 분석 사례로 과학 교과서의 과학과 사회정서학습 요소 분석을 소개했다(박현주, 2017).

과학적 탐구가 과학 개념과 지식을 구성하고 문제 해결력뿐만 아니라 자신과 타인에 대한 이해, 책임감, 배려심, 협동심, 의사소통 능력, 문제 해결 능력, 대인 관계 기술 등과 같은 사회정서기술을 기반으로 하므로, 교과서에 사회정서기술 요소인 사회적 기술, 윤리적 이해, 문화적 이해 등이 더 적극적으로 포함되어야 한다. 특히 교과서에 포함된 사진과 내용은 학생들에게 의도적 또는 무의식적으로 지속적인 메시지를 제공한다. 따라서 개인 간, 타인 간의 이해, 문화 간의 이해를 형성하고, 개인이나 사회 안에서의 자신의 가치를 알고 자신의 행동이 다른 사람에게 미치는 영향을 인식하는 등의 문화적 이해와 윤리적 이해를 위한 다양한 사례를 포함하는 것이 필요하다. 이와 관련하여 사회적 기술은 환경과 사회 규범과 같은 공통적인 기준 안에서 개인의 긍정 또는 부정적 감정을 표현하고, 타인과 상호작용하며 효과적으로 대처·적응하는 능력이다. 그림 3.8은 중학교 2학년 과학 교과서에서 제시하는 '생물 다양성 보전과 자연 개발의 관계 토론하기' 활동으로 서로 다른 의견을 듣고 자신의 의견을 증거를 들어 이야기하는 상호작용 경험을 포함하고 있다.

윤리적 이해는 사회를 구성하고 살아가는 데 있어 지켜야 할 인간적인 도리로, 개인과 사회 안에서 자신의 가치를 알고 자신의 행동이 타인이나 사회에게 미치는 영향을 인식하는 능력이다. 그림 3.9는 이에 해당하는 통합과학 교과서이다. 토의 조사 탐구 활동으로 자료를 통해 환경과 타인에 대한 윤리 관점을 고려해서 행위의 결과에 대한 책임을 생각해보는 경험을 제공하고 있다.

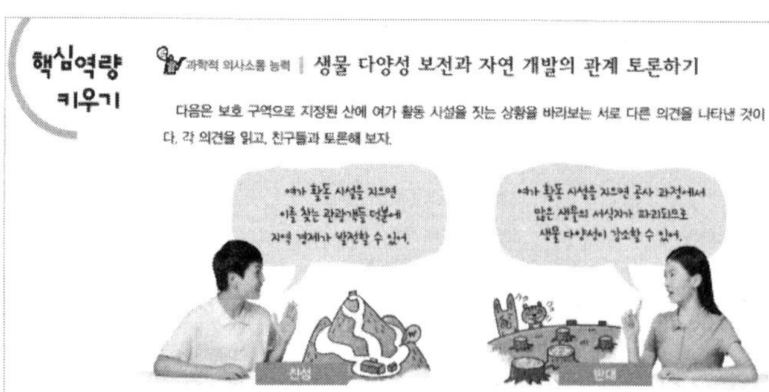

| 그림 3.8 | 사회적 기술을 포함하는 예(2009 개정 교육과정 중학교 2학년 과학 교과서, 비상교육)

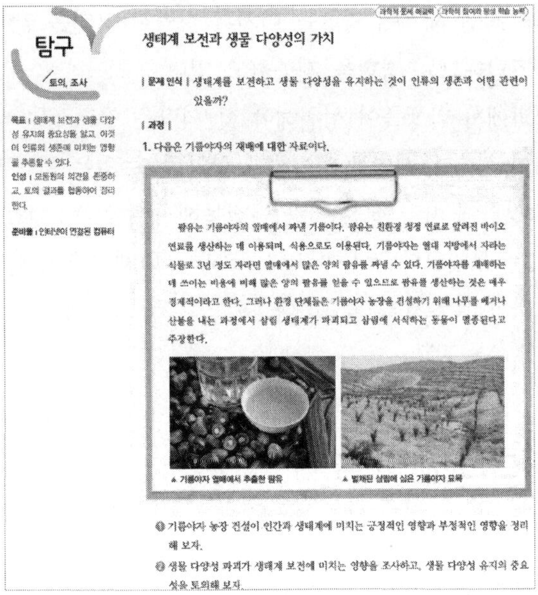

탐구
토의, 조사

목표 : 생태계 보전과 생물 다양성 유지의 중요성을 알고, 이것이 인류의 생존에 미치는 영향을 추론할 수 있다.
인성 : 모둠원의 의견을 존중하고, 토의 결과를 협동하여 정리한다.

준비물 : 인터넷이 연결된 컴퓨터

생태계 보전과 생물 다양성의 가치

| 문제 인식 | 생태계를 보전하고 생물 다양성을 유지하는 것이 인류의 생존과 어떤 관련이 있을까?

| 과정 |

1. 다음은 기름야자의 재배에 대한 자료이다.

팜유는 기름야자의 열매에서 짜낸 기름이다. 팜유는 친환경 청정 연료로 알려진 바이오 연료를 생산하는 데 이용되며, 식용으로도 이용된다. 기름야자는 열대 지방에서 자라는 식물로 3년 정도 자라면 열매에서 많은 양의 팜유를 짜낼 수 있다. 기름야자를 재배하는 데 쓰이는 비용에 비해 많은 양의 팜유를 얻을 수 있으므로 팜유를 생산하는 것은 매우 경제적이라고 한다. 그러나 환경 단체들은 기름야자 농장을 건설하기 위해 나무를 베거나 산불을 내는 과정에서 삼림 생태계가 파괴되고 삼림에 서식하는 동물이 멸종된다고 주장한다.

▲ 기름야자 열매에서 추출한 팜유 ▲ 벌채된 삼림에 심은 기름야자 묘목

❶ 기름야자 농장 건설이 인간과 생태계에 미치는 긍정적인 영향과 부정적인 영향을 정리해 보자.

❷ 생물 다양성 파괴가 생태계 보전에 미치는 영향을 조사하고, 생물 다양성 유지의 중요성을 토의해 보자.

| 그림 3.9 | 윤리적 이해를 포함하는 예(2009 개정 교육과정 통합과학 교과서, 비상교육)

문화적 이해는 문화간 차이에 대한 이해를 통해 개인, 그룹, 국가 정체성 형성, 공통점과 차이점을 인식해서 상호 존중하는 능력이다. 그림 3.10은 이에 해당하는 통

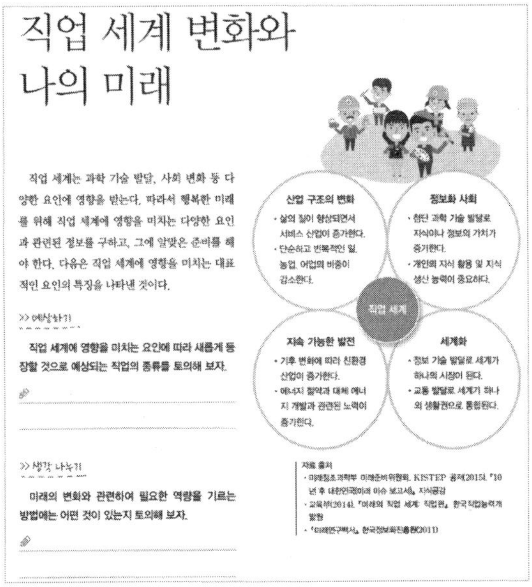

직업 세계 변화와 나의 미래

직업 세계는 과학 기술 발달, 사회 변화 등 다양한 요인에 영향을 받는다. 따라서 행복한 미래를 위해 직업 세계에 영향을 미치는 다양한 요인과 관련된 정보를 구하고, 그에 알맞은 준비를 해야 한다. 다음은 직업 세계에 영향을 미치는 대표적인 요인의 특징을 나타낸 것이다.

산업 구조의 변화
- 삶의 질이 향상되면서 서비스 산업이 증가한다.
- 단순하고 반복적인 일, 농업, 어업의 비중이 감소한다.

정보화 사회
- 첨단 과학 기술 발달로 지식이나 정보의 가치가 증가한다.
- 개인의 지식 활용 및 지식 생산 능력이 중요하다.

직업 세계

지속 가능한 발전
- 기후 변화에 따라 친환경 산업이 증가한다.
- 에너지 절약과 대체 에너지 개발과 관련된 노력이 증가한다.

세계화
- 정보 기술 발달로 세계가 하나의 시장이 된다.
- 교통 발달로 세계가 하나의 생활권으로 통합된다.

>> 예상하기

직업 세계에 영향을 미치는 요인에 따라 새롭게 등장할 것으로 예상되는 직업의 종류를 토의해 보자.

>> 생각 나누기

미래의 변화와 관련하여 필요한 역량을 기르는 방법에는 어떤 것이 있는지 토의해 보자.

자료 출처
- 미래창조과학부 미래준비위원회, KISTEP 공저(2015), 『10년 후 대한민국(미래 이슈 보고서)』, 지식공감
- 교육부(2014), 『미래의 직업 세계: 직업편』, 한국직업능력개발원
- 『미래연구백서』, 한국정보화진흥원(2011)

| 그림 3.10 | 문화적 이해를 포함하는 예(2009 개정 교육과정 통합과학 교과서, 비상교육)

합과학 교과서이다. 직업 세계에 영향을 미치는 다양한 요인을 알아보고, 이에 대한 자신의 정체성을 고민해보는 경험을 제공하고 있다.

교사가 특정 교과에서 학생들이 성취해야 할 역량을 알고 교수·학습을 계획하는 것은 중요하다. 또한 학습 주제별로 적절하게 함양될 수 있는 핵심 역량 요소가 달라진다는 것을 알고 상황에 따라 핵심 역량을 접목해서 수업할 수 있는 전문성도 필요하다. 이를 위해서는 무엇보다 교사가 먼저 교과서에 제시된 주제와 내용에서 핵심 역량을 분석하고 파악하는 것이 필요하다.

2 표상에 따른 교재 분석

과학 교육에서 외적 표상(external representation)은 추상적인 아이디어나 현상을 단순화하고 구체화해서 표현한 것으로 그림, 사진, 동영상, 모델, 그래프 등과 같은 시각화된 정보를 의미한다(Eisner, 1994; Treagust et al., 2003; van Someren et al., 1998). 이러한 외적 표상은 교과서에 주로 기호나 언어, 다이어그램과 같은 전통적 매체로 제시되며, 컴퓨터 애니메이션, 시뮬레이션, 그래픽과 같은 전자 매체로도 제시된다. 따라서 과학 교과에서 다루는 외적 표상에 대해 이해하고 활용한다는 것은 과학 학습에서 중요하다. 하지만 과학 개념은 추상적이지만, 학생들의 사고는 구체적이고 관찰 가능한 정보에 의존하는 경향이 크다. 따라서 교사들이 학생들의 과학 개념 이해를 돕기 위해서는 교과서의 다양한 외적 표상들을 분석하는 것이 필요하다. 이를 위해 디지털 교과서에 나타난 외적 표상 활용의 실태 분석(송나윤, 홍주연, 노태희, 2020)과 교과서에 제시된 준미시적 표상의 문제점 분석(박철용 외, 2020)을 바탕으로 외적 표상의 제시와 활용 사례를 살펴보고자 한다.

2.1 다중 표상

다중 표상 학습이란, 다양한 형태의 표상을 제시해서 학습을 돕는 자료를 의미한다. 다중 표상 학습이 이루어지기 위해서는 시각적 정보, 청각적 정보 등 다양한 형태의 외적 표상을 주의해서 적절히 활용하는 것이 필요하다. 이때 상호작용성이 있는 학습 환경은 학생들이 자신의 수준에 따라 새로운 지식을 능동적으로 구성할 수 있도록 한다. 따라서 효과적인 다중 표상 학습을 위해서는 상호작용성이 함께 고려될 필요가

| 표 3.3 | 교과서 표상의 범주 분석 사례(송나윤, 홍주연, 노태희, 2020)

상위 범주	범주	하위 범주
수준	거시적 미시적 상징적 거시적 & 미시적 미시적 & 상징적 거시적 & 상징적 거시적 & 미시적 & 상징적	–
양식	시각 언어	형식화 & 개인화
	청각 언어	형식화 개인화 형식화 & 개인화
	시각 비언어	정화상
		동화상
		정화상 & 동화상
제시	언어적 표상 & 시각 비언어 표상	시각 언어 & 시각 비언어 청각 언어 & 시각 비언어 시각 언어 & 청각 언어 & 시각 비언어 시각 언어와 청각 언어 표상의 중복 여부
	근접성	공간적 근접성
		시간적 근접성
상호작용	피드백 수준 조작 수준	–

있다. 학생들이 교수학습 과정에서 다양한 표상을 만나는 가장 흔한 자료는 교과서이다. 따라서 학생들의 개념 형성은 교과서에 나타난 다양한 표상들의 제시 방법이나 활용 방식에 따라 도움이 되기도 하고, 반대로 학습의 방해 요인이 될 수도 있다.

2015 개정 교육과정에 따른 중학교 1학년 디지털 교과서에 나타난 외적 표상의 활용 실태 분석(송나윤, 홍주연, 노태희, 2020)에서는 교과서 표상을 수준(level), 양식(form), 제시 방법(presentation), 상호작용성(interactivity)을 기준으로 분석했다. 이를 표 3.3에 정리해서 제시했다.

수준(level)은 현상을 나타내는 '거시적(macroscopic)' 수준, 물질의 입자성이나 입자의 운동을 나타내는 '미시적(submicroscopic)' 수준, 표, 식, 그래프 등의 '상징적(symbolic)' 수준이 있으며, 각 수준이 혼합되어 있는 수준이 있다. 양식(form)은 시각 언어(visual-verbal), 청각 언어(audial-verbal), 시각 비언어(visual-nonverbal)로 구분되며 시각 언어와 청각 언어는 형식화(formal)와 개인화(personal)로 다시 세분화된다. 그리고 시각 비언어는 정지된 형태의 정화상(illustration)과 움직이는 형태의 동화상(animation), 그리고 이 둘이 혼합된 형태로 다시 세분화된다. 제시 방법(presentation)은 언어적 표상과 시각 비언어 표상이 혼합되는 경우와 근접성(contiguity)으로 구분된다. 언어적 표상과 시각 비언어 표상은 다시 시각 언어, 청각 언어, 시각 비언어의 혼합된 경우로 세분화된다. 근접성(contiguity)은 시각 언어 표상과 시각 비언어 표상의 공간적 근접성(spatial contiguity)과 청각 언어 표상과 시각 비언어 표상의 시간적 근접성(temporal contiguity)으로 나눈다. 공간적 근접성은 표상이 서로 내에 제시된 '삽입(insertion)', 위 · 아래 · 좌 · 우에 제시된 '근처(near)', 커서를 근접시키거나 클릭했을 때 팝업 형태로 제시되는 '마우스 오버(mouse over)', 서로 다른 페이지에 제시된 '다른 페이지(next page)'가 있다. 시간적 근접성은 두 표상에서 나타내는 정보가 '동시에 제시됨(synchronized)'과 '시간적 간격을 두고 제시됨(not synchronized)'이 있다. 상호작용성은 피드백(feedback) 수준과 조작(manipulation) 수준으로 구분된다. 피드백feedback) 수준은 학생들의 답에 반응을 제공하는 것이며, 조작(manipulation) 수준은 학생들이 직접 조작할 수 있는 기회를 제공하는 것이다.

물질의 입자성은 직접 관찰하기 어려운 추상적인 과학 개념이어서 학생들이 이해하는 것이 어렵다. 따라서 교과서는 입자 개념을 설명하기 위한 표상을 자주 활용하고 애니메이션과 같은 멀티미디어 자료를 통해 입자의 역동적인 과정을 학생들이 이해하도록 도움을 주기도 한다. 그림 3.11은 중학교 1학년 과학과 디지털 교과서의 물질 단원에서 물질의 입자성을 설명하기 위해 다양한 외적 표상을 제시하고 있다.

그림 3.11의 교과서 사례에서 시각 언어, 청각 언어, 시각 비언어 표상이 모두 나타났으므로, 양식은 '시각 언어', '청각 언어', '시각 비언어'에 모두 해당된다. 이때 형식적 형태의 글과 '입자의 종류와 개수는 변하지 않으므로 상태가 달라져도 질량은 일정해'와 같은 개인화된 형태의 글이 함께 나타나므로, 시각 언어 표상의 형태는 '형식화 & 개인화'에 해당된다. 그림에 나타나지는 않지만, 학생의 말은 글뿐만 아니라 내레이션으로도 함께 나타나므로, 청각 언어 표상의 형태는 '개인화'에 해당한다. 또한 입자의 운동을 표현한 정화상과 입자를 직접 움직이는 형태로 제시한 동화상이 모두 나타나므로, 시각 비언어 표상은 입자의 운동성이 포함된 '정화상 & 동화상'에 해당한다. 제시 방법(presentation) 중 언어적 표상과 시각 비언어 표상이 함께 제시되어 있어 '시각 언어 & 청각 언어 & 시각 비언어'에 해당한다. 또 말풍선 설명에서 시각 언어 표상과 청각 언어 표상이 제시하는 언어적 정보가 동일하게 나타나므로

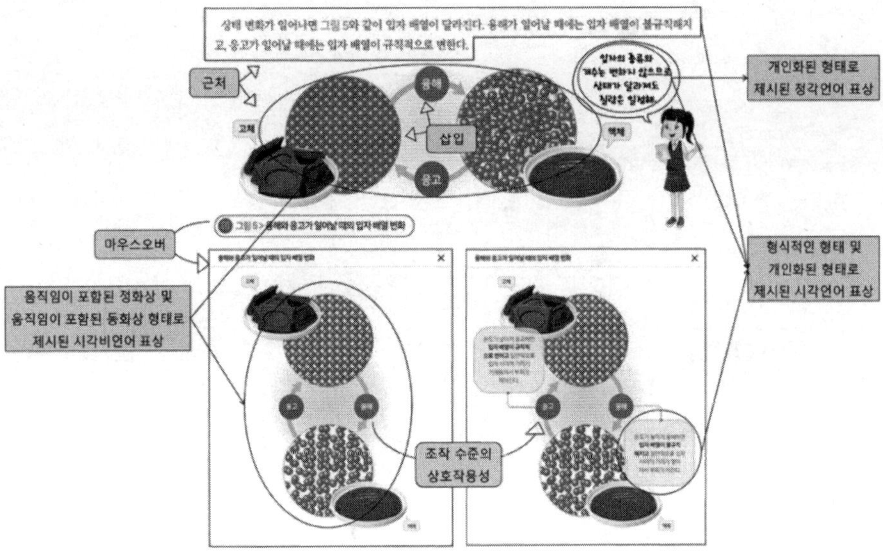

| 그림 3.11 | 다중 표상이 제시된 사례(2015 개정 교육과정 중학교 1학년 과학 교과서, 천재교육)

'시각 언어와 청각 언어 표상의 중복적 제시'에 해당한다. 근접성(contiguity)은 시각 언어 표상과 시각 비언어 표상이 삽입 및 근처의 형태로 배치되었으며, '그림 5 융해와 응고가 일어날 때의 입자 변화'를 클릭하면 마우스 오버로 새로운 표상이 나타나므로, '삽입', '근처', '마우스 오버'에 각각 해당한다. 마지막으로 표상을 클릭해서 표상의 모습을 변형시키는 조작이 나타나므로, 상호작용성은 '조작' 수준의 상호작용성에 해당한다.

그림 3.12는 다중 표상을 제시하는 다른 사례이다. '예시 답안'을 클릭하면 팝업창으로 활동에 대한 준비된 정답을 제시하므로, 제시(presentation) 방법 중 근접성은 '마우스 오버', '외적 표상의 상호작용성'은 '피드백' 수준의 상호작용성에 해당한다.

학교 교육에서 온라인 학습과 함께 다양한 멀티미디어 자료 활용은 많아질 것이다. 이때 교과서 분석을 통해 볼 수 있었듯이 다양한 멀티미디어 자료에서 제시하는 여러 외적 표상을 이해하고, 수업 구성에 활용하는 것은 중요하다. 예를 들면 언어적 정보와 시각 비언어 표상을 함께 제시할 때 청각 언어 표상을 활용하면 학습에 도움이 될 수 있다. 또한 상호작용성을 고려하면 학생들이 자신의 학습 상태를 스스로 평가할 수 있고, 조작성이 있다면 외적 표상과 상호작용을 할 수 있어 학습의 효과가 더 높아질 수 있다.

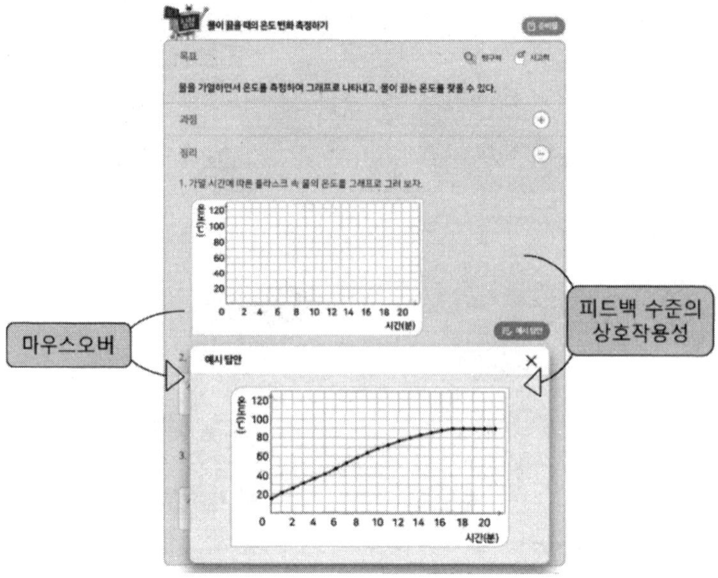

| 그림 3.12 | 다중 표상이 제시된 사례(2015 개정 교육과정 중학교 1학년 과학 교과서, 천재교육)

2.2 준미시적 표상

학생들은 미시 세계를 관찰하기 어려우므로 화학을 배울 때 거시적(macroscopic), 준미시적(submicroscopic), 상징적(symbolic) 표상을 조정해서 사용하는 방법을 알아야 한다. 거시적 표상은 촉감, 후각 및 시각을 통해 경험할 수 있는 관찰 가능한 실제 세계를 나타내는 것이다. 반면, 상징적 표상은 기호, 화학 반응식 및 그래프 등으로 거시적 표상을 추상적으로 나타내는 것이다. 준미시적 표상은 분자, 원자, 이온과 같은 입자를 포함하는 모형으로 그림 3.13처럼 실제 세계와 추상적 사고의 중첩으로

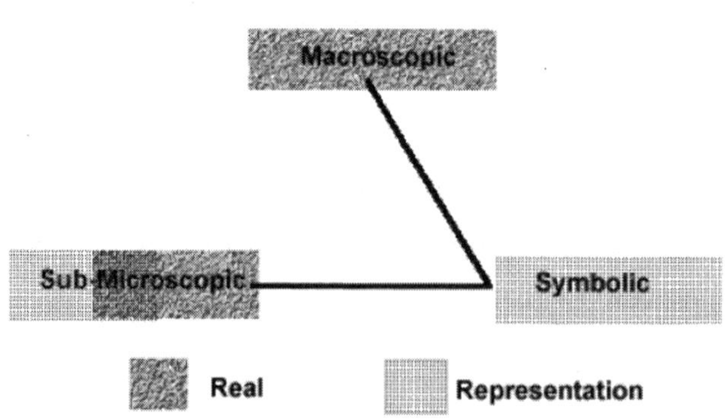

| 그림 3.13 | Chittleborough & Treagust(2007)가 제안한 표상의 관계

볼 수 있다. 특히 화학 교과의 다양한 화학 반응은 눈에 보이지 않는 미시적 세계를 표현하는 준미시적 표상을 많이 제시하고 있다. 따라서 이를 이해하는 데 논리 사고가 필요해서 학습에 어려움이 있다. 따라서 박철용 외(2020)의 연구에서 분석한 내용을 토대로, 추상적 화학 개념을 학생들에게 이해시키기 위해 교과서에서 제시하는 준미시적 표상의 역할과 시각화를 소개하고자 한다.

준미시적 표상의 구체적인 사례로 산과 염기의 반응에 대한 표상이 있다. 특히 아레니우스 정의와 브뢴스테드 - 로리 정의를 이해하기 위해 교과서에 제시된 준미시적 표상의 차이를 이해하는 것이 중요하다.

아레니우스의 정의에서 산(acid)은 "수용액에서 수소 이온(H^+)을 내는 물질"이고, 염기(base)는 "수용액에서 수산화 이온(OH^-)을 내는 물질"이다. 따라서 아레니우스의 산과 염기에는 반드시 수용액을 전제한다. 또한 가역 반응을 고려하지 않고, 정반응으로 해리되는 것만 고려한다. 따라서 약산이나 약염기는 적절하지 않으며 강산과 강염기를 표현할 때 적합한 정의이다. 그림 3.14는 이러한 아레니우스 산의 준미시적 표상을 나타낸 것이다.

한편, 브뢴스테드 - 로리 정의에서 산은 "다른 물질에게 수소 이온(H^+)을 주는 물질"이고, 염기는 "다른 물질로부터 수소 이온(H^+)을 받는 물질"이다. 즉 브뢴스테드 - 로리의 산과 염기는 반드시 다른 물질과의 반응 과정이 포함되며 비수용매에서도 가능하다. 따라서 수용액에서 반응이 이루어질 필요는 없으며, 물 역시 반응에 참여할 때는 산이나 염기로 작용할 수 있다. 즉 물이 수소 이온을 받으면 염기로 작용하고, 물이 수소 이온을 다른 물질에 주면 산으로 작용한다. 또한 가역 반응을 고려해야 하므로 역반응이 포함되어야 한다. 따라서 약산이나 약염기에 적절하며, 이온화도 1로 정의되는 강산과 강염기를 표현할 때 적합하지 않다. 이러한 전제 조건을 보았을 때 브뢴스테드 - 로리 정의에서는 중성의 개념이 없으며, 반응 전과 후에 짝산과

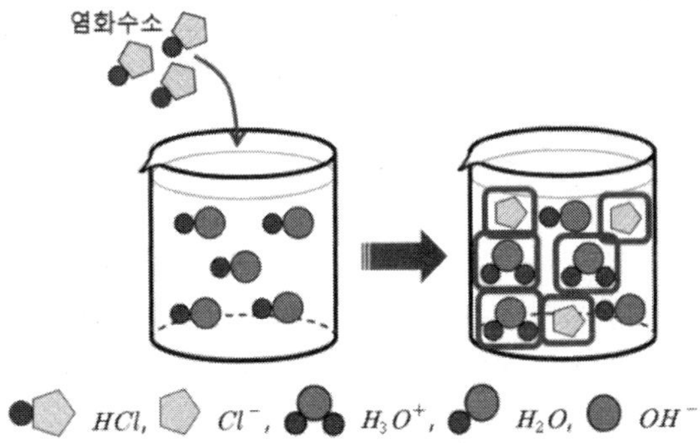

| 그림 3.14 | 아레니우스 산의 준미시적 표상(박철용, 2020)

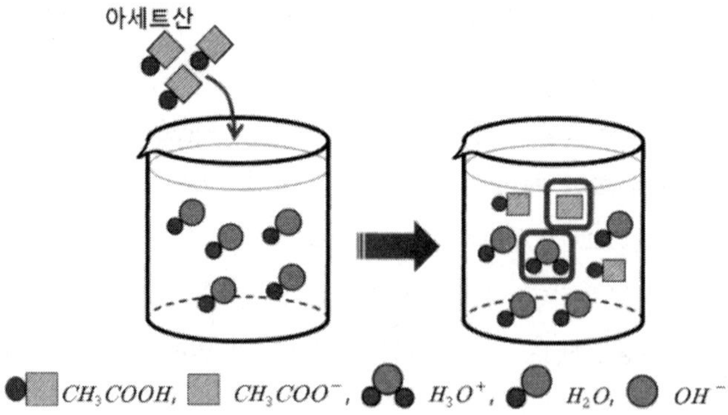

| 그림 3.15 | 브뢴스테드-로리 산의 준미시적 표상(박철용, 2020)

짝염기의 개념으로 재구분된다. 그림 3.15는 이러한 브뢴스테드-로리 산의 준미시적 표상을 표현한 것이다.

이러한 준미시적 표상을 표현할 때는 원자의 종류와 개수가 보존되어야 하고, 원자들이 반응 전후에 다르게 조합되는 것을 이해해야 한다. 또 브뢴스테드-로리의 산과 염기의 경우 이온화도가 1이 아니므로 산이나 염기 물질 중 일부는 역반응이 일어나 반응물로 돌아가는 것을 이해해야 한다. 이러한 사고는 피아제의 인지적 조작단계에서 보존 논리, 조합 논리, 비례 논리 등에 해당한다. 논리적 사고와 표상의 분석 기준을 연결해서 표 3.4에 제시했다.

| 표 3.4 | 논리적 사고와 표상의 분석 기준을 연결한 분석 사례(박철용 외, 2020)

논리 사고	분석 기준
종류 보존 논리	화학 반응은 반응 전과 후의 원자의 종류가 보존된다.
조합 논리	화학 반응에서 반응물이 생성물이 될 때 원자 간의 결합이 끊어지고 붙게 된다.
입자 수 보존 논리	화학 반응은 반응 전과 후의 원자의 수가 보존된다.
비례 논리	많은 입자 수가 존재할 때, 일부는 해리하고 일부는 해리하지 않는다.

(1) 종류 보존 논리

물질을 구성하는 입자들의 종류 보존 논리의 경우에는 반응물을 구성하는 입자의 종류와 생성물을 구성하는 입자의 종류가 동일하게 보존되는 형태로 제시해야 한다. 그림 3.16은 반응 전 비커의 수산화 이온을 수소 입자 한 개와 산소 입자 한 개로 표현했으며, 반응 후 플라스크의 물 분자도 수소 입자 두 개와 산소 입자 한 개로 정

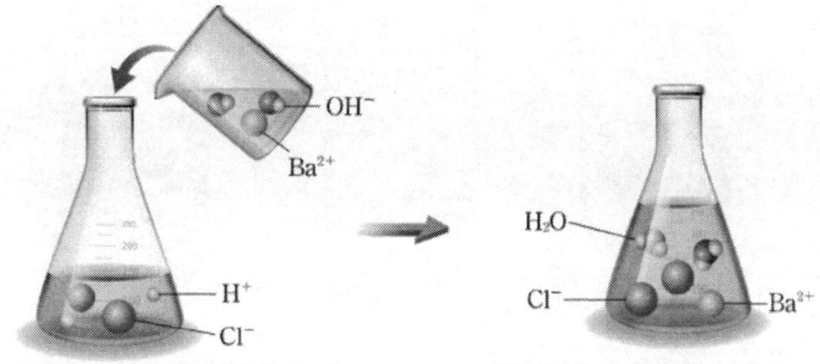

$$2HCl(aq) + Ba(OH)_2(aq) \longrightarrow 2H_2O(l) + BaCl_2(aq)$$

| 그림 3.16 | 종류 보존 논리가 잘 표현된 사례(2015 개정 교육과정 화학 I 교과서, 금성출판사)

| 그림 3.17 | 종류 보존 논리가 잘 표현되지 못한 사례(2015 개징 교육과정 화학 I 교과서, 비상교육)

확히 표현해서 반응물의 수소 입자와 산소 입자가 생성물인 물 분자에 그대로 존재한다. 따라서 물질의 종류 보존 논리를 잘 표현하고 있다. 반면, 그림 3.17은 반응물에서 표현된 수소 이온 입자와 수산화 이온 입자와는 전혀 다른 형태로 물 입자를 생성물로 표현했기 때문에, 입자의 종류 보존 논리가 형성되기 어렵다.

(2) 조합 논리

준미시적 표상의 사례에서 수산화 이온을 표현할 때 그림 3.18과 같이 수소와 산소를 구분하지 않고 한 입자로 표현하면 다른 입자와 떨어지고 붙는 과정을 표현하기에 더 적합하다. 즉 반응물에서 생성물이 될 때 끊어지고 붙는 결합에서 조합 논리가 성립되는 것을 보여줄 수 있다. 반면, 그림 3.19는 모든 입자를 원자의 수준에서 표현하여 어느 원자가 결합에서 떨어지는지에 대한 정보를 얻지 못해서 조합의 논리를 이해하는데 어려움을 가질 수 있다.

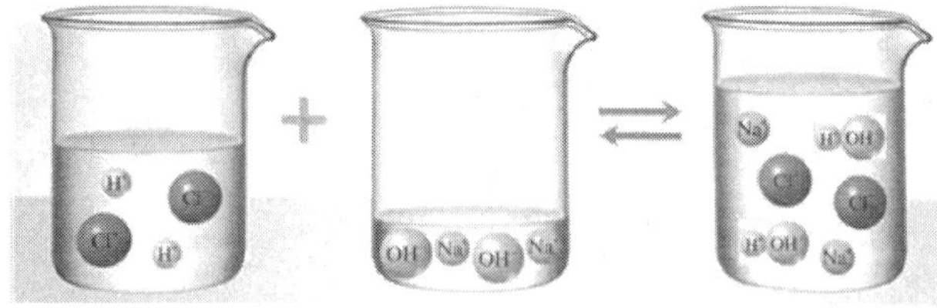

| 그림 3.18 | 조합 논리가 잘 표현된 사례(박철용 외, 2020)

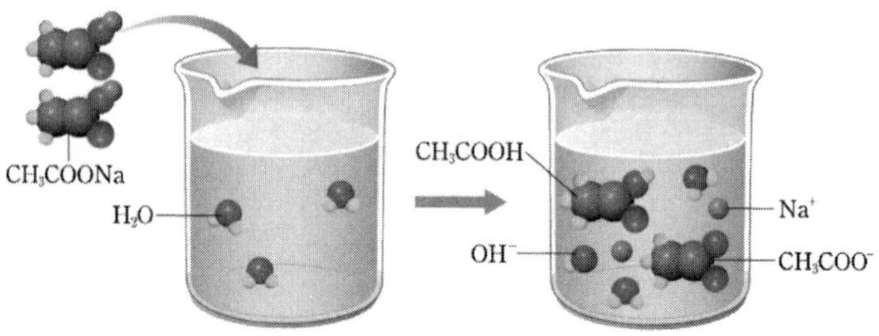

| 그림 3.19 | 조합 논리가 잘 표현되지 못한 사례(2015 개정 교육과정 화학 II 교과서, 상상아카데미)

(3) 입자 수 보존 논리

중화 반응의 양적 관계는 일정한 부피 안에 존재하는 입자의 개수를 표현하는 nMV = n'M'V'의 개념을 이해하기 위한 핵심이다. 그러나 이 개념을 화학 반응식으로만 제시하면 사고의 제한이 따른다. 또한 입자를 준미시적 표상으로 제시하면 최소의 개수로만 제시하면, 매우 많은 수의 입자들이 존재하는 복잡계를 이해하는 것에 한계를 가진다. 즉 화학 반응식으로 제시하는 것과 동일한 문제가 발생한다.

그림 3.20은 최소 입자 수를 표현한 화학 반응식보다 표상에서 2배 이상의 입자들을 반응물로 제시하고, 최종 생성물까지 표현하고 있어 반응이 일어나는 과정을 충

| 그림 3.20 | 수 보존 논리가 잘 표현된 사례(2015 개정 교육과정 화학 I 교과서, 지학사)

| 그림 3.21 | 수 보존 논리가 잘 표현되지 못한 사례(2015 개정 교육과정 화학 I 교과서, 상상아카데미)

분히 이해할 수 있게 한다. 그러나 그림 3.21은 최소한의 반응물과 생성물을 제시하면 이를 통해 복잡계 안에서 반응물과 생성물의 입자 수가 보존된다는 논리를 형성하기 어려울 수 있다.

(4) 비례 논리

비례 논리의 경우는 많은 입자 수가 존재할 때, 일부는 해리하고 일부는 해리하지 않는 상황에서 알 수 있다. 그림 3.22는 아레니우스의 정의에 근거해서 이온화도가 1인 상산에 해당하는 염산의 경우 전부 이온화된 것으로 표현했다. 또한 아세트산과 같은 약산은 일부만 이온화하는 것으로 표현했다. 이 두 경우를 비교하여 제시함으로써 강산과 약산의 해리 정도에 대한 비례적 사고를 형성할 수 있다.

그림 3.23은 물도 입자의 수준에서 제시되어 있다. 강산인 HCl의 경우에는 물과 반응하여 모든 염산은 염화 이온(Cl^-)으로 분리되고 수소 이온(H^+)은 모두 물과 반

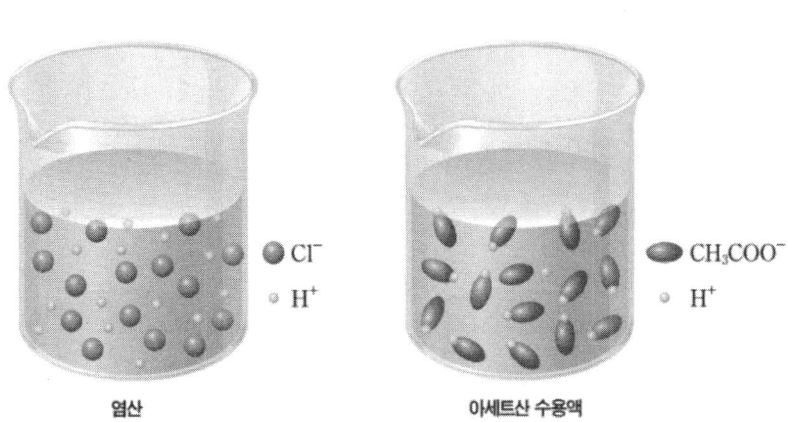

| 그림 3.22 | 비례 논리가 잘 표현된 사례(2009 개정 교육과정 화학 I 교과서, 천재교육)

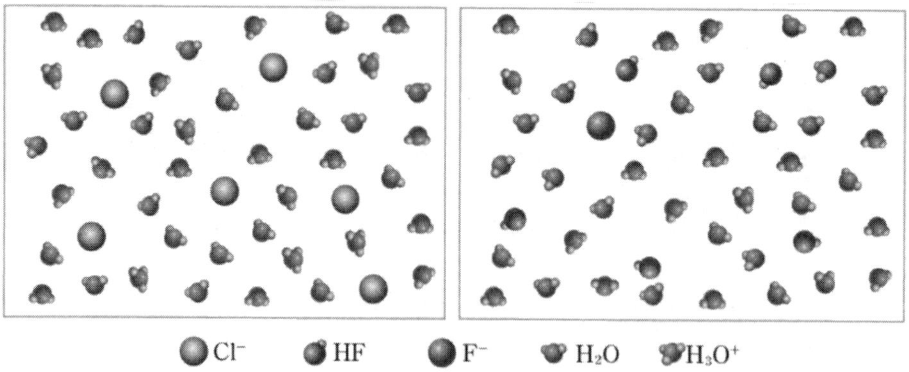

| 그림 3.23 | 비례 논리가 잘 표현된 사례(2015 개정 교육과정 화학 II 교과서, 교학사)

응하여 H_3O^+가 된 것으로 표현되어 있다. 이 표현을 보면 염산은 수소 이온 주게로, 물은 수소 이온 받게로 준미시적 표상이 표현되어 있으므로, 브뢴스테드 - 로리의 정의로 표현한 것이라고 볼 수 있다. 즉 물도 산과 염기 반응에서 염기로 작용한 것으로 표현되어 있다. 한편, 약산인 HF는 일부는 수소 이온으로 해리되어 물과 반응해서 H_3O^+가 되고 일부는 HF 그대로 존재하는 준미시적 표상이 제시되어 있다.

그러나 그림 3.24는 비례 논리적 사고가 잘 제시되지 않았다. 강산의 경우 입자의 수가 8개인데, 그중 하나는 해리되어 있지 않고 HA로 표현되어 있다. 강산은 물에서 이온화도가 1이어야 하는데, 이온화도가 0.87로 표현된 것이다. 이는 강산에 대한 해

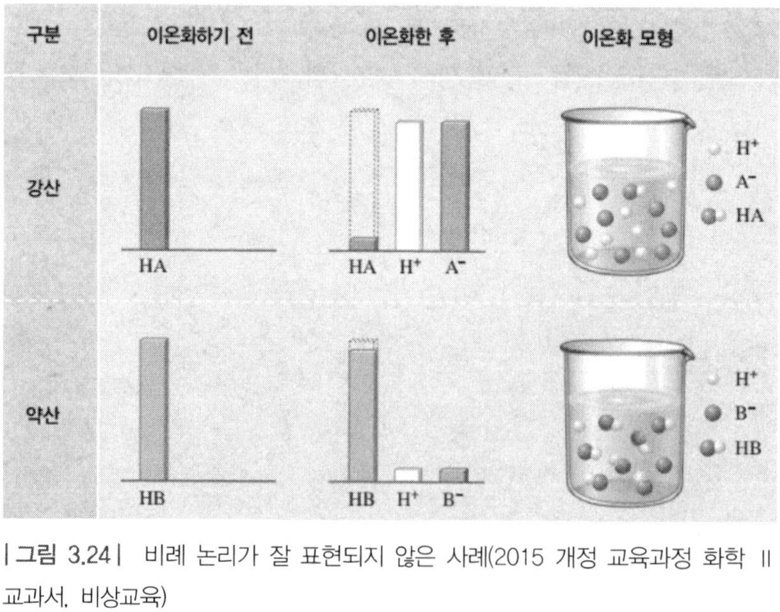

| 그림 3.24 | 비례 논리가 잘 표현되지 않은 사례(2015 개정 교육과정 화학 II 교과서, 비상교육)

리 정도에 오해를 유발할 수 있다. 즉 10^{23}개 수준의 무수히 많은 입자 중 한두 개가 해리되지 않은 것으로 표현된 것이 아니라, 8개라는 극히 한정된 작은 개수의 강산 입자 중 한 개의 입자가 해리하지 않는 것으로 표현하는 것은 잘못된 표현이다. 준미시적 표상은 실제 미시 세계에서 존재하는 무수한 작은 입자들을 전부 표현하지 못하고, 제한된 수로 표현함으로써 오류가 발생할 수 있다는 것을 고려하면서 사용할 필요가 있다. 따라서 교과서에 제시된 준미시적 표상의 문제를 깊이 있게 이해하고, 학생들의 수준에 맞게 해석하고 전달하는 것이 필요하다.

3 모델에 따른 교재 분석

모델은 자연을 추상화하고 단순화한 표상이나(Chamizo, 2013; Schwarz et al., 2009), 자연현상과 추상적 개념이나 이론을 연결하는 설명으로 본다(Gilbert, 2008; Treagust, Chittelborough & Mamiala, 2002). 모델을 자연현상에 대한 예측의 도구(Schwarz. & White, 2005; Somerville & Hassol, 2011)로도 보는데 이는 모델을 자연현상을 설명하고 예측하도록 이끄는 단순화된 일련의 과학적 법칙, 이론, 원리 일부를 포함한 표상이면서 설명과 예측이 가능해야 함을 강조한 것이다. 또한 모델은 새로운 지식이나 의미 생성(sense making)의 도구이자 장치(Nerssessian & Patton, 2009)로, 모델러가 현상에 대해 추론하는 데 사용하는 도구로 본다(Passmore, Gouvea & Giere 2014). 이렇듯 모델은 개별적 과학 지식, 정의와 함께 단순 표상을 포함해서 예측과 설명을 생성할 수 있는 표현, 규칙 및 추론 구조의 집합(Schwarz & White, 2005) 또는 체계로 광범위하게 정의할 수 있으며, 최근 과학 교육에서 중요성이 강조되고 있다.

2015 개정 교육과정은 내용 체계 및 성취기준의 요소로 '기능(practice)'을 모든 학년의 과학 교육과정에서 강조하고 있다. 표 3.5는 2015 개정 교육과정에서 처음 제시한 고등학교 '과학 탐구 실험'의 '성격'에 제시된 내용이다.

2015 개정 교육과정에 제시된 기능은 문제 인식, 탐구 설계와 수행, 자료의 수집·분석 및 해석, 수학적 사고와 컴퓨터 활용, 모형의 개발과 사용, 증거에 기초한 토론과 논쟁, 결론 도출 및 평가, 의사소통 등으로 구성되어 있다. 이러한 기능의 요소들은 2012년 미국의 NRC(National Research Council)에서 초등학교부터 고등학교까지의 과학 교육 틀로 제시한 차세대과학 교육표준(Next Generation Science Standard,

| 표 3.5 | 2015 개정 교육과정 고등학교 '과학 탐구 실험'의 '성격'에 제시된 내용

고등학교 '과학 탐구 실험'은 학생들이 즐겁게 실험 활동을 할 수 있도록 워크북 형태로 구성하여 성취감, 즐거움, 흥미 등을 느낄 수 있게 한다. 기존 '과학' 수업을 통해 학습한 경험을 일상생활이나 사회 또는 전(全) 지구적 문제의 발견과 해결에 활용할 기회를 제공함으로써 과학의 가치뿐만 아니라 과학 탐구가 사회 및 과학기술 발전에 미치는 영향을 인식할 수 있도록 한다. 과학 개념이나 원리를 검증하기 위한 실험 활동뿐만 아니라 과학 탐구 과정과 **기능을 활용할 기회를 제공**하고, 과학이 일상생활에서 실제로 어떻게 활용되었는지를 체험하게 한다. 생활 주변에서 과학과 관련된 문제를 찾고, 이를 창의적으로 해결하기 위해 과학의 기본 개념과 탐구 활동을 활용하는 능력을 기르는 데 초점을 둔다. 전통적인 과학 탐구 활동 이외에도, 문제의 발견과 해결을 포괄하는 프로젝트 형태의 과학 탐구 활동 및 창의적 설계와 **공학적 도구 제작을 경험**할 수 있도록 한다.

NGSS)에서 나온 것이다. NGSS에서는 과학자와 공학자를 위한 세 가지 영역의 활동을 그림 3.25와 같이 제시했다.

지금까지의 과학 탐구는 실험을 통한 관찰과 측정을 강조하는 영역 "I"에 초점을 두었다. 따라서 실제 세계를 이해하기 위해서 질문하고, 관찰하고, 실험하고, 측정해서 자료를 모으고, 해결책을 검증하는 탐구 활동이 강조되었다. 그러나 이러한 제한된 관점을 넘어서서 과학 탐구 활동과 과학 이론, 개념, 모델 등 과학적 설명을 창안하는 과학적 활동의 연결을 강조하는 영역 II와 영역 III으로의 확장이 제안되었다.

영역 II에서는 이론과 모델을 상상하고, 추론하고, 계산하고, 예측하는 활동을 통해 가설을 형성하고, 해결 방안을 제안하는 활동이 이루어지며, 이를 통해 설명과 해결 방안을 개발하는 것을 강조한다. 따라서 공학자의 활동이라고도 볼 수 있다. 또한 복잡계의 자연현상으로부터 이론과 모델을 추론하고 계산하고 예측하기 위해서는 '수학적 사고와 컴퓨터 활용'의 역량이 요구된다. 따라서 오늘날 STEM(Science,

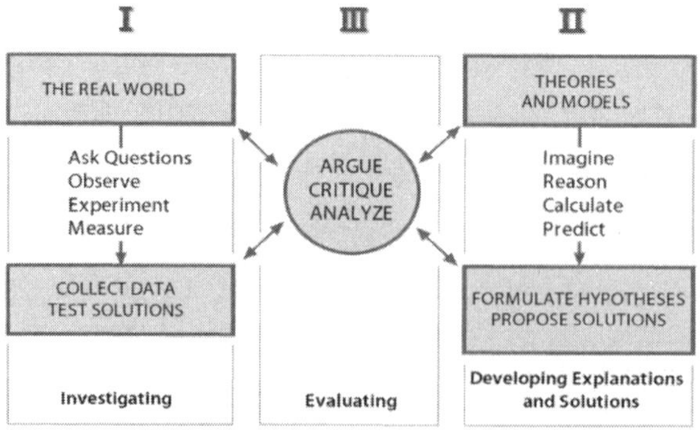

| 그림 3.25 | 과학자와 공학자의 활동에 대한 세 가지 영역(NRC, 2012)

Technology, Engineering, Mathmatics) 교육에서 주장하는 과학, 수학, 공학, 기술적 사고를 기능에 포함했다.

영역 III에서는 실제 자연 세계를 탐구하는 I 영역의 활동과 자연현상을 설명하기 위한 이론과 모델을 제안하는 II 영역의 활동을 연결한다. 즉 자연현상과 이론 및 모델이 일치하는지 불일치하는지 논쟁하고, 비판하고, 분석하고 평가하는 활동을 하는 것이다. 이를 통해 자연현상과 불일치하는 모델은 기각되기도 하고, 일치하는 모델은 받아들여지기도 한다. 혹은 모델과 이론이 정교화되기도 한다.

우리나라 2015 개정 과학과 교육과정에서 기능으로 제시한 문제 인식, 자료의 수집·분석 및 해석, 수학적 사고와 컴퓨터 활용, 모형의 개발과 사용, 증거에 기초한 토론과 논증, 결론 도출 및 평가, 의사소통은 이러한 영역 I, II, III의 활동을 포함한 것이다. 여기서 과학적 모델은 무질서하고 불규칙한 자연현상에서 일부를 선택해서 규칙성을 만들어 간결하게 수식화, 표상화한 것이다. 따라서 학생들은 모델이 사실이 아니며 자연현상에서 얻은 실험 결과를 이해하는 것이 모델의 역할이라는 것을 알아야 한다. 하지만 아직 화학 교과서에 제시되는 실험의 형태는 자연현상을 관찰하고, 실험하고, 측정하는 과정을 통해 자료를 얻고 해결 방안을 검증하는 영역 I의 형태에 머물러 있다. 또한 교과서에서 제시되는 사례들은 모델에 대해 토론과 논증을 거쳐 평가하고 개선하려는 활동으로 이어지지 못하고 있다. 따라서 기능 활동 중 중요한 모델 개발(모델링)을 위해서, 학생들이 능동적으로 모델링에 참여할 수 있도록 수업을 설계하고 이끌 수 있는 교사의 능력이 필요하다. 더불어 교사 스스로 교과서에 제시된 탐구 활동의 문제점을 진단하고 개선방향을 찾기 위해 노력해야 한다.

이와 관련된 교과서 분석 사례로 화학 교과서에서 제시되는 전기 분해 실험을 중심으로 모델의 본성을 분석한 연구(김기향, 2019)와 산과 염기 모델을 중심으로 모델의 본성에 관해 분석한 연구(류은주, 백성혜, 2020)를 제시했다.

3.1 물의 전기 분해

모델은 실제 자연현상에서 일어나는 크고 작은 다양한 현상들을 예측하고, 이 예측은 관찰 사실들과 일치할 때 받아들여진다. 만약 불일치할 때 모델은 기각되거나 수정된다. 그림 3.26은 현상을 관찰하거나 실험해서 수집된 자료와 모델을 통해 추론하고 계산한 예측이 일치하면 모델이 받아들여지지만, 불일치할 때 기각되는 과정을 표현했다. 따라서 과학 개념을 단지 이해하고 적용하는 것으로 끝나지 않고 과학의 본성으로서 자연현상을 설명하는 모델인 과학 개념을 이해할 수 있도록 교과서에

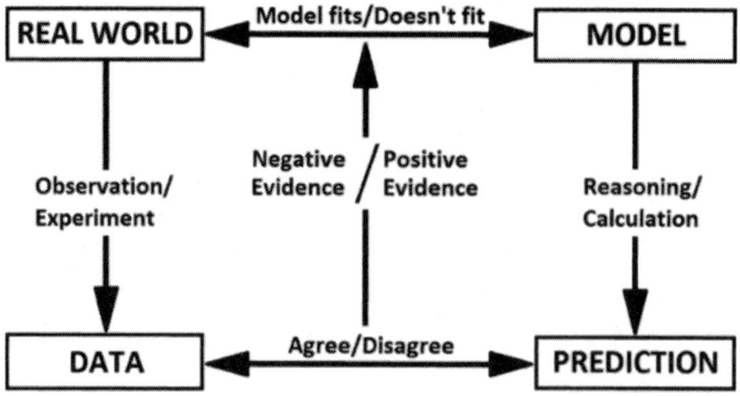

| 그림 3.26 | 모델과 현상의 관계(Giere, 1991)

서 다루어야 한다.

모델의 중요한 역할은 직접적으로 관찰한 자료를 설명하는 것이 아니라, 자연현상에서 나타나는 규칙성을 예측하는 것이다. 또한 현상을 설명하는 모델은 한 가지만 존재하는 것이 아니라 다양하며, 모든 모델은 각기 설명에 제한점을 가지고 있어서 변화될 잠정성을 포함하고 있음을 학생들이 인식하도록 교과서가 구성되어야 한다.

2015 개정 교육과정의 모든 화학 I 교과서 'III. 화학 결합과 분자의 세계' 단원에서는 공유 결합에 전자가 관여하고 있다는 개념을 설명하기 위해 물의 전기 분해 실험을 제시하고 있다. 물의 전기 분해 실험에서는 소량의 전해질(황산나트륨)을 넣고 전원 장치를 이용해서 양극에서 생성되는 기체의 부피 비를 확인한다. 실험 결과로부터 생성된 기체를 확인하고 물 분자를 구성하는 수소 원자가 두 개이고 산소 원자가 한 개라는 사실을 추리하도록 한다. 그리고 물 분자가 수소 기체와 산소 기체로 분해되는 과정에서 전류를 흘려주면서 전자가 공유 결합에 관여한다는 것을 제시한다.

그림 3.27은 물의 전기 분해 실험에서 전해질(Na_2SO_4)을 넣고 전원 장치를 이용해서 양극에서 생성되는 기체의 부피 비를 확인하도록 한다. 그러나 이 설명 모델은 전해질의 존재를 무시하고, 물 분자가 직접 각 전극에 가서 분해되면서 기체가 발생하며, 양극에서 수소와 산소 이외의 다른 기체가 발생할 가능성을 배제한다.

모든 화학 I 교과서는 그림 3.28과 같이 물 분자가 두 개의 수소 원자와 한 개의 산소 원자로 이루어졌다는 주장을 증명하기 위해 물의 전기 분해 실험을 제시하기 때문에 실험을 통해 얻은 증거에 기초한 토론과 논쟁, 모델의 적절성에 대한 평가 활동을 고려하지 않고 있다. 즉 '현상'과 단일한 '모델'을 동일시하고 있다.

그런데 전류가 흐르는 물속의 아무 곳에서나 물이 분해되면 양극에서 순수한 수소

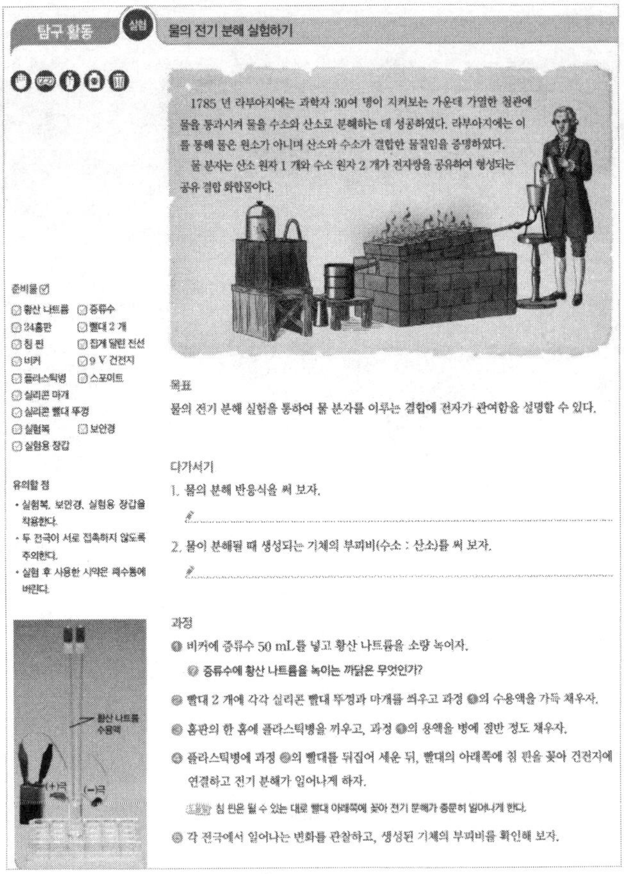

탐구 활동 실험 물의 전기 분해 실험하기

1785 년 라부아지에는 과학자 30여 명이 지켜보는 가운데 가열한 철관에 물을 통과시켜 물을 수소와 산소로 분해하는 데 성공하였다. 라부아지에는 이를 통해 물은 원소가 아니며 산소와 수소가 결합한 물질임을 증명하였다.

물 분자는 산소 원자 1 개와 수소 원자 2 개가 전자쌍을 공유하여 형성되는 공유 결합 화합물이다.

준비물

- 황산 나트륨
- 증류수
- 24홈판
- 빨대 2 개
- 침 핀
- 집게 달린 전선
- 비커
- 9 V 건전지
- 플라스틱병
- 스포이트
- 실리콘 마개
- 실리콘 빨대 뚜껑
- 실험복
- 보안경
- 실험용 장갑

유의할 점

- 실험복, 보안경, 실험용 장갑을 착용한다.
- 두 전극이 서로 접촉하지 않도록 주의한다.
- 실험 후 사용한 시약은 폐수통에 버린다.

황산 나트륨 수용액

(+)극

(−)극

목표

물의 전기 분해 실험을 통하여 물 분자를 이루는 결합에 전자가 관여함을 설명할 수 있다.

다가서기

1. 물의 분해 반응식을 써 보자.

2. 물이 분해될 때 생성되는 기체의 부피비(수소 : 산소)를 써 보자.

과정

❶ 비커에 증류수 50 mL를 넣고 황산 나트륨을 소량 녹이자.

증류수에 황산 나트륨을 녹이는 까닭은 무엇인가?

❷ 빨대 2 개에 각각 실리콘 빨대 뚜껑과 마개를 씌우고 과정 ❶의 수용액을 가득 채우자.

❸ 홈판의 한 홈에 플라스틱병을 끼우고, 과정 ❶의 용액을 병에 절반 정도 채우자.

❹ 플라스틱병에 과정 ❷의 빨대를 뒤집어 세운 뒤, 빨대의 아래쪽에 침 핀을 꽂아 건전지에 연결하고 전기 분해가 일어나게 하자.

침 핀은 될 수 있는 대로 빨대 아래쪽에 꽂아 전기 분해가 충분히 일어나게 한다.

❺ 각 전극에서 일어나는 변화를 관찰하고, 생성된 기체의 부피비를 확인해 보자.

| 그림 3.27 | 모델과 현상이 일치하는 상황만 제시하는 경우 (2015 개정 교육과정 화학 I 교과서, 미래엔)

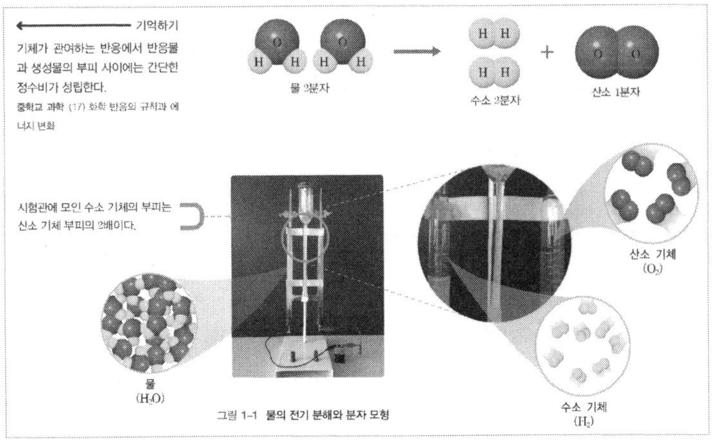

| 그림 3.28 | 화학 I 교과서에 제시된 물의 전기 분해 모델(2015 개정 교육과정 화학 I 교과서, 상상아카데미)

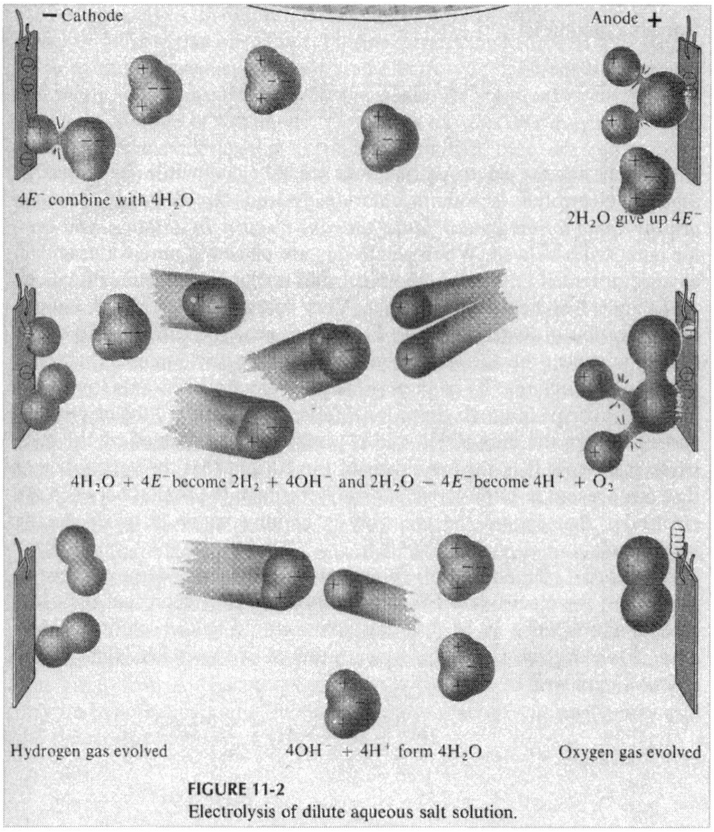

| 그림 3.29 | 전해질 없이 물이 전기 분해되는 과정을 표현하는 모델(Chang, 2012)

기체 혹은 산소 기체를 얻을 수 없다. 그러므로 물은 항상 음극과 양극에서만 분해되어야 한다. 이를 설명하는 모델을 입자 수준에서 표현하면 그림 3.29와 같다. 현대 화학 교과서에서 주로 제시하는 이 모델은 전해질의 존재를 무시하고, 물 분자가 직접 각 전극에 가서 분해되면서 기체가 발생한다. 즉 음극과 양극에서 수소와 산소 외의 다른 기체가 발생할 가능성은 없다.

그러나 이 모델에서 가정한 바와 같이 만약 물이 직접 양극에서 분해될 수 있다면, 물에 전해질을 넣지 않고 높은 전압을 걸어주어도 어느 순간 물이 닿아있던 극에서 물의 분해가 일어날 수 있어야 한다. 극에 닿아있는 물이 극의 전자를 받을 능력을 갖추고 있기 때문이다. 이미 극에 닿아있는 물은 전해질의 도움이 필요하지 않다. 그러나 전해질을 넣어주지 않는 한 아무리 전압을 높여도 물은 분해되지 않는다.

따라서 실험 결과로부터 모델을 수정할 필요를 느낄 수 있도록 다양한 불일치를 제시할 필요가 있다. 가능한 시도 중에는 전해질이 전류를 흘려주는 역할 이외에 다

탐구 | 활동 22 | **물의 전기 분해**

- 목적 물의 전기 분해를 통하여 화학 결합의 전기적 성질에 대해 알아본다.
- 준비물 24홈 판, 플라스틱 병, 투명 플라스틱 빨대 2개(약 10 cm 길이), 빨대 마개 2개, 침 핀 2개, 집게 도선 2개, 스포이트, 9 V 건전지, 가위, 증류수, 수산화나트륨
- 과정 ① 증류수 100 mL에 수산화나트륨 약 2.0 g을 녹여 수산화나트륨 수용액을 만든다.
  ② 24홈 판에 플라스틱 병을 꽂고 수산화나트륨 수용액을 약 2/3 정도 채운다.
  ③ 2개의 투명 플라스틱 빨대의 한쪽 끝 부분을 각각 빨대 마개로 막은 다음, 수산화나트륨 수용액을 관 속에 가득 채운다.
  ④ 2개의 빨대를 마개가 위로 오도록 플라스틱 병에 꽂고 빨대 아래쪽에 침 핀을 꽂은 다음(그림 (가)), 이 침 핀에 9 V 건전지를 연결하여 전기 분해를 한다(그림 (나)).
  ⑤ 반응이 끝난 후 (+)극과 (−)극에서 발생한 기체의 부피를 비교해 본다.

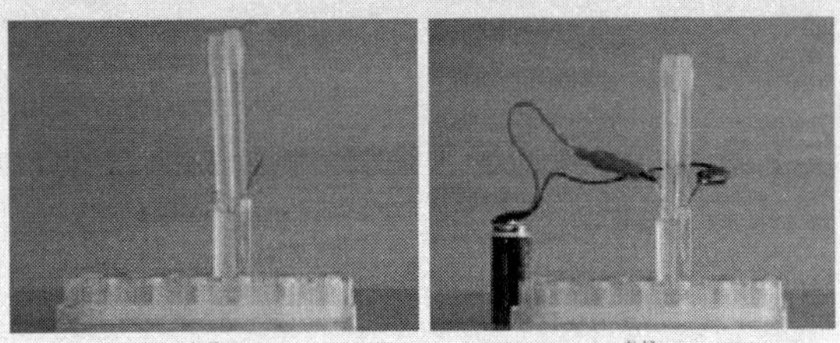

(가) (나)

- 정리 1. (+)극과 (−)극에서 발생한 기체는 각각 무엇이라고 예상하는가?
  2. (+)극과 (−)극에서 발생한 기체의 부피를 비교하면 어떤 관계가 있는가?
  3. 각 전극에서 기체가 발생하는 이유는 무엇이라고 생각하는가? 전자의 이동으로 설명하여라.

| 그림 3.30 | 교과서에서 물의 전기 분해 실험에 수산화나트륨을 전해질로 제시(2009 개정 교육과정 화학 I 교과서, 교학사)

른 역할을 담당할 것이라는 가정이 있다. 이를 통해 전해질의 역할에 대한 새로운 가설을 제기할 수 있다. 그러나 2015 개정 교육과정의 모든 화학 I 교과서에서는 이러한 다양한 모델의 가능성을 열어두고 있지 않다. 즉 모델에 예외적인 실험 결과가 관찰되지 않도록 실험 조건을 신중하게 선택해서 물의 전기 분해에 사용하는 전해질을 황산나트륨으로 통일했다. 반면, 그림 3.30과 같이 2009 개정 교육과정에서 개발된 화학 I 교과서에서는 NaOH와 같은 전해질을 제시해서, 물만 전기 분해되지 않고 전해질도 전기 분해에 참여하는 상황을 제시했다. 이 경우 전해질 수용액의 전기 분해에서 물만 분해된다는 단일한 모델로 설명하면 실험 결과와 모델이 불일치하게 된다. 이를 통해 증거에 기초한 토론과 논쟁, 모델의 적절성에 대한 평가 활동이 가능할 수 있어 더 바람직하다.

2015 개정 교육과정 고등학교 화학 I은 'III. 화학 결합과 분자의 세계'에서 공유결합 단원 후 '이온 결합' 단원이 이어진다. 두 단원은 모두 동일한 수용액의 전기 분해 실험을 제시하지만, 설명하는 모델은 다르다. 즉 그림 3.31과 같이 이온을 강조할 때는 물을 생략하고 양이온과 음이온의 이동에만 초점을 두고, 공유 결합 물질인 물을 강조할 때는 전해질 이온들을 생략하고 물에만 초점을 둔다.

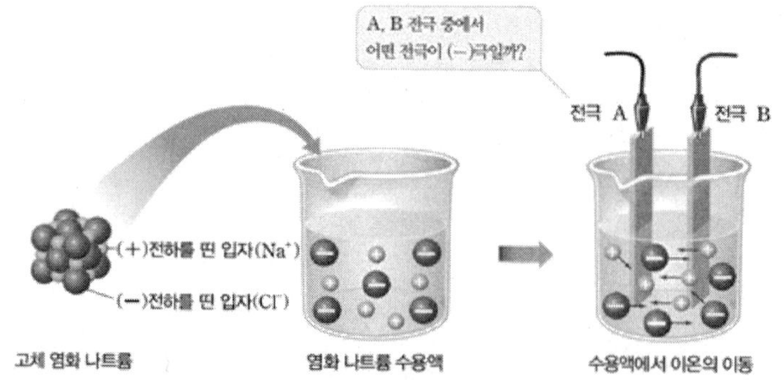

| 그림 3.31 | 전기 분해 실험에서 이온을 강조하기 위해 물을 생략하고 양이온과 음이온의 이동에만 초점을 둔 모델(2015 개정 교육과정 화학 I 교과서, 교학사)

즉 전기 분해 실험에서 전해질 이온들이 전류를 흐르게 하려면 음극과 양극으로 끌려가는 역할을 강조한 모델에서는 전극에서 일어나는 반응은 표현하지 않는다. 그러나 전해질 수용액에서 지속해서 전류가 흐르는 현상을 설명하려면 전해질이 양극에 끌려간 후에 멈추는 모델은 부적절하다. 따라서 이 부분도 모델에 관한 토론과 논쟁이 필요한 부분이다. 이처럼 동일한 교과서에 제시된 동일한 실험을 다른 모델로 설명하는 것은 모델이 자연현상의 모든 요소를 다 포함할 수 없으며 설명하고자 하는 목적에 맞게 만들어진다는 것을 가르치기에는 좋은 사례가 된다.

그림 3.32, 그림 3.33은 2015 개정 교육과정의 중학교 2학년 과학 교과서에 제시된 전해질 수용액의 전기 분해 실험이다. 이 실험은 물질의 기본 성분과 입자를 다루는 내용에서 제시된 것이다. 이 또한 전하를 띤 입자인 이온의 존재를 확인하는 것이고, 2015 개정 교육과정의 고등학교 화학 I 교과서 '이온 결합' 단원의 내용과 같은 사례이다.

동일한 전해질 수용액의 전기 분해 실험에 대한 다른 모델의 적용은 화학 II 교과서에서도 찾아볼 수 있다. 2015 개정 교육과정 화학 II 교과서에서 제시하는 '전기 화학의 이용' 단원에서는 전기 분해의 원리를 설명하기 위해 소금 수용액의 전기 분해 실험을 그림 3.34와 같이 제시하고 있다.

앞서 제시한 화학 I 교과서에서는 전해질은 전기 분해에 참여하지 않는 모델을 제시했지만, 화학 II 교과서에서는 전해질인 NaCl 중에 Cl^- 이온은 산화-환원 반응에 참여하고, Na^+ 이온은 반응에 참여하지 않는다. 그 대신 (−)극에서는 물이 전기 분해되면서 수소 이온이 발생한다. 이러한 모델은 순수한 물뿐 아니라 표준 환원전위

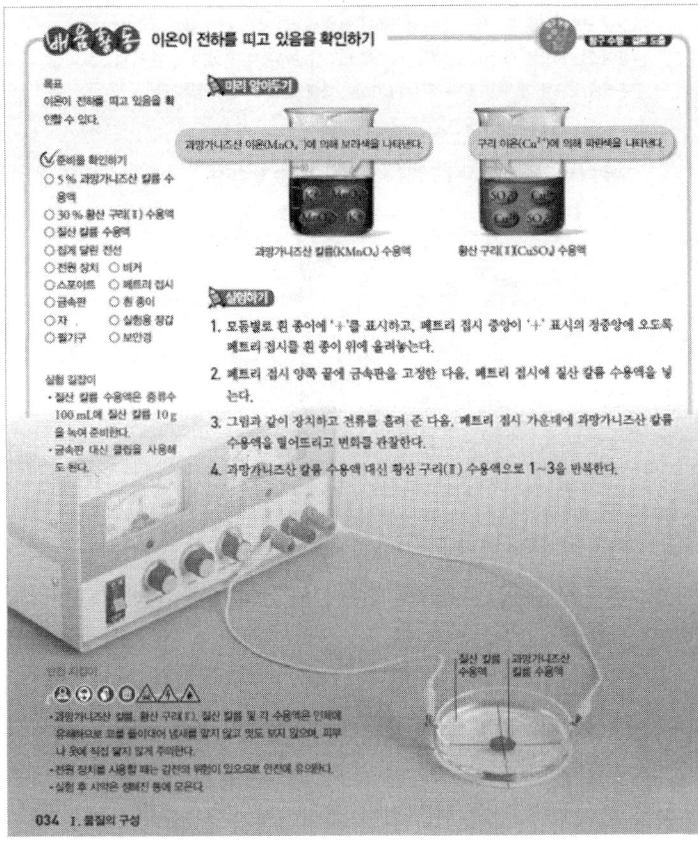

| 그림 3.32 | 전기 분해 실험에서 이온을 강조하기 위해 물을 생략하고 양이온과 음이온의 이동에만 초점을 둔 모델(2015 개정 교육과정 중학교 2학년 과학 교과서, 동아출판)

및 과전압을 고려해서 전해질도 전기 분해에 참여한다는 새로운 모델을 제시하는 것이다.

지금까지 여러 교과서를 분석한 바와 같이 동일한 수용액의 전기 분해 실험이지만,

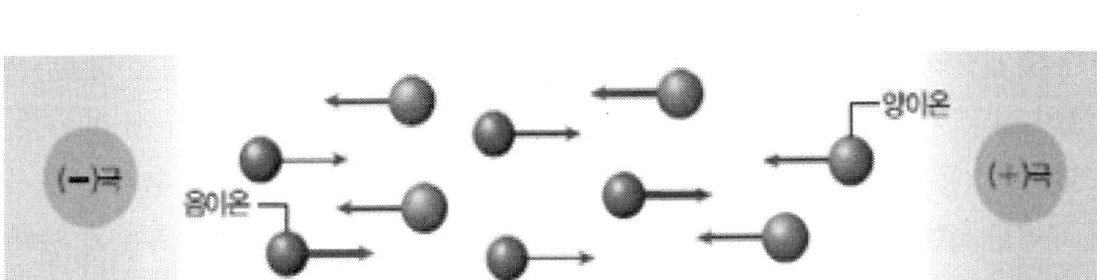

| 그림 3.33 | 전하를 띤 입자인 이온의 존재를 확인하기 위한 물의 전기 분해 실험 및 제시한 모델(2015 개정 교육과정 중학교 2학년 과학 교과서, 동아출판)

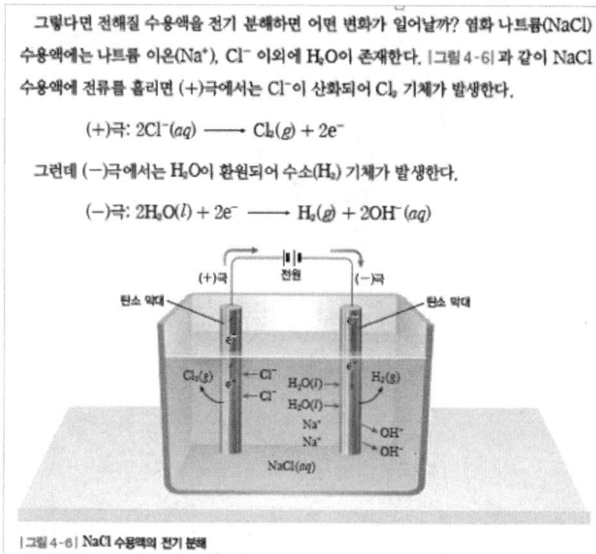

그렇다면 전해질 수용액을 전기 분해하면 어떤 변화가 일어날까? 염화 나트륨(NaCl) 수용액에는 나트륨 이온(Na^+), Cl^- 이외에 H_2O이 존재한다. |그림 4-6|과 같이 NaCl 수용액에 전류를 흘리면 (+)극에서는 Cl^-이 산화되어 Cl_2 기체가 발생한다.

$$(+)극: 2Cl^-(aq) \longrightarrow Cl_2(g) + 2e^-$$

그런데 (−)극에서는 H_2O이 환원되어 수소(H_2) 기체가 발생한다.

$$(-)극: 2H_2O(l) + 2e^- \longrightarrow H_2(g) + 2OH^-(aq)$$

|그림 4-6| NaCl 수용액의 전기 분해

|그림 3.34| 소금 수용액의 전기 분해 실험(2015 개정 교육과정 화학 II 교과서, 비상교육)

다양한 전해질을 제시하고 전기 분해 과정에 전해질의 참여 여부가 다르다. 전기 분해에서 전해질의 종류와 참여 여부에 따른 다양한 모델의 제시는, 전기 분해 과정에서 전해질의 역할을 배제한 모델보다 훨씬 자연현상을 이해하는 폭을 넓힐 수 있다.

3.2 산과 염기 세기

모델링이란 모델을 만드는 과학자인 모델러가 어떠한 자연현상에 질문을 가지고, 이 현상에 대해 자신이 알고 있는 지식을 이용해서 자신만의 모델을 생성한 후, 검증 과정을 거치면서 자신의 모델을 평가해서 모델을 개선하는 과정을 말한다. 이러한 모델의 검증과 평가의 과정에서 모델과 현상을 비교해서 일치와 불일치를 인식하는 것은 모델링에서 중요한 단계이다. 특히 현상을 모델로 설명하는 데 불일치한 상황을 통해 모델이 설명할 수 있는 것이 분명해진다. 이를 통해 모델이 한계를 갖는다는 모델의 본성을 알게 되며 모델의 전제 조건과 특징이 분명해진다. 따라서 교과서는 모델이 설명할 수 있는 상황뿐 아니라 상황도 제시하고 이를 안내하는 것이 필요하다. 이러한 측면에서 교과서에서 모델이 설명하는 다양한 상황을 분석할 필요가 있다.

산과 염기의 세기 현상을 설명하는 아레니우스 모델과 브뢴스테드-로리 모델은 서로 다른 전제 조건을 가지기 때문에 설명할 수 있는 상황이 다르다. 아레니우스 모델은

표 III-1 몇 가지 산의 이온화도(20℃, 0.1 M)

산의 종류	이온화도	산의 종류	이온화도
염산(HCl)	1.00	플루오린화 수소산(HF)	0.078
황산(H_2SO_4)	0.999	폼산($HCOOH$)	0.0412
질산(HNO_3)	0.995	벤조산(C_6H_5COOH)	0.0251
옥살산($H_2C_2O_4$)	0.53	아세트산(CH_3COOH)	0.0132
인산(H_3PO_4)	0.239	탄산(H_2CO_3)	0.00207

| 그림 3.35 | 강산의 이온화도가 1보다 작은 경우를 제시(2009 개정 교육과정 화학 II 교과서, 천재교육)

산과 염기의 세기를 이온화도로 설명한다. 이때 강산의 경우 매우 묽은 수용액에서 100% 이온화하므로 이온화도가 1이어야 한다. 하지만 그림 3.35는 강산인 염산(HCl)의 이온화도가 1, 질산(HNO_3)은 1보다 작은 값으로 제시하고 있다. 이 경우 이온화도가 1보다 작은 값은 비수용매 상황으로 1인 상황과 전제 조건이 다르다는 것을 명료하게 제시해서, 아레니우스 모델로 설명하는 데 불일치한 상황임을 알 수 있게 해야 한다.

그림 3.36은 강산의 이온화도가 1보다 작은 값으로 제시하고 있지만, 동일 교과서에서 강산이 100% 이온화하는 것으로 표현했다. 이는 이온화도를 이해하는 데 더 큰 혼란을 준다. 마찬가지로 강산의 두 이온화도 값의 전제 조건이 서로 다르다는 것을 명시하여 아레니우스 모델로 설명하는데 일치하는 상황과 불일치한 상황을 구분할 수 있어야 한다.

(25 ℃, 0.1 M)

산의 종류	이온화도	염기의 종류	이온화도
HCl	0.94	$NaOH$	0.91
HNO_3	0.92	KOH	0.91
CH_3COOH	0.013	$Ca(OH)_2$	0.90
H_2CO_3	0.0017	NH_3	0.013

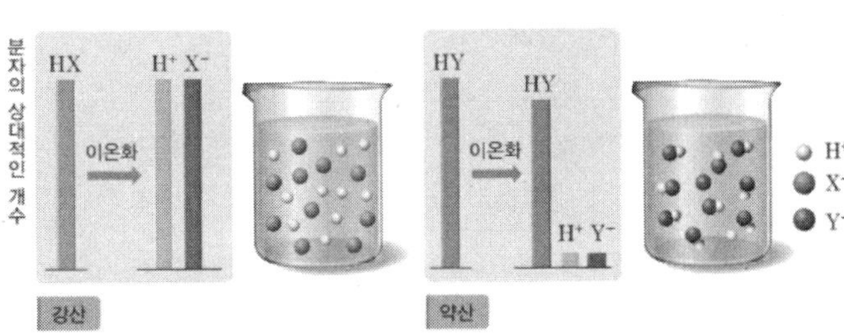

| 그림 3.36 | 강산의 이온화도가 1보다 작은 경우와 1인 경우가 혼재되어 제시(2015 개정 교육과정 화학 II 교과서, 지학사)

> 강산과 강염기는 수용액에서 거의 모두 이온화하지만, 약산과 약염기는 수용액에서 일부만 이온화한다. 따라서 약산, 약염기는 이온화 반응의 평형 상수식을 이용하여 이온화하는 정도를 비교할 수 있다.
>
> 산 HA는 수용액에서 다음과 같은 이온화 평형을 이룬다.
>
> $$HA(aq) + H_2O(l) \rightleftharpoons A^-(aq) + H_3O^+(aq)$$
>
> 이 반응의 평형 상수는 다음과 같이 나타낼 수 있다.
>
> $$K = \frac{[A^-][H_3O^+]}{[HA][H_2O]}$$

| 그림 3.37 | 약산의 이온화 상수만을 표현(2015 개정 교육과정 화학 Ⅱ 교과서, 상상아카데미)

브뢴스테드 - 로리 모델로는 산과 염기의 세기를 이온화 상수로 설명한다. 이온화 상수는 물과의 가역 반응을 전제로 한다. 따라서 약산은 수용액에서 가역적으로 이온화하므로 이온화 상수로 표현할 수 있지만, 강산은 물속에서 100% 해리해서 분모가 0에 가까워져 무한의 값이 되기 때문에 이온화 상숫값으로 표현할 수 없다. 그림 3.37은 강산의 경우 모두 이온화하고, 약산은 일부만 이온화하므로 약산의 경우에 평형 상수 식을 이용해서 이온화하는 정도를 비교할 수 있다고 설명했다. 이 설명으로 브뢴스테드 - 로리 모델로는 강산의 이온화 상수를 설명하는 것이 어렵다는 점을 알 수 있다.

반면, 그림 3.38은 강산의 이온화 상숫값을 제시하고 있다. 이 경우는 이온화 상수를 나타내기 위한 전제 조건을 명료하게 설명하고 강산의 경우는 브뢴스테드 - 로리 모델로 설명하는 데 불일치한 경우로 한계가 있다는 것을 알 수 있어야 한다.

교과서에서 모델로 설명되는 상황을 일치 상황만 제시하면 모델이 갖는 한계를 알기 어렵다. 따라서 모델로 설명하는 데 불일치한 상황을 함께 제시하는 것이 필요하다. 이때 교과서는 불일치한 상황을 제시하는 경우 일치하는 상황과 다른 전제 조건을 갖고 있다는 것을 반드시 설명해주어야 모델의 한계뿐 아니라 모델이 설명할 수 있는 것을 명료하게 이해할 수 있게 된다.

짝산			짝염기		
이름	화학식	K_a	이름	화학식	K_b
질산	HNO_3	25	질산 이온	NO_3^-	4.2×10^{-16}
탄산	H_2CO_3	4.2×10^{-7}	탄산수소 이온	HCO_3^-	2.4×10^{-8}
암모늄 이온	NH_4^+	5.6×10^{-10}	암모니아	NH_3	1.8×10^{-5}

| 그림 3.38 | 강산의 이온화 상숫값을 제시(2015 개정 교육과정 화학 Ⅱ 교과서, 미래엔)

4 탐구 활동에 따른 교재 분석

4.1 탐구 과정 및 상황

탐구는 과학 교과서에 여러 형태로 제시되며, 학생들은 과학 수업에서 탐구 활동을 통해 과학 지식이나 탐구 능력을 습득한다. 과학 교육에서 탐구 능력을 습득해야 하는 이유는 과학 지식만으로는 과학을 배우는 데 한계가 있기 때문이다. 따라서 학생들이 과학 수업에서 탐구 활동을 적절히 수행할 수 있도록 과학 교과서의 탐구 활동을 분석하는 것이 필요하다. 여기서는 2009 개정 교육과정의 화학 II 교과서의 탐구 활동을 탐구 과정, 탐구 상황 등으로 구분해서 분석(김지영, 한재은, 박종석, 2012)한 사례를 제시했다. 이 연구에서 분석한 활동과 요소는 표 3.6과 같다.

탐구 과정은 문제 인식, 탐구 설계, 탐구 수행, 자료 해석, 결론 도출의 요소가 포

| 표 3.6 | 2009 개정 교육과정의 화학 II 교과서 탐구 활동 분석 요소(김지영, 한재은, 박종석, 2012)

활동	요소	
탐구 과정	문제 인식	문제 인식
		가설 설정
	탐구 설계	변인 통제
		실험 설계
	탐구 수행	기구 조작
		관찰
		조사
		측정
		분류
		기록 전달
		자료 변형
	자료 해석	추리 예상
		관계 설명
	결론 도출	토론 토의
		결론 일반화
		평가
탐구 상황	순수과학적 상황	
	자연 환경적 상황	
	일상적 상황	
	기술 사회적 상황	

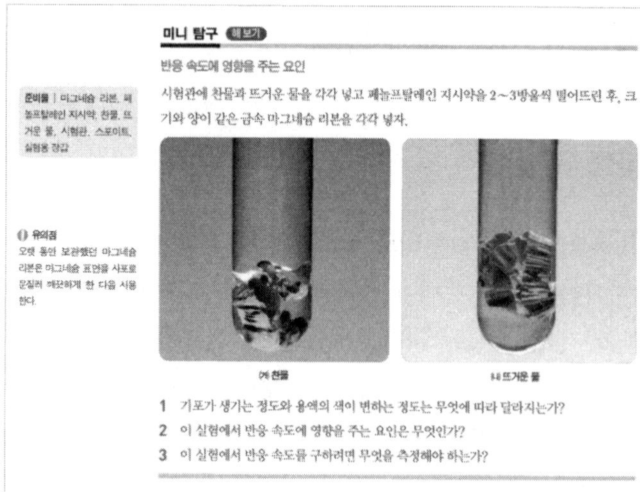
미니 탐구 해보기

반응 속도에 영향을 주는 요인

준비물 | 마그네슘 리본, 페놀프탈레인 지시약, 찬물, 뜨거운 물, 시험관, 스포이트, 실험용 장갑

시험관에 찬물과 뜨거운 물을 각각 넣고 페놀프탈레인 지시약을 2~3방울씩 떨어뜨린 후, 크기와 양이 같은 금속 마그네슘 리본을 각각 넣자.

유의점
오랫 동안 보관했던 마그네슘 리본은 마그네슘 표면을 사포로 문질러 깨끗하게 한 다음 사용한다.

(가) 찬물

(나) 뜨거운 물

1 기포가 생기는 정도와 용액의 색이 변하는 정도는 무엇에 따라 달라지는가?

2 이 실험에서 반응 속도에 영향을 주는 요인은 무엇인가?

3 이 실험에서 반응 속도를 구하려면 무엇을 측정해야 하는가?

| 그림 3.39 | 탐구 설계의 변인 통제가 포함된 예(2009 개정 교육과정 화학 II 교과서, 천재교육)

함된다. 문제를 발견하고 문제점 해결을 위한 그럴듯한 답을 제시하는 단계인 문제 인식, 종속 변인과 독립 변인을 찾아내서 실험을 통제하고 여러 가지 실험 방법 및 과정을 생각해내는 탐구 설계를 포함하는 것이 중요하다. 하지만 그림 3.39는 반응 속도에 영향을 주는 요인 중 조작 변인 외에 다른 요인을 똑같이 했다. 이렇게 되면 학생들은 조작 변인에 의해 나타난 실험 결과라는 것을 어려움 없이 유추할 수 있다. 학생이 교사가 시키는 대로, 또는 교과서에 있는 대로 탐구를 하는 것이 아니라 주체적으로 탐구하기 위해서는 자신이 수행하고 있는 탐구의 목적과 의미를 파악할 수 있도록 문제 인식과 탐구 설계가 더 강조되어 제시될 필요가 있다.

결론 도출 단계는 탐구에 관한 토의나 토론을 통해 결론을 도출하고, 구체적인 관찰, 실험 결과들로부터 결론을 일반화하며, 탐구 활동 결과에 대한 가치 특성에 관해서 비판적으로 평가하는 단계이다. 이는 자신의 주장과 의견을 증거를 기반으로 논증할 수 있는 단계로 탐구 활동의 마지막 단계에서 포함될 필요가 있다. 그림 3.40은 이를 포함하는 사례이다.

교사는 탐구 활동 수업을 설계할 때 교과서의 탐구 활동을 재구성해서 학생들에게 탐구 활동의 기회를 적절하게 제공하고, 학생들이 탐구 과정 요소를 골고루 체험할 수 있는 상황을 제시해야 한다. 이를 위해서 교과서는 순수과학적 상황, 자연 환경적 상황, 일상적 상황, 기술 사회적 상황을 고루 포함해야 한다. 이 중 그림 3.41은 일상적 상황을 제시한 것이다. 일상적 상황은 학생들이 안전, 건강, 복지, 습관, 생활 형

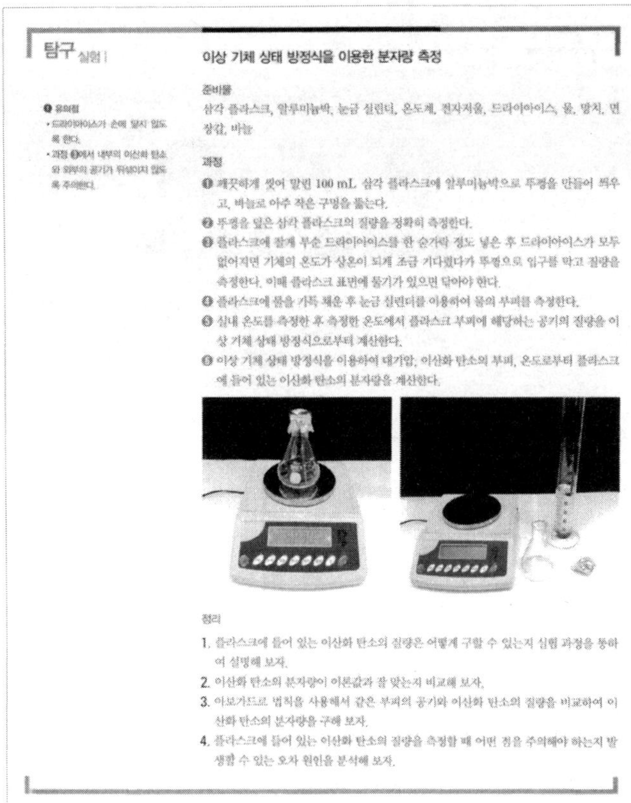

탐구 실험 |

이상 기체 상태 방정식을 이용한 분자량 측정

준비물

삼각 플라스크, 알루미늄박, 눈금 실린더, 온도계, 전자저울, 드라이아이스, 물, 망치, 면장갑, 바늘

과정

❶ 깨끗하게 씻어 말린 100 mL 삼각 플라스크에 알루미늄박으로 뚜껑을 만들어 씌우고, 바늘로 아주 작은 구멍을 뚫는다.

❷ 뚜껑을 덮은 삼각 플라스크의 질량을 정확히 측정한다.

❸ 플라스크에 잘게 부순 드라이아이스를 한 숟가락 정도 넣은 후 드라이아이스가 모두 없어지면 기체의 온도가 상온이 되게 조금 기다렸다가 뚜껑으로 입구를 막고 질량을 측정한다. 이때 플라스크 표면에 물기가 있으면 닦아야 한다.

❹ 플라스크에 물을 가득 채운 후 눈금 실린더를 이용하여 물의 부피를 측정한다.

❺ 실내 온도를 측정한 후 측정한 온도에서 플라스크 부피에 해당하는 공기의 질량을 이상 기체 상태 방정식으로부터 계산한다.

❻ 이상 기체 상태 방정식을 이용하여 대기압, 이산화 탄소의 부피, 온도로부터 플라스크에 들어 있는 이산화 탄소의 분자량을 계산한다.

❶ 유의점

- 드라이아이스가 손에 닿지 않도록 한다.
- 과정 ❸에서 내부의 이산화 탄소와 외부의 공기가 뒤섞이지 않도록 주의한다.

정리

1. 플라스크에 들어 있는 이산화 탄소의 질량은 어떻게 구할 수 있는지 실험 과정을 통하여 설명해 보자.
2. 이산화 탄소의 분자량이 이론값과 잘 맞는지 비교해 보자.
3. 아보가드로 법칙을 사용해서 같은 부피의 공기와 이산화 탄소의 질량을 비교하여 이산화 탄소의 분자량을 구해 보자.
4. 플라스크에 들어 있는 이산화 탄소의 질량을 측정할 때 어떤 점을 주의해야 하는지 발생할 수 있는 오차 원인을 분석해 보자.

| 그림 3.40 | 결론 도출의 평가가 포함된 예(2009 개정 교육과정 화학 II 교과서, 상상아카데미)

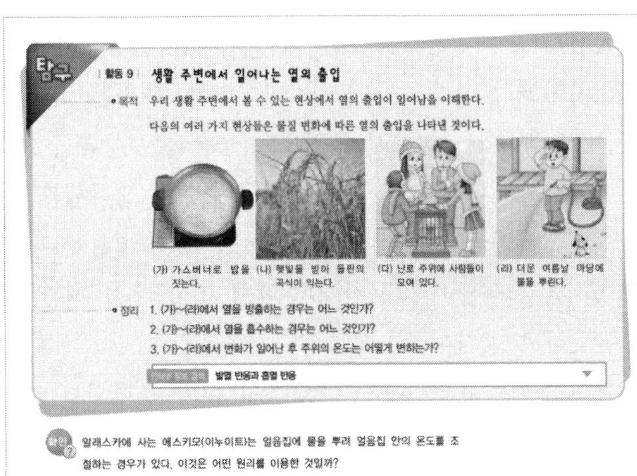

탐구 | 활동 9 | **생활 주변에서 일어나는 열의 출입**

• 목적 우리 생활 주변에서 볼 수 있는 현상에서 열의 출입이 일어남을 이해한다.

다음의 여러 가지 현상들은 물질 변화에 따른 열의 출입을 나타낸 것이다.

(가) 가스버너로 밥을 짓는다. (나) 햇빛을 받아 들판의 곡식이 익는다. (다) 난로 주위에 사람들이 모여 있다. (라) 더운 여름날 마당에 물을 뿌린다.

• 정리 1. (가)~(라)에서 열을 방출하는 경우는 어느 것인가?

2. (가)~(라)에서 열을 흡수하는 경우는 어느 것인가?

3. (가)~(라)에서 변화가 일어난 후 주위의 온도는 어떻게 변하는가?

발열 반응과 흡열 반응

알래스카에 사는 에스키모(이누이트)는 얼음집에 물을 뿌려 얼음집 안의 온도를 조절하는 경우가 있다. 이것은 어떤 원리를 이용한 것일까?

| 그림 3.41 | 일상적 상황이 제시된 예(2009 개정 교육과정 화학 II 교과서, 교학사)

탐구 조사

녹색 화학의 예 찾아보기

다음은 쇼뱅, 그럽스, 슈록 세 사람에게 노벨 화학상을 시상하기에 앞서 진행된 시상 연설문의 일부이다.

▲ 쇼뱅(Chauvin, Y.: 1930~) 프랑스의 화학자

▲ 그럽스(Grubbs, R. H.: 1942~) 미국의 화학자

▲ 슈록(Schrock, R. R.: 1945~) 미국의 화학자

스웨덴 국왕폐하, 그리고 신사 숙녀 여러분,

금년 수상자들의 업적은 새로운 유기 분자를 합성하기 위한 가장 중요한 방법 중의 하나인 복분해 방법을 제안한 것입니다. 복분해 반응에서 탄소 원자들 사이의 이중 결합이 끊어지고 탄소 원자들은 새로운 방식으로 서로 쌍을 이룹니다. 이러한 반응은 수상자들이 개발한 촉매 분자의 도움으로 일어납니다. 쇼뱅 교수는 촉매가 탄소와 금속의 화합물이며, 촉매가 복분해 반응에서 어떻게 작용하는지에 관한 기발한 메커니즘을 제시했습니다. 복분해 반응을 위한 효과적인 촉매를 얻는 과정은 그럽스와 슈록 교수가 발전시켰습니다. 그럽스 교수는 금속 루테늄에 기초한 촉매의 발견을 발표했고, 슈록 교수는 금속 몰리브데넘을 포함하는 활성이 매우 높은 촉매군을 제시했습니다. 오늘날 제약, 식료품, 화학, 생물공학, 고분자와 종이 산업에서 사용되고 있는 복분해 반응은 에너지와 재료를 절약하며 환경 친화적입니다. 그것은 '더 푸른' 미래를 향해 우리를 한 발짝 다가가게 합니다. 스웨덴 왕립 과학원을 대신해서 진심 어린 축하를 전해 드립니다. 이제 앞으로 나오셔서 스웨덴 국왕폐하로부터 노벨상을 받으시기 바랍니다.

스웨덴 왕립 과학원 노벨 화학 위원회 위원 페르 알베리

2005년 노벨 화학상 시상 연설 중에서 발췌

복분해
복분해란 두 반응물이 분해되어 재결합하면서 결합의 위치가 바뀌는 것이다. 예를 들어 AB+CD ⟶ AD+BC와 같은 반응은 전형적인 복분해이다.

정리

① 촉매를 사용한 복분해 과정에 대하여 조사해 보자.

② 세 사람이 노벨 화학상을 수상하게 된 이유에 대하여 토의해 보자.

③ 녹색 화학의 예들을 찾아 발표해 보자.

| 그림 3.42 | 기술 사회적 상황이 제시된 교과서(2009 개정 교육과정 화학 Ⅱ 교과서, 천재교육)

태 등과 관련된 상황에서 직면하는 문제의 탐구와 해결에 과학적 사실이나 원리를 활용하고, 일상생활에서 기본 과학 개념이나 탐구 능력을 적용할 수 있는 탐구 상황이다. 또한 그림 3.42는 녹색 화학 등과 관련지어 있어 기술 사회적인 상황을 반영하고 있다. 즉 사회적 논쟁점과 공공 정책 문제에 대한 의사결정에서 과학 내용과 방법이 활용되는 상황, 과학과 기술의 발달이 인간과 사회에 미치는 영향을 다루거나, 과학 지식과 방법이 산업적 혹은 실용적 목적으로 응용되는 상황을 제시하고 있다.

무엇보다 화학적 원리를 다양한 탐구 상황에 적용해서 생각해볼 수 있도록 하기 위해서는 한 탐구 활동에 여러 탐구 상황을 포함하는 것이 필요하다. 그림 3.43은 화학적 원리를 다양한 탐구 상황에 적용하도록 해서 폭넓은 사고력과 문제 해결력을 기를 수 있도록 유도하고 있다.

교과서를 개발할 때 탐구 과정, 탐구 유형, 탐구 상황 부분에서 각 요소가 다양하게 들어가도록 탐구 활동을 구성하는 것이 바람직하다. 특히 일상적, 자연 환경적, 기술 사회적 상황에서 해보기 유형의 탐구 활동을 개발한다면 실험실이 아닌 집 또는 일상적인 공간에서 탐구할 수 있게 되어 학생들이 탐구를 생활화할 수 있고, 흥미

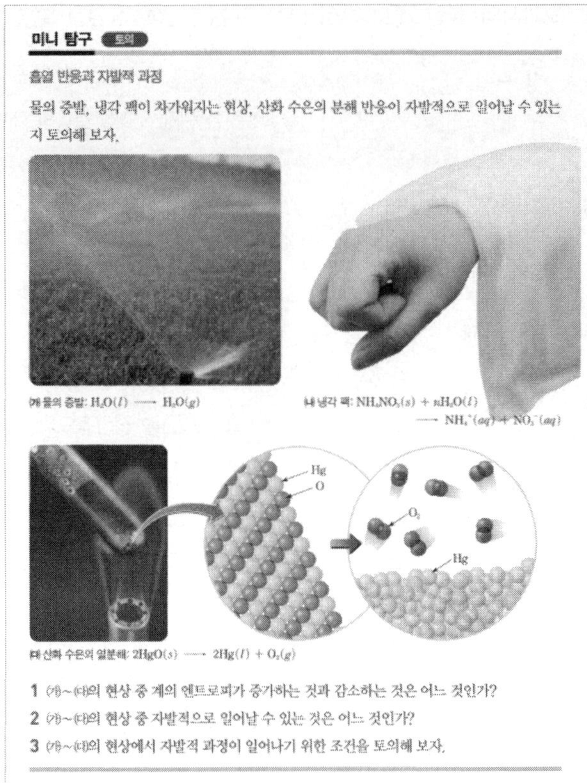
미니 탐구 토의

흡열 반응과 자발적 과정

물의 증발, 냉각 팩이 차가워지는 현상, 산화 수은의 분해 반응이 자발적으로 일어날 수 있는지 토의해 보자.

(가) 물의 증발: $H_2O(l) \longrightarrow H_2O(g)$

(나) 냉각 팩: $NH_4NO_3(s) + nH_2O(l) \longrightarrow NH_4^+(aq) + NO_3^-(aq)$

Hg
O
O_2
Hg

(다) 산화 수은의 열분해: $2HgO(s) \longrightarrow 2Hg(l) + O_2(g)$

1 (가)~(다)의 현상 중 계의 엔트로피가 증가하는 것과 감소하는 것은 어느 것인가?
2 (가)~(다)의 현상 중 자발적으로 일어날 수 있는 것은 어느 것인가?
3 (가)~(다)의 현상에서 자발적 과정이 일어나기 위한 조건을 토의해 보자.

| 그림 3.43 | 여러 개의 탐구 상황이 나타난 탐구(2009 개정 교육과정 화학 Ⅱ 교과서, 천재교육)

와 관심을 더욱 유발할 수 있다.

4.2 실험 활동

2015 개정 교육과정에서는 과학 수업이 다양한 탐구 중심으로 이루어져야 하며, 학생들이 탐구 경험을 통해서 과학적 사고력, 과학적 탐구 능력, 과학적 문제 해결력 등의 과학과 핵심 역량을 함양할 수 있어야 함을 강조하고 있다. 특히 교육과정에서 지속해서 강조된 교과서의 실험은 학생들에게 과학자와 유사한 탐구 경험을 제공해서 효과적으로 학생들의 탐구 능력을 향상하는 동시에 과학적 사고력을 기를 수 있도록 한다. 따라서 교과서에서 제시하는 실험 활동은 실험 문제, 방법, 결과의 제시 정도, 실험의 목적 또는 가설 설정, 실험 과정, 실험 결과 및 정리를 고루 포함하는 것이 필요하다. 이러한 탐구 활동 요소를 기준으로 화학 II 교과서의 실험 제시 방식

| 표 3.7 | 화학 II 교과서의 실험 제시 방식 분석 기준(유인성, 장원형, 홍훈기, 2019)

구분			분석 기준
1. 개방도 수준			• 실험 문제, 방법, 결과의 개방 정도
2. 실험 목표			• 실험의 목적 또는 가설 설정
3. 실험 과정	3-1. 준비물		• 실험에 필요한 기구 및 시약 목록
	3-2. 실험 기구 조작		• 실험 기구 조작 방법 • 실험 기구 설치 방법 또는 사진
	3-3. 변인 통제		• 실험 조건 명시
	3-4. 관찰 및 측정	1) 정성적	• 실험 결과를 정성적으로 분석
		2) 정량적	• 실험 결과를 정량적으로 분석
	3-5. 유의점	1) 안전	• 안전사고 예방을 위한 주의사항
		2) 기술 관련	• 실험 기법과 관련된 도움말
4. 실험 결과 및 정리	4-1. 자료의 기술과 기록		• 실험으로 얻은 자료의 작성
	4-2. 자료 변환		• 그래프 작성 • 도식화
	4-3. 결론 도출		• 실험 결과로부터 결론을 도출
	4-4. 정리 및 평가		• 실험 후 결론에 대한 토의 및 토론

을 분석한 연구 사례(유인성, 장원형, 홍훈기, 2019)를 제시하면 표 3.7과 같다.

그림 3.44의 화학 II 교과서는 활동 목표에서 실험의 목표를 제시하고 있으며, 준비물이 명시되어 있고, 과정 ②와 사진을 통하여 실험 기구를 어떻게 설치하고 조작하는지 명시했다. 또한 준비물과 실험 과정에서 '1M 황산나트륨 수용액', '9V 건전지' 등으로 주요 변인인 용액의 농도와 전압을 명시했다. 왼쪽 하단의 유의사항에는 '스포이트에 침핀을 꽂을 때 손을 다치지 않도록 조심한다'와 같이 안전 유의점을, '밑을 자른 스포이트에 전해질 수용액을 넣을 때 기포가 들어가지 않도록 스포이트를 사용하면 편리하다'와 같이 기술 관련 유의점도 제공했다. 실험 결과를 기술할 때 '용액의 색 변화'를 관찰함으로써 정성적 관찰을 지시하고, '발생하는 기체의 부피의 비'를 측정하게 함으로써 정량적 측정을 지시한다. 마지막으로 실험 결과 자료를 통해서 양극에서 일어나는 화학 반응식을 작성하고 이를 토대로 실험의 결론을 도출한 후에 실험과 관련된 내용을 토의함으로써 정리 및 평가를 수행한다.

그림 3.45는 활동 목표에서 실험의 목표를 제시하고 있으며, 준비물이 명시되어 있고, 과정 ①과 사진을 통해서 실험 기구를 어떻게 설치하고 조작하는지 명시했다. 준비물과 실험 과정에서 실험 조건으로 '10% 소금 수용액', '9V 건전지' 등으로 주

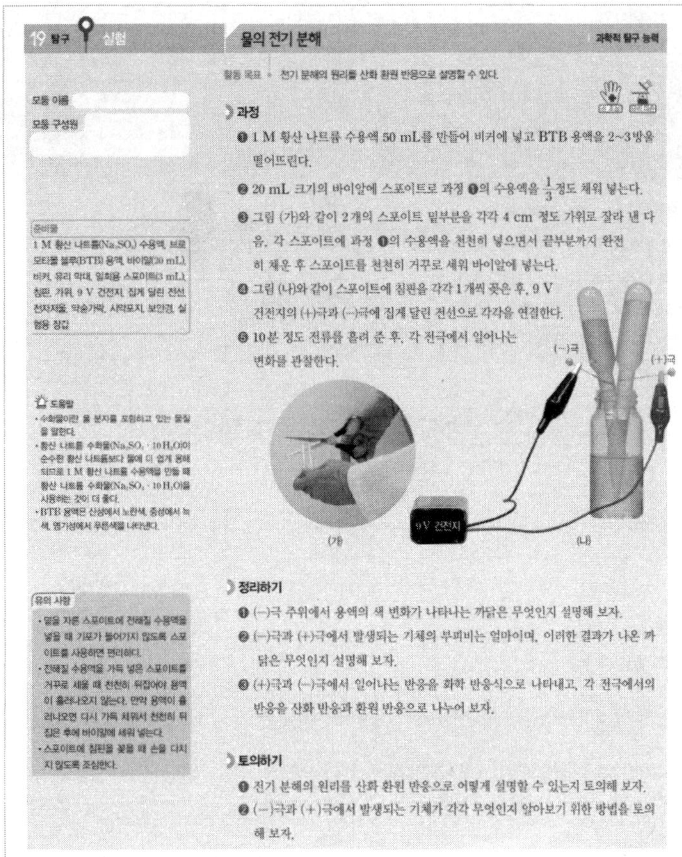

19 탐구 실험

물의 전기 분해

과학적 탐구 능력

활동 목표 • 전기 분해의 원리를 산화 환원 반응으로 설명할 수 있다.

모둠 이름

모둠 구성원

준비물

1 M 황산 나트륨(Na_2SO_4) 수용액, 브로모티몰 블루(BTB) 용액, 바이알(20 mL), 비커, 유리 막대, 일회용 스포이트(3 mL), 침핀, 가위, 9 V 건전지, 집게 달린 전선, 전자저울, 약숟가락, 시약포지, 보안경, 실험용 장갑

과정

❶ 1 M 황산 나트륨 수용액 50 mL를 만들어 비커에 넣고 BTB 용액을 2~3방울 떨어뜨린다.

❷ 20 mL 크기의 바이알에 스포이트로 과정 ❶의 수용액을 $\frac{1}{3}$정도 채워 넣는다.

❸ 그림 (가)와 같이 2개의 스포이트 밑부분을 각각 4 cm 정도 가위로 잘라 낸 다음, 각 스포이트에 과정 ❶의 수용액을 천천히 넣으면서 끝부분까지 완전히 채운 후 스포이트를 천천히 거꾸로 세워 바이알에 넣는다.

❹ 그림 (나)와 같이 스포이트에 침핀을 각각 1개씩 꽂은 후, 9 V 건전지의 (+)극과 (−)극에 집게 달린 전선으로 각각을 연결한다.

❺ 10분 정도 전류를 흘려 준 후, 각 전극에서 일어나는 변화를 관찰한다.

도움말

- 수화물이란 물 분자를 포함하고 있는 물질을 말한다.
- 황산 나트륨 수화물($Na_2SO_4 \cdot 10H_2O$)이 순수한 황산 나트륨보다 물에 더 쉽게 용해되므로 1 M 황산 나트륨 수용액을 만들 때 황산 나트륨 수화물($Na_2SO_4 \cdot 10H_2O$)을 사용하는 것이 더 좋다.
- BTB 용액은 산성에서 노란색, 중성에서 녹색, 염기성에서 푸른색을 나타낸다.

정리하기

❶ (−)극 주위에서 용액의 색 변화가 나타나는 까닭은 무엇인지 설명해 보자.

❷ (−)극과 (+)극에서 발생되는 기체의 부피비는 얼마이며, 이러한 결과가 나온 까닭은 무엇인지 설명해 보자.

❸ (+)극과 (−)극에서 일어나는 반응을 화학 반응식으로 나타내고, 각 전극에서의 반응을 산화 반응과 환원 반응으로 나누어 보자.

유의 사항

- 밑을 자른 스포이트에 전해질 수용액을 넣을 때 기포가 들어가지 않도록 스포이트를 사용하면 편리하다.
- 전해질 수용액을 가득 넣은 스포이트를 거꾸로 세울 때 천천히 뒤집어야 용액이 흘러나오지 않는다. 만약 용액이 흘러나오면 다시 가득 채워서 천천히 뒤집은 후에 바이알에 세워 넣는다.
- 스포이트에 침핀을 꽂을 때 손을 다치지 않도록 조심한다.

토의하기

❶ 전기 분해의 원리를 산화 환원 반응으로 어떻게 설명할 수 있는지 토의해 보자.

❷ (−)극과 (+)극에서 발생되는 기체가 각각 무엇인지 알아보기 위한 방법을 토의해 보자.

| 그림 3.44 | 다양한 탐구 요소가 제시된 경우(2015 개정 교육과정 화학 II 교과서, 교학사)

요 변인인 용액의 농도와 전압을 명시했다. 각 전극에서 일어나는 변화와 BTB 색 변화(액성)를 기술하도록 하여 정성적 관찰을 지시하고 있다. 오른쪽 중간에 '실험 중에 발생하는 기체는 유독하므로 흡입하지 않도록 주의한다'와 같이 안전에 대해 안내했다. 실험 결과는 정성적 관찰을 기록하게 하고, 각 극에서 생성되는 물질을 질문하고 극에서 지시약의 색 변화의 이유를 설명하도록 했다. 하지만 이를 그래프로 나타내거나 도식화하는 작업은 제시되어 있지 않기 때문에 자료 변환 요소는 마찬가지로 누락되어 있다. 이는 그림 3.44와 달리 정량적 측정에 대한 활동은 없기 때문이다. 학생들이 과학적 탐구 능력을 함양하기 위해서는 정량적 측정 방법과 정성적 관찰 방법 중 한 가지로 편향된 자료를 수집하는 것보다 두 가지 자료 수집 방법을 균형 있게 사용하는 것이 필요하다. 무엇보다 실험의 결론을 도출한 후에 실험과 관련

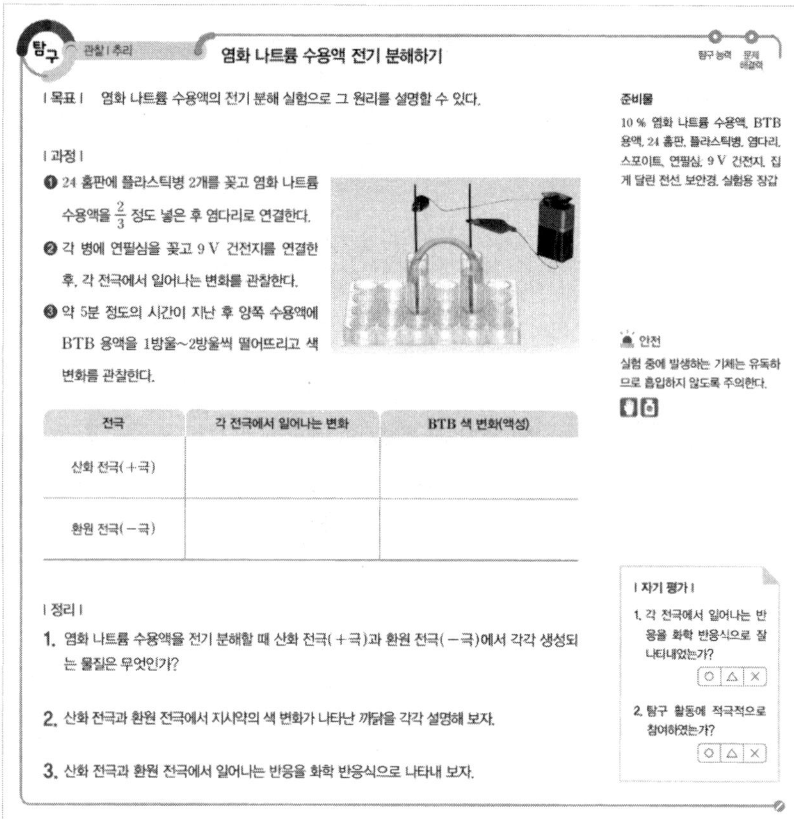

탐구 관찰 | 추리

염화 나트륨 수용액 전기 분해하기

탐구 능력 문제 해결력

| 목표 | 염화 나트륨 수용액의 전기 분해 실험으로 그 원리를 설명할 수 있다.

준비물

10 % 염화 나트륨 수용액, BTB 용액, 24 홈판, 플라스틱병, 염다리, 스포이트, 연필심, 9 V 건전지, 집게 달린 전선, 보안경, 실험용 장갑

| 과정 |

❶ 24 홈판에 플라스틱병 2개를 꽂고 염화 나트륨 수용액을 $\frac{2}{3}$ 정도 넣은 후 염다리로 연결한다.

❷ 각 병에 연필심을 꽂고 9 V 건전지를 연결한 후, 각 전극에서 일어나는 변화를 관찰한다.

❸ 약 5분 정도의 시간이 지난 후 양쪽 수용액에 BTB 용액을 1방울~2방울씩 떨어뜨리고 색 변화를 관찰한다.

안전

실험 중에 발생하는 기체는 유독하므로 흡입하지 않도록 주의한다.

전극	각 전극에서 일어나는 변화	BTB 색 변화(액성)
산화 전극(+극)		
환원 전극(−극)		

| 정리 |

1. 염화 나트륨 수용액을 전기 분해할 때 산화 전극(+극)과 환원 전극(−극)에서 각각 생성되는 물질은 무엇인가?

2. 산화 전극과 환원 전극에서 지시약의 색 변화가 나타난 까닭을 각각 설명해 보자.

3. 산화 전극과 환원 전극에서 일어나는 반응을 화학 반응식으로 나타내 보자.

| 자기 평가 |

1. 각 전극에서 일어나는 반응을 화학 반응식으로 잘 나타내었는가? ○ △ ×

2. 탐구 활동에 적극적으로 참여하였는가? ○ △ ×

| 그림 3.45 | 다양한 탐구 요소를 제시하지 못하는 경우(2015 개정 교육과정 화학Ⅱ 교과서, 지학사)

된 내용을 토의함으로써 정리 및 평가를 수행하는 활동이 부족하다. 실험 결과를 해석하고 만일 예상한 결과와 다른 실험 결과가 나왔다면 정리 및 평가 과정을 통해 그 이유를 탐색해서 정확한 개념을 학습할 수 있다. 따라서 교과서에는 실험이 끝난 후 토의하는 과정을 포함할 필요가 있다.

4.3 실험 설계와 방법

과학 교육에서 실험 탐구 활동은 학생들이 가설을 설정하고 그에 따른 실험을 설계 및 수행하면서 나름의 결론을 내리게 해서 단순히 과학적 지식을 주입식으로 학습하는 것이 아니라 능동적으로 획득한다는 점에서 매우 중요하다. 따라서 교과서의 실험 탐구 활동은 정확한 결과가 재현성 높게 나올 수 있도록 설계되어야 학생들이

올바르게 결과 해석을 할 수 있다. 또한 실험 탐구 활동을 통해 학생들이 과학 개념을 형성하고 탐구 결과를 올바르게 해석할 수 있도록 실험 과정을 제시해야 한다. 표

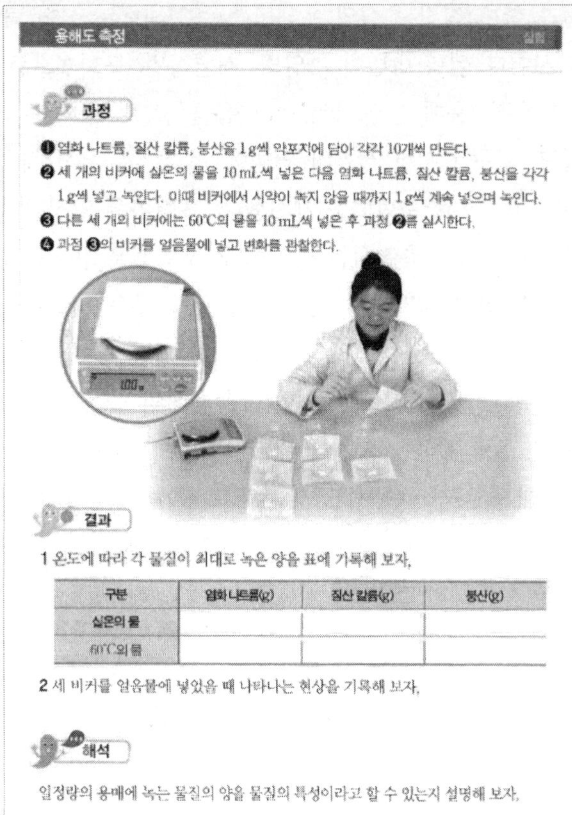
용해도 측정 실험

과정

❶ 염화 나트륨, 질산 칼륨, 붕산을 1 g씩 약포지에 담아 각각 10개씩 만든다.
❷ 세 개의 비커에 실온의 물을 10 mL씩 넣은 다음 염화 나트륨, 질산 칼륨, 붕산을 각각 1 g씩 넣고 녹인다. 이때 비커에서 시약이 녹지 않을 때까지 1 g씩 계속 넣으며 녹인다.
❸ 다른 세 개의 비커에는 60°C의 물을 10 mL씩 넣은 후 과정 ❷를 실시한다.
❹ 과정 ❸의 비커를 얼음물에 넣고 변화를 관찰한다.

결과

1 온도에 따라 각 물질이 최대로 녹은 양을 표에 기록해 보자.

구분	염화 나트륨(g)	질산 칼륨(g)	붕산(g)
실온의 물			
60°C의 물			

2 세 비커를 얼음물에 넣었을 때 나타나는 현상을 기록해 보자.

해석

일정량의 용매에 녹는 물질의 양을 물질의 특성이라고 할 수 있는지 설명해 보자.

| 그림 3.46 | 포화법으로 제시된 사례(2009 개정 교육과정 중학교 2학년 과학 교과서, 지학사)

| 표 3.8 | 중학교 교과서 용해도 측정 실험 방법 분석(손원기, 김준영, 정대홍, 2018)

실험 방법	용질	용매 단위	활동
가열법	질산칼륨	g	정량 분석/그래프 작성
재결정법	질산칼륨	g	정성 분석
재결정법	질산칼륨	g	정량 분석/그래프 작성
재결정법	질산칼륨	mL	정량 분석/그래프 작성
포화법	질산칼륨, 염화나트륨, 붕산	mL	정성 분석
포화법	질산칼륨, 염화나트륨, 붕산	g	정성 분석
포화법	질산칼륨, 황산구리(Ⅱ)	g	정성 분석

3.8은 중학교 교과서에 도입된 용해도 측정 실험을 분석한(손원기, 김준영, 정대홍, 2018) 사례이다.

중학교 2학년 과학 교과서는 용질의 석출 현상에 관해서 설명하고, 다양한 물질에 대한 용해도 곡선과 함께 직접 용질의 용해도를 측정해보는 실험 탐구 활동을 제시한다. 하지만 교과서마다 실험 방법이 가열법, 재결정법, 포화법으로 다르고, 동일한 실험이지만 사용된 용질, 용매 단위, 활동이 다름을 알 수 있다. 따라서 교과서에서 제시하는 실험 탐구 활동의 실험 설계와 방법이 적절한지 분석하는 것이 필요하다.

그림 3.46은 실험 방법으로 포화법을 제시했다. 포화법은 일정량의 용질을 넣어주어 포화하는 시점의 용해도를 측정하는 방식이다. 포화법은 용질을 1 g 단위로 넣어주기 때문에 용해도 측정이 정확하지 못하고, 용질을 계속해서 무게를 재야 하므로 측정 오차가 누적될 가능성이 있다. 또한 용해도를 어떤 온도에서 용매 100 g에 최대로 녹을 수 있는 용질의 질량(g)으로 정의했는데 용매의 양을 부피 단위로 제시하고 있다. 이는 실제 용매 질량 값과 차이가 있다. 따라서 모든 포화법은 정량적인 용해도 측정 실험에는 적합하지 않기 때문에 정성 분석으로 활동이 제시되어야 한다.

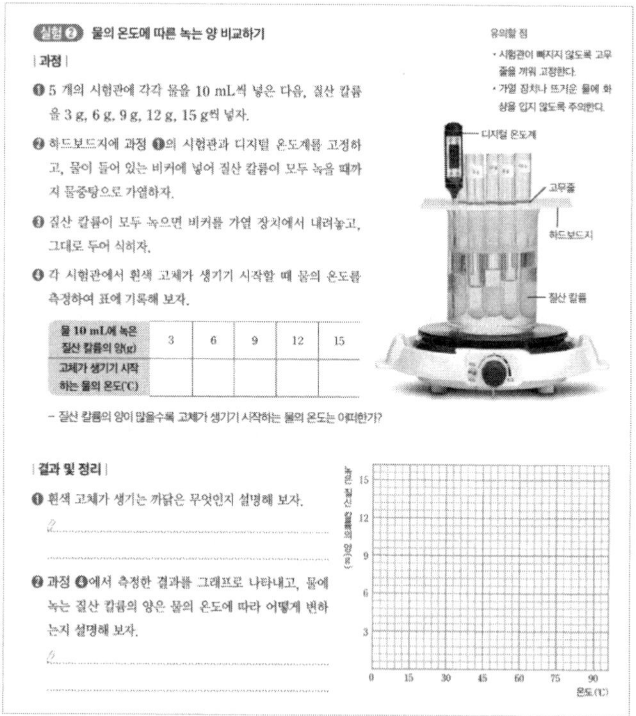
실험 ❷ 물의 온도에 따른 녹는 양 비교하기

| 과정 |

❶ 5 개의 시험관에 각각 물을 10 mL씩 넣은 다음, 질산 칼륨을 3 g, 6 g, 9 g, 12 g, 15 g씩 넣자.

❷ 하드보드지에 과정 ❶의 시험관과 디지털 온도계를 고정하고, 물이 들어 있는 비커에 넣어 질산 칼륨이 모두 녹을 때까지 물중탕으로 가열하자.

❸ 질산 칼륨이 모두 녹으면 비커를 가열 장치에서 내려놓고, 그대로 두어 식히자.

❹ 각 시험관에서 흰색 고체가 생기기 시작할 때 물의 온도를 측정하여 표에 기록해 보자.

물 10 mL에 녹은 질산 칼륨의 양(g)	3	6	9	12	15
고체가 생기기 시작하는 물의 온도(℃)					

– 질산 칼륨의 양이 많을수록 고체가 생기기 시작하는 물의 온도는 어떠한가?

유의할 점
- 시험관이 빠지지 않도록 고무줄을 끼워 고정한다.
- 가열 장치나 뜨거운 물에 화상을 입지 않도록 주의한다.

| 결과 및 정리 |

❶ 흰색 고체가 생기는 까닭은 무엇인지 설명해 보자.

❷ 과정 ❹에서 측정한 결과를 그래프로 나타내고, 물에 녹는 질산 칼륨의 양은 물의 온도에 따라 어떻게 변하는지 설명해 보자.

| 그림 3.47 | 재결정법으로 제시된 사례(2009 개정 교육과정 중학교 2학년 과학 교과서, 미래엔)

그림 3.47은 실험 방법으로 재결정법을 제시했다. 재결정법은 일정한 양의 용질을 물 100 g에 녹인 후 용액의 온도가 내려가는 과정에서 재결정이 생성되는 온도를 관찰한다. 이때 초기에 넣어준 용질의 양으로 재결정이 생성된 온도에서의 용해도 값을 구한다. 하지만 교과서에서 제시된 용해도의 정의는 '물 100 g 당 녹을 수 있는 최대 용질의 질량'임에도 불구하고 용매의 양을 부피 단위로 제시하고 있다. 20℃ 기준으로 물의 밀도는 0.99704 g/mL로 이는 부피와 질량 값이 대략 0.3% 정도 차이가 날 수 있다. 따라서 부피 단위가 아닌 질량 단위로 용매의 양을 제시되는 것이 필요하다.

그림 3.48은 실험 방법으로 가열법을 제시했다. 가열법은 재결정법과 실험 방법이 유사하지만, 재결정 생성 시점을 관찰하는 것 대신에 가열하는 과정에서 용질이 모두 녹아 포화하는 온도를 관찰한다. 그래서 교과서는 용질 결정을 육안으로 관찰이

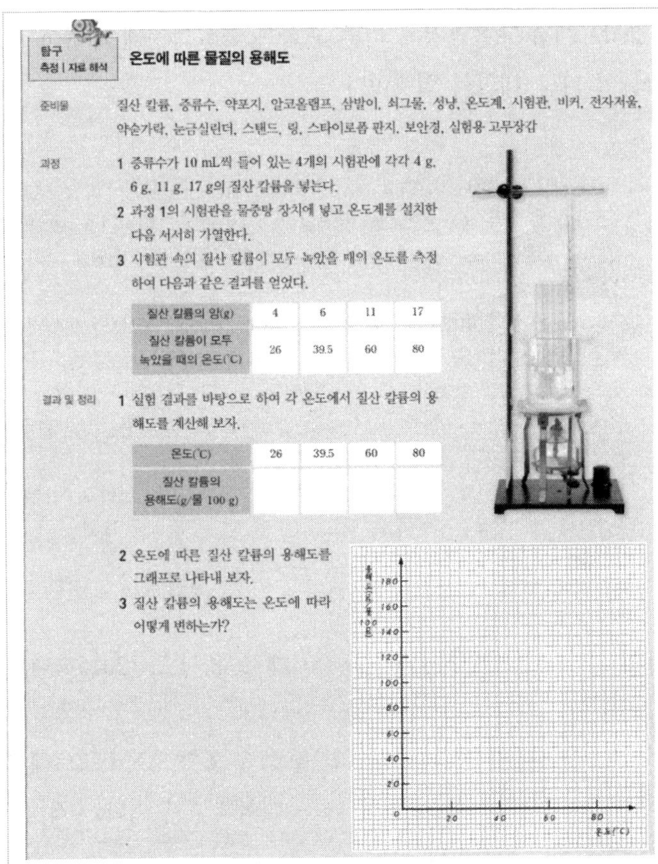

탐구 측정 | 자료 해석

온도에 따른 물질의 용해도

준비물 질산 칼륨, 증류수, 약포지, 알코올램프, 삼발이, 쇠그물, 성냥, 온도계, 시험관, 비커, 전자저울, 약숟가락, 눈금실린더, 스탠드, 링, 스타이로폼 판지, 보안경, 실험용 고무장갑

과정

1 증류수가 10 mL씩 들어 있는 4개의 시험관에 각각 4 g, 6 g, 11 g, 17 g의 질산 칼륨을 넣는다.

2 과정 1의 시험관을 물중탕 장치에 넣고 온도계를 설치한 다음 서서히 가열한다.

3 시험관 속의 질산 칼륨이 모두 녹았을 때의 온도를 측정하여 다음과 같은 결과를 얻었다.

질산 칼륨의 양(g)	4	6	11	17
질산 칼륨이 모두 녹았을 때의 온도(℃)	26	39.5	60	80

결과 및 정리

1 실험 결과를 바탕으로 하여 각 온도에서 질산 칼륨의 용해도를 계산해 보자.

온도(℃)	26	39.5	60	80
질산 칼륨의 용해도(g/물 100 g)				

2 온도에 따른 질산 칼륨의 용해도를 그래프로 나타내 보자.

3 질산 칼륨의 용해도는 온도에 따라 어떻게 변하는가?

| 그림 3.48 | 가열법으로 제시된 사례(2009 개정 교육과정 중학교 2학년 과학 교과서, 천재교육)

될 때 용해도를 측정한다. 그러나 용질 결정이 매우 작아서 관찰하는 데 어려움이 있으며, 가열과 교반으로 인해 발생하는 기포와 용질 결정을 구분하기가 매우 까다로운 문제가 있다. 따라서 관측자에 따라 용질 결정의 유무 판정이 조금씩 다를 수 있어서 맨눈으로 인한 용해도 측정 오차가 발생할 수 있음을 안내하는 것이 필요하다.

이처럼 교과서에서 제시하는 실험은 오차가 발생할 수 있는 실험 방법을 제시하고 있다. 따라서 실험마다 갖는 한계를 분석해서 사전에 알고 있다면 교사가 실제 학생들이 수행할 때 예측되는 결과를 얻을 수 있는 실험 방법을 보완해서 제공할 수 있다.

임용고사 기출문제

1. 다음은 2009 개정 교육과정에 따른 과학과 교육과정에 대하여 예비 교사와 교사들이 나눈 대화의 일부이다.

> 예비 교사 : 중학교에서는 학생들이 여러 가지 순물질의 끓는점을 측정하고 끓는점이 (㉠)이/가 됨을 배운 후, 혼합물을 분리할 때 (㉠)이/가 이용됨을 배우도록 되어 있어요. 그런데 고등학교 화학 Ⅰ, 화학 Ⅱ에서는 끓는점이 어떻게 다루어지는지 잘 모르겠어요.
>
> 교사 A : 교육과정을 잘 살펴보면 알 수 있어요. 화학 Ⅰ의 내용을 보면 전자쌍 반발 이론을 통해 분자의 구조를 먼저 배우고, 분자의 극성과 끓는점 등이 분자의 구조와 관계가 있다고 배우도록 되어 있어요. 하지만 물질마다 끓는점이 다른 이유 를 쌍극자–쌍극자 힘, 분산력, 수소 결합 등으로 설명하는 것은 교육과정 수준을 넘어서기 때문에 바람직하지 않아요.
>
> 교사 B : 맞아요. 그 개념은 화학 Ⅱ에서 다루도록 되어 있어요. 즉 화학 Ⅱ에서는 쌍극자–쌍극자 힘, 분산력, 수소 결합 등의 (㉡)을/를 먼저 배운 후에 (㉡)의 크기와 끓는점의 관계를 배우도록 되어 있어요.

괄호 안의 ㉠, ㉡에 해당하는 것을 순서대로 쓰시오. (2015학년도)

2. <자료>는 교사와 예비 교사가 고체의 결정 구조를 3D 소프트웨어를 활용하여 지도하는 수업을 계획하면서 나눈 대화의 일부이다. <작성 방법>에 따라 서술하시오. (2021학년도)

자료

예비 교사 : 지난 수업에서 고체의 결정 구조에 대한 수업을 했어요. 교과서의 그림을 보고 단위 세포 안에 들어 있는 입자수를 세어 보게 했는데, 학생들이 잘 이해하지 못한 것 같아요. 어떤 방법이 있을까요?

교　　사 : 고체의 결정 구조를 이해하는 데 3D 소프트웨어를 활용할 수 있을 거예요.

예비 교사 : 3D 소프트웨어를 어떻게 활용할 수 있나요?

교　　사 : ㉠ 다양한 결정 구조를 3D 형태의 모형으로 형상화하여 다양한 각도에서 입체적으로 볼 수 있어요.

예비 교사 : 그렇군요. 3D 소프트웨어를 활용하면 비대면 수업에서도 학생 스스로 이온의 종류를 바꿔 가면서 결정 구조가 어떻게 변하는지 3차원으로 살펴보고, 단위 세포당 입자수나 배위수 등의 변화를 볼 수 있겠네요.

교　　사 : 그렇지요. 이 방법으로 학생들이 스스로 '탐구 설계의 수행'과 '자료 수집 분석 및 해석' 기능을 수행해 볼 수 있겠네요.

예비 교사 : 맞아요. 2015 개정 과학과 교육과정의 교수 · 학습 및 평가의 방향에도 교사 중심의 확인 실험을 지양하고 (㉡)탐구 실험을 강조하고 있네요.

작성 방법

- 2015 개정 과학과 교육과정의 '내용 체계'에 제시된 8가지 기능 중 ㉠에 해당하는 기능 1가지를 제시할 것. (단, 〈자료〉에 제시된 기능은 제외할 것.)
- ㉠을 제외하고 3D 소프트웨어를 활용하는 사례 1가지를 〈자료〉에서 찾아 쓸 것.
- ㉡에 들어갈 용어를 쓰고, 그 근거를 〈자료〉에서 찾아 쓸 것.

참고문헌

강남화(2017). 과학 탐구와 과학 교수－학습에서의 모델과 모델링에 대한 교사들의 인식. 한국과학 교육학회. 37(1). 143-154.

강순희, 김덕희(2006). 경험 귀추적 실험을 활용한 탐구 수업 전략이 고등학교 반응 속도 학습에 미치는 효과. 교과교육학연구. 10(2). 423-442.

김기향, 장하석, 백성혜(2019). 2009 및 2015 개정 교육과정의 화학 교과서에서 모델 관련 내용 분석: 수용액 전기 분해를 중심으로. 대한화학회지. 63(4). 289-306.

김성기, 박철용, 최희, 백성혜(2018). 화학 영역에서 뜨고 가라앉는 현상에 대해 진술된 모델의 평가. 대한화학회지. 62(3). 226-234.

김지영, 한재은, 박종석(2012). 2009 개정 교육과정 화학 II 교과서의 탐구 활동 분석. 한국과학 교육학회지. 32(5). 928-937.

고은아, 최애란(2019). 통합과학, 화학 I, 화학 II의 성취기준과 교과서 활동 및 평가 문항의 과학과 핵심 역량 분석: '산 · 염기 · 중화 반응'과 '산화 · 환원'을 중심으로. 대한화학회지, 63(6), 486-504.

교육부(2015). 2015 개정 고교 과학과 교육과정 해설서. 교육부 고시 제 2015-74호.

류은주, 백성혜(2020). 2009 · 2015 개정 교육과정 화학 I 및 화학 II 교과서 및 교사용 지도서에 제시된 산 · 염기 모델 내용에 대한 '이그노런스' 분석. 대한화학회지, 64(3), 175-188.

박현주(2017). 과학 교과의 사회정서학습(Social and Emotional Learning) 적용 가능성 탐색: 과학 교과서의 과학과 사회정서학습 요소 분석. 과학 교육연구지, 41(3), 297-317.

박철용(2020). 산 · 염기 개념의 준미시적 표상에서 나타나는 문제점을 해결하기 위한 교수 자료 개발. 한국교원대학교 일반대학원 박사학위논문.

박철용, 원정애, 김성기, 최희, 백성혜(2020). 2009 개정 교육과정과 2015 개정 교육과정의 화학 I 및 화학 II 교과서에서 산 · 염기 모델의 준미시적 표상에 대한 문제점 분석. 대한화학회지, 64(1), 19-29.

송나윤, 홍주연, 노태희(2020). 2015 개정 교육과정에 따른 중학교 1학년 디지털 교과서의 물질 단원에서 나타난 외적 표상의 활용 실태 분석. 대한화학회, 64(6), 416-428.

손원기, 김준영, 정대홍(2018). 중학교 교과서에 도입된 용해도 측정 실험의 한계점 분석 및 대체 실험 제안. 현장과학교육, 12(3), 367-376.

송진웅, 강석진, 곽영순, 김동건, 김수환, 나지연, 도종훈, 민병곤, 박성춘, 배성문, 손연아, 손정우, 오필석, 이준기, 이현정, 임혁, 정대홍, 정종훈, 정용재(2019). 미래세대를 위한 '과학 교육표준'의 주요 내용과 특징. 한국과학교육학회지, 39(3), 465-478.

유인성, 장원형, 홍훈기(2019). 교육과정 개정에 따른 화학 II 교과서의 실험 제시 방식 변화 분석. 현장과학교육, 13(4), 455-472.

윤회정(2020). 2015 개정 교육과정에 따른 7학년 과학 교과서 물질 영역에서 제시된 외적 표상의 분석. 한국과학교육학회지, 40(1), 61-75.

최취임, 이선경(2016). 교과서의 화학 실험 분석을 통해 본 실험과 도구의 의미 재고. 대한화학회지, 60(4), 267-275.

한유화, 이민숙, 백성혜(2007). 교과서 실험 종류에 따른 중3 학생들의 "일정성분비의 법칙"에 관한 이해도 비교. 한국과학 교육학회지, 27(1), 50-58.

홍춘표, 김용연(2003). 탐구 화학 실험을 통한 고등학교 학생들의 과학 성취도 향상에 관한 연구. 대한화학회지, 47(5), 487-494.

Ardac, D. & Akaygun, S.(2005). Using static and dynamic visuals to represent chemical change at molecular level. International Journal of Science Education, 27(1), 1269-1298.

Chamizo, J. A.(2013), A new definition of models and modeling in chemistry teaching, Science & Education, 2(7), 1613–1632.

Clement, J. J.(2000), Model-based learning as a key research area of science education, International Journal of Science Education, 2(9), 1041–1053.

Clement, J. J., Rea-Ramírez, M. A., & Mimez-Oviedo, M. C.(2008), An instructional model derived from model construction and criticism theory, In J. J. Clement & M. A. Rea-Ramirez(Eds.), Model Based Learning and Instruction in Science(pp. 23–43), Dordrecht, The Netherlands: Kluwer Academic.

Eisner, E. W.(1994), Cognition and Curriculum Reconsidered, Teachers College Press.

Giere, R. N.(1991), Understanding Scientific Reasoning, 3rd ed., Harcourt Brace Jovanovich: NY.

Gilbert, J. K.(2008), Visualization: an emergent field of practice and enquiry in science education, In J. K. Gilbert, M. Reiner & M. Nakhleh(Eds.), Visualization: Theory and Practice in Science Education(pp. 3–24), Dordrecht, The Netherlands: Kluwer Academic.

Gobert, J. D., O'Dwyer, L., Horwitz, P., Buckley, B. C., Levy, S. T., & Wilensky, U.(2011), Examining the relationship between students' understanding of the nature of models and conceptual learning in biology, physics, and chemistry, International Journal of Science Education, 3(5), 653-684.

Johnson, T. & Lesh, R.(2002), A models and modeling perspective on technology-based representational media, In R. Lesh, & H. Doer, Beyond constructivism-models and modeling perspectives on mathematics problem solving, learning, and teaching, Lawrence Erlbaum Asociates, Inc. NJ., 2003, p. 35–58.

Kalyuga, S.(2007), Enhancing Instructional Efficiency of Interactive E-learning Environments: A Cognitive Load Perspective, Educational Psychology Review, 19, 387–399.

Lehrer, R. & Schauble, L.(2000), Developing Model-Based Reasoning in Mathematics and Science, Journal of Applied Developmental Psychology, 21(1), 39–48.

National Research Council(NRC)(2012), A framework for K-12 science education: Practices, crosscutting concepts, and core ideas. Washington, DC: National Academics Press.

NGSS Lead States(2013), Next Generation Science Standards: For States, By States,

Washington, DC: The National Academics Press.
Nersessian, N. J. & Patton, C.(2009). Model-Based Reasoning in Interdisciplinary Engineering. In Anthonie, M.(Eds.), Philosophy of Technology and Engineering Sciences: A volume in Handbook of the Philosophy of Science(727-757). ScienceDirect.
Oh, P. S. & Oh, S. J.(2011). What Teachers of Science Need to Know about Models: An overview. International Journal of Science Education, 33(8), 1109-1130.
Passmore, C., Gouvea, J. S. & Giere, R.(2014). Models in Science and in Learning Science: Focusing Scientific Practice on Sense-making. In M. R. Matthews(Ed.), International Handbook of Research in History, Philosophy and Science Teaching. Dordrecht:Springer.
Schwarz, C. V. & Gwekwerere, Y. N.(2007). Using a guided inquiry and modeling instructional framework (EIMA) to support preservice K-8 science teaching. Science Education, 91(1), 158-186.
Schwarz, C. V., Reiser, B. J., Davis, E. A., Kenyon, L., Acher, A Fortus, D., Shwartz, Y., Hug, B., & Krajcik, J.(2009). Developing a learning progresion for scientific modeling: making scientific modeling accesible and meaningful for learners. Journal of Research in Science Teaching, 46(6), 632-654.
Schwarz, C. V. & White B. Y.(2005). Metamodeling knowledge: developing students' understanding of scientific modeling. Cognition and Instruction, 23(2), 165-205.
Somerville, R. C. & Hassol, S. J.(2011). Communicating the science of climate change. Physics Today, 64(10), 48.
Sorsby, B.(2000). The irresistible rise of the nature of science in science curricula. In J. Sears, & P. Sorensen(Eds.), Issues in science teaching. London, England: Routledge Falmer.
Spektor-Levy, O. & Eylon, B.(2008). Teaching communication skills in science: Tracing teacher change. Teaching and Teacher Education, 24, 462-477.
Treagust, D. F., Chittelborough, G. D. & Mamiala, T. L.(2002). Students' understanding of the role of scientific models in learning science. International Journal of Science Education, 24(4), 357-368.
Treagust, D., Chitleborough, G. & Mamiala, T.(2003). The role of submicroscopic and symbolic representations in chemical explanations. International Journal of Science Education, 25(1), 1353-1368.
van Someren, M. W., Reimann, P., Boshuizen, H. P. A., de Jong, T. & Reimann, P.

(1998). Introduction. In M. W. van Someren, P. Reimann, H. P. A. Boshuizen & T. de Jong(Eds.), Learning with multiple representations(pp. 1–5). Oxford, UK: Pergamon.

Wang, C., Fang, T. & Gu, Y.(2020). Learning performance and behavioral patterns of online collaborative learning: Impact of cognitive load and affordances of different multimedia. Computer & Education, 143, 103683.

키워드

과학과 사회정서학습, 과학적 기능(practice), 과학적 소양(scientific literacy), 2015 개정 과학과 교육과정의 핵심 역량, 모델(model), 실험 설계 및 방법, 실험 활동, 외적 표상(external representation), 준미시적 표상(submicroscopic representation), 탐구 활동

4장

화학 학습 지도와 실례

1. 수업 방식에 따라
2. 교수 모형에 따라
3. 교수 전략에 따라

1 수업 방식에 따라

1.1 실험 중심의 수업

실험의 사전적 정의를 살펴보면, 어떤 목적에 따라 자연현상에 인위적인 조작을 가하거나 또는 사실에 입각하여 자연현상에 통제를 가해서 나타난 결과를 관찰하는 것으로, 비교적 단시간 내에 용이하게 결론을 도출하기 위한 시도로서 정의된다. 이러한 실험은 과학을 다른 과목으로부터 특징짓는 고유한 방법이며, 특히 화학이라는 과목은 그 특성상 실험 과학이라고도 불릴 만큼 실험이 차지하는 바가 매우 크다. 이에 학교 현장에서는 실험을 교수·학습의 중요한 전략이자 방법으로 채택해서 수업이 이루어지게 되는데 이를 실험 중심 수업으로 일컫는다.

과학의 본성에 대한 정의에서 과학은 과학자들의 활동의 결과로서 얻어진 지식 체계뿐만 아니라 이를 얻어내기까지의 과정도 포함한다. 여기서 과정은 과학적 탐구를 의미하며, 과학은 탐구를 통해서 과학적 개념, 지식을 얻어가는 학문임을 의미한다. 따라서 과학 학습은 학생들이 직접적인 탐구를 통해 과학적 방법을 익힐 뿐 아니라, 과학적 지식의 습득이 이루어지도록 해야 한다.

이러한 탐구는 학교 과학 학습에서는 학생들의 실험 활동을 의미한다. 실험 활동을 통해서 학생들에게 새로운 경험의 제공, 조작 기능에 대한 훈련, 학습할 명제의 의미를 부여할 수 있는 에피소드나 이미지의 원천, 과학적 방법에 대한 이해와 의사소통의 훈련 등을 제공할 수 있다. 탐구 학습에서는 구체적 대상물이나 상황을 소재로 하여 학습자 스스로 사고 과정을 통해서 정보나 이해를 추구하기 때문에, 학습자의 인지능력의 향상, 교과 내용에 대한 개념 획득, 문제 해결 능력의 향상, 과학적 태도의 향상 등에 효과적이다(Friedler & Tamir, 1990). 또한 구성주의 입장에서 볼 때도 실험 활동은 학습자에게 다양한 경험을 제공하고, 학습자가 스스로 학습할 수 있도록 하는 기회를 제공함으로써, 학생들의 학습에 대한 동기와 학습능력을 증진할 수 있다.

우리나라 과학과 교육과정에서는 실험을 강조하여 단원마다 <탐구 활동>을 제시하고 있으며, 구체적인 탐구 활동에 대한 교수·학습 방법과 평가 방법을 안내해 왔다. 나아가 2015 개정 과학과 교육과정에서는 고등학교 공통과목으로 '과학 탐구 실험' 과목을 도입했다.

실험 활동의 형태는 분류 기준에 따라 다양하게 범주화할 수 있다. 이를 종합해서

표 4.1에 나타내었다. Spears 등(1977)은 실험 활동의 형태를 이론에 대한 검증과 다양한 원리에 대한 탐구 또는 발견인지에 따라 범주화했다. Schwab(1962)과 Herron 등(1971)은 또 다른 분류 방법으로 실험의 개방도를 제시했다. 이것은 탐구 실험의 각 단계 중에서 어느 정도를 교사나 교과서가 설명해주고, 또 어느 정도가 학생의 직접 탐구 활동을 통해서 이루어지는가를 기준으로 한다. Herron은 Schwab의 탐구 요구 수준에 제0수준을 추가해서 실험의 수행 시 실험의 문제, 실험 방법, 실험 결과 중 어느 것이 지침서에 나타나 있는지에 따라 탐구 실험의 수준을 정했다. Chiappetta와 Koballa(2015)는 학습 목표에 따라 6가지 형태로 분류하고, 각 실험 형태에 따른 교사의 역할을 제시했다.

| 표 4.1 | 분류 기준에 따른 실험의 형태

기준	형태	설명
실험의 목적 (Spears 등, 1977)	이론 검증	• 구조화된 실험, 과정 제시
	원리 탐구/발견	• 비구조화된 실험, 목표만 제시
실험의 개방도 (Schwab, 1962)	제1수준	• 문제와 문제 해결을 위한 실험 과정 제시
	제2수준	• 문제 제시, 실험 과정 미제시
	제3수준	• 문제와 실험 과정이 모두 미제시, 현상만 제시 • 문제의 인식, 실험 방법의 고안, 결론 도출의 모든 탐구 과정을 스스로 수행
실험의 개방도 (Herron, 1971)	제0수준	• 실험 문제, 실험 방법, 실험 결과가 모두 제시
	제1수준	• 실험 문제와 실험 방법이 제시
	제2수준	• 실험문제만 제시
	제3수준	• 실험의 문제도 제시되어 있지 않아서 학생 스스로 문제를 발견하고 해결
학습 목표 (Chiappetta& Koballa, 2015)	확인 실험	• 강의나 독서를 통해서 알게 된 추상적 지식과 관련이 있는 현상을 경험할 기회를 제공
	탐색 실험	• 학생들이 끝이 열린 상황에서 새로운 자료와 현상을 탐색하고 조사
	귀납적 실험	• 주요 개념이나 개념들 사이의 관계 찾기를 통해 일반화
	연역적 실험	• 이미 학습된 포괄적 지식으로 새로운 현상을 설명, 예측, 서술
	기술 개발	• 실험 활동에 필요한 기술의 습득을 위해 연마할 기회와 피드백, 조력 제공
	과정 개발	• 과학 및 과학기술과 관련된 문제를 해결하고, 해답을 설정하는 방법에 관심을 갖게 하고, 조력 제공

(1) 실험 중심 수업의 장점과 단점

과학 교육 연구를 통해 실험 활동의 교수·학습적 효과가 많이 보고되었다. 실험 활동은 학생들의 과학에 대한 호기심과 흥미를 유발하고, 과학적 사고를 기를 수 있는 장이 되며, 실험을 통해서 과학의 정신이나 과학의 방법을 알게 된다(Ausubel, 1968). Piaget의 인지 발달과 연결해서 탐구하는 과정에서 학생들은 동화 조절 과정과 평형화 과정을 경험할 수 있다. 또한 실험 설계, 가설 설정, 자료 분석, 추리, 결론 유도 등 형식적 사고의 신장에 효과를 볼 수 있다(최병순, 1988). 또한 실험 활동은 탐구, 지적 발달, 문제 해결 기술의 습득, 과학 개념 형성을 이끌어 줄 수 있는 조직적 기술 등을 촉진할 수 있다.

이에 Woolnough와 Allsop(1985)는 실험을 과학적 개념과 지식을 가르치기 위한 보조 전략으로 사용하기보다는 과학에서 실험을 독자적으로 이용해야 할 것을 제안했다. 또한 Friedler와 Tamir(1990)는 실험 활동의 이점을 바탕으로 학생들이 실험을 해야 하는 논리적 근거를 다음과 같이 제시했다.

1) 과학은 매우 복잡하고 추상적인 과목이다. 구체적인 증거나 실험에서 제공하는 조작할 기회가 학생들에게 주어지지 않는다면 개념을 이해하는 데 실패할지도 모른다.
2) 탐구 능력과 지적 기능을 발달시키는 능동적 활동에의 참여는 탐구 교육과정의 필수 요소이다. 실험 활동은 학생들에게 과학의 정신을 이해시키기 위한 기회를 제공하고, 과학의 본성에 대한 이해를 증진시킨다.
3) 실험은 문제 해결, 분석, 일반화, 비판적 사고, 적용, 종합, 평가, 의사결정, 창의성과 같은 인지적 능력의 발달을 촉진한다.
4) 실험은 다양한 종류의 기술, 즉 조작적 기능, 탐구 기능, 실험 기능, 조직화 기능, 의사소통 기능 등의 발달에 본질적이다.
5) 학생들은 실험실에서 실험하는 것을 좋아하며, 지나치게 사소하거나 너무 어렵지 않고 의미 있는 경험이 될 수 있는 기회가 제공될 때 동기화되고, 흥미를 갖게 된다.

그러나 이에 반해서 실험 활동이 학생들의 학습 또는 과학의 이해를 향상하지 못한다는 연구 결과들도 있다. 이러한 불만족스러운 상황에 대한 역사적 고찰을 통해 Lock(1988)은 실험이 이미 배운 이론을 확인하기 위해 실시되었으며, 실험 절차와 기대되는 결과가 이미 교과서에 제시되어 있기 때문에 참다운 실험이 되지 못했다고 지적했다. 또한 실험을 통한 탐구 학습은 탐구 학습 과정을 거치는 데 너무 많은 시간이 소요되며, 학교 수업 중 다룰 수 있는 학습의 양이 너무 적고, 학생들의 수준에 적합한 자료 준비, 평가 계획 등을 교사 스스로 준비해야 하므로 교사들에게 큰 부담을 준다고 보고되고 있다(한효순, 1994).

(2) 효과적인 실험 중심 수업을 위한 전략

과학 수업에서 실시하는 실험은 반드시 효과적인 것은 아니며, 학생들에게 제시되는 실험이 적절한 조건을 갖추고 탐구적인 형태로 구성되었을 때 학습의 효과를 얻을 수 있다. 제시되는 실험이 탐구적으로 되기 위해서는 교사와 학생들에게 제시되는 학습 자료와 실험의 형식이 탐구적으로 되어 있어야 한다. 일반적으로 제시되는 실험의 기준은 다음과 같다.

1) 실험은 학생들이 이미 알고 있던 것이 아닌 당황함을 학생들에게 줄 수 있도록 구조화되어야 한다.
2) 학생들이 수업에서 실험을 실시할 수 있도록 주의 깊게 정리된 절차에 따라 써야 한다.
3) 실험은 현재의 지식이 불완전하거나 과학자들에게조차도 이해할 수 없는 주제들을 포함해야 한다.
4) 학생들에게 실험 안내서나 지침서를 제공하는 것보다 학생들 스스로 실험을 어떻게 수행해야 할 것인지를 계획하도록 해야 한다.
5) 학생들은 매우 유연한 형식을 사용하여 보고서를 작성해야 한다.

한편, 탐구적인 실험 프로그램이 개발되어도 교사가 어떤 역할을 하느냐에 따라 수업이 탐구적인지 비탐구적인지가 결정된다. 실험 수업에서의 교사의 역할은 안내자나 조력자여야 한다. 2015 개정 과학과 교육과정에서도 '교사 중심의 확인 실험보다 학생 중심의 탐구 실험이 되도록' 권고하고 있다. 탐구 실험에서의 교사의 역할과 교사가 갖추어야 할 조건을 보면 교사는 탐구적 접근에 의해 가르쳐야 하고, 학생들이 실험하는 동안 과학적 방법을 사용하도록 이끌어야 하며, 탐구적 실험 환경을 조성해야 한다. 이를 위해서는 교사가 탐구적 접근에 긍정적 태도를 가질 수 있게 하는 탐구 경험이 선행되어야 한다.

실험 중심 수업에서 실험실 안전에 대한 부분은 필수적으로 학생들에게 교육해야 한다. 2015 개정 과학과 교육과정 화학 I, II 과목의 '교수 · 학습 및 평가의 방향'에서 실험 지도와 관련하여 다음과 같이 제시하고 있다(교육부, 2015).

1) 실험의 목적과 방법을 이해하고 실험을 수행할 수 있도록 지도하며, 안전사고

예방을 위하여 실험 기구의 사용 방법, 화학 약품을 다룰 때의 주의사항 및 안전 사항, 안전사고 발생 시 대처방안을 사전에 지도한다.

2) 실험 기구나 재료는 수업을 진행하기 전에 미리 점검하고 충분히 지도하되, 환경보존을 고려해서 필요 이상으로 사용하지 않도록 유의한다.

3) 실험 후 발생하는 폐기물은 올바른 방법으로 수거 처리하여 환경을 오염시키지 않도록 한다.

(3) 화학 교육에서 효과적인 실험 중심 수업의 활용 예시

다음 표 4.2는 고등학교 화학 II의 '온도에 따른 반응 속도 실험하기' 탐구 활동의 예시이다. 이 실험에서 실험 과정이 주어진다면 개방도 1수준의 실험이 되지만, 학생

| 표 4.2 | 순환학습을 적용한 실험 중심 수업 사례

<table>
<tr><td>탐색</td><td>
[학습 목표] 반응 속도와 온도와의 관계를 설명할 수 있다.
[가설] 온도가 높아지면 반응 속도는 증가할 것이다.
[실험 과정]
(가) 일정 농도의 KIO_3 수용액과 $NaHSO_3$ 수용액을 준비한다.
(나) 시험관 A ~ C에 소량의 녹말과 $NaHSO_3$ 수용액을 각 넣어 잘 흔들어 준 후 온도를 다음과 같이 유지한다.
<table>
<tr><th>시험관</th><th>$NaHSO_3$ 수용액(mL)</th><th>온도(℃)</th></tr>
<tr><td>A</td><td>15</td><td>20</td></tr>
<tr><td>B</td><td>15</td><td>30</td></tr>
<tr><td>C</td><td>15</td><td>40</td></tr>
</table>
(다) 시험관 A ~ C에 각 시험관과 동일한 온도의 KIO_3 수용액을 15 mL씩 넣고, 청자색이 나타나는 순간까지의 시간을 기록한다.

[실험 결과]
<table>
<tr><th>시험관</th><th>A</th><th>B</th><th>C</th></tr>
<tr><td>시간(s)</td><td></td><td></td><td></td></tr>
<tr><td>1/시간(s−1)</td><td></td><td></td><td></td></tr>
</table>
[결론 도출]
온도가 증가할수록 반응 속도가 빨라진다.
</td></tr>
<tr><td>개념 도입</td><td>온도와 반응 속도와의 관계를 설명한다. 온도가 높아짐에 따라 입자의 운동에너지가 증가해서, 화학 반응의 활성화 에너지보다 큰 입자가 많아져서 반응 속도가 증가함을 설명한다.</td></tr>
<tr><td>개념 적용</td><td>일상생활에서 온도와 반응 속도와의 관계를 보여주는 사례를 찾아 설명하게 한다.</td></tr>
</table>

들이 직접 가설을 설정하고 실험 과정을 설계하게 한다면, 개방도 2수준의 실험이 될 수 있다. 그리고 이를 탐구 실험의 수업 모형인 순환학습 모형에 적용하여, 탐색 단계에 배치하게 되면 가설연역적 순환학습으로, 훨씬 탐구적인 실험 수업으로 활용될 수 있다. 순환학습 모형 외에도 5E 모형에도 아래의 탐색 단계를 활용할 수 있다. 또한 수업의 정리 단계에서 V도를 작성해서 실험의 방법론적인 측면과 이론적 측면의 상호작용을 살펴보게 한다면 실험 중심 수업의 효과를 높일 수 있다.

아래 표는 개방도 3수준의 탐구를 위한 탐구 활동지 예시이다. 교사는 '동전 위에 물방울'이 쌓이는 현상을 보여주고, 이 현상과 관련된 탐구 주제를 학생 스스로 선정하여 진행하도록 할 수 있다. 교사는 네 가지 질문 전략을 사용해서 학생들이 주제를 정하도록 도와주고, 탐구 설계 단계에서는 변인을 찾고, 변인의 수준을 결정해서 구체적인 실험 과정을 고안할 수 있게 한 후, 실험 설계를 점검해서 수정하게 도울 수 있다. 탐구를 수행하여 표나 그래프로 작성하게 하고, 학생들이 표와 그래프를 사용하여 결과를 정리하고, 보고서로 작성하게 한 후, 구두발표나 포스터 발표를 시행하고, 동료평가 등을 활용하여 평가를 진행할 수 있다.

| 표 4.3 | 개방적 탐구를 위한 활동지 예시 (계속)

동전 위에 액체 떨어뜨리기(Drops on the Coin)

모둠 명: (   ) 모둠원: (,   )

1. 주제 정하기(네 가지 질문 전략)

- 탐구에 필요한 도구나 물품, 재료는 무엇인가?
- 어떤 일이 일어날까?
- 결과에 영향을 주는 요인은 어떤 것이 있을까?
- 어떻게 결과를 측정하거나 묘사할 수 있을까?
- 선정한 주제:

2. 탐구 설계하기(탐구 설계 다이어그램 이용)

1) 탐구 제목

2) 탐구 가설

3) 독립 변인				
변인 수준				
반복횟수				

4) 종속 변인

5) 통제 변인

| 표 4.3 | 개방적 탐구를 위한 활동지 예시

6) 실험 과정
7) 역할 분담

3. 탐구 수행하기

1) 자료 수집(표)

2) 자료 변환(그래프)

3) 자료 해석
4) 결론 도출

4. 보고서 쓰기

5. 평가하기

1.2 시범 실험을 활용한 수업

(1) 시범 실험이란?

시범 실험(demonstration)은 과학적 현상과 주제에 관한 구체적인 예시를 보여줌으로써 학생들에게 흥미와 관심을 불러일으키거나, 새로운 문제에 대한 인지갈등을 야기하기 위해 사용되는 교사 위주의 실험 형태이다. 교사가 일련의 절차에 따라 실험 도구를 다루며 실험을 보여줌으로써, 학습자가 실험 과정을 직접 수행하지 않고 실험에서의 변화를 관찰하거나 학습 자료로서 실험 결과를 이용하는 것이다.

시범 실험은 학습자의 능동적 참여를 유도할 수 있다. 화학에서 학습하는 개념들은 추상적인 것들이 많아 학생들의 형식적인 사고를 요구하는 반면, 형식적인 조작기에 이른 학생들은 20~30%에 불과하다(최병순, 1987; 문홍무 등, 1987). 따라서 대다수의 학생이 추상적 논리의 전개나 언어적 설명만으로 구성된 수업에서는 효과적인 학습을 기대하기가 어렵지만, 시범 실험에서는 구체적 물체나 상황을 제시함으로써 학습자의 인지 수준에 맞는 학습 활동을 제공할 수 있다.

또한 시범 실험은 실험실 탐구 학습의 대안이 될 수 있다. 실험을 통한 탐구 학습이 주는 여러 가지 장점에도 불구하고, 탐구 학습은 실험에 너무 많은 시간이 소요된다는 점, 학교 수업 중 다룰 수 있는 학습의 양이 적다는 점, 학생들의 수준에 적합한 자료 준비, 실험 준비, 평가로 인한 교사 부담이 큰 점(한효순, 1994) 등의 어려움으로 학교 현장에서 제대로 사용되지 못하고 있는 실정이다. 시범 실험은 실험실 실험에 비해 준비와 정리를 위한 부담이 적고, 경제적이고 안전하다는 측면에서 실험실 실험보다 접근성이 좋다. 학생들은 직접적으로 실험을 수행하지 않지만, 관찰, 자료정리, 결론 도출 등의 탐구 과정을 수행함으로써 개념 이해, 인지능력 향상, 탐구능력의 향상, 과학적 태도의 향상 등 탐구 실험의 효과를 부분적으로 얻을 수 있다. 시험 실험은 직접 실험의 대안적 측면을 넘어서 차별화되는 점이 있다. 실험실 실험의 목적이 아닌 학습자의 학습 동기 유발을 위한 수단, 선행 조직자 모형의 선행 조직자(조희형과 박승재, 1995), 개념 변화를 위한 갈등 상황의 제공 수단(Champagne et al, 1981), 탐구 학습에서 문제 인식 상황을 제공하기 위한 수단(남정희, 1996) 등 교수 · 학습 과정에서 다양한 목적으로 사용될 수 있다. 특히 시범 실험은 인지갈등 상황의 제공을 통해 학생들의 주의를 오개념과 관련된 특정 상황에 집중시킬 수 있고, 오개념을 변화시키기 위한 수업 방법으로 매우 효과적이다(Benbow, 1994).

시범 실험은 주로 네 가지 목적, 즉 문제 인식을 위한 시범 실험, 학습 동기 유발을 위한 시범 실험, 인지갈등 유발을 위한 시범 실험, 특정 사례나 사건에 대한 예증을 위한 시범 실험으로 사용된다. 그러나 시범 실험의 속성상 한 가지 목적으로 사용한다 하더라도 다른 목적이 포함될 수도 있다. 즉 문제 인식을 위한 시범 실험을 활용한다고 할 때, 인지적 갈등이나 흥미가 동시에 유발되어 시범 실험의 활용 목적은 엄밀하게 구분하기는 힘들다. 시범 실험의 목적에 따른 유형별 특성을 간략히 기술하면 다음 표와 같다.

| 표 4.4 | 시범 실험의 활용 목적에 따른 유형별 특성 (계속)

목적	특성
문제 인식	• 문제 인식은 탐구 활동의 시작이므로 학습자들이 문제 상황을 명확히 인식하게 하는 것은 매우 중요한 작업이다. • 화학 교과에서는 다루는 물질 및 물질의 특성과 화학 반응 등에 관한 개념을 시범 실험을 통해 문제 상황으로 연출함으로써 사진, 영상 등보다 실제적이고, 현장감 있게 문제를 인식할 수 있다.
학습 동기 유발	• 형식적 사고를 요구하는 추상적 화학개념은 학습자들의 이해를 어렵게 하고 화학 교과를 기피하게 하므로, 수업의 전반부 또는 수업이 진행되는 적절한 시점에 학습 동기 부여가 필요하다. • 시범 실험을 극적으로 시연하고 적절한 질의응답과 설명을 수행함으로써 수업에 대한 학생들의 흥미와 관심을 불러일으킬 수 있고, 학생들을 수업에 능동적으로 참여시킬 수 있다.

| 표 4.4 | 시범 실험의 활용 목적에 따른 유형별 특성

목적	특성
인지갈등 유발	• 학생들이 학습 이전에 이미 나름대로의 경험을 통해서 학습 내용과 관련된 옳지 않은 지식을 갖고 있는 경우가 많기 때문에 이를 교정하기 위한 방안으로 인지갈등 전략을 이용한 수업 방법이 사용된다. • 그들의 생각이나 지식 혹은 사고에 의해서는 해결할 수 없는 문제 상황을 시범 실험으로 제기하여 인지적 갈등을 일으킴으로써, 효과적으로 문제를 인식시킬 수 있을 뿐만 아니라 내적 학습 동기를 유발할 수 있다.
특정 사례나 사건에 대한 예증	• 과학은 말로 듣는 것보다 직접 보는 경우 그리고 보기만 하는 것보다는 스스로 실행해 보면 더 쉽게 이해되며, 어떤 학습 주제는 실례나 관련된 현상을 구체적인 형식으로 보이지 않고는 이해시키기 어렵다. • 학습자들은 시범 실험을 통해 특정 사례나 사건에 대한 실례나 관련된 현상을 직접 눈으로 관찰함으로써 언어적 설명을 듣는 것보다 구체적이고 확실한 이해를 얻을 수 있다.

(2) 시범 실험의 장단점

실제의 과학 수업 과정에서 이용되는 시범 실험은 여러 가지 장단점을 지니고 있으며, 특히 직접 실험에 비교하여 여러 가지의 상대적인 장단점이 있다(Simpson & Anderson, 1981). 시범 실험은 실험을 수행하는 데 시간과 비용이 적게 소요될 뿐만 아니라 도구의 구입 가능성 높으며, 위험성이 감소하고, 학생들의 사고를 쉽게 유도할 수 있다. 또한 보다 분석적이며 통합적으로 생각하게 할 수 있다는 장점이 있다. 반면에 시범 실험에 대한 가시도 확보와 자료에 대한 친숙도 등에 문제점이 있다(Collette & Chiappetta, 1989; Trowbridge & Bybee, 1986). 이러한 시범 실험의 특성이 과학 교육 현장에서 시범 실험을 활용해야 할 이유를 정당화하는 이론적 근거가 되기도 하며, 실험실에서 이루어지는 실험과 구분하는 기준이 될 수 있다(Trowbridge & Bybee, 1986). 시범 실험의 장단점에 대한 연구자들의 견해를 종합해서 정리하면 다음과 같다.

시범 실험의 장점

- 구체적인 자료와 주의 깊게 계획된 질문들을 사용해서 학습의 내적, 외적 조건을 배치함으로써 학생들의 사고를 안내할 수 있다.
- 시범 실험에서는 학급의 모든 학생이 값비싼 도구나 시약을 가질 필요가 없기 때문에 실험을 수행하는 데 비용이 저렴하며 도구 구입의 가능성이 높다.
- 교사가 실험 재료와 기구를 준비해서 시범 실험을 시연하므로 실험 장치를 설치하고 자료를 수집·배포하며, 지시 사항을 전달하는 등에 소비하는 시간을 절약해서

수업 시간을 단축할 수 있을 뿐만 아니라 위험성이 감소하고, 실험이나 기타의 학습 방법보다 수업을 통제하기 쉽다.

- 특정 개념이나 학습 주제와 관련 있는 사건이나 현상을 시연하며 질의응답과 설명을 적절히 수행함으로써, 수업에 대한 학생들의 흥미와 관심을 불러일으킬 수 있으며 학생들을 수업에 능동적으로 참여시킬 수 있다.
- 시범 실험은 구체적 예나 사례를 제시함으로써 학습자에게 시범 실험에서의 절차를 보게 해서 구체적으로 설명할 수 있고, 확실한 이해를 조성할 수 있다.

시범 실험의 단점

- 학생들이 시범 실험에 사용되는 자료나 도구에 친숙하지 못하면 간단한 장치도 복잡하게 느낄 수 있다.
- 시범 실험이 빨리 진행될 경우 학생들은 시범 실험이 실행되는 과정이나 일어난 변화를 제대로 이해하지 못해서 혼동을 일으키거나 요점을 파악하지 못할 수 있다.
- 시범 실험은 학생들이 활동적으로 참여할 수 있는 기회가 적다. 따라서 학생들의 흥미를 유지하기 위해서는 질문 절차나 다른 기술을 사용해야 한다.
- 시범 실험에서 학생들은 보기만 하기 때문에 사실상 실험이 정신적으로 이루어지므로, 직접 경험할 수 있는 기회가 감소해서 과정적 지식을 소홀히 할 우려가 있다.
- 시범 실험에 관한 토의에 적극적인 학생은 극소수에 불과하며, 대부분의 학생은 시범 실험에 자신이 관련되어 있다고 생각하지 않기 때문에 토의 조절이 어렵다.

(3) 효과적인 시범 실험을 위한 전략

학습자는 자신의 신체적 정신적 활동을 통해서 지식을 능동적으로 구성한다(Piaget, 1970). 따라서 시범 실험을 이용한 수업에서 학습자는 같은 현상을 관찰하게 되지만, 학습자 개개인의 선행 지식과 경험이 관찰한 현상으로부터 새로운 의미를 구성하는데 영향을 준다(Harlen & Symington, 1987). 또한 학습자는 보여준 것보다는 기대되는 것에, 유사점보다는 차이점에 주의를 더 잘 기울인다(Harlen & Jelly, 1990). 이러한 이유로 학습자는 교사와 과학자의 관점과는 다르게 시범 실험을 인식하게 되며, 이러한 인식의 차이는 학습자가 관찰한 현상에 대한 과학적 이해를 구성하고자 할 때 장애 요인으로 작용한다(Schollum & Osborne, 1985). 따라서 교수 · 학습 전략으로서 시범 실험을 사용하고자 할 때는 다음과 같은 점을 고려해야 한다.

- 관찰은 학습자의 선행 지식과 경험에 의해 영향을 받으므로, 관찰한 현상에 대하

여 구성한 의미는 학습자의 선행 지식과 경험에 의해 영향을 받는다.
- 학습자의 시범 실험에 대한 이해는 교사, 동료, 교과 자료의 상호작용에 의해 영향을 받게 된다.

학교에서 학습자는 교사, 동료, 교수 자료와의 상호작용을 통해서 의미를 구성한다. 그러나 모든 상호작용이 과학적 의미의 구성에 기여하는 것은 아니며, 학습자가 가지고 있는 기존의 개념적 이해와 받아들인 새로운 정보 사이의 소통을 조장할 수 있는 상호작용만이 기존의 생각으로부터 새로운 개인적 의미의 구성을 촉진할 수 있다(Vygotsky, 1962). 그러므로 시범 실험에서 관찰한 현상에 대한 과학적 이해를 촉진하기 위해서는 학습자가 가지고 있는 기존의 생각에 도전하는 사회적 상호작용(Wheatley,1991), 표현된 생각에 대하여 자아 성찰을 유발 할 수 있는 상호작용(Haste, 1987), 합동적 의견 교환을 유발할 수 있는 상호작용(Barnes & Todd, 1977)이 필요하다. 그러한 상호작용은 학습자들에게 그들이 가지고 있는 기존의 생각이 시범 실험에서 관찰한 현상을 설명하는 데 불만족스럽다는 것을 인식할 수 있게 하며, 학습자에게 대안적인 생각을 제안할 기회를 제공하고, 학습자가 과학적 개념으로 이해를 할 수 있도록 한다(Posner et al, 1982).

시범 실험을 이용한 학습 전략에서 사용되는 학습 모델은 예상 - 관찰 - 설명(Champagne et al, 1980; Gunstone & White, 1981)의 과정을 거치도록 한 선형적 모델과 순환학습의 한 형태로 관찰 - 탐색 - 토의(Miller, 1993)의 과정을 거치도록 하는 순환적 모델이 있다.

선형적 학습 모델에서는 관찰한 현상 및 현상에 대한 변화로부터 교사와 학생 간의 소크라테스식 대화를 통해서 과학적 개념을 도출해가므로 교사와 학생 간의 질의응답의 질과 양이 학습 목표 성취의 관건이 된다. 순환적 학습모델에서도 소크라테스식 대화법을 사용하지만, 탐색과 토의 활동을 통해서 학습자 스스로 특정 개념에 대한 이해를 구성할 수 있는 기회를 제공함으로써 좀 더 학생 중심의 학습 모델로 발전했다고 볼 수 있다. 순환적 학습 모델에서의 단계별 교사와 학생의 활동은 다음과 같다.

- 관찰 활동 단계에서 교사는 학습 주제나 특정 개념과 관련 있는 시범 실험을 시연하고, 학생들은 현상의 변화를 관찰한다.
- 탐색 단계에서 교사는 학생들의 사고(예상하기, 추리하기)를 안내해서 학습자가 학습 주제나 특정 개념에 대한 이해를 구성할 수 있도록 원인적 질문을 제공한다.

이때 학생들은 원인적 질문에 대한 답을 생각하면서 습득해야 할 개념에 대해서 스스로 목표 개념을 구성한다.

• 토의 활동 단계에서는 조별 또는 학급별 토론을 통하여 학습자 개인의 생각을 발표하게 하며, 자신의 생각과 다른 사람의 생각을 비교해서 구성원 간의 합의된 결론을 도출한다.
• 시범 실험 관찰 - 탐색 - 토의 과정이 끝난 다음 교사는 학습 주제나 목표 개념에 대하여 간단한 설명을 제시하고, 개념 적용을 유도할 수 있는 질문이나 추가적인 활동을 제공한다.

(4) 화학 교육에서 시범 실험의 활용 예시

다음 표는 시범 실험을 활용한 사례를 보여준다. POE 모형을 활용한 수업의 경우, 학생의 '질량보존의 법칙'에 대한 오개념을 변화시키기 위한 목적으로 시범 실험이 활용된 경우이다. 학생들은 '화학 반응에서 고체로 변하면 더 무거워진다.'는 오개념을 가지고 있는 경우가 있는데, 시범 실험을 통해 예측 단계에서 학생들의 오개념을 파악할 수 있고, 또한 학생들이 관찰 단계에서 시범 실험의 결과를 직접 관찰함으로써 인지갈등을 유발하게 된다.

발견학습 모형을 활용한 수업의 경우, '보일의 법칙'을 학습하는 과정에서 현상을 보여줌으로써 규칙성을 찾게 하기 위한 목적으로 시범 실험이 활용된 경우이다. 학생들이 두 번째 단계와 세 번째 단계에서 두 번의 실험을 진행하면서, 보일의 법칙의 규칙성을 발견하도록 기대되는데, 보통 두 번째 단계인 '자료제시 및 관찰 탐색' 단계에서 시범 실험을 많이 활용하고, 세 번째 단계인 '추가자료제시 및 관찰 탐색' 단계는 학생들이 직접 실험을 하게 된다.

| 표 4.5 | 시범 실험의 활용 사례 (계속)

모형	단계	교사 - 학생 활동
POE 모형*	예측	시범 실험으로 염화 나트륨 수용액과 염화은 수용액을 섞고 앙금이 생기는 것을 보여준다. 섞기 전과 섞은 후의 질량이 어떻게 달라질 것인지 예상하게 한다. 학생들에게 예상과 그렇게 예상한 이유를 활동지에 작성하고 발표하게 한다.
	관찰	교사가 섞기 전의 질량을 측정하고, 앞의 학생에게 저울의 눈금을 읽게 한다. 섞은 후에 질량을 측정하고, 학생에게 저울의 눈금을 읽게 한다. 학생들은 교사의 시범 실험을 관찰하고 관찰한 내용을 활동지에 기록한다.
	설명	학생에게 예상과 관찰 결과의 차이점에 대한 이유를 설명해보게 한다.

| 표 4.5 | 시범 실험의 활용 사례

모형	단계	교사 - 학생 활동
발견 학습 모형**	탐색 및 문제 파악	교사는 '자전거에 짐을 많이 실으면 바퀴에는 어떤 변화가 나타날까요?'라고 학생들에게 질문한다. 학생들은 이에 대한 여러 가지 경험을 이야기하고, 교사는 그 내용과 관련시켜 본시 학습 주제로 유도한다.
	자료 제시 및 관찰 탐색	[교사의 시범 실험] 풍선이 들어 있는 밀폐된 용기 안의 공기를 빼낸다. 교사는 풍선의 부피가 달라졌는지 질문한다. 용기 안에 공기를 다시 넣고, 풍선의 부피 변화를 관찰하게 한다. 잠시 후 풍선의 부피가 변한 원인이 무엇인지 질문한다.
	추가자료 제시 및 관찰 탐색	[학생들의 모둠별 실험] 1) 피스톤을 50 mL 눈금에 놓고, 주사기의 끝을 압력계에 연결한 후 압력을 측정한다. 2) 피스톤을 눌러 부피를 줄여가면서 압력을 측정한다.
	규칙성 발견 및 개념 정리	학생들은 토의를 통해 실험 결과로부터 발견한 규칙성을 발표한다. 학생들이 규칙성을 제대로 발견하지 못하면 피드백을 통해 규칙성을 찾을 수 있도록 지도한다.
	적용 및 응용	교사는 일상생활에서 발견할 수 있는 '보일의 법칙'의 예를 찾아보게 한다.

*2013년 화학 임용고사 참고, **2012년 화학 임용고사 참고

1.3 토론 및 글쓰기

(1) 토론(논의) 활동

과학 교육에서 토론(논의) 활동은 과학의 본성 및 과학자가 과학을 하는 과정을 반영한 학습 활동이다. 과학자들은 탐구 문제를 해결하기 위해 계획을 세우고 데이터를 수집하고 해석해서 주장과 증거를 제시하고, 다른 과학자와 토론하고 협의하는 과정에서 과학 지식을 형성한다(Newton et al., 1999). 과학 탐구는 문제 인식부터 결론 도출까지 전통적인 절차뿐만 아니라 과학 지식을 형성하는 과정에서 과학적으로 추론하고 비판적으로 사고하거나 증거에 기반하여 논의하는 활동이 필수적이다(Osborne, 2014). Ford(2008)는 "사회적 활동으로서 과학 탐구에서 비판(critique)을 통해 과학 지식이 형성된다."라고 하면서 탐구의 결과로서 주장을 제시하는 것뿐 아니라 동료 간 주장과 증거에 대한 협의의 중요성을 강조했다. 과학 지식이 과학자들

의 논의를 통한 탐구로 얻어지는 성과인 만큼 학교 현장에서도 단순히 교사가 명제적 지식이나 개념을 일방적으로 전달하는 수업을 지양하고, 학생들이 능동적인 사고를 통해 의미를 구성하고 논의하는 학습 환경을 제공할 필요가 있다. 학생들도 과학자들처럼 과학에 관련된 주제나 문제에 대해 해답을 찾으며 증거에 기반해서 추론하고 동료들과 비판적으로 토론함으로써 진정한 과학 학습을 할 수 있다(Duschl & Osborne, 2002). 학생들의 토론(논의) 활동은 논리적 사고력 및 비판적 사고력 신장, 개념 이해 및 과학의 본성 이해에 도움이 된다고 보고되어 왔다(Kuhn, 1993).

(2) 과학 글쓰기 활동

말로 이루어지는 논의뿐 아니라 글쓰기 또한 과학 탐구 활동에서 중요하다. 과학자들은 탐구에서 수집해서 분석한 결과를 말로 발표하고 논의할 뿐 아니라, 글쓰기를 통해 그 과정 및 결과를 정리해서 의사소통하고 협상하면서 과학적 개념을 재조직하고 새로운 아이디어를 창출한다(Lemke, 1990; Norris & Phillips, 2003). 학생들이 탐구 문제에 대한 주장을 제시하고 데이터와의 논리적 관계를 바탕으로 비판적 사고를 통해 정당화 · 정교화하는 과학 글쓰기 활동은 의미 있는 과학 학습 도구이다(Emig, 1977; Prain & Hand, 1996). 학생들의 과학 글쓰기 활동은 과학 개념을 사전 지식과 연결해서 구조화하고 통합적으로 이해할 수 있도록 하며 학업 성취도에 긍정적인 영향을 미친다(Kelly & Takao, 2002; Sandoval & Millwood, 2005). 논의와 글쓰기 활동을 병행할 때 학습 효과가 큰 것으로 알려져 있는데, 말로 하는 논의 활동은 정리되지 못한 생각들을 명확하게 하고 동료의 의견을 바탕으로 사고를 확장하는 과정을 통해 학생들이 글로 표현할 때에 어려움을 줄일 수 있다(Rivard, 1994). 과학 탐구에서는 자료 해석을 바탕으로 자신의 주장을 뒷받침하는 증거의 의미를 구체적이고 명확하게 설명하기 위하여 글과 도표, 그림, 그래프, 수식, 다이어그램, 모델 등의 다중 표상을 사용하여 과학 글쓰기를 한다(Kozma, 2003; Lemke, 1990). 따라서 체계적이고 심층적인 과학 개념 학습의 지표가 되는 글, 표, 그림, 수식, 그래프와 같은 다중표상 활용 방법에 대한 구체적인 교육이 필요하다.

(3) 논의 중심 탐구 수업

과학 탐구에서 주장과 증거를 협상하는 논의 활동 중요성이 강조됨에도 불구하고, 단순히 확인 실험을 하거나 지식 전달을 하는 전통적 강의 중심 수업이 이루어지고 논의 활동이 포함된 탐구 수업은 찾아보기가 어렵다. 또한 용어 정의, 단답형 질문,

괄호 채우기, 노트 필기 등과 같은 글쓰기 활동은 이루어지나, 논리적 · 비판적 사고를 통해 주장을 뒷받침하는 증거를 제시하고 의미를 구조화 · 정교화하는 글쓰기 활동은 거의 이루어지지 않는다.

Keys 등(1999)이 개발한 탐구적 과학 글쓰기(Science Writing Heuristic Approach: SWH) 수업 전략은 과학 탐구에서 논의와 글쓰기를 강화한 교수 · 학습 과정으로 학생들의 능동적인 사고를 통해 과학 학습을 하도록 유도한다. 탐구적 과학 글쓰기(SWH)에서 학생들은 탐구 문제에 답하기 위해서 자료를 수집 · 분석하고, 주장과 증거를 제시하며, 읽기 자료의 정보와 비교하고, 구성원들과 논의를 함으로써 탐구 전체에 대한 반성적 사고를 한다. 탐구적 과학 글쓰기에서 교사는 학생들의 사고와 논의를 촉진하는 비계(scaffold)의 역할을 하고 학생들이 탐구 과정에서 무엇을 왜 하는지 스스로 사고하고, 읽고, 쓰고, 토론할 수 있도록 돕고 안내한다. 탐구적 과학 글쓰기 전략은 과학 개념의 학습, 사고력 신장, 논의와 글쓰기 능력 향상, 과학의 본성에 대한 이해, 과학적 소양을 기르는 데 효과적이라고 보고 되어 왔다(Hand et al., 2004; Rudd et al., 2001).

장경화와 남정희(2016)는 탐구적 과학 글쓰기에서 활발한 조별 또는 학급 토론을 유도하고자 주장과 증거를 단계적으로 명시적으로 쓰도록 수정 · 보완한 논의 기반 탐구 수업 전략(Argument-based inquiry approach)을 표 4.6과 같이 제시했다. 교사는 동영상이나 실험 등 다양한 학습 자료를 이용해서 학생들의 동기를 유발하고, 학습 목표에 맞는 탐구 문제를 인식하도록 돕는다. 학생들은 탐구 문제를 해결하기 위해 실험을 설계 · 수행하고, 실험을 수행할 수 없는 주제인 경우 교사가 제공한 자료 또는 데이터베이스에서 자료를 수집한다. 수집한 자료와 결과를 분석 및 해석하여 주장과 증거 글쓰기 I를 하고, 조별 논의 후 수정 및 보완된 주장과 증거 글쓰기 II를 한다. 조별로 주장과 증거를 발표하고, 과학적 개념, 원리, 법칙, 이론이 설명된 읽기 자료와 학생들의 주장과 증거를 비교하는 학급 논의 후, 더욱 정교화된 주장과 증거 글쓰기 III을 한다. 학생들은 읽기 자료를 바탕으로 학급 논의를 하면서 자신의 주장과 증거의 타당성, 신뢰성, 충분성을 검토하여 수정 · 보완할 수 있다. 반성적 사고 글쓰기 활동에서는 전체 탐구 과정을 되돌아보면서 논의를 통해 수정 · 보완된 부분이 있는지, 자신의 주장과 증거가 어떻게 변화되었는지, 어떤 활동이 어려웠는지 등을 서술한다. 논의 기반 탐구 수업 수업에서는 학생들이 탐구 질문을 제기하고 실험 설계와 수행하고 주장과 증거를 구성하는 과정에서 끊임없이 동료들과 논의를 하도록 교사가 안내하고 가이드해야 한다. 학생들은 논의 과정에서 비교하고, 평가하며, 협상하고, 자신의 추론 과정을 돌아보며 주장과 증거의 정확성, 충분성, 타당성을 검

| 표 4.6 | 논의 기반 탐구 전략

단계	교수 활동	학생 활동
문제 인식	• 다양한 학습 자료를 활용해서 학생들의 동기를 유발하고 문제를 인식할 수 있도록 가이드함.	• 교사가 제시한 문제 상황에서 탐구 질문을 제기함.
실험 수행과 자료 분석 및 해석	• 학습 목표와 연관된 적절한 자료를 제공함. • 학생들의 실험 계획 및 수행과 자료 분석 및 해석 과정에서 발문을 통해 가이드함.	• 주어진 정보 또는 실험 수행을 통한 결과를 분석 및 해석함.
주장과 증거 글쓰기 I	• 자료 및 실험 결과 해석을 바탕으로 탐구 문제에 대하여 각자 주장과 증거를 쓰도록 가이드함.	• 자료 및 실험 결과 해석을 바탕으로 자신의 주장과 증거를 작성함.
조별 논의	• 각 조를 순회하면서 활발한 조별 논의 수업이 되도록 가이드함.	• 모둠에서 각자의 주장과 증거를 발표하고, 동의, 반박, 협의하는 논의를 함.
주장과 증거 글쓰기 II	• 조별 논의 후 수정 보완된 주장과 증거 글쓰기를 하도록 가이드함.	• 조별 논의를 통해 수정 보완한 주장과 증거 글쓰기를 각자 작성함.
학급 논의	• 학생들의 논의 과정에서 발문 및 코멘트를 제공해서 활발한 논의를 가이드함. • 읽기 자료의 중요한 개념에 대한 설명을 제공함.	• 조별로 주장과 증거를 발표하고 읽기 자료를 바탕으로 다른 조의 주장과 증거에 동의, 반박, 보충, 질문하면서 논의에 적극적으로 참여함.
주장과 증거 글쓰기 III	• 학급 논의 후 수정·보완된 주장과 증거 글쓰기를 하도록 가이드함.	• 학급 논의를 통해 수정·보완된 주장과 증거 글쓰기를 각자 작성함.
반성적 사고 글쓰기	• 단순히 느낀 점을 쓰는 것이 아닌 조별 논의, 학급 논의, 읽기 자료를 통해 주장과 증거가 어떻게 변화되었는지 작성하도록 가이드함.	• 논의를 통해 탐구 과정에서 수정 보완된 부분, 자신의 주장과 증거의 변화, 논의나 글쓰기 수업이 주는 도움 또는 어려움에 대한 반성적 글쓰기를 함.

토 및 수정·보완해서 정교화·명료화한다.

1.4 발문의 활용

교사와 학생 간의 상호작용에서 교사의 발문은 매우 중요한 역할을 한다. 즉 교사가 학생에게 질문을 함으로써 사실을 이끌어내거나 추론하게 하는 사고력과 창의력과 비판적 사고력을 길러주며, 학생은 교사의 질문에 반응하면서 보다 적극적으로 수업에 참여할 수 있다. 교사가 비판적이고 창의적인 발문을 하고, 학생들의 독특하고 새로운 생각을 가치있게 여기고, 발문을 자주 하고, 발문 이후 학생들이 생각할 여유를 주고, 학생들에 대한 믿음과 인내를 갖는 것은 학생들의 사고력을 신장하는 데 큰 역할을 하므로 발문은 매우 중요한 교수 활동이다.

(1) 발문의 목적

교사의 발문은 교수 · 학습 과정에서 학습자의 사고 활동을 자극해서 학습 활동에 적극적으로 참여시키고, 문제 해결을 유도하며, 피드백의 수단이 되는 중요한 교수 전략이다. 학생들의 학습 내용을 정확히 확인하기 위해, 혹은 진행 중인 토의의 방향을 수정하기 위해서도 사용된다.

권낙원(1994)은 다음과 같이 발문의 목적을 6가지로 제시하면서, 발문의 주된 목적이 학습 내용의 이해를 확인하기보다는 학생들의 사고력을 길러주는 데 있다고 했다.

1) 발문은 학생과의 의사소통을 촉진시킨다.

발문을 통해서 교사와 학생 간에 언어적 상호작용이 일어난다. 학생들은 교사의 발문에 대하여 응답을 하게 되며, 교사는 학생의 응답에 따라서 설명, 칭찬, 또는 부가 발문을 제기한다. 학생도 교사의 발문이나 설명에 대하여 질문을 제기할 수 있어 결국 교사와 학생 간에 언어 상호작용이 촉진된다.

2) 발문은 학습 주제에 학생들을 집중시킨다.

교사가 학습 주제의 핵심적인 내용에 관련된 발문을 하면 학생들은 그 내용이 중요하다고 생각하여 주의를 집중하게 된다.

3) 발문은 학생들의 지식, 이해 정도를 평가하는 데 사용된다.

교사는 학생들이 이미 배운 내용을 제대로 이해하고 있는지를 판단하기 위해서 발문을 제기할 수 있다. 발문에 대한 응답이 옳을 경우에는 다음 학습 과제로 넘어가지만, 응답이 불충분하거나 틀렸을 경우에는 보충 설명을 통해서 올바른 응답을 가르쳐 줄 수 있다.

4) 발문은 특정 유형의 사고와 인지 활동을 자극하기 위하여 사용한다.

발문은 인지적으로 낮은 수준의 지식 이해 또는 인지적으로 높은 수준의 정신 기능을 지도하기 위해서 사용되며 특히 고등 정신의 기능을 길러주는 데 큰 의미가 있다.

5) 발문은 학생의 행동을 통제하기 위하여 사용된다.

발문은 종종 바람직한 행동을 권장하거나 바람직하지 못한 행동을 제한하기 위해서 사용된다.

6) 발문은 학생들의 학습 동기를 유발하기 위해서 사용된다.

발문은 학생들의 학습 참여를 촉진하고 학습 동기를 유발하기 위해 사용된다. 학생들의 학습 동기 유발을 위한 발문은 여러 학생을 대상으로 하는 것이 좋다.

(2) 교사의 발문 계획

교사의 발문은 교수·학습 과정에서 매우 중요한 교사의 활동이므로 발문의 시점과 내용을 미리 계획하여 수업에 임해야 한다. 사전에 치밀하게 계획된 다양한 유형의 발문이 적절한 시점에 자유스럽고 개방적인 분위기에서 적절한 형태로 제시될 때 학생의 학습 동기 유발, 논리적, 비판적, 창의적 사고의 자극, 새로운 개념의 형성 등에 효과가 있다. 또한 학생들이 배운 내용을 검토하는 것을 도와주고, 학습 과정을 점검하며, 토의를 격려하고, 교실의 분위기를 통제하거나, 부주의한 행동을 억제하는 등의 여러 가지 기능을 하는 적절한 발문도 계획해야 한다(Blosser, 1991).

교사가 발문 내용을 준비할 때 일반적으로 고려해야 할 사항은 다음과 같다(Cole & Chan, 1987).

1) 상황에 따라 단순한 지식이나 기억의 재생을 요구하는 질문, 비교나 분석, 종합 등의 고차적 능력을 요구하는 질문, 과학 지식이나 개념, 원리 등을 새로운 사태에 적용하는 질문 등 다양한 종류의 질문을 균형 있게 한다.
2) 처음에는 다양한 답이 가능한 확산적 질문을 하고, 결론에 가까워질수록 제한된 내용의 답을 요구하는 수렴적 질문을 한다. 처음부터 너무 폭이 좁은 질문을 하게 되면 학생들의 사고를 제한하게 된다.
3) 때때로 학생들의 사고 방향을 전환할 수 있는 발전적인 질문을 해서 제한된 생각에서 탈피할 수 있도록 안내하고 유도한다.
4) 학습한 내용을 요약, 정리할 수 있는 대답을 유도하는 질문을 한다.
5) 교사의 질문이 수업의 질을 결정하는 중요한 역할을 하므로 즉흥적인 것이 아닌, 계획되고 의도적인 질문을 해야 한다. 학습 지도 계획을 세울 때 교수·학습 과정의 전체적인 단계에 발문을 포함시키는 것도 바람직하다.

(3) 발문의 분류

교수 · 학습 전략의 중심 요소, 수업 목표를 달성하기 위한 수단, 그리고 언어적인 교수 · 학습 방법의 핵심적인 요소로서 발문은 형태에 따라 개방적 발문과 폐쇄적 발문으로 분류할 수 있다(송용의, 1987).

1) 개방적 발문

개방적 발문은 끝이 다양한 반응이나 정답이 가능한 발문을 말한다. 구체적인 특정 사실보다는 각자의 견해, 방법론, 실험 설계 계획 등을 묻는 경우이다. 개방적 발문은 학생의 확산적 사고를 조장할 수 있고, 창의력과 표현력, 고차적 정신 기능의 측정 및 평가에 적합하다. 개방적 발문은 인지 과정에 따라 추론적 발문, 적용적 발문, 확산적 발문, 평가적 발문으로 구분할 수 있다.

가. 추론적 발문

학생들에게 주어진 지식과 정보 등의 자료를 세밀화하고 확산적으로 연결하고 종합해서 응답하도록 유도하는 발문이다.

- 결론을 이끌어내기 위한 위 과정에서 빠진 단계에 꼭 들어가야 할 내용을 생각해 보고, 그렇게 생각한 이유를 설명해 봅시다.
- 추운 곳에서 따뜻한 곳으로 들어가면 안경이 뿌옇게 되는데, 그 이유는 무엇일까요?

나. 적용적 발문

학습한 기본 개념이나 원리를 새로운 상황에 적용해 보도록 유도하는 발문이다.

- 산 위에서 밥을 지을 때, 밥솥 위에 돌을 얹어 놓는 이유는 무엇일까요?
- 이 원리를 이용하여 짧은 시간에 밥을 지을 수 있는 방안을 제안해 봅시다.

다. 확산적 발문

학습한 결과를 새로운 상황에 적용해 보거나 새로운 용도나 방법을 생각하게 하는 발문으로, 창의적인 사고를 촉진하는 발문이다.

- 만약 공기가 현재의 반으로 줄어든다면 우리의 생활이 어떻게 변할지 생각해 봅시다.
- 의자와 냉장고의 용도를 바꾸어 생각해 봅시다.

라. 평가적 발문

학습자의 판단, 가치 선택 등을 유도하는 발문으로, 학생의 판단과 선택을 정당화하도록 유도하는 발문도 포함할 수 있다.

• 지구의 온난화를 방지하기 위해 석유의 사용을 억제하는 정책에 대해 어떻게 생각하십니까?
• 에너지 측면에서는 원자력 발전소를 세워야 하지만, 환경적 측면에서는 세우지 말아야 한다는 주장이 제기되고 있다. 어떤 면이 우선되어야 한다고 생각하십니까?

2) 폐쇄적 발문

사실이나 지식에 관련된 질문이며 제한된 수의 정답을 요구하는 경우이다. 폐쇄적 발문은 인지 과정에 따라 재생적 발문, 확인적 발문, 수렴적 발문으로 구분할 수 있다.

가. 재생적 발문

단순한 사실과 지식 및 방법과 원리를 열거하게 하거나 이를 이용한 기계적 계산을 유도하는 발문이다.

• 염화수소와 수산화암모늄이 만나서 어떻게 변했습니까?
• 보일 법칙을 이용해서 압력을 구해 봅시다.

나. 확인적 발문

학습자가 현재 알고 있거나 이해하고 있는 정도를 파악하기 위한 질문이다. 학생들의 반응에 따라 교사는 수업 방향 및 구체적 수업 전략을 수정할 수도 있다.

• 이번 시간에 배울 부력은 압력과 밀접히 관련되어 있다. 그러면 압력이 무엇인지 말해 볼까요?
• 접안렌즈가 10배, 대물렌즈가 10배이면 이 물체는 20배로 확대되어 보이겠죠?

다. 수렴적 발문

학습자가 주어진 자료나 기억된 지식, 정보 등을 이용하여 비교, 분석, 종합해서 응답하게 하는 발문이다.

• 그래프에 의하면 지표로부터 높이 올라갈수록 기온은 어떻게 변화합니까?
• 알칼리 금속의 끓는점의 경향성을 고려하여 자료에서 잘못된 부분을 찾아 고쳐 봅시다.

학생 - 학생, 학생 - 교사 간의 상호작용을 통한 지식의 내면화 과정으로 학습이 이루어진다고 보는 사회적 구성주의에 기반한 논의 중심 과학 탐구 수업에서, 활발한 학생 논의를 가이드할 수 있는 교사의 열린 형태의 질문법은 매우 중요하다. 논의에 익숙하지 않은 학생들이 표현한 것을 논의에 적합한 문장으로 바꾸어 다시 말해주고, 동의,

반박, 보충, 협의에 활용될 수 있는 질문을 교사가 한다면 활발한 논의를 유도할 수 있을 것이다. 논의 중심 과학 탐구(양정은, 최애란, 2020)에서 각 단계별로 학생 참여를 유도할 수 있는 발문의 예는 다음과 같다.

1) 탐구 질문 제기하기

교사는 수업 주제와 관련된 기사, 현상, 시범 실험, 영상 등을 이용하여 문제 상황을 제시하고 학생들이 수업 주제에 관심을 가지고 의미 있는 탐구 문제를 만들 수 있도록 안내한다. 이 과정에서 교사는 '(기사, 시범 실험, 영상 등에) 제시된 자료의 내용을 보고 어떤 의문이 생기는가?', '제기한 탐구 질문은 실험(탐색) 가능한 질문인가?', '탐구 질문은 나의 생각과 조의 논의 결과를 반영하는 것인가?'와 같은 발문을 해서 학생들이 의미 있는 탐구 문제를 만들 수 있도록 가이드 한다.

2) 실험 설계 및 수행하기

학생들은 탐구 문제에 답하기 위하여 실험을 설계하고 여러 가지 변인을 조작하면서 자료를 수집한다. 이 단계에서 교사는 '각각의 실험 도구는 어떤 역할을 하고 무엇을 하는데 활용하는가?', '어떤 변인을 변화시켜야 할까?', '탐구 문제에 답하기 위해서는 어떠한 데이터를 수집해야 할까?', '무엇을 측정해야 할까?', '데이터는 얼마나 수집해야 할까?', '얼마나 자주 데이터를 수집해야 할까?', '왜 그렇게 생각하는가?', '어떻게 그러한 데이터를 수집할 수 있을까?', '어떻게 측정해야 할까?', '예상한 실험 결과가 나오는가?', '실험 과정에서 무엇을 어떻게 수정해야 할까?'와 같은 발문을 한다. 이러한 교사의 발문은 학생들의 변인 통제, 오류 수정, 실험 설계 수정 등을 하도록 돕는다.

3) 자료 수집 및 해석하기

학생들은 수집한 자료를 그림, 그래프, 표의 형태로 변환하여 변인 간의 관련성 또는 규칙성을 찾아 자료를 분석 및 해석한다. 이 과정에서 교사는 '무엇을 관찰했나?', '실험 또는 주어진 데이터에서 어떤 규칙성 또는 패턴, 공통점 또는 차이점을 찾을 수 있나?', '데이터가 의미하는 바는 무엇인가?', '실험 결과를 어떤 형태로 제시하는 것이 좋을까?'와 같은 발문을 한다.

4) 주장과 증거 | 제시하기

학생들은 자료 분석과 해석을 바탕으로 주장과 증거를 작성한다. 이 과정에서 교사는 '데이터 분석 결과는 탐구 질문과 어떻게 관련되는가?', '그러한 주장을 한 이유는 무엇인가?', '수집한 자료 또는 실험 결과가 어떻게 주장을 뒷받침할 수 있을까?', '제시된 증거는 충분한가? 정확한가? 신뢰성이 있는가?', '주장과 증거는 적절하게 연결되고 있는가?'와 같은 발문을 한다.

5) 조별 논의하기

조원들이 각자의 주장과 증거를 발표하고 공유함으로써 지지, 반박, 질문 등을 거쳐 합의해 나가는 단계이다. 이때 교사는 '나의 주장과 증거는 다른 친구들의 주장과 증거와 어떤 공통점이나 차이점이 있는가?', '조원들의 주장과 증거를 지지하는가?', '왜 그렇게 생각하는가?', '조원들의 주장과 증거에 동의하는가? 어떤 반박을 하겠는가?', '다른 친구들의 주장과 증거에 대한 질문이 있는가?'와 같은 발문을 한다.

6) 조별 논의 후 주장과 증거 II 제시하기

학생들은 논의한 내용을 바탕으로 자신의 주장과 증거를 보강하거나 수정한다. 이때 교사는 '자신의 주장과 증거를 수정하고 보완하겠는가?', '어떠한 주장과 증거를 선택할 것이며 그 이유는 무엇인가?', '탐구 질문에 대한 답으로 주장은 무엇인가?', '그 주장을 뒷받침하기 위해서 어떠한 증거를 얼마나 제시해야 할까?', '왜 그렇게 생각하는가?', '주장과 증거에 대하여 좀 더 자세히 설명해줄 수 있는가?'와 같은 발문을 한다.

7) 읽기

교사는 교과서, 인터넷 자료, 과학 전문 서적 등 적절한 읽기 자료를 제공하고 탐구 문제에 관련된 정확하고 과학적인 설명을 제공한다. 학생들은 읽기 자료를 바탕으로 자신의 주장 및 증거와 비교해서 개념을 정교화한다. 이를 돕기 위해 교사는 '읽기 자료로부터 무엇을 알았는가?', '읽기 자료가 나의 주장과 증거를 지지해 주는가?', '읽기 자료를 통해 의문이 명확하게 해결되었는가?'와 같은 발문을 한다.

8) 반성적 사고하기

학생들이 탐구의 전체 과정을 되짚어보고 자신의 생각이 어떻게 변화했는지 점검하고 새로운 의문 등을 포함한 반성적 글쓰기를 한다. 이때 교사는 '나의 생각이 어떻게 바뀌었는가?', '어떤 새로운 의문이 있는가?', '이미 배운 내용과 어떻게 연결할 수 있을까?'와 같은 발문을 통하여 학생의 반성적 사고를 돕는다.

1.5 협동(력)학습

전통적인 소집단 활동과 구별하여 긍정적 상호의존성과 활발한 상호작용이 강조되는 수업 방식을 협동학습(cooperative learning)이라고 한다(Johnson & Johnson, 2011).

협동학습은 협력학습과 수업 방식에 있어서 공통점이 많아 용어가 혼용되어 쓰인다. 원칙적으로 협동학습(cooperative learning)은 최종적으로 공유한 목적을 달성하기 위해 모둠원들의 역할을 나누고 적절한 외적 보상 체계를 활용하는 교수·학습 방법론이다. 이에 비해 협력학습(collaborative learning)은 사회적 구성주의의 관점에서 지식 공동 생성(knowledge co-construction)이라는 학습 목표와 모둠원과의 의미 협상(negotiation of meaning) 및 지식 주체로서의 정체성 확립 과정을 강조한다. 협력학습은 외적 보상보다는 지식의 공동 생성 자체에서 오는 내재적 동기를 중요하게 여긴다(Jeong & Hmelo-Silver, 2016).

과학 교육에서 협동(력)학습은 과학의 본성을 이해하기 위한 중요한 수업 방식이라고 할 수 있다. 현대 과학의 인식론에는 과학 지식이 절대적 진리로 이루어진 논리적 체계이며 보편적인 과학적 방법이 존재한다는 주장을 반박하고, 과학 지식은 과학자들의 공동체에서 사회적인 협의 과정을 거쳐 발달해 온 지식임을 강조하고 있다. 새로운 과학 지식이 동료 과학자들과의 논의와 동료 평가(peer review) 과정을 거쳐 그 의미가 구성되는 것처럼, 학습자들은 협동학습을 통해 다양한 아이디어를 접하고 사회적 상호작용을 통해 지식을 구성하는 과정을 경험하여 과학 본성에 대한 이해를 높일 수 있다(Tao, 2003).

협동학습은 2015 개정 과학과 교육과정의 핵심 역량인 과학적 문제 해결력, 과학적 의사소통 능력, 과학적 참여와 평생 학습능력을 기르며 과학 본성의 이해를 높일 수 있는 교수·학습 방법 중 하나로 그 중요도가 커지고 있다. 또한 최근 디지털 환경에서의 학습, 디지털 환경에서의 비대면 수업과 대면 수업을 연계하는 학습 등의 새로운 학습 환경에서 협력학습에 대한 중요성이 높아지고 있다. 협동학습은 이러한 컴퓨터 및 디지털 지원 협력학습, 문제 해결 기반 학습 방법 등의 다양한 교수 방법과 함께 활용하여 교수 효과를 높이는 데 활용될 수 있다(Jeong & Hmelo-Silver, 2016).

협동학습이 제대로 이루어지기 위해서는 교사의 역할이 매우 중요하다. 학습자 중심의 활동이므로 자칫 교사의 역할이 축소되어 보일 수 있으나 모둠 활동 활성화를 위한 적절한 수업 전략의 사용, 공정한 평가와 보상, 적절한 피드백 제공 등 교사의 역할은 협동학습의 성공에 매우 중요한 영향을 끼친다고 할 수 있다(Tao, 2003).

(1) 협동학습의 요소와 유형

협동학습의 기본 요소는 다음과 같다(Johnson, Johnson, Holubec, & Roy, 1984).

1) 긍정적 상호의존성(positive interdependence)

모둠의 모든 구성원의 노력이 공동 목표를 달성하기 위해 중요하다는 인식이다. 구성원들이 서로 협동해서 활동해야 집단 과제를 성공적으로 수행할 수 있으며, 공동 목표를 달성하기 위해서는 자신과 다른 사람의 노력이 결합해야 한다는 것을 인식할 때 생긴다.

2) 장려적인 대면적 상호작용(promotive face-to-face interaction)

사회적인 암묵적 규칙(social norm)이라고 할 수 있으며 모둠 구성원들이 협동학습을 수행하면서 서로 격려하는 것을 의미한다.

3) 개별적 책무성(individual accountability)

모둠을 구성하는 개개인이 모둠 학습 수행에 있어 책임을 다할 것이라는 믿음을 의미하며, 모둠의 공동 목표를 달성하기 위해서는 다른 구성원들의 성취에 대해서도 책임감을 가진다는 의미로도 해석될 수 있다. 예를 들어 모둠의 모든 구성원에게 개별 평가를 실시하고, 무작위로 선정된 한 개인의 성적이 그 모둠 전체의 성적으로 산정되는 등의 방식은 이러한 개별적 책무성을 매우 강조한 방법이라고 할 수 있다.

4) 사회적 기술(social skills)

많은 학생이 학습 상황에서 협력적으로 일한 경험이 많지 않기 때문에 리더십, 의사결정 방법, 신뢰 구축, 의사소통 및 갈등 관리 등의 사회적 기술은 협동학습에 필요한 요소이자, 협동학습을 통해 길러질 수 있는 요소라고도 할 수 있다.

5) 집단 과정(group processing)

효과적인 모둠 활동을 위해서는 모둠 활동이 잘 되고 있는지를 반성하고 모니터링하는 기회가 필요하다. 예를 들어 모둠은 한 활동이 끝나면 다음과 같은 두 가지 질문에 답하여 협동학습이 잘 되고 있는지 점검할 수 있다. (1) 각 구성원이 모둠 활동에 기여한 점은 무엇인가?, (2) 모둠 활동의 개선을 위해 각 구성원이 할 수 있는 구체적인 일에는 어떤 것이 있는가? 또한 이런 반성 활동은 모호한 비판보다는 구체적인 증진 방안을 고안할 수 있고, 사회적 기술에 대한 반성이 함께 이루어지는 것이 좋다. 또한 반성 활동의 결과로 이루어 낼 수 있는 기대가 명확히 전달되어야 한다.

(2) 협동학습의 유형

협동학습의 요소 중 어떤 부분이 강조되는가와 학습에 대한 강조점 등을 고려해서 다양한 종류의 협동학습 유형이 제안되어 왔다. 다양한 협동학습 모델은 크게 두 가지 유형으로 구분할 수 있다(박성익, 1997).

첫 번째 유형은 집단 내에서는 협동을 하지만 집단 간에는 경쟁을 유도하는 외적 보상(extrinsic reward)을 사용하는 Student Team Learning(STL) 형태이다(Slavin, 1990). 모둠 성취 분담(Student Teams Achievement Division; STAD), Teams Games Tourment (TGT), 직소(Jigsaw) 2 등의 모형이 첫 번째 협동학습 유형에 속한다. 두 번째 유형은 집단 내에서뿐 아니라 집단 간에도 협동을 강조하는 Cooperative Project(CP) 형태이다. 직소 1, Co-op, Group Investigation (GI), Learning Together (LT) 등은 이 유형에 속한다.

1) 모둠 성취 분담 모형(STAD 모형)

STAD 모형은 Slavin이 1970년대에 처음 제안한 협동학습 모형(Slavin, 1990)으로 일반적으로 다섯 가지 요소(수업소개, 소모둠 활동, 퀴즈, 개인 향상 점수와 소집단 점수, 소집단 성적의 게시와 보상)를 포함한다. 소모둠의 편성은 이질적인 학업 성취도를 보이는 4~6명의 학생으로 구성한다. 수업의 첫 단계에서는 교사가 수업 자료를 제시하고 교사 주도적으로 수업을 진행하는데, 이때 주요 수업내용은 선수 학습 내용과 관련 내용 복습, 수업 목표의 제시 등이다. 소집단 활동에서는 모든 동료 학생들이 주어진 활동을 100% 완수할 수 있다고 생각될 때까지 서로 가르치고 배우는 활동을 수행한다. 소집단 학습이 끝나면 학생들의 성취도를 개별적으로 평가해서 개인 향상 점수를 측정한다. 소집단의 점수는 소집단 구성원 각자의 개인 향상 점수를 합산한 점수를 사용한다. 소집단 성적에 대한 개별적 책무성을 중요하게 여기므로 소집단에 대한 평가는 이 합산 점수로 이루어진다.

2) LT 모형

LT 모형도 1970년대에 제안된 협동학습 모형이다(Johnson & Johnson, 1975). LT 수업은 (1) 학습 목표의 명확한 제시, (2) 능력, 성별, 인종 등의 다양한 요소를 고려한 이질적 소모둠의 구성, (3) 학생들의 상호의존성을 높이기 위한 과제 구성 및 학습 활동, (4) 협동학습 성공을 위해 요구되는 행동의 상세화, (5) 소모둠 인원의 평균 점수로 모둠 개개인의 점수를 동일화해서 평가를 제안한다. 즉 소모둠은 모둠별로 과제를 해결하고 개별적인 시험을 보게 되지만, 성적은 자기 모둠의 평균 점수를 받게 되는 것이다.

3) 과제분담학습 모형(직소 협동학습)

직소 협동학습은 Aronson이 제안한 협동학습 모델(Aronson, 1978)로 전통적인 교실 수업에서 교사 중심의 수업과 경쟁적인 교실 환경을 협동적인 환경으로 구성하는 데 그 목적을 두었다. 한 학급당 5 ~ 6개 정도의 이질적 소모둠으로 구성되며, 교사는 학습 주제를 소주제로 분류하여, 소모둠에서 각 구성원은 하나의 소주제를 맡아 학습한다. 각 소모둠에서 같은 소주제를 담당했던 학생들이 별도로 모여 전문가 집단을 형성해서 소주제에 대한 내용을 학습한 후 본래의 소모둠으로 복귀하여 소모둠의 다른 구성원에게 가르치도록 되어 있다.

가. 직소 1 모형

동료 간에 수준 높은 상호의존성이 요구되는 모형이다. 모둠의 각 구성원은 전체 학습 내용의 일부분만을 받고, 그 부분만을 집중적으로 학습, 토의하게 되지만 평가는 학습 단원 전체에 대해 실시되기 때문에, 소그룹의 구성원들 서로가 학습한 내용을 잘 전달하고 가르쳐야 한다. 직소 1 모형은 (1) 소모임 형성 및 전문가 학습지 분담, (2) 전문가 집단 학습, (3) 원래 소모임 복귀 및 다른 학습자에게 가르치기, (4) 전체 학습지 완성 및 정답지 확인, (5) 개별 평가 및 개별 보상의 단계로 이루어진다. 직소 1 모형은 강도 높은 협력과 상호 의존성이 요구되지만, 각 부분을 담당한 구성원의 역량에 따라 학습 내용의 전달에 차이가 나기 때문에 학습 내용의 전체를 알기가 어렵고, 개별적인 평가가 이루어지기 때문에 협력에 적극적이지 않을 수 있다는 문제점이 있다.

나. 직소 2 모형

직소 2 모형은 직소 1 모형의 개별적인 평가로 인한 단점을 보완한 모형으로, 직소 1 모형에 STAD 모형을 결합한 모형이다. 소모둠의 구성과 구성원 개개인의 특성을 고려하기 때문에 개별학습자나 소모임은 자신이 원하거나 좋아하는 주제에 대해 깊이 공부할 수 있고, 학습자 모두가 전체 단원을 학습할 수 있다는 장점이 있다. 그러나 시간적 제약에 대한 문제가 있고 직소 1 모형에 비해 상호 의존성이 떨어져 학습자 개인의 책무성이 약화될 수 있는 가능성이 있다. 직소 2 모형은 (1) 소모임 형성 및 교사주도 단원 전체 학습, (2) 개인별 전문 과제, (3) 전문가 집단 학습, (4) 원래 소모임 복귀 및 다른 학습자에게 가르치기, (5) 정답지 확인, (6) 개별 평가, (7) 개인 향상 점수 합산에 의한 소집단 보상 등으로 이루어져 있다.

4) 모둠 조사 모형(Group Investigation)

모둠 조사(GI)는 Sharan & Sharan (1976)과 Sharan & Hertz - Lazarowitz (1980)가 개발한 협동학습 모델이다. 특정 주제의 연구를 위해 5 ~ 6명의 학습자로 모둠을 구성하고, 교사는 다양한 프로젝트의 주제를 제시하여 각 모둠이 그중 하나씩을 선정한다. 모둠별 주제는 다시 소주제들로 나뉘게 되며 모둠원들이 하나씩 주제를 맡는다. 각 모둠에서는 조사를 계획하고 실행하며, 분석하고 평가한 후 발표한다. 이 과정은 주제 선택, 협력 계획, 구현, 분석 및 종합, 최종 프로젝트 발표와 평가라는 6단계로 구성된다.

(3) 협동학습의 예: 직소 모형을 활용한 협동학습

1) 수업의 절차

직소 수업은 수업 목표의 제시, 모둠원별로 과제 부과, 전문가 집단 학습, 모집단 학습, 평가로 이루어진다.

2) 수업 모형과 모식도

그림 4.1은 직소 수업을 위한 대략적인 수업 단계 및 수업 형태, 자료를 보여주는 예시이다(이태일, 2011).

3) 직소 협동학습 수업지도안

다음은 분자 운동 중 확산에 대한 직소 협동학습의 수업지도안이다. 모둠 구성원은 성취도가 다른 학생들로 이루어진 혼합 모둠이 좋으며, 이전 학기의 과학 성취도나 과학 성적을 참고해서 편성할 수 있다. 교사는 학생들이 모둠 활동을 수행하는 동안 보조자로서 적절한 피드백과 격려를 제공한다. 직소 수업이 잘 이루어지 위해서는 적절한 수업 자료의 제시와 전문가 자료가 자료의 구성이 필요하다(이태일, 2011).

과학과 본시 수업안

대상	1학년 1반 (35명)	일시	2010년 4월 20일 4교시	장소	제 2 과학실	지도교사	이태일
본시 주제	2. 분자의 운동 2-1. 냄새는 어떻게 멀리까지 퍼져 나갈까			차시	1 / 7	수업모형	Jigsaw 협동학습

수업 목표		
	교과내용 목표	1. 증발과 확산현상을 분자운동으로 설명할 수 있다. 2. 생활 주변의 분자운동의 예를 말할 수 있다.
	사고기능 목표	1. Jigsaw 협동학습을 통해 협동심과 자기 주도적 학습 능력을 키울 수 있다. 2. 실험 과정에서 과학적 탐구력과 창의적 사고 능력을 기를 수 있다.

수업 매체	교사	학생
	교과서, 컴퓨터, 파워포인트 자료, 칠판, 종합 활동지, 전문가 자료, 멀티미디어 동영상 자료, 실험복	교과서, 종합 활동지, 전문가 자료 1-2, 탐구 보고서, 탐구 실험 세트, 보안경

수업 단계	수업 요항	시간 (누계)	수업 활동: 교 사	수업 활동: 학 생	수업매체	수업 형태	도달점 및 유의점
도입	인사	1분	▶(인사), (출석 점검)	▶(인사)	PPT		
	학습환경 조성	(1분)	▶자, 그럼 모두 앞을 보고 앉도록 합니다.	▶네		문답식	※수업 분위기를 조성
	전시학습 확인	2분 (3분)	▶오늘 공부할 내용을 보기 전에 지난 시간에 배운 내용들을 먼저 점검해 보도록 할까요? ▶물질의 세 가지 상태와 상태변화에 대해 간략하게 질문하여 전시 학습 내용을 상기시킨다.	▶물질의 세 가지 상태 ▶각자 대답한다.	PPT	전체 문답식	※전시학습을 상기함으로써 본시 수업 내용을 예상하게 한다.
	흥미유발	1분 (4분)	▶지금부터 선생님이 준비한 동영상의 일부분을 다 같이 보도록 합시다. ▶이 장면을 보면서 무슨 생각을 했나요? 왜 이런 현상이 나타나는 걸까요?	▶편집된 짧은 영상 자료를 본다. ▶어떻게 이런 현상이 일어날까?	PPT 동영상 자료 PPT	문답식	※동영상을 이용해 흥미를 유발한다. 창의 요소 -민감성-
	수업목표 제시	1분 (5분)	▶수업목표를 다 같이 큰 소리로 읽어봅시다.	▶수업목표를 다 같이 크게 읽는다.	칠판 PPT	전체 학습	※수업목표를 인지시킨다.
전개	Jigsaw 수업모형 소개	5분 (10분)	▶자 그럼 확산과 관련된 재미있는 실험을 직접 해 볼 차례인데, 실험은 Jigsaw 모형을 활용해서 할 겁니다. ▶Jigsaw 모형을 활용한 수업임을 소개하고 Jigsaw 협동학습을 설명한다. [모집단 활동] ⇒ [전문가 집단학습] ⇒ [모집단 학습] ⇒ [개별 학습]	▶Jigsaw 협동학습에 대해 경청하고 의문점이 있으면 질문한다.	PPT PPT	전체 학습	※Jigsaw 협동학습 모형에 익숙해 지도록 쉽게 소개한다.
	종합 학습지 배포 전문가 집단별 실험 소개 모집단 활동	3분 (13분)	▶4명으로 구성된 모집단에 2 가지 전문가 집단별 실험 주제가 질문형식으로 적힌 종합 학습지를 배포한다. ▶각 전문가 집단별 실험 주제를 소개하고 자신이 미리 선택한 하위 실험 주제를 확인해 본다. [전문가 집단 1: 샬레 위의 캔디 색소의 확산] [전문가 집단 2: 암모니아의 확산] ▶직소협동 협동 학습을 시작해 보도록 합시다.	▶종합학습지 받고 경청한다. ▶지난 시간에 자신의 관심 분야와 흥미, 능력에 맞게 미리 역할 분담한 것을 확인하다. ▶모집단 내에서 자신의 역할에 대해 인식하고 책임감을 가진다.	전문가 용지 V탐구보고서 종합 활동지 PPT	모집단 토론 학습	※모집단의 다른 조원에게 자신의 실험 주제에 대해 설명해서 결과를 공유해야 함을 강조하여 알린다.

수업 단계	수업 요항	시간 (누계)	수업 활동: 교 사	수업 활동: 학 생	수업매체	수업 형태	도달점 및 유의점
	전문가집단으로의 이동 역할분담	1분 (14분)	▶그럼 자신이 선택한 주제에 해당하는 전문가 집단으로 이동해 봅시다. ▶전문가 집단에서 각자가 해야 될 역할들, 예컨대 리더나 기록자와 같은 역할을 정해 봅시다.	▶자신이 선정한 전문가 집단으로 이동한다. ▶전문가 집단 내에서의 역할 분담을 한다.	PPT	전문가 집단별 협동 학습	※전문가 집단으로 이동 시 실내 정숙에 유의하도록 지도한다.
	탐구실험 준비물 유의점 제시	1분 (15분)	▶각 전문가 집단별 실험 준비물 및 유의점을 제시하고 확인시킨다. ▶실험 전 안전사고 예방에 유의한다.	▶실험 준비물을 확인하고 유의점을 익힌다. ▶보안경을 착용한다.	PPT	협동적 모둠 학습	※유의점을 읽게 하여 안전사고 예방

| 그림 4.1 | 직소 수업지도안(확산) (계속)

전개	탐구실험 전문가 집단별 실험결과 정리	15분 (30분)	▶(순회지도) ▶안전에 유의하고 협동하여 실험을 수행하도록 지도한다. ▶순회 시 각 전문가 집단별 실험의 요점과 범위를 안내해 주며 전문가 활동을 지도한다. ▶탐구보고서를 정리하도록 지도한다.	▶안전에 유의하면서 전문가 집단별 실험을 한다. ▶각자의 탐구보고서에 결과를 기록·작성한다.	전문가 용지 Timer 작동 탐구 보고서	탐구식 모둠별 협동 학습 자기 주도적 학습	※협동심을 기르도록 지도 조언 해준다. ※탐구활동시 자기 주도적 학습능력을 신장하도록 유도한다.
	모집단의 재소집 정보 공유 종합활동지 작성	5분 (35분)	▶자신이 맡은 하위 주제별 실험에 대한 전문적 연구 결과를 조원들에게 충실히 효율적으로 설명해 주고 정보를 공유 한 후 협동하여 종합 활동지를 작성하도록 지도한다.	▶모집단의 각 조원은 각 유형의 전문가 집단별 실험 결과를 토대로 충분히 토론 후에 종합 학습지를 작성한다.	전문가 용지 V탐구 보고서 종합 활동지	모집단 토론 학습 모집단 협동 학습	※모집단 내 다른 조원에게 충실하고 효율적으로 보고되게 한다. 창의 요소 -융통성-
	종합활동지 발표 결과 토의	5분 (40분)	▶종합 활동지를 발표하도록 한다. ▶각 유형의 탐구 실험 결과를 비교하여 실험 속에 포함된 확산과 분자운동의 원리를 파악하도록 한다.	▶자신이 수행한 실험이 아니더라도 결과를 공유했으므로 발표에 임한다.	종합 활동지 PPT	문답식	※발표와 청취 태도에 대해 지도한다.
정리	내용 정리	1분 (41분)	▶우리는 분자운동으로 인한 증발과 확산에 대해 공부했습니다.	▶상황에 따라 대답한다.		전체 학습	※수업 내용을 정리한다
	형성 평가	3분 (44분)	▶그럼 다 같이 형성평가 문제를 풀어보면서 오늘 배운 내용을 확인해 보도록 합시다. ▶(형성평가 문항을 풀게 하고 확인 후 부족한 부분을 보충 설명한다.)	▶형성평가 문항을 풀고 의문점은 질문한다.	형성 평가지 PPT	개별 학습 및 전체 학습	※다 같이 형성평가를 풀 수 있도록 유도하여 피드백되도록 한다.
	차시예고 과제제시	1분 (45분)	▶우리 친구들 오늘 수업 다 이해했나요? 혹시 궁금하거나 질문할 사항 있어요? ▶다음 시간에는 '2-2. 봉지가 부푼 까닭은'에 대해 배우겠습니다.	▶의문점이 있으면 질문하고 경청한다. ▶차시 예고를 안내받고 과제를 인지한다.	PPT	전체 학습	※차시 예고를 주의 있게 듣도록 한다.
	인사		▶수고했습니다. 주변 정리를 하도록 합시다.	▶감사합니다.	PPT		※주변정리를 하도록 한다.

평가기준	1. 증발과 확산현상을 분자운동으로 설명할 수 있는가? 2. 생활 주변의 분자운동의 예를 말할 수 있는가?
과학의 본성 코너	1. Jigsaw 협동학습을 통해 협동심과 자기 주도적 학습 능력을 키울 수 있다. 2. 실험 과정에서 과학적 탐구력과 창의적 사고 능력을 기를 수 있다.

| 그림 4.1 | 직소 수업지도안(확산)

4) 컴퓨터 지원 협력학습(Computer Supported Collaborative Learning)

컴퓨터 지원 협력 학습은 크게, 대면 상황에서 디지털 테크놀로지를 이용하는 협력 학습 활동(collaboration 'around' computers)과 디지털 가상 세계 안에서 모든 상호작용이 이루어지는 컴퓨터상에서의 협력학습(collaboration 'through' 'on' computer)으로 나눌 수 있다. 협력 활동을 위한 컴퓨터의 지원은 크게 디지털 기반 학습 환경에서 이루어지는 인지적 활동에 대한 지원, 컴퓨터를 통신 수단으로 사용하는 사회적 상호작용에 대한 지원, 이 둘을 통합적으로 사용해서 인지적 활동과 사회적 상호작용을 모두 지원하는 유형 등으로 구성된다(Jeong&Hmelo-Silver, 2016).

가. 협력학습에 적합한 디지털 학습 환경 지원

과학 교육 분야에서는 컴퓨터가 오래전부터 데이터 분석과 시각화를 위한 학습 도구로 널리 활용되었다. 기존 컴퓨터 지원 협력학습의 형태는 컴퓨터에 데이터 분석용 소프트웨어를 다운로드한 후 분석을 수행하고, 그 결과를 대면으로 토론하는 것이었다. 최근에는 클라우드 컴퓨팅 환경을 이용해서 데이터 분석과 시각화 단계부터 실시간으로 함께 진행하는 협력학습이 가능하다.

나. 동기(synchronous), 비동기(asynchronous) 소통 지원

시간과 공간의 제약을 극복해서 학습자가 언제 어디서나 공동 작업을 할 수 있도록 동기, 비동기 통신 미디어를 제공한다. Zoom, Webex, Google Meet 등이 실시간 동기식 통신에 주로 이용되고, 다양한 SNS, 학습 관리 시스템(Learning Managment System)은 비동기식 통신에 이용될 수 있다.

다. 유형, 무형 자원의 공유

협력학습은 각 구성원이 가진 경험과 재능을 공유할 수 있다는 큰 장점이 있다. 컴퓨터 지원 협력학습은 다양한 동영상 매체(음악, 이미지, 비디오 등)를 활용해서 때때로 단어로만 전달될 때 제한될 수 있는 경험과 재능의 공유를 극대화할 수 있다.

라. 협력학습의 체계화 지원

컴퓨터 지원 협력학습은 디자인된 인터페이스를 활용해서 협력학습의 구조화를 지원할 수 있다. 예를 들어 Collaboration scripts은 학습목적, 활동 순서 정하기, 역할 정하기, 발표하기 등을 제시함으로써 협력학습을 체계적으로 진행할 수 있도록 도와준다. 캘리포니아 버클리 대학에서 개발된 WISE 학습 환경은 협력적인 과학적 논증 방법에 익숙하지 않은 학습자들이 협력학습을 하면서 과학적 논증을 구성할 수 있도록 설계되어 있다. 학습자들은 WISE 환경에서 가설 만들기, 증거 찾기, 그래프와 표 만들기 정당화 제공하기 등의 순서로 협력학습을 진행하며, 각 단계마다 힌트나 조언을 참고할 수 있다(Linn & Slotta, 2000).

1.6 Small Scale Chemistry의 활용

(1) Small Scale Chemistry의 필요성

과학은 탐구를 통해서 자연현상의 원리를 이해하고자 하는 활동이다. 따라서 과학 교육에서는 실제적인 경험과 조작이 교육 활동에 있어서 매우 중요한 영역을 차지한다. 과학 교육에 있어서 경험을 축적하고 현상을 이해하기 위해 손으로 직접 다루어 보는 것은 매우 중요하다. 특히 화학 수업은 이론과 실험을 통합적으로 가르치는 것

이 효과적임에도 불구하고 현실적으로 이론 수업과 실험 수업을 다른 교실에서 분리해서 수업하는 경우가 더 많으며, 실제로 실험 위주의 수업보다는 이론 위주로 수업하는 경우가 많다. 화학 수업에서 실험이 이론 수업과 분리되어 이루어지는 한 가지 이유는 기존의 화학 실험이 규모가 커서 많은 공간을 차지한다는 것을 들 수 있다. 또 한 가지 이유는 위험한 시약과 큰 규모의 실험으로 인하여 상해의 위험과 기구 파손의 문제가 항상 따르는 점을 들 수 있다(IUPAC, 2000; Bradley, 2002). 제한된 실험 환경은 입시 위주의 교육과 함께 화학 수업에서 실험을 등한시 하는 요인이 되고 있으며, 이는 결과적으로 학생들에게 새로운 개념을 효과적으로 이해시키거나 능동적으로 문제를 발견하고 해결하는 능력을 길러주는 데 장애 요인으로 작용하고 있다.

UNESCO와 IUPAC에서는 이러한 기존 화학 교육의 문제점을 해결하기 위한 하나의 방안으로 1997년부터 'Microchemistry program'을 추진해서 Small Scale Chemistry (SSC)의 국제적인 보급에 노력하고 있다(Bradley, 2001; Bradley, 2002). SSC의 아이디어는 미국 콜로라도 주립대학의 화학과에 재직하고 있는 Thompson 교수가 1972년에 시작했으며, 약 30년 동안 연구와 검증이 이루어진 결과이다(김현경, 2003). 이후 오랫동안 콜로라도 주립대학, 펜실바니아 주립대학, 오레곤 주립대학 등에서 매년 약 3,000명의 학생이 1학년 화학 프로그램으로 SSC를 이수해 왔다. SSC는 아주 적은 양의 화학 물질, 적은 양을 용이하게 취급할 수 있는 기구와 기기, 특히 임상 화학이나 생화학 및 유전 공학 등의 분야에서 사용하기 위해 개발된 플라스틱 소재로 된 기구를 활용하는 것에 기초한다. SSC는 전통적인 실험 방법에 비해서 경제성, 안전성, 환경적인 측면에서 많은 장점이 있으면서 장비들은 값이 싸고 쉽게 구입할 수 있기 때문에 기존의 실험을 대체할 수 있는 방안으로 주목을 받고 있다(김현경, 정영규, 2004). 특히 1997년 UNESCO와 IUPAC에서는 저가의 실험 장비를 사용하는 SSC 키트의 개발 및 보급에 노력한 결과, 2002년에 약 40여 개국에서 이를 적극적으로 받아들여 화학 교육의 활성화를 도모하고 있다(Bradley, 2001).

SSC는 기기나 기구 자체뿐만 아니라 실험 과정 자체가 수업 참여자에게 큰 친밀감을 주도록 설계되어 있다. 그리고 이런 과정에서 SSC 시스템은 학생들에게 단순한 실험 접근 방법보다는 창의력, 문제 해결력을 크게 신장시킬 수 있는 교육 환경을 제공한다. 또한 실험을 하면서 나타나는 흥미로운 부가 실험은 자연스럽게 학생들의 학습 동기를 자극해서 심화 탐구 학습으로 유도하기 때문에 자기 주도적 학습을 통한 자연스러운 탐구력 신장과 영재성 개발 효과를 기대할 수도 있다. 특히 화학 수업은 이론과 실험을 통합적으로 가르치는 것이 효과적이기 때문에 SSC를 활용한 수업은 이론과 실험의 통합인 효율적인 교육방법이라 할 수 있다. SSC의 이러한 장점을 활용해서 가능한 범위 내에서 중등학교에서의 화학 실험을 SSC로 대체하고자 하는 시도는 매우 의미가 있다(김현경, 최병순, 2005).

(2) Small Scale Chemistry(SSC)의 실험 기구

1) Small-Scale(SS) 실험 기구의 소개

SS 실험 기구의 일반적인 사용법과 안전하고 깨끗하며 효율적으로 쓸 수 있는 요령을 소개하고자 한다(박종윤 등, 2005). 안전과 시간, 노력, 환경을 고려한다면 필요한 양만큼만 시약을 사용하는 것이 최선이라는 사실을 명심해야 한다. 소량만 사용해도 많은 양의 시약을 가지고 실험한 것과 결과는 같다. 유일한 차이는 소량을 사용하는 것이 더 안전하고 보다 편리하며 더욱 청소하기 쉽고 환경 친화적이라는 것이다.

우선 그림 4.2에 SS 실험 기구를 소개했으며, 각 실험 기구에 대한 설명을 그림 아래에 정리했다.

- **간이 분광기**: 학생 제작 가능, 스펙트럼 관찰에 사용한다.
- **SS 피펫**: 폴리에틸렌 플라스틱, 시험관, 피펫, 뷰렛의 역할을 한다.
- **SS 전원 장치**: 일정한 전류가 흐르고 다이오드가 달려있어 실험하기 편리하다.
- **빨대**: 기체 발생 실험이나 지지대로 사용한다.
- **돋보기**: 적은 양을 자세히 관찰할 때 사용한다.
- **컵**: 비커 또는 수조의 역할을 한다.
- **12-홈판, 96-홈판**: 정량 작업에 사용한다.
- **24-홈판**: 피펫 배열, 각종 실험에 다양하게 이용된다.
- **디지털 온도계**: 적은 양에도 민감하게 반응한다.
- **반응판**: 일종의 실험대 역할. 시약을 정성적으로 섞는데 사용한다.
- **페트리 접시**: 유독 기체 발생 반응 등 닫힌 계 반응에 사용한다.
- **그 외에도** 이쑤시개, 지퍼백, 핀치, 면봉, 열판, 슬라이드 글라스 등이 사용된다.

2) Small-Scale(SS) 실험 기구의 효과적이고 안전한 사용법

가. SS 피펫 만들기와 용액 채우기

SS 피펫은 만들어져 있으나, 가끔은 교사가 학생들이 직접 만들고 라벨을 붙이게 하는 경우도 있다. 만드는 방법은 기다란 대롱 부분의 중심을 양손으로 잡고 가느다

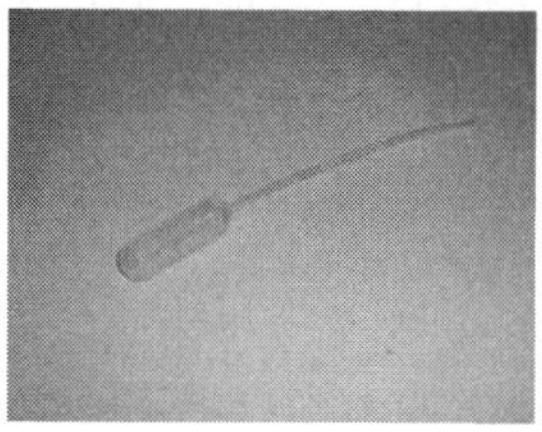

SS 피펫

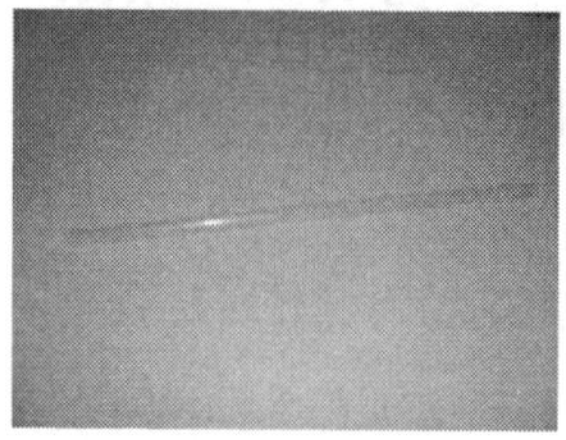

빨대

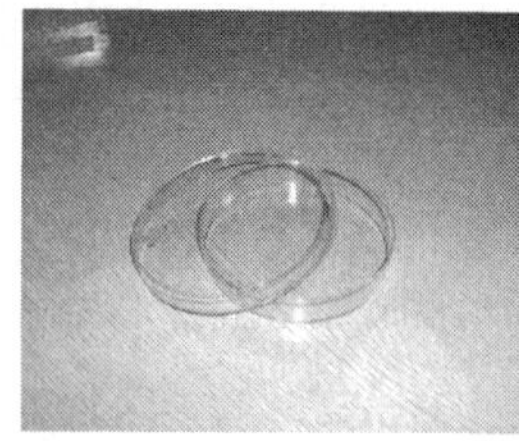

페트리 접시

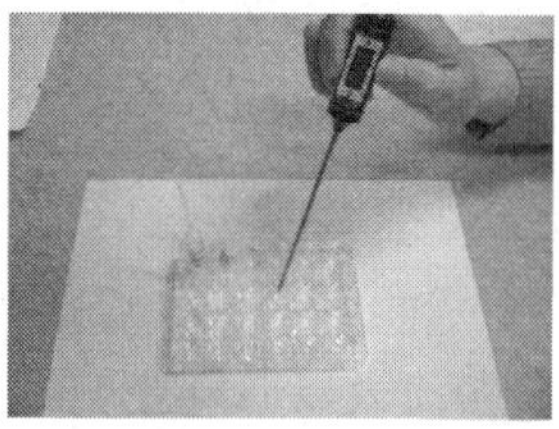

디지털 온도계

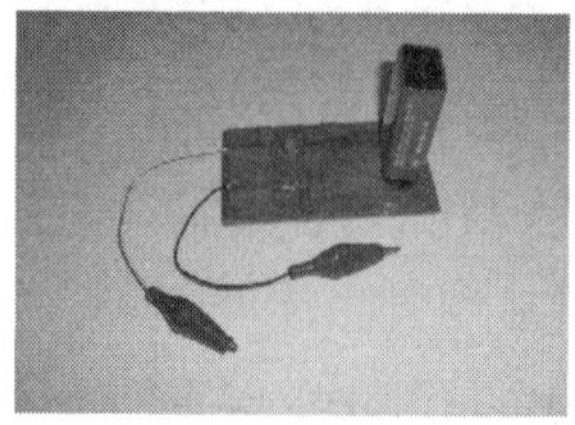

전원장치

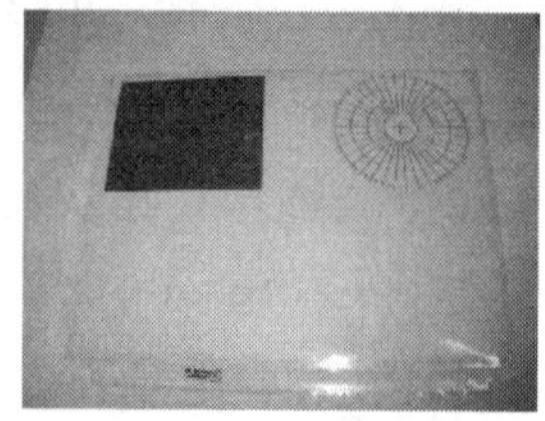

반응판

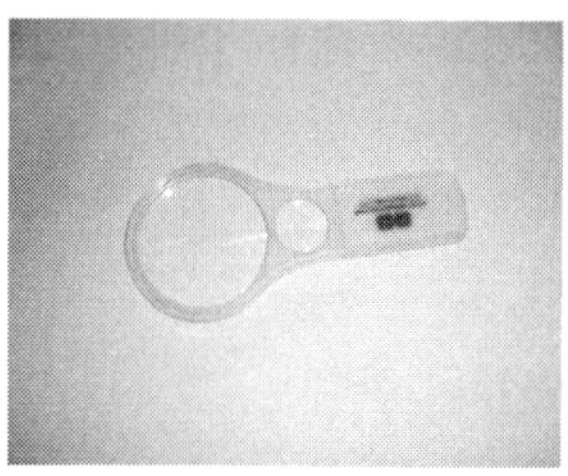

돋보기

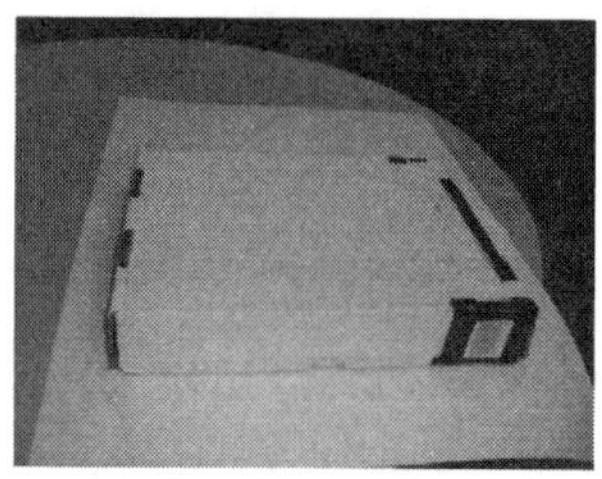

간이 분광기

컵

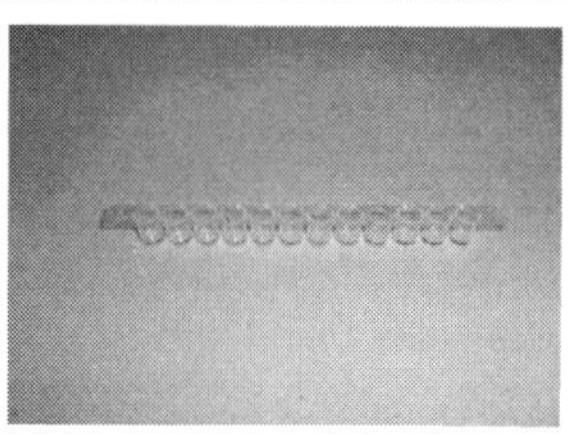

12-홈판

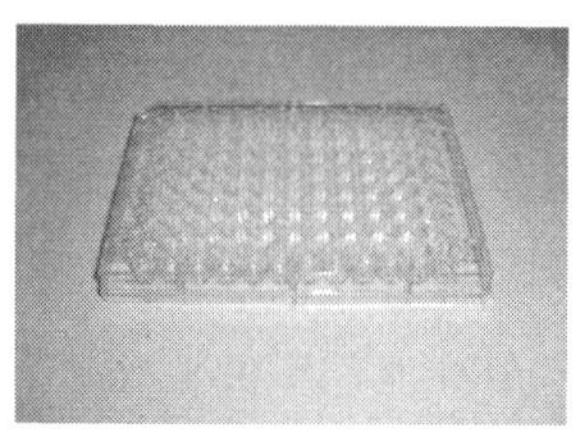

96-홈판

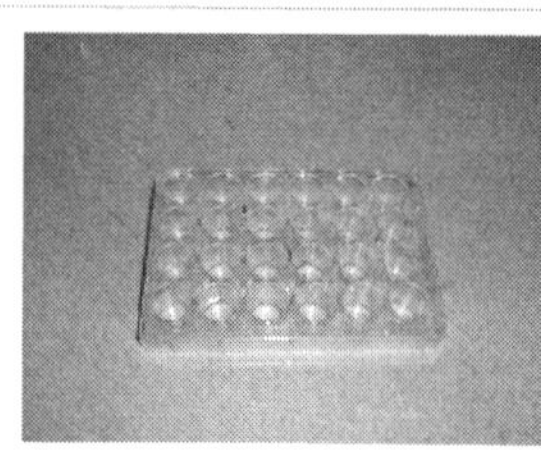

24-홈판

| 그림 4.2 | SS 실험 기구

랗게 될 때까지 서서히 잡아당긴 후 사용할 정도의 길이를 남겨두고 자른다. 그림 4.3과 같이 시약보충용기에 피펫의 끝 부분을 담그고 피펫의 둥근 부분을 꼭 눌렀다가 서서히 힘을 빼면서 용액을 채운다. SS 피펫은 사용하기 편하고 떨어뜨리는 방울의 크기가 작아 안전하고 능률적이다. 한 방울의 부피가 겨우 20 $\mu l(20 \times 10-6\ L)$ 정도이다.

그림 4.4는 시약 보충 용기와 시약을 채운 SS 피펫이다.

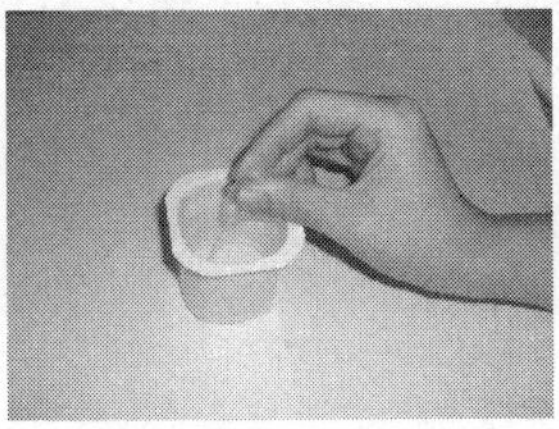

용액 채우기

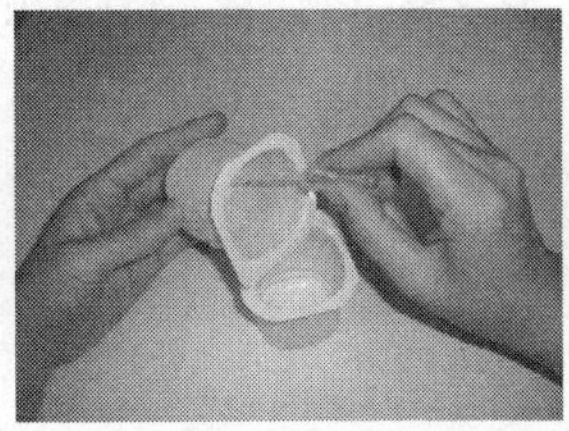

용액 짜기

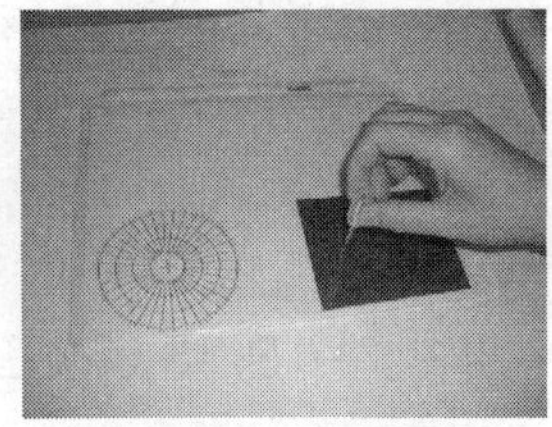

용액 떨어뜨리기

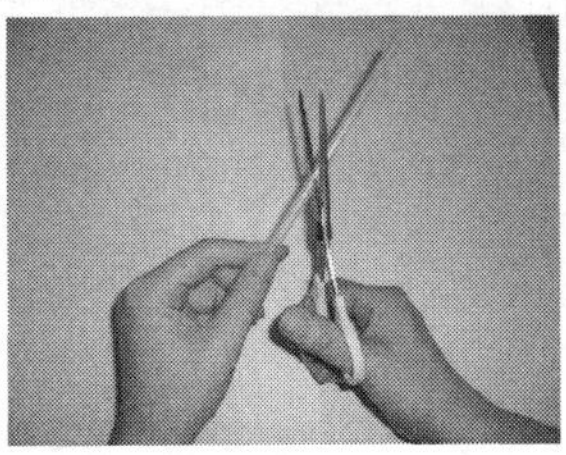

SS 약수저 만들기

공기로 용액 섞기

티슈로 용액 닦기

| 그림 4.3 | SS 피펫으로 용액 채우기와 용액 섞기

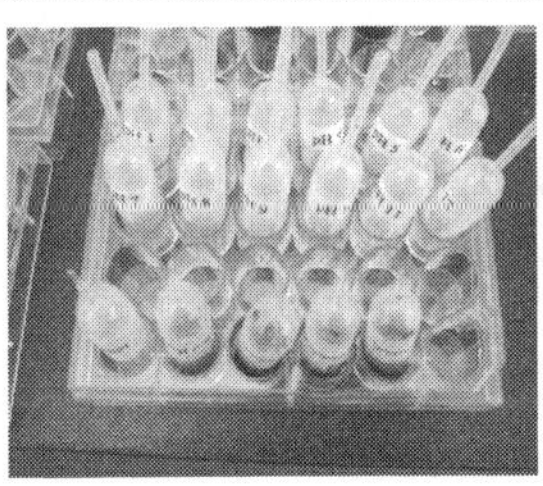

피펫대에 꽂힌 SS 피펫

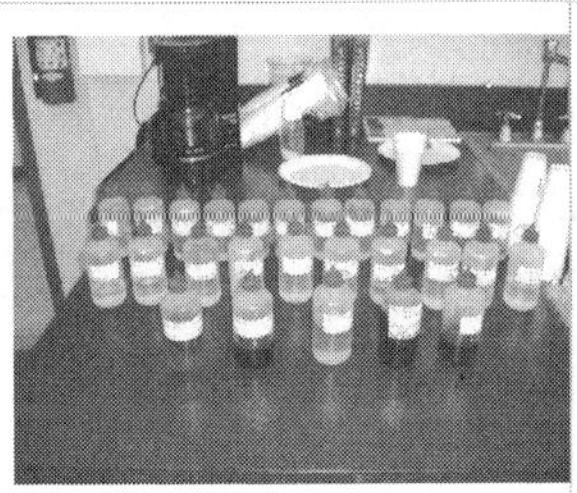

시약 보충 용액

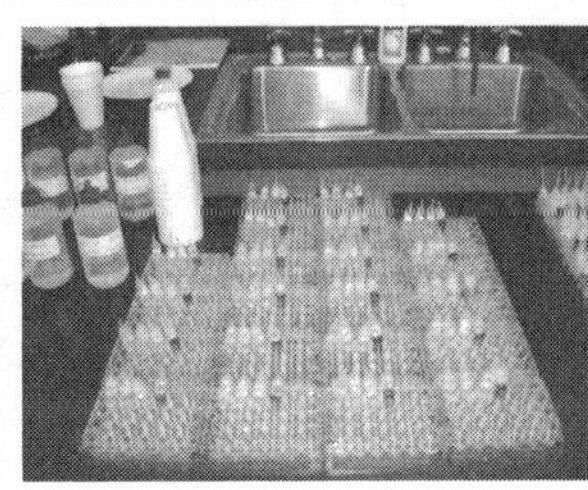

준비된 시약들

| 그림 4.4 | 시약 보충 용기와 시약을 채운 SS 피펫

나. SS 반응판

유리 시험관이나 비커 등과 같은 기존의 유리 기구를 사용하는 것보다는 오히려 반응판에서 더욱 많은 실험을 할 수 있다. 교사가 결정하기에 따라 이 반응판은 플라스틱파일 속지가 될 수도 있고 OHP용 투명필름이나 비닐랩이 될 수도 있다. '반응 용기'는 플라스틱 판 위에 형성된 반구모양의 액체 방울이 될 것이다. 이 방울은 갓 왁스칠한 차 위에 떨어진 물방울과 흡사하다. 표면 장력 때문에 물은 왁스나 플라스틱 판 위에서 방울 모양으로 맺힌다. 물 분자들은 서로 간에 비교적 강한 인력을 가지며 플라스틱 같은 물질과는 특별히 인력을 가지지 않는다. 그러므로 반응판은 다

양한 화학 반응을 행하는 많이 사용할 수 있는 이상적인 반응 용기이다. 표면은 돋보기 역할도 하기 때문에 방울 속의 물질을 관찰하기 쉽게 한다.

다. 반응판에 시약 떨어뜨리기

시약이 채워진 SS 피펫은 액체를 보관하고 그것을 한 방울씩 떨어뜨리는 데 사용한다. 가장 안전하고 효율적인 피펫사용법은 한 번에 한 방울씩 떨어뜨리는 것이다. 이런 방법은 오염을 막기 위한 가장 좋은 방법이기도 하다. 한 방울씩 떨어뜨리기 위해서는 피펫을 수직으로 잡고 그 끝 부분을 판 위 1 ~ 2 cm 위에 위치시킨다. 그리고 조심스럽게 짜서 판 위에 짧은 거리로 떨어지게 한다. 첫 번째 방울은 종종 공기방울을 포함하는 경우가 있는데 이 경우 시작하기 전에 싱크대나 쓰레기 컵에 짜 버린다. 절대로 피펫의 끝 부분을 반응판에 닿지 않게 해야 한다. 반응판에 방울이 닿게 되면 오염을 유발하고 계속해서 같은 크기의 방울을 만들기 어렵다. 반응판 위의 방울들을 건드리지 말고 한 방울씩 떨어뜨려야 한다는 것에 주의한다.

라. 오염시키지 않고 섞기

반응판 위에 떨어진 반구모양의 방울은 빈 피펫으로 바람을 불어 '공기 젓기'를 할 수 있다. 방울에서 2 ~ 3 cm 떨어져 빈 피펫의 끝을 액체 방울을 향하게 한 후 둥근 부분을 부드럽게 여러 번 눌러주면 바람이 방울 속의 내용물을 휘젓게 된다. 반응판 위의 방울이 젓개용 피펫에 빨려 들어가거나 오염되는 것을 막기 위해 젓개용 피펫의 끝이 방울에 닿지 않도록 주의한다. 빨려 들어가거나 오염되는 것은 모두 바람직하지 못한 결과가 된다.

반응판 위의 잘못된 부분을 수정하려면 면봉이나 돌돌만 종이 타올의 귀퉁이로 원치 않는 부분을 간단히 흡수시켜 제거하면 된다.

마. SS 반응판 닦기

반응판은 전통적인 유리 기구보다 훨씬 세척이 쉽고 빠르다. 반응판 전체를 닦으려면 종이 타올에 액체를 흡수시킨 후 쓰레기통에 버리고, 물에 적신 종이 타올을 이용하여 표면을 닦아낸다. 마지막으로 깨끗한 종이 타올로 표면의 물기를 닦아내는데 이 과정에서 화학 약품이 손에 묻지 않도록 주의한다.

화학 약품을 배수구를 통해 흘려보내는 것보다는 매립지에 묻힐 종이 타올로 닦아내는 것이 낫다. 하수구로 흘러 들어간 액체 폐기물은 하수처리장에서 처리되어 강이나 호수로 흘러 들어갈 수도 있지만 고체 폐기물이 액체 폐기물보다는 처리와 관리가 훨씬 쉽다. 고체 폐기물의 양을 최소화하고 적절히 처리하면 환경문제는 많이 감소된다.

반응판으로 사용한 비닐랩은 사용 후 시약을 흘리거나, 손에 묻지 않게 조심하면서 잘 접어 쓰레기통에 버리면 씻을 필요가 없어 좋지만, 일회용이라서 자원의 효율적 이용이란 측면을 고려하면 너무 많은 양을 버리게 된다는 단점이 있다. 가능하다면 항상 씻어서 재사용하고 재활용하는 것이 좋다.

바. 고체 덜기

컵이나 반응판으로 고체 시료를 덜어내려면 플라스틱 시약병의 뚜껑으로 덮고 있는 테이프를 제거하고 필요한 양만큼 살살 흔들어 덜어내는 것으로 간단히 해결되지만, 다른 방법으로는 음료수 빨대를 위의 그림처럼 비스듬히 잘라 SS 약수저를 만드는 방법도 있다. 보관용기에서 직접 빨대를 이용해서 시료를 덜어내며 이런 용도에 사용할 빨대는 교사가 준비한다. 일단 시약을 덜어내는 데 사용한 빨대는 다시 사용하지 않으며 교사의 지시에 따라 폐기한다.

3) Small Scale Chemistry(SSC)를 활용한 수업

가. 열화학 반응 실험

고전적인 열량계를 백분의 일로 축소하여 마이크로 열량계를 제작해서 반응열을 측정하고 빨대를 이용해서 티오황산나트륨의 결정화열을 측정한다. 고전적인 방법에 비해서 훨씬 더 정확하고 정밀한 데이터를 얻을 수 있고 실험시간이 5분의 1로 감소한다. 또한 SSC를 활용한 발열 반응 실험에서는 생석회로 풍선을 부풀려 보게 함으로써 간단한 실험으로 흥미를 유발할 수 있다. SSC를 활용한 흡열 반응 실험으로 짧은 시간 내에 물을 얼리는 실험도 가능하다.

나. 용액 속의 반응들

한 방울의 용액을 반응판(랩탑)에 떨어뜨려 실험함으로써 반응을 쉽게 확인할 수 있으며 용액 한 방울을 떨어뜨릴 경우, 표면 장력에 의하여 반구형으로 되므로 마치 렌즈와 같은 효과를 나타내어 자세히 관찰할 수 있다. 또한 오랜 시간 동안 관찰해야 하는 실험도 반응 용액이 소량이므로 관찰시간이 절약될 수 있으며 매우 적은 양의 용액을 사용해서 실험 폐수를 최소화함으로써 환경오염을 줄일 수 있다.

		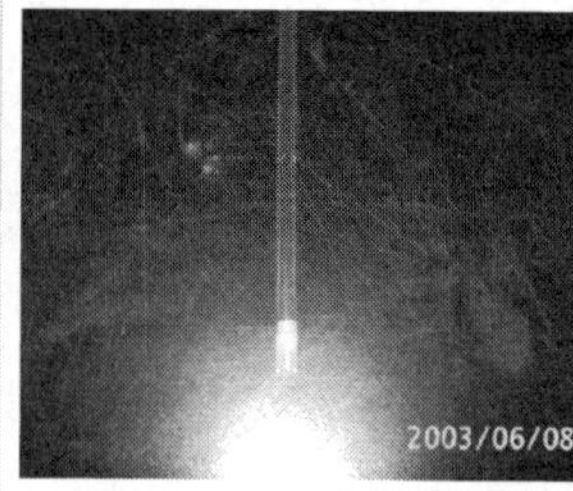
고전적인 열량계	스케일을 줄인 SS 열량계	빨대를 이용한 티오황산나트륨의 결정화열 측정 실험
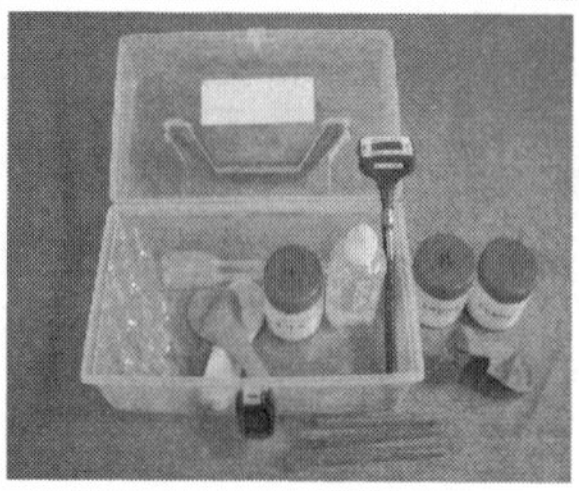	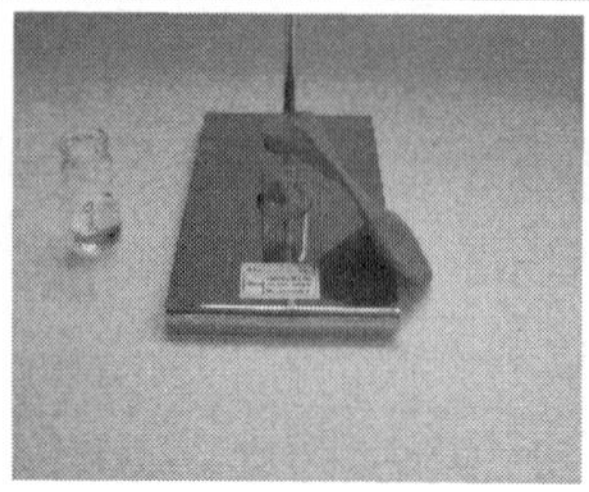	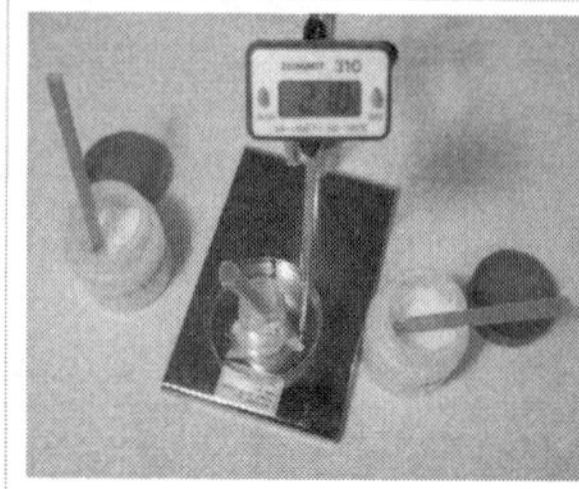
SSC 발열반응 흡열반응 세트	SS 발열 반응	SS 흡열 반응

| 그림 4.5 | 고전적인 열량계와 SS 열량계의 비교 및 다양한 SS 열화학 반응 실험

	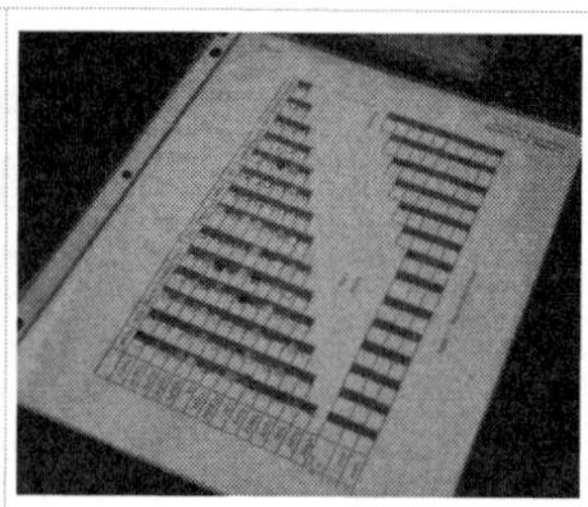	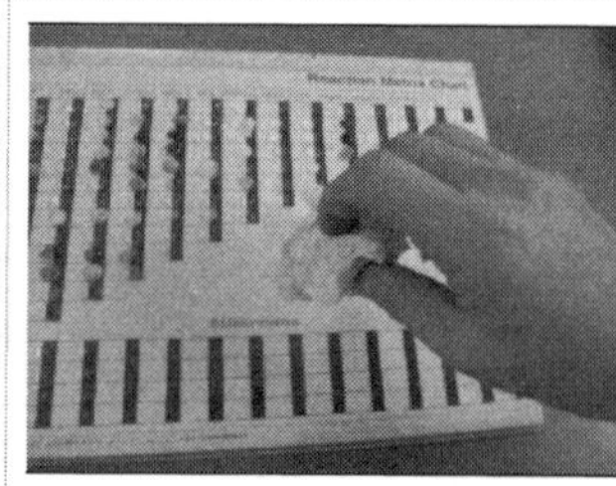
여러 용액	반응판	앙금생성 반응 실험

| 그림 4.6 | 여러 용액들과 반응판 위에서 다양한 반응을 실험한 사진

다. 산과 염기 및 중화 반응 실험

Small Scale Chemistry에서는 용액 반응에서 96 - 홈판이나 12 - 홈판 등을 이용해서 비색법을 주로 사용해서 잘 만들어진 pH 또는 농도에 따른 검정 시약을 발색시킴으로써, 미지 시료의 농도를 비교 확인 할 수 있다. 그림 4.7에 이와 같은 예가 잘 나타나 있다.

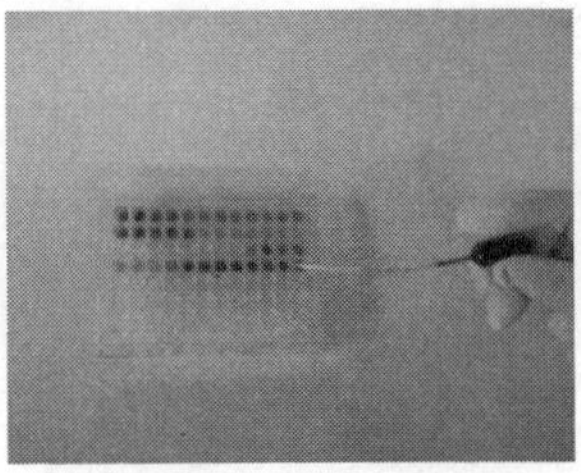

산 · 염기 실험

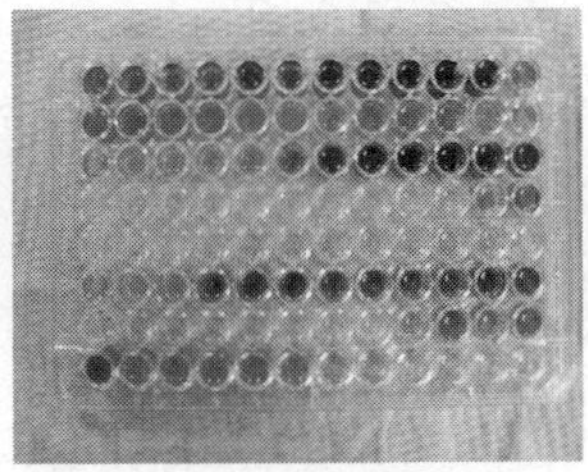

만능지시약 만들기

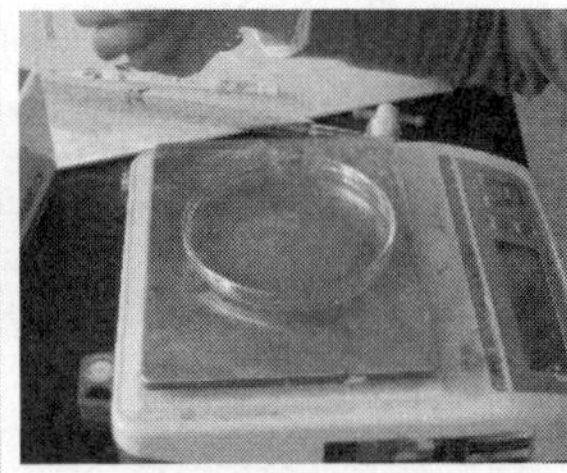

마이크로뷰렛 보정

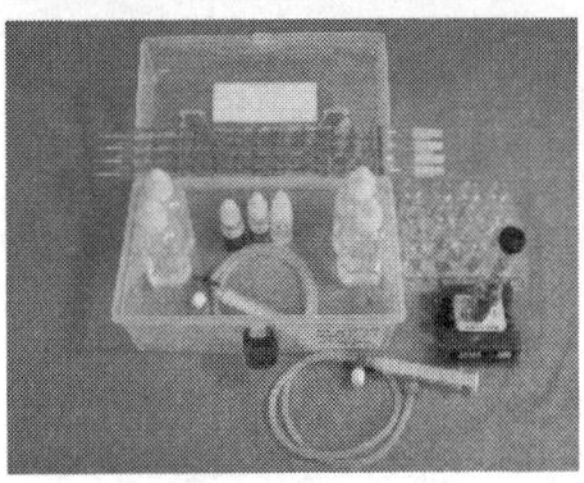

중화 반응 실험 세트

미니교반기 위에서 중화 반응

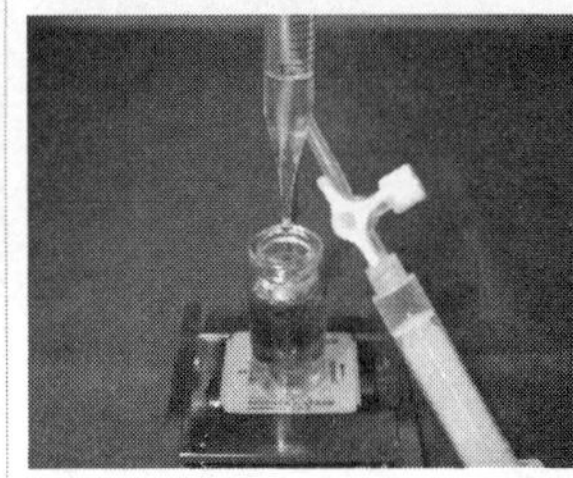

중화 반응 적정 실험

| 그림 4.7 | 산·염기 실험과 마이크로뷰렛 보정 및 중화 반응 실험

라. 산화 환원 평형과 전기 분해

그림 4.8의 그림은 금속의 반응성을 Small - Scale화한 실험의 예이다. 거름종이를 여러 개의 구획으로 자른 뒤 Zn, Sn, Ag, Pb, Mg, Fe, Cu, Al 등의 금속을 놓은 뒤 전위차계를 이용해서 기준 금속에 대한 두 금속 사이의 전위차를 금속을 바꾸어가며 측정한다. 또한 전극으로 핀을 사용하거나, 잘 산화되지 않는 연필심을 이용하여 전기 분해를 한다. 아래 왼쪽 그림은 소금물의 전기 분해 장치이다. 반응 용기가 24 - 홈판이고 기체 포집 관으로 투명 빨대를 사용했으며 전극으로 실 핀과 연필심을 사용한다. 반응이 즉각적이고 정량적인 결과를 쉽게 확인할 수 있으며 규모가 아주 작기 때문에 위험성이 거의 없다.

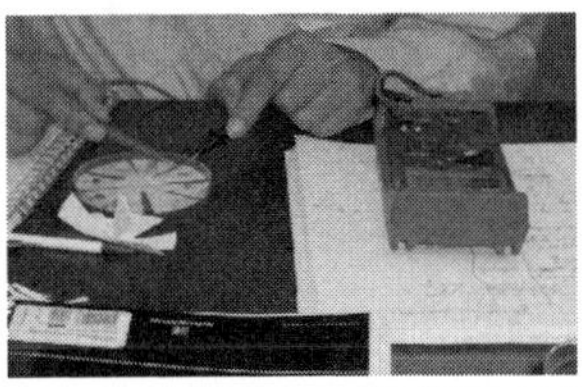

금속의 반응성 실험

빨대를 이용한 전기 분해 실험

산화 환원 실험

| 그림 4.8 | 금속의 반응성 실험과 빨대를 이용한 전기 분해 실험 및 산화 환원 실험

마. 그 외 SSC를 활용한 다양한 실험 수업

다음 그림 4.9에 다양하게 활용할 수 있는 SSC 활용 실험의 예들을 나타내었다.

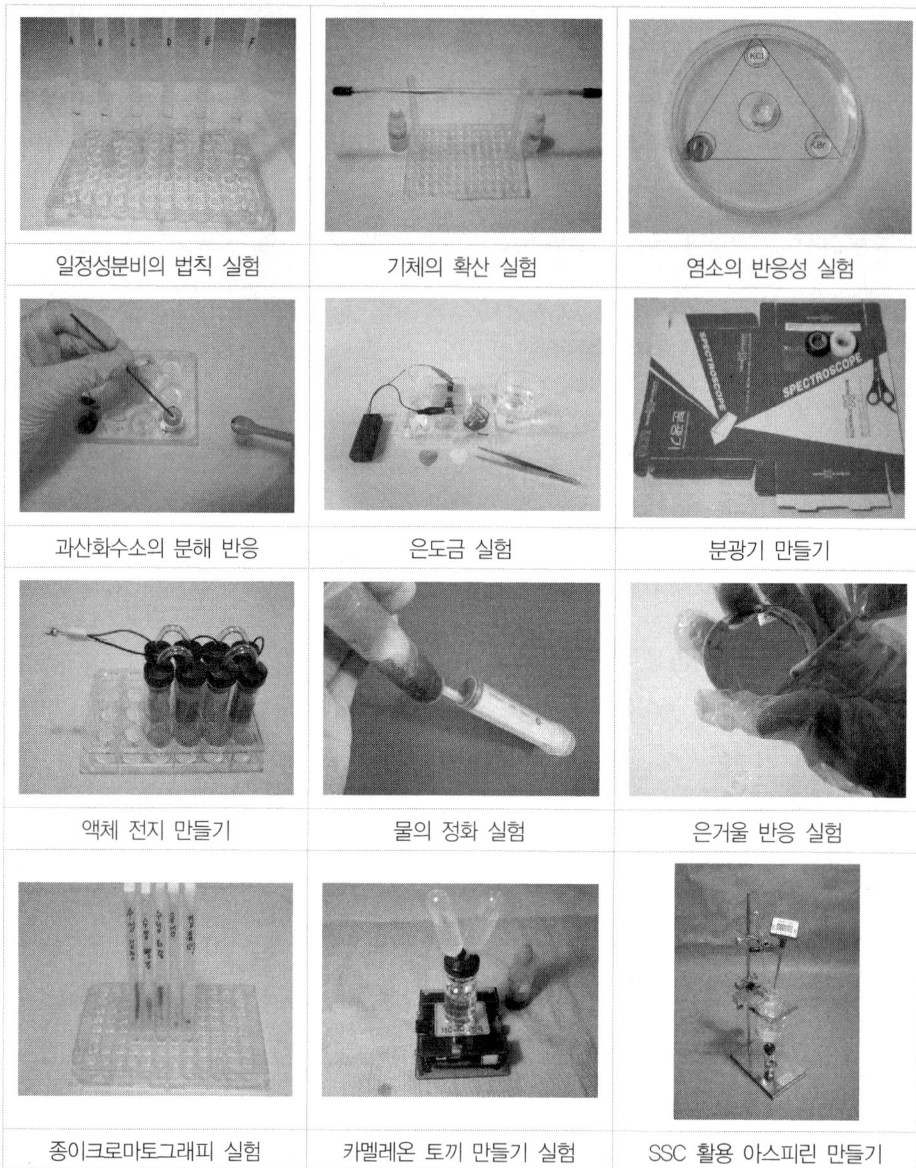

| 그림 4.9 | 그 외 SSC를 활용한 다양한 실험 수업 예시들

4) 기존 실험과 Small Scale Chemistry 적용 실험의 비교

위에서 제시한 SSC를 활용한 수업에 대해 기존 실험과 SSC를 적용해서 실험했을 때의 준비물, 실험 활동, 실험 후 처리 등에 대해 비교하면 표 4.7 ~ 표 4.10과 같다.

| 표 4.7 | 반응열

항목 \ 내용	기존 실험	SSC 적용 실험
준비물	• 대형 열량계, 온도계, 그래프 용지 등	• 스티로폼 마이크로 열량계, 디지털 온도계, 그래프 용지, 빨대 등
시약의 양	• 많은 양 필요	• 소량 사용
실험 활동 비교	• 모둠 활동이 되기 때문에 활동에 참여하는 학생과 참여하지 않는 학생이 생길 수 있다. • 조금만 부주의해도 실험에 실패할 확률이 높다.	• 모든 학생들이 활동에 참여할 수 있으며, 직접 실험의 주체가 된다. • 실험 장치가 안정적이어서 대부분 좋은 실험 결과를 얻을 수 있다.
실험 인원	• 조별 실험	• 개별 실험
실험 후 처리	• 시약의 낭비가 많고 환경오염이 많다.	• 시약의 낭비가 적고 환경오염이 적다.
안전성	• 양을 많이 다루므로 시간이 많이 소요된다.	• 소량으로 시간이 적게 소요되며 정확한 실험을 할 수 있다.

| 표 4.8 | 용액과 반응들 (계속)

항목 \ 내용	기존 실험	SSC 적용 실험
준비물	• 시약병 7개, 시험관(10 × 120 mm) 6개, 스포이트 7개, 시험관대 1개	• 반응 판(랩탑), 14종류의 시약이 담긴 마이크로 뷰렛
시약의 양	• 한 시험관에 최소 5 mL 정도의 시약이 필요	• 소량 사용
실험 활동 비교	• 많은 양의 시료와 기구가 필요하므로 많은 공간이 필요하고 많은 종류의 실험을 하기가 어렵다. • 용액 중의 반응만 관찰할 수 있다. • 연속적인 반응이 일어나는 화학 반응의 경우에 관찰이 어렵다. • 이온 반응의 종류를 분류하는 데 어렵다. • 미지 시료의 확인이 어렵고 그 수가 극히 제한된다.	• 작은 반응 판에서 한 방울의 반응으로도 정밀한 관찰이 가능하므로 동시에 96개의 반응을 관찰할 수 있다. • 소량의 시료를 사용하므로 용매 증발이 빠르게 이루어지기 때문에 염의 결정화 과정을 관찰할 수 있다. • 연속적인 화학 반응에 따른 화학종의 변화를 확인할 수 있다. • 메트릭스 형태의 반응 판에서 반응이 이루어지므로 분류와 상호 비교가 쉽다. • Topochemistry가 가능하다.

| 표 4.8 | 용액과 반응들

항목 \ 내용	기존 실험	SSC 적용 실험
실험 인원	• 조별 실험	• 개별 실험
실험 후 처리	• 적은 수의 실험에도 많은 양의 시약과 기구가 필요하므로 시약과 기구의 낭비가 많고 부주의시 환경에 많은 영향을 준다.	• 소량의 시료가 사용되므로 시약의 낭비를 줄일 수 있고 폐수가 적게 발생하므로 환경오염을 줄일 수 있다.
안전성	• 많은 양의 시료가 사용되므로 많은 공간을 차지하고 파손 시 다량의 시약이 흘러나온다.	• 기구가 깨지거나 시약을 흘릴 우려가 없다.

| 표 4.9 | 산과 염기

항목 \ 내용	기존 실험	SSC 적용 실험
준비물	• 여러 가지 용액(묽은 염산, 묽은 수산화나트륨, 사이다, 암모니아수, 식초, 비눗물), 리트머스 종이(붉은색, 푸른색), 가위, 핀셋, 유리판, 시험관 6개, 시험관대, 유리막대, 페놀프탈레인 용액, 스포이드, 풀	• 여러 가지 용액(묽은 염산, 묽은 수산화나트륨, 사이다, 암모니아수, 식초, 비눗물), 리트머스 종이(붉은색, 푸른색), 가위, 핀셋, 아크릴판(5 ㎝ × 10 ㎝), 24 - 홈판, 12 - 웰 트레이, 스포이트, 안내판, 페놀프탈레인 용액, 풀
시약의 양	• 많은 양 필요	• 소량 사용
실험 활동 비교	• 연속적인 비교를 하기에는 기구 배치가 쉽지 않고 큰 공간이 필요하다 • 정성적인 실험만이 가능하다. • 응용 실험이 가능하지 않다. • 모둠 실험만이 가능하다.	• 연속적인 비교가 쉽고 실험을 되풀이하기 용이하며 편한 자세로 전체의 관찰이 가능하다. • 산 - 염기 중화적정을 정량적으로 할 수 있다. • 생활 속에 있는 다양한 소재를 이용한 응용 실험을 간단하고 빠르게 할 수 있다. • 신속하게 다양한 농도의 용액을 제조할 수 있다.
실험 인원	• 조별 실험	• 개별 실험
실험 후 처리	• 시약의 낭비가 많고, 부주의시 환경에 많은 영향을 준다.	• 시약의 양이 적어 시약의 낭비가 없고, 환경에 영향을 적게 준다.
안전성	• 모든 용액은 부식성이 있고 위험하므로 많은 용액을 반응시키거나 운반 시 위험성이 높다.	• 소량의 시약이라도 늘 조심해야 한다.

| 표 4.10 | 전기 분해

항목 \ 내용	기존 실험	SSC 적용 실험
준비물	• 비커, 직류전원장치, 볼타전지, 다니엘전지, 시약, 금속판, 전기 분해 장치	• 24-홈판, 거름종이, 금속판 9V 건전지, 빨대 등
시약의 양	• 많은 양 필요	• 소량 사용
실험 활동 비교	• 실험 준비 시간이 많이 소요한다. • 시판용 전지를 사용한다. • 염다리 제작에 시간이 많이 소요한다. • 금속 간 전위차를 측정하기 어렵다. • 정량적인 실험 준비 과정이 어렵고 복잡하다.	• 전지와 전기 분해 장치를 간단하고 쉽게 제작하고 심화 보충 실험이 쉽다. • 시판용 전지를 사용할 필요가 없고 자신의 전지를 손수 제작한다. • 많은 금속의 전위차를 동시에 할 수 있고 상호 비교가 쉽게 이루어진다. • 다양한 전지를 쉽게 제작할 수 있다. • 산화 환원 적정 실험이 쉽게 이루어진다.
실험 인원	• 조별 실험	• 개별 실험
실험 후 처리	• 많은 양의 폐수와 쓰레기가 발생한다	• 소량의 폐수와 쓰레기가 발생한다.
안전성	• 많은 양의 시약과 기구가 많은 공간을 차지하므로 위험성이 크다.	• 위험성이 거의 없다.

1.7 컴퓨터를 활용한 MBL 실험 수업

(1) MBL 실험이란?

MBL이란 Microcomputer Based Laboratory의 약자로 컴퓨터 또는 휴대용 컴퓨터 장치를 이용해서 실시하는 과학 실험을 의미한다. MBL는 온도, 압력, 전압, 소리 등 자연의 물리량을 센서로 측정하고, 측정한 정보를 인터페이스를 통해 컴퓨터로 보내어 실시간으로 표와 그래프로 나타나게 하는 실험 장치이다. 그림 4.10은 MBL 실험 장치의 개략도를 보여준다.

MBL 실험장치는 기본적으로 센서, 인터페이스, 컴퓨터와 화면으로 이루어져 있다. 센서는 자연의 물리량을 측정해서 컴퓨터가 받아들일 수 있는 전기적 신호로 변환하여 인터페이스에 제공하는 기구이다. 물리, 화학, 생물, 지구과학 등 다양한 분야의 실험이 가능한 100여 종의 센서가 있으며, 이 중 화학 실험에서 주로 사용하는

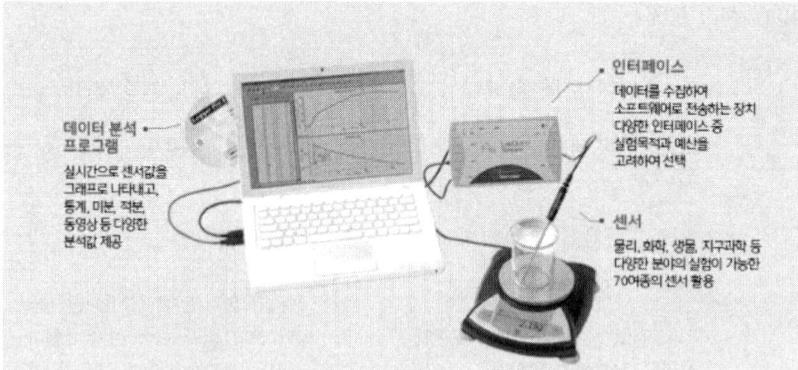

| 그림 4.10 | MBL 장치의 개략도[(주)한국과학 홈페이지 참고]

것은 온도, 압력, 이산화 탄소, 조도, pH, 전도도, 분광계 센서 등이다. 최근에는 무선으로 인터페이스에 연결이 된다.

인터페이스는 센서로부터 데이터를 수집해서 컴퓨터의 소프트웨어로 전송하는 장치이다. 하나의 센서만 사용하는 형태, 여러 개의 센서로 자료 수집이 가능한 형태, 화면이 있어 수집된 자료의 표와 그래프를 볼 수 있어 휴대가 가능한 형태, 무선으로 작동되는 것 등 다양한 형태의 인터페이스가 있으므로, 실험 목적과 예산을 고려하여 선택할 수 있다.

인터페이스에 연결된 컴퓨터에는 소프트웨어가 있어 실시간으로 측정된 센서 값을 표나 그래프로 나타내 보여 준다. 또한 수집된 값을 변형해서 새로운 형태의 그래프를 그리거나, 미분, 적분, 추세선을 구하는 등 자체적으로 여러 자료 분석을 진행할 수 있고, 엑셀, 한글 등의 다른 프로그램에 자료를 옮겨 추가적인 분석과 보고서 작업이 가능하다.

(2) MBL 실험의 장점과 단점

MBL 실험을 활용한 수업은 전통실험 수업에 비해 데이터 수집 및 정리에 소요되는 시간이 적기 때문에 자료를 분석 또는 해석, 토론할 수 있는 사고 중심의 활동에 수업의 많은 시간을 할애할 수 있다. 또한 현대 과학자의 실험이 컴퓨터 기반으로 이루어진다는 점에서 실제 과학자의 활동과 가깝다고 할 수 있다.

MBL 실험을 활용한 과학수업의 구체적인 장점으로는 첫째, 전통적인 실험에 비해 자료 수집의 수월성을 꼽을 수 있다. 전통적인 실험에서는 온도계, 압력계 등의 기구를 사용해서 실험자의 오감에 의해 측정이 이루어지지만, MBL 실험에서는 감지 소자를 이용해서 측정하기 때문에 측정의 객관성을 확보할 수 있다. 또한 전통적인 실험에서 측정하기 어려운 변수, 예를 들어 반응에서 발생 혹은 소비되는 기체의 압력이나 액체의 증기 압력 같은 변수를 센서로 매우 쉽게 측정할 수 있다. 아울러 전통적인 실험 도구로는 측정이 어려운 매우 짧은 시간 간격의 측정이나 장시간의 반복된 측정 등도 프로그램 세팅을 통해 가능하다.

두 번째 장점으로는 자료 분석의 용이성을 들 수 있다. 전통적인 실험에서는 수집된 자료를 분석하기 위해 학생들이 직접 표나 그래프를 그리게 되는데, MBL 실험에서는 표나 그래프를 화면에 실시간으로 표시함으로써 결과를 도시하느라 학생들이 수업 시간을 소비하는 것을 줄일 수 있다. 따라서 전통적인 실험 수업에서 시간의 제약으로 교사에 의해 미리 제작된 그래프나, 책에 제시된 그래프를 활용하던 방식과 달리 학생들이 즉시 얻은 실제 그래프를 사용해서 결과를 정리하는 활동을 할 수 있다. 또한 측정된 변수를 가공하기 용이하므로 측정된 변수를 새로운 변수로 변환해서 새로운 형태의 그래프를 그리는 활동이 가능하다. 예를 들어 보일의 법칙 실험에서 부피에 따른 압력을 측정하면 부피 대 압력의 반비례 그래프를 얻게 되는데, 프로그램에서 얻은 압력 자료를 역수 값으로 변환해서, 부피 대 1/압력의 정비례 그래프를 얻을 수 있다.

세 번째 장점은 앞의 자료 수집과 분석에서 시간이 단축되기 때문에 남은 시간에 학생들에게 다른 역량을 연습할 기회를 제공할 수 있다는 점이다. 예를 들어 실험 결과의 해석, 분석, 결론 도출 등을 위해 학생들 간에 토의할 수 있도록 시간을 할애함으로써 그래프 해석 능력을 향상할 수 있고, 과학적 사고력, 과학적 탐구 능력, 과학적 의사소통 능력 등 고차원이 학습 역량의 함양에 기여할 수 있다.

한편, 잠재적인 단점도 있다. 그 중 하나가 가격인데, MBL 장비는 전통적인 실험 장비보다 더 비싸다. 모든 학생이 실험에 참여할 수 있도록 장비에 접근하기 위해서는 한 모둠을 4명 이하로 조직할 필요가 있는데, 이러한 규모로 장비를 구비하고 결함 발생 시 교체용 세트까지 준비하기 위해서는 상당한 예산이 필요하다. 이것은 여러 학교가 서로 장비를 공유함으로써 해결할 수 있다. 또 다른 잠재적인 단점은 MBL 실험을 위한 준비에 시간이 많이 소모된다는 것이다. 실험을 위해 관련된 장비를 점검하여 준비하고 관리하는 시간이 필요할 뿐 아니라, 교사 자신이 MBL 장치의 작동에 익숙해져야 하고, 학생들에게도 작동법을 사전에 교육하는 시간도 요구된다. 실험실 조교가 없는 학교의 경우, 이러한 준비과정이 교사들의 추가 업무가 되기도 한다.

(3) MBL 실험의 교수적 효과

MBL 실험의 교육적 효과에 대해서는 국내외의 연구를 통해 많이 보고되고 있다. 구성주의적 교육의 관점을 가지는 많은 과학교육자가 MBL 기술을 활용한 실험개선을 제안해 왔으며, 이들은 데이터를 수집하고 시각화하는 데 있어 MBL 기술이 전통적인 실험실에 비해 분명한 이점을 제공한다고 보고하고 있다. 또한 실시간 실험 수행은 학생들이 과학 역량의 여러 측면을 배양할 수 있도록 하는 활동으로, 학생들이 습득한 지식을 구두로 혹은 글로 표현하고, 새로운 학습과 빠르고 지속적인 상호작용을 할 수 있게 해준다. 문헌에 보고된 MBL 수업의 주요 효과를 정리하면 다음과 같다(구양삼 외, 2006; 이창훈, 1996; Thornton & Sokoloff, 1990).

첫째, MBL은 학생들의 그래프를 해석하는 능력을 향상한다(박금홍 외, 2005; 이항미, 2002). MBL 실험은 그래프의 산출보다는 그래프의 이해에 초점을 둔다. 현상의 관찰과 동시에 얻어지는 그래프는 학생들이 왜 이런 그래프가 얻어지는가를 사고하도록 자극하고, 이론적인 모델에 의해 얻어진 이상적인 그래프에 그것을 연결할 필요를 느끼게 한다.

둘째, MBL은 학생들의 탐구 실행력을 향상한다. MBL은 과학자와 유사한 방법으로 현상을 탐구하는 기회를 제공한다. 학생들은 자료를 성찰, 분석하고, 문제의 해결책을 찾고, 후속 탐구를 위한 질문을 제안하는 등의 활동을 통해 탐구 능력을 발달시킨다. 학생들은 실험 설계, 가설 설정, 변인통제, 자료 해석, 자료와 가설에 기반한 결론 도출 등의 탐구 능력에 더욱 자신감을 갖게 된다.

셋째, MBL은 학생들이 화학을 공부하도록 동기부여를 준다. 학생들은 MBL을 이용하여 실험하는 것에 상당히 흥미로워 한다. 사건과 그래프의 실시간 연결은 특별히 학생들에게 동기부여를 제공하고, 화학에 대한 태도를 증진시킨다(Mokros & Tinker, 1987).

넷째, MBL은 학생들의 개념 이해 능력을 향상할 수 있다. 실시간 실험은 더욱 일반적이고, 추상적인 상황으로 전환을 촉진함에 따라 개념 구축과정을 자극한다고 보고되었다. 학생들은 산, 염기, pH의 이해에 있어 전통적인 실험실 접근(지시약과 pH 미터의 사용)을 사용한 학생들과 견주어 이해의 수준이 증가했음을 보고했다.

다섯째, MBL은 학생들의 고차원적 사고를 촉진한다. MBL은 예측, 관찰 같은 과학적 추론 능력을 교수하기에 적절한 환경이다. MBL 학습 환경의 가치는 자료의 분석과 해석에 있다. 자료의 관찰, 자료에 대한 질문에 해답을 찾는 것, 다른 정보들과의 연결을 찾는 것, 비교하고, 예측하고, 경향을 찾는 것 등은 학생들의 고차원적 사고를 촉진시킨다.

여섯째, MBL은 학생들의 과학적 의사소통 능력을 향상한다. MBL은 실험 자료를 얻고, 결과를 제시하는 것이 상대적으로 쉽기 때문에 수업 시간을 보존할 수 있다. 전통적인 실험실 조건은 MBL 실험보다 두 배의 시간이 필요하다. MBL 환경은 학생들이 더욱 많은 시간 동안 성찰할 수 있게 하고, 토론에 더 집중하게 함으로써 학생들의 의사소통 능력을 배양한다.

그래프 산출의 즉각성은 MBL 활동의 가장 중요한 특징 중의 하나이며, MBL 실험의 교육적 효과의 기반이 된다. 그래프는 전통적인 실험에서 구체적인 탐구 과정의 한 단계라기보다는 전체적인 탐구 과정을 보여주기 위한 기회를 제공한다. MBL 실험에서 얻은 정량 자료의 그래프는 학생들의 사고의 출발점이 되어, 학생들이 현상과 형식적인 표상과의 다리를 구성하도록 만드는 인지적인 도구가 된다. 그래서 학생들은 그래프를 그리는 기술적인 부분에 부담을 갖지 않고 자유롭게 생각하고 문제를 풀어간다.

(4) 효과적인 MBL 실험 수업을 위한 전략

MBL 실험에 대한 여러 교육적 효과가 보고되었지만, MBL 기술이 그 자체로 과학적 개념의 학습을 보장하기에 충분한 것은 아니다. 몇몇 학생 모둠은 MBL 하드웨어에 자료가 기록되는 것과 그래프가 그려지는 것을 쳐다보는 것 이상을 하지 않으면서 시간을 보내기도 한다(Aksela, 2011; Tortosa, 2012). MBL 실험은 교육과정, 학교, 사회적 맥락 내에서 과학 개념에 대한 이해를 장려할 수도 있고, 방해할 수도 있다. 학생들의 활동은 주의 깊게 구조화되어야 하며, 특히 느린 학습자들을 위해 특별한 주의를 할 필요가 있다. 실험실 활동에서 적절한 상호작용을 촉진하도록 실험실 활동을 설계하고 구현하는 것은 MBL을 통한 효과적인 교육의 핵심이라고 할 수 있다(Aksela, 2011; Tortosa, 2012).

Atar(2002)에 의하면 학생들은 자료의 즉각성에 다르게 반응했다. 몇몇 학생들은 그것이 그들의 학습을 강화하고 실험에 대한 참여도를 증진했다고 했지만, 다른 학생들은 그것이 그들을 혼란스럽게 했고 실험에서 진행되고 있는 것을 이해하는 것을 막았다고 믿었다. 교사들은 학생들이 소프트웨어 도구를 사용하는 것에 익숙함을 느끼고 자신감을 얻도록 시간을 투자할 필요가 있다. 또한 무엇보다도 MBL 실험 수업에서의 효과성의 기반이 되는 그래프 자료에 대해서 생각하고 이야기하는 연습을 교사들과 함께 해보는 시간이 필요하다. 교사들은 학생들이 얻은 그래프에 대하여 이야기함으로써 그래프를 설명하고, 그 의미를 성찰하는 학생의 능력을 발전시킬 수 있다. 학생들이 말한 것을 더 깊이 생각해보도록 격려하는 몇 가지 질문의 사용만으로도 학생들의 자료의 이해에 상당히 영향을 줄 수 있다. 표 4.11은 화학 반응을 탐색하는 실험과 관련해서 교사가 학생에게 할 수 있는 질문의 예시이다.

| 표 4.11 | 화학 반응에 대한 MBL 탐구에서 학생의 자료 이해를 돕기 위한 질문들

- 용액이 혼합된 후 반응이 시작되는데 얼마나 시간이 걸리는가?
- 반응은 일정한 속도로 진행되는가?
- 반응이 마친 것을 어떻게 아는가?
- 만일 용액을 묽히면 반응 시간은 어떤 영향이 있는가?

학생들과 교사와의 상호작용은 MBL 사용의 잠재적인 이점을 최대화하는 데 매우 중요하다. 가능한 때마다 교사는 학생들이 그래픽 자료의 의미에 관해 토의하는 데 참여해야만 한다.

한편, Nahkleh 등(2002)은 실험실 활동을 통해 의미 있는 학습이 지원되기 위한 조언과 안내를 표 4.12와 같이 제시했다.

| 표 4.12 | MBL 수업을 통해 의미 있는 학습을 지원하기 위한 조언

- 실험은 실천적이고, 실제 세계와의 연결성을 갖게 하라.
- 사전과 사후에 구두 토의를 배치하라.
- 실험실 활동에 있어 제한된 특정한 목표를 설정하라.
- 여러 실험에서 사용되는 기구나 과정적 기능을 집약시킨 실험을 설계하라.
- 학생들이 주제의 경계를 탐색할 수 있도록 돕기 위해 '~라면 어떻게 될까' 라는 질문을 하도록 격려하라.

(5) 화학 교육에서 MBL 실험의 교수적 활용 사례

Aksela(2005)는 학생들의 고차원적 사고를 지원하기 위해 협동학습과 순환학습 접근을 도입한 MBL 실험 수업을 제안했다. 특별히 학습일지와 개념도를 사회적 논의, 그리고, 학생 사고를 증진하기 위한 메타 인지적 도구로 사용했다. 또래 상호작용은 학생들의 사고와 논쟁을 고차원적 사고를 위한 긍정적이고 지지하는 환경을 제공할 수 있으며, 교사의 역할은 학생들의 초기 사고 기술을 자극하고, 학습 목표를

| 표 4.13 | 학생 중심 MBL 탐구를 실행하기 위한 'EEEER' 5단계 순환학습

단계	설명
탐색(Exploration)	• MBL 기반 탐구 수행
설명(Explanation)	• 화학 반응에 대한 개념도 그리기
정교화(Elaboration)	• 다른 팀원들에게 그들이 배운 것을 가르침
평가(Evaluation)	• 작은 협력집단 내에서 그들의 탐구하는 동안 그들의 학습을 성찰하도록 학습 일지를 쓰는 것
보고(Report)	• 결과 보고서 쓰기

향해서 그들을 안내하는 코치이다.

사고기능의 개발이 주요 목표일 때 5단계의 순환학습(탐색, 설명, 정교화, 평가, 보고)은 학생 중심 MBL 탐구에서 화학 학습을 지지하기 위해 실행할 수 있다. 그것은 표 4.13에서 고려되는 측면을 포함한다.

직소 협동학습 모델은 MBL 탐구에서 결합할 수 있다. 협동적인 탐구 동안 각 학생은 그들의 생각과 그들이 배운 것을 공유할 수 있고, 그들의 학습을 성찰할 수 있다. 학생들은 그들의 처음 탐구 세션 동안 자신의 모둠에서, 후에 전문가 그룹에서 그들의 탐구를 완성할 수 있다. 3~4명의 학생으로 서너 개의 모둠을 만들 수 있고, 각 모둠을 쉽게 구별하기 위해 자신들만의 색(빨강, 파랑, 초록, 하양)을 가진다. 두 번째 세션 동안 학생들은 그들이 첫 번째 세션으로부터 학습한 것을 전문가 모둠에서 다른 학생들에게 가르칠 수 있다. 그런 다음 그들은 그들의 학습을 반영하고, 개념도와 학습일지를 완성하기 위해 그들의 본래 모둠에 가르칠 수 있다. 다른 역할, 학생들에 의해 선택된 다른 역할(리더, 비서, 컴퓨터 조수, 화학 약품 조수)은 학습에 유용하다.

Tortosa(2012)는 MBL을 연구 기반 실험으로 설계했는데, 제안한 실험 설계 모형은 그림 4.11과 같이 4단계의 순환학습을 따른다. 실험의 초기에 학생들에게 질문이나 상황이 제시되고, 학생들은 자신의 이전의 아이디어를 떠올려 그들이 얻을 결과를 예측한다. 데이터를 얻기 위한 MBL 장치를 준비하고, 데이터를 얻게 되면 그들의 예상과 이론적 모델과 비교한다.

그림 4.12는 MBL 실험 설계 모형을 적용해서 고안된 화학 실험 시트의 구조를 보여준다. 여기에는 4단계 순환학습의 구조를 볼 수 있다. 수평축에서 활동은 단순한 것에서 복잡한 것으로 발전하고, 수직축은 구체적인 것에서 추상적인 것으로 이동한

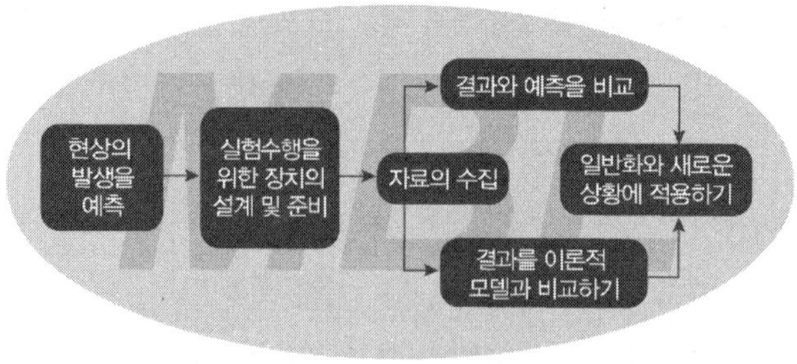

| 그림 4.11 | MBL을 사용한 실험의 모든 경우에 학생들은 예측(Prediction), 실험 준비(Experimental preparation), 관찰(Obervation), 설명하기(Explaining) 등의 네 단계로 안내된다.

다. 그림의 맨 위에서 화살표는 실험 수업에서의 시간을 의미한다. 활동은 다음과 같이 진행된다. 실제 세계의 문제에서 시작하여 실험실 장치가 도입된다. 학생들은 순환학습으로 안내되어, 탐색, 새로운 개념 도입, 새로운 상황에 적용을 하게 된다. 과제는 학생들의 동기를 부여하기 위해 실제 세계의 맥락으로 제시된다. 모든 측정에

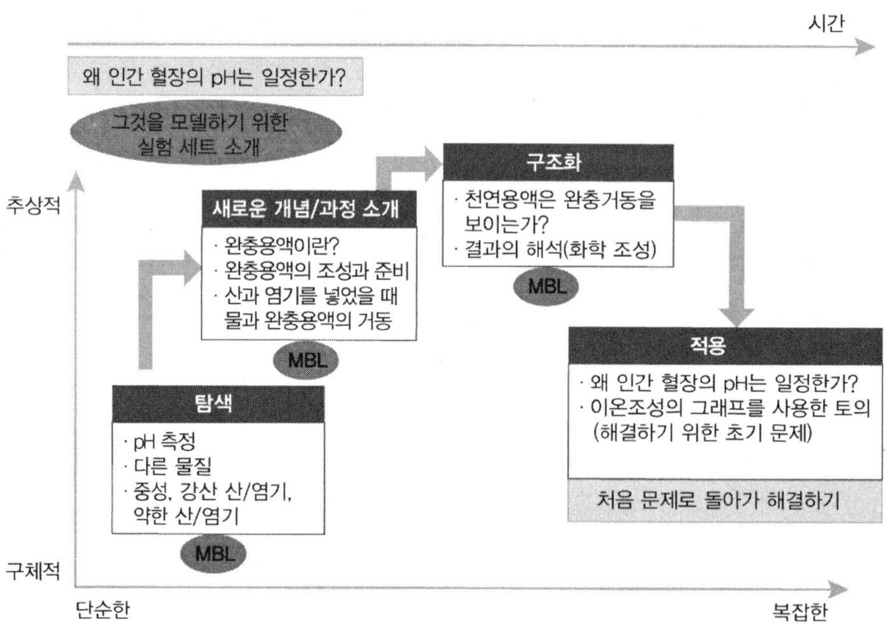

| 그림 4.12 | 중 · 고등학교용 탐구 기반 순환학습으로 설계된 실험 시트의 구조. 이는 인간의 건강과 관련된 이슈로 맥락화 된다. 학생들은 데이터를 얻기 위해 pH 센서를 사용한다. 학생들이 MBL을 사용하여 실험 데이터를 얻을 때 그림 4.11에 설명된 대로 예측, 실험 준비, 관찰, 설명의 4단계 순서로 안내된다.

서 학생들은 그림 4.11에서 제시된 것처럼 먼저 예측을 하고, 그다음 측정 시스템을 준비하고 구성하며 데이터를 수집하고, 마지막으로 이론적 모델과 예측과 결과를 비교하도록 지시받는다.

그림 4.12와 표 4.14에서 실험 시트의 개략도는 pH와 평형의 개념과 산과 염기의 변화를 심층적으로 다루어 완충용액의 개념을 기능적으로 도입하는 것을 보여준다. 활동의 맥락은 사람의 건강이며, 학생들은 화학적인 관점에서 '혈장 혈액의 pH가 왜 일정한지 어떻게 설명할 수 있을까요?'라는 질문으로 안내된다. 학생들이 수행할 활동은 다음과 같다. (1) 몇 가지 일반적인 용액의 pH를 측정한다(그림 4.11에서 설명된 '예측 - 관찰 - 설명'의 접근 방식을 사용함으로써 pH에 대한 선행 개념을 제시하고, MBL 장비를 사용해서 측정하는 방법을 배울 수 있다), (2) 약한 산의 평형을 변화시키고, pH 센서를 사용해서 변화를 측정한다, (3) 완충 용액이 무엇인지를 소개받고, 그 후에 완충 용액을 준비하고, 산이나 알칼리를 첨가할 때 그것이 어떻게 일정한 pH를 유지하는지 관찰하기 위한 시험을 한다, (4) 천연용액의 완충 거동을 조사한다, (5) 마지막으로 학생들에게 사람의 혈장의 이온 구성을 가진 그래프가 주어지고, 학생들은 초기 질문에 대답할 수 있어야 한다. 표 4.14에는 학생이 수행하는 활동과 순서의 교육 목표가 제시되어 있다.

| 표 4.14 | 순환학습으로 고안된 단계에서 활동과 학습 목표들. 교수 자료는 사람의 건강 맥락이다.

처음 질문에 답하기 위해 학생들에게 안내되는 일련의 활동들	학습 목표(교사)
(1) MBL을 사용하여 pH를 측정하고, 물질을 분류: 산성 / 염기성 / 중성	학생의 산, 염기, pH에 관한 학생의 사전 개념 밝히기 MBL 사용 / 구성을 배우기
(2) 약산의 평형을 이동시키기 위한 실험을 고안	평형의 이동에서 pH의 변화를 탐색하기
(3) 실험실에서 완충용액 준비 및 산 / 염기를 추가할 때 pH 변화 관찰	새로운 개념(완충용액)을 소개 산 / 염기를 첨가할 때 완충용액의 거동을 경험하기 두 개의 센서로 MBL 구성하기
(4) 천연용액의 완충거동의 탐색(탄산수와 천연 오렌지 주스)	화학적 조성과 연결함으로써 거동을 정의하기 용액이 완충용액인지 실험으로 결정하기
(5) 일반화: 이론적인 자료를 사용해서 혈장 pH의 불변을 설명하는 방식(혈장의 이온조성을 가진 막대그래프)	새로운 상황에서 추론하기

1.8 스마트 교육

정보통신기술의 발달, 특히 스마트 기기의 발달은 교육 전반의 변화에 많은 영향을 미치고 있다. 2015년 개정 과학 교육과정에서는 "학생의 이해를 돕고 흥미를 유발하여 구체적 조작 경험과 활동을 제공하기 위해 모형이나 시청각 자료, 소프트웨어, 컴퓨터나 스마트 기기, 인터넷 등의 최신 정보통신기술과 기기 등을 과학 실험과 탐구에 적절히 활용한다."와 같은 내용을 명시해서 과학 실험 및 탐구에서 최신 정보통신기술의 활용을 강조하고 있다.

이 장에서는 스마트 교육의 정의와 특징을 살펴보고, 최근 널리 사용되고 있는 블렌디드 러닝의 수업 유형 및 이러한 수업에서 교사의 역할을 살펴본다. 또한 화학 교육에서 사용되는 스마트 교육의 실례를 소개했다.

(1) 스마트 교육의 정의

스마트 교육은 스마트폰이나 인공지능 기기를 이용한 교육으로 생각되기 쉽지만, 우리나라 교육과학기술부(2011)에서는 스마트 교육을 "21세기 지식정보화 사회에서 요구되는 새로운 교육방법, 교육과정, 평가, 교사 등 교육체제 전반의 변화를 이끌기 위한 지능형 맞춤 교수·학습 지원체제로 최상의 통신환경을 기반으로 인간 중심의 소셜러닝(Social Learning)과 맞춤형 학습(Adaptive Learning)을 접목한 학습 형태"로 정의하고 있다. 이 정의로부터 우리나라가 추구하고 있는 스마트 교육 범위는 훨씬 광범위하고 거시적인 차원이라는 것을 알 수 있다.

스마트 교육의 S, M, A, R, T는 Self-directed(자기 주도적), Motivated(흥미로운), Adaptive(수준과 적성을 고려한), Resource Enriched(자료가 풍부한), Technology Embedded(기술을 활용하는)를 가리킨다. 이는 스마트 교육에서 강조하고 있는 교육역량과 교육내용, 교육방법에 해당하는 영문 단어의 첫 글자들이다(교육과학기술부, 2011).

(2) 스마트 교육의 특징

모바일, 네트워크, 인공지능 등의 기술 개발과 더불어 기존의 '학습', '수업', '교사' '학습자'의 역할과 의미도 급변하고 있으며, 교육 전반의 구조에도 크고 작은 변화들이 생기고 있다(Uskov, Howlett, Jain, & Vlacic, 2018).

스마트 교육이라고 말할 때 먼저 떠오르는 특징 중 하나는 수업에서 스마트 기기의 활용일 것이다. 스마트폰, 클라우드 컴퓨팅, 가상 현실, 사물 인터넷, 인공지능 스피커(구글 홈, 알렉사, 클로바 등) 등 지능화된 기기 등이 학습 상황에 맞게 활용되고 있다.

스마트 교육의 중요한 특징이며 장점 중 하나는 개인 적응형, 맞춤형 학습이 가능하다는 것이다. 인공지능을 활용한 스마트 교육에서는 개인의 진도와 학습 유형 등을 진단해서 개인 맞춤형 교육을 제공할 수 있다. 또한 학습자가 다양한 콘텐츠 중에서 자신의 특성이나, 학습계열, 학습흥미 등을 고려해서 속도를 조절해가며 학습할 수 있다. 예를 들어 미국 샌프란시스코의 알트스쿨(Alt School)의 경우 교실 벽에 다수의 카메라를 설치해서 수업 영상을 촬영하는데, 교사는 수업 후에 이 영상을 분석하여 학생의 수업 반응을 살피고 수업 진도와 개인 커리큘럼에 반영한다.

네트워크 상에서 참여, 공유, 개방, 협력을 통해 관계를 형성하고, 상호 협력을 촉진하는 활동은 스마트 교육의 중요한 특징 중 하나이다. 또한 네트워크 상에서 다양한 데이터 분석 및 시각화를 협력적으로 수행하는 것은 과학 교육에서 스마트 교육을 활용하는 좋은 예라고 할 수 있다. 캐나다 퀘벡 지방의 많은 학교에서 참여하고 세계적으로 퍼져 나간 컴퓨터 기반 국제 학습 환경(Computer - Supported International Learning Environment; CSILE) 같은 경우, 학습자들은 동기, 비동기 상황에서 협력적으로 연구 문제를 생성하고, 가설을 설정하며, 이 후 다양한 데이터 분석을 통해 비판적 평가를 실시한다(Scardamalia & Bereiter, 2010).

또한 스마트 교육은 다양한 정보 기술을 활용해서 제한된 시간적, 공간적 상황에서 학습하는 상황을 벗어나, 학습의 내용과 진도를 주도적으로 조절하여 원하는 자기 주도 학습을 제공한다. 예를 들어 전 세계의 많은 대학에서 활용하고 있는 MOOC(Massive Open Online Course)의 경우 학습자는 시간, 공간적 제약을 받지 않고 학습 자료에 자유롭게 접속해서 주로 비디오로 구성된 강의 자료를 시청한 후, 과제를 수행하거나 시험을 보고 토론에 참여할 수 있다.

(3) 블렌디드 러닝

블렌디드 러닝이란 온라인 수업과 대면 수업을 병행한다는 의미이다. 자칫 e-learning이나 smart learning이 대면 수업과 경쟁 구도에 있는 것처럼 오해되는 경우가 있다. 예를 들어 테크놀로지 기반 수업을 진행하는 경우 기존의 수업 전략이나 전통적인 수업 기법은 사용하지 않는 경우이다. 그러나 이는 스마트 교육이 추구하는 방향이 아니며 스마트 교육은 새로운 기술이 가져다주는 장점을 최대한 활용하는 데 그 목적이 있다고 할 수 있다. 블렌디드 러닝은 온라인과 대면 수업의 장점을 살려 학습 효과를 극대화하고, 두 수업 형식의 조화를 추구한다는 면에서 오히려 스마트 교육의 지향점을 가장 잘 반영하는 수업 형식이라고 할 수 있다(Bonk & Graham, 2012).

1) 블렌디드 러닝의 유형

가. 순환 모델

기존의 대면 수업에 온라인 수업을 도입하는 방식으로 기존의 학교 수업 방식에 블렌디드 러닝을 무리 없이 수용할 수 있다는 장점이 있다. 온라인에서 디딤 영상이나 읽기 자료를 이용해서 예습이나 복습을 수행하고, 대면 수업에서는 교사와 함께 프로젝트 수업을 진행하는 거꾸로 수업(flipped learning)은 순환 모델의 대표적인 예라고 할 수 있다. 이 밖에 한 교실 안에서 대면 수업 교실 상황(소그룹 활동, 교사 개별 지도)과 가상 현실 등을 이용한 실험실이 동시에 운영되는 모델, 학교 간 협력을 통해 다양한 대면 및 온라인 수업을 선택해서 수강할 수 있는 모델 등이 순환 모델에 속한다.

나. 플렉스 모델

샌프란시스코의 플렉스 아카데미의 수업 방식에서 힌트를 얻어 생긴 블렌디드 러닝의 유형이다. 수업은 주로 온라인으로 이루어진다. 교사들은 온라인 수업에서 모아진 학습자의 데이터를 바탕으로 학습자 맞춤형 집중 수업(targeted instruction)과 보충 자료 등을 준비해서 대면 수업에서 이를 제공한다.

다. 알라카르트렐 모델

일반적인 대면 수업을 진행하는 학교이지만 선택 과목 등 일부 과목은 온라인 과목으로 개설해서 운영되며, 학습자는 사이버 라운지라고 불리는 학교 자체의 공간에서 이 수업을 들을 수도 있고, 학교 밖에서 원격으로 수강이 가능하다. 선택 수업에 대해서는 온라인으로 진행되는 오리엔테이션을 실시하고 있다.

라. 가상 학습 강화 모델

온라인 수업에 대한 비중이 플렉스 모델과 알라카르트렐 모델의 중간쯤 되는 모델이다. 알라카르트렐 모델이 몇 개의 선택 수업에 대해 온라인 수업을 운영한다면, 가상 학습 강화 모델은 전 수업에 온라인 수업을 운영하지만 일주일에 2~3번 정도는 대면 수업을 하거나, 오전이나 오후에 대면 수업에 참여한다.

2) 성공적인 블렌디드 수업을 위한 교사의 역할

블렌디드 러닝은 첨단 기술을 이용한 스마트 러닝의 장점 및 대면 수업에서 얻어지는 친밀감, 인성 교육, 사회성 교육 등의 장점을 모두 살릴 수 있는 수업이다. 디지털 교과서, 학습 관리 시스템 및 클라우드 러닝을 제공하는 학습 플랫폼이 갖추어질 경우 이러한 장점은 더욱 부각될 수 있다.

블렌디드 러닝은 아직 우리나라의 교사와 학습자 모두에게 익숙하지 않은 새로운 교육 모델이다. 교사는 대면 수업과 온라인 수업을 모두 준비하고 진행해야 하므로 수업 준비와 진행에 대한 부담이 커질 수 있다. 한편, 학습자 자신의 성향과 흥미를 고려해서 자기 주도적인 학습이 가능한 것은 온라인 수업의 가장 큰 장점이지만, 수동적인 학습에 익숙한 어린 학생들에게 자기 주도적 학습은 어려운 일이다. 그러므로 교사는 학생들이 겪을 수 있는 '학습 미루기'나 동기 저하, 의욕 상실 등의 문제에도 주의를 기울여야 한다. 교사가 학습 관리 시스템의 출석, 진도, 과제 상황 보고 등을 잘 활용하면 어떤 학습자가 이러한 문제를 겪고 있는지 파악해서 도움을 줄 수 있다(Rasheed, Kamsin & Abdullah, 2020).

가. 학습을 매개하고 촉진하는 설계자로서의 교사

최근 전염병 상황으로 인한 준비 없는 급작스러운 블렌디드 러닝의 실시는 교사에게 큰 혼란을 주었다. 교사는 교육과정에서 강조해온 학습자 참여 중심, 역량 증진의 수업에 대한 방향성을 잃고 온라인 상황에서는 일방적인 내용 전달 수업(인터넷 강의)을 주로 하게 되었다. 이는 온라인 상황에서 체험형 수업, 협력 수업에 대한 충분한 교육이나 경험이 없이 블렌디드 러닝이 전면적으로 실시된 것에 그 이유가 있다.

교사는 온라인을 통신의 매개 수단으로 생각해서 학습할 내용을 전달하고 설명, 예시를 제시하는 것에 익숙하다. 즉 녹화된 강의 콘텐츠를 보여주거나, 실시간으로 강의를 하는 것이다. 그러나 현대의 학습자들은 온라인상에서 정보를 검색, 분류, 비교하고 이에 대한 협력적 토론을 통해 의사결정을 하는 것에 매우 익숙하다. 그러므로 교사는 이미 결정된 내용을 전달하는 것보다는, 학습자들이 다양한 정보를 검색하고 비교하고, 다양한 분석 도구와 가시화 도구를 통해 재가공하는 경험을 제공해야 한다. 또한 이러한 과정 속에서 융합적, 창의적 사고력 및 문제 해결력을 발휘하여 새로운 아이디어를 발휘할 수 있도록 학습 내용을 설계해야 한다.

교사는 지식의 전달자 혹은 설명자가 아니라, 학습의 매개자 및 촉진자가 되어야 한다. 예를 들어 사용자가 자신의 세계관을 반영하여 새로운 세계를 구축할 수 있는 샌드박스형 게임이나 정치, 경제, 사회, 문화 등 전반적인 측면에서 몰입형 가상 현실에서 생활이 가능한 메타버스 등은 학습자가 창의력을 발휘할 수 있는 온라인 플랫폼이다. 교사는 이러한 플랫폼을 활용해서 학습을 촉진하고 매개할 수 있는 환경을 설계, 제공할 수 있다.

나. 교사 공동체 활성화를 통한 콘텐츠 다양화

블렌디드 러닝의 장점 중의 하나는 개인의 수준과 성향에 따라 개인 맞춤형 학습이 가능하다는 것이다. 그러나 이 장점은 학습 콘텐츠가 개인의 수준과 성향에 따라 다르게 선택할 수 있을 만큼 다양하고, 그 수준 또한 높을 때만 발휘될 수 있다.

온라인 콘텐츠는 시간적, 공간적 제약이 없이 사용될 수 있으므로, 교사 개개인이 모든 콘텐츠를 준비하는 방법보다 교사 공동체에서 협력을 통해 수준 높은 콘텐츠를 생산하는 것이 바람직하다. 수준 높은 온라인 콘텐츠의 생산 및 활용 능력은 교사의 중요한 자질이 될 것으로 보인다.

(4) 스마트 교육 콘텐츠

1) 거꾸로 교육 기법을 활용한 개방형 탐구화학 실험

실험 주제와 과정을 직접 설계하는 탐구화학 실험의 경우 실험 디자인 및 수행에 많은 시간이 필요하며, 탐구 주제에 대한 과학적 지식이 요구되기 때문에 제한된 시간 안에 탐구 실험을 수행하기 어려운 제한점이 있다. 거꾸로 교육 기법을 활용한 탐구화학 실험에서는 실험에 관련된 과학 개념에 대한 디딤 동영상을 제작해서 과학 개념에 대한 사전학습 및 실험 디자인에 대한 아이디어 구상을 할 기회를 주고, 대면 수업에서는 학습된 개념과 기초 아이디어를 기반으로 탐구 실험을 설계하여 수행할 수 있도록 했다(김미숙 & 유선아, 2019).

| 그림 4.13 | 탐구화학 실험 디딤 영상

1) 수업 개요

연소는 일상생활에서 쉽게 접할 수 있는 화학 반응의 예이다. 또한 연소는 2015 개정 교육과정 과학과에 의하면 학생들이 제일 먼저 배우게 되는 화학 반응이기도 하다. 초등학교 5～6학년 과학에서는 연소의 현상, 연소의 조건, 연소 생성물, 소화 방법을 학습하게 되며, 이를 통해 학생들은 물질이 화학 반응을 통해 다른 물질로 변하게 된다는 화학의 기초적 개념을 알게 된다. 이와 같은 화학 반응의 기초적 개념은 중학교 과학의 물리 변화, 화학 변화와 연계되며, 또다시 이것은 고등학교 통합과학의 〈변화와 다양성－화학변화〉, 화학Ⅰ의 〈물질의 변화－화학 반응〉과 연계된다.

따라서 탐구화학 실험 수업에서는 가장 기초적인 화학 반응이면서 예비 교사로서 반드시 알아야 하는 연소를 첫 번째 실험 주제로 선정했다. 디딤영상을 통해 간단하지만 기초적인 연소의 원리를 학습하게 되고 본 차시에서 이루어질 실험에 대해 기본적인 과학적 개념을 습득하게 될 것으로 기대된다.

2) 학습 목표

연소의 개념을 설명할 수 있다.
양초의 연소 실험과 관련된 현상을 과학적 개념을 이용하여 설명할 수 있다.

3) 영상 내용

부분	내용	세부 내용
1	연소에 대한 기초적인 개념	연소의 개념, 연소의 요소, 인화와 발화의 차이점
2	양초의 연소 실험 수업을 위한 개념	양초의 화학식, 양초의 연소 원리, 물이 상승하는 양초 연소 실험

그림 3. 2차시 디딤영상 캡처 화면

| 그림 4.14 | 양초의 연소에 관한 디딤 영상

본 차시의 영상은 연소에 대한 기초적인 개념 설명과 양초의 연소 실험 수업을 위한 개념 설명으로 구성되어 있다. 연소에 대한 기초적인 개념 설명은 연소의 개념, 연소의 요소, 인화와 발화의 차이점 등으로 이루어져 있으며, 실험 수업을 위한 개념 설명은 양초의 화학식, 양초의 연소 원리, 물이 상승하는 양초 연소 실험(물을 채운 수조 안에서 양초를 연소시킨 후 양초를 비커로 닫았을 때 비커 밖의 물이 비커 안쪽으로 상승하는 실험)에 대한 영상으로 이루어져 있다.

2) 온라인 게임 환경을 활용한 화학 수업

게임의 요소를 활용하거나(게이미피케이션), 온라인 게임 환경을 이용한 화학 수업을 수행할 수 있다. 예를 들어 마인크래프트 교육용 버전은 화학 자원 팩을 지원하고 있다.

마인크래프트 교육용 에디션의 화학 페이지에는 교사들이 마인크래트를 화학 수업에 어떻게 사용하고 있는지에 대한 여러 가지 자료들이 소개되어 있다.

학습자들은 마인크래프트의 원소 구성기, 화합물 생성기, 실험대, 물질 분해기 등을 사용하여 원자, 원소와 화합물, 분자를 구별해서 설명할 수 있고, 여러 가지 화합물을 만들어 볼 수 있다. 또한 이 화합물 제조는 실제 게임 아이템인 표백제, 열 블록, 얼음 폭탄, 슈퍼 비료 등을 만드는 과정으로 사용될 수 있어 에듀테인먼트의 좋은 예라고 할 수 있다(Petrovich et al., 2020).

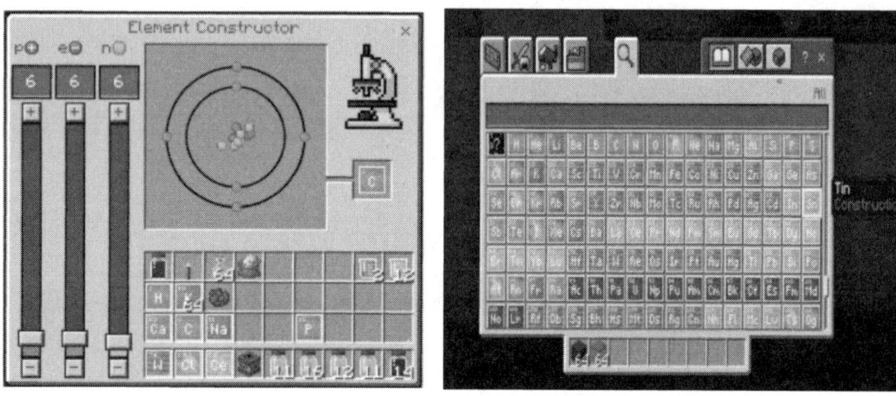

| 그림 4.15 | 교육용 마인크래프트(화학 활동)

2 교수 모형에 따라

이 절에서는 과학 교수·학습에서 다루는 주요 수업 모형인 가설검증 수업 모형, 발견학습 모형, 개념변화 수업 모형, STEM, STS 모형, POE 모형을 소개하고자 한다.

2.1 가설검증 수업 모형

(1) 배경과 특징

'과학'이 모든 자연현상을 이해하고자 하는 학문이라면, 탐구는 그러한 목적을 달성하기 위한 방법이나 절차이다. 가설검증 수업 모형은 과학적 탐구 과정을 교수·

학습 과정에 적용해서 체계적으로 정리한 것이다(Joyce, Weil, & Calhoun, 2014). 가설검증 수업 모형은 과학 탐구의 주요 과정을 경험해서 탐구 능력을 신장하는 것을 목표로 한다.

1) 과학적 가설의 의미

과학적 가설은 자연계에서 관찰되는 현상에 대한 잠정적인 설명을 위한 아이디어이다. 과학적 가설을 설정하고 검증하는 것은 과학자들이 사용하는 과학적 방법이다. 가설의 생성은 창의적인 과정이며, 다양한 변수와 잠재적인 결과를 포함하여 구성한다. 과학적 가설의 두 가지 주요 특징은 반증 가능성과 검증 가능성으로, “만약 ..., 그렇다면(If..., then)”을 통해 아이디어를 관찰 및 실험을 통해 지지하거나 반박할 수 있는 것을 포함한다(Rogers, 2021).

2) 배경 및 특징

가설검증 수업 모형의 배경 및 특징은 다음과 같다.

첫째, 가설검증 수업 모형은 과학에 내재된 기본 원리와 핵심 개념을 과학자가 탐구한 방식으로 교육해야 한다는 학문중심 교육사상, 그리고 실증주의와 반증주의 과학철학에 기초한다.

실증주의는 감각 경험과 실증적 검증을 통해 새로운 지식이 만들어지며, 가설연역적 방법이 과학적 방법이라고 주장한다. 반면, 반증주의는 가설이 ‘참’이라는 것을 연역적 과정을 통해서 확증할 수 없으며, 대신 가설을 반증하는 방법론으로 적용할 수 있다고 주장했다. 과학적 가설을 반증하는 가능하고 검증이 가능하다는 개념은 영국의 철학자 K. Popper에 의해 발전되었다(Rogers, 2021).

둘째, 가설검증 수업 모형은 학생들을 ‘과학의 탐구 활동을 수행하는’ 어린 과학자로 간주하고, 학생이 현상을 설명하기 위한 가설을 설정하여 검증하는 과정을 통해 과학적 지식과 방법의 형성을 목표로 한다.

셋째, 가설검증 수업 모형은 일반적으로 가설 설정이나 일반화 같은 고차원 사고가 가능한 형식적 조작기 수준의 학생에게 적합하다. 그러나 교사의 적절한 질문과 안내로 적용할 수 있는 범위를 확장해서 사용할 수 있다.

3) 가설검증 수업 모형의 효과

학생들은 일반적으로 제시한 이론과 실험방법에 따라 예상되는 결과를 확인하는 실험에는 익숙하지만, 현상으로부터 문제를 인식하고 정의하거나 직접 가설검증 방법을 고안하는 것을 어려워하는 경향이 있지만(박윤배, 1998), 여러 연구에서 가설검증 수업 모형의 효과를 제시했다.

생물 실험 지도에 있어서 가설검증 수업 모형의 적용 효과를 조사한 결과, 일반화 능력의 신장, 과학적 태도의 향상, 과학 성취도 검사에서 통계적으로 의미 있는 것으로 나타났다(김광수, 정완호, 1996). 개방적 가설검증 수업 모형을 고등학교 화학 '금속과 그 이용' 수업에서 적용한 후 학생들의 인지 수준에 따른 과학 탐구 능력에 미치는 효과를 조사한 결과, 실험 설계, 자료 변환 및 해석, 가설검증의 영역에서 유의미한 효과가 있었다(방정아, 최취임, 최원호, 정대홍, 2006). 또한 중학교 생물 '감자즙 과제' 가설검증 수업을 적용한 사전검사와 사후검사 결과를 비교한 결과, 학생들의 가설검증 방법 유형을 긍정적인 방향으로 변화시키고, 가설검증 방법 고안 능력을 향상시켰다(유지영, 윤성규, 정진수, 2012).

(2) 단계별 내용

가설검증 수업 모형의 단계는 '문제의 발견 및 인식', '가설 설정', '실험 설계', '실험 수행 및 자료 수집', '자료 해석 및 가설검증', '결론 및 일반화'로 구분할 수 있다.

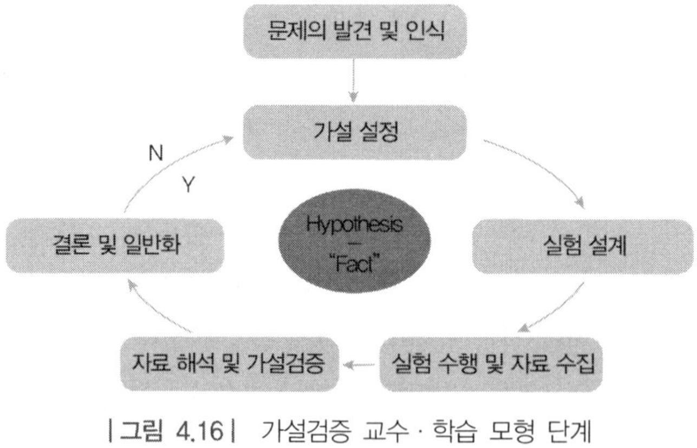

| 그림 4.16 | 가설검증 교수 · 학습 모형 단계

1) 문제의 발견 및 인식

이 단계는 학생이 주어진 현상을 탐색하고 분석해서 문제를 발견하고 인식하는 단계이다. 의미 있는 과학 탐구를 수행하기 위해서 학생에게 흥미로운 현상 또는 문제 상황을 제공해야 한다. 탐구 문제는 탐구에 몰입하게 만드는 원동력이며, 탐구의 방향과 범위, 수준 등의 설정에 영향을 준다. 다음은 이 단계에서 이루어지는 학생과 교사의 핵심 활동이다.

- 학생은 제공된 현상을 자유롭게 탐색하여 문제를 발견하고 인식한다.
- 교사는 학생이 스스로 문제를 발견하거나 인식하는 것을 어려워하는 경우, 시범실험, 발문 등을 통해 학생의 문제 발견과 인식을 안내한다. 경우에 따라서는 교사가 탐구 문제를 직접 제시하거나 질문을 통해 문제를 인식하게 할 수도 있다.

2) 가설 설정

이 단계는 학생이 제공된 현상이나 문제 상황을 분석한 후 인식한 문제에 대한 잠정적인 설명 또는 해답을 위한 가설을 만드는 단계이다. 가설은 과학적 지식을 바탕으로 검증 가능한 일반적인 진술로 제시해야 한다. 다음은 이 단계에서 이루어지는 학생과 교사의 핵심 활동이다.

- 학생은 탐구할 문제에 대한 잠정적인 설명을 위해 스스로의 지식과 경험을 활용해서 과학적 가설을 만든다.
- 교사는 학생들이 가설과 관련된 배경 가정들을 명확하게 인식할 수 있도록 돕는다. 이때 과학적 가설은 현상에 대한 인과론적 또는 모형적 설명을 의미한다. 그러나 학생의 수준에 따라 현상에 대한 서술적인 진술(일종의 예상)도 가설로 포함한다.

3) 실험 설계

이 단계는 학생이 가설을 검증하기 위하여 변인을 확인하고 통제하는 방법을 고안하고, 실험 계획을 세우는 단계이다. 실험 과정과 방법은 제시한 가설과 논리적으로 모순이 없을 뿐만 아니라, 변인들이 정확하게 정의되고 조작되도록 설계되어야 한다. 가설에 따라서 직접 실험을 수행하지 않고, 인터넷, 문헌, 설문 조사 등을 활용한 다양한 방식으로의 실험 설계가 가능하다. 다음은 이 단계에서 이루어지는 학생과 교사의 핵심 활동이다.

- 학생은 가설검증을 위한 독립 변인과 종속 변인을 설정하고, 종속 변인을 통제하는 방법을 고안하고, 그에 따른 구체적인 실험 과정을 설계한다. 이때 실험에 필요

한 기구나 재료를 선정하고, 적절한 실험 절차를 설계한다.

• 교사는 학생이 공정하게 가설을 검증할 수 있는 실험 설계를 하도록 안내한다. 또한 학생이 창의력과 아이디어를 통해 새로운 실험 방법을 고안해야 하도록 격려한다. 학생의 설계한 실험 과정을 검토하고, 필요한 경우, 피드백을 제공하고, 학생의 수준에 따라 적절히 안내한다.

4) 실험 수행 및 자료 수집

이 단계는 학생이 실제로 변인을 통제하면서 실험하고 구체적으로 자료를 수집하는 단계이다. 직접 실험을 수행하지 않고 인터넷이나 설문조사 등으로 실험을 설계한 경우, 실험 대신 다양한 방식으로 자료를 수집하는 단계이다. 다음은 이 단계에서 이루어지는 학생과 교사의 핵심 활동이다.

• 학생은 안전 유의사항에 따르면서 실험을 수행해서 자료를 수집하고 정리한다. 과학적인 절차에 따라 실험을 수행한다.

• 교사는 학생이 실험 수행 과정에서 안전 및 유의할 사항을 숙지하고 있는지 확인하고, 정확하고 객관적인 자료를 수집할 수 있도록 안내하고 모니터링한다.

5) 자료 해석 및 가설검증

이 단계는 학생이 수집한 자료를 정리 · 해석해서 가설을 수용하거나 수정 또는 기각하는 단계이다. 수집한 자료를 도표나 그래프 등으로 조직화하고 해석해서 가설의 수용, 수정, 기각 등의 여부를 판단한다. 한편, 이 과정에서 학생은 독특한 기호나 논리적 체계를 고안하여 사용할 수 있다. 그래프를 그려 자료의 특성을 규명한다든지, 실험에서 얻은 측정량의 특성을 수식으로 나타낼 수도 있다. 이 과정에서 최종적으로는 얻은 자료가 문제의 잠정적인 해답, 즉 가설을 지지하는지 판단한다. 다음은 이 단계에서 이루어지는 학생과 교사의 핵심 활동이다.

• 학생은 수집한 자료를 도표와 그래프, 또는 자신만의 독특한 기호나 논리적 체계를 고안해서 정리한다. 그리고 수집한 자료가 가설검증에 타당하고 신뢰할 수 있는지 평가하고, 해석해서 자신의 가설을 수용하거나 수정 또는 기각하는 것을 판단한다. 수집한 자료의 특성을 도표와 그래프를 그려서 규명하거나 또는 수식으로 나타낼 수도 있다. 그리고 최종적으로 가설의 수용 여부를 판단한다.

• 교사는 학생이 수집한 자료를 도표와 그래프, 또는 다양한 형태로 변환해서 해석

하도록 독려한다. 가설의 수용 여부는 수집한 자료에 근거하여 판단하고, 가설의 수정이 가능함을 안내한다.

6) 결론 및 일반화

이 단계는 학생이 가설검증 과정에서 습득한 지식을 기반하여 결론을 내리고, 새로운 상황을 예상하거나 실제 상황에 적용하고 응용하는 단계이다. 그리고 습득한 지식을 실생활 또는 새로운 상황에 적용해보는 발전 또는 심화 단계이다. 다음은 이 단계에서 이루어지는 학생과 교사의 핵심 활동이다.

- 학생은 검증된 가설들을 바탕으로 잠정적인 결론을 내리거나 새로운 상황을 예상하거나 그 지식을 실제 상황에 적용한다. 만약 가설이 틀린 것으로 결론을 내리면, 가설이 수정되고 단계가 반복된다.
- 교사는 수집한 자료가 가설을 뒷받침하는 경우, 실험을 반복하고 다른 학생들의 결과와 교차 확인하면 가설이 과학적 "사실"이 되고, 일반화가 가능하다는 것을 안내한다. 또한 학생이 새로운 문제를 발견하여 추가적인 가설 설정, 실험 설계 등의 가설검증 탐구 활동을 시작하도록 독려한다.

(3) 적용상의 고려사항

가설검증 모형을 수업에 적용할 때, 다음 사항을 고려한다.

- 학생에게 자기 주도적이며, 적극적으로 탐구할 기회를 제공한다.
- 학생의 발달 수준을 고려하여 교사의 적절한 질문과 안내를 제공한다.
- 학생에게 자신의 생각을 자유롭게 표현하게 한다.
- 제시된 실험 절차에 따라 실험을 진행하는 요리책 형식의 탐구가 되지 않도록, 학생에게 실험 과정이 왜, 어떻게 이루어져야 하는지를 학생들이 구체적으로 생각하게 한다.

(4) 모형의 적용 사례

다음은 가설검증 수업 모형을 적용한 수업지도안의 예시이다.

단원명	대단원	반응 속도와 촉매
	소단원	반응 속도와 농도
성취기준	[12화학 II 03-05] 농도에 따라 반응 속도가 달라짐을 설명할 수 있다.	
학습 목표	• 반응물의 농도를 조절하여 실험을 수행하면서 1차 반응 속도의 변화를 측정할 수 있다. • 농도와 고체의 표면적에 따라 1차 반응 속도가 달라짐을 충돌 횟수의 변화로 설명할 수 있다. • 실생활에서 농도에 따라 1차 반응 속도가 달라지는 예를 찾을 수 있다.	

단계	주요 학습 활동	유의점
문제의 발견 및 인식	**[문제 인식]** • 학생들은 교사가 제시한 석탑 사진들을 관찰하면서 농도와 반응 속도의 관계에 대한 탐구 문제를 파악한다. – 예시) 서울 탑골 공원에 있는 원각사지 10층 석탑과 국립 중앙박물관에 있는 경천사지 10층 – 두 석탑은 모양도 흡사하고, 사용된 석재가 대리석이라는 공통점을 갖는다.	
가설 설정	**[가설 설정]** • 학생들은 농도와 반응 속도의 관계에 대한 가설을 설정하고 활동지에 기록한다. • 학생들은 가설을 발표하고 공유한다.	
실험 설계	**[가설검증을 위한 실험 설계]** • 학생들은 가설검증을 위한 변인을 설정하고 그에 따른 실험을 설계한다 : 반응물의 농도 • 변인 통제를 고려해서 주어진 실험 실험을 설계하고, 탐구 활동지에 기록하여 발표한다. • 실험 설계하기 ① 4개의 100 mL 비커에 증류수를 30 mL씩 담은 후 각각 1.43 g KIO_3 + 녹말을 넣는다. ② 다른 4개의 비커에 30 mL 증류수와 각각 $NaHSO_3$ 농도(0.01 M, 0.02 M, 0.04 M, 0.06 M)를 다르게 해서 넣는다. ③ 동시에 섞어주고 변화 관찰, 초시계로 시간을 측정한다. • 시계 반응 실험에 대한 원리를 설명한다. 1. $IO_3^- + 3HSO_3^- \rightarrow I^- + 3SO_4^{2-} + 3H^+$ 2. $5I^- + 6H^+ + IO_3^- \rightarrow 3I_2 + 3H_2O$ 3. I_2 + 녹말 → 청남색 • 교사는 실험 안전 주의사항을 안내한다. – 약품이나 용액을 다룰 때, 실험용 장갑을 착용한다. – 기체가 몸에 해롭기에 유의해서 실험한다. – 용액을 동시에 넣어주어야 한다.	

실험 수행 및 자료 수집	**[실험 수행하고 가설검증을 위한 자료 수집]** • 학생은 농도와 반응 속도의 관계를 알아보는 실험을 수행한다. • 학생은 실험 데이터를 수집한다.	
자료 해석 및 가설검증	**[자료를 해석하여 가설을 검증]** • 학생은 실험 결과를 해석해서 가설을 검증한다. 실험 결과를 탐구 활동지에 있는 표에 작성하고, 농도와 반응 속도 사이의 관계를 파악하고, 반응 속도식을 작성한다. • 가설이 타당한지의 여부를 토의하여 가설의 기각 여부를 결정한다. 농도가 진할수록 반응 속도가 커진다. → 가설 입증	
결론 및 일반화	**[결론 도출 및 일반화]** • 도출한 결론에 대해 반응물의 농도와 반응 속도를 충돌 횟수, 기체의 압력, 고체의 표면적으로 설명한다. – 반응물의 농도가 증가하면 단위 부피당 입자 수가 많아지고, 입자 간 충돌 횟수가 많아져 반응 속도가 빨라진다. – 반응물이 기체일 때, 일정한 온도에서 기체의 압력이 높을수록 반응 속도가 빨라진다. – 반응물이 고체일 때, 표면적이 클수록 반응 속도가 빨라진다. • 농도와 반응 속도로 설명할 수 있는 일상생활에서 관찰되는 현상들을 스마트폰을 이용해 찾아 활동지에 기록한다.	

2.2 발견학습 수업 모형

(1) 배경과 특징

발견학습 모형(Discovery Learning Model)은 학습자가 스스로 개념이나 원리를 발견하는 것을 통해 과학의 성과와 탐구의 과정을 종합적으로 학습시키고자 하는 교수·학습 방법이다. 발견학습은 Bruner(1961)가 Piaget의 학습 이론을 바탕으로 도입한 탐구 기반 교수 방법 중 하나로, 학습자가 과거 경험과 지식을 바탕으로 직관, 상상력, 창의성을 사용하고 새로운 정보를 탐색하여 사실, 상관관계 및 새로운 사실을 발견하도록 장려한다. Bruner는 학습자가 스스로 자연현상을 관찰해서 규칙성을 발견하고 일반화하는 과정을 통해 과학 학습이 이루어진다고 보았다. 발견학습 모형의 5가지 원칙은 다음과 같다.

원칙 1: 문제 해결(Problem Solving)

교수자는 학습자가 기존 정보와 새로 습득한 정보를 결합하여 해결책을 찾도록 유도하고 동기를 부여해야 한다. 이런 방식은 학습자가 학습의 원동력이 되고, 위험, 문제 해결, 탐색을 장려하는 활동을 통해 적극적인 역할을 수행하며, 기술에 대한 폭넓은 응용을 확립한다.

원칙 2. 학습자 관리(Learner Management)

교수자는 학습자가 혼자 또는 다른 사람과 함께 작업하고 자신의 속도에 맞춰 학습할 수 있도록 해야 한다. 이러한 유연성은 학습자들이 불필요한 스트레스로부터 벗어나게 하며, 그들이 스스로 학습한다고 느끼게 한다.

원칙 3. 통합과 연결(Integrating and Connecting)

교수자는 학습자에게 사전 지식과 새로운 지식을 결합하는 방법을 가르쳐야 하며, 실제 세상과 관련지을 수 있도록 독려해야 한다. 익숙한 시나리오는 새로운 정보의 기초가 되어 학습자가 알고 있는 것을 확장하고 새로운 것을 발명하도록 격려한다.

원칙 4. 정보 분석 및 해석(Information Analysis and Interpretation)

발견학습은 과정중심이며 내용 중심이 아니다. 또한 학습이 단순한 사실의 집합이 아니라는 가정에 기초한다. 학습자들은 실제로 정답을 외우기보다는 습득한 정보를 분석하고 해석하는 법을 배운다.

원칙 5. 실패와 피드백(Failure and Feedback)

학습은 우리가 정답을 찾을 때에만 일어나는 것이 아니며, 실패를 통해서도 일어난다. 발견학습은 올바른 최종 결과를 찾는 데 초점을 맞추는 것이 아니라, 과정 중에 발견하는 새로운 것들을 찾는 데 초점이 있다. 피드백을 제공하지 않으면 학습이 불완전하기 때문에 교수자는 피드백을 제공해야 한다.

출처: Instructional Design Models and Theories: The Discovery Learning Model (https://elearningindustry.com/discovery-learning-model)

발견학습 모형을 적용할 때는 잘 설계되고 경험이 풍부하며 상호작용적이어야 한다. 교수자는 학생들의 호기심과 흥미를 키울 이야기, 게임, 시청각 기기각 기기 등을 활용하고 학습자를 새로운 사고, 행동, 반성의 길로 이끌어야 한다. 이처럼 발견학습에서 사용되는 전략은 다양할 수 있지만 목표는 항상 동일하며, 이는 학습자가 스스로 최종 결과에 도달하는 것이다. 상황을 탐색하고 조작하거나, 질문과 논쟁에 고군분투하거나, 실험을 통해 학습자는 개념과 새로 습득한 지식을 기억할 가능성이 높아진다.

발견학습 모형을 적용할 때의 장점은 다음과 같다.

1) 학생들의 동기부여, 적극적인 참여, 그리고 창의성을 장려한다.
2) 학생들의 학습 속도에 맞춰 교수 활동을 조절하는 것이 가능하다.
3) 학생들의 자율성과 독립성을 촉진한다.

4) 학생들은 발견학습 과정을 통해 발견하는 방법과 속성 또는 탐구적 발견법을 학습한다.
5) 궁극적으로 외적 강화를 내적 강화로 바꿔 줄 수 있다.
6) 기억이 오래가고, 전이가 잘 될 수 있는 학습이다.

(2) 단계와 교수 · 학습

Kauchak & Eggen(1980)은 발견학습 모형으로 7단계 모형을 제시했는데, 이 모형은 '자료 제시', '자료 관찰', '추가 자료 제시', '추가 관찰', '일반화', '정리', '발전'의 과정으로 되어 있다. 단계가 너무 복잡하면 학교 현장에서의 적용 가능성이 줄어들 수 있어, 이범홍과 김영민(1983)이 제시한 것과 같은 '탐색 및 문제 파악', '자료 제시 및 관찰 탐색', '추가 자료 제시 및 관찰 탐색', '규칙성 발견 및 개념 정리', '적용 및 응용'의 5단계 모형을 주로 사용한다.

'탐색 및 문제 파악' 단계는 주어진 자료를 탐색하고 학습 문제가 무엇인지 파악하는 단계이다. 교사는 학생들이 주어진 학습 자료를 관찰하며 문제를 파악할 수 있도록 도와준다. 교사가 제시하는 자료는 귀납적 탐구에 적절하고 학생에게 친숙하며 흥미를 불러일으킬 수 있는 것이 좋다.

'자료 제시 및 관찰 탐색' 단계는 교사가 문제를 해결하는 데 적절한 한두 가지 자료를 제시해서 학생들이 자유롭게 관찰하고 탐색하는 단계이다. 이때 교사는 학생이 가능한 다양하고 많은 관찰을 하도록 격려해야 한다. 그러나 관찰은 이론 의존적이기 때문에 학생의 지적 배경에 따라 상당히 제한적일 수 있다는 것을 고려해서 지도해야 한다. 한편, 교사가 학습 자료를 제시하는 방식은 수업의 목적이나 상황에 따라서 달라질 수 있다. 즉 수업이 학생의 개별적 탐구 능력 신장을 목표로 한다면 학생 각자에게 자료를 주는 것이 좋으나, 협동학습을 통한 상호작용에 강조점을 두는 수업이라면 모둠별로 자료를 제시하는 것이 효과적이다. 또한 복잡한 자연현상에서 규칙성을 찾아가는 것을 목표로 한다면 야외에 나가 직접 자연현상을 관찰하게 할 수도 있다.

'추가 자료 제시 및 관찰 탐색' 단계는 학생이 관찰한 사실에서 귀납적인 추론을 통해 자료에서 드러나는 규칙성을 찾는 단계이다. '자료 제시 및 관찰 탐색' 단계에서 제시된 자료와 다른 자료를 추가로 제시해서 학생들이 관찰하게 하고, 교사는 학생이 관찰한 사실에서 공통성 발견, 경향성 발견, 분류 등의 귀납적 탐구를 수행할 수 있도록 도와준다. 그리고 '자료 제시 및 관찰 탐색' 단계의 관찰에서 얻은 사실들과 '추가 자료 제시 및 관찰 탐색' 단계의 관찰에서 얻은 사실 사이의 유사점과 차이점을 구분하게 함으로써 발견한 규칙성을 명확하게 인식하도록 한다.

'규칙성 발견 및 개념 정리' 단계는 두 단계의 자료 제시 및 관찰 탐색을 통해 발견한 규칙성을 일반화하는 단계이다. 교사는 학생들이 관찰한 사실로부터 규칙성을 이끌어내고 기술하도록 도우며, 이 단계에서 학생들이 규칙성을 발견하는 데 어려움을 겪으면 피드백 과정을 통하여 자료를 더 제시해서 일반화할 수 있도록 한다.

'적용 및 응용' 단계는 수업을 통해 발견한 규칙성을 다른 상황에 적용해 보는 단계이다. 이 과정에서 학생은 발견한 규칙성을 정교화하고 심화시킬 수 있으며, 교사는 학생의 학습 도달도를 파악할 수 있다.

발견학습 5단계 모형의 단계에 따른 교수·학습을 정리하면 다음과 같다.

| 표 4.15 | 발견학습 5단계 모형의 단계에 따른 교수 · 학습 (계속)

단계	교수 · 학습 활동
탐색 및 문제 파악	**[학습 자료 탐색 및 문제를 파악하는 단계]** • 학생은 학습 자료를 탐색하여 문제를 파악한다. • 교사는 주어진 학습 자료를 통하여 학생들이 문제를 파악하도록 도와준다.
자료 제시 및 관찰 탐색	**[자유로운 탐색 활동을 하게 하는 단계]** • 학생은 제시된 자료를 탐색하고 문제 해결을 위한 규칙성을 파악한다. • 관찰을 통해 탐구 기능을 발달시키는 기회를 제공한다. • 가능한 다양하고 많은 관찰을 하도록 격려하며, 관찰은 이론 의존적이기 때문에 학생의 지적 배경에 따라 상당히 제한적일 수 있다는 것을 고려한다. • 교사는 학생에게 문제 해결에 필요한 자료들을 제시하고, 다양한 측면에서 관찰을 수행하도록 격려한다.
추가 자료 제시 및 관찰 탐색	**[귀납적인 추론을 자극하는 단계로 학생이 자료에 드러나 있는 규칙성을 연결하는 단계]** • 교사는 학생에게 처음 관찰과 추가 관찰 사이의 유사점과 차이점을 찾게 하고, 공부하고 있는 내용과 직접적으로 관련이 있는 관찰을 할 수 있도록 유도한다. • 학생은 귀납적인 사고를 통해서 관찰한 사실에서 규칙성을 발견한다. 제시된 추가 자료는 학생이 더 많은 관찰을 해서 그로부터 추리되는 규칙성을 인식하게 하기 위한 것이다. • 학생이 발견한 규칙성에 맞지 않은 자료를 제시함으로써 학생이 발견한 규칙성을 명확하게 인식할 수 있도록 한다.

| 표 4.15 | 발견학습 5단계 모형의 단계에 따른 교수 · 학습

단계	교수 · 학습 활동
규칙성 발견 및 개념 정리	**[관찰된 규칙성으로부터 일반화를 하게 하는 단계]** • 관찰에서 얻은 자료를 수집해서 그들 사이의 관계나 이유를 설명하게 하며, 관찰 결과를 발표하게 하거나 일반화를 유도하도록 질문한다. • 학생이 일반화를 통해 규칙성을 발견하고 발표하며, 교사는 학생이 추상적인 개념을 말로 나타내도록 도와서 수업을 정리한다. • 필요하면 다른 예나 정의를 통해서 개념을 명확하게 설명하거나 보충 자료를 더 제시한다.
적용 및 응용	**[학생이 학습한 추상적인 개념을 확장하거나 응용하는 단계]** • 학생은 발견한 개념을 다른 상황에 응용한다. 이 과정에서 학생은 교실에서 얻은 지식을 실생활 등과 관련짓는 기회를 경험할 수 있다. • 교사는 가르친 정보를 학생이 얼마나 잘 이해했는지 확인할 수 있다.

(3) 모형의 적용 및 유의사항

다음은 발견학습 수업 모형을 적용한 수업지도안의 예시이다.

단원명	대단원	Ⅱ. 원자의 세계
	소단원	5. 원소의 주기적 성질
성취기준	[12화학 I 02-05] 주기율표에서 유효 핵 전하, 원자 반지름, 이온화 에너지의 주기성을 설명할 수 있다.	
학습 목표	주기율표에서 유효핵 전하, 원자 반지름의 주기적 성질을 설명할 수 있다.	

단계	주요 학습 활동	유의점
탐색 및 문제 파악	**[탐색 상황 제시]** • 실생활에서 주기성을 갖는 예시를 교사가 1가지 제시 후, 학생들이 유사한 예시를 몇 가지 찾도록 지도한다. – 달의 모양 변화를 제시 • 모둠 활동을 통해 주기성을 갖는 몇가지의 예시를 찾도록 한다. **[학습 문제 제시]** • 주기율표에서 유효핵 전하, 원자 반지름의 주기적 성질을 설명할 수 있다.	
자료 제시 및 관찰 탐색	**[탐구 활동]** • 원소 카드(원자번호, 원소기호, 유효 핵 전하가 쓰여있다.) 원자 번호에 따라 유효 핵 전하의 규칙성을 찾아보도록 한다. – 제시해준 원소 카드의 종류는 Li, B, N, F, Na, Al, P, Cl이다. • 학생들은 규칙을 찾아 학습지에 적는다. • 다음과 같은 내용의 규칙성을 발견한다. – 원자번호가 증가할수록 유효 핵 전하가 커진다.	학생들이 주기성을 족과 주기 중 하나만 찾는 경우가 있을 수가 있고, 모두 찾는 경우도 있을 수 있다.

단계	주요 학습 활동	유의점
	– 같은 족에서는 원자번호가 커질수록 유효 핵 전하가 커진다. – 같은 주기에서는 원자번호가 커질수록 유효 핵 전하가 커진다.	
자료 추가 제시 및 관찰 탐색	**[탐구 활동]** • 원소 카드(원자번호, 원소기호, 원자 반지름이 쓰여있다.) 원자 번호에 따라 원자 반지름의 규칙성을 찾아보도록 한다. – 제시해준 원소 카드의 종류는 Be, C, O, Mg, Si, S이다. • 규칙을 찾아 학습지에 적는다. • 다음과 같은 내용의 규칙성을 발견한다. – 원자번호가 증가할수록 작아진다. – 같은 족에서는 원자번호가 커질수록 원자 반지름이 커진다. – 같은 주기에서는 원자번호가 커질수록 원자 반지름이 작아진다.	
규칙성 발견 및 개념 · 정리	**[규칙성 발견]** • 관찰 결과 정리 • 학생들에게 모둠별로 자료 제시와 추가 자료 제시 단계에서 나눈 의견을 칠판에 적도록 지도한다. • 교사는 칠판에 나온 의견을 보고 학생들에게 발문한다. – 족(주기)에서 유효 핵 전하는 어떻게 변하나요? – 족(주기)에서 원자 반지름은 어떻게 변하나요? – 유효 핵 전하와 원자 반지름은 어떤 관계가 있나요? **[개념 정리 : 주기율표에서 유효핵 전하, 원자반지름의 주기성]** • 학생들이 칠판에 적은 규칙성을 과학적 개념(유효 핵 전하)을 도입해 일반화한다.	
적용 및 응용	**[생각 넓히기]** • 3주기에 있는 Na와 Mg, 4주기에 있는 K과 Ca를 비교해서 유효 핵 전하와 원자 반지름을 예측한다.	

발견학습 모형을 적용할 때 평가의 주안점은 다음과 같다.

• 다양하고 많은 관찰을 하고 있는가?
• 처음 관찰과 추가 관찰 사이의 유사점과 차이점을 찾고, 공부하고 있는 내용과 직접적으로 관련이 있는 관찰을 통해 규칙성을 찾을 수 있는가?
• 과학적 지식을 다른 과학적 상황이나 실생활에 적용해서 문제를 해결할 수 있는가?
• 과학에 대한 올바른 태도와 흥미를 갖추고 있는가?
(탐구 의욕, 상호협동, 증거 존중 태도, 객관성, 개방성, 비판성, 협동성, 인내성 등)

발견학습 모형을 적용할 때의 유의점은 다음과 같다.

- 발견학습 모형은 학습자의 능동적 학습 과정을 중요시하는 과정에서 수업이 원활히 진행되지 않을 수 있다. 규칙성의 발견은 대부분 우수하고 학습 동기가 높은 학생에 의해 이루어지며, 일반 학생이 능동적으로 규칙성을 발견하는 것은 드물다. 이를 고려해서 프로그램 학습이 갖는 질서 정연한 순서나 단계를 사용할 수 있다.
- 발견학습 모형은 집단 사고와 개인 사고의 다양한 조화에 의해 진행되므로, 집단 사고와 개별 학습이 갖는 장점을 적절히 받아들이는 것이 필요하다.
- 시간이 많이 걸리고 내용이 제한될 수 있어 수업 준비에 주의 깊은 계획과 구조화가 필요하다.

2.3 순환학습 수업 모형

(1) 배경과 특징

순환학습 수업 모형은 과학 학습의 단계가 순환하면서 나선형적으로 수업하는 탐구수업 전략으로, 학생이 단계의 경험을 통하여 개념을 획득하고, 사고력 신장을 돕는 수업 모형이다.

1) 순환의 의미

'순환학습'은 'learning cycle'을 번역한 것으로, 과학 학습이 '탐색', '용어 도입', '개념 응용'의 세 단계가 순환하는 과정으로 이루어지는 것을 의미한다. 학생이 자신의 경험을 토대로 탐색하도록 하고 학생의 탐구 사고력을 향상하게 해서 교사가 중심이 되어 개념을 획득하는 단계를 거치고, 이어서 학생이 중심이 되어 개념이 내면화되도록 하는 개념 적용 단계로 마무리한다.

2) 배경 및 특징

순환학습 수업 모형은 경험주의와 피아제(Piaget)의 인지 발달 이론에 바탕을 둔 모형으로, 학생의 경험을 통한 개념 분화와 교환 과정을 포함한다. 순환학습 수업 모형은 새로운 개념의 형성을 목표로 한다. 순환학습 수업 모형은 물리학자 R. Karplus(1979)가 도입한 고전적인 3단계의 교육 접근 방식에 기초한다(Karplus et al., 1979). 이 방식의 기원은 J. Dewey(1916)와 A. N. Whitehead(1917)(Lawson, 2001)으로, 학습 과정에 대한 이해를 기본으로 해서 사람들이 자연스럽게 학습하는 방식을 추구한다(Lawson et al, 1989).

고전적인 형태의 순환학습 접근 방식은 탐색의 로맨스(romance), 개념 도입의 정밀도(precision), 적용의 일반화(generalization)의 세 단계로 구성되었고, 이것이 탐색, 용어 또는 개념 도입, 적용 단계로 발전했다.

순환학습 수업 모형의 기본 가정은 다음과 같다(Lawson et al., 1989).

- 학생이 가지고 있는 자연현상에 대한 개념들은 과학 지식과 일치하는 경우도 있지만, 그렇지 않은 경우도 있다.
- 학생이 가지고 있는 학습하기 이전의 개념은 새로운 과학 개념을 구성하는 데 제한 또는 방해가 될 수 있다.
- 학생이 스스로 자신이 가지고 있는 오개념과 과학적 개념 사이의 차이를 인식할 때 오인을 수정해서 과학적 개념을 구성할 수 있다.
- 학생이 인지적 비평형화의 지적 갈등을 경험하고 그 갈등을 해소하기 위해서 스스로 노력할 때 사고력은 발달한다.
- 학생의 학습 과정에서 사고의 내면화를 위해서는 논쟁이 필요하다.

(2) 단계와 교수 · 학습

순환학습 수업 모형은 탐색, 용어 도입, 개념 적용 단계의 기본 형태를 갖는다.

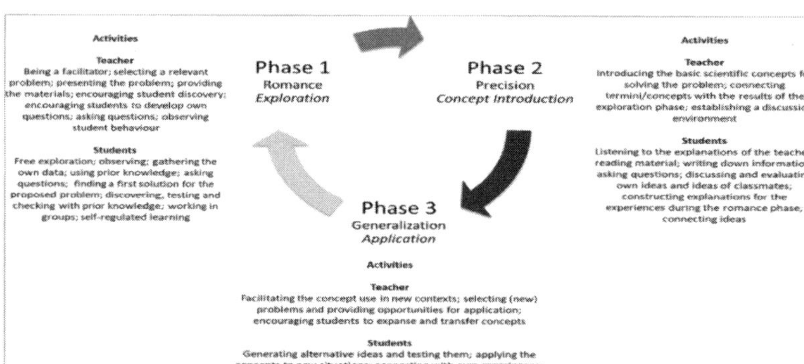

출처: Riffert, F., Hagenauer, G Kriegseisen, J., & Strahl, A.(2020), On the Impact of Learning Cycle Teaching on Austrian High School Students' Emotions, Academic Self-Concept, Engagement, and Achievement, Research in Science Education(2020).

| 그림 4.17 | 순환학습 기본 단계

'탐색'은 학생이 경험을 바탕으로 자료 탐색을 하며 간단한 실험을 수행하는 단계이며, '용어 도입'은 교사가 시청각 자료 등을 활용해서 개념에 대한 설명을 제공하는 교사 중심의 개념 설명 단계이다. 그리고 '개념 적용'은 학생 중심의 내면화 과정을 통해 새로 학습한 개념을 적용하는 수업 단계이다.

1) 탐색 단계(Exploration Phase)

이 단계는 학생이 새로운 학습 상황에서 스스로의 경험을 바탕으로 능동적이고 적극적으로 자료를 탐색해서 규칙성을 발견하고 확인하는 단계이다. 새로운 경험은 기존의 인지구조 형태로는 해결하기 어려운 비평형 상태(인지갈등)를 야기할 수 있다. 이 단계에서 학생은 학습 자료나 새로운 아이디어를 탐색해서 인지적 비평형(disequilibrium) 해소를 위한 패턴(pattern)이나 설명을 형성한다. 다음은 이 단계에서 이루어지는 학생과 교사의 핵심 활동이다.

- 학생은 문제 상황에서 기존에 학습한 내용을 적용하고, 흥미와 호기심을 갖고 자료를 탐색해서 현상에 대한 규칙적인 패턴을 찾는다. 새로운 경험은 의문이나 기존의 사고 형태로는 해결할 수 없는 비평형 상태를 야기할 수 있다. 이때 자발적인 평형화 과정의 결과로 새로운 과학 개념을 획득하게 된다. 학생의 토론과 소그룹 활동은 학생 자신의 생각을 인지하게 하고, 활발한 상호작용을 이끌어서 학생 간의 서로 다른 다양한 견해가 존재한다는 것을 인식하는 데 도움이 된다.
- 교사는 학습 과정에서 최소한으로 안내를 제공한다. 학생의 수준을 파악하고 학생에게 인지적 갈등을 일으키고 해결하는 데 필요한 다양하고 구체적인 자료도 제공한다. 교사의 적절한 질문은 학생이 새로운 경험을 자신의 기존 지식에 관련시키는 것을 도울 수 있다.

2) 용어 도입 단계(Term Introduction, 또는 Concept Introduction Phase)

이 단계는 주로 교사가 주도하는 단계로서, 학생들의 이해를 명료화하고 탐색하는 동안 발견한 규칙성을 과학적으로 설명할 수 있는 새로운 용어, 개념, 원리 등을 도입하는 단계이다. 개념 도입에 의해 인지적 비평형 상태는 평형의 상태로 문제 해결 또는 이해의 상태가 된다. 다음은 이 단계에서 이루어지는 학생과 교사의 핵심 활동이다.

- 학생은 자신의 언어를 사용해서 탐색 단계에서 발견한 과학 지식을 자신의 언어로 정리하여 발표한다. 그리고 교사가 설명하는 새로운 용어, 개념, 원리 등을 학습한다.
- 교사는 탐색 단계에서 학생 스스로 발견한 규칙성 또는 인과적 설명을 새로운 과학 용어를 도입해서 설명한다. 이때 교사는 교과서, 영상 자료, ICT 등을 다양한 매체를 활용할 수 있다.

3) 개념적용 단계(Concept Application Phase)

이 단계는 학습한 개념이나 사고 형태의 내면화를 위해 또 다른 새로운 상황에 적용해 보는 단계이다. 이를 통해 학습한 개념을 강화하고 적용의 폭을 확장할 수 있다. 교사는 학생에게 습득한 과학 지식을 새로운 상황과 문제에 적용해서 일반화할 수 있는 기회를 제공한다. 학습한 개념의 다양한 적용이나 응용의 경험이 부족한 경우, 일부 학생들은 학습한 개념을 다른 상황에 적용하거나 일반화하는 데 어려움을

| 표 4.16 | 순환학습 모형의 단계별 특징

단계	특징
탐색	• 학생은 문제 상황에서 흥미와 호기심을 갖고 자료를 탐색해서 현상에 대한 규칙적인 패턴을 찾는다. • 학생은 개인이나 모둠 활동으로 다양한 관점과 질문을 경험한다. • 교사는 학생의 초기 이해 상태와 사전 개념을 진단한다. • 교사는 최소한의 안내를 통해 학생의 기존 지식과 새로운 지식을 연결할 수 있게 도와준다.
용어 도입	• 학생은 탐색 단계에서 경험하고 발견한 새로운 규칙성을 자신의 언어로 표현한다. • 교사는 규칙성을 표현하는 새로운 과학적 용어나 개념을 도입한다. 이때 용어나 개념은 탐색 활동에서 발견한 규칙성과 직접 관련지어야 한다. • 교사가 과학적 용어의 도입이나 과학적 지식을 설명할 때, 교과서, ICT 매체 등을 활용할 수 있다. • 교사는 학생들의 표현과 과학적 개념 사이의 공통점과 차이점을 명확하게 해 준다. • 이 단계에서 도입된 과학적 용어나 개념으로 학생이 인지적 갈등이나 비평형 상태에서 벗어날 수 있도록 지도한다.
개념 적용	• 도입된 과학적 용어 및 개념을 사용해서 새로운 상황이나 현상을 이해하고 적용하는 단계이다. • 습득한 개념을 새로운 상황과 문제에 적용해 일반화할 기회를 제공한다. • 다양하게 적용해 보지 않으면, 처음에 정의되고 논의된 시점에서 사용된 개념의 의미가 제한될 수 있다. • 학생들은 구체적인 사례로부터 개념을 추상화하거나 다른 상황에 개념을 일반화하지 못하는 경우가 많다. • 이 단계의 활동으로 그 개념의 유효성을 파악하고 심화한다.

겪을 수 있다. 이 단계는 개념을 재조직하는 데 또는 자신의 경험과 교사의 설명을 적절히 관련하는 데 어려움이 있는 학생에게 도움을 준다. 다음은 이 단계에서 이루어지는 학생과 교사의 핵심 활동이다.

- 학생은 학습한 개념이 일상생활 또는 상황에서 적용되는 사례를 찾아 토의하고, 실생활의 관련성을 인식할 수 있다.
- 교사는 학생이 학습한 개념을 일반화할 수 있도록 다른 문제 상황을 찾거나 관련 과제 등을 부여한다. 과제는 학습한 용어나 개념의 유용성을 느낄 수 있도록 학생에게 친근한 일상생활 관련 문제를 제시해서 구체적인 사례로부터 일반화하는 기회를 제공한다. 많은 학생의 경우, 개념을 학습한 후 여러 번에 걸쳐 서로 다른 다양한 상황에 적용하거나 이용하는 경험을 하지 않으면 학습한 개념의 의미를 다양한 상황에 응용할 수 없고, 구체적인 사례로부터 그것을 추상화하거나 다른 상황에 그것을 일반화하기 어려워할 수 있다. 소집단 토론 형태 등의 사회적 상호작용 환경을 제공해서 다른 학생이 제기하는 문제들이나 서로 다른 해석들을 비교하고, 학생 자신의 사고를 정교화하도록 돕는 것이 필요하다.

(3) 순환학습의 세 가지 형태

순환학습의 3단계는 Lawson에 의해 세 가지 순환학습 형태(1995)로 변형되고 확장되었다.

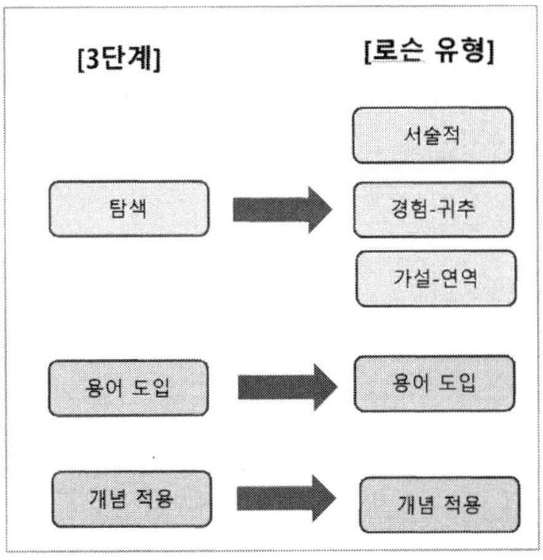

| 그림 4.18 | 순환학습의 3단계

Lawson(1995)은 탐색 단계에서 학생이 경험하는 탐구 유형에 따라서 서술적 순환학습 모형(descriptive learning cycle), 경험귀추적 순환학습 모형(empirical abductive learning cycle), 가설연역적 순환학습 모형(hypothetical deductive learning cycle)으로 나누어 제시했다. 순환학습의 형태별 탐색 단계의 특징은 다음과 같이 정리할 수 있다.

1) 서술적 순환학습 모형

이 모형은 학생이 자연현상이나 사물을 관찰하고 그 속에서 규칙성을 발견하도록 고안되었다. 이 모형의 탐색 단계에서 학생은 교사의 시범 실험이나 직접 실행하는 실험 활동을 통해 사물과 현상을 관찰하고 서술적 의문을 제기한다. 둘째, 제기된 의문을 해결하기 위한 구체적인 관찰이나 실험, 조사 등의 탐구 계획을 수립하고 수행하여 자료를 수집한다. 셋째, 수집한 관찰 사실에서 공통성, 경향성, 분류, 위계와 같은 규칙성을 찾아 서술적 의문에 대한 설명을 탐색한다.

2) 경험귀추적 순환학습 모형

이 모형은 현상의 원인을 탐구하는 과정을 경험하도록 고안되었다. 이 모형의 탐색 단계에서 학생은 자연현상이나 사물의 원인을 인과적으로 설명하고, 이 과정에서 학생의 개념적 오류 또는 논쟁이나 지적 갈등이 발생한다. 첫째, 학생은 탐색 단계에서 제공된 현상을 관찰해서 서술적 의문을 제기한다. 둘째, 실험 수행, 관찰, 자료 수집 및 분석, 관찰 결과 정리, 규칙성 발견 등의 과정을 제공하고, 그를 통해서 서술적 의문에 대한 설명 또는 규칙성을 찾아낸다. 셋째, 규칙성에 대해 새롭게 인과적 의문을 떠올리고, 귀추적 과정을 통해서 이를 설명하는 잠정적인 가설을 생성한다. 넷째, 그 가설이 서술적 탐구 과정을 통해서 얻은 규칙성들을 설명할 수 있는지 확인해서 결론을 도출한다.

3) 가설연역적 순환학습 모형

이 모형은 자연현상을 인과적으로 설명하는 가설을 제안하고 이를 연역적 방법으로 검증하는 과정을 경험하도록 고안되었는데, 기설연역의 학습 과정은 다음과 같다. 첫째, 학생은 제시된 현상에 대해 인과적 의문을 제기한다. 둘째, 인과적 의문에 답하기 위해서 연역적 사고를 통해 가설을 생성하고, 검증하기 위한 실험 방법을 설계하고, 실험 결과도 예측한다. 셋째, 실험 설계에 따라 실험을 수행해서 결과를 얻고, 가설의 수용 또는 기각 여부를 결정한다. 가설이 수용되었을 경우, 인과적 의문에 대한 결론

| 표 4.17 | 순환학습 모형의 형태별 탐색 단계의 특징

구분	특징
서술적 순환학습 모형	• 서술적 의문에 대한 설명을 탐색한다. • 자연현상을 관찰 탐구하여 규칙성을 발견하고, 계열화하거나 분류하고, 설명하는 특징을 갖는다. • '왜(why?)'보다는 '무엇(what?)'에 대해 설명한다. • 규칙성을 명명하는 과정에서 구체적 사고력을 요구한다. • 학생들의 인지 수준이 낮거나, 선개념이 없는 내용을 교수 · 학습할 때 적당한 형태이다.
경험귀추적 순환학습 모형	• 비유적 추론(analogical reasoning) 또는 귀추(abduction)를 통해 원인을 확인하고 설명한다. • 자연현상을 관찰하고 경험적 규칙성을 발견하는 과정에서 학생들은 규칙성을 자신의 선개념이나 탐구 활동을 통해 원인을 설명을 하는 과정에서 개념적 오류를 발견한다.
가설연역적 순환학습 모형	• 인과적 질문에 대해 실험 결과와 논리적 연역의 비교를 통해서 대안적 가설을 검증한다. • 교사나 학생 스스로 원인적 질문이 유도된 후 현상을 탐색하고 문제를 잠정적으로 설명하는 가설을 교실 토론을 통해 설정한 다음, 실험을 설계하고 수행한다.

을 내림으로써 탐색 단계를 마무리한다. 만약 가설이 기각되었을 경우, 새로운 대안적 가설을 설정하여 과정을 반복한다. 가설연역적 순환학습 모형은 즉각적이고 명료한 대안 개념 또는 가설을 제안하도록 유도하고, 그 가설을 검증할 수 있는 방법을 고안하게 하며, 자료를 수집하고 해석하는 절차를 통해 가설의 기각 여부도 결정하게 한다.

(4) 모형의 적용 사례

다음은 순환학습 수업 모형 중 경험귀추 순환학습을 적용한 수업지도안의 예시이다.

단원명	대단원	기체의 성질
	소단원	기체의 압력과 부피의 관계
성취기준	[9과 04-03] 기체의 압력과 부피의 관계를 입자 모형으로 해석하고, 이와 관련된 실생활의 예를 찾을 수 있다.	
학습 목표	기체의 압력과 부피의 관계를 실험의 결과를 근거로 설명할 수 있다. 기체의 압력과 부피의 관계를 모형을 사용하여 표현할 수 있다.	

단계	주요 학습 활동	유의점
탐색	**[문제 상황 제시를 통한 탐색 활동]** • 학생은 교사의 질문에 대한 답변과 이유를 생각하고 발표한다. – (놀이동산) 풍선을 놓쳐 하늘로 날라가면 어떻게 될까요? – 감압용기에 풍선, 마시멜로, 초코파이를 넣고 공기를 빼버리면 안에 있는 것들이 어떻게 변할까요? • 학생은 실험을 진행하고 기록한다. – 예상한 현상들이 일어나는지 실제로 확인해볼까요? – 자, 그럼 관찰한 것들을 활동지에 적어보도록 합시다. • 학생은 관찰한 사실을 바탕으로 가설을 설정한다. – 감압용기에서 공기를 빼면 압력이 줄어든다. – 압력이 줄어들면 부피가 증가한다.	
용어 도입	**[보일 법칙의 과학적 용어를 이용하여 개념을 설명]** • 교사는 탐색한 개념을 '보일 법칙'이라는 용어와 개념을 도입해서 설명한다. – 같은 온도일 때, 압력이 증가하면 부피가 작아지고 압력이 작아지면 부피가 커진다는 것을 확인할 수 있었죠? 이렇듯 압력과 부피 사이의 관계에 대한 법칙이 보일 법칙이에요. – 압력과 부피의 그래프에서 압력과 부피를 곱하면 모두 같죠? 여기에서 압력과 부피의 곱이 항상 일정하다는 것을 알 수 있어요.	
개념 적용	**[새로운 현상, 문제 상황에 보일 법칙을 적용]** • 교사는 주사기의 피스톤을 당겼을 때와 밀어 넣었을 때 입자의 변화를 그려보게 한다. – 학습지 마지막에서 만약에 주사기의 입구를 막고 피스톤을 당겼을 때와 밀어 넣었을 때 입자들이 어떻게 변화하는지 각자 그려보세요. • J자 관 실험 시뮬레이션을 이용해 앞에서 배운 보일법칙을 적용해보도록 하고 토의를 진행한다. – 만약에 이 상태에서 수은을 더 넣는다면 왼쪽기둥과 오른쪽 기둥의 높이가 어떻게 될 것일지 생각하고 조별로 토의를 진행해보세요.	

다음은 순환학습 수업 모형 중 가설연역적 순환학습을 적용한 수업지도안의 예시이다.

단원명	대단원	화학 반응의 규칙과 에너지 변화
	소단원	질량 보존 법칙
성취기준	[9과17-03] 질량 보존 법칙을 이해하고, 이를 모형을 사용하여 설명할 수 있다.	
학습 목표	1. 질량 보존 법칙을 모형을 이용해서 설명할 수 있다. 2. 질량 보존 법칙을 실험 결과에 근거해서 설명할 수 있다.	

단계	주요 학습 활동	유의점
탐색	**[문제 해결을 위한 가설 설정 및 검증의 탐색 활동]** • 학생은 교사가 제시한 활동지에 따라 두 물질이 반응하면 질량이 어떻게 변화하는지와 그 이유를 포함한 가설을 세운다. – 보고서에 제시된 실험들을 진행했을 때 질량이 어떻게 변화하는지, 그 이유는 무엇인지에 대한 가설을 세운다. • 학생은 가설에 맞는 실험을 설계하고 수행한다. – 열린 용기에서 연소 반응(강철 솜 연소) 실험을 수행한다. – 닫힌 용기에서 연소 반응(탄산칼슘과 염산) 실험을 수행한다. – 실험 결과를 학습지에 기록한다. • 교사는 실험 안전 및 유의사항을 안내한다. – 학생이 진행한 실험 과정과 결과에 대한 피드백을 제공한다. • 학생들끼리 도출된 실험 결과를 비교 · 분석한다.	
용어 도입	**[질량 보존 법칙의 과학적 용어와 개념을 설명]** • 교사는 질량 보존 법칙에 대한 용어를 소개하고 개념을 설명한다. – 모형을 사용해서 질량 보존 법칙이 성립하는 까닭을 설명한다. – 반응에 기체가 관여하는 경우 질량이 변하는 이유도 설명한다. – pHET 사이트를 이용하여 모형을 보여준다. – 학생들이 모형을 사용하여 설명할 수 있도록 지도한다.	
개념 적용	**[새로운 현상, 문제 상황에 질량 보존 법칙을 적용]** • 교사는 학생에게 염화 나트륨과 질산 은 반응을 질량 보존 법칙으로 설명하게 힌다. – 학생은 반응을 모형으로 나타내고, 반응 전후 원자의 수를 비교한다.	

2.4 개념변화 수업 모형(인지갈등 전략)

(1) 배경과 특징

개념변화 수업 모형은 학생의 선개념으로 이해가 되지 않는 현상을 제시함으로써 인지갈등을 유발하고, 새로운 개념을 도입해서 그 갈등을 해소함으로써 개념변화가 일어나도록 하는 학습 과정을 적용한 것이다.

1) 인지갈등의 종류

Hashweh(1986)는 인지갈등을 인지구조와 환경과의 관계로 도식화했다.

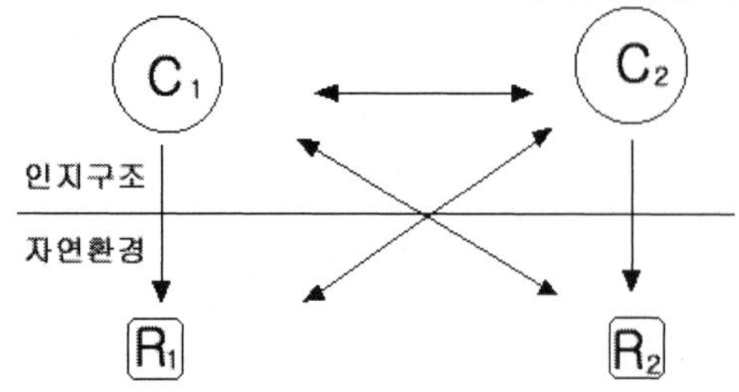

인지구조: 학생 내부의 사고 세계
환경: 자연 환경이나 활동 등 실제 세계
C1: 학생의 현재 개념
C2: 새로운 과학 개념

인지갈등의 종류에 따른 특징은 다음과 같이 정리할 수 있다.

|표 4.18| 인지갈등의 종류

구분	특징
학생들의 오개념(C_1)의 확인	• R_1을 제시하여 C_1을 확인한다. 교사가 수업에서 가장 먼저 할 일은 새로운 개념을 가르치는 것이 아니라 학생이 가지고 있는 개념을 확인하는 일이다. • 학습자도 학습 주제에 대한 자신의 생각이 무엇인가를 명확히 알아야 한다.
R_2 제시를 통한 인지갈등 유발: 갈등 1	• R_2를 제시해서 인지갈등을 유발한다. • 학생의 생각과 일치하지 않는 현상을 보여주는 것이 효과적이다.
새로운 과학 개념의 도입(C_2 도입)	• 인지갈등이 일어났다면 C_2를 도입한다.
새로운 과학 개념의 적용(C_2, C_1, R) 갈등 2	• C_2를 이용하여 자연현상을 설명하는 일이다. • 먼저 R_2를 설명한다. 이어서 C_2로 R_1도 설명해 보임으로써, C_2는 유용하며 의미 있는 개념으로 인식하게 한다. • C_1은 유용하지 않은 개념이라는 인식을 가질 수 있도록 한다. • 이 과정에서 갈등 2가 유발될 수 있으며, 이때 교사는 학생 스스로 문제점을 발견하고 갈등을 해결할 수 있도록 안내한다. • C_1은 오랜 시간과 경험에 의해서 형성된 반면, 위의 과정은 단지 몇 분 만에 이루어지는 것이므로 학생들은 C_1을 금방 버리지 못한다. 따라서 C_2를 다양한 현상에 적용해서 그 효과를 지속적으로 입증해 보이는 과정이 지속적으로 이어져야 한다.
개념(C_1–C_2) 간의 비교: 갈등 3	• C_1과 C_2 사이의 비교를 통해서 학생의 생각을 스스로 점검하도록 한다. • 학생들은 두 가지 개념을 비교하는 과정에서 갈등 3을 경험할 수 있다. • 교사는 학생 스스로 문제점을 발견하고 갈등을 해결할 수 있도록 안내한다.

(2) Driver의 개념변화 수업 모형 단계

Driver(1986)의 개념변화 수업 모형은 개념 표현, 개념 재구성, 개념 응용, 개념 변화 검토의 단계로 이루어지며, 개념 재구성 단계는 명료화와 교환, 상충된 상황에 노출, 새로운 생각의 구성, 새로운 생각의 평가로 세분화된다.

'안내'는 교사가 학습 주제를 간단하게 소개하는 도입단계이다.

'생각의 표현' 단계는 학생이 자신의 생각을 표현하는 단계이다. 이 단계에서 교사는 학습 내용과 관련된 상황이나 현상을 제시하고, 학생들은 이것을 관찰해서 자신의 언어로 설명한다. 이 과정에서 학생의 생각, 특히 오개념이 자연스럽게 드러나게 된다.

'생각의 재구성' 단계에서는 자신의 생각을 명료화하고 상충된 현상에 노출됨으로써 새로운 생각을 구성하는 과정이다. 생각의 재구성 단계는 네 개의 하위 단계로 세분된다.

1) '명료화와 교환'에서 학생은 자신의 생각을 서로 발표한다. 이 과정에서 다른 학

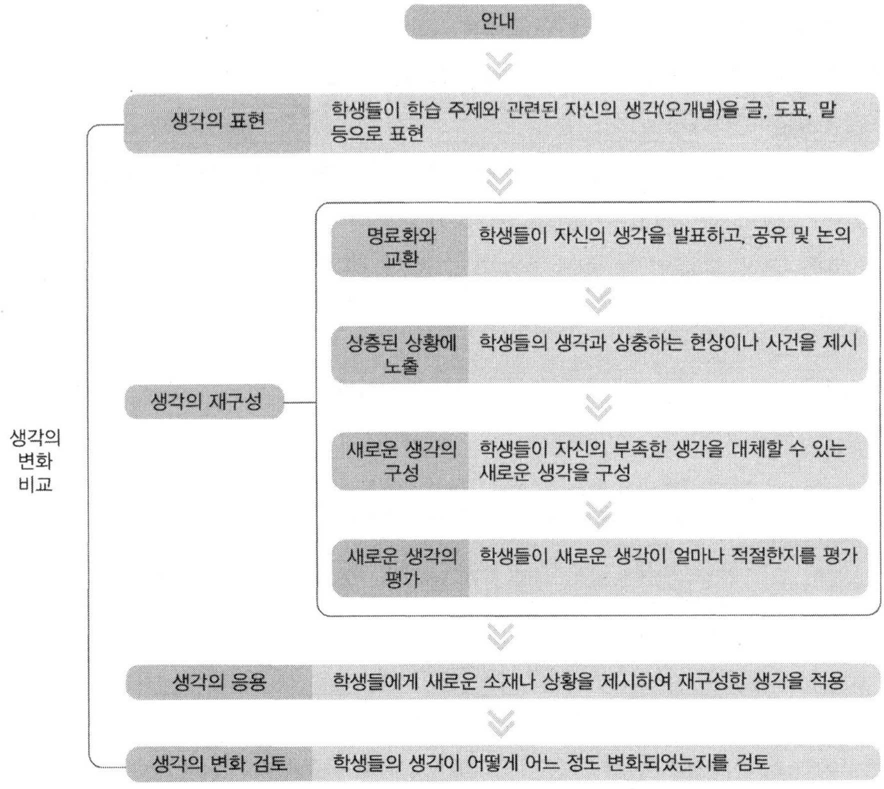

| 그림 4.19 | Driver의 개념 변화 모형

생들의 생각과 자신의 생각을 비교함으로써 자기 생각의 의미를 명료화한다. 또한 서로 다른 생각의 장점과 단점을 비교한다.

2) '상충된 상황에 노출' 단계에서 교사는 학생의 생각으로 설명할 수 없는 상충하는 현상이나 사건을 제시한다. 학생은 자신의 생각으로 교사가 제시한 현상을 잘 설명할 수 없다는 것을 깨닫는다. 상충된 상황은 학생에게 생각을 바꾸려는 동기를 제공한다.
3) '새로운 생각의 구성' 단계에서 학생은 불만족스러운 생각을 대체할 수 있는 새로운 생각을 구성한다. 교사는 학생이 스스로 새로운 과학적 개념을 구성할 수 있도록 안내한다. 그러나 학생이 스스로 구성하기 어려운 과학 개념은 교사가 제시해 줄 수도 있다.
4) '새로운 생각의 평가' 단계는 새로운 생각이 구성된 후, 학생이 그 생각을 평가하는 과정이다. 이 평가는 학생의 성취를 평가하는 것이 아니라 새로 구성한 생각이 얼마나 타당한지를 학생 스스로 확인하는 평가이다. 새로운 생각의 평가 단계를 통해서 학생은 새로운 생각이 적절하다는 것을 충분히 경험해야 한다.

'생각의 응용' 단계에서 교사는 학생에게 새로운 소재와 상황을 제시해서 새로 재구성한 생각을 응용하게 한다. 이 과정에서 학생은 새로운 생각이 얼마나 활용 기능성이 많은지를 인식하게 된다.

'생각의 변화 검토' 단계에서는 새로 구성된 생각을 처음 생각과 비교해서 생각이 어떻게 어느 정도 변화되었는지 검토한다.

개념변화 수업 모형의 단계별 학생과 교사의 핵심 활동은 다음과 같이 정리할 수 있다.

| 표 4.19 | 개념변화 수업 모형의 단계별 학생과 교사의 핵심 활동

단계	특징
오리엔테이션	• 과학 학습에서 학생 스스로의 생각과 개념을 자유롭게 표현하고, 다른 학생의 개념과 비교하는 과정이 필요하고 중요함으로 안내한다.
생각의 표현	• 교사는 학생의 선행 개념과 불일치 상황을 이끌 수 있는 사례를 제공해서 학생들이 개념적 갈등 상황을 경험하게 한다. • 학생들은 학습 주제와 관련된 자신의 생각(오개념)을 표현한다. 학생들은 교사가 제시한 학습 주제와 관련된 현상이나 예를 관찰하고, 자신의 언어로 설명한다. 글, 말, 그림, 도표 등을 활용해서 자신의 개념을 정리한다.
생각의 재구성	교사는 소규모의 집단 토의나 대화식 질문법 등으로 학생들이 스스로의 개념에 일관성이 없다는 것을 스스로 깨달아서 과학 개념을 형성하도록 안내한다.

	명료화 와 교환	• 학생들은 자신의 개념을 발표해서 공유한다. • 학생들은 다른 학생들의 개념에 비추어 자신들이 가지고 있는 개념의 의미를 명료화한다. 학생들이 서로의 개념이 가진 장점과 단점을 생각해 볼 기회를 갖는다.
	상충된 상황에 노출	• 학생들의 생각 및 개념과 상충되는 현상이나 사건을 제시한다. 학생들은 자신의 개념으로 제시된 상황을 제대로 설명할 수 없다는 것을 깨닫게 한다. • 이를 통해서 학생들이 자신의 개념이 부족하다는 것을 인식하고 불만을 갖게 된다.
	새로운 생각의 구성	• 학생들이 자신의 부족한 개념을 대체할 수 있는 새로운 개념을 구성한다. • 스스로 새로운 과학 개념을 구성하기 어려운 학생들의 경우, 교사는 과학 개념을 안내하고 학습을 도와준다. • 교사는 학생들이 과학 개념을 쉽게 이해할 수 있고, 학생들의 개념과 비교할 때 어떤 장점이 있는지를 느낄 수 있도록 수업을 계획한다.
	새로운 생각의 평가	• 새로운 과학 개념의 구성이나 도입이 이루어진 다음, 그 개념의 타당성을 평가한다. 이때 유의할 점은 학생의 성취보다는 새로운 과학 개념의 적절성을 평가한다. • 특정한 현상이나 상황을 활용해서 새로운 과학 개념이 그 상황을 설명하는 데 얼마나 적절한지 인식할 수 있는 기회를 제공한다. • 이 단계를 통해서 학생들은 새로운 과학 개념이 타당하다 것을 충분히 인식해야 한다.
생각의 응용		• 새로운 상황의 제시 또는 시범 실험 등을 통해서 새로 습득한 개념이 현상을 설명하는 데 유용하고 적절함을 확인하게 한다. • 학생들은 제시된 새로운 소재나 상황에 재구성한 개념을 적용한다. • 학생들의 생각이 어떻게 어느 정도 변화되었는지를 검토한다. 이는 재구성된 생각을 처음 생각과 비교해서 알 수 있다.
개념변화 검토		• 학생들로 하여금 습득한 새로운 과학 개념을 다양한 상황에 적용하게 해서 개념을 일반화할 수 있게 한다.

(3) 모형의 적용 사례

다음은 개념변화 수업 모형을 적용한 수업지도안의 예시이다.

단원명	대단원	반응 엔탈피와 화학 평형
	소단원	화학 평형에 변화를 주면 어떻게 될까?
성취기준	[12화학 Ⅱ 02-04] 농도, 압력, 온도 변화에 따른 화학 평형의 이동을 관찰하고 르샤틀리에 원리로 설명할 수 있다.	
학습 목표	1. 농도, 압력, 온도 변화에 따른 화학 평형의 이동을 설명할 수 있다. 2. 화학 평형 이동을 르샤틀리에 원리로 설명할 수 있다.	

단계		주요 학습 활동	유의점
생각의 표현		• 교사는 학생에게 농도, 압력, 온도 변화에 따른 화학 평형의 이동이 어떻게 될지 생각하도록 한다. • 학생은 자신의 생각을 말, 글, 그림, 도표 등으로 나타낸다.	
새로운 개념의 재구성	명료화와 교환	• 학생은 농도, 압력, 온도 변화에 따른 화학 평형의 이동에 대해 조별로 토의 후 발표한다. – 학생은 다른 학생들의 발표를 듣고 자신의 생각과 다른 점을 기록한다.	
	상충된 상황에 노출	– 교사는 농도 변화에 따른 평형 이동 실험 영상을 제시한다. – 교사는 압력 변화에 따른 평형 이동 실험 자료를 보여준다. – 교사는 학생에게 온도 변화에 따른 평형 이동 실험을 진행하게 한다.	
	새로운 생각의 구성	– 학생은 영상을 시청한 후의 생각을 정리한다. – 학생은 사진 자료를 관찰한 후의 생각을 정리한다. – 교사는 학생에게 실험을 진행한 후의 생각을 정리하게 한다. – 교사는 학생들이 활동을 어려워할 경우 안내한다.	
	새로운 생각의 평가	– 학생은 제시한 새로운 개념을 발표한다. – 교사는 학생들이 과학적 개념을 갖도록 피드백을 제공한다. – 교사는 르샤틀리에 원리에 대해 판서를 이용해서 정리한다.	
개념 적용		• 교사는 실생활에서 이용되는 르샤틀리에 원리를 제시하고, 학생에게 농도, 압력, 온도가 변화했을 때의 화학 평형 이동을 예측하도록 한다. • 학생의 선개념이 얼마나 변화했는지 검토한다.	

2.5 발생학습 수업 모형

(1) 배경과 특징

발생학습 이론은 구성주의 심리학에 이론적 토대를 두고 정보처리 접근에 근거해서, 인간은 감각기관을 통해 받아들인 것과 장기기억 속에 이미 지니고 있는 것을 능동적으로 연결해서 새로운 의미를 발생(생성, generation)한다는 데 초점을 둔다(Farrell, 2019; Flick, 1996; Osborne & Wittrock, 1983, 1985; Ulusoy & Onen, 2014).

발생학습 수업 모형은 다음과 같은 가정을 한다(김영민 외, 2016). 첫째, 뇌의 저장된 기억은 외부 정보 지각에 영향을 미친다. 학생은 자신의 방식으로 외부 정보를 선택적으로 지각하고 수용하기 때문에 교사가 가르치는 내용을 다른 의미로 해석할 수 있다. 둘째, 학생은 선택한 정보를 장기 기억과 관련지어 능동적으로 의미를 구성한다. 학생이 학습하는 내용을 인지구조에 잘못된 연결을 하는 경우, 오개념으로 구성할 수도 있다. 셋째, 학생이 구성한 새로운 '개념'은 장기 기억에 담긴 정보와 감각적 경험에 따라 평가되어, 기존 생각을 재조직하거나 경험을 재해석하기도 한다. 넷째, 인지적 연결 혹은 포섭은 학습자의 인지적 노력으로 이루어진다. 즉 개념의 재구성 또는 개념변화를 위해서는 학생의 능동적인 노력이 필요하다.

(2) 학습 단계

발생학습 모형은 학생의 선개념을 과학 개념으로 바꾸어주는 데 효과적이다. 학생은 학습 주제에 대한 자신의 개념을 명료하게 표현하고, 자신이 가진 개념의 모순점을 깨닫게 되어 이를 과학 개념으로 변화시키고, 마지막으로 학습한 과학 개념을 정교화하는 경험을 한다. 이 과정은 예비 단계 (preliminary phase), 초점 단계 (focusing phase), 도전 단계 (challenging phase), 적용 단계 (application phase)로 구성된다.

1) 예비 단계

이 단계는 교사, 학생, 교과 내용 등을 고려해서 수업 설계하고 준비하는 단계이다. 교사는 가르칠 과학 개념, 교사 자신의 개념, 학생의 선개념 등을 확인해서 그에 따른 다음 단계의 수업을 위해서 준비한다. 다음은 이 단계에서 이루어지는 학생과 교사의 핵심 활동이다.

- 교사는 학습 주제에 대한 정확한 과학 개념을 확인한다. 만약 교사의 개념과 과학 개념이 차이가 있다면, 교사는 스스로 개념변화를 경험해야 한다. 교사는 학습 주제에 대해 학생들이 가지고 있는 개념을 조사한다. 학생들이 학습 주제에 대해 가지고 있는 지배적인 개념 또는 오개념이 무엇인지를 설문지나 개념도 작성, 질문, 또는 문헌 연구를 통하여 조사한다. 그리고 교사 학생의 개념을 과학 개념으로 변화시킬 수 있는 구체적인 수업 활동 및 교수 전략을 계획한다.
- 학생은 교사가 준비한 활동(예, 설문조사 등)에 참여한다.

2) 초점 단계

이 단계는 학생이 학습 주제에 대해 가지고 있는 개념에 대하여 명료하게 인식하는 단계이다. 교사가 제시하는 상황 또는 현상은 학생의 학습 동기를 유발하고 사고를 자극할 수 있도록 흥미롭고 도전적인 것이 바람직하다. 다음은 이 단계에서 이루어지는 학생과 교사의 핵심 활동이다.

- 교사는 흥미롭고 도전적인 상황 또는 현상을 제시하고, 학생에게 자신의 생각을

말, 글, 그림, 도표 등으로 표현하게 한다.

- 학생은 교사가 제시한 상황에 기반한 활동에 참여해서 자신의 개념을 다양한 방법으로 표현하고 자신의 개념을 보다 명료하게 인식한다.

3) 도전 단계

이 단계는 학생이 자신의 개념을 부족함을 인식하고, 대신 새로운 과학 개념을 받아들이는 단계이다. 학생은 자신의 개념과 다른 학생들의 개념을 비교함으로써, 자신의 개념을 재고하고 개념의 변화를 추구한다. 이 단계의 교사 역할은 학습 결과에 결정적인 영향을 미칠 수 있다. 교사는 가능하면 학생 스스로 과학 개념을 지지하는 증거를 찾도록 안내하는 것이 바람직하지만, 상황에 따라 개념을 직접 설명한다. 다음은 이 단계에서 이루어지는 학생과 교사의 핵심 활동이다.

- 학생은 자신의 개념을 소집단이나 학생 전체에게 발표하고 토론하면서 서로의 개념에 차이가 있다는 것을 인식한다. 학생은 자신의 개념이 다른 학생의 개념과 어떻게 다른지 비교하고, 제시된 상황을 이해하거나 현상을 설명하는데 어떤 개념이 더 효과적인지를 논의한다.
- 교사는 학생들의 개념을 검증하는 방법을 학생들이 직접 고안해 보도록 격려한다.

4) 적용 단계

이 단계는 학습한 과학 개념을 이용해서 문제를 해결하거나 새로운 상황에 그 개념을 적용해 보는 단계이다. 다음은 이 단계에서 이루어지는 학생과 교사의 핵심 활동이다.

- 교사는 학습한 과학 개념으로 해결할 수 있는 문제들을 쉬운 것에서 점점 어려운 것의 순서로 제시하고, 개념변화가 정착될 수 있게 안내한다. 그리고 교사는 학생의 생각을 진단하고, 학생이 새로운 해결 방법을 모색하도록 격려한다.
- 학생은 다양한 적용 및 해결 방법 모색을 통해 학습한 새로운 개념을 더욱 명확히 이해하고 스스로의 인지구조에 개념이 정착하게 한다.

(3) 적용상의 고려사항

발생학습 모형에서 학생의 개념이 효과적으로 변화되기 위해서 교사가 고려해야 할 점들은 다음과 같다(Osborne & Freyberg, 1985).

① 교사는 가르치는 과학 개념뿐만 아니라 이와 관련된 자신의 개념, 그리고 학생이 이미 가지고 있는 개념을 잘 이해하고 있어야 한다.
② 학생의 학습 동기 유발과 학습 내용에 대한 가치를 인식시키기 위해서 학습 내용을 학생의 실생활과 관련된 상황으로 도입해야 한다.
③ 학습 과정에서 학생이 학습 내용과 관련된 자신의 생각을 명료하게 인식할 수 있도록 기회를 주고, 자신의 생각이 다른 학생의 생각과 어떻게 다른지 비교하게 하며, 자신의 생각과 다른 학생들의 생각이 제시된 현상을 설명하는 데 어떠한 차이점이 있는지 토론하는 시간을 갖게 해야 한다.
④ 학생이 새로운 과학 개념을 받아들인 후 이 개념을 정교화하고 인지구조에 정착시킬 수 있는 기회를 주어야 한다.

(4) 수업적용 사례

다음은 발생학습 수업 모형을 적용한 수업지도안의 예시이다.

단원명	대단원	혼합물의 분리
	소단원	밀도 차를 이용한 분리
성취기준	[9과 13-04] 밀도 차를 이용해서 고체 혼합물 또는 섞이지 않는 액체 혼합물을 분리하는 방법을 이해하고, 우리 주변에서 사용되는 예를 찾아 설명할 수 있다.	
학습 목표	1. 밀도 차를 이용한 혼합물의 분리 방법을 설명할 수 있다. 2. 우리 주변에서 밀도 차를 이용해서 혼합물을 분리하는 예를 찾아 설명할 수 있다.	

단계	주요 학습 활동	유의점
예비	**[학생들의 선개념 확인 및 교사의 수업설계]** • 교사는 학습지를 통해 학생들의 선개념을 확인하고, 그에 따른 수업을 설계한다.	
초점	• 교사는 다양한 활동을 통해 학생들의 선개념을 발표하고 명료화하게 한다. – 질문을 통해 학생들이 밀도에 대한 개념을 명료화할 수 있도록 돕는다. – 간장과 참기름은 섞일까요? 어떻게 분리할 수 있을까요? • 학생은 자신의 생각을 정리해서 학습지에 기록한다.	
도전	• 학생이 기록한 내용을 발표한다. • 교사는 어떤 방안이 더욱 효과적인지에 대해 검증 방안과 함께 토의하도록 안내한다. • 학생은 분별 깔때기를 이용해서, 직접 간장과 참기름을 분리한다.	

단계	주요 학습 활동	유의점
	• 교사는 고체 혼합물(스티로폼과 모래)을 분리하는 방안에 대해 조별로 토의하고 학습지에 적도록 유도한다. – 학생이 직접 스티로폼과 모래 분리 실험을 진행하고, 그 결과를 학습지에 적도록 안내한다. – 학생들은 탐구 결과를 발표하고, 동료평가를 진행한다. – 교사는 관찰평가를 통해 학생의 실험 설계, 수행을 평가한다. – 교사는 입자 모형을 활용하여 개념을 설명한다.	
적용	• 교사는 학생에게 일상생활의 밀도 차를 활용한 혼합물의 사례를 찾도록 한다. • 학생은 사례를 밀도 차를 활용한 혼합물 분리의 관점에서 평가한다.	

2.6 STEAM 수업 모형

(1) 배경과 특징

융합과 창조를 추구하는 융합인재교육(STEAM)은 전 세계의 모든 분야에서 가장 핵심적 주제인 STEM(과학, 기술, 공학, 수학)에 Arts를 통한 창의성, 인성, 감성 교육의 중요성을 강조한 것이다. 다양한 학습 상황에서 자신의 '생각'을 스스로 설계하고, 타인의 '경향'을 이해하려 노력하는 것은 교과 내용의 융합을 뛰어넘는 융합인재교육의 핵심이다.

우리나라도 전 세계적 과학기술교육개혁에 동참하면서, 국가 경쟁력 향상을 위한 창의적 과학기술 인재 육성을 위하여 초·중등학교 수준에서 융합인재교육 정책을 제안했다(교육과학기술부, 2010).

우리나라 STEAM의 핵심은 과학기술공학 관련 학습 내용과 활동의 융합을 위한 인간의 가치 추구를 위한 창의적 문제 해결 또는 창조적 설계활동이라는 '공학'의 개념이 포함된다(백윤수 외, 2011; 박현주 외, 2012).

(2) 구성 요소

STEAM 교육의 구성 요소는 '교과 내용의 융·통합', '창의적 설계(Creative Design)', '감성적 체험(Emotional Touch)'이다(백윤수 외, 2011; 박현주 외, 2012).

창의적 설계는 학습자가 스스로 창조를 경험하도록 하는 것이다. 창의적 설계는 과학기술공학 관련 학습 내용과 활동의 융합을 위한 인간의 가치 추구를 위한 창의적 문제 해결 또는 창조적 설계활동이라는 '공학'의 개념으로부터 비롯된다(백윤수

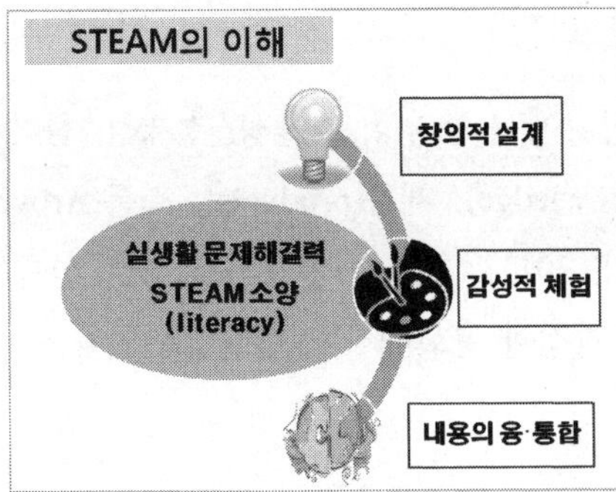

| 그림 4.20 | STEAM 교육의 구성 요소

외, 2011; 박현주 외, 2012). 창의적 설계는 최종 산물을 만들어 가는 과정에서 보다 실질적인 체험(hands - on & mind - on)을 수반함으로써 감성적 체험의 기회(feel - on)가 제공된다.

감성적 체험은 지금까지 교육현장에서 당연하다고 여겨 외면하거나 배제했던 요소들을 교육의 장으로 끌어들여 적극적으로 학생들의 인성교육을 포함하고자 하는 노력에서 비롯되었다. 감성적 체험은 기존의 가치 교육이나 가치 전수가 아닌 창의성과 인성을 유기적으로 융합하는 것으로 홍익인간의 인간관계와 관련된 덕목과 지혜로운 판단에 필요한 능력을 교육하는 것이다. 긍정적인 성취의 체험은 자아 개념을 바꾸고 자신감으로 학습에 재도전하게 만든다. 또한 실패의 가치 경험을 통해서, 학생들이 느끼는 자신의 능력의 한계에 대한 생각을 바꾸도록 도와주어야 하고 노력의 필요성을 인지시켜 주어야 한다. 즉 감성적 체험은 학생이 학습에 대한 긍정적 감정을 느끼고 성공의 경험을 하는 것으로 학생이 학습 과정에서 학습에 대한 흥미, 자신감, 지적 만족감, 성취감 등을 느껴 학습에 대한 동기 유발, 욕구, 열정, 몰입의 의지가 생기고 개인적 의미를 발견하는 선순환적인 자기 주도적 학습이 가능하게 하는 모든 활동과 경험을 의미한다.

감성적 체험은 창의적 설계 과정을 포함한 일련의 학습 과정 속에서 경험하게 되는 흥미, 자신감, 지적 만족감, 성취감, 성공의 경험 등과 같은 긍정적인 감정이 학습자 스스로의 자기효능감 및 자아존중감 향상으로 연결되어, 궁극적으로 타인 또는 공동체에 대한 배려에 도달하게 되는 과정을 추구한다. 오늘날의 창의성과 가치는 긍정적인 자아와 집단 속의 협동과 경쟁 과정을 거치면서 발휘되므로 학습 과정에서 감성적 체험과 선순환의 경험에 기초해서 인지적 성장과 정의적 성장이 유기적으로 이루어지도록 해야 한다(민용린 외, 2010).

(3) 창의적 설계와 산출 과정

창의적 설계는 학습 상황에서 창의성, 효율성, 경제성, 심미성 등을 발현해서 최적의 방안을 찾아 지식(knowledge), 제품(products), 작품(Artworks)을 산출하는 종합적인 과정이다(백윤수 외, 2011). 창의적 설계의 과정은 산출물의 유형에 따라 총제적 또는 개별이나 일부 과정이 융합해서 진행될 수 있다.

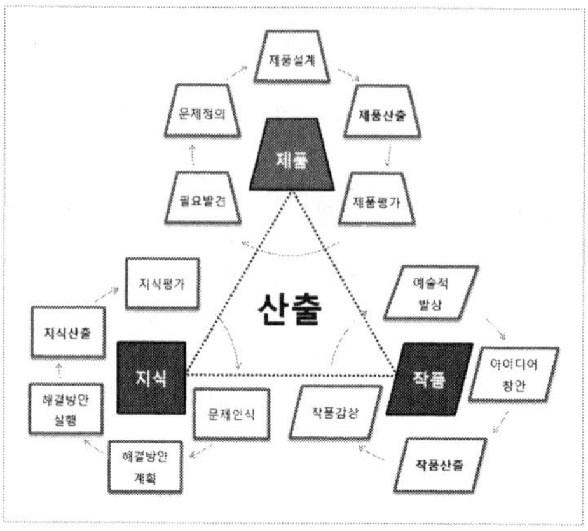

| 그림 4.21 | 창의적 설계의 과정

1) 지식 산출

지식 산출은 '문제 인식', '해결 방안 계획', '해결 방안 실행', '지식 산출', '지식 평가'의 과정으로 진행된다. 문제 인식은 지식 산출의 창의적 설계 과정의 시작점으로 자연현상뿐만 아니라 인공물이나 인위적인 현상에 대한 의문으로 시작된다. 해결 방안 계획은 인식한 문제를 해결하기 위한 구체적인 방법을 계획하는 과정이다. 해결 방안 실행 과정은 고안한 해결 방안을 실행해서 자료를 수집·정리·변환하는 과정이다. 해결 방안실행 과정은 단순히 자료를 수집하는 것뿐만 아니라 자료를 정리하고 변환하는 과정도 포함한다. 지식 산출 과정에서 해석이 가능한 자료는 명문화된 지식으로 구성된다.

2) 제품 산출

'제품 산출' 과정은 '필요 발견', '문제 정의', '제품 설계', '제품 산출', '제품 평가'로 구성된다. 필요 발견은 제품 산출의 출발점으로, 이 과정은 일상의 경험 상황에서 해결해야 하는 문제와 필요성을 인식하는 과정이다. 문제 정의 과정은 필요 발견을 통해서 나타난 문제가 무엇인지 정확하게 정의하는 과정이다. 이 문제 정의 과정에서 나열한 문제의 항목들은 제품 설계의 조건이 되며, 제품 평가 과정에서 산출한 제품의 질을 평가하는 중요한 기준이 되기도 한다. 제품 설계 과정은 제품 산출을 위한 실질적이며 가장 중요한 과정으로, 다양한 방법을 이용해서 현재 존재하는 다양한 해결안을 조사하고 도출하는 과정, 필요한 지식을 탐색하는 과정, 다양한 형태의 제품을 구성해서 설계하는 과정, 가장 적합한 해결안을 선정하는 과정 등을 포함한다. 제품 산출은 제품 설계에서 계획한 제품 산출 방법에 따라 제품을 산출하는 과정이며, 제품 평가 과정은 산출한 제품이 초기의 필요나 정의한 문제에 얼마나 부합되는지를 평가하는 과정이다.

3) 작품 산출

작품 산출은 음악, 문학, 미술, 건축, 연극, 영화, 오페라 등과 같이 예술이라고 구분되는 분야의 산물을 의미한다. 작품 산출 과정은 '예술적 발상', '아이디어 창안', '작품 산출', '작품 감상'의 과정으로 구분할 수 있다. 예술적 발상은 작품을 산출하는 동기가 부여되는 과정으로, 작품에 대한 초기 아이디어가 발상되는 과정일 수도 있고, 작품이 필요한 이유가 발상되는 과정일 수도 있다. 아이디어 창안은 예술적 발상을 작품으로 산출하기 위해서 아이디어를 구체화하는 과정이다. 작품 산출은 아이디어를 구체적인 산물로 산출하는 과정이다. 이 과정은 작품을 산출하는 사람의 예술성이 발휘되어 산물을 산출되는 과정이라고 할 수 있다. 작품 감상은 산출한 작품을 다른 사람들과 공유하는 과정으로, 작품을 이해하고, 그 속에 담긴 의미를 해석하고, 주관적인 평가를 내리며, 감상을 하는 경험을 제공한다.

(4) 학습 준거 및 수업적용

STEAM 교육의 학습 준거틀에 따라 수업을 구성한다. 이때 상황 제시는 학생들이 주어진 상황과 문제를 자신의 것으로 인식하도록 해서 교사 주도의 수업에서 학생 중심의 수업으로 전환하는 것을 뜻한다. 이러한 상황 제시를 통한 문제 제기는 학생들의 적극적인 참여를 권장하게 되는 학습의 첫 단계이다.

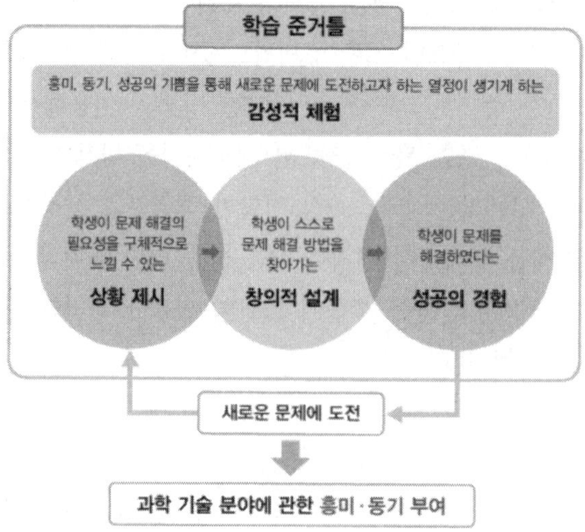

융합 인재 교육의 학습 준거틀(자료 출처: 한국과학창의재단, 2013)

| 그림 4.22 | STEAM 교육의 학습 준거틀

2.7 STS 수업 모형

(1) 배경과 특징

STS는 '과학(Science)', '기술(Technology)', '사회(Society)'의 첫 글자를 딴 것으로 STS 교육은 1980년대 이후 과학교육을 특징짓는 주요한 패러다임 중 하나이다. 심각한 환경문제의 발생과 에너지 위기 등과 같은 과학과 기술에 관련된 사회 문제들이 출현해서, 사회 구성원들은 과학적 · 기술적 자질을 갖추고 사회 문제에 대해서 현명하게 의사결정을 할 수 있는 능력을 필요로 하게 되었다. 과학 - 기술 - 사회의 관계에 관한 교육은 인간이 쉽게 직접 경험할 수 있는 상황에서의 과학 교육을 말하며, 과학, 사회, 문화, 경제, 정치 등 여러 상황에서 다양한 분야와의 상호작용에 의해 이루어지는 교육으로써 다학문적(multidisciplinary) 교육을 말한다.

과학 교육자들은 STS 교육을 다양한 측면에서 정의하고 있지만, 일반적으로 소수의 우수한 학생을 과학자로 길러내는 교육이 아니라 대다수의 학생을 대상으로 과학, 기술, 사회의 상호작용에 대한 이해를 바탕으로 이와 관련한 문제를 현명하게 대처하고 해결할 수 있는 문제 해결력을 기르는 것을 목적으로 한다(Rubba et al., 1991; Aikenhead & Ryan, 1992; 조희형, 2000).

1960년대 이후 학문 중심 교육과정이 학교에 적용되고, 과학교육이 개념과 이론

중심으로 진행되면서 많은 학생이 과학에 대한 흥미를 잃게 되었다. STS 교육에서 과학 - 기술 - 사회의 연관성을 강조하게 한 이유는 과학과 기술에 대한 사회 문제의 출현과 과학 - 기술 - 사회에 대한 비판이 제기되었고, 사회적 맥락에서의 과학과 기술의 재조명으로 분리되었던 과학과 기술의 재결합이 시도되었으며, 과학적 소양과 자질을 갖춘 미래의 시민을 양성(STS의 목적과 일치)이 교육의 중요 목표로 등장했기 때문이다. 이에 모든 사람이 과학과 기술에 대해서 어느 정도 이해할 수 있는 과학적 소양을 가지도록 교육해야 한다는 필요성에 의해 STS 교육의 필요성이 대두되었다.

STS 교육은 너필드 재단(Nuffield Foundation)의 지원을 받아 1971년 결성된 SISCON(Science In a Social CONtext) 그룹에 의해 보다 체계적인 모습을 띠게 되었다. 1978년 'SISCON - in - School'이라는 프로젝트의 이름으로 중등학교 수준으로 확대되었으며, 이것이 과학교육에서 말하는 STS 교육의 본격적인 출발점이 되었다(Solomon, 1993). 이후 미국, 영국 등에서는 과학 - 기술 - 사회의 상호작용에 초점을 맞춘 새로운 교재와 STS 교육을 실제 교수 · 학습에 적용할 현장 교사 교육을 위한 프로그램을 개발해 왔다. 대표적인 STS 교육과정으로는 미국의 Project 2061, CHEMCOM (Chemistry in the community), 영국의 SISCON(Science in an Social Context), SATIS(Science and technology in Society), Salter's Chemistry가 있다. 우리나라에서는 제5차 과학과 교육과정에서 처음으로 STS가 교육 목표 항목 중의 하나로 설정되었고, 제6차 과학과 교육과정에서 일상생활에 관련된 문제를 과학적으로 해결할 수 있는 능력의 습득을 강조하며, 내용이나 소재는 실생활에서의 과학적 상황과 기술적 문제를 위주로 구성된 과목인 '공통과학'이 도입되면서 본격화되었다.

STS 교육은 교사와 학생이 별다른 어려움 없이 경험할 수 있는 상황에서 일어나는 교수 · 학습으로서 학생들이 과거에 겪은 경험을 바탕으로 새로운 내용의 학습이 일어나게 하는 전략을 포함한다. 학생들이 당면할 미래사회에서 유용하게 활용할 수 있는 경험을 미리 쌓게 하는 방식으로 진행되며, 학생들이 능동적으로 수업에 참여하고 활발한 의사소통을 유발할 수 있도록 토론, 역할 놀이, 문제 해결, 조사 등의 수업 방법이 적용된다. STS 교육은 전통적인 수업 방법이나 과정과는 다른 입장에서 과학 교육의 주요 목표를 달성하고 있는데, STS 교육은 기본적 개념의 획득에서는 전통적 과학 교육에 비해 다소 미약할 수 있으나, 과학적 태도를 함양하고 과학적 응용 및 창의성 영역의 목표를 달성하는 데 큰 효과가 있다(Yager & Roy, 1993).

(2) 단계와 교수 · 학습

1980년대 이후 여러 국가에서 과학 지식을 일상생활에 적용하거나 과학 - 기술 - 사회의 상호작용에 초점을 둔 교재와 STS 교육을 실제 교수 · 학습에 적용시킬 프로그램을 개발해 왔다. 그 중 Iowa 대학에서 개발한 Iowa Chautauqua Program (ICP)

| 표 4.20 | 전통적 과학과 STS 과학의 구분

	전통적 과학	STS 과학
개념	• 학습은 주로 시험을 보기 위한 것이다. • 개념은 매우 짧은 시간 동안만 보존된다.	• 학생은 그들에 유용한 개념을 찾는다. • 개념은 문제 해결의 필수요건이 된다. • 활동을 통해서 학습된다. • 경험을 통해 배운 학생들은 적용할 수 있다.
과정	• 과학의 과정은 과학자의 과정의 기능이다. • 학생은 과정을 교과에서 요구하는 대로 실행해야 하는 것으로 생각한다. • 학생은 교과과정에 거의 영향을 미치지 못하므로 교사가 과정에 관심을 가지는 것을 이해하지 못한다. • 학생은 과학과정이 추상적이며 다가가기 어렵고 얻을 수 없다고 생각한다.	• 학생은 과학과정을 이용할 수 있다고 생각한다. • 학생은 과학과정을 스스로 연마해서 더욱 더 발전시킬 필요가 있다고 생각한다. • 학생은 과학의 과정과 그들의 활동의 관계를 쉽게 안다. • 학생은 과학수업에서 과정을 핵심적으로 다루어야 한다고 생각한다.
태도	• 학년이 올라갈수록 흥미가 감소한다. • 과학에 대한 호기심이 감소한다. • 학생은 교사를 정보의 전달자로 생각한다. • 학생은 과학을 배워야 할 정보로 생각한다.	• 학년이 올라갈수록 흥미는 증가한다. • 학생은 물질세계에 대해서 더 호기심을 갖게 된다. • 교사를 안내자로 본다. • 과학을 문제를 다루는 방법으로 본다.
창의성	• 교과과정과 일치하지 않는 질문은 무시되므로 학생의 질문능력이 떨어지게 된다. • 학생은 이상한 질문을 거의 하지 않는다. • 특정 상황의 가능한 원인과 가능한 결과를 찾는 데 효율적이지 못하다. • 학생은 독창적인 생각을 거의 가지지 않는다.	• 학생이 많은 질문을 하고 그 질문을 활동과 자료개발에 이용한다. • 학생은 그들 자신의 흥미를 돋굴 수 있는 독창적인 질문을 자주 한다. • 관찰과 활동의 가능한 원인과 결과를 제안하는데 능숙하다. • 학생은 생각을 활발하게 한다.
적용	• 학생은 과학시간에 배운 내용의 가치를 알지 못하고 생활에 이용할 수 없다. • 과학수업이 현재의 사회문제를 해결하는데 아무 쓸모가 없다. • 학생은 배운 정보를 암기한다. • 학생은 배운 과학을 현재의 과학기술과 관련시키지 못한다.	• 학생은 과학 수업내용을 일상생활과 연결시킬 수 있다. • 학생은 사회적 문제를 해결하는 데에 열중하게 된다. • 학생은 문제 해결을 위해 정보를 찾는다. • 학생은 현재의 과학기술의 발전에 열중하게 되고, 그것을 통해서 과학 개념의 중요성과 관련성을 알게 된다.

이 가장 널리 소개되었다. 이 프로그램은 NSF(National Science Foundation)의 지원을 받아 NSTA(National Science Teachers Association)가 설계하고 Iowa 대학에서 1983년 시작하여 9년간 운영된 교사연수 STS 프로그램으로, 유치원에서 고등학교에 이르는 다양한 학년의 교육과정 개선을 위한 프로그램을 포함하고 있다(Yager & Tamir, 1992). ICP에서 제시하는 수업의 기본 절차는 '문제로의 초대(invitation)', '탐색(exploration)', '설명과 해결 방안 제시(explanation and proposing solution)', '실행(taking action)'의 4개 단계로 이루어져 있으며 각 단계별 특징은 다음과 같다.

첫째, 문제로의 초대(invitation) 단계는 과학 - 기술 - 사회와 관련된 사회적 문제를 제기하고 문제의 심각성을 인식하는 단계이다. 과학 - 기술 - 사회 과제가 포함된 여러 가지 자료를 제시해서 학생들의 흥미와 호기심을 유발하고 STS 학습 분위기를 조성한다. 교사가 학생이 관심 있어 하는 사회적 문제나 쟁점을 직접 제기할 수도 있고, 이러한 내용을 담고 있는 인터넷, 신문, 잡지, 시청각 자료 등을 제시할 수도 있다. 교사는 학생들이 STS 주제에 관심과 흥미를 가지도록 자극을 준다.

둘째, 탐색(exploration) 단계에서 학생은 여러 가지 자료와 정보를 수집하고 정리해서 문제에 대한 이해를 심화하고, 문제 해결을 위한 방안을 탐색하는 단계이다. 문제 해결을 위한 조사 또는 탐구 계획을 세우고, 조사 방법과 범위, 내용을 설정하고 수행해서 적절한 해결책을 제시하는 단계이다. 학생들은 조사 또는 탐구를 통해 얻은 자료를 분석하여 그들의 가설을 검증해 보고, 적절한 근거를 바탕으로 다른 학생들과 토론하여 해결 방안을 탐색한다.

셋째, 설명 및 해결 방안 제시(explanation and proposing solution) 단계는 수집한 자료를 바탕으로 모델을 구축해서 설명하고, 학습 주제의 해결 방안을 제안하는 단계이다. 다른 학생들과의 토의를 통해서 여러 가지 대안 중에서 가장 좋은 대안을 공동으로 모색하고, 이 과정에서 모델을 구축해서 설명하기도 하며, 문제의 해결 방안을 검토하고, 그 장단점에 대해 분석하기도 한다. 문제 해결 방안에 대해서 다른 사람의 의견을 반영해서 여러 가지 방안을 종합적으로 결합하고, 기존의 지식과 경험에 비추어 해결 방안을 제시한다.

넷째, 실행(taking action) 단계는 학생들이 문제 해결을 위한 방안이 실현될 수 있도록 바람직한 행동을 실행에 옮기거나, 실행과 관련이 있는 사람들에게 영향력을 행사하는 단계이다. 지식 및 기능을 응용하고 정보와 아이디어를 교환하며, 결과를 발달시키거나 아이디어를 향상하는 단계이다. 교사는 이 과정에서 학생이 과학과 기술에 관한 바른 인식과 함께 과학·기술 관련 직업에 대해 긍정적 태도를 가지도록 격려한다.

다음은 STS 모형의 각 단계에서 이루어지는 교수·학습 활동 내용을 요약한 것이다.

| 표 4.21 | STS 모형의 각 단계에서 이루어지는 교수 · 학습 활동 내용

단계	교수 · 학습
문제로의 초대	**[과학-기술-사회와 관련된 사회적 문제를 제기하는 단계]** • 과학-기술-사회와 관련한 여러 가지 자료를 준비해서 학생들이 STS 주제에 관심과 호기심을 가질 수 있도록 한다. • 학생들은 자기가 관심 있는 주제에 대해 신문, 잡지, 인터넷, 과학 도서 등을 통해서 학습 문제를 확인한다. • 의문을 제기한다. • 교사는 학생들이 STS 주제에 관심과 흥미를 가지도록 자극하고, 질문에 대한 가능한 많은 반응을 고려한다.
탐색	**[적절한 자료 출처를 선정해서 여러 가지 자료와 정보를 수집하고 정리해서 가능한 대안을 탐색하는 단계]** • 중심이 되는 역할에 참여한다. • 가능한 대안들을 토의한다. • 여러 가지 자료와 정보를 수집하고 정리해서 분석한다. • 문제 해결을 위한 전략을 세우고, 조사 방법과 범위, 실험을 설계하고 수행한다. • 적절한 자료를 근거로 다른 학생들과 해결책을 토의한다.
설명과 해결 방안의 제시	**[모델을 구축해서 설명하고, 문제의 해결 방안을 검토하고 장단점을 분석하는 단계]** • 정보와 관념을 의사 전달한다. • 탐색 단계에서 수집한 정보와 실험 결과를 토대로 한 모델을 만들거나 설명을 제시한다. • 새로운 설명을 구성한다. • 구체적인 해결 방안을 검토하고 토의한다. • 문제 해결 방안에서 여러 사람의 의견을 반영해서 여러 가지 방안을 종합적으로 검토하고, 기존 지식과 경험을 바탕으로 해결 방안을 제시하고 적절한 결론을 내린다.
실천하기	**[문제 해결을 위한 결정을 내린 후 해결 방안이 실현될 수 있도록 적절한 행동을 실행에 옮기는 단계]** • 정보와 아이디어를 교환하고 모델과 아이디어를 사용해서 토론을 유도하고 아이디어를 향상시킨다. • 문제 해결을 위한 결정을 내린 후 해결 방안이 실현될 수 있도록 바람직한 행동을 실행에 옮긴다. • 과학과 기술에 관한 바른 인식과 과학기술 관련 직업에 대해 긍정적인 태도를 가지도록 독려한다.

(3) 모형의 적용 및 유의사항

다음은 STS 수업 모형을 적용한 수업지도안의 예시이다.

단원명	대단원	Ⅵ. 화학 변화
	중단원	2. 산과 염기
	소단원	4. 생활 속의 중화 반응을 찾아라
성취기준	[10통과06-04] 산과 염기를 섞었을 때 일어나는 변화를 해석하고, 일상생활에서 중화 반응을 이용하는 사례를 조사하여 토의할 수 있다.	
학습 목표	산성화된 토양을 효과적으로 중화시킬 수 있는 방법을 고안해서 실행할 수 있다.	

단계	교수 · 학습	유의점
문제로의 초대	**[토양 산성화로 인한 문제점 제시]** • 동영상을 이용하여 학생들이 문제에 대해 인식하도록 한 후, 산성화된 토양 되살리기 문제로 학생을 초대한다. – 호기심을 위해 주변 환경을 관찰한다. – 의문을 제기한다. – 질문에 대한 가능한 많은 반응을 고려한다. – 학생들의 지각의 다양성을 확인한다.	교사가 현장감 있는 자료를 미리 준비하여 학생 자신의 주변에서 다가오고 있는 문제점이라는 점을 인식시킨다.
탐색	**[산성화된 토양의 중성화와 관련된 조사 활동]** • 산성화된 토양을 되살리는 다양한 방법에 대한 탐색 활동을 수행하게 한다. – 인터넷 조사 및 분석 – 중화 반응 탐구 활동 계획수립 및 수행 – 전문가 면담 등	자료를 수집할 수 있는 여건(도서관, 인터넷, 수집할 충분한 시간) 등을 마련해 주어야 한다.
설명 및 해결 방안 제시	**[산성화된 토양의 중성화를 위해 할 수 있는 일]** • 폐광 지역의 산성화된 토양을 되살리기 위한 해결 방안을 제시하게 한다. – 한 모델을 만들거나 설명한다. – 새로운 설명을 구성한다. – 해결책을 검토하고 토의한다. – 적절한 결론을 맺는다. – 이미 존재한 지식과 경험에 해결책을 통합한다.	앞 단계에서 실시한 조사 결과를 바탕으로 역할 놀이나 토론 등이 방법을 통해 체계적인 해결 방안을 모색하고 가장 훌륭한 대안을 찾아본다.
실행	**[산성화된 토양을 되살리는 방법 홍보]** • 폐광 지역의 산성화된 토양 되살리기 동영상을 제작해서 SNS를 통해 홍보하게 한다. – 의사결정 – 지식 및 기능을 응용한다. – 지식 및 기능을 전달하고, 정보와 생각을 교환한다. – 새로운 의문점을 질문하고, 결과를 발달시키거나 촉진한다. – 모델과 생각을 이용하여 다른 사람들에 의한 토의를 수용한다.	앞 단계에서 모아진 의견을 구체적으로 실천할 수 있는 방법을 찾아 실행한다.

STS 수업 모형을 적용할 때 유의할 점은 다음과 같다.

첫째, STS 수업 모형에서 이용할 수 있는 교수 방법과 전략은 매우 다양하다. 예를 들어, 강의법은 물론이고, 시범 실험, 질문법, 문제 해결법, 야외 실습, 실험실 실험, 역할 놀이, 토론, 협동학습, 사회적 활동 등 여러 가지 방법을 통해서 수업을 진행할 수 있다. 이때 중요한 것은 구성주의적 입장에서 학생 스스로 수업을 이끌어 가며 학생 간의 상호작용이 활발하게 일어날 수 있도록 자율성과 능동성을 최대한 보장해야 한다.

둘째, 학습의 주제는 학생의 흥미를 유발할 수 있는 것이어야 하며, 교육과정의 과학 내용과 관련된 최신 제품이나 사회적으로 논쟁이 되는 문제점들을 사용하는 것이 좋다. 사회적 문제를 선정할 때, 학생들에게 비교적 친숙한 내용과 소재를 이용하는 것이 좋으며, 학생들의 지적 배경이나 나이를 신중히 고려해야 한다.

셋째, 수업은 전반적으로 학생 주도적인 분위기가 될 수 있도록 유도해야 하며, 학생이 스스로 생각해 볼 수 있는 시간을 충분히 주어야 한다. 학생들이 질문을 생각하고 활동 결과를 정리하며, 합리적인 문제 해결 방안을 찾아갈 수 있도록 세심하게 안내해야 한다. 학생들이 능동적으로 상호작용하며 적극적으로 토론에 참여할 수 있도록 도와야 하며, 토론 과정에서 자신의 생각이 분명하게 드러나고 다른 학생의 주장을 경청하여 이해할 수 있도록 수업 분위기를 조성해야 한다.

2.8 POE 수업 모형

(1) 배경과 특징

POE 모형은 White & Gunstone(1992)이 개발·제안한 모형으로 예측(Prediction) - 관찰(Observation) - 설명(Explanation) 3단계로 이루어진다. 즉각적인 관찰이 가능하고 물리적, 물질적 상황에 적합한 시범 실험에서 주로 적용된다. POE는 학생들이 가지고 있는 선개념을 파악하고자 할 때, 교사가 학생들의 사고 과정에 대한 정보를 제공받고자 할 때, 토론을 진행하거나, 학생들이 과학 개념을 탐색하도록 동기를 부여할 때, 탐구를 진행하고자 할 때 사용될 수 있다. 이를 통해 학생들이 자신에게 제시된 현상에 대한 관찰에 더 큰 초점을 두고 비판적으로 생각할 수 있도록 하며, 이것은 비판적 사고 능력을 개발할 수 있게 한다.

POE 모형은 학생의 선개념이 무엇인지, 그리고 그 선개념이 자연현상을 설명할 때 어떻게 적용되는지 알아보기 위해서 개발되었다. 그러나 지금은 학생의 선개념 파악뿐만 아니라 과학 개념 학습, 개념 적용 능력 평가 등과 같이 여러 가지 목적으로 이용되고 있다. 예측 단계에서 학생들이 가지고 있는 개념의 실체를 파악할 수 있으며, 더 나아가 학생들의 사고 과정에 개입해서 선개념을 과학적 개념으로 변화시키기 위해서도 사용할 수 있다.

오랜 경험을 통해 형성된 학생들의 비과학적인 선개념을 과학적 개념으로 변화시키기 위해서는, 학생들이 자신의 기존 지식과 일치하지 않는 현상을 접해서 인지적인 갈등을 느끼게 하는 것이 효과적이다. 이는 사람에게는 갈등이나 모순을 해결하려는 본성이 있기 때문인데, 학생들이 자신의 선개념에 대한 의문을 품게 하는 효과적인 방법으로 POE를 사용할 수 있다. 전형적인 POE 활동 수업은 학습할 수업 주제와 관련된 익숙한 상황을 학생들에게 제시해서 학생들이 특정한 현상의 결과를 예측하고 관찰한 내용을 기술한 후 예측과 관찰 사이의 갈등을 해결하는 과정으로 이루어진다.

POE 모형은 관찰한 현상의 결과를 예상하고 그 예상을 나름대로 정당화하는 '예상', 실제로 관찰한 사실이나 실험을 통해 얻은 결과를 서술하는 '관찰', 예상과 관찰 사이의 불일치를 해결하는 '설명' 단계로 구성되며, POE를 사용하면 학생들이 수업 전에 가지고 있는 생각이나 이해 정도를 직접 확인할 수 있으므로, 수업을 학생들의 수준에 맞도록 진행할 수 있는 장점이 있다. 또한 예상과 관찰 사이의 불일치를 해결하는 설명 단계에서 학생들의 활발한 토의를 적절히 활용하면 학생들에게 과학 개념을 효과적으로 이해시킬 수 있다.

POE 수업에서 가장 특징적인 것은 예측 단계로, 학생들의 예측과 학생들이 수행한 관찰 결과가 일치한다면 POE 활동은 매우 단순해진다. 그러나 예측과 다른 결과가 나타나는 불일치 사례(discrepant event)가 나타나면, 불일치 사례는 학생들에게 비평형(disequilibrium) 또는 개념적인 갈등(conceptual conflict)이 유발된다. 예측 과정에서의 불일치 사례가 제시된 후 학생들에게 예측한 것과 실제로 관찰한 것 사이의 불일치에 대하여 설명하도록 하며, 심층적인 학습을 장려한다. 학생들은 자신의 예측과 관찰한 결과가 일치하지 않는 이유에 대해 생각하고 설명해봄으로써, 과학 개념과 자연현상에 대한 깊이 있는 이해가 가능해진다.

POE 모형은 비교적 형식이 간단해서 수업 시간에 활용하기 용이하다는 장점이 있으며, 예측 단계에서 학생들에게 익숙한 구체적 활동을 도입하므로 수업 시간에 수업에 친근감을 느끼며, 자신의 생각과 모순되는 관찰 결과를 해결하기 위해 적극적으로 참여하는 경향을 보일 수 있다. POE 활동은 모둠 단위의 관찰을 수행하게 할 경우 학생 중심 참여 수업으로도 활용될 수 있고, 교사의 시범 실험으로 진행될 경우 교사와 학생 사이의 상호작용적 학습으로도 활용될 수 있다.

POE 활동에서의 상황은 학생들이 개인적인 추론(reasoning)에 근거해서 예측을 할 수 있다고 느끼는 것으로 선정해야 한다. 단순히 추리(guessing)만 하는 것은 의미가 없다. 12살의 아동에게 이온 관련 문제를 내주면 이 상황과 관련된 화학 지식을 사용할 수 없으므로 추론의 형태를 알아내는 것은 불가능하다. 또한 학생들이 적절한 개념을 발견할 수 있는 상황을 선택하는 것이 좋다. 만일 상황이 학생들에게 피부로 느끼는 문제를 제시한다면 많은 도움이 될 것이지만 상황이 그다지 익숙하지 않은 것이라면 상황 제시를 위한 자료라도 학습자에게 낯설지 않은 것이어야 한다.

(2) 단계와 교수 · 학습

첫째, 예측 단계는 학생들이 특정한 구체적인 현상의 결과를 예측하고 자신의 예측을 정당화하기 위한 이유를 제시하는 단계이다. 예측 활동에서 학생은 미래의 일을 막연히 짐작하는 것이 아니라 이유와 근거가 되는 선개념을 토대로 예측하게 된다. 이 단계에서 교사는 학생이 단순히 짐작하는 것이 아니라 근거를 가지고 예측하도록 안내해야 한다. 이와 같이 결과가 제시되지 않은 상황에서 일어날 현상을 미리 예측하는 경험은 학생에게 자신의 인지구조에 자리하고 있는 여러 가지 지식 중 가장 적절한 것을 선택해서 적용해 볼 기회를 갖게 한다. 예측 활동에서는 예측과 그 근거를 활동지에 글로 쓰게 하는 것이 좋다. 객관식 혹은 주관식 문항을 사용해서 어떤 현상이 일어날지에 대한 학생 자신의 생각을 작성하도록 해야 한다. 글을 쓰는 과정에서 학생은 보다 깊이 있는 사고를 할 수 있고, 그 결과는 교사에게 학생의 선개념을 이해할 수 있는 좋은 자료로 활용될 수 있다.

둘째, 관찰 단계는 교사는 실험 활동을 안내하고 학생은 나타나는 현상을 관찰하는 단계이다. 교사는 학생이 실험 상황을 충분히 이해할 수 있도록 설명해야 하며, 제시하는 상황은 학생이 충분히 이해할 수 있을 정도로 쉬워야 한다. 제시하는 상황이 지나치게 어렵거나 복잡하면 학생은 가지고 있는 선개념을 근거로 추론해서 나타날 현상을 예측하는 것이 아니라 막연히 짐작하는 수준에서 예측하는 경향을 보인다. 학생에게 친숙한 상황일수록 부담이 적고 흥미를 가질 수 있다. 교사는 관찰 결과를 기록하게 해서 학생의 다양한 반응을 파악한다. 이때 학생들은 자신의 기존 생각과 모순되는 현상을 접할 경우에 그 현상을 무시하거나 자기 생각을 지지하는 증거로 왜곡해서 기록할 가능성도 있으므로, 교사는 학생이 객관적인 입장에서 관찰하도록 안내한다. 학생들은 자신이 관찰한 내용과 다른 학생의 관찰 내용이 다를 경우 관찰 내용을 수정해서 기록할 수 있기 때문에 관찰 결과는 즉시 기록하도록 한다. 예측과 관찰 결과가 불일치하는 경우에 학생은 인지적 비평형 혹은 갈등 상태를 경험한다. 이러한 인지적 갈등은 학생의 개념 변화를 촉발하는 원동력이 된다. 이러한 측면에서 학생의 잘못된 선개념을 과학적 개념으로 변화시키기 위해 POE 모형을 적용하는 것은 효과적이다.

셋째, 설명 단계는 학생이 관찰한 결과를 토대로 결론을 이끌어내는 과정이다. 예측한 현상과 관찰 결과를 비교하며 결론을 이끌어내는 추론 과정을 경험한다. 예측과 실험 결과가 일치하면 예측할 때 생각했던 근거가 지지를 받게 되고, 일치하지 않는다면 새로운 근거가 필요하게 된다. 개념 이해를 위한 수업에 POE를 적용할 경우, 설명 단계를 토론으로 진행해서 자신의 생각을 적극적으로 발표하고 의사소통하게 하는 것도 효과적이다. POE 모형의 각 단계에서 이루어지는 교수·학습 활동 내용을 요약한 것이다.

| 표 4.22 | POE 모형의 각 단계에서 이루어지는 교수·학습 활동 내용

단계	교수·학습 활동
예측	• 예측 단계에서는 학생들이 현상의 결과를 예측하고 자신의 예측을 정당화시킬 수 있는 이유를 제시하도록 한다. • 예측을 하기 위해서는 학생들이 상황의 성격을 정확히 이해해야 하므로, 주어신 상황을 이해하는데 필요한 질문은 충분히 허락해야 한다. • 학생은 자신의 사고를 정교화할 수 있도록 예측 및 예측에 대한 근거를 글로 표현하는 것이 좋다. 자신의 생각을 글로 적어봄으로써 학생들의 사고가 보다 정교해지기 때문이다. • 예측을 하면서 생각하거나 쓰는 중이어서 관찰을 하지 못하는 일이 없도록, 예측이 끝난 것을 반드시 확인한 후 관찰 단계로 넘어가야 한다.
관찰	• 관찰 단계에서는 학생들에게 각자 자신의 관찰 결과를 쓰도록 한다. • 교사는 관찰 결과를 기록하게 해서 학생의 다양한 반응을 파악한다. 만약 관찰하면서 그 때마다 기록하지 않으면 동료 학생의 말을 듣고서 자신의 관찰을 변화시킬 수도 있다.
설명	• 설명 단계에서는 관찰한 것과 예측한 것 사이의 모순을 해결한다. • 이 단계에서 교사는 학생들이 가능한 한 모든 가능성을 고려할 수 있도록 도와야 한다. 교사는 학생들의 의미를 정확히 파악해야 하며, 다양한 질문을 통하여 학생들이 자신의 생각을 분명히 할 수 있도록 유도해야 한다. 학생들이 제시한 설명은 관련된 개념에 대한 이해도를 파악하는데 유용한 자료가 될 수 있다. • 실험 결과와 예측이 일치하면 근거를 들어 설명하고, 일치하지 않는다면 그 이유를 자세히 설명하여 학생의 개념이 수정될 수 있게 해야 한다. • POE를 개념 이해를 위한 수업에 적용할 경우, 설명 단계를 학생들 간의 토론으로 진행하는 것도 효과적이다.

(3) 모형의 적용 및 유의사항

다음은 POE 수업 모형을 적용한 수업지도안의 예시이다.

단원명	대단원	I. 화학 반응의 규칙과 에너지 변화
	소단원	2. 화학 반응의 규칙_1. 질량 보존 법칙
성취기준	[9과 17-03] 질량 보존 법칙을 이해하고, 이를 모형을 사용해서 설명할 수 있다.	
학습 목표	질량 보존 법칙을 모형을 이용해 설명할 수 있다.	

단계	교수 · 학습
예측	• 강철 솜 연소 반응과 묽은 염산과 탄산칼슘의 반응에서 반응 후 질량은 어떻게 될지 학생들이 예측하도록 한다. – 자신의 생각을 글로 표현하도록 유도한다. – 학생들의 예측을 활동지에 기록하고 멘티미터에도 작성하게 한다. – 반응 후 질량에 대해 예측한 이유도 함께 학습지에 적도록 지도한다. • 실험 결과 질량이 어떻게 변할지 학생들이 예측해서 멘티미터에 입력하고, 활동지에 기록하게 한다.
관찰	• 실험의 준비물, 과정, 유의사항 등을 설명한다. • 조별로 강철 솜 연소 반응을 진행하고, 그에 대한 결과를 각자 적도록 한다. – 반응의 결과 질량이 늘어나는 것을 먼저 확인할 수 있도록 제시한다. • 모둠별로 묽은 염산과 탄산 칼슘의 반응 실험을 한다. – 시약포지에 탄산 칼슘 0.5 g을 담아 페트병에 넣고, 묽은 염산 10 mL가 담긴 시험관을 같은 페트병에 넣고 뚜껑을 닫은 후, 전체 질량을 측정한다. 그리고 페트병을 기울여 묽은 염산과 탄산 칼슘을 반응시킨 후 반응이 끝나면 전체 질량을 다시 측정해서 비교한다. – 관찰한 실험 결과를 학습지에 상세히 기록하도록 지도한다.
설명	• 모둠별로 예상과 관찰 결과를 비교하고, 그 이유를 생각하고, 발표하게 한다. • 결론을 이끄는 추론 과정을 거치고, 관찰과 예상 사이의 모순을 해결하도록 도움을 준다. – 교사는 순회 지도를 하며, 기존의 생각과 모순되는 점을 어떤 식으로 해소하는지와 실험 진행을 확인하며 평가한다. • 조별로 실험 결과에 대한 토의를 진행하고, 최종적인 결과를 이유와 함께 발표를 한다. • 강철솜 연소 반응과 묽은 염산과 탄산칼슘 반응을 모형을 활용해서 설명하며, 학습 내용을 정리한다. • 일상생활에서 일어나는 모든 화학 반응들이 질량 보존 법칙이 성립한다는 것을 설명한다.

POE 모형을 적용할 때 평가의 주안점은 다음과 같다.

- POE는 현상이나 상황, 특히 논쟁을 재고할 수 있는 모순의 해결 과정 간의 상호작용 형태를 다루기 때문에 진단 평가와 형성 평가에 적합하다.

- 우선 관찰의 구성 요소를 점수화할 것인지 결정해야 하며, 점수화하게 되면 학생들이 관찰한 것보다 관찰하기로 권장되는 것을 택하게 되므로 POE 효과가 감소할 수 있다.

POE 활동에서의 유의점은 다음과 같다.

- 초등학생들이 예측을 글로 작성하는 것은 유용한 아이디어의 의사소통에 장애가 될 수 있다. 또한 다른 학생들의 응답이 학생들에게 영향을 미치지 않도록 구두로 답을 말하는 것을 관리해야 한다.
- 어린 초등학생들은 자신의 논리를 설명하는 데 어려움을 겪을 수 있다.
- POE가 모든 주제에 적합하지는 않다. 예를 들어 "실습"이 아니거나 즉각적인 결과를 얻기 어려운 주제(예: Living World)에는 적합하지 않다.
- 학생들의 이해도를 밝히는 POE의 잠재력을 보이려면 많은 학생의 관찰과 다르게 예측되는 사례를 활용할 수 있다. 그러나 이런 상황을 자주 접하게 될 때 학생들이 예기치 않게 자신이 예측한 일이 일어날 것이라고 생각하기보다, 무엇인가 예기치 못한 일이 발생할 것으로 생각하는 부정적인 태도가 형성되거나 함정을 찾기 시작한다. 이것이 학생들의 설명에 영향을 미칠 수 있으므로, POE를 점점 많이 사용함에 따라 학생의 예측에 부합되는 관찰할 수 있는 예를 더욱 많이 포함하고, 예측한 내용을 확인하기 전에 자신의 예측을 지지하는 논쟁을 진행하도록 한다. 또한 학생들이 자신의 예측을 확인하는 관찰로부터 배울 가능성이 더 크다는 연구들도 있는데, 이것은 학생들의 예측이 터무니없는 추측이 아님을 주의하도록 하는 것이다. 과학적 사고를 바탕으로 한 의사소통이 이러한 함정을 피하는 데 도움이 될 수 있다.
- POE 활동의 예측 단계에서 제시되는 상황은 학생들이 상황을 충분히 이해할 수 있어야 하며, 상황이 지나치게 어렵거나 복잡하다면 POE는 단순히 한 번 짐작해 보는 것 이상이 되지 못하게 된다. 또한 POE는 사용되는 상황이 학생들에게 익숙할수록 좋다. 학생들은 상황이 친숙할수록 부담을 적게 느끼고 흥미를 가질 수 있으며, 상황이 익숙하지 않다면 소재라도 학습자에게 낯설지 않은 것을 사용하도록 한다.

3 교수 전략에 따라

이 절에서는 과학 교수·학습에서 주요 교수 전략으로 활용되는 개념도, 비유, V도, 메타 인지 전략에 대해 소개하고자 한다.

3.1 개념도를 활용한 학습 지도

(1) 개념도

개념도는 개념과 개념들 사이의 위계적 관계를 의미 있게 도식적인 형태로 나타낸 것이다. 구성주의 심리학을 기초로 개념 학습을 강조한 Novak(1977)은 Ausubel의 유의미 학습(meaningful learning)을 과학 교육에 적용하기 위해서 '어떻게 하면 개념들을 효과적으로 가르치고, 의미 있게 배울 수 있을까?'라는 생각으로 Cornell 대학의 동료들과 연구하는 작업에서 개념도를 고안했다.

새로운 지식을 의미 있게 배우기 위해서는 이미 알고 있는 개념과 명제를 관련지어서 배워야 한다는 것이 Ausubel의 유의미 학습이다. 그러므로 지식의 구조와 의미의 조직에서 중심적인 요소는 개념과 개념으로 이루어진 명제이다. 개념도는 이러한 개념들 사이의 관계를 명제의 형태로 의미 있게 연결시키는 하나의 도구이다. 지식은 개념과 개념과의 관계로서 이루어지는데, 여기에서 개념은 다양한 사건이나 사물의 공통적인 속성에 대한 명칭이며, 명제는 그 개념들 사이의 관련성을 적절한 연결어를 사용하여 진술한 것을 말한다.

(2) 개념도의 작성

개념도는 주요한 개념들의 위계적 관계에 따라 구성된다. 일반적으로 개념들 사이의 위계는 포괄적인 상위 개념을 가장 위에 위치하고, 단편적이고 구체적인 하위 개념을 아래에 위치하도록 작성한다. 즉 아래로 내려갈수록 분화된 개념이 제시된다. 상위 개념과 하위 개념들 사이의 연결과 동위 개념 사이의 교차 연결(cross link)은 '직선'으로 표시하고, 교차 연결에서 일방적인 관계는 '화살표'로 나타낸다. 또한 개념들의 관계의 형태를 나타내기 위하여 연결어를 연결선에 쓰도록 한다.

개념도의 작성은 새로운 지식을 조직하는 것인데, 이는 새로운 사건(event)과 사물(object)을 우리가 이미 가지고 있는 개념들과 연결시킴으로써 시작된다. 사건이란 바람이나 구름처럼 자연적으로 일어날 수 있는 것과, 기쁨이나 전쟁처럼 인간에 의해서 일어날 수 있는 것을 의미한다. 사물이란 나무나 별처럼 존재해서 관찰할 수 있는 것을 뜻한다. 이와 같은 사건과 사물이 가지고 있는 규칙적인 속성을 개념이라고 한다.

그러면 다음 단계를 따라서 간단한 개념도를 작성해 보자.

1) 다음 단어들을 두 가지로 분류하고 분류 기준을 제시하라.
   분자, 번개, 공부, 슬픔, 자동차, 개, 학습, 태풍, 이온, 화학 반응
2) '분자'라는 단어에 대해 생각나는 것을 적어라.
3) '화학 반응'이라는 단어에 대해 생각나는 것을 적어라.
4) '그리고, 그러므로, 에는, 과(와), 하도록, 가(이) 있다' 등은 개념과는 어떻게 다르며 이 단어들의 공통적인 특징은 무엇이라고 생각하는가?
5) '이순신, 텍사스대학교, 발바리, 양파링' 등은 개념이라고 할 수 있는가? 위에서 제시한 개념들과는 어떻게 다른지 설명하라.
6) '중화 반응은 산과 염기의 반응으로 염과 물이 생성된다.' 라는 문장에서 개념과 연결어를 구분하라.
7) 다음 글을 읽고 주요한 개념들을 추출하라.
   "물질은 눈으로 관찰할 수 없는 매우 작은 알갱이들로 구성되어 있는데, 이러한 알갱이 중에서 고유한 형태와 성질을 가진 것을 분자라고 한다. 과거에는 모든 물질이 분자로 구성되어 있다고 생각했지만, 오늘날에는 분자가 아닌 다른 형태의 알갱이로 존재하는 물질도 있다고 보고 있다.
   물질을 이루고 있는 분자들 사이에는 빈 공간이 있다. 분자와 분자 사이의 거리가 넓으면 기체 상태이고, 분자와 분자 사이의 거리가 좁으면 고체 또는 액체 상태이다."
8) 위의 7)번 활동에서 추출한 개념들을 가장 포괄적인 개념에서부터 가장 구체적인 개념으로 위계적으로 배열시키고, 선을 사용해서 연결하라. 개념과 개념 사이에 교차하는 관계가 있으면 교차 연결도 하라.
9) 개념들 사이에 연결어를 넣어 짧은 문장을 만들어 보아라. 연결어에서 개념대신 '~'과 '−'을 대신 사용하라. 혹은 ↑↓→← 등의 화살표를 사용해서 해당되는 개념을 대신 사용할 수도 있다.
10) 포괄적인 상위 개념에서 아래로 선을 그어 점점 특수한 하위 개념으로 내려가면서, 개념과 개념 사이에 교차하는 관계가 있으면 그 명제도 만들어 보아라.
11) 다른 모둠에서 작성한 개념도와 비교해 보아라.

위의 각 단계에 대한 설명은 '개념도를 위한 학습 지도'의 개념도 준비를 위한 활동에 나타나 있다.

(3) 개념도와 화학 교육

이러한 개념도는 과학 지식의 체계를 구성하는 개념들의 조직적 관계와 개념의 발달 과정 및 분화된 정도, 그리고 그 지식 체계를 이루는 핵심적 개념들을 일목요연하게 파악할 수 있는 특징을 가지고 있으므로 화학 교육에서 매우 유용하게 이용되고 있다.

Novak과 Gowin(1984)은 개념도의 유용성에 대하여 여러 가지 측면에서 언급했는데 개념도가 과학 교육에 어떻게 이용될 수 있는지를 살펴보면, 첫째로 개념도는 유의미 학습 이론에 따른 과학 교육과정 개발에 이용될 수 있다. 개념도는 인지구조를 이루고 있는 개념들의 수평적 관계뿐 아니라 수직적인 관계도 나타낼 수 있기 때문에 학생들이 작성한 개념도는 교육과정 내용의 논리적 구조와 서열을 학생들이 가지고 있는 지식의 심리적 구조와 학습 과정에 맞추어 조직하는 준거로 이용될 수 있다. 교육과정은 개념도의 상위 단계에 위치한 포괄적이고 통합적인 개념들을 바탕으로 설계되고, 하위 단계의 개념들은 구체적인 수업 자료와 학습 활동으로 구성되는 학습 과제를 선택하는 준거로 이용된다. 교육과정 내용을 선정하고 조직하는 데 개념도를 이용하면 주요한 개념들과 명제들을 명료하고 정확한 언어로 표현할 수 있고, 위계적 관계를 나타낼 수 있으며, 개념 체계들 사이에 교차되는 연결 관계도 나타낼 수 있다. 아울러 이러한 위계적 개념도를 이용하여 내용을 재조직할 수도 있다.

둘째로, 개념도는 화학 학습 지도의 한 가지 수단으로도 이용될 수 있다. 개념도를 이용해서 학생들이 학습해야 할 주요한 개념과 명제를 제시하거나 학생들이 이미 파지하고 있는 개념과 새로운 지식 체계 사이의 관계를 비교적 분명하고 효과적으로 보여 줄 수 있기 때문이다. 교사는 학생들이 스스로 작성한 개념도를 통해서 관계, 위계 그리고 연관 등을 바탕으로 학습할 내용에 대해 학습자가 어떤 선입 개념을 가지고 있는지 확인할 수 있다. 또한 이를 바탕으로 학생들이 가지고 있는 오개념을 수정하기 위해, 교사들은 학습 자료를 선정하고 개발할 수도 있다. 이처럼 개념도는 학습자의 선입 개념을 조사해서 학습 지도의 행로를 정할 수 있고, 교재의 의미를 파악하는 데도 사용할 수 있다.

셋째로, 개념도는 학습된 결과를 도식적으로 보여 주기 때문에 유의미 학습의 결과를 평가하는 척도로 이용할 수 있다. 특히 학습을 인지구조 또는 개념의 변화로 정의한다면 개념도는 인지구조상의 개념이 변화된 정도를 측정하는 가장 효과적인 평가 도구가 될 수 있다. 학생들이 학습하기 전에 작성한 개념도는 학습할 내용에 대한 학생들의 선입 개념을 파악할 수 있도록 해 주기 때문에 진단 평가의 도구로도 이용될 수 있다. 또한 학생들이 주어진 과제를 학습한 후에 작성한 개념도는 학습하기 전에 작성한 개념도나 관련 교과의 교사나 전문가들이 미리 작성한 표준 개념도와 비교해 봄으로써 학습을 통해서 개념이 어떻게 변화되었는지를 알아볼 수 있고, 수업을 통한 이해의 정도를 평가할 수 있는 수단으로 이용될 수 있다.

(4) 개념도의 평가

교사가 작성한 개념도를 표준 개념도라고 하고, 학생들이 작성한 개념도는 인지도(cognitive map)라고도 한다(Diekhoff & Diekhoff, 1982). 그러므로 인지도는 개념도와 마찬가지로 인지구조를 이루는 개념들 사이의 관계가 반영된 도식으로 정의될 수 있다. 이러한 의미로 정의되는 개념도와 인지도가 평가 도구로 사용되기 위해서는 인지구조상의 실제 지식이 인지도에 어느 정도 정확히 반영되는지 먼저 확인되어야 하지만 이에 대한 연구가 아직은 부족한 편이다. 특별히 평가 도구로 이용되는 개념도는 오수벨의 유의미 학습 이론을 통해서 제시한 인지구조의 위계적 조직, 점진적 분화, 통합적 화합의 원리 등에 의해서 그 타당성이 입증될 수 있기 때문에 적어도 세 가지의 관점에시 인지구조를 평가하는 수단이 될 수 있다.

개념도를 평가하기 위해서는 우선 채점 기준을 설정하고 그 기준에 의거하여 평가해야 한다. 개념도의 채점 기준은 Novak & Gowin(1984)의 위계적 구조에 따른 채점 방법과 McClure & Bell(1990)의 관계 중심 채점 방법, 그리고 Oxford & Burry-Stock(1995)의 개념 나열 채점 방법 등이 있는데, 그 가운데 매우 일관성이 있고 정확한 기준을 제시하고 있으며, 학교에서 사용할 때 문제가 없는 Novak과 Gowin의 채점 방법을 소개한다.

1) 채점 기준

① 관계(relationships): 연결어에 대한 채점으로 개념들의 연관, 즉 개념들 사이의 관계를 서술하는 명제가 타당하면 1점을 준다.

② 위계(hierarchy): 개념들의 위계 관계, 즉 하위 개념과 상위 개념의 관계가 타당하면 각 위계 단계마다 5점을 준다.

③ 교차 연결(cross links): 한 개념의 위계 관계와 다른 개념의 위계 관계를 맺는 교차 연결이 타당하고 유의미하면 10점을 주고, 교차 연결은 타당하지만 각 위계 관계의 통합을 보이지 못하면 2점을 준다.

④ 예(examples): 실례로 보여 주는 사건과 대상이 개념 명칭의 타당한 준거로서 적절하게 제시되면 각 1점씩을 준다.

2) 채점 방법

학생들이 작성한 개념도를 채점하기 전에 교사가 표준 개념도를 작성해서 그 개념도의 총점을 얻은 다음, 작성된 개념도의 점수를 표준 개념도의 총점에 대한 백분율로 계산한다.

학생들의 점수 = 학생들이 작성한 개념도 점수 ÷ 표준 개념도 총점 ×100

3) 평가 예시

이와 같은 채점 기준에 따라 채점하는 방법과 과정을 예시하면 다음과 같다.

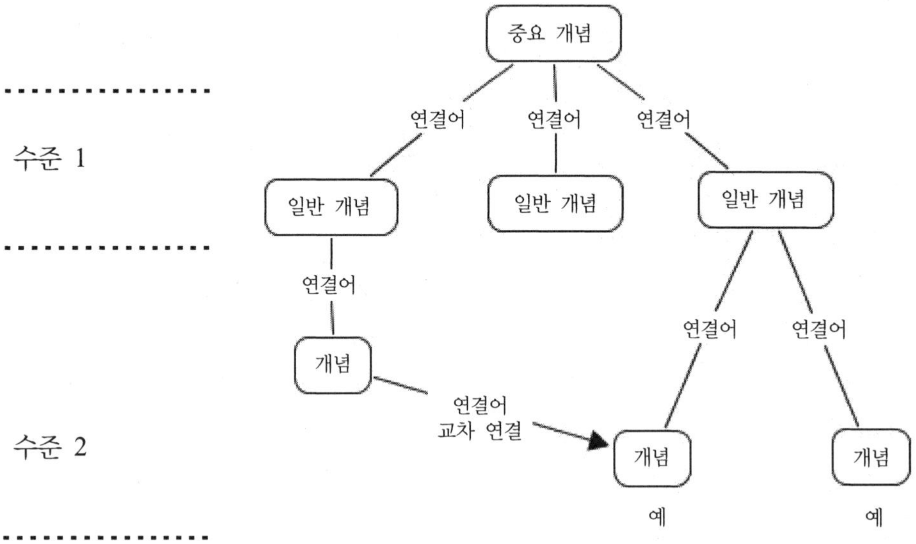

① 관계: 개념 사이의 연결 관계가 타당하게 제시되었으면, 1점 × 6개 = 6점
② 위계: 개념들의 위계 단계의 개수에 따라, 5점 × 2개 = 10점
③ 교차 연결: 교차 연결이 타당하고 유의미하게 제시되었으면, 10점 × 1개 = 10점
④ 예: 실례가 타당하게 제시되었으면, 1점 × 2개 = 2점
⑤ 총점: 6점 + 10점 + 10점 + 2점 = 28점

이러한 표에 제시된 채점 기준과 채점 방법에 따라 학생들이 작성한 개념도의 점

수를 검사하면 인지구조 내의 개념들이 형성되거나 구성되고 분화되는 과정과 그 정도를 비교적 자세하게 평가할 수 있다.

(5) 개념도를 이용한 학습 지도

개념도를 초등학생의 과학 수업이나 중·고등학생의 화학 수업에 적용하기 위해서 더 자세한 활동 안내를 소개하면 다음과 같다.

1) 초등학생 (3~6학년)

가. 개념도 준비를 위한 활동

① 학생들에게 눈을 감게 한 후 사물을 나타내는 친숙한 단어들을 읽어주고, 머릿속에 떠오르는 생각이 무엇인지 묻는다. 학생들이 답한 내용을 칠판에 적고, 다른 예들을 유도해서 준다. 사건을 나타내는 친숙한 단어에 대해서도 마찬가지로 한다. 예를 들면 사물을 나타내는 단어는 자동차, 의자, 책, 새, 구름 등이고, 사건을 나타내는 단어는 놀기, 공부, 목욕, 생일잔치, 비 등이다.

② 친숙하지 않은 사물이나 사건에 대한 단어들을 말하고, 떠오르는 생각이 무엇인지 물으면서 이 단어들이 전달하는 의미를 인식할 수 있도록 도와준다. 그리고 '개념'이라는 단어를 소개하고 칠판에 적힌 말들이 모두가 개념인지 확인하고, 이 개념과 관련하여 무엇인가 머릿속에 떠오르는 것이 있는지를 물어본다. 그리고 특정한 사람, 장소, 사물 등을 나타내는 고유명사는 개념이 될 수 없음을 가르친다.

③ '그리고, 그러므로, -에는, -가 있다, -와(과), -은(는)' 등의 말을 칠판에 적은 후 머리 속에 떠오르는 것을 말하게 한다. 이것들을 연결어라고 하며, 말하고 글을 쓸 때 이들을 사용한다. 두 개의 개념과 연결어로 간단한 문장을 만들어 보여준다. 그리고 학생 스스로가 자신의 개념과 연결어를 사용해서 문장을 만들게 한다. 문장을 완성하면 한 학생에게 만든 문장을 읽도록 한다. 예를 들면 '새가 노래한다.'나 '비가 오고 천둥이 친다.' 등이 가능하다.

나. 개념도 작성 활동

① 제시된 단어들로 개념도 보여주기: 10~12개의 관련 있는 익숙한 단어들을 일반적, 포괄적 의미의 단어에서 특수하고 구체적인 단어의 순서로 제시한다. 학생들의 흥미를 유발하기 위해서 제시된 단어들을 가지고 개념도를 그려서 보여준다. 그리고 개념도에 있는 짧은 문장을 학생들로 하여금 읽게 한다.

② 완성된 개념도에 다른 개념 추가하기: 하나의 다른 개념을 제시하고 작성된 개념도에 연결시키는 방법을 질문한다. 기존 개념과 새로운 개념 사이에 교차선을 넣을 수 있는지도 질문한다.

③ 제시된 단어 목록으로 개념도 작성하기: 관련이 있는 단어들의 목록을 준 후 학생 스스로 개념도를 작성하게 한다. 학생들이 작성한 개념도를 발표하게 하고, 비판은 금지한다. 그리고 특별히 잘한 점은 칭찬해 주도록 한다.

④ 제시된 내용으로 개념도 작성하기: 익숙한 짧은 내용을 선택해서 학생들에게 나누어 주고 개념과 연결의 구별을 도와준다. 그리고 학생들에게 그 가운데 핵심 개념을 찾도록 한다. 그렇게 하기 위해서는 우선 개념 목록을 만들게 한 후 중요한 순서에 따라 개념들을 나열하게 한다. 작성된 목록에 대해 학생들끼리 토론하게 한 후 제시된 내용에 알맞게 개념도를 작성하도록 한다.

⑤ 개념도 작성의 반복 훈련: 새로운 내용을 선택하여 위의 과정을 다시 반복하도록 한다. 3~5명의 학생들로 모둠을 이루게 하고 내용을 선택해서 함께 개념도를 만들게 한다. 전체 앞에서 작성된 개념도를 보고 그 내용을 설명하게 한다. 그 중의 일부를 교실에 전시하도록 한다.

2) 중학생(7학년 이상)부터 대학생까지

가. 개념도 준비를 위한 활동

① 사물과 사건의 구별: 칠판이나 OHP를 사용해서 친숙한 사물과 사건을 나타내는 단어들의 목록을 각각 만든다. 학생들에게 이 두 가지 목록의 차이점이 무엇인지 물어본다.

② 개념의 이해: 학생들에게 친숙한 사물과 사건에 대한 단어를 들려주고, 이때 생각나는 것을 설명하도록 한다. 예를 들면 자동차와 새를 들려주고 떠오르는 생각을 설명하도록 한다. 그리고 같은 단어를 사용해도 학생들마다 떠오르는 생각이 다름을 인식하도록 하고 이 심적 영상(mental image)이 바로 우리의 '개념'임을 설명한다.

③ 개개인이 느끼는 사물, 사상의 의미가 다름을 인식: 같은 단어를 사용해도 개인에 따라 차이가 있음을 인식하게 한다. 우리가 서로 이해하는 데 간혹 어려움을 겪게 되는 한 가지 이유가 비록 우리가 같은 단어를 사용해도 우리가 갖는 개념이 서로 완전하게 일치하지 않고 조금씩 다르기 때문이라는 것을 설명한다.

④ 연결어와 개념 단어 사이의 차이 인식: '-에는, -가 있다, -와(과), -은(는)' 등의

단어들이 연결어임을 소개하고, 두 개의 개념과 연결어로 문장을 만들어서 사람들이 의미 전달을 위해 어떻게 이 단어들을 사용하는지 설명한다.

⑤ 고유명사와 개념 단어와의 차이 인식: 특정한 사람, 사건, 장소, 사물 등의 고유명사는 개념 단어가 아니라는 설명을 하고 몇 가지 예를 제시해 주어 학생들이 이해하도록 한다.

⑥ 문장의 의미 전달 설명: 칠판에 두 개의 개념 단어와 연결어들을 이용하여 짧은 문장을 만들고, 이렇게 연결된 문장이 어떻게 의미를 전달하는가를 설명한다. 예를 들면 '분자가 움직인다', '비가 내린다' 등이 있다.

⑦ 개념 단어와 연결어를 이용: 학생들에게 짧은 문장을 몇 개씩 만들어 보도록 하고, 개념 단어를 찾아서 그것이 사물인지 사건인지 말해보고, 연결어도 찾아보게 한다.

⑧ 학생들의 언어는 개념을 만드는 것이 아니라 우리가 개념에 대해 사용하는 호칭으로서의 역할을 한다는 것을 인식할 수 있도록 한다.

⑨ 개념의 의미는 발전할 수도 있고 변할 수도 있음을 인식: 학생들에게 짧지만 익숙하지 않은 단어들을 몇 개 제시한다. 예를 들어 '역설적', '인지' 등을 들 수 있다. 학생들에게 개념의 의미는 고정된 것이 아니라 학습을 해나감에 따라 확장되고 변화한다는 것을 이해시킨다.

⑩ 개념 단어와 연결어 찾기: 명확한 줄거리가 있는 교재의 구절을 골라 반 전체 학생들에게 읽게 하고, 중심 개념을 찾으며, 연결어도 발견해보도록 한다.

나. 개념도 작성 활동

① 개념 추출 및 목록 작성하기: 학생들에게 교과서나 다른 매체에서 특별히 관심이 가는 부분을 선택해서 읽게 한 후 의미를 이해하는 데 필요한 중심 개념을 찾도록 한다. 칠판 또는 OHP를 사용해서 학생들이 찾아낸 개념들을 적는다. 적어 놓은 개념들 가운데 어떤 개념이 가장 중요하고 포괄적인 개념인지 학생들과 토의한다.

② 개념을 순서대로 정렬하기: 찾아내서 적어 놓은 개념들을 가장 일반적이고 포괄적인 개념부터, 의미가 구체적이고 특수한 개념 순서로 배열해서 목록을 작성하게 한다. 학생들이 개념 순서에 항상 동의하지 않는 것은 교재의 의미를 보는 방법이 하나 이상 있을 수 있다는 것을 암시하므로 괜찮다.

③ 개념도 작성하기: 학생들이 순서대로 정렬한 목록의 개념들을 사용해서 개념도를 만들게 한다. 개념의 위계를 따라 작성하도록 하고 개념의 위치를 확실하게

보여줄 수 있는 연결어를 사용하고 선으로써 관계를 표시하도록 한다.

④ 교차 연결하기: 개념도에서 한 부분의 개념과 다른 부분의 개념 사이의 교차 관계도 파악하도록 해서 교차 연결에 대한 연결어도 고를 수 있도록 한다.

⑤ 개념도 재작성해 보기: 위의 과정을 같은 내용을 대상으로 2~3번 반복하도록 한다. 대부분의 첫 개념도는 개념들이 어느 한쪽으로 지나치게 몰려 있어서 비대칭일 경우가 많다. 학생들에게 명제적 의미를 충분히 표현하기 위해 적어도 한 번, 그리고 때때로 2~3번 정도 개념도를 재조직하는 것이 필요하다.

⑥ 개념도 작성 훈련하기: 수업시간이나 숙제로 교과서의 다른 내용을 선택해서 그려보도록 한다. 같은 내용에 대해 두 명 이상의 학생들에게 각자 개념도를 작성하게 한다.

⑦ 개념도 설명하기: 각자 작성한 개념도를 서로 비교해 보도록 한다. 그리고 학생들이 작성한 개념도를 칠판이나 OHP에 놓고 다른 학생들에게 이해시킬 수 있는지 설명해 보도록 한다.

⑧ 개념도로 내용 설명하기: 좋은 개념도는 교과서 내용의 핵심적인 의미들을 포함하는 것임을 학생들에게 인식시키기 위해서 개념도를 완성한지 하루나 이틀 후에 작성한 개념도를 가지고 내용을 만들어 보도록 한다. 좋은 개념도를 작성한 학생은 교과서의 내용을 기억하지 못해도 그 내용의 의미를 상당히 충실하게 재현할 수 있을 것이다.

⑨ 개념도 채점: 작성된 개념도 가운데 하나를 택해서 학생들에게 그 개념도가 어떻게 채점되는지를 보여 준다. 학생들에게 그들 자신이 완성한 개념도를 채점하게 하고, 칠판이나 OHP에 개념도를 제시하고 자신이 채점한 것을 설명해 보도록 한다.

⑩ 모둠을 통한 개념도 활동: 3~5명을 한 모둠으로 하여 교과서에서 선택된 내용을 제시하고, 함께 개념도를 작성하도록 한다. 여러 가지 협동학습을 통해서 개념도를 완성하고, 전체 앞에서 완성된 개념도를 보고 그 내용을 설명하도록 한다.

이러한 개념도 활동에서 주의해야 할 사항은 첫째로, 개념을 연결하기 위해 선택하는 연결어를 주의 깊게 선택하도록 해야 한다. 두 개념을 연결하는 단어는 꼭 한 개가 있는 것이 아니라 여러 개가 될 수 있으나 사용한 연결어에 따라 조금씩 다른 의미를 지니게 되기 때문이다. 그러므로 학생들이 만든 개념도에서 학생들이 개념에 대해 가지는 의미의 느낌을 관찰할 수 있다. 또한 신중하게 조직된 개념도는 학생들의 인지적 구조를 잘 알 수 있게 한다. 예를 들어 '물'과 '얼음'의 개념에 연결어를 '~은 –이다.' 혹은 '~은 –이 된다.'로 연결시킬 수 있다. 둘째로, 보통 위계적인 관계일 때는 '직선'을 사용하고 '화살표'의 경우는 개념 사이의 관계가 방향성을 가진다는 것을 주지시킬 필요가 있다. 셋째로, 개념도는 여러 번 고쳐 그릴 필요가 있다. 처음에 만든 개념도는 개념 사이의 중요한 위계적인 관계를 보이기가 어려울 수 있고 밀접한 관계에 있는 개념들을 틀린 위치에 놓을 수 있다. 이와 같은 어려움은 개념도를 여러 번 다시 그려볼 때 해결할 수 있다. 무엇보다도 개념도를 다시 그리게 하는 이유는 개념도를 마무리해서 산뜻하게 만들고 틀린 부분을 고치며, 어수선함이나 밀집된 것을 고치기 위한 것이다. 교사는 학생들에게 첫 번째 그린 개념도와 두 번째 그린 개념도를 모두 관찰하도록 하고, 주기적으로 학생들에게 여러 번 개념도를 그리도록 요구해서 학생들이 개념도를 그리는 것에 익숙해지도록 하는 것이 좋다.

3) 작성된 개념도의 예시

	단원
10학년 과학	대단원: Ⅲ. 물질 중단원: 산과 염기의 반응 산의 성질, 염기의 성질, 산과 염기의 반응

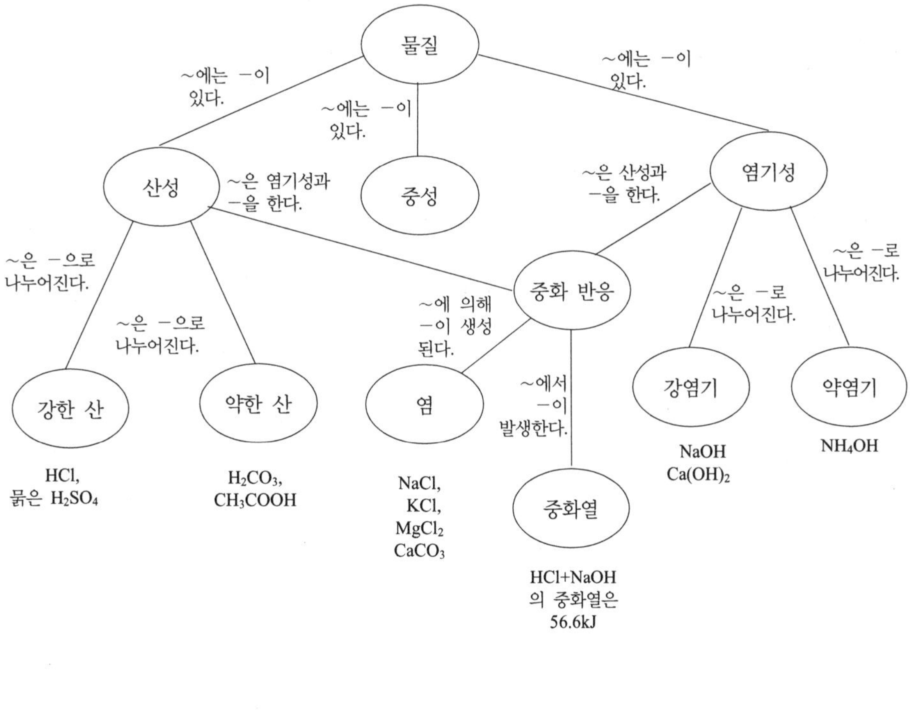

연습문제

1. IHMC Cmap Tools Knowledge Modeling Kit을 인터넷 웹사이트인 cmap.ihmc.us에서 소정의 절차를 밟고 download해서 다루는 방법을 익힌 후, '상태 변화, 응고, 융해, 기화, 끓는점, 녹는점, 나프탈렌의 승화' 등이 포함되도록 개념도를 그려보라.
2. 다음 페이지에 있는 개념도를 채점 기준에 따라 평가해서 점수를 매겨보라.
3. 3~5명으로 모둠을 형성해서 과학이나 화학 교과서의 한 단원을 설정하고, 위에 안내된 개념도 작성 활동에 따라서 개념도를 작성한 후 모둠별로 발표해라. 서로 작성한 개념도를 비교하고, 더 나은 개념도를 작성하기 위해서 어떻게 수정해야 하는지 논의해라.

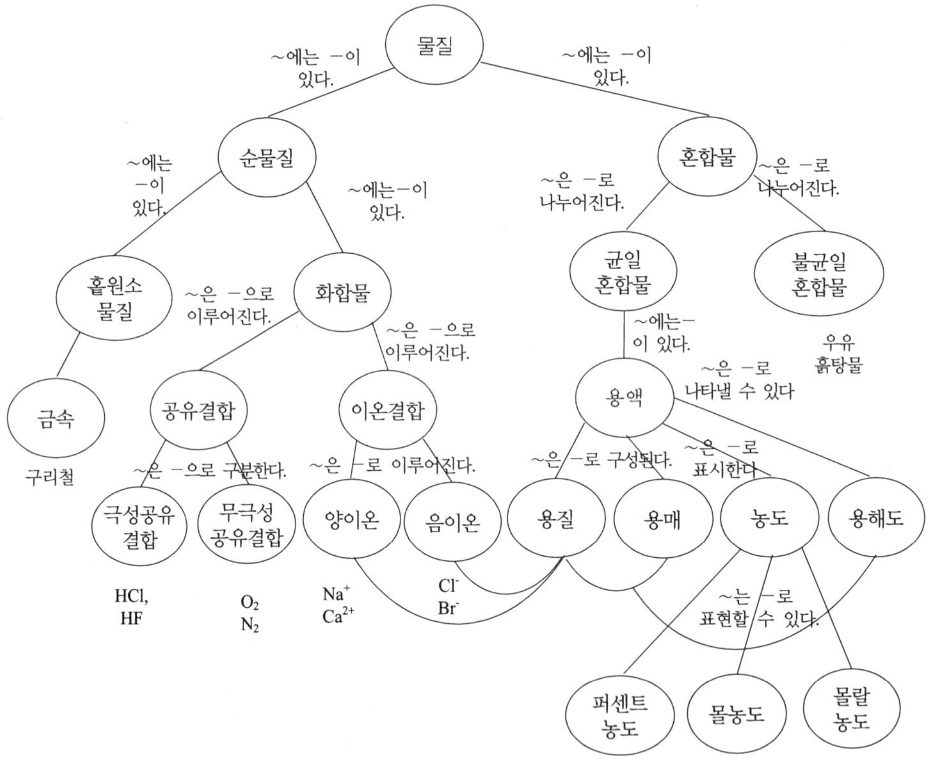

3.2 비유를 활용한 학습 지도

(1) 이론적 배경

가) 비유의 정의와 필요성

우리말 큰 사전에는 비유를 "어떤 사물에 대하여 그와 비슷한 성질, 모양 따위를 가진 다른 사물을 끌어대어 나타냄"이라고 정의하고 있다. 사람들은 어떤 사물이나 현상을 설명하는 과정에서 다른 사람들의 이해를 돕기 위해 비유를 사용하며, 문학을 비롯해서 종교, 사회, 정치 등 전반적인 생활에서 비유가 사용되는 상황을 흔히 볼 수 있다. 또한 비유는 과학적 발견과 통찰 및 과학 이론의 설명에서 중요한 역할을 담당해 왔다. 천문학자인 Kepler는 천체의 운동과 같은 천문 현상을 시계의 작동 비유를 통해서 설명했고, 물리학자인 Priestly는 Coulomb이 실험적으로 증명하기 전에 전기력의 법칙을 비유에 근거해서 제안했으며, 영국의 물리학자인 Campbell은 그의 저서에서 기체 분자 운동론을 당구공 모형을 사용해서 설명했다. 이들이 만들어 낸 비유를 최근의 과학 교과서 및 교양 도서에서도 흔히 볼 수 있다는 점은 비유가 과학적 이해를 돕는 좋은 도구가 될 수 있음을 암시한다(Glynn, 1991). 특히 추상적 개념을 다루는 과학 교육에서는 비유 사용의 필요성이 더 부각되고 있으며, 비유를 보다 효과적으로 사용하기 위한 연구가 최근 활발히 진행되고 있다.

수업에서 비유를 사용하면 학생들이 기존에 가지고 있었던 경험을 가지고 새로운 내용을 쉽게 이해할 수 있게 된다. 비유는 학생들의 정착 사고를 활성화해서 새로운 정보를 기존의 인지구조에 능동적으로 동화하도록 자극한다. 또한 비유의 가장 큰 매력은 추상적인 정보를 상상하기 쉽고 좀 더 구체적인 것으로 가시화한다는 점이다. 이 과정을 통해 비유는 새로운 정보들을 구조화해서 기존의 인지구조를 쉽게 변형하도록 함으로써 학습의 효율을 높인다(Duit, 1991). 특히 과학 교과는 추상적이고 복잡한 개념을 다수 포함하고 있으므로 다른 교과에 비해 비유가 자주 사용되는 편이다(Curtis, 1988). 구성주의 관점에 의하면 학습은 친숙하지 않은 것을 이해하기 위해서 기존의 지식을 바탕으로 새로운 개념을 능동적으로 구성하는 과정으로서, 이미 알고 있는 것과 학습해야 할 새로운 지식 사이에서 유사점을 이끌어 내는 과정이 필수적이다(Harrison & Treagust, 1993).

2) 비유에 의한 학습 설명 이론

유의미 학습은 새로운 지식을 기존의 지식과 결합시키는 과정이다(Glynn & Muth,

1994). 학생들은 지식을 수동적으로 받는 것이 아니라, 제시되는 정보에 도전하고, 그 정보와 씨름하고, 또 이미 알고 있는 것과 그 정보를 결합함으로써 의미를 만들어 나가려고 애를 쓰는 능동적인 정보의 소비자이다. 따라서 학생들은 개념들을 사실의 나열로서가 아니라 관련된 정보의 체계를 갖춘 조직망으로 학습해야만 한다. 이와 같이 학습자가 그들의 기존 지식에 근거해서 새로운 지식을 이해한다는 점이 비유에 의한 학습을 부각시키는 이유이다. 친숙하지 않은 것을 이해하기 위해 이미 친숙한 것을 능동적으로 채용하는 비유의 과정과 구성주의적 관점에서의 학습 과정은 그 성격이 대단히 유사하다. 따라서 적절한 비유의 사용은 학습의 효율을 높일 수 있을 것이다.

Rumelhart와 Norman(1981)은 도식 이론(schema theory)의 입장에서 비유 사용을 개괄했다. 도식이란 우리 주변에서 일어나는 사건을 해석하는 데 사용되는 특정 절차에 근거한 지식의 묶음이다. 그들은 기존 도식에 근거하여 새로운 도식이 개발되는 과정을 기술하기 위해서 다음의 세 가지를 제시했다. a) 증대(accretion): 기존 도식의 관점에서 새로운 지식의 부호화. b) 조율(tuning) 또는 도식 진화(schema evolution): 도식 응용의 기능으로서 도식의 느린 수정이나 정교화. c) 재구성(restructuring) 또는 도식 창출(schema creation): 조율을 통해서 새로운 도식이 세련되고 분명히 구별되는 개념으로 창출되는 과정. 여기서 증대와 도식 진화는 모두 기존 지식에 근거한 학습의 예가 되고, 따라서 새로운 도식이 비유에 의해서 어떻게 형성되는가를 예시하게 된다. Rumelhart와 Norman은 기존 도식에 근거해 학습이 일어나는 과정을 '비유에 의한 학습(learning by analogy)'이라는 용어로 설명했다.

Gick과 Holyoak(1983)은 비유에 의한 학습 과정을 '비유적 대응(analogical mapping)'이라는 용어를 사용해서 설명했다. 대응에서 친숙한 근거 영역은 목표라 불리는 학습자가 친숙하지 않은 영역을 가르치기 위해서 사용된다. 대응 과정 동안 근거 영역의 알려진 특성을 목표로 전이시키거나 대응시키는 것을 증진시키는 데 두 영역 간의 유사성이 사용된다. Gick과 Holyoak은 비유적 대응의 개념을 조사해서 다음의 네 가지 결론을 내렸다. 첫째, 학습자에게 분명하게 설명되는 개념의 양상에 의해 대응이 제한되는 것은 아니다. 학습자가 어떤 것을 이해하기 위해 흔히 하는 추론은 비유에 의해 학습할 때 중요한 역할을 한다. 둘째, 대응 과정은 흔히 목표 영역에 대한 다른 방식의 견해를 찾는 것을 포함한다. 만일 연관성이나 유사성을 보지 않는다면 비유가 학습을 촉진하지 못한다. 셋째, 비유적 대응은 다양한 추상 수준에서 정의될 수 있다. 목표의 적절한 특성이 많이 포함되도록 적절한 표상 수준을 정해야 한다. 넷째, 대응 요소는 전형적으로 유사하지만 동일하지는 않다. 따라서 대응 요소 간에 유사성과 차이점을 분별하는 것이 이로울 것이다.

3) 비유의 역할

비유는 과학에서 발견의 도구이자, 수업에서 설명적 장치로 사용되며, 개념 정립의 도구로도 사용된다(Harrison & Treagust, 1993). 비유는 추상적인 개념을 구체적이며 더 쉽게 기억하게 만들며, 보편적인 용어와 틀을 제공함으로써 생각의 교환을 촉진한다. 비유는 새로운 개념 구조의 생성에 관여하며, 기존 기억을 재구성하는 일을 돕고, 그것이 새로운 정보를 제공하는 일을 돕는다.

학습 과정에서 비유의 역할은 개념 구조의 생성(generation), 재구조화(restructuring), 가시화(visualization) 등 세 가지로 요약할 수 있다. 비유는 출처 영역으로부터 목표 영역으로 구조를 전이시킴으로써 새로운 도식을 생성하며, 기존 기억들이 재구조화되거나 새로운 정보를 위해 재구조화를 준비하는 데 도움을 줄 수 있고, 새로운 정보를 상상하기 쉽고 좀 더 구체적인 것으로 만들어 줄 수 있다(Duit, 1991). 비유는 새롭게 구성된 이론들을 자세히 규명하는 데 도움을 주고, 이론들의 다듬질과 확장에 대한 핵심 질문들을 제안하고, 이론적 요소들과 관찰 가능한 변인들 사이의 대응점들을 시사함으로써 이론들을 구체적인 문제들에 적용하게 하며, 이론들 사이에 연관을 제공함으로써 포괄적인 설명 체계를 얻는 데 기여한다.

Duit(1991)는 구성주의적 학습 관점에서 비유의 장점을 다섯 가지로 제안했다. 첫째, 비유는 개념 변화 학습에서 새로운 관점을 열어주는 유용한 도구이다. 둘째, 비유는 실제 세계에서 유사성을 지적함으로써 추상적인 것을 이해하도록 촉진한다. 셋째, 비유는 추상적인 것을 눈으로 볼 수 있도록 한다. 넷째, 비유는 학생들의 관심을 불러일으키고 그래서 학생들의 동기를 유발할 것이다. 다섯째, 교사로 하여금 학생들의 선수 지식을 고려하도록 한다.

4) 비유물의 조건

김영민(1991)은 비유의 사용이 과학 개념의 학습에 효과적이려면 비유물이 다음과 같은 다섯 가지 조건을 갖추어야 한다고 제안했다.

첫째, 비유물과 목표물은 가급적 유사한 대응 관계를 가져야 한다.
둘째, 비유물은 학생의 사전 개념이 고려되어 그것을 변화시킬 수 있어야 한다.
셋째, 비유물은 목표물보다 학생들에게 친숙해야 한다. 비유를 사용하는 중요한 목적 중의 하나는 친숙하지 않은 것을 친숙한 것에 관련지음으로써 학습에 도움을 주고자 하는 것이기 때문이다.

넷째, 비유물의 구조와 속성이 목표물에 비해 학생들이 이해하기 쉬워야 한다. 비유물의 속성과 구조 자체가 학생들이 이해하기 어려운 것이라면 학생들로서는 목표물을 학습하기 이전에 비유물에 대한 학습이 선행되어야 하기 때문이다.

다섯째, 비유물은 그림이나 모형으로 나타낼 수 있어야 하고, 실제 학습에서도 그림 비유(pictorial analogy) 또는 모형 비유(model analogy)가 이루어져야 한다. 언어로만 표현된 비유는 그 자체를 학생들이 상상하는 데 어려움이 있다.

(2) 비유를 활용한 수업 모형

비유 사용과 관련해서 과학 교육 분야에서는 GMAT, FAR 지침, TWA, Bridging Analogy 등의 수업 모형이 제안되었으며, 국내에서도 김도욱(1991), 김영민(1991), 노태희 등(1997)에 의해 몇 가지 모형이 제안되었으나, 비유 사용 수업 모형의 교수 효과에 대한 후속 연구가 진행된 것은 많지 않다. GMAT와 FAR 지침과 같은 모형들은 비유 사용 방법에 대한 것이라기보다는 비유 사용과 관련된 준비에서 정리까지의 과정에서 교사들이 거치는 단계 및 해야 할 내용을 모형화한 것이라고 할 수 있다. 이에 비해 TWA와 Bridging Analogy와 같은 모형은 구체적인 비유 사용 방법에 대한 안내로 구성되어 있다. 김도욱과 김영민의 모형은 둘 다 과학 수업 중 비유 사용을 위한 모형이라기보다는 개념 변화를 위한 수업 과정에서 비유가 하나의 도구로 부분적으로 사용되는 방식을 취하고 있다.

1) GMAT(General Model of Analogy Teaching; Zeitoun, 1984)

비유를 효과적으로 사용하기 위해서 교사와 연구자들에게 안내 모형이 필요할 것이라는 생각에서 Zeitoun은 그림 4.23과 같은 일반적인 비유 수업 모형(GMAT)을 제안했다. 9단계로 이루어진 이 모형은 많은 연구자들이 공유한 관심사의 대부분을 포착해서 결합했기 때문에 매우 포괄적인 모형이다. 이 모형에서는 학습자의 오개념을 고려하고, 단계마다 교사와의 긴밀한 피드백 작용으로 각 단계에 완벽성을 강조하고 있으나, 각 단계의 구성에 대한 이론적인 근거가 미약하고, 비유 사용에 대한 중요한 측면이 제시되어 있지 않다는 비판을 받고 있다(Duit, 1991).

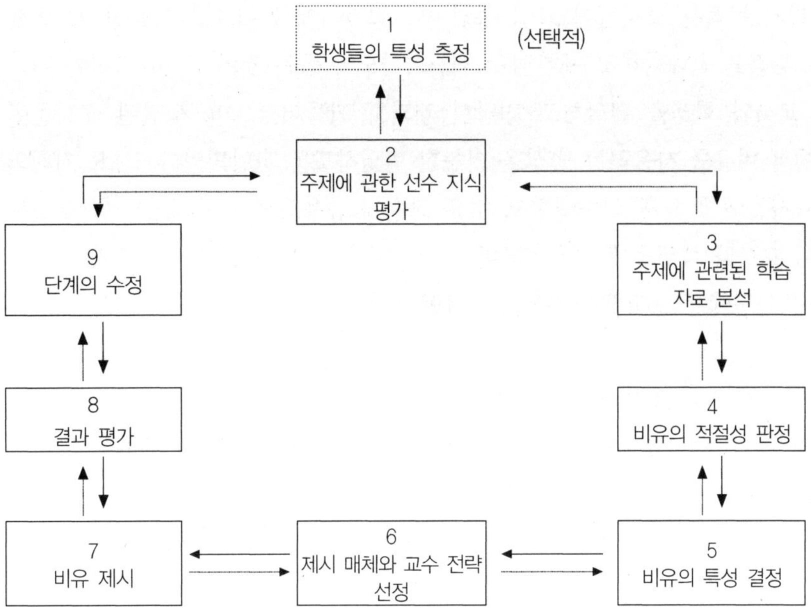

| 그림 4.23 | GMAT

2) FAR 지침

교사들이 과학 수업에서 비유를 사용하는 것을 돕기 위해서 Treagust(1993)는 자신의 연구 결과에 근거해서 비유를 사용한 과학 교수·학습을 위한 지침이라는 것을 만들었다(그림 4.24). 이 지침은 초점(Focus), 행동(Action), 반성(Reflection)의 세 단계로 되어 있으며, 머리글자를 따서 FAR 지침이라고 한다.

초점(Focus)

개념: 어려운가, 친숙한가, 추상적인가?
학생: 학생들이 개념에 대하여 미리 가지고 있던 생각은 무엇인가?
비유물: 학생들에게 친숙한 것인가?

행동(Action)

유사점: 비유물과 과학 개념의 속성을 토론한다.
이들 사이의 유사성을 찾는다.
차이점: 비유물이 과학 개념과 다른 점을 찾는다.

반성(Reflection)

결과: 비유가 분명하고 유용한가 아니면 혼란스러운가?
개선: 결과의 관점에서 위의 내용을 다시 집중한다.

| 그림 4.24 | FAR 지침

FAR 지침의 목적은 교사들이 교실 수업이나 교과서에서 비유를 사용할 때 발생할 수 있는 장점을 최대화하고 제한점을 최소화하도록 돕는 것이다. 이 지침은 여러 시간 동안 교사와 학생을 관찰하고 면담한 결과로 만들어졌으며, 숙련된 교사들이 과학 교수에서 비유를 사용하는 방식을 가능한 반영하도록 고안되었다. FAR 지침의 단계들은 교사들에게 쉽게 익숙해졌고 비유 교수에 유용하게 적용되었으며, 무엇보다도 이것이 교사와 학생들에게 유익하며 과학 교수와 학습에서 비유를 즐기도록 돕는다고 예비 연구에서 보고했다(Treagust, 1993).

3) TWA(Teaching-With-Analogies)

Glynn(1991)은 과학 교과서에서 비유가 사용되는 실태를 분석한 결과를 토대로 다음과 같은 6단계의 TWA 모형을 개발했다.

1단계 - 목표물 소개: 학습할 목표 개념을 학생들에게 소개하는 단계로, 가르치고자 하는 내용에 대해서 정확하게 그 의미를 설명해 준다.

2단계 - 비유물 소개: 비유물이 학생들에게 친숙해지도록 한다. 이전에 직접, 간접적으로 경험했던 다양한 소재를 가지고 학생들끼리 이야기 나누고 질문도 할 수 있도록 한다.

3단계 - 비유물의 특징 열거: 비유를 구체적으로 설명하는 단계로, 비유 상황을 설명하고 특징을 제시한다.

4단계 - 유사성 대응: 비유물과 목표물을 연결시키는 단계로, 둘 사이의 유사성을 대응시킨다.

5단계 - 결론 도출: 목표 개념에 대한 결론을 이끌어 내는 단계로, 목표 개념의 중요성을 설명하고 학생들에게 발표를 하도록 해서 잘 이해했는지 알아본다.

6단계 - 비유물의 한계 논의: 비유와 목표 개념과의 차이점을 지적한다. 즉 비유와 맞지 않는 곳이나 확대 해석되는 곳을 지적해서 학생들이 만들어낼지 모르는 오개념에 주의하도록 한다.

Glynn(1994)은 과학 교사 10명으로 하여금 비유를 가장 잘 사용할 수 있는 수업을 실시하도록 한 후 수업을 녹화해서 TWA 모형의 6가지 단계의 조작 중 어느 범주에 속하는가를 분석했다. 교사들이 사용하는 방식 중에는 TWA의 단계에 포함되지 않는 것도 일부 있었으나, 필수적인 것이 아니었으며 빈번하지도 않았다. 따라서 TWA의 단계들은 대부분의 과학 수업에서 그대로 사용될 수 있음을 반증하는 것이다.

4) 연결 비유(Bridging analogies)

연결 비유는 학생들의 오개념을 교정할 목적으로 Massachusetts 대학에서 Clement와 그의 동료들(Brown & Clement, 1989)이 만들어낸 비유 사용 수업 모형이다. 학생들이 비유물의 성질을 이해하지 못하고, 또한 의도한 대로 비유 관계를 유도해 내지 못하기 때문에 비유 사용 수업이 실패한다는 실제적인 경험에서 출발해서, 학습자에게 다수의 비유물을 그들의 인지 능력과 선행 학습에 연관 지어 차례로 제시함으로써 목표물을 이해하게 도왔다. 즉 연결 비유는 학생들의 직관력을 이용해서 주의 깊게 선택된 일련의 중간 비유들을 통해 학생들의 생각을 지도하는 것을 돕는다. 그리고 그 각각은 이전 단계를 토대로 세워지고, 또 그것을 세련되게 해서 학생들이 과학적 견해에 도달하게 한다. 이 전략의 목적은 유용한 직관을 응용하는 범위를 늘리고, 유해한 직관에 응용의 범위를 줄이기 위한 것이다.

Brown과 Clement(1989)는 임상적 면담 과정에서 비유가 성공하기 위해서는 다음과 같은 네 가지 전제 조건이 필요함을 발견해서 제안했다. 첫째, 학생들은 유용한 관련 정착 개념을 소유하고 있어야 한다. 둘째, 만약 학생들이 관련 정착 개념과 목표물을 비유적인 것으로 보지 못한다면 연결 비유를 사용해서 분명한 연관성을 개발해야 한다. 셋째, 비유물과 목표물 사이의 연관성은 상호작용적인 교수 환경에서 가장 잘 이루어진다. 넷째, 학생들은 과학적 개념을 자신들에게 그럴듯하고 받아들일 만한 것으로 만들기 위해 새로운 방법으로 목표 개념을 보도록 도움을 받아야 한다.

Lin, Shiau와 Lawrenz(1996)는 8학년 학생 6개 반을 통제 집단과 처치 집단으로 할당한 후, 처치 집단에 대하여 밀도와 압력 개념에 대해서 그림 비유물을 단계적으로 제시하는 연결 비유 모형과 TWA 모형을 혼합해서 적용했다. 개념 문제 해결에서 처치 집단의 평균이 유의미하게 높았으며, 학습 능력이 낮은 학생들에게 더 효과적이었다.

5) 학생 스스로 만든 비유

학생 스스로 만든 비유 수업은 비유를 가르치기 위한 세 가지 전략의 하나로서 Zeitoun(1984)에 의해 제시되었으나, 본격적으로 연구되고 체계화된 것은 Wong (1993)에 의해서이다. 학생 스스로 만든 비유에 의한 수업은 다음의 네 단계로 이루어진다. 첫째, 현상 설명하기. 둘째, 주어진 현상을 더 잘 이해하기 위해 학생들 스스로 비유를 만들기. 셋째, 유사점과 차이점을 확인함으로써 비유를 현상에 적용하기. 넷째, 현상들을 설명할 때 비유물의 적절성을 토론하기. 학생들은 일련의 과정을 통해서 계속적으로 설명과 비유를 개선하고, 그 결과 관련된 비유의 집합을 만들게 된다. 이 모형에서 첫 단계가 생략될 수도 있지만, 그것은 두 번째 단계를 준비하기 위한 귀중한 출발점이 된다고 믿는다.

Wong(1993)은 학생들이 스스로 만든 비유를 가지고 공부할 기회를 갖게 될 때의 교육적 이점으로 다음의 세 가지를 제안했다. 첫째, 학생들이 문제를 발견할 기회를 갖게 된다. 학생들은 자신의 인식과 이해에 근거해서 어떻게 문제를 발견하고 그 문제를 표상할 수 있는지 알게 된다. 둘째, 학습자의 선수 지식에서부터 문제가 나오기 때문에 이들 문제는 더 흥미롭고 진부하지 않으며, 학습자와 개인적으로 관련된다. 셋째, 교사와 같은 외부의 지도를 최소로 받으며, 학습자 개인의 선수 개념을 통해서 찾아내고, 맞서며, 일할 수 있다.

(3) 과학 수업에서 비유의 활용 사례

1) 초등학교 예

교 과: 초등학교 과학

대상학년: 3학년 2학기

단 원 명: 7. 섞여있는 알갱이의 분리

활동주제: 모래와 자갈의 분리

수업목표: 알갱이 크기의 차이를 이용해서 모래와 자갈의 혼합물을 분리할 수 있다.

주제 선정의 배경: 제7차 교육과정에서는 분자 단원이 초등학교에서 중학교로 바뀜에 따라 이 비유가 초등학교 과학의 물질 영역에서 사용된 유일한 비유이다. 실험 관찰 교재에 생각해 보기 활동 자료로 제시된 것이다.

활용사례:

다음 그림은 어떤 상황을 나타낸 것일까요?

생각나는 것을 적어 봅시다.

| 그림 4.25 | 비유 활용의 예

활용방안: 실험 관찰 교재에서는 단순히 비유 상황을 주고 생각나는 것을 적어 보도록 하고 있다. 이 비유를 단순히 사용할 것이 아니라, TWA 모형에 따라 체계적으로 사용하는 것이 좋다. 먼저 모래와 자갈의 혼합물을 체로 분리하는 활동을 한 후, 이 비유를 제시하면서 비유가 가지고 있는 특징(왼쪽 그물은 그물의 눈이 작아 모든 물고기가 빠져 나오지 못하고, 오른쪽 그물은 눈의 크기가 어느 정도 커서 작은 물고기는 밖으로 빠져 나오고 있다.)을 살펴본다. 그런 다음 목표물과 비유물의 유사성을 대응시키는 활동(체는 그물에 비유할 수 있고, 모래는 작은 물고기, 자갈은 큰 물고기에 비유할 수 있다.)을 한다. 이를 바탕으로 모래와 자갈의 혼합물 분리에 사용된 원리에 대해서 결론을 내리도록 한다. 필요에 따라서 비유로 인해 잘못 생각할 수 있는 것이 있으면 언급해 주는 것이 좋다.

2) 중학교 예

교　　과: 중학교 과학

대상학년: 1학년

단 원 명: 물질의 세 가지 상태

활동주제: 물질의 상태와 분자 운동

수업목표: 분자 모형을 이용하여 물질의 상태를 표현할 수 있다.
물질의 상태에 따른 분자 배열의 차이를 설명할 수 있다.

주제 선정의 배경: 물질의 세 가지 상태는 쉽게 인지할 수 있지만, 분자는 우리 눈에 보이지 않기 때문에 물질의 상태에 따른 분자 배열과 분자 운동의 차이를 이해하는 것이 쉽지 않다. 따라서 분자의 배열과 운동을 가시화할 수 있는 방안으로 비유를 사용할 수 있다.

활용사례:

물질은 고체, 액체, 기체의 세 가지 상태로 존재할 수 있다. 고체 상태는 분자들이 규칙적으로 배열되어 있으며 고정된 자리에서만 움직인다. 액체 상태에서 분자들은 일정한 부피 내에서 비교적 자유롭게 운동한다. 기체 상태는 공간의 제약 없이 자유로운 분자 운동이 가능하다.

| 그림 4.26 | 학생들의 움직임에 비유한 물질의 세 가지 상태

물질의 세 가지 상태는 수업 시간, 쉬는 시간, 방과 후의 학생의 움직임에 비유할 수 있다. 교사가 수업하고 있는 수업 시간을 고체 상태에 비유해서 고체 상태에서 분자들이 규칙적인 배열을 하며, 고정된 자리에서만 움직일 수 있음을 설명한다. 쉬는 시간에 학생들은 학교 내에서 자유로이 움직일 수 있는데, 이것은 학생들이 일정한 공간에서 비교적 자유롭게 움직일 수 있음을 보여 액체 분자에 비유한다. 수업 시간을 알리는 종소리는 학생들을 자리에 앉게 하는 것으로, 에너지를 빼앗아감으로써 액체에서 고체로의 상변화를 일으키는 것에 비유된다. 방과 후에 학생들은 서로 영향을 받지 않고 자유롭게 움직여 학교 밖으로 나갈 수 있는데, 이것은 기체 분자들이 공간의 제약 없이 운동할 수 있음을 설명한다.

활용방안: 위의 비유에서 대응되는 것들끼리 정리하면 아래 표와 같다.

비유물	목표물
수업 시간의 학생	고체 분자
쉬는 시간의 학생	액체 분자
방과 후의 학생	기체 분자
종소리	에너지 방출

비유는 각 상태에서 분자의 움직임을 잘 표현하고 있지만, 고체 상태와 액체 상태에서 분자가 서로 접촉하고 있다는 것을 보여 주지 못한다. 그리고 각 상태를 비유한 상황마다 학생 수가 다른데, 이것은 상태 변화 시 분자의 수가 줄거나 늘 수 있다는

오개념을 갖게 할 수 있으므로 주의해야 한다.

(4) 유의점

비유를 활용한 학습 지도에서 여러 가지 장점이 있다. 그러나 비유 자체가 가지고 있는 근본적인 제한점 때문에 비유를 사용한 학습의 효과가 제한적이거나 경우에 따라서는 오히려 부정적인 결과를 초래할 수도 있으므로 주의해야 한다.

1) 비유는 구조상 비유물과 목표물로 구성되어 있으며, 이 둘 사이에는 공유하는 속성과 함께 공유하지 않는 속성을 포함하고 있다. 비유에 포함된 비공유 속성을 학습자들이 공유 속성과 혼동해서 비유물에서 목표물로 전이하고자 할 때 목표물에 대하여 잘못된 이해를 파생하게 된다. 비유를 사용하는 과학 수업에서 이러한 잘못을 예방하기 위해서 비유가 성립되지 않는 부분도 함께 언급해야 할 필요가 있다(Glynn, 1991). 하나의 비유로 학습할 모든 속성을 다룰 수 없는 경우에는 여러 개의 비유를 사용하는 것도 하나의 방법이 될 수 있다.
2) 수업에서 사용되는 비유물에 대해서 학습자가 친숙하지 않아 비유물의 공유 속성을 이해하지 못하는 경우에도, 비유물에서 목표물로 공유 속성의 전이가 제대로 일어나지 않기 때문에 비유의 사용 효과를 기대할 수 없다. 이런 경우 과학 수업에서 비유물에 대한 설명이 먼저 이루어져야 하므로 가능하면 학습자에게 친숙한 다른 비유를 선정하는 것이 바람직하다.
3) 인지 발달 수준이 낮은 학생들에게 비유가 도움이 된다고 일반적으로 생각하고 있지만, 학생들의 시각적 상상력이나 비유적 추론 능력, 상관적 사고력이 부족하다면 비유의 사용은 여전히 제한적이다. 또한 이미 형식적 조작기에 도달한 학생들은 비유 없이도 적절한 이해에 도달할 수 있는 데도 불구하고 비유를 사용하는 것은 비효율적이고, 오히려 오개념을 불러일으킬 수도 있다.

연습문제

1. 물질의 세 가지 상태에서 분자의 배열과 운동을 설명할 수 있는 비유를 만들고 비유물과 목표 개념 사이의 유사성과 차이점을 들어보라.
2. 위에서 만든 비유를 이용해서 TWA 모형의 단계에 따라 수업 지도 상황을 간략하게 제시해라.

3.3 V도(Vee diagram)를 활용한 학습 지도

Gowin의 인식론과 Ausubel의 유의미 학습 이론에 기반을 두고 있는 V도는 인식론적 V(epistemological V) 또는 V 발견법(V heuristic)이라고도 하는데, 다음과 같은 Gowin의 다섯 가지 질문 과정(five question procedure)으로부터 발전되었다. 1) 무엇이 문제인가? 2) 주요 개념들은 무엇인가? 3) 어떠한 탐구 방법이 사용되었는가? 4) 중요한 지식 주장은 무엇인가? 5) 가치 주장은 무엇인가?

V도는 원래 과학 실험 수업의 목적과 과학의 본성을 학생과 교사에게 명확하게 하기 위해 고안된 학습 도구로, 지식의 본성이나 지식이 획득되고 구성되는 과정 그리고 그러한 지식이 검증·적용되는 과정을 쉽게 이해할 수 있도록 도와준다. 또한 실험, 실습 활동에서의 유의미 학습을 촉진할 수 있는 도구로 제안되었다.

지식의 본성을 이해하기 위한 하나의 수단이며, 과학 지식이 형성되는 절차와 그 과정으로 구성되는 V도는 이론적인 측면(theoretical / conceptual)과 방법론적인 측면(methodological)으로 나누어진다. 방법론적 측면은 학생들이 자연현상에 대한 자료를 수집하고 해석함으로써 그와 관련된 개인적인 지식을 획득하는 단계로 이루어지며, 이론적 측면은 수집된 자료와 그것의 해석된 결과를 바탕으로 공공적인 의미의 과학 지식이 일반화되는 절차로 구성된다. 이론적 측면은 다시 개념적 사고 단계에 따라 더욱 세분화되며, 방법론적 측면은 더 구체적인 활동 절차로 나누어진다. 이러한 V도는 모든 과학 활동이 사고 측면과 활동 측면을 가지고 있음은 물론 과학 지식이란 그 두 가지 측면의 상호작용을 통해서 형성된다는 것을 보여 준다.

V도는 과학적 탐구 활동을 통한 과학 지식의 구조 및 그 구성 요소의 발달과 그에 대응되는 심리적 변화 과정을 비교적 상세하게 나타낸다. 오른쪽은 개인의 탐구 과정을 나타내며, 자연에 대한 관찰로부터 시작된다. 사건이나 사물에 대한 관찰 결과의 기록은 관찰 사실 또는 그냥 사실로 정의된다. 사실은 측정 이론에 따른 실체의 변형이거나 실체가 반영된 결과로서 표, 그림, 그래프 등으로 나타낸다. 이러한 결과는 선행 지식에 따라 여러 가지 의미로 해석되어 관찰된 사건과 사물을 설명하는 자료로 이용되거나 일반화되어 개인의 지식 체계를 이룬다. 개인이 이러한 탐구 과정을 통해 획득한 지식은 결국 후속 탐구에 적용되는 가치 기준의 바탕이 된다.

이와 대응되는 왼쪽의 과정은 객관적인 과학 지식의 과학사적 발달 과정을 보여주는 이론-인식론적 과정으로 생각할 수 있다. 이 과정은 사건과 사물에 대한 관찰로부터 시작되어 개념이 형성되는 단계와 개념들이 모여 포괄적인 개념 체계가 이루어지는 절차가 이어진다. 전통적 인식론자들에 의하면 학문적 영역에 따라서는 사건과 사물에 대한 규칙성으로부터 개인 개념이나 구인이 추론되기도 하지만 자연과학에서는 주로 법칙이 발견된다고 한다. 이 발견된 법칙은 그와 관련된 현상을 설명하는 설명 체계로 이용되거나, 그 법칙을 설명하기 위해 구성되는 이론의 바탕이 됨을 알 수 있다. 또한 이러한 개념, 법칙, 이론 등으로 이루어진 지식 체계는 세계를 보는 틀과 과학적 탐구의 지침이 되는 세계관을 형성하는 기본적 바탕이 된다. 이처럼 왼쪽 과정은 학생들이 과학 수업을 통해서 과학 지식을 획득하는 과정이나 과학자 개인이 과학 지식을 추구하고 형성하는 과정이라기보다는 과학 사회가 공유하는 과학 지식이 장기간에 걸쳐 발달하는 과학사적 과정으로 볼 수 있다.

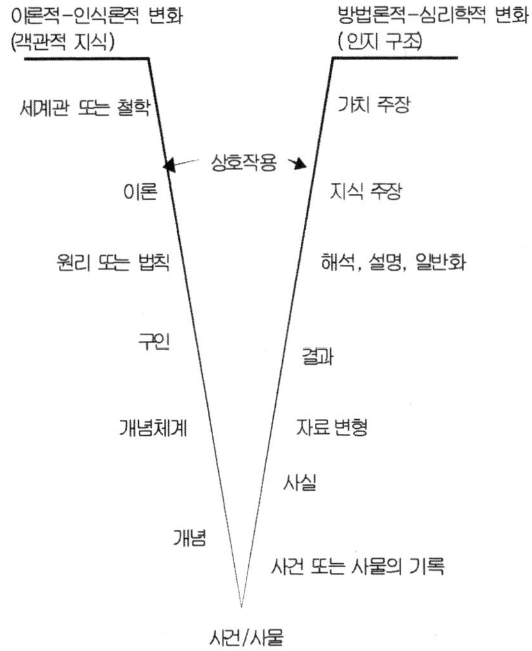

V도는 학생들이 실험실 활동에서 의미를 파악하고, 적절한 이론적인 측면에서 사건과 사물을 볼 수 있게 한다. 한편, V도는 학생들이 지식의 창출 과정이나 지식에 대한 지식(메타 지식, meta - knowledge)을 습득할 수 있도록 도와줄 수 있다. V도를 구성해 봄으로써 학생들은 이미 알고 있던 지식과 학생들이 이해하려고 시도하는 새로운 지식 사이의 상호작용을 알아내는 데 도움을 얻을 수 있다. 그리고 V도의 한 부분으로써 개념도가 응용될 때 지식과 학습 사이의 관계가 분명해진다. 이처럼 V도는 학습에 대한 학습(메타 학습, meta - learning)을 가능하게 해주는 교수 · 학습 도구

이다. 나아가 V도는 특별히 학습자들이 실험을 통해서 지식과 실험 기능을 획득할 수 있는 탐구적 실험 중심의 과학 수업에서 효율적으로 이용될 수 있다. 이것은 V도가 과학 지식과 실험 기능의 평가 도구로 이용될 수 있음을 나타내기도 한다. V도는 학생들이 과학 지식을 학습하는 과정과 과학자들이 개인적으로 자연을 탐구하는 방법 및 그 절차를 부분적으로나마 잘 보여 줄 수 있다. 또한 과학의 역사적 발달 과정과 과학 사회에서 객관적 과학 지식이 형성되고 변화-발달하는 과정도 예시할 수 있다. 그러나 이러한 V도를 실제의 과학 학습 지도 현장에서 과학 학습의 평가에 적용할 때에는 채점 기준 및 점수화와 관련된 몇 가지 문제점이 제기되며, 적용상의 한계도 드러난다. 특히 이것을 성취도의 평가 도구로 이용할 때는 평가 결과의 정량화와 관련해서 심각한 문제들이 제기될 수 있다. 우선 채점 기준을 이용한 성취도나 학습 결과의 평가에는 많은 어려움이 따른다는 점이다. 또한 각 단계별 또는 항목별로 부여된 점수가 인위적일 뿐 논리적으로나 통계학적으로 타당한 근거는 없다는 점이 문제점으로 지적되고 있다.

(1) V도 작성 방법

1) 개념, 사물, 사건

V도를 도입하기 전에 개념도를 소개해서 V도의 두 가지 요소인 개념과 사물/사건의 관계에 대해 친숙해지도록 한다. 그 다음에 개념의 정의를 다시 생각해 보게 하고, 개념을 나타낼 수 있는 친숙한 사건들이 무엇이 있는지 예로 제시되어야 한다. 물의 상변화의 경우 물, 녹음, 얼음, 증기, 끓음, 고체, 액체, 기체 등의 예를 들 수 있다.

2) 기록이나 집중 질문

지식을 구성할 때 사건이나 사물을 관찰하기 위해 우리가 하는 개념들을 사용하고, 관찰 결과를 기록한다. 이러한 기록은 하나 이상의 집중 질문으로 안내된다. 집중 질문이 다르면 사건이나 사물의 다른 면에 초점을 맞추게 된다. 물의 예를 다시 보자. 물에 열이 가해지면 무슨 일이 일어나는가? 물에서 증기로 바뀌면 물에는 어떤 변화가 일어나는가? 관찰된 사실을 이해하기 위해 추가적인 개념이 필요하다면 몇몇의 학생이 증기, 불꽃 그리고 비커 등을 제안할 것이다. 또 다른 학생들은 원자나 분자, 팽창, 온도, 칼로리와 같은 더 모호한 개념들을 말할 것이다. 물론 고체, 액체, 기체의 개념도 적용될 수 있다.

학생들은 간단한 사건에 대해 이해하게 되고 더 많은 개념들을 적용하길 원하게 된다. 온도, 시간, 얼음과 물의 양 변화 등 불명확한 결과가 아직 이 예들 속에 남아 있지만 학생들은 이런 결과를 어떻게 조직하고 변환해야 하는지 질문을 받게 될 것이다. 학생들은 각각 결과를 조직하기 위해 표를 만들 것이고, 두세 명의 학생은 다른 표를 만들 것이다.

3) 기록 변환

기록 변환의 목적은 집중 질문에 대한 대답을 구성할 수 있는 형식으로 관찰 결과를 조직하는 것이다. 학생들은 서로 다른 형태를 놓고 토론해서 집중 질문에 대답할 수 있는 가장 잘 조직된 관찰 결과를 결정한다. 이것은 두세 개의 다른 표 등이 결합된 것이다. 이 모든 것은 관찰 결과를 조직하는 가장 좋은 방법을 찾기 위한 새로운 지식 구성에 필요한 창조력이 무엇인지 학생들에게 보여 준다. 또한 우리가 이미 알고 있는 개념이나 원리를 결합시키는 것이 기록 변환의 설계에 영향을 주는 것도 분명하다.

4) 지식 주장

변환된 자료로부터 시작할 수 있다. 질문에 대해 우리가 생각하는 답에 대한 주장이어야 한다. 지식 구성에는 우리가 이미 알고 있는 개념이나 원리가 적용되어야 한다. 반면에 새로운 지식을 구성하는 과정에서 그런 개념이나 원리를 발전시키거나 바꾸게 한다. 그리고 그들 간의 새로운 관계를 보게 한다. 우리가 아는 것과 새로운 관찰 결과와 지식 주장 간의 역동적인 상호작용이 있음을 알게 한다.

사건이 선택되면 학생들은 표와 기록을 보고 그들의 지식 주장을 구성하거나 집중 질문에 대답할 수 있을 것이다. 지식 주장에 대해 학생들이 동의하거나 동의하지 않는다면 이유는 뭘까? 사실 지적 수준이 같은 사람들 사이에서도 특정 지식 주장에 대해 불일치가 있을 수 있고, 지식 주장은 우리가 선택한 기록의 종류와 변환 방법에 따라 다르다.

5) 가치 주장

지금까지는 V도의 지시적 요소를 살펴보았다. 가치 주장은 학생들이 지식 주장에 익숙해질 때까지 미루는 것이 좋다. 가치 주장은 정적이고 감정적인 요소로 되어 있다. 가끔 극도로 긍정적이거나 부정적인 가치 주장은 가치 질문에 대해 "좋은가? 혹은 나쁜가? 무엇에 이익인가? 옳은 것인가? 그것을 골라야만 하는가? 더 잘 할 수 있을까?" 같은 질문에 답을 한다.

물과 얼음의 V도에서 "불필요하게 녹이거나 얼리지 말고 에너지를 절약하는 것이 좋겠다." 또는 "뜨거운 물을 버리는 것은 에너지를 오용하는 것이다."와 같은 가치 주장을 제안할 수 있다.

가치 주장과 지식 주장은 서로 독립적이지 않다. 그들은 상호관계에 놓여 있지만 서로 다른 점이 있다. 학생들과의 토론을 통해 그들이 가치 주장과 지식 주장의 철학적 독창성과 그들의 상호의존성을 알게 한다.

왼쪽의 과정은 학생들이 과학 수업을 통해서 과학 지식을 획득하거나 과학자 개인이 과학 지식을 추구하고 형성하는 과정이라기보다 과학 사회가 공유하는 과학 지식이 장기간에 걸쳐 발달하는 과학사적 과정으로 볼 수 있다. 그러므로 각급 학교에서 일어나는 과학의 학습 과정은 오른쪽 절차에 한정된다. 게다가 학생들이 시간 부족으로 인해 일상적 과학 수업을 통해서는 오른쪽 과정조차 제대로 다 거치지 못할 것으로 생각된다. 한두 시간의 과학 수업을 통해서는 몇 가지의 법칙만을 확인하거나, 결론을 이끌어낸 다음 획득된 자신의 지식을 주장하는 수준에 도달하는 정도에 머무를 수밖에 없을 것이다.

6) 원리와 이론

원리는 둘 이상의 개념 간의 명확한 관계로서, 학습할 사건을 분명히 이해할 수 있도록 도울 수 있다. 예를 들어 "해수면의 높이에서 순수한 물은 100℃에서 끓는다."는 원리는 대기압에서 순수 물질과 끓는점 간에 특별한 관계를 나타내준다.

원리는 의문에 의해 만들어진 지식 주장에 의해 생겼다. 원리는 그 뒤에 일어나는 의문에 대한 관찰이나 기록 변환을 안내해 준다. 보통 과학 실험에서 학생들은 의문점을 안내해 줄 원리를 명확히 알지 못하므로 의문점에 관련된 한 개 이상의 원리를 알아내는 데 시간을 할애하는 것도 유용하다. 그러나 하나라도 교과 내용과 전체적으로 관련되지 않으면 학생들이 어려움을 느낀다.

예를 들어 끓는점과 대기압 간의 관계에 다른 원리를 덧붙이자면 밀도(얼음이 물보다, 따뜻한 물이 차가운 물보다 밀도가 낮다), 확산, 대류(저으면 온도가 왜 올라가고 떨어지는가를 설명해준다) 그리고 에너지 보존(열에너지는 얼음물로 전달되었다) 등이 있을 수 있다.

간단한 사건이라도 우리가 관찰한 결과의 범위와 정확성, 지식 주장에 따라 복잡해질 수 있다. 이론은 원리와 비슷하지만 더 넓고 포괄적으로 여러 개의 특정한 개념이나 원리를 포함한다. 생물에서 세포 이론이나 물리에서 분자 운동 이론은 특정한 수백 개의 관계들을 포괄하며 설명한다. 이런 이론은 의문점을 해결하는 데 도움이 되지만 반대로 이해하기 어려울 수도 있다. 심지어 과학자들도 이론을 다르게 이해하기도 하지만 그들의 관찰을 설명하거나 연구를 설계하는 데 잘 사용하고 있다. 원리는 사건이나 사물이 어떻게 일어나고 행동하는지 알려주지만 이론은 왜 그러는지에 대해 말해 준다. 이론은 일반적이고 광범위하므로 교과에 관련되는 이론의 수는 상대적으로 적다. 그러나 이론은 무시되어서는 안 되며, 가능한 학생들이 이론이 어떻게 작용하는지 볼 수 있도록 도와야 한다. 예를 들어 분자 운동 이론은 물과 얼음의 실험에 관련이 있으며, 학생들이 과학의 구조를 잘 알고 있으면 설명될 수 있을 것이다.

(2) V도 채점 기준

1) 집중 질문

0 - 집중 질문이 없다.

1 - 집중 질문을 제시하지만 사건과 사물 또는 V도의 이론적 측면에 집중하지 않는다.

2 - 집중 질문이 개념을 포함하지만 사건 또는 사물을 제시하지 않거나 실험과 관계가 없는 사건 또는 사물을 제시한다.

3 - 집중 질문이 학습에서 사용되는 개념을 포함하며, 주요 사건과 그에 수반되는 사물을 제시한다.

2) 사물, 사건

0 - 사물과 사건을 나타내지 않는다.

1 - 사물 또는 사건을 제시하지만 집중 질문과 일치하지 않는다.

2 - 사물이 수반되는 사건을 제시하며, 집중 질문과 일치한다.

3 - 위와 같으며 기록할 내용을 제시한다.

3) 이론, 법칙, 개념

0 - 전혀 제시하지 않는다.

1 - 법칙과 이론이 없이 개념만 제시하거나, 제시된 법칙이 방법론적 측면의 지식 주장이다.

2 - 개념들과 두 개의 법칙 또는 개념들과 그와 관련된 이론을 제시한다.

3 - 개념들과 두 개의 법칙 또는 개념들과 한 개의 법칙 그리고 관련 이론을 제시한다.

4 - 개념들과 두 개의 법칙 그리고 이론을 제시한다.

4) 기록, 자료 변형

0 - 기록이나 자료 변환이 없다.

1 - 기록은 있으나 집중 질문이나 주된 사건과 일치하지 않는다.

2 - 기록이나 자료 변환 중 어느 하나만을 수행한다.

3 - 주된 사건과 일치되는 기록은 있으나, 집중 질문에 일치되는 자료 변환이 없다.

4 - 사건과 집중 질문에 일치된 기록과 자료 변형이 있다.

5) 지식 주장

0 - 지식 주장이 없다.

1 - 지식 주장이 이론적 측면과 관계없다.

2 - 지식 주장이 자료의 일반화와 일치하지 않는다.

3 - 지식 주장이 집중 질문과 자료 및 변형된 자료와 일치한다.

4 - 지식 주장이 위와 같으며, 새로운 집중 질문을 제시한다.

(3) V도의 예

1) 온도에 따른 용해도 변화

이론:
용해도는 용매와 용질에 따라 일정 온도에서 일정한 양을 나타낸다.

집중 질문 :
온도는 용해도에 영향을 미치는 요인인가?

가치 주장:
온도에 따른 용해도 차이는 물질을 분리하는 데 이용될 수 있다.

지식 주장:
온도는 용해도를 변화시키는 변인이 된다.

법칙:
- 불포화 용액에서는 용질이 더 녹아 들어갈 수 있다.
- 포화는 용질이 용매에 더 이상 녹아 들어가지 않는 상태이다.
- 포화 용액에 녹아 들어가는 용질의 양은 다른 조건이 같을 때 변화 없다.
- 용매의 양이 일정할 때, 온도는 포화 용액의 조성을 결정한다.

상호작용

용해도	40	80	120	160
온도	25.4	47	63	76
자료변형(용매: 물)				

관련 개념:
용해, 용액, 포화 용액, 과포화 용액, 용해도, 재결정, 석출

기록:
결정이 석출되기 시작하는 온도와 석출된 결정이 다시 녹는 온도는 용질의 양이 증가함에 따라 높아진다.

사건 및 대상들:
- 시험관5, 알코올 램프, 저울, 약숟가락, 메스 피펫(10 ml), 온도계2, 삼발이 비커(500 ml), 석면 쇠그물, 시험관대, 질산 칼륨, 물, 저울, 피펫, 필러
- 시험관을 물중탕으로 가열하여 잘 저으면서 시험관 속의 마지막 결정이 녹을 때의 온도를 측정한다.
- 가열된 시험관을 꺼내어 대기 중에서 냉각시키면서 시험관 안에 작은 결정이 생긴다. 이때의 온도를 측정한다.

2) 밀도

이론·개념적 측면

이론:

밀도는 $\frac{질량}{부피}$로

물질마다 서로 다르다.

원리:

- 고체의 부피는 물이 든 메스실린더의 늘어난 부피로 측정한다.
- 수평 저울의 추의 질량이 시료의 질량이다.
- 질량을 부피로 나눠 밀도를 계산한다.

관련개념:

밀도, 부피, 질량, 고체, 액체

집중 질문:

밀도는 물질의 특성이 될 수 있을까?

상호작용

방법론적 측면

가치 주장:

밀도는 물질에 따라 다르므로 물질을 구별하는 특성이 될 수 있다.

지식 주장:

물질마다 밀도가 다르다.

기록:

	철	납	에탄올	물
질량 (g)	39.5	56.5	3.95	5.0
부피 (cm^3)	5.0	5.0	5.0	5.0

사건 및 사물:

- 너트(철), 봉돌(납), 에탄올, 메스실린더, 윗접시 저울, 실
- 질량을 잰 고체(너트, 봉돌)를 물이 든 메스실린더에 넣어 늘어난 물의 부피를 측정한다.
- 액체 시료(에탄올, 물)의 질량을 잰 후 메스실린더에 넣어 부피를 잰다.

3) 금속과 산의 반응

이론·개념적 측면

이론:
산은 금속과의 반응시 공통된 특성을 보인다.

원리:
금속은 수소 이온보다 이온화 경향이 크다.

관련 개념:
산, 전해질, 수소 이온, 수상 치환, 금속의 이온화

집중 질문:
금속과 산이 반응할 때, 산이 가지는 공통된 성질은 무엇인가?

상호작용

방법론적 측면

지식 주장:
산과 금속이 반응하면 수소 기체가 발생한다.

자료 변형:
발생한 기체는 수소 기체이다.

기록:
시험관 기체에 성냥불을 대면 '펑' 소리가 난다.

사건 및 사물:

- 스탠드, 깔때기, 삼각 플라스크, 유리관, 시험관, 수조, 마그네슘 리본, 5% 묽은 염산, 5% 묽은 황산
- 수상 치환 장치를 한 후 마그네슘 리본을 넣고, 깔때기를 통하여 묽은 염산을 넣는다. 이때 발생하는 기체를 물을 채운 시험관에 모으고, 시험관 주둥이에 약한 성냥불을 가까이 해본다. 관찰 후 묽은 황산의 경우도 같은 실험을 해본다.

연습문제

1. 초등학교 5학년 '용액의 성질 알아보기'의 학습 내용을 V도로 나타내라.
2. 중학교 1학년 '물질의 세 가지 상태'의 학습 내용을 V도로 나타내라.
3. 고등학교 화학Ⅱ의 '화학 결합의 종류'의 학습 내용을 V도로 나타내라.

3.4 메타 인지 전략

메타 인지(meta - cognition)는 1979년 Flavell에 의해 처음 도입된 개념으로, '안다는 것을 안다는 것' 또는 '사고에 대한 사고'로서 자신의 인지 과정에 관한 지식이다. 메타 인지가 교육에 이용된 것은 얼마 되지 않지만 그 이전부터 교육에 중요한 요소로 작용했다.

(1) 메타 인지의 개념

메타 인지는 매우 넓은 인지적 영역에 걸쳐 존재하기 때문에 학자마다 메타 인지에 대해 내리는 정의도 다양하다. Cavanaugh와 Perlmutter(1982)는 메타 인지를 인지에 대한 여러 가지 지식이나 인식이라고 했으며, Brown(1984) 등은 인지 과정에 대한 자아 인식이라고도 했다. 또한 Schneider(2008)은 인지에 대한 체계적인 내적 통찰 과정과 자기 조절 과정이라고 했으며, Costa(1984)는 메타 인지와 문제 해결을 연결시켜 메타 인지는 문제를 해결하는 과정에서 자신에게 무슨 정보가 요구되는지를 알아낼 수 있는 전략을 세우는 능력이자, 자신의 문제 해결 단계와 전략을 의식하는 것이고, 자신의 사고결과에 의해 얻어진 산출물을 반성해 보며, 이를 평가해 볼 수 있는 능력이라고 했다.

이상의 메타 인지에 대한 정의를 종합해 볼 때 메타 인지는 인지 과정에서 스스로 무엇을 얼마나 알고 있는지를 인식하는 것으로써, 좀 더 구체적으로 자기 자신의 수행을 점검하고 평가하는 행동과, 그 평가에 따라 이루어지는 전략의 선택 및 사용에 관한 인지적 능력이라고 정의내릴 수 있다.

Baird(1990)는 메타 인지는 메타 인지적 지식, 메타 인지적 자기 - 조정, 메타 인지적 인식으로 구성된다고 하였다.

1) 메타 인지적 지식

메타 인지적 지식(meta - cognitive knowledge)은 학습의 과정과 본성에 대한 지식을 포함하며, 자기 자신의 인지 과정에 대하여 스스로 알고 있는 지식을 말한다. Flavell(1977)은 메타 인지적 지식은 사람(person), 과제(task), 전략(strategy)의 세 부분으로 구성된다고 말했다.

가. 사람 변인

사람 변인은 학습목표 수행에 영향을 미치는 모든 개인적인 특성을 일컫는 것으로, 이는 다시 사람 내(within - person)에서 메타 인지적 지식과 사람 간(between - person)의 메타 인지적 지식으로 나눌 수 있다. 전자의 경우 "나는 화학보다 심리학에서 더 좋은 성적을 낼 수 있어." 또는 "내 친구는 읽는 것보다 듣는 것을 통해 학습 효과를 높일 수 있어." 등으로 개인에 대한 지식이나 믿음이 이에 속한다. 사람 간 메타 인지 지식으로는 "우리 부모님은 다른 사람보다 이웃에 더 큰 관심을 갖고 있어." 등으로 사람 간의 비교를 통한 믿음이나 신념을 말한다.

나. 과제 변인

과제 변인은 학습 수행에 영향을 미치는 준거에 관련된 변인들로, 정보(information)의 특성과 과제 요구(task demand)의 특성에 대한 지식으로 나누어진다. 정보의 특성에 따른 메타 인지적 지식으로는 '복잡하고 생소한 정보는 외우기 어렵고, 이해하는 데 시간이 많이 걸릴 것'이라고 생각하는 것 등이 이에 속한다. 과제 요구 특성의 예는 '옛날 이야기를 기억할 때 정확한 단어보다 이야기의 줄거리가 기억하기 쉽다.' 등의 생각이다.

다. 전략 변인

전략 변인은 주어진 학습목표를 수행하는 데 어떤 것이 효과적인지를 생각해 보는 지식으로 암기할 사항을 몇 번 소리 내어 읽는다거나 과학 개념을 이해하기 위해서는 실험하는 것이 좋다고 생각하는 믿음 등이 이에 속한다.

메타 인지 지식의 이 세 가지 요소는 독립적이기보다는 서로 상호작용해서 나타나고 있다. 예를 들어 '나는 암기력이 부족하므로(사람 변인) 단순한 정보를(과제 변인) 기억해야 할 때는 반복해서 읽어야(전략 변인) 한다.'처럼 밀접하게 연결된 형태로 이루어진다. 메타 인지적 지식은 본질적으로 과제 수행 자체보다는 과제에 적절한 전략을 선택하고, 유지하고, 일반화하는 데 관련된 지식이다. 그러므로 메타 인지적 지식은 인지 과정이 아니며, 과제 해결을 위한 적절한 인지 전략을 선택할 수 있는 것이다.

2) 메타 인지적 자기 - 조정

메타 인지적 지식을 가지고 있는 사람은 학습 과제를 수행할 때 그 과제에 적절한 전략이 무엇인지를 이해하고 전략을 선택한다. 또한 그 전략을 실제로 시행하고, 그 전략이 과제 수행을 잘하고 있는지 점검하게 되는데, 이것이 바로 메타 인지적 자기 - 조정이다. 메타 인지적 지식만으로는 효율적인 과제 수행을 보장할 수 없기에 과제 수행을 제대로 할 수 있도록 하기 위해서는 전략 사용 과정을 통제하는 것이 필요하다. 즉 메타 인지적 자기-조정 능력은 학습 활동을 스스로 조정하고 통제하면서 학습을 수행하는 능력으로 과제 수행 과정에서 스스로 점검하는 것을 강조하는 메타 인지 영역이다.

Zimmerman과 Ponz(1986)는 메타 인지적 자기 - 조정과 과제 수행에 관련하여 다음의 세 가지 사항에 대해 언급했다.

① 메타 인지적 자기 - 조정은 자신의 인지 활동을 계획하고, 점검하고, 수정하기 위한 학생들의 인지 활동을 의미한다.
② 학습 과제를 수행함에 있어 자신의 노력을 통제하고 관리하는 활동도 메타 인지적 자기 - 조정의 구성 요소가 된다.
③ 메타 인지적 자기 - 조정은 학생들의 학습과 기억, 정보를 이해하기 위해 사용하는 실질적인 인지 전략이다.

여기서 인지 전략이란 독해나 읽기 분야에서 독해, 읽기를 잘 하는 방법이나 기능들, 문제 해결을 잘하는 방법이나 기능들, 학습 분야에서 말하는 학습 방법이나 기능들, 과학 탐구 과정에서 말하는 탐구 방법이나 기능들이 이에 속한다.

메타 인지적 자기-조정에 속하는 것으로는 '주어진 과제에 어떤 인지 전략이 사용될 수 있는가?', '인지 전략을 적용했을 때 해결할 수 있는가?' 등이 속한다.

학생의 개념 변화를 위해 다음과 같은 메타 인지적 자기 - 조정 전략으로 이용할 수 있다.

- 내 생각과 다른 실험 결과를 이해하려면 어떤 점을 고려해야 하는가?
- 갈등 상황(자신의 생각과 다른 정보가 제시된 경우)을 극복하기 위해서 고려한 것은 무엇인가?

3) 메타 인지적 인식

메타 인지적 인식은 학습자가 무엇을 어떻게 이해하고 있는가에 대한 반성적 사고와 관련이 있다. 즉 현재의 학습 활동의 목적에 대한 지각과 학습 활동을 통해서 얼마나 향상되었는가를 지각할 수 있는 것을 말한다. Brown(1980)은 과제에 적절한 전략을 선택, 수정, 고안할 때 반성적 접근을 하는 것을 메타 인지적 인식이라고 하였다. Sternberg(1982)는 메타 인지적 인식을 의미하는 개념으로 '메타 구성 요소'에 대해 이야기했는데, 메타 구성 요소에 속하는 것으로 "과제가 무엇에 대한 것일까?", "과제를 잘 해내기 위해 나는 어떻게 해야 할까?" 등이 속한다고 하였다.

메타 인지적 인식과 개념 변화를 연결한 질문은 다음과 같은 것들이 있다.

- 내가 알고 있는 것은 무엇인가?
- 내가 수업으로 새롭게 알게 된 것은 무엇인가?
- 생각이 바뀐 것은 무엇인가?

(2) 메타 인지 수업 전략

새로운 학습 상황에서 새로운 정보가 주어지면 학습자는 기존의 개념 체계를 기초로 해서 새로운 정보를 조직한다. 이러한 인지 과정을 거쳐 기존의 개념이 강화되거나 기존의 개념 체계가 변화되어 새로운 개념 체계를 형성한다. 이를 도식화하면 다음 그림과 같다.

심재학(1995)은 메타 인지 전략 수업을 '수업의 목적을 개념의 올바른 이해와 오개념의 과학적 개념으로의 변화에 두고, 이러한 수업 목적을 달성하기 위한 방법으로 학생의 메타 인지 기능을 능동적으로 활용하도록 자극하는 방법을 사용한 수업'이라고 정의하고, 학습자가 학습하는 동안 계속적으로 학습의 상태와 과정을 스스로에게 묻고 답함으로써 자기의 인지 활동을 평가하고 조절하도록 하는 수업 모형으로 제시했다.

메타 인지 수업 전략은 상황의 인식 단계→개념의 재구성 단계→개념의 평가 및 정착 단계의 세 단계로 구성된다.

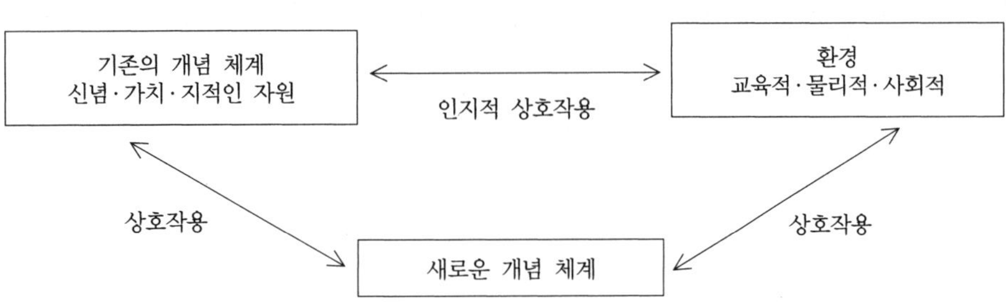

| 그림 4.27 | 개념 형성 과정

1) 상황의 인식 단계

기존의 개념에 기초해서 문제 상황 속에 포함된 개념들 사이의 관계 및 각 개념들에 대한 기대 등을 탐색하는 단계이다. 상황의 인식 단계는 다시 상황에 대한 인식 단계와 학습자 기대 단계로 세분화된다.

2) 개념의 재구성 단계

자신이 소유한 개념에 대해 인지적 갈등을 느끼도록 하고 갈등 해소를 위한 전략을 탐색하도록 하며, 능동적으로 개념을 재구성하도록 하는 단계이다. 개념의 재구성 단계는 다시 새로운 개념과 사전 개념의 재인식, 갈등의 인식, 갈등의 해소 등 3단계로 세분화한다.

3) 개념의 평가 및 정착의 단계

재구성된 개념들을 실제적으로 유사한 상황에 적용하고 평가하는 단계이다. 개념의 평가 및 정착의 단계는 개념의 평가와 개념의 정착 단계로 세분화된다.

이 메타 인지 수업 전략은 학습자의 개념 형성 과정을 7단계로 구분했으며, 개념 변화의 초기 과정에서는 갈등 상황을 유발하고, 갈등 해소를 위한 전략을 탐색하도록 하며, 개념의 변화 후에는 변화된 개념을 평가하고 새로운 상황에 변화된 개념을 활용하고 응용할 수 있도록 되어 있다.

자세한 수업 전략은 그림 4.28과 같다.

(3) 메타 인지 활동 카드의 예

메타 인지 수업 전략을 활용한 수업에서 메타 인지 과정에 학생들을 끌어들이기 위해서는 학생들 스스로 생각할 수 있도록 도움을 주는 도구가 필요하다. 그러한 도구로서 메타 인지 활동 카드를 한 예로 들 수 있다. 연소 반응 시 질량 보존과 관련된 수업에서 내용과 관련해서 사용할 수 있는 메타 인지 활동 카드는 그림 4.29와 같다.

단계	질문
1. 상황의 인식 단계 (1) 상황의 인식 (2) 학습자의 기대	상황의 인식 단계 • 제시된 상황은 무엇을 나타내고 있는가? • 상황과 관련된 개념들에는 어떠한 것들이 있는가? • 가장 기본이 되는 개념은 무엇인가? • 새로운 개념은 유용한가? • 개념의 변화는 미래에 유용한가? • 개념은 그럴듯한가? • 문제 상황을 해결할 수 있는가?
2. 개념의 재구성 단계 (1) 신·구 개념의 재인식 (2) 갈등의 인식 (3) 갈등의 해소	개념의 재구성 단계 • 개념들은 어떻게 표현하지? • 새로운 개념과 관련하여 내가 알고 있는 것은? • 변화가 필요한 사전 개념에 대해 내가 알고 있는 것은 무엇인가? • 내가 모르고 있는 것은 무엇인가? • 내가 알고 있는 것은 무엇인가? • 내가 알고 있는 것은 정말로 믿을 수 있는가? • 나의 생각과 다른 것이 있는가? • 나의 생각과 어디가 어떻게 다른가? • 나의 생각과 다른 이유는 무엇인가? • 무엇이 옳은지 어떻게 알 수 있는가? • 새로운 개념을 이해하려면 어떠한 방법을 활용할 수 있는가? • 그 방법을 사용하는 데 요구되는 것들은 무엇인가? • 그 방법을 사용하려면 어떻게 해야 하는가? • 내가 그 방법을 올바르게 사용했는가?
3. 새 개념의 평가 및 정착 단계 (1) 새 개념의 평가 (2) 새 개념의 정착	개념의 평가 및 정착 단계 • 원래의 나의 생각 중 변화된 것은 무엇인가? • 전에는 몰랐는데 새롭게 알게 된 것은 무엇인가? • 새로운 개념을 정말로 믿을 수 있는가? • 새로운 개념을 다른 사람들에게 어떻게 설명할 수 있는가? • 새로운 개념과 기존의 개념과의 관계는? • 이 개념이 적용될 수 있는 상황에는 어떠한 것들이 있는가?

| 그림 4.28 | 메타 인지 수업 전략(심재학, 1995)

1. 플라스크 안에서 붉은 인을 연소시키면 전체 질량은 어떻게 된다고 생각하는가?	
2. 오늘 실험 결과와 실험 전의 내 생각과 다른 것은 무엇인가?	
3. 붉은 인을 연소시켰을 때 질량에 변화가 없음을 이해하려면 어떤 점을 고려해야 하는가?	
4. 인을 연소시켰을 때 플라스크 안에서의 변화가 없음을 기체 입자의 수와 크기와 연관시켜 설명하면?	
5. 밀폐된 공간에서 화학 변화가 일어났을 때 질량과 부피 변화를 밀도와 연관지어 설명하면?	
6. 오늘 새롭게 알게 된 것과 우주선에서 담배를 피웠을 때 우주선 전체 질량과의 관계를 연관지어 생각해 보면?	

| 그림 4.29 | 연소 반응 시 질량 보존 수업에서 활용할 수 있는 있는 메타 인지 활동 카드

임용고사 기출문제

1. 다음의 <자료 1>은 2015 개정 과학과 교육과정의 화학 I, II에 제시된 교수·학습 방향의 일부이고 <자료 2>는 실험실 안전수칙의 일부이다. 괄호 안의 ㉠, ㉡에 해당하는 용어를 순서대로 쓰시오. [2점] (2019학년도)

자료 1

- 실험의 목적과 방법을 이해하고 실험을 수행할 수 있도록 지도하며, (㉠) 예방을 위하여 실험 기구의 사용 방법, 화학 약품을 다룰 때의 주의 사항 및 안전 사항 (㉠) 발생 시 대처 방안을 사전에 지도한다.
- 실험 기구나 재료는 수업을 진행하기 전에 미리 점검하고 충분히 준비하되, 환경 보존을 고려하여 필요 이상으로 사용하지 않도록 유의한다.
- 실험 후 발생하는 (㉡)은/는 올바른 방법으로 수거 처리하여 환경을 오염시키지 않도록 한다.

자료 2

[실험 전]
- 안전 설비와 비상구의 위치를 알아둔다.
- 실험복, 보안경 등 안전 장비를 착용한다.

• 긴 머리는 단정하게 묶는다.
• 실험실 안에서는 선생님의 안내에 따른다.

[실험 중]

[실험 후]
• 실험 후에 정리 정돈을 한다.
• 실험할 때 나온 (㉡)은/는 종류별로 지정된 곳에 모아 처리한다.

[실험 (㉡) 처리 방법]
• 강산은 묽은 수산화 나트륨 수용액으로 중화하고 물로 회석하여 폐수통에 버린다.
• 독극물이나 수온 등은 따로 배출하고, 신속하게 처리를 의뢰한다.

2. <자료 1>은 교사 학습 공동체에 참여한 과학 교사의 대화이고, <지료 2>는 교사 A가 샤를 법칙을 주제로 계획한 교수 · 학습 활동이다.

자료 1

교사 A: 제가 지난주에 '과학과 핵심 역량'을 기를 수 있는 여러 가지 교수법에 관한 연수에 참여했는데요. '과학'에서는 기본 개념의 통합적인 이해와 탐구 경험을 통하여 학생들이 과학과 핵심 역량을 함양하도록 해야 한다고 합니다.

교사 B: 저도 그 연수에 참여했는데, 2015 개정 과학과 교육과정에서는 과학적 탐구 능력 함양을 위하여 교사 중심 확인 실험보다 (㉠) 실험을 강조하고 있다는 것을 알게 되었습니다.

교사 C: 저는 이렇게 (㉠)을/를 강조하는 과학 교육의 근거가 되는 학습 이론이 무엇인지 궁금하더라고요.

교사 D: 제 생각에는 브루너(J. Bruner)의 수업 이론에서 지식의 구조, 학습의 계열성, 강화와 함께 강조하고 있는 (㉡)의 중요성을 고려한 것 같아요.

교사 E: 맞아요. 오수벨(D. Ausubel)도 (㉡)과 유사한 의미로 학습 과제를 자신의 인지 구조에 기꺼이 관련시키려는 태도 즉, 학습 태세를 강조하고 있어요.

교사 D: 그리고 ㉢ 학습자 스스로 지식을 구성하여 학습한다는 구성주의 학습 이론에 근거하여 학생의 과학 탐구 경험을 강조하고 있는 것 같아요.

교사 A: 지난번 교사 학습 공동체 모임에서 함께 계획했던 '샤를 법칙' 수업은 교사 중심 확인 실험으로 구성된 것 같았어요. 그래서 제가 이것을 (㉠) 실험수업으로 계획해 보았는데요. 적절하게 구성되었는지 오늘 선생님들과 함께 검토해 보면 좋겠습니다.

자료 2

단계	교수 · 학습 활동
(가)	• 교사는 다음의 시범 실험을 학생들에게 보여 준다. 학생들은 시범 실험을 관찰하고, 공통점과 차이점 및 궁금한 점을 이야기한다. ① 삼각 플라스크 입구에 부푼 고무풍선을 씌운 후 얼음물이 들어 있는 비커에 넣고 관찰한다. ② 삼각 플라스크 입구에 고무풍선을 씌운 후 뜨거운 물이 들어 있는 비커에 넣고 관찰한다. ③ 냉장고에서 쭈그러진 작은 페트병을 꺼내 밖에 몇 분 동안 둔 후 관찰한다.
(나)	• 교사는 온도에 따른 기체의 부피 변화를 알아볼 수 있는 실험 준비물과 실험 과정이 안내된 활동지를 학생들에게 나누어 준다. • 학생들은 정해진 실험 과정에 따라 실험을 수행하고 실험 결과를 활동지에 기록하고 분석한다.
(다)	• ( )
(라)	• 교사가 샤를 법칙으로 정리해 주고 분자 운동으로 설명해 준다. 학생들은 교사의 강의를 듣고 궁금한 점이 있으면 질문한다.

괄호 안의 ㉠, ㉡에 해당하는 적절한 용어를 순서대로 쓰시오. 교사 A가 ㉡을 강화하기 위하여 계획한 단계를 (가) ~ (라)에서 찾고, 그렇게 판단한 이유를 쓰시오. ㉠의 실험 수업이 되도록 (나)를 재구성하여 서술하시오. 재구성한 (나)와 (라)의 내용을 고려하여 ㉢의 구성주의 학습 이론이 반영된 (다)의 교수 · 학습 활동을 서술하시오. [4점] (2019학년도)

3. 다음은 염의 가수분해에 관한 수업에서 교사와 학생 사이의 대화이다.

김 교사: (아래의 반응식을 제시하며) 아세트산과 수산화 나트륨 수용액을 반응시키면 이 반응식과 같이 아세트산 나트륨 염이 생성돼요. 아세트산과 수산화 나트륨을 1 : 1

중화 반응시켰을 때, 이 염 수용액의 액성은 무엇일까요?

$$CH_3COOH(aq) + NaOH(aq) \rightleftarrows CH_3COONa(aq) + H_2O(l)$$

윤수: 중성일 것 같아요.
김 교사: 왜 그렇게 생각하나요?
윤수: 산과 염기가 완전히 중화 반응했으니까요.
김 교사: 다르게 생각하는 학생은 없나요?
학생들: 네, 없어요. 윤수의 생각이 맞는 것 같아요.
김 교사: 그럼 시범 실험을 통해서 확인해 봅시다.
교사가 위의 반응에 대한 ㉠ 시범 실험을 실시한다.)
김 교사: 실험 결과가 여러분들의 예상과 같았나요?
영 희: 아니요. 제 예상과 다르네요. 참! 이상하네요.
김 교사: 그럼 예상과 달리 나타난 이유는 무엇일까요?
학생들: (잠시 생각한 후) 잘 모르겠어요.
김 교사: (㉡)
영 회: 물은 중성이니까 아닌 것 같고, 염 때문일 것 같은데요.
김 교사: 맞아요. 그러면 (㉢)
영회: (잠시 생각한 후) 아하! 이제 알겠어요. 생성된 염의 수용액에서 Na^+은 강염기의 짝산이니까 물과 거의 반응하지 않지만, CH_3COO^-은 약산의 짝염기이니까 물과 반응해서 OH^-을 생성해요. 그래서 그 용액이 염기성을 나타내는 것 같아요.
김 교사: 그래요. 잘 설명했어요.
윤수: 선생님! ㉣ 영회가 설명한 것 중에서 아세트산 나트륨이 이온 상태로 존재하는 것까지는 알겠는데, 그 다음 설명은 이해가 안 돼요.

밑줄 친 ㉠의 실험 결과를 서술하시오. 그리고 수업의 흐름에 비추어 괄호 안의 ㉡과 ㉢에 비계(scaffolding)로서 적합한 내용을 질문 형태로 각각 서술하고, ㉣에서 윤수가 영희의 설명을 이해하지 못한 이유를 비고츠키(L. Vygotsky)의 근접발달영역(ZPD) 관점에서 서술하시오. [4점] (2016학년도)

4. 과학 교사는 학생에게 '온도가 증발에 미치는 영향'에 대한 실험을 직접 계획하고 수행하게 한 후 체크리스트(checklist)를 활용하여 평가하였다. 다음은 [과학 교사와 학생 A의 대화]와 과학 교사가 작성한 [학생 A를 평가한 표]이다.

[과학 교사와 학생 A의 대화]

학생 A: 온도에 따라 에탄올의 증발량이 어떻게 되는지 알아 보는 실험을 직접 설계하고 수행하니 재미있었어요.

학생 A: 평소에 빨래가 왜 겨울보다 여름에 더 빨리 마르는지 궁금했거든요.
교사: 증발량을 어떻게 측정했나요?
학생 A: 비커에 들어 있는 에탄올의 높이, 질량, 부피 변화로 증발량을 알 수 있는데, 측정하기 쉬운 질량 변화로 했어요.
학생 A: 비커에 에탄올을 넣고 질량을 측정한 다음, 30분 뒤에 다시 질량을 측정하여 질량 차이를 증발량으로 했어요.
교사: 좀 더 자세히 말해 보세요.
학생 A: 네, 비커 2개에 에탄올을 50 mL씩 넣고 각각의 질량을 측정했어요. 그리고 30℃의 수조와 50℃의 수조에 에탄올이 든 비커를 각각 넣고, 30분 후 꺼내어 두 비커의 질량을 다시 측정했어요.
교사: 어떤 비커를 사용했나요?
학생 A: 실험실에 있는 비커 2개를 사용했어요. 비커의 부피가 달랐으나 에탄올을 넣은 비커의 질량을 측정하였으니 상관이 없다고 생각해요.
학생 A: 실험실의 습도는 일정하고 바람도 불지 않았으니 실험이 잘된 것 같아요.

[학생 A를 평가한 표]

평가 요소		준거	평정	
			미충족	충족
과학적 태도	호기심	현상에 대해 알고 싶어 하는가?		O
탐구 기능	변인 통제	실험 결과에 영향을 끼칠 수 있는 변인들을 제대로 통제했는가?	O	
	조작적 정의	사물이나 현상에 대해 측정 가능한 형태로 정의를 내렸는가?		O

과학 교사가 평가한 학생 A의 '호기심' 및 '조작적 정의'에 대한 평정 근거를 [과학 교사와 학생 A의 대화]에서 각각 찾아 제시하시오. 그리고 '변인 통제'에서 '미충족'으로 평정한 이유를 설명하고 이를 충족할 수 있도록 관련된 실험 내용을 바르게 수정하시오. [4점] (2017학년도)

5. <자료 1>은 2015 개정 과학과 교육과정에 따른 '과학탐구실험'의 '지문 찾기'에 대한 교사의 학생 면담 내용의 일부이고 <자료 2>는 학생 면담 평가표의 일부이다. 작성 방법에 따라 서술하시오. [4점] (2021학년도)

자료 1

교사: 실험은 어때요?

학생: 닌하이드린 용액을 이용하여 지문을 검출한 실험은 매우 재미있었어요. 평소에 과학 수사물을 좋아해서 어떻게 지문을 검출하는지 정말 궁금했거든요.

교사: 그랬군요. 실험은 어떤 과정으로 진행했나요?

학생: 지문이 묻은 종이를 닌하이드린 에탄올 용액에 담갔다가 꺼낸 뒤 에탄올이 증발하도록 놓아두었어요. 그리고 종이가 마른 뒤에 지문이 찍힌 면을 다리미로 다려 나타나는 지문과 지문 카드를 대조했어요. ㉠ 대조한 것을 바탕으로 제 지문이 아치 모양인 궁상문 유형이라는 것을 알게 되었어요.

교사: 실험에서 닌하이드린 용액을 다룰 때 주의해야 할 점이 무엇인지 말해 보세요.

학생: 실험복과 보안경, 실험용 고무장갑을 착용했어요. 실험 중에는 95% 에탄올의 휘발성을 고려해서 (　　㉡　　). 실험 후에는 사용한 시약을 유기 용매 폐수통에 따로 버렸어요.

교사: 네, 시약 안전 유의 사항을 잘 지켰군요. 그런데 실험 활동을 관찰했는데 모둠장이 혼자서 실험을 수행하는 것 같았어요. 각 모둠원들이 실험에서 어떤 역할을 했나요?

학생: 모둠원들의 역할을 나누긴 했지만, 모둠장인 제가 혼자서 실험을 수행했어요.

자료 2

평가 요소		평가 준거	평정	
			미충족	충족
기초 탐구 과정	㉢	실험에서 얻은 자료를 바탕으로 새로운 사실을 이끌어 내었다.		
과학적 태도	과학적 흥미와 호기심	현상에 대해 알고 싶어하고 재미를 느낀다.		
	㉣ 협동성	역할을 나누고 서로 협력하여 활동을 한다.		
실험 안전	시약 취급 및 처리	시약에 대한 주의 사항(성질과 다루는 방법)을 알고 바르게 사용한다.		

작성 방법

- 〈자료 1〉의 ㉠에 근거하여 ㉢에 해당하는 평가 요소를 쓸 것.
- 〈자료 2〉의 시약 취급 및 처리를 고려하여 〈자료 1〉의 ㉡으로 적절한 내용을 쓸 것.
- 학생 면담 평가표의 평가 요소 ㉣을 평정하고, 그 근거를 〈자료 1〉에서 찾아 쓸 것.

6. 다음은 협동학습 중 과제분담(Jigsaw) 모형에 근거한 수업 계획의 일부이다.

(가) 학생 4명씩 모둠을 구성한 후 수업 목표와 수업 방법을 안내한다.
(나) 수업 내용과 관련된 4가지 학습 주제를 준비한다.

- 학습 주제 1: 증기압 내림
- 학습 주제 2: 끓는점 오름
- 학습 주제 3: 어는점 내림
- 학습 주제 4: 삼투압

(다) 각 모둠 내의 학생들이 학습 주제를 하나씩 맡는다.
(라) 각 모둠에서 같은 학습 주제를 맡은 학생들이 모여 4개의 전문가 모둠을 구성하고, 담당한 주제를 함께 학습한다.
(마) (   )
(바) 학습한 내용에 대하여 형성 평가를 실시한다.

이에 대한 설명으로 옳은 것만을 <보기>에서 있는 대로 고른 것은? [1.5점] (2013학년도)

보기

ㄱ. 이 수업은 묽은 용액의 총괄성에 관한 내용이다.
ㄴ. 이 모형은 모둠원 간의 상호 의존성과 협동심을 강조한다.
ㄷ. (마)에는 '학습을 마친 후 본래의 모둠으로 돌아온 학생들이 각자가 맡은 학습 주제를 모둠원들에게 서로 설명'하는 활동이 적절하다.

① ㄱ　　② ㄷ　　③ ㄱ, ㄴ
④ ㄴ, ㄷ　　⑤ ㄱ, ㄴ ㄷ

7. 다음은 제7차 과학과 교육과정 화학 Ⅰ의 '공기' 단원에 직소(Jigsaw) 협동 학습 모형을 적용한 수업 계획이다.

[수업 목표]
- 공기를 구성하는 대표적 성분 물질의 종류를 알 수 있다.
- ______________㉠______________
- 협동심과 의사소통 능력을 기른다.

[수업 과정]
(가) 교사는 4개의 책상 위에 다음과 같은 자료를 각각 올려 놓는다.

질소의 성질과 용도	산소의 성질과 용도	아르곤의 성질과 용도	이산화탄소의 성질과 용도

(나) 교사는 과학 성취도 상위 1명, 중위 2명, 하위 1명으로 구성된 소집단을 6개 편성한다.
(다) (나)의 소집단에서 1명씩의 학생이 자료가 놓인 4개의 책상으로 이동해서 주어진 자료를 다른 소집단으로부터 온 학생들과 함께 학습한다.
(라) 학생들은 (나)의 소집단으로 돌아와 자신이 학습한 내용을 각자 다른 학생들에게 설명한다.
(마) 소집단 학습이 끝난 후 학습한 내용에 대하여 퀴즈를 본다.

이 수업 계획에 대한 설명으로 옳은 것만을 <보기>에서 모두 고른 것은? (2011학년도)

보기

ㄱ. **[수업 과정]**을 볼 때, ㉠에는 "이상기체상태방정식을 정략적으로 적용할 수 있다."가 적절하다.
ㄴ. (나)에서 구성한 집단은 '전문가 집단(expert group)'이다.
ㄷ. (다)에서는 '개인별 책무성'이 요구된다.

① ㄱ ② ㄷ ③ ㄱ, ㄴ ④ ㄴ, ㄷ ⑤ ㄱ, ㄴ, ㄷ

8. 다음은 화학 수업에서의 소집단 학습에 대한 교사들의 대화이다.

박 교사: 저는 요즘 실험실에서 수업을 자주 하는데, 공간이 비좁고 실험기구는 넉넉하지 않아 5～6명이 한 모둠을 이루어서 수업을 합니다. 그런데 각 모둠에서 열심히 하는 학생들은 한두 명으로 정해져 있고, 대부분은 수업 시간 내내 가만히 있다가 친구의 보고서를 베껴서 제출하는 일이 많습니다.
김 교사: 저는 교실 수업에서 4인 1조로 토론식 수업을 했었는데, 인원수가 적어도 사정은 비슷했습니다. 대개 상위권 학생들이 토론을 주도하면 하위권 학생들은 소극적으로 따라가는 식이었습니다. 하위권 학생들에게는 소집단 학습이 별로 도움이 되지 않았습니다.
이 교사: 저는 오히려 상위권 학생이 수동적으로 변하는 것을 경험했습니다. 수업 초기에 모둠원들을 독려하면서 열심히 하던 학생이 있었는데, 나중에 보니 다른 모둠원들과 마찬가지로 소극적으로 과제를 수행하고 있었습니다. 아마도 다른 학생들이 도와주지 않으니까 의욕을 잃은 것 같습니다.
김 교사: 의욕이 지나쳐서 문제가 되는 경우도 있었습니다. 소집단 활동에 관심을 가지고

적극적으로 참여하는 것은 긍정적이지만, 한 학생이 자기 주장만 내세우면서 의견 충돌이 많아지면 다른 학생들의 참여 의욕을 떨어뜨리게 됩니다.

박 교사: 선생님들 의견을 종합해 보면, 학생들을 소집단으로 모아 놓는 것만으로는 효과적인 학습을 기대하기 어려운 것 같습니다. 학생들이 한 배를 탄 공동 운명체라는 의식을 가지고 있어야 하는데, 소집단 학습에서는 그런 학습 분위기를 조성하기가 어렵습니다.

이 교사: 그뿐 아니라 학생들 각자가 주인 의식을 가지고 참여할 수 있도록 수업을 잘 구조화할 필요를 느낍니다. 또한, 소집단 내에서 학생들끼리 원활하게 의사소통하면서 모든 학생들이 능동적으로 참여할 수 있는 수업 방법을 모색해야 하겠습니다.

이 대화에 나타난 전통적인 소집단 학습의 문제점을 극복하는 대안으로 협동학습을 도입하고자 한다. 다음의 <논의 항목>을 참고로 협동학습의 장점과 적용 사례를 설명하시오. [20점] (2011학년도)

논의 항목

[협동학습의 장점 관련]

- 대화에 나타난 소집단 학습의 문제점을 3가지 제시하고 이 문제점들이 협동학습을 통해 해소될 수 있음을 밝힐 것.
- 협동학습이 하위권 학생에게 특히 효과적이라는 점을 실제적 발달 수준(level of actual development), 잠재적 발달 수준(level of potential development), 근접발달영역(zone of proximal development), 비계 설정(scaffolding)을 이용하여 설명할 것.

[협동학습의 적용 관련]

- 다음 두 가지 수업 내용 각각에 대하여 STAD와 Jigsaw 모형을 한 번씩만 사용하고, 각 모형을 사용한 이유도 설명할 것.
  (가) 공기가 오염되어 나타나는 현상인 스모그, 오존층의 파괴, 지구온난화 등 각 오염 현상의 실태, 발생 원인 및 대처방안에 대하여 이해한다.
  (나) 여러 가지 화학 반응을 화학 반응식으로 나타내는 방법을 학습하고, 이 반응식을 이용하여 화학 반응에서의 양적관계를 이해한다.
- STAD 및 Jigsaw모형의 특징을 설명하되, 세부적인 수업 단계는 제시하지 말 것.

9. 다음은 두 가지 유형의 수업과정이다. (2009학년도)

수업 A	(가) 교사는 공기를 채운 풍선을 액체 질소에 넣었다가 꺼내면서 풍선의 부피변화를 보여준다. 학생은 이를 관찰하고, 학습문제를 파악하기 위해 자료를 탐색한다. (나) 교사는 추가 자료를 제시한다. 학생은 기체의 온도와 부피의 관계에 대한 개념을 발표한다. (다) (______㉠______)

	(라) 다른 상황에 개념을 적용한다
수업 B	(가) 교사는 물리변화와 화학변화에 대해 간단히 설명한다. (나) 능력과 수준이 다른 학생 4명씩으로 모둠을 구성한다. 모둠별로 물리변화와 화학변화에 대해서 함께 학습한다. (다) 개인별로 평가문제를 푼다. (라) 개인별 향상 점수를 합하여 모둠별 점수를 구한 후 시상한다.

이에 대한 설명으로 옳은 것을 <보기>에서 모두 고른 것은?

보기

ㄱ. 수업 A를 발견학습 모형에 따라 구성할 때, ㉠에서 교사는 학생들이 일반화를 도출할 수 있도록 지도한다.
ㄴ. 수업 B는 서로 다른 모둠 사이의 협동을 통해 학습의 효과를 높인다.
ㄷ. 수업 B에서는 긍정적 상호의존성, 개인별 책무성 등을 강조한다.

① ㄱ ② ㄴ ③ ㄱ, ㄷ ④ ㄴ, ㄷ ⑤ ㄱ, ㄴ, ㄷ

10. 다음은 예비 교사가 '화학 반응에서의 양적 관계' 단원에 협동 학습 모형을 적용한 [수업 계획]과 이 계획에 대한 [예비 교사와 지도 교사의 대화]이다. <작성 방법>에 따라 서술하시오. [4점] (2020학년도)

자료

[수업 계획]

1. 소단원: 화학 반응에서의 양적 관계
2. 수업 모형: (㉠) 모형
3. 학습 목표
   - 여러 가지 화학 반응을 반응식으로 나타낼 수 있다.
   - 화학 반응식으로부터 반응물과 생성물 사이의 양적 관계를 설명할 수 있다.
4. 수업 과정

(가) 질소와 수소가 반응하여 암모니아가 생성되는 반응식을 제시하고, 각 물질의 계수의 비, 분자수의 비, 몰수의 비, 부피의 비, 질량의 비 등을 계산하는 방법을 설명한 후 학습 자료를 배부한다.

(나) 학생의 성취 수준 등을 고려하여 4명을 한 모둠으로 구성하고, 모둠 학습의 의미와 규칙을 설명해준다.

(다) 모둠별로 학습지를 나누어 준 후, 메테인(CH_4)의 연소 반응, 마그네슘과 염산의 반응 등을 반응식으로 나타내고 양적 관계를 계산하는 내용으로 상호 학습하게 한다.

(라) 모둠 학습이 끝난 후 (㉡)

(마) 개별 향상 점수와 모둠 점수를 계산한 뒤, 모둠 점수를 학급 게시판에 공지하고 우수한 성적을 거둔 모둠에게 적절한 보상을 한다.

[예비 교사와 지도 교사의 대화]

지도 교사: 여러 협동 학습 모형 중에서 특별히 (㉠) 모형을 선택한 이유가 있나요?

예비 교사: 전통적인 소집단 학습과 달리 ㉢ 개별적 책무성을 강조할 수 있기 때문입니다. 그런데 학생들이 화학 반응식 완성하기를 잘 할 수 있을지 궁금합니다.

지도 교사: 반응식은 잘 완성하는 편입니다. 그보다는 화학 반응식을 완성한 뒤 양적 관계를 계산할 때 주의가 필요합니다. 적지 않은 학생들 (㉣)을/를 계산할 때에도 계수의 비를 그대로 이용하는 실수를 하거든요.

작성 방법

- ㉠에 해당하는 협동 학습 모형을 쓰고, ㉡에 해당하는 수업 내용을 밑줄 친 ㉢과 관련지어 쓸 것.
- (마)에서 개별 향상 점수를 부여하는 것은 어떤 교육적 가치를 갖는지 1가지 쓸 것.
- ㉣에 해당하는 적절한 용어를 (가)에서 찾아 쓸 것.

11. 다음은 중학교 과학을 지도하는 김 교사가 계획한 실험 과정과 이 과정에 따라 예비 실험한 결과이다.

[실험 주제]

- 냉각 곡선을 그려 어는점 알아내기

[실험 과정]

(가) 500 mL 비커에 얼음을 넣고 여기에 물을 약간 넣는다.

(나) 그림과 같이 소량의 순수한 물이 들어있는 시험관에 온도 센서를 넣고, 클램프를 이용하여 시험관을 얼음물이 들어있는 비커의 가운데에 고정시킨다.

(다) 비커의 얼음물에 소금을 넣고 얼음물을 유리막대로 저어 주면서 시험관 속의 물의 온도를 측정한다.

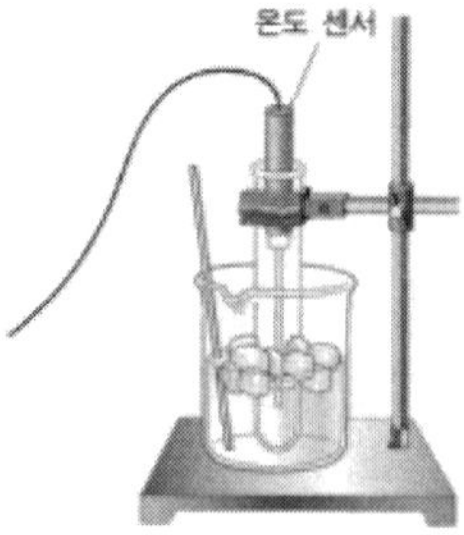

[예비 실험 결과]

• 1기압에서 실험한 결과 다음과 같은 형태의 그래프를 얻었다.

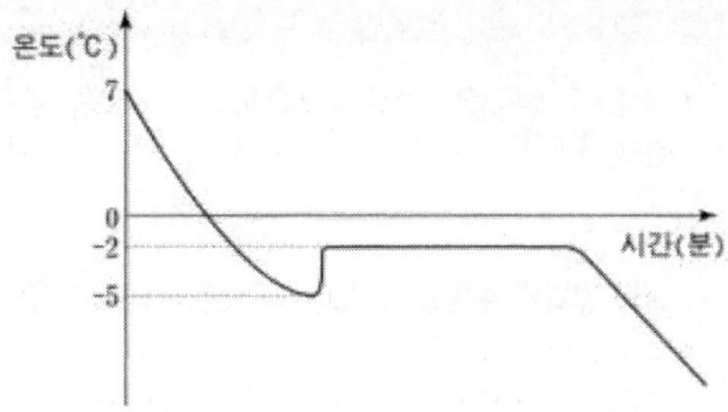

이에 대한 설명으로 옳은 것만을 <보기>에서 있는 대로 고른 것은? [2.5점] (2012학년도)

보기

ㄱ. 과냉각 현상이 일어나지 않도록 하려면 실험 과정 (다)에 '시험관 속의 물을 저어준다'와 같은 과정을 포함시킬 필요가 있다.

ㄴ. 예비 실험에서 사용한 온도 센서로 어는점을 측정할 때, 측정한 온도 값에 5℃를 더하여 데이터를 보정하도록 지도한다.

ㄷ. 2007년 개정 과학과 교육과정의 내용에 따르면, 7학년에서는 물이 얼때의 상태 변화를 열에너지와 관련지어 설명하도록 한다.

① ㄱ ② ㄴ ③ ㄱ, ㄷ

④ ㄴ, ㄷ ⑤ ㄱ, ㄴ, ㄷ

12. 김 교사는 2009 개정 교육과정에 따른 과학과 교육과정에서 화학 II의 '물질 변화와 에너지' 영역과 관련된 수업을 계획하고 있다. 다음은 '반응 전보다 반응 후에 계의 엔트로피가 크면 반응이 자발적으로 일어난다.'라고 생각한 학생의 선개념을 교정하기 위하여, 드라이버(R. Driver)의 개념변화수업 모형에 따라 작성한 김 교사의 수업 계획이다.

단계	교수 – 학습 활동
생각의 표현	• 탄산 칼슘 분해 반응식을 보여 주면서 상온에서의 반응 자발성 여부를 예측하게 하고, 그 이유를 활동지에 적게 한다. $CaCO_3(s) \rightarrow CaO(s) + CO_2(g)$
명료화와 교환	• 학생들의 생각을 조별로 발표하게 하고 서로의 생각에 관해 토의하게 한다.
상충된 상황에 노출	(㉠)
새로운 생각의 구성	• 실험 결과를 설명할 수 있는 새로운 생각을 구성해 보게 한다. • 열린계에서의 반응 자발성 여부를 판단하기 위해서는 (㉡). 그리고 이를 바탕으로 자유 에너지의 개념에 대하여 설명한다.
새로운 생각의 평가	• 새로운 생각이 타당한지 생각해 보게 한다.
생각의 응용	• 자유 에너지를 이용하여 다른 반응의 자발성 여부를 판단하게 한다.
생각의 변화 검토	• 자신의 이전 생각과 새로운 생각을 비교하여 생각의 변화 여부를 검토하게 한다.
다음 차시 예고	• 다음 수업에서는 자유 에너지의 온도 의존성에 대하여 다룰 것임을 예고한다.

탄산 칼슘 분해반응을 이용하여 ㉠에 적절한 내용을 쓰고, 그렇게 판단한 이유를 서술하시오. 그리고 이를 바탕으로 ㉡에 적절한 내용을 쓰시오. 또한 아래 [과정 1]에서 기체의 혼합 엔트로피($\Delta_{mix}S$)를 구하는 과정과 그 결과를 기체 상수 $R(J \cdot mol^{-1}K^{-1})$이 포함된 식으로 쓰고, [과정 2]에서 절대 온도 T_2일 때의 $\Delta_T S$와 $\Delta_T H$를 구하는 과정과 그 결과를 각각 쓰시오. (단, 절대 온도 T_1에서 기체는 이상 기체로 거동하며, [과정 1]과 [과정 2]에서 온도는 각각 T_1과 T_2로 일정하다.) [10점] (2015학년도)

[과정 1]

• 절대 온도 T_1에서 칸막이로 분리된 강철 용기의 한쪽에 압력이 $2p$인 기체 A가 2 mol 들어 있고 다른 쪽에 압력이 p인 기체 B가 2 mol 들어 있는 상태에서, 칸막이를 제거하여 기체가 혼합되도록 한다.

[과정 2]

• **[과정 1]**에서 혼합한 기체의 온도를 절대 온도 T2로 높이고, 일정한 압력에서 두 기체를 반응시킨다. 이때, 반응의 자유 에너지 변화 $\Delta_T G(J \cdot mol^{-1}) = a + bT + cT^2$이다. 단, a, b, c는 상수이고, T는 절대 온도이다.)

13. 다음은 예비 교사가 중학교 '물질의 특성' 단원의 용해 개념을 지도하기 위하여 서술적 순환학습모형에 따라 구성한 수업의 개요이다.

단계	교수 · 학습 활동
탐색	• 여러 가지 물질이 각각 물과 헥세인에 녹을지 예상하고 그 이유를 설명하게 한다. • 직접 실험하여 관찰한 결과를 정리하고 서로 공유하게 한다. • 실험 결과가 나타난 이유에 대하여 토의하고 발표하게 한다.
개념 도입	• 용해가 일어나는 원리를 엔탈피 변화 측면에서 설명한다.
개념 적용	• 여러 가지 다른 물질을 각각 에테르와 에탄올에 녹여 보고, 그 결과에 따라 분류하게 한다. • 학습한 개념에 대한 생활 속 사례를 찾아 발표하게 한다.

위의 수업 구성은 2009 개정 교육과정에 따른 과학과 교육과정의 중학교 1 ~ 3학년군 내용 범위 측면과 서술적 순환학습모형의 특징 측면에서 부적절한 부분이 있다. 그 부적절한 부분을 각각 이유를 들어 지적하고, 구체적인 개선 내용을 각각 제시하시오. [4점] (2016학년도)

14. '중학생들은 밀도와 질량, 부피를 정확히 이해하지 못하고 혼용하여 사용하는 경향이 있다.'고 생각한 과학 교사는 POE 모형을 활용한 수업을 계획하였다. 다음은 과학 교사가 밀도 개념을 가르치기 위해 구성한 **[POE 모형 수업의 계획]**이다. 이에 대해 <작성 방법>에 따라 논술하시오. [10점] (2017학년도)

[POE 모형 수업 계획]

단계	교수 – 학습 활동
예측(P)	• 교사는 다음과 같은 실험 과정을 설명한다. 1. 질량이 각각 20 g인 둥근 모양의 나무토막, 스티로폼, 고무찰흙, 철 조각을 준비한다. 2. 물이 1/2 정도 들어있는 수조의 바닥에 각 물체를 넣고, 물에 뜨는지 가라앉는지를 관찰한다. • 학생은 ㉠ 실험 결과를 예측하고 ㉡ 그렇게 생각하는 이유를 기록한다.
관찰(O)	• 학생은 각각의 물체들이 뜨는지 가라앉는지를 관찰하고 기록한다.

설명(E)	• 학생은 자신이 예측한 것과 실험 결과가 일치하는지 비교하고, 결과가 다르게 나온 이유를 각자 기록한 후 모둠별로 토의한다. • 실험에 사용한 4가지 물체의 부피를 모두 동일하게 했을 때 질량이 가장 큰 물체가 무엇인지 모둠별로 토의한다.

〈POE 활동 후 교사의 설명〉

• 학생들에게 밀도를 질량과 부피로 표현한 공식과 함께 설명한다.

• (A)

〈지도 상의 유의점〉

(1) 예측 단계에서 예측하고 그렇게 생각한 이유를 글로 쓰도록 한다.

(2) 예측 단계에 충분한 시간을 할애하여 학생들이 의미 있는 활동을 하며 인지적 영역뿐 아니라 정의적 영역에서도 도움이 되게 한다.

(3) 설명 단계에서 예측과 결과가 다르게 나온 이유를 모둠별로 토의하게 한다.

작성 방법

• 서론, 본론, 결론으로 나누고 논리적으로 구성하여 표현할 것.

• POE 모형에서 예측 단계의 역할을 다음의 안내에 따라 서술할 것.

  – 밑줄 친 ㉠과 ㉡ 중 어느 것을 더 강조하여야 하는지 쓰고, 그 이유를 **〈지도상의 유의점〉** (1)에서 나타난 교사의 의도를 고려하여 서술할 것.

  – 예측 단계의 역할이 무엇인지 인지적 영역과 정의적 영역에서 각각 1가지 서술할 것.

• 포스너와 스트라이크(G. Posner & K. Strike)가 제안한 개념 변화의 조건을 고려하여 POE 활동 후 수업 내용을 서술할 것.

[개념변화의 조건 요지]

① 불만족스러워야 함. (dissatisfaction)
② 지적으로 이해할 수 있어야 함. (intelligible)
③ 그럴듯해 보여야 함. (plausible)
④ 유용해야 함. (fruitful)

• 제시된 **〈POE 활동 후 교사의 설명〉**에 있는 (A)에, 조건 ③을 충족하는 교수 내용을 서술할 것.

• 조건 ④를 충족하기 위해 교사의 설명 후에 추가할 수 있는 교수 내용(활동)을 서술하고, 간단한 예시 1가지를 제시할 것.

15. 다음은 2015 개정 과학과 교육과정에 따른 '통합과학'에서 산화·환원을 지도하기 위하여 로슨(A. Lawson)의 순환학습모형을 2회 연속하여 적용한 수업 설계를 순서 없이 나열한 것이다. (단, (가)는 첫 번째 탐색 단계이다.)

(가) 지구와 생명의 역사에 큰 변화를 가져온 화석 연료의 사용과 철의 제련에 공통적으로 관련된 원소를 찾고, 산소가 관련된 반응의 중요성에 대해 토의한다.
(나) 황산 구리(Ⅱ) 수용액과 금속 아연 사이의 반응에서 전자의 이동에 의해 산화되는 물질과 환원되는 물질을 찾는다.
(다) 마그네슘의 연소, 산화 구리(Ⅱ)의 환원 반응 등을 동영상을 통해 관찰하고, 모형을 이용하여 산소 이동과 전자 이동 사이의 관계에 대해 토의한다.
(라) 산소의 이동으로 산화·환원 반응을 설명한다.
(마) ㉠ 산소를 얻는 것과 전자를 잃는 것이 동일하게 이해될 수 있음을 확인하고, 전자의 이동으로 산화·환원 반응을 정의한다.
(바) 철의 부식과 메탄올의 연소에 산소의 이동에 의한 산화·환원 개념을 적용한다.

(나)~(바)를 순환학습모형에 따라 순서대로 나열하고, 밑줄 친 ㉠의 한 예로 알루미늄의 부식에 대해서 화학 반응식을 이용하여 설명하시오. 또한 위의 '통합과학' 내용을 학습한 후 '화학 Ⅰ'을 학습하는 학생에게 이 수업에서 설명된 산화·환원의 정의를 확장하여 지도하려 할 때, 순환학습모형의 탐색 단계에 해당하는 활동을 학습 내용과 탐색 단계의 특징을 포함하여 쓰시오. [4점] (2018학년도)

16. 다음은 '화학 반응에서 질량 변화'의 주제에 대하여 드라이버(R. Driver)의 개념 변화 모형에 따라 과학 교사가 구성한 [수업 계획]의 일부와 [학생 수행 평가표]의 일부이다.

수업 계획

(가) 나무 조각을 태웠을 때 질량이 어떻게 변화할지 예상하고 그 이유에 대한 의견을 모둠별로 나누게 한다. 모둠별 의견을 학급 전체 학생들과 공유하게 한다.
(나) 염화 나트륨 수용액과 질산은 수용액이 각각 들어 있는 시험관을 학생들에게 보여 주고, 이 두 수용액을 반응시키면 흰색 앙금이 생성된다는 것을 알려 준다. 또한, 염산과 달걀 껍데기가 반응하면 이산화 탄소가 발생한다는 것을 알려 준다. 앙금 생성 반응과 기체 발생 반응 각각에 대하여 탐구 문제를 설정하게 한다.
(다) 다음의 〈실험 1〉과 〈실험 2〉의 준비물과 실험 과정을 안내하고 학생들이 실험을 수행하게 한다.

〈실험 1〉

[준비물] 5% 염화 나트륨 수용액, 5% 질산은 수용액, 시험관, 비커, 눈금 실린더, 전자저울, 보안경, 실험용 고무장갑

[실험 과정] 염화 나트륨 수용액 15 mL가 담긴 시험관과 질산은 수용액 15 mL가 담긴 시험관을 비커에 함께 넣고, 용액을 섞기 전과 섞은 후의 전체 질량을 각각 측정한다.

〈실험 2〉

[준비물] 5% 염산, 달걀 껍데기, 시험관, 눈금 실린더, 페트병, 전자저울, 보안경, 실험용 고무장갑

[실험 과정] 염산이 10 mL 정도 담긴 시험관과 달걀 껍데기를 페트병에 넣고, 뚜껑을 싹 닫은 후 질량을 측정한다. 페트병을 기울여 염산과 달걀 껍데기를 충분히 반응시킨 다음, 질량을 측정한다.

(라) 학생들이 〈실험 1〉의 결과와 〈실험 2〉의 결과를 분석 및 해석하여 화학 반응 전과 후의 질량 사이에는 어떠한 관계가 있는지 설명하게 한다.

학생 수행 평가표

평가 요소		평가 준거
탐구 문제 인식		(㉠)
자료 수집		화학 반응 전과 후의 질량을 정확하게 측정하고 기록하는가?
자료 분석	실험 1	앙금 생성 반응에서 두 수용액을 섞기 전과 섞은 후의 전체 질량을 비교하여 차이가 있는지 분석하는가?
	실험 2	(㉡)
결론 도출		앙금 생성 반응 전과 후의 질량 변화를 증거로 결론을 도출하는가?
		기체 발생 반응 전과 후의 질량 변화를 증거로 결론을 도출하는가?

(가)는 드라이버의 개념 변화 모형에서 '생각의 재구성'의 어떤 하위 단계에 해당하는지 쓰고, 그렇게 판단한 이유를 서술하시오. 괄호 안의 ㉠과 ㉡에 해당하는 내용을 각각 서술하시오. [4점] (2019학년도)

17. 다음은 로슨(A. Lawson)의 순환 학습 모형 3가지 중 1가지를 적용한 수업의 일부이다. <작성 방법>에 따라 서술하시오. [4점] (2020학년도)

단계	교수 · 학습 활동
탐색	• 교사는 학생에게 "축구공, 한쪽 끝이 막힌 주사기, 그리고 풍선을 뜨거운 물에 담그면 어떻게 될까?"라는 서술적 질문을 제시한다. 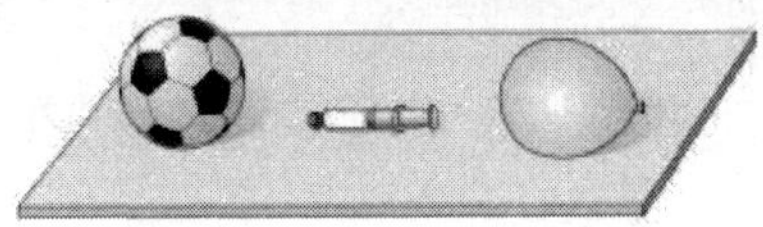 • 학생은 실험을 통해 "축구공이 팽팽해져요.", "주사기의 피스톤이 밀려나요.", "풍선이 부풀어 올라요."라고 답한다. • 교사는 "왜 온도가 높아지면 축구공이 팽팽해지는 것일까?"라는 두 번째 질문을 제시한다. • 학생은 ㉠ <u>찌그러진 탁구공을 뜨거운 물에 넣으면 분자 운동 때문에 원래대로 모양이 돌아왔던 경험을 떠올려 '온도가 높아지면 기체 분자의 운동이 활발해지기 때문에 축구공이 팽팽해진다'라는 잠정적인 설명을 생각해 낸다.</u> • 학생은 이 잠정적 설명으로 주사기의 피스톤이 밀려난 것과 풍선이 부풀어 오른 이유를 설명한다.
용어 도입	… (생략) …
개념 적용	… (생략) …

작성 방법

• 이 수업에 적용된 순환 학습 모형을 쓰고, 그 판단 근거를 제시할 것.
• 밑줄 친 ㉠에서 사용한 과학적 사고가 무엇인지 쓰고, 그 판단 근거를 위 수업 내용과 관련지어 제시할 것.

18. <자료 1>은 STS 수업 모형을 적용한 '폐광 지역의 산성화된 토양 되살리기' 수업 계획이고, <자료 2>는 중화 반응 실험에 대한 교사와 예비 교사의 대화이다. <작성 방법>에 따라 서술하시오. [4점] (2021학년도)

자료 1

학습 목표: 폐광 지역의 산성화된 토양을 되살리기 위한 방안을 제시하고 실천할 수 있다.

단계	교수 · 학습 활동
문제로의 초대	• (㉠)

탐색	• 산성화된 토양을 되살리는 다양한 방법에 대한 탐색 활동을 수행하게 한다. – 인터넷 조사 – 중화 반응 탐구 활동 계획 수립 및 수행 – 전문가 면담 등
설명 및 해결 방안 제시	• 폐광 지역의 산성화된 토양을 되살리기 위한 해결 방안을 제시하게 한다.
㉡	• '폐광 지역의 산성화된 토양 되살리기' 동영상을 제작하여 SNS를 통해 홍보하게 한다.

자료 2

예비 교사: 산성 수용액에 탄산 칼슘을 조금씩 넣으면서 pH의 변화를 보면 토양이 중화되어 가는 과정을 이해하는 데 도움이 되지 않을까요?

교사: 좋은 생각입니다. 다만 탄산 칼슘의 용해도가 낮으므로 탄산 칼슘이 잘 녹을 수 있도록 산성도가 높은 수용액을 사용하고, 녹이면서 투명하게 되었는지 확인하는 과정이 필요해요.

예비 교사: 네. 0.1 M 염산 100 mL에 탄산 칼슘을 당량점에 도달할 때까지 0.1 g씩 계속 가하는 실험을 해 보면 중화되는 과정을 확인할 수 있을 거예요. 탄산 이온과 H^+의 반응비를 고려하여 염산에 포함된 H^+의 몰수의 반에 해당하는 0.5 g의 탄산 칼슘을 넣어 주면 중화 반응이 완결되겠지요.

… (중략) …

교사: 실험 결과는 어떻게 나왔나요?

예비 교사: 실제로 실험을 해 보니 다음과 같은 결과가 나왔어요. 그런데 균일한 용액이 되는 것을 확인하면서 탄산 칼슘을 당량점까지 넣어 줬는데 pH가 3.8이 되었네요. 당량점에서는 중성이 되는 것 아닌가요?

[실험 결과]

넣어 준 전체 탄산 칼슘의 질량 (g)	0	0.1	0.2	0.3	0.4	0.5
pH	1.0	1.1	1.2	1.4	1.7	3.8

작성 방법

• STS 수업 모형의 단계를 고려하여 ㉠에 해당하는 구체적인 교수 · 학습 활동의 내용을 쓸 것.

• 〈자료 1〉의 ㉡에 해당하는 단계를 쓰고, 이 단계에서 증진시킬 수 있는 2015 개정 과학과 교육과정의 과학과 핵심 역량 1가지를 쓸 것.

• 〈자료 2〉에서 중화 반응과 관련하여 예비 교사가 가진 오개념을 쓸 것.

19. 일차 표준물질인 프타란 수소포타슘(KHP)을 사용하여 만든 산 표준 용액으로 NaOH 용액을 적정하여 정확한 농도를 구하려고 한다. [실험 I]과 [실험 II]는 각각 부피 적정법과 무게 적정법에 의한 실험 과정이다.

[실험 Ⅰ. 부피 적정법]

(가) 일정량의 KHP을 물에 녹여 0.2000 M의 KHP 용액 100.00 mL를 만든다.
(나) 약 8 g의 NaOH을 물에 녹여 약 0.2 M 용액 100 mL를 만든다.
(다) (나)의 NaOH 용액 25.00 mL를 삼각 플라스크에 넣고, 크레졸 퍼플 지시약을 몇 방울 떨어뜨린다.
(라) (가)의 KHP 용액을 뷰렛에 넣어 (다)의 용액 색깔이 변할 때까지 적정한다.
(마) 넣어준 KHP 용액의 부피를 측정하고, 이를 사용하여 NaOH 용액의 농도를 계산한다.
(바) (가)~(마)의 과정을 3회 이상 반복한다.

[실험 Ⅱ. 무게 적정법]

(가) 일정량의 KHP을 물에 녹여 무게 몰농도가 0.2000 mol/kg인 KHP 용액 100 g을 만든다.
(나) 약 8 g의 NaOH을 물에 녹여 약 0.2 M 용액 100 g을 만든다.
(다) (나)의 NaOH 용액 10.0000 g을 삼각 플라스크에 넣고, 크레졸 퍼플 지시약을 몇 방울 떨어뜨린다.
(라) (다)의 삼각 플라스크를 분석저울에 올려놓고 용액 색깔이 변할 때까지 (가)의 KHP용액으로 적정한다.
(마) 넣어준 KHP 용액의 무게를 측정하고, 이를 사용하여 NaOH 용액의 농도를 계산한다.
(바) (가) ~ (마)의 과정을 3회 이상 반복한다.

이 실험에 대한 V도를 그림과 같이 작성할 때, ⓐ~ⓓ에 들어갈 주요 내용을 기술하시오. (2013학년도)

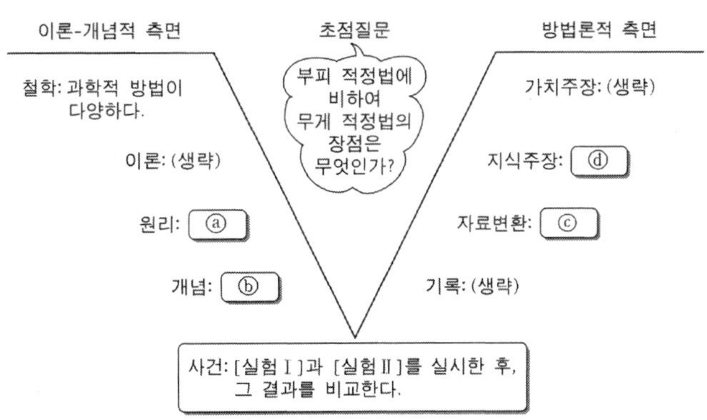

20. 화학 교사는 '몰(mole)'의 정의 및 1몰의 입자수와 질량에 대한 수업을 계획하였다. 다음은 화학 교사의 [수업 준비 과정]이다.

수업 준비 과정

(가) '피아제 (J. Piaget)의 인지 발달 이론'에 근거한 '논리적 사고력 검사' 중 다음과 같은 유형의 문항으로 검사지를 구성하여 학생들의 학습 준비도를 조사하였다.

> 오렌지 4개로 오렌지 주스 6잔을 만들 수 있다. 오렌지 주스 12잔을 만들려고 하면, 오렌지 몇 개가 필요하겠는가? 그 이유를 설명하시오.

(나) 이 조사 결과에서 절반의 학생들이 '몰'을 학습하는 데 요구되는 사고 능력을 갖고 있지 않은 것으로 나타났다.

(다) 이에 화학 교사는 학생들에게 친숙한 비유를 선행조직자로 이용하는 수업을 준비하였다.

(가)에서 제시한 문항은 학생의 어떤 사고 능력을 평가하기 위한 것인지 쓰시오. 그리고 (나)의 상황을 해결하기 위해 화학 교사가 선행조직자를 선택할 때 고려해야 할 조건을 쓰시오. 또한, 그 조건에 따른 비유의 예시를 1가지 제시하고, 비유물과 목표 개념인 '몰'의 관계에서 서로 대응하는 속성들을 쓰시오. [4점] (2017학년도)

21. 다음은 김 교사가 화학 결합에 대하여 구성한 **[수업 과정]**과 이 수업에 참여한 학생이 수업 도입부와 후반부에 작성한 **[개념도]** 및 교사가 추가로 제시한 **[심화 자료]**이다. 이에 대하여 <작성 방법>에 따라 논술하시오. [10점] (2016학년도)

수업 과정

(가) 화학 결합에 대한 사전 지식과 관련하여 교사가 미리 작성한 도표를 제시한 후, 이에 기초하여 개념도를 각자 작성하게 한다.
(나) 극성 공유 결합과 무극성 공유 결합의 개념을 설명한다.
(다) (가)에서 작성한 자신의 개념도를 각자 수정하게 한다.
(라) 학생의 개념도에 대한 피드백을 제공한 후, 공유 결합에 대한 **[심화 자료]**의 내용을 소개한다.

개념도

- **[수업 과정]**의 (가)에서 윤수가 작성한 개념도

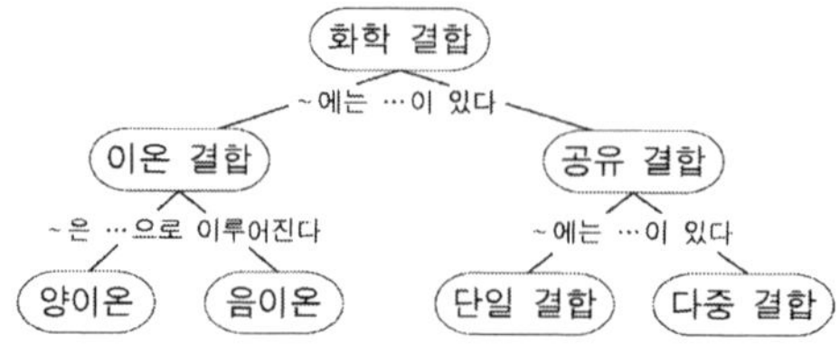

• **[수업 과정]**의 (다)에서 윤수가 수정한 개념도

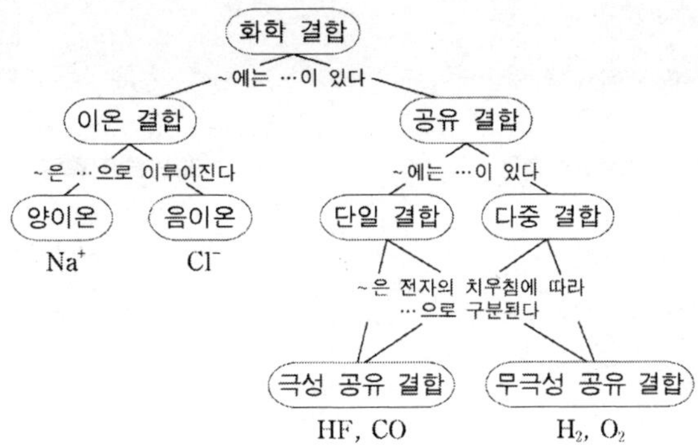

심화 자료

• A는 H_2가 금속(M)과 배위 공유 결합하여 형성한 이수소(dihydrogen) 착물이다.
• A에서 H_2의 H—H 결합은 해리되지 않은 상태이다.
• L과 L′은 리간드이다.

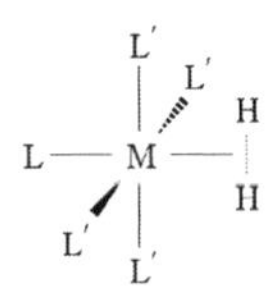

A

작성 방법

• **[수업 과정]**의 (가)에서 교사가 제시한 도표를 오수벨(D. Ausubel)의 유의미학습 이론 관점에서는 무엇이라고 명명하는지 쓰고, 그 역할을 서술할 것.
• 오수벨의 동화론에 의한 유의미학습 이론 관점에서, **[수업 과정]**의 (다)에서 윤수가 수정한 개념도에 나타난 학습 과정의 원리를 쓰고, 그렇게 판단한 근거를 서술할 것.
• 자유 상태 H_2 분자에서의 H—H 결합 길이와 A에서의 H—H 결합 길이를 비교하고, 그 이유를 H_2와 금속 M의 d 오비탈 간 상호작용으로 설명할 것.
• A에서 리간드 L이 $P(CH_3)_3$인 경우보다 CO인 경우, H—H 결합 길이가 더 짧은 이유를 설명할 것.
• 답안을 논리적으로 구성하고 표현할 것.

22. <자료 1>은 활성화 에너지를 학습한 학생이 '온도에 따른 반응 속도 측정하기' 실험 후 작성한 V도(Vee diagram)이고, <자료 2>는 지도 교사가

고윈(D. Gowin)의 V도 작성 방법을 바탕으로 설정한 판단 근거에 따라 학생의 V도를 평가한 결과이다. <작성 방법>에 따라 서술하시오. [4점] (2020학년도)

자료 1

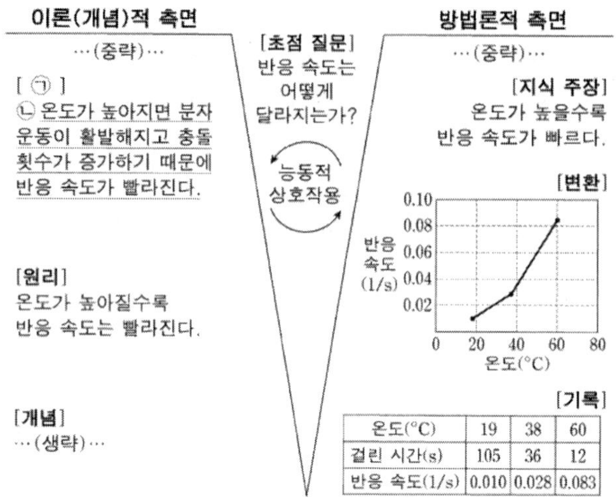

온도(°C)	19	38	60
걸린 시간(s)	105	36	12
반응 속도(1/s)	0.010	0.028	0.083

※ 반응 속도를 단순히 걸린 시간의 역수로 나타냄.

[사건/사물]

① 삼각 플라스크 3개를 준비하여 바닥에 각각 X 표시를 하고, 동일한 농도의 싸이오황산 나트륨($Na_2S_2O_3$) 수용액을 50 mL씩 넣는다.
② 시험관 3개에 각각 동일한 농도의 묽은 염산을 10 mL씩 넣는다.
③ 삼각 플라스크와 염산이 담긴 시험관 1개를 실온에 두었다가 용액의 온도를 측정한다.
④ 시험관의 염산을 삼각 플라스크에 재빨리 붓고, 붓는 순간 초시계를 작동하여 X표가 보이지 않을 때까지 걸린 시간을 측정한다.
⑤ 과정 ③과 ④를 실온 대신 서로 다른 두 온도에서 반복한다.
⑥ 용액의 온도와 X표가 보이지 않을 때까지 걸린 시간을 표에 적는다.

온도(℃)			
걸린 시간(s)			

자료 2

항목	판단 근거	평가 결과
초점 질문	학습할 사건이나 사물에 관한 탐구에 초점을 맞출 수 있도록 탐구 변인을 포함하고 있는가?	미충족

㉠	관찰한 사건이나 사물이 나타나는 이유를 타당하게 설명하고 있는가?	미충족
원리	초점 질문과 관련된 개념들 사이의 관계를 타당하게 나타내고 있는가?	충족
기록	사건과 사물에 진술된 과정에 따라 관찰하거나 측정한 것을 정확하게 기록하고 있는가?	미충족
… (하략) …		

작성 방법

- ㉠에 해당하는 용어를 제시하고, 밑줄 친 ㉡을 활성화 에너지 개념을 사용하여 과학적으로 옳은 설명으로 기술할 것.
- 〈자료 2〉에서 밑줄 친 '초점질문'과'기록'이 미충족으로 평가된 이유를 제시할 것.

23. 교사는 2015 개정 과학과 교육과정에 따른 화학 II의 '반응 엔탈피와 화학 평형' 단원에 대한 수업을 진행한 후 학생들에게 개념도를 작성하게 하였다. <자료>는 [학생이 작성한 개념도]와 교사가 작성한 [평가표]이다. <작성 방법>에 따라 서술하시오. [4점] (2020학년도)

자료 1

[학생이 작성한 개념도]

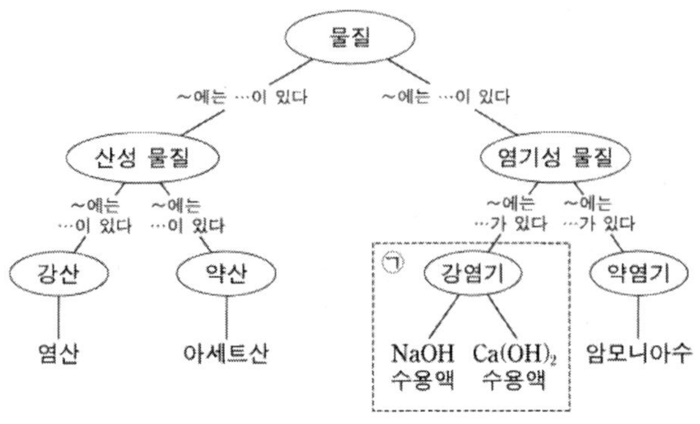

[평가표]

평가 항목	평가 준거
명제	(㉡)
위계	개념들의 위계적 배열이 타당한가?
(㉢)	개념 위계의 한 부분에 있는 개념과 다른 부분에 있는 개념 사이의 연결이 의미 있고 타당한가?
예	개념의 특수한 사건이나 사물의 예가 타당한가?

작성 방법

- 학생이 'KOH 수용액'을 추가로 학습하여 ㉠ 부분에 추가할 경우, 오수벨(D. Ausubel)이 제시한 유의미학습의 유형 중 어떤 포섭이 일어나는지 쓰고, 그 판단 근거를 제시할 것.
- 노박과 고윈(J. Novak & D. Gowin)이 제시한 평가 준거에 근거하여 ㉡과 ㉢에 해당하는 내용을 제시할 것.

참고문헌

교육과학기술부(2011). 스마트 교육 추진 전략 실행계획.

교육부(2015). 2015 개정 과학과 교육과정. 교육부 고시 제2015-74호.

구양삼, 박금홍, 신애경, 최병순, 이국행(2006). 토론을 강조한 MBL실험수업에서 리더 유형에 따른 언어적 상호작용 특성. 대한화학회지 50(6), 494-505.

권낙원 역(1994). 수업의 원리와 실제. 성원사.

김광수, 정완호(1996). 생물 실험 지도에 있어서 가설 검증 수업 모형의 적용 효과. 한국과학교육학회지, 16*4), 365-375.

김도욱(1991). 몰개념의 학습에서 오개념을 감소시키기 위한 수업 모형의 효과. 서울대학교 박사 학위 논문.

김미숙, & 유선아(2019). 거꾸로 수업을 활용한 프로젝트형 탐구실험의 교수·학습 전략 탐색. 학습자중심교과교육연구, 19(8), 1085-1110.

김선경, 김현경(2021). SSC 방법을 이용한 분광기 개발과 그 이용. 과학과 과학교육지, 46(1), 15-28.

김영민(1991). 중학생의 전류 개념 변화에 미치는 체계적 비유 수업의 영향. 서울대학교 박사 학위 논문.

김영민, 박윤배, 박현주, 신동희, 정진수, 송성수(2016). 과학교육학의 세계. 북스힐.

김현경(2003). Small Scale Chemistry란 무엇인가?. 화학교육. 1(30).

김현경, 정영규 역(2004). 켐트렉. 자유아카데미.

김현경, 최병순(2005). Small Scale Chemistry에 대한 과학 교사들의 인식. 대한화학회지. 49(2). 208-214.

남정희(1996). 화학 실험에서 탐구 과정기능의 평가 도구 개발. 한국교원대학교 박사학위 논문.

남정희, 고미례, 박덕찬, 임재항, 이동원, 최애란(2011). 논의가 강조된 일반화학 실험이 대학생들의 글쓰기 능력 및 화학개념 이해에 미치는 효과. 한국과학교육학회지. 31(8). 1077-1091.

노태희, 권혁순, 이선욱(1997). 중학교 과학 수업에서 비유물을 체계적으로 사용한 수업의 효과. 한국과학교육학회지. 17(3). 323-332.

문홍무, 최병순(1987). 고등학생의 지적 발달 수준과 화학 내용이 요구하는 조작 수준과의 관계 연구. 화학 교육. 14(2). 116-127.

박금홍, 구양삼, 최병순, 신애경, 이국행, 고석범(2005). 중학생들의 끓는점 학습에서 컴퓨터를 기반으로 하는 실험수업의 효과. 한국과학교육학회지. 25(5). 867-872.

박성익(1997). 교수 · 학습방법의 이론과 실제. 교육과학사.

박윤배(1998). 중학교 과학 교과서의 국제 비교. 한국과학교육학회지. 18(1). 19-34.

박종윤, 김현경 외 역(2005). Small Scale Chemistry 중등 화학 실험서. 자유아카데미.

박종윤, 홍지혜(2007). 고등학교 화학 II 수업에 적용한 Small-Scale Chemistry 실험의 효과. 한국과학교육학회지. 27(4). 318-327.

박현주, 김영민, 노석구, 이주연, 정진수, 최유현, 한혜숙, 백윤수(2012). STEAM 교육의 구성 요소와 수업 설계를 위한 준거틀의 개발. 학습자중심교과교육연구. 12(4); 533-557.

방정아, 최취임, 최원호, 정대홍(2006). 개방적 가설검증 학습모형을 적용한 과학 탐구 학습의 효과:화학 I '금속과 그 이용' 단원을 중심으로. 대한화학회지. 50(5).385-393.

백윤수, 박현주, 김영민, 노석구, 박종윤, 이주연, 정진수, 최유현, 한혜숙(2011). 우리나라 STEAM 교육의 방향. 학습자중심교과교육연구. 11(4). 149-171.

송용의 역(1987). 효율적인 교사의 발문기법. 배영사.

송인범(2005). 물질의 상태변화 수업에 적용한 MBL실험의 효과 연구. 공주대학교 대학원 석사학위논문.

신일용, 김현경, 최병순, 박종윤, 홍훈기(2009). 컴퓨터와 연결된 교육용 분광기 제작과 교육적 활용 연구. 교육과정평가연구. 12(1). 199-219.

심재학(1995). 초인지 전략 수업 모형의 탐색 및 효과 분석. 고려대학교 박사학위 논문.

양정은, 최애란(2020). 교사학습공동체 교사들의 과학 실천 기반 수업을 위한 PCK 구성. 한국과학교육학회지, 40(5), 565-582.

유지영, 윤성규, 정진수(2012). 가설검증방법 고안 교수 · 학습 프로그램이 중학생의 생물 가설검증력에 미치는 효과. 중등교육연구, 58(3), 313-332.

이범홍, 김영민(1983). 과학과 수업과정 모형 및 평가방법 개선 연구 – 초등학교 자연과를 중심으로, 한국교육개발원 연구보고, RR, 83-7.

이창훈(1996). 고등학교 광학 기초 개념 변화를 위한 컴퓨터 프로그램의 효과. 서울대학교 박사학위논문.

이태일(2011). 화학수업에 쉽게 적용해 본 직소 협동학습. 화학교육지, 4, 12-17.

이향미(2002). 고등학생의 역학적 에너지 보존학습에서 컴퓨터를 기반으로 하는 상호작용적 시범 실험 수업의 효과. 한국교원대학교 대학원 석사학위논문.

장경화, 남정희(2016). 논의기반 탐구에서 협상이 중학생들의 주장 – 증거 변화에 미치는 영향. 대한화학회지, 60(1), 39-47.

조희형(2000). 21세기의 생물교육: 이론적 배경과 전망. 한국생물교육학회지, 28(3), 181-191.

조희형, 박승재(1995). 교육학습지도, 교육과학사.

최병순(1987). 학생들의 인지 수준과 구체적 및 형식적 과학내용간의 관계연구. 화학교육, 14(1), 30-40.

최병순(1987). 학생들의 인지 수준과 구체적 및 형식적 과학내용간의 관계연구. 화학교육, 14(1), 30-40.

한효순(1994). STS 적 접근에 의한 국민학교 자연과 수업안 개발과 적용에 관한 연구. 초등과학교육, 13(1), 93-102.

한효순(1994). STS적 접근에 의한 국민학교 자연과 수업안 개발과 적용에 관한 연구. 초등과학교육, 13(1), 93-102.

허은영(2007). MBL 시범 수업이 초등학생의 학업성취도, 과학 탐구능력 및 정의적 특성에 미치는 영향. 대한지구과학교육학회지, 3(1), 36-46

Aikenhead, G. S., & Ryan, A. G.(1992). The development of a new instrument: "Views on science-technology-society"(VOSTS). Science education, 76(5), 477-491.

Aksela M.(2005). Supporting meaningful chemistry learning and higher order thinking through computer-assisted inquiry: A design research approach. Academic Dissertation, University of Helsinki.

Aksela, M.(2011). Engaging students for meaningful chemistry learning through Microcomputer-based Laboratory (MBL) inquiry. Educació química, 9, 30-37.

Aronson, E.(1978). The jigsaw classroom, Sage.

Atar H. Y.(2002). Chemistry students' challenges in using MBL's in science laboratories. Proceedings of Association for the Education of Teachers in Science. AETS International Conference. Charlotte. 2002.

Atkin. J. M. & Karplus. R.(1962). Discovery or invention. The Science Teacher 29(2). 121–143.

Ausubel. D. P.(1968). Educational Psychology: A Cognitive View. New York: Holt.

Baird. J. R.(1990). Metacognition. purposeful inquiry and conceptual change. In E. Hegarty-Hazel(ed.) The student laboratory and the science curriculum. London: Routledge.

Barnes. D., & Todd. G.(1977). Communication and learning in small groups. Londen: Routledge and Kegan Paul.

Benbow. A.E.(1994). A Comparison of the effectiveness of demonstration. verval statement. and hand-on experiences on correcting a misconception of first-graders regarding magnets. Doctoral dissertation. University of Maryland College Park. MD.

Blosser. P.E.(1991). How to ask the right questions. Arlington. VA: National Science Teachers Association.

Bonk. C. J., & Graham. C. R.(2012). The handbook of blended learning: Global perspectives. local designs. John Wiley & Sons.

Bradley J. D.(1999). Experiences de Microchimie: Manuel de l 'Enseignant. UNESCO/IUPAC-CTC. Magister Press. Moscow.

Bradley J. D.(1999). Hands-on practical chemistry for all. Pure and applied chemistry. 71(5). 817–823.

Bradley J. D.(2001). UNESCO/IUPACCTC Global Program in Microchemistry. Pure and Applied Chemistry. 73(7). 1215–1219.

Brown. A. L.(1980)'Metaconitive development and reading'. in R. J. Spiro. B.C. Bruce and W. F. Brewer (eds). Theoritical Issues in Reading Comprehension; Perspectives from Cognitive Psychology. Linguistics. Artificial Intelligence. and Education. Hilsdale. NU: Erlbaum. pp. 453–481.

Brown. D. E., & Clement. J. (1989). Overcoming misconceptions via analogical reasoning: Abstract transfer versus explanatory model construction. Instructional Science. 18(4). 237–261.

Bruner. J. S.(1961). The act of discovery. Havard Educational Review. 31(1). 21–32.

Cavanaugh. J. C., & Perlmutter. M.(1982). Metamemory: A critical examination. Child development. 11–28.

Champagne, A. B., Klopfer, L. E., & Anderson, J. H.(1980). Factors influencing the leaning of classical mechanics. American Journal of Physics, 48, 1074–1094.

Champagne, A. B., Klopfer, L. E., & Gunstone, R.F.(1981). Student's beliefs about gravity and motion, Problem solving, 2(12), 12–14.

Chiappetta, E. L. & Koballa, T. R.(2015). Science instruction in the middle and secondary schools, 8th edition, Boston, MA: Pearson.

Cole, P. G., & Chan, L. K. S.(1987). Teaching principles and practice. New York : Prentice Hall.

Collette, A. T., & Chiappetta, E. L.(1989). Science instruction in the middle and secondary schools, 2nd ed, Merrill Publishing Company, Columbus, Ohio.

Costa, A. L.(1984). Mediating the Metacognitive. Educational leadership, 42(3), 57–62.

Curtis, R. V.(1988). When is a science analogy like a social studies analogy: A comparison of text analogies across two disciplines. Instructional Science, 17(2), 169–177.

Dewey, J.(1916). (2007 Eds) Democracy and education, Teddington: Echo Library.

Diekhoff, G. M., & Diekhoff, K. B.(1982). Cognitive maps as a tool in communicating structural knowledge, Educational Technology, April, 28–30.

Driver, R.(1989). Changing conceptions. In P. Adey, J. Bliss, J. Head, & M. Shayer, Eds., Adolescent development and school science(pp. 79–104). London: The Falmer Press.

Duit, R.(1991). On the role of analogies and metaphors in learning science. Science education, 75(6), 649–672.

Duschl, R. A., & Osborne, J. (2002). Supporting and promoting argumentation discourse in science education. Studies in Science Education, 38, 39-72.

Emig, J.(1977). Writing as a mode of learning, College Composition and Communication, 28, 122–128.

Farrell, L.(2019). What is generative learning. https://getsynapse.com/blog/what-is-generative-learning/

Flavell, J. H.(1977). Cognitive development. Prentice-Hall.

Flick, L. B.(1996). Understanding a generative learning model of instruction: A case study of elementary teacher planning, Journal of Science Teacher Education, 7(2), 95–122.

Ford, M.(2008). Disciplinary authority and accountability in scientific practice and learning, Science Education, 92(3), 404-423.

Friedler, Y., Tamir, P.(1990), Sex differences in science education in Israel: An analysisof 15 years of research, Research in Science and Technological Education, 8(1), 21-34.

Gick, M. L., & Holyoak, K. J.(1983), Schema induction and analogical transfer, Cognitive psychology, 15(1), 1-38.

Glynn, S. M.(1991), Explaining science concepts: A teaching-with-analogies model, In S. Glynn, R. Yeany, B. Britton,(Eds.) The Psychology of Learning Science (pp 219-240), Hillsdale: Lawrence Elbaum Associates.

Glynn, S. M., & Muth, K. D.(1994), Reading and writing to learning science: Achieving scientific literacy. Journal of Research in Science Teaching, 31, 1057-1073.

Gunstone, R.F., & White, R.T.(1981), Understanding of gravity, Science Education, 57, 153-160.

Hand, B., Wallace, C. W., & Yang, E.(2004), Using a Science Writing Heuristic to enhance learning outcomes from laboratory activities in seventh-grad science: quantitative and qualitative aspects, International Journal of Science Education, 26(2), 131-149.

Harlen W., Symington, D.(1987), Helping children to observe, In W. Harlen (Ed.), Primary science: Taking the plunge, Heinemann, London, 21-35.

Harlen, W., & Osborne, R.(1985), A model for learning and teaching applied to primary science, Journal of Curriculum Studies, 17, 133-146.

Harlen, W., Jelly, S.(1990), Developing science in the primary classroom, Portsmouth, NH: Heinemann.

Harrison, A. G., & Treagust, D. F.(1993), Teaching with analogies: A case study in grade-10 optics, Journal of Research in Science Teaching, 30(10), 1291-1307.

Hashweh, M.(1986), Toward and explanation of conceptual change. International Journal of Science Education, 8(3), 229-249.

Haste, H.(1987), Why thinking about feeling isn't the same as feeling, and why post-androgyny is dialectical not regressive: A response to Philibert and Sayers, New Ideas in Psychology, 5(2), 215-221.

Herron, M.(1971), The nature of scientific inquiry, American Journal of Education, 79(2), 171-212.

Jeong, H., & Hmelo-Silver, C. E.(2016), Seven Affordances of Computer-Supported Collaborative Learning: How to Support Collaborative Learning? How Can Technologies Help? Educational Psychologist, 51(2), 247-265.

https://doi.org/10.1080/00461520.2016.1158654

Johnson, D. W., & Johnson, R. T.(2011). Cooperative Learning. In The Encyclopedia of peace psychology.

https://doi.org/https://doi.org/10.1002/9780470672532.wbepp066

Johnson, D. W., Johnson, R. T., Holubec, E. J., & Roy, P.(1984). Circles of learning: Cooperation in the classroom Alexandria, VA: Association for Supervision and Curriculum Development.

Joyce, B. R., Weil, M., & Calhoun, E.(2014). Models of teaching, Seventh edition. Needham Heights, MA: Allyn and Bacon.

Karplus, R. et al.(1979). Science teaching and the development of reasoning. Berkeley, CA: University of California.

Karplus, R.(1979). Teaching for the development of reasoning. In A. Lawson (Ed.), 1980 AETS Yearbook: the psychology of teaching for thinking and creativity. ERIC/SMEAC: Columbus.

Kauchak, D. P., & Eggen, P. D.(1980). Exploring science in the elementary schools. Rand McNally College Publishing Company.

Kelly, G. J. & Takao, A.(2002). Epistemic levels in argument: an analysis of university oceanography students' use of evidence in writing. Science Education, 86, 314–342.

Keys, C. W., Hand, B., Prain, V., & Collins, S.(1999). Using the Science Writing Huerisitic as a tool for learning from laboratory investigations in secondary science. Journal of Research in Science Teaching, 36(10), 1065–1084.

Kovarik M. L., Clapis J. R., & Romano-Pringle K. A.(2020). Review of student-built spectroscopy instrumentation projects, Journal of Chemical Education, 97(8), 2185–2195.

http://sciencepark.kr/main/index.php

Kozma, R.(2003). The material features of multiple representations and their cognitive and social affordances for science understanding. Learning and Instruction, 13, 205–226.

Kuhn, D.(1993). Science as argument: Implications for teaching and learning scientific thinking. Science Education, 77, 319–337.

Lawson, A. E.(2002). Science teaching and the development of thinking. Belmont: Wadsworth/Thomson Learning.

Lawson, A. E., Abraham, M., & Renner, J.(1989). A theory of instruction: Using the Learning Cycle to teach science concepts and thinking skills(NARST Monograph

Number One), University of Cincinnati, Cincinnati, OH: National Association for Research in Science Teaching.

Lawson, A.(2001), Using the learning cycle to teach biology concepts and reasoning patterns. Journal of Biological Education, 35(4), 165–169.

Lazarowitz, R., Hertz–Lazarowitz, R., & Baird, J. H.(1994), Learning science in a cooperative setting: Academic achievement and affective outcomes, Journal of Research in Science Teaching, 31(10), 1121–1131.

Lemke, J. L.(1990), Talking science: language, learning, and values. Norwood, NJ: Ablex.

Lin, H., Shiau, B., & Lawrenz, F.(1996), The effectiveness of teaching science with pictorial analogies, Research in Science Education, 26(4), 495–511.

Linn, M. C., & Slotta, J. D.(2000), WISE science. Educational Leadership, 58(2), 29–32.

Lock, R.(1988), A History of Practical Work in School Science and its Assessment, 1860–1986, School science review, 70(250), 115–119.

Miller, T. L.(1993), Demonstration–Exploration–Discussion: Teaching chemistry with discovery and creativity. Journal of Chemical Education, 70(3), 187–189.

Newton, P., Driver, R., & Osborne, J.(1999), The place of argumentation in the pedagogy of school science. International Journal of Science Education, 21(5), 553–576.

Norris, S. P., and Phillips, L. M.(2003), How literacy in its fundamental sense is central to scientific literacy. Science Education, 87, 224–240.

Novak, J. D., & Gowin, D. B.(1984). Learning How to Learn, Cambridge, UK: Cambridge Unversity Press.

Novak, J. D..(1977), A Theory of Education. Ithaca: Cornell University Press.

Osborne, J.(2014), Teaching scientific practices: meeting the challenges of change. Journal of Science Teacher Education, 25, 177-196.

Osborne, R. & Wittrock, M.(1985), The generative learning model and Its implications for science education. Studies in Science Education, 12, 59–87.

Osborne, R. J., & Wittrock, M.C.(1983), Learning science: A generative process, Science Education, 67 (4) 489–508.

Oxford, R. L., & Burry–Stock, J. A.(1995), Assessing the use of language learning strategies worldwide with the ESL/EFL version of the Strategy Inventory for Language Learning (SILL), System, 23(1), 1–23.

Petrovich Jr, M., Fornaro, C., Barany, A., & Foster, A.(2020, April), Game Design

Features for Facilitating Identity Exploration: An Exploration of Minecraft EE Chemistry Lab. In Society for Information Technology & Teacher Education International Conference(pp. 1822–1830). Association for the Advancement of Computing in Education(AACE).

Piaget. J., & Inhelder. B.(1970). The psychology of the child. New York: Basic Books.

Posner. G. J., Strike. K. A., Hewon. P. W., & Gertzog. W. A.(1982). Accommodation of a scientific conception: Toward a theory of conceptual change. Science Education. 66(2). 211–227.

Posner. G. J., Strike. K. A., Hewson. P. W., & Gertzog. W. A.(1982). Accommodation of a scientific conception: Toward a theory of conceptual change. Science Education. 66. 211–227.

Prain. V. & Hand. B.(1996). Writing for learning in secondary science: Rethinking practices. Teaching and Teacher Education. 12(6). 609–626.

Rasheed. R. A., Kamsin. A., & Abdullah. N. A.(2020). Challenges in the online component of blended learning: A systematic review. Computers & Education. 144. 103701. https://doi.org/https://doi.org/10.1016/j.compedu.2019.103701.

Riffert. F., Hagenauer. G Kriegseisen. J., & Strahl. A.(2020). On the impact of learning cycle teaching on Austrian high school students' emotions. academic self–Concept. engagement. and achievement. Research in Science Education.

Rivard. L. P.(1994). A review of writing to learn in science: Implication for practice and research. Journal of Research in Science Teaching. 31. 969–983.

Rogers. K.(2021). Scientific hyphothesis.
https://www.britannica.com/science/scientific–hypothesis

Rubba. P. A., McGuyer. M., & Wahlund. T. M.(1991). The effects of infusing STS vignettes into the genetics unit of biology on learner outcomes in STS and genetics: A report of two investigations. Journal of Research in Science Teaching. 28(6). 537–552.

Rudd. J. A. Greenbowe. T. J., Hand. B. M., and Legg. M. J.(2001). Using the Science Writing Heuristic (SWH) to move toward an inquiry–based laboratory curriculum: An example from physical equilibrium. Journal of Chemical Education. 78(12). 1680–1686.

Rumelhart. D. E., & Norman. D. A.(1981). Analogical processes in learning. In J. R. Anderson (Ed.). Cognitive skills and their acquisition. Hillsdale. NJ: Erlbaum.

Sandoval. W. A., & Millwood. K. A.(2005). The quality of students' use of evidence in written scientific explanation. Cognition and Instruction, 23(1), 23–55.

Scardamalia, M., & Bereiter, C.(2010). A brief history of knowledge building. Canadian Journal of Learning and Technology/La revue canadienne de l'apprentissage et de la technologie, 36(1).

Schneider, W.(2008). The development of metacognitive knowledge in children and adolescents: Major trends and implications for education. Mind, Brain, and Education, 2(3), 114–121.

Schollum, B. and Osborne, R.(1985). "Relating the new to the familiar". In Learning in science. Edited by: Osborne, R. Heinemann.

Schwab, J., & Brandwein, P. F.(1962). The teaching of science: The teaching of science as enquiry. Cambridge, MA: Harvard University Press.

Sharan, S. & Sharan, Y.(1976). Small group teaching. Englewood Cliffs, NJ: Educational Technology Publications.

Sharan, S., Hertz-Lazarowitz, R., & Ackerman, Z.(1980). Achievement of elementary school children in small group versus whole-class instruction. Journal of Experimental Education, 48, 125–129.

Simpson, R. D. & Anderson, N. D.(1981). Science, students, and schools: A guide for the middle and secondary school teacher. NY: Macmillan Publishing Company.

Slavin, R. E.(1990). Research on cooperative learning: Consensus and controversy. Educational leadership, 47(4), 52–54.

Solomon, J.(1993). Teaching Science, Technology and Society. Developing Science and Technology Series, Taylor and Francis, 1900 Frost Road, Suite 101, Bristol, PA 19007.

Spears, J., Zollman, D.(1977). The influence of structured versus unstructured laboratory on students' understanding the process of science. Journal of research in science teaching, 14(1), 33–38.

Sternberg, R.(1982). A componential approach to intellectual development. In Sternberg, R.J. (ed.), Advances in the psychology of human intelligence (vol. 1, pp. 413-463). Hillsdale, NJ: Erlbaum.

Tao, P.-K.(2003). Eliciting and developing junior secondary students' understanding of the nature of science through a peer collaboration instruction in science stories. International Journal of Science Education, 25(2), 147-171. https://doi.org/10.1080/09500690210126748

Treagust, D. F.(1993). The evolution of approach for using analogies in teaching and learning science. Research in Science Education, 23, 293-301.

Trowbridge, L.W., & Bybee, R.W.(1986). Becoming a secondary school science teacher, 4th ed, Merrill publishing Company, Columbus, Ohio.

Ulusoy, F. & Onen, A.(2014). A research on the generative learning model supported by context-based learning. Eurasia Journal of Mathematics, Science & Technology Education, 10(6), 537-546.

Uskov, V. L., Howlett, R. J., Jain, L. C., & Vlacic, L.(Eds.). (2018). Smart Education and E-learning 2017(Vol. 99). Springer.

Vygotsky, L.(1962). Thought and Language. Cambridge, MA: MIT Press.

Wheatley, G. H.(1991). Constructivist Perspectives on Science and Mathematics Learning. Science Education, 75(1), 9-21.

White, R. T., & Gunstone, R. F.(1992). Probing Understanding. Great Britain: Falmer Press.

Whitehead, A. N.(1917). The organization of thought, London: William & Norgate.

Wong, E. D.(1993). Self-generated analogies as a tool for constructing and evaluating explanations of scientific phenomena, Journal of Research in Science Teaching, 30(4), 367-380.

Woolnough, B., Allsop, T.(1985). Practical Work in Science. Cambridge: Cambridge University Press.

Yager, R. E., & Roy, R.(1993). STS: Most pervasive and most radical of reform approaches to science education. The science, technology, society movement, 7.

Yager, R. E., & Tamir, P.(1992). An STS approach to human biology instruction affects achievement & attitudes of elementary science majors. The American Biology Teacher, 54(6), 349-355.

Zeitoun, H. H.(1984). Teaching scientific analogies: A proposed model. Research in Science and Technological Education, 2(2), 107-25.

Zimmerman, B. J., & Pons, M. M.(1986). Development of a structured interview for assessing student use of self-regulated learning strategies American Educational Research Journal, 23(4), 614-628.

키워드

GI 모형, Jigsaw 모형, LT 모형, MBL 실험 설계, MBL 실험, MBL의 단점, MBL의 장점, POE 모형, Small Scale Chemistry, SSC 실험, STAD 모형, STEAM, STS, 가상 학습 강화 모델, 가설검증모형, 개념변화모형, 개방적 발문, 개방적 탐구, 과학 글쓰기, 과학 수업모형, 과학 탐구 실험, 귀납적 실험, 논의 기반 과학 탐구, 논의, 모형, 문제 인식, 발견학습 모형, 발생학습 모형, 블렌디드 러닝, 사회적 기술, 선행 지식, 순환 모델, 순환학습 모형, 시범 실험, 시범 실험의 단점, 시범 실험의 장점, 시범 실험의 활용, 실험 중심 수업, 실험의 개방도, 안전, 알라카르텔 모델, 인지갈등, 인터페이스, 탐구 기반, 탐구 활동, 탐색 실험, 토론, 플렉스 모델, 학습 동기, 협동학습, 확인 실험.

5장

화학 학습 평가와 실례

1. 학습과 평가
2. 화학 교육 목표와 평가틀
3. 과정중심 평가

1 학습과 평가

평가는 학교 교육에서 중요한 교육 활동 중 하나이다. 평가는 교육과정을 이끈다고 해도 무리가 아닐 만큼, 교육과정에서 제시된 교육과정 요소에 가장 큰 영향을 미친다. 그러나 원칙적으로 볼 때 평가는 교육과정을 유도하는 것이 아니라, 교육과정을 뒷받침하는 요소가 되어야 한다. 평가는 여러 가지 목적으로 이용되며, 그 목적에 따라 평가 방법도 달라진다. 따라서 평가에서는 의도하는 결과를 가장 적절하고 효과적인 방법으로 평가할 수 있는 방법을 선정하는 것이 중요하다. 이를 위해서는 평가의 본질을 파악하는 것이 선행되어야 한다. 여기에서는 일반적인 교육 평가의 본질과 평가의 목적 및 기능, 다양한 형태의 평가 방법 등에 대해 알아보고자 한다.

1.1 평가의 본질

교육 평가(educational evaluation)라는 용어는 1930년 Tyler가 처음 사용했으며, 교육 평가란 목적의 달성 여부를 판단하는 행위라고 규명한 이후 매우 다양한 방법과 다른 시각에서 조명되어 왔다.

초기의 평가는 주로 비교에 관심을 두었는데, 이것은 검사를 실시해서 학생이나 집단의 규준을 산출하고, 이 규준에 비추어 학생을 비교하는 방법이다. 그다음 Tyler(1949)의 평가 개념이 도입되었는데, Tyler에 의하면 평가란 본질적으로 교육 목표가 교육과정이나 수업 프로그램에 의해서 실제로 어느 정도나 성취되었는가를 결정하는 과정이다. 이것은 개인이나 집단의 규준을 통한 비교보다는 목표라는 절대 기준을 설정해서 목표에 준해서 평가를 실시해야 한다는 것이다. Tyler 이후 평가의 개념은 더욱 확대되어, 단지 목표 달성도 판단에 머무르지 않고 교육과정 개선 영역으로 확대되었다. 이러한 평가 개념은 Cronbach(1960)가 제시했는데, 평가란 교육 프로그램에 대한 의사결정을 내리기 위해서 정보를 수집하고 이용하는 과정으로 정의한다.

이러한 교육 평가가 갖는 기능은 교수 과정과 학습 과정에 최대한으로 도움을 주고, 그렇게 함으로써 학생의 학습 교과를 극대화하는 역할을 갖도록 하려는 것이다. 이러한 의미에서 보면 교육 평가는 교육 프로그램에 관한 의사결정을 하기 위해서 학습자의 행동 변화 및 학습 과정에 관한 정보를 수집하고 이용해서 교육적 의사결정을 내리는 데 도움을 주거나 혹은 의사결정을 하는 과정 그 자체라고 볼 수 있다

(황정규, 1998).

또한 평가는 의도된 학습 목표를 분명히 해주고 학습 과정과 관련된 피드백 효과를 얻을 수 있으며, 특히 학생들이 습득하기 어려운 학습 목표가 무엇인지 또 그다음에는 무엇을 가르쳐야 될 것인지에 대한 정보를 얻을 수 있는 수단이다. 따라서 평가가 올바르게 운영된다면 교사와 학생 그리고 학교 경영자 모두에게 이로운 것이다(Gronlund, 1985).

이와 같은 평가의 정의와 기능에서 알 수 있듯이 평가는 교육과정이나 프로그램에서 의도하는 교육 목표가 어느 정도 달성되었는가를 측정하는 과정이다. 또한 평가 결과를 분석하고 학습자가 의도한 교육 목표를 달성하는 데 문제나 어려움을 파악해서 그러한 문제를 해결할 수 있도록 도와주고, 교수 · 학습 방법이나 교수 · 학습 과정에 대한 교사 스스로의 평가를 통해서 보다 효율적인 교수 · 학습 전략을 세울 수 있도록 하는 데 그 목적이 있다. 또한 실제 학습 현장에서는 학습자의 학업 성취도를 평가하여 교육과정의 교육 목표 및 교과 단원의 학습 목표가 어느 정도 달성되었는지 판단할 수 있도록 평가가 이루어져야 한다. 따라서 평가를 하기 위해서는 우선 평가의 목적이 무엇인지를 분명히 하고, 이에 적절한 평가 방법은 무엇이고, 어떠한 평가 체계를 사용할 것인지, 얻어진 정보를 어떻게 사용할 것인지가 결정되어야 한다. 이러한 평가의 본질로부터 볼 때 교육과정상에서 평가가 차지하는 의미는 매우 크다.

1.2 평가의 역할

평가는 영어의 evaluation 혹은 'assessment'를 지칭한다. 여기에서 assessment라는 단어는 라틴어의 'assidere'에서 유래되었다. 이것은 'sit beside'라는 뜻으로, 우리말로 번역하면 '옆에 앉아 있는' 정도의 의미로 번역될 수 있을 것이다. 그러면 학생 옆에 앉아 있다는 것은 무엇을 의미하는가?

학생 옆에 앉아 있다는 것은 밀접한 관계와 경험의 나눔을 제안한다. 교육 평가란 아동의 학습의 본질과 정도를 묘사하는 모든 과정과 산물을 포함하는 폭넓은 용어이다. 즉 교수의 목적과 목표와의 일치 정도, 학습을 촉진하기 위해 설계된 교육 환경과의 관계 등을 다룬다. 그러나 앞의 평가의 정의에서 밝혔듯이, 평가의 전반적 목적은 기술에 그치는 것이 아니라 의사결정을 위한 정보를 제공하는 것이다. 이러한 평가가 갖는 기능과 역할은 학교를 구성하는 요소인 학생과 교사, 사회의 측면에서 살펴볼 수 있다.

(1) 교수에 미치는 영향

평가는 교수 활동에 없어서는 안 되는 활동이다. 평가가 없다면 교수 방법의 효과를 판단할 수 없다. 학생들의 학습 결과에 대한 지식은 교사에게 자신의 교수 방법의 문제점을 발견하고 이를 개선할 수 있는 정보를 제공한다. 그러나 평가가 의미 있는 활동이 되기 위해서는 교사가 분명한 교수 목적과 목표를 가지고 있어야 하고, 평가를 하기 전에 미리 학생들의 목표 성취 여부를 확인할 수 있는 준거가 준비되어야만 평가는 시간 낭비가 아닌 효과적인 교수 계획의 통합적인 부분이 된다. 평가가 교수 활동에 미치는 영향은 교수 목표 설정과 교수 방법 진단의 측면에서 살펴보겠다.

전제된 교수 목표가 학생들에 의해 성취되지 않았을 때 교사는 딜레마에 부딪힌다. 즉 '이 교수 목표가 좀 더 효과적인 교수 방법에 의해 얻어질 수 있는 것인가?' 아니면 '이 교수 목표가 학생들에게 비현실적인가?'의 문제에 부딪히게 된다. 이것은 해결하기 어려운 문제이지만, 교수 활동도 다른 인간 행동과 마찬가지로 이상적인 목표 설정에 의해 동기화되고, 또한 교사들은 끊임없이 학생들이 이상적인 목표 설정에 의해 동기화된다. 또한 교사들은 끊임없이 학생들이 이상적인 목표의 수준에 도달하도록 유도하므로 평가는 교사로 하여금 학생에게 적당한 능력과 태도에 균형을 맞춘 목표를 정하고, 이를 가르치기 위한 도구로서의 기준을 제공한다.

교수 방법에 대한 진단 측면에서 볼 때 교사는 학생의 반응, 즉 학생의 목표 성취 정도에 비추어서 자신의 교수 방법을 끊임없이 고려해야 한다. 평가의 결과가 교육 환경의 개선에 이용되지 않는다면 평가 행위 자체가 무의미하다.

(2) 학생에 미치는 영향

학습의 주체는 학생이므로 학생에게 미치는 평가의 영향은 훨씬 더 많은 의미를 갖는다. 평가가 학생에게 미치는 영향은 목표의 결정, 형성 피드백, 총괄 피드백 등으로 구분된다.

목표의 설정은 학습자의 노력이 유지되도록 해준다. 학습자가 자신의 평가 결과를 가지고 스스로 목표를 설정하고 목표 달성 여부를 판단해서 자신이 학습의 궤도에서 어떤 위치에 있는지를 생각하도록 한다면 바람직한 평가가 될 것이다.

형성 피드백의 측면에서 볼 때, 평가는 '학습자의 현 위치가 어디인가?', '학습자가 옳은 궤도에 있는가?' 등의 문제를 파악하게 하는 데 절대적이다. 이를 통해 학생은 자신감을 갖게 되고, 이는 동기를 확장하고, 학습 방법의 문제점을 재고하게 해주고, 올바른 학습 전략의 설정을 도와준다. 이러한 형성 피드백은 외적으로는 교사에 의해 조절되고, 내적으로는 학습자 자신이 학습을 유도하도록 해준다.

총괄 피드백은 학습의 중간 단계에서 실시되는 것이 아니라 학습의 최종 단계에서 얻어지는 결과물로 생각할 수 있다. 이러한 평가는 경쟁적이며, 학생들 사이의 비교에 이용되고, 평가 결과는 학습자의 자기 평가에 강력한 영향을 미친다.

(3) 사회에 미치는 영향

사회적 측면에서 평가의 기능은 사회 통제의 도구로써 기존 사회 질서의 지속을 위해 필요하다. 다시 말해 평가는 사회에서 요구하는 인원, 즉 진학이나 입사 등에서 필요한 인원을 선발하는 데 기회균등을 위한 가장 공정한 기준을 제공한다. 또한 어떠한 체제를 후원하는 사람들에 대한 책임감, 교수와 학습의 기준의 유지 등에 영향을 미친다.

그림 5.1은 평가가 교수 활동, 학습자, 사회에 미치는 영향을 도식화한 것이다.

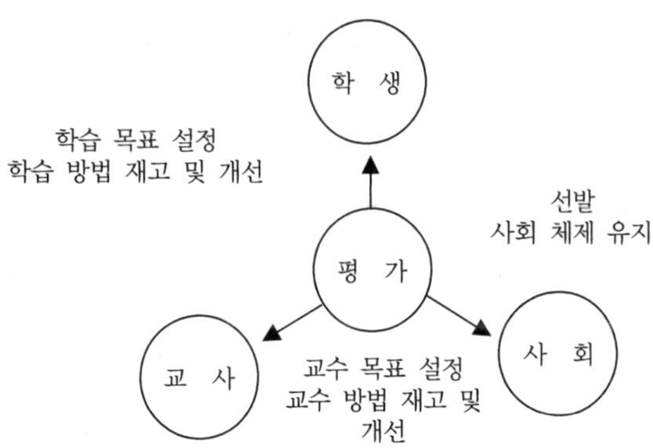

| 그림 5.1 | 평가의 역할

1.3 평가의 목적과 기능

평가의 목적에 대한 고찰은 학습에 대한 정의로부터 출발하는 것이 바람직하다. 학습에 대해 여러 학자가 다양하게 정의하고 있지만, 일반적인 학습의 정의는 학습을 능동적이고 적극적인 활동으로 보는 구성주의 학습의 관점을 취하는 것이 바람직하다고 본다. 학습이 능동적이고 적극적인 활동이라면, 교수(teaching)는 이러한 학습을 향상하기 위한 활동이라고 볼 수 있다. 그렇다면 과연 학습이 활동적으로 이루어졌는지, 교수 활동이 학습을 향상했는지 어떻게 판단할 수 있는가? 여기서부터 평가의 목적을 생각하는 것이 바람직하다.

평가는 학습이 어떻게 이루어지고 있는지를 판단하고 학생 개개인에게 자신의 학습의 문제점을 파악해서 이를 향상할 수 있는 기회를 제공하며, 교사에게는 학생 개개인에 대한 정보와 더불어 교사 자신의 교수 방법에 대한 재고를 제공한다.

평가 목적에 따라 평가의 시기와 도구 등이 달라지므로 평가를 하기에 앞서 학습의 목표가 무엇인지를 분명히 하고, 이에 따라 학습 목표를 가장 객관적이고 정확하게 평가할 수 있는 방법을 고려해야 한다. 평가는 다양한 목적으로 이용될 수 있다. 이러한 다양한 목적에 따라 진단(diagnostic), 형성(formative), 총괄(summative) 평가로 구분된다.

(1) 진단 평가

진단 평가(diagnostic assessment)는 특정 학습 주제를 시작하기 전에 실시하는 것으로, 교사와 학생들이 이전 학습 목표에서 부딪혔던 특별한 어려운 점들을 확인하고, 학생들이 현재 가지고 있는 지식수준과 이해해야 할 학습 주제와의 차이를 확인하기 위해서 이용한다. 평가의 형태는 학생들이 새로운 학습 주제를 시작하기 이전에 요구되는 지식과 기능에 대한 점검표의 형태로 주어질 수도 있다. 진단 평가는 학생에 따라 어떤 학생에게는 새로운 주제로 이동할 준비가 되어 있다는 것을 보여주고, 다른 학생들에게는 그들이 아직 습득하지 못한 지식이나 기술을 빨리 재고시켜 주기 위한 것이 되어야 한다.

또한 학습의 연계성의 측면에서 볼 때, 즉 선수 학습과 후속 학습의 연계성의 측면에서 진단 평가에서는 후속 학습을 위해 필요한 사전 필수 요소를 평가한다. 이러한 진단 평가는 학생 개개인에 따라 다른 결과가 주어지므로 그 처방도 달라야 한다. 그러므로 학생에 따라 다른 방식으로 이전 학습 주제를 재고해야 한다. 이러한 점들을 무시하면 학생들이 학습에 흥미를 잃고 좌절하게 되며, 결과적으로 학습의 동기를 잃게 된다. 이를 통해서 볼 때 평가는 끊임없이 학습의 과정 속에서 이루어져야 하며, 학습의 결과만을 측정하는 것이 되어서는 안된다.

(2) 형성 평가

형성 평가(formative assessment)는 교수가 행해지는 중간에 이루어지는 것으로, 형성 평가의 결과는 교수 · 학습 과정에 피드백을 제공한다. 이를 통해서 교사는 학생에 대한 정보를 얻고, 자신의 교수 방법에 대한 문제점을 파악해서 개선하는 데 이용할 수 있다. 학생은 자신의 평가 결과를 통해 학습에서의 문제점을 인식하고, 부족한 부분을 보충할 수 있는 기회를 갖는다. 이는 또한 동기 유발의 측면에서 매우 중요하다. 형성 평가의 방법으로 이전 수업 주제의 기준으로 볼 때 다음 수업의 시작 부분에서 이루어지는 질문 및 대답의 과정을 들 수 있는데, 이러한 방법은 이전 수업에 대한 형성 평가 및 피드백을 제공하는 방법이 될 수 있다. 혹은 수업의 끝 부분에서 이루어지는 짧은 필기 시험이나 실제 문제 해결 연습은 본 차시 수업에 대한 좋은 피드백을 제공한다. 효과적인 형성 평가의 열쇠는 피드백이 주어지는 시기에 있다. 즉 피드백이 평가가 이루어진 직후에 즉각적으로 주어져야 하고, 학생들이 어떠한 수정 조치에 대한 필요성을 분명하게 인식해야 한다.

(3) 총괄 평가

총괄 평가(summative assessment)는 교수·학습 과정에서 진단 평가나 형성 평가와는 다른 기능을 갖는다. 총괄 평가는 주로 학습 결과와 교수의 효과를 판단하는 데 이용된다. 총괄 평가와 형성 평가의 가장 큰 차이점은 총괄 평가는 교수·학습 활동을 향상하기 위한 피드백을 제공하지 않는다는 것이다. 총괄 평가에서는 무엇을 배우고 이해했는지, 습득한 기능의 수준은 어떠한지, 지식을 응용하는 능력은 어느 정도인지를 측정해서 학생의 교육 활동에 대한 판단을 한다.

1.4 평가의 형태

평가는 형태가 무엇이든지 관계없이 학생을 위한 것이어야 한다. 즉 학습자에게 있어서 '현재 자신의 위치는 어디인가?, 지금까지 무엇을 배웠는가?, 다음 단계에서는 어디로 갈 것인가?, 왜 이것을 하고 있는가?' 등에 대한 답을 제공할 수 있어야 한다.

다음은 평가를 하는 주체에 따른 평가의 3가지 형태이다.

(1) 자기 평가

일반적으로 평가라 하면 교사에 의한 평가나 외부 평가를 말한다. 그러나 학습의 효과 측면에서 볼 때 평가의 과정에 학생이 적극적으로 참여할 수 있는 기회가 제공되어야 한다.

자기 평가(self - assessment)는 학생들에게 학습 과제의 목표를 분명하게 제공하는 평가의 강력한 형태이다. 어린 학생들은 자신들이 할 수 있는 것과 할 수 없는 것, 이해하는 것과 이해할 수 없는 것을 분명히 인식한다. 그러므로 자기 평가를 함으로써 교사는 학생들에게 자신의 학습에 대한 주체성을 제공할 수 있고, 동기를 유발하며, 학습 수준을 향상시킬 수 있다. 자기 평가는 학습자를 수동적인 평가의 대상이 아닌 능동적인 평가의 주체로서 평가의 과정에 포함해서 학습자를 능동적인 학습 주체로 만들 수 있는 좋은 방법이다. 자기 평가를 위한 방법으로 학생들이 수업의 마지막에 기입하는 점검표는 즉각적인 피드백을 주고, 교사들의 평가 부담을 줄일 수 있다. 또한 이를 통해 교사는 그들이 선택한 교수 전략의 효과를 재고할 수 있다.

자기 평가를 하기 위해서는 교사는 자기 평가 점검표를 작성해야 한다. 이 점검표에는 각 기능의 주요 부분에 대한 언급이 있어야 하며, 점검표의 형태는 개방적인 것과 구조화된 것으로 구성될 수 있다. 개방적인 점검표의 예는 다음과 같으며, 학습 목표와 관련지어 학습자 자신이 판단할 수 있는 내용으로 구성되어야 한다. 이와 같은 질문을 통해서 학생들이 자신의 학습 결과를 되돌아볼 수 있는 기회를 제공할 수 있다.

- 이 단원에서 무엇을 배웠는가?
- 어떤 기능이 발달되었다고 생각하는가?
- 어떤 기능을 더 공부할 필요가 있다고 생각하는가?
- 실험 안전 요소를 고려하면 실험에 참여했는가?

(2) 동료 평가

동료 평가(peer assessment)란 친구나 학습 동료에 의한 평가를 말한다. 동료 평가는 평가자와 평가되는 학생 모두에게 동등한 가치를 두어야 한다. 평가자에게는 비슷한 연령과 이해 수준에 있는 동료 학생의 학습을 비판적으로 분석함으로써 자기 자신의 지식과 기능에 대해 재고할 수 있는 기회를 제공한다. 동료 평가에서의 이상적인 평가는 상호적이어야 한다.

동료 평가의 한 형태로 'paired assessment'가 있다. 학생들은 종종 짝을 지어 학습 활동을 하는데, 이것은 동료 평가를 위한 이상적인 형태이다. 다른 형태로는 점검표를 이용하는 방법이 있다. 예를 들어 점검표에는 '너의 파트너의 그래프에 다음과 같은 것들이 포함되어 있는가?(정확한 제목, 축의 이름, 정확한 단위 등)'과 같은 질문이 포함된다.

(3) 교사 평가

교사 평가(teacher assessment)는 평가받는 대상에 따라 집단에 대한 평가와 개인에 대한 평가로 구분된다. 이를 위한 평가 방법으로 인터뷰와 관찰을 이용할 수 있다. 이 중 인터뷰는 인지 기능을 평가하기 위해 고안한 질문으로 구성되며, 관찰은 수공적인 기능 등을 평가하기 위한 방법으로 이용할 수 있다. 그런데 교사 평가가 수업 중에 이뤄진다면 많은 학생을 동시에 평가할 수 있도록 직관적으로 판단하에 가능하며 채점 요소를 최소화할 필요가 있다.

교사 평가를 통해서 교사는 계속적으로 학생들의 발전 상황을 점검해서 학생의 성취 결과의 발전 여부를 점검할 수 있다. 이를 통해 추후 인터뷰나 지필 평가 결과와 병행하여 학생들이 개선할 점을 제안하는 자료로 이용될 수 있다.

1.5 평가의 방법

평가의 형식도 중요하지만 평가 결과를 어떻게 해석하는지에 따라 평가의 활용도는 달라진다. 평가 결과를 해석하는 관점에 따라 규준 참조 평가(norm - referenced assessment)와 준거 참조 평가(criterion - referenced assessment)로 구분할 수 있다.

(1) 규준 참조 평가

규준 참조 평가는 어떤 집단 내에서의 개인의 상대적인 위치와 관련지어 학생의 수행 결과를 해석하기 위해 측정하고 해석하는 평가 형태이다. 이러한 평가의 결과는 평가가 행해지는 집단, 학교, 지역에 따라 다르게 해석된다. 많은 학교에서 학생들의 수행 결과를 기록할 때 등급(숫자나 문자)을 사용하거나 종종 라벨, 간단한 주석 등이 수반된다. 예를 들면 A는 매우 잘함, C는 보통이라고 할 때, 규준은 집단이 되고 평가는 이와 관련지어 이루어진다. 점수로 표시될 경우, 원 점수를 표준 점수로 환산하여 규준을 구성하는 다른 학생들에 의해 획득된 점수와 관련지어서 해석된다. 이러한 규준 참조 평가에서는 집단을 구성하는 다른 학생들과의 비교를 통해서만 점수나 등급이 의미를 갖는다. 그러므로 규준 참조 평가의 기본 목적은 개인 사이의 구분에 있다. 이를 요약하면 다음과 같다.

- 개개인 사이의 비교와 구분의 목적을 위해 수행된다.
- 이러한 구분을 극대화하기 위해 점수 사이의 높은 다양성을 두어야 한다.

- 다른 개인(규준 집단)의 점수와 관련지어서 점수를 해석한다.
- 정해진 정원만을 결정해야 하는 경우에 필수적이다.

(2) 준거 참조 평가

준거 참조 평가는 평가의 개념이 전통적인 비교의 개념에서 능력 측정의 개념으로 옮겨가면서 규준 관련 평가의 한계에 대응하여 개발되어 왔다. 집단 내에서의 상대적인 학생의 위치만을 기술하는 점수는 학생이 실제로 어느 정도 성취를 이루었는지에 대한 정보성이 없다. 교사는 단지 학생이 최고, 중간, 최하 정도의 성취만 얻었다는 것을 말해 줄 수 있다. 즉 학생들이 주어진 목표에 어느 정도 도달했는지에 대한 정보를 줄 수 없다. 반면에 준거 참조 평가는 집단 내에서의 학생의 상대적인 위치보다는 목표 달성 여부에 대한 정보를 제공한다. 준거 참조 평가에서는 수행의 준거가 설정되고 목표가 위계적으로 조절되어야만 운영할 수 있다. 또한 이 평가는 학생들에 대한 규준 관련 진술을 만들기 위해 쉽게 이용될 수 있다. 규준/준거 참조 평가는 서로 구분되고, 배타적이기보다는 서로 강조하는 바가 다르고, 목적이 다른 것으로 보아야 한다. 준거 참조 평가는 학생들의 목표 성취에 대한 동기를 확장하고, 교육의 표준을 향상시키는 데 중요한 역할을 한다. 준거 참조 평가의 결과는 형성적 목적으로도 이용될 수 있다.

1.6 평가의 계획

(1) 평가 계획의 일반 원칙

평가는 학생 학습과 발달의 본질과 정도를 결정하기 위한 통합적 과정이다. 그러므로 이 과정은 다음의 원칙이 충분히 고려될 때 가장 효과적일 것이다(Linn & Gronlund, 1995).

- 무엇을 평가할 것인지가 평가 과정에서 가장 먼저 분명히 제시되어야 한다. 평가의 효과는 무엇을 평가할 것인가에 대한 주의 깊은 기술에 의존한다. 또한 이용될 평가 과정의 기술적 질에도 의존한다. 무엇을 측정할 것인가에 대한 상세한 기술에 따라 평가 과정의 선정이나 개발이 따른다. 이것은 이용할 평가 과정을 선정하기 전에 의도하는 학습 목표를 분명히 서술하는 것을 의미한다.
- 평가 과정은 측정될 수행 결과나 평가할 내용과의 적절성과 관련지어 선정되어야

한다. 평가 과정은 빈번히 그들의 목표, 정확성, 편리성에 기초해서 선정된다. 이러한 준거가 중요하기는 하지만 첫 번째로 중요한 준거는 아니다. 평가 과정에 따라 어떤 용도에는 적절하지만 다른 용도에는 부적절한 경우도 있다. 따라서 학생의 성취도를 평가하는 데 있어서 의도하는 학습 목표와 사용될 평가 과제의 형태가 어울리는지를 고려해야 한다.

- 설득력 있는 평가를 위해서는 다양한 평가 과정이 필요하다. 한가지 도구 혹은 평가 과정만을 가지고 학습의 막대한 영역과 학교 프로그램에서 강조되는 발달 결과를 평가할 수 없다. 선택형이나 단답형의 문항은 지식이나 이해, 적용 등의 능력을 측정하는 데는 유용하지만 논술이나 다른 필기 프로젝트는 생각을 조직하고 표현하는 능력의 평가에 유용하다. 이처럼 학생의 전체적인 성취를 평가하기 위해서는 각종 다양한 평가 과정이 필요하다.
- 평가 과정의 적절한 이용은 그들의 한계에 대한 인식이 필요하다. 어떠한 평가 과정을 이용할 것인지가 결정되면, 평가 결과의 정확한 해석을 위해 선정된 평가 과정의 한계에 대해서도 인식해야 한다.
- 평가는 목적을 위한 수단이지 목적 그 자체는 아니며, 학생의 학습을 향상하는 목적을 가지고 운영되어야 한다. 그래서 평가 문항을 개발할 때는 평가의 형태와 내용이 학생 학습의 질과 양을 향상할 수 있는지 생각해야 한다.
- 어떤 평가이든 학생들에게 긍정적 피드백과 부정적 피드백을 모두 제공한다. 이러한 피드백의 효과는 시기와 피드백의 질에 의존한다. 즉각적인 피드백이 평가가 행해진 후 몇 주나 며칠 후에 주는 피드백보다 더 효과적이다. 또한 정확하지 않고 구체적이지 않은 피드백은 부정적인 효과를 낳는다는 점을 명심해야 한다.

(2) 검사의 형태

일반적으로 검사는 객관식 문항으로 표현되기도 하는 선다형과 주관식 문항으로 표현되는 서답형으로 구분할 수 있다. 선다형 검사 문항은 고도로 구조화되고, 학생들이 간단한 단어나 몇 개 답 중에서 한 두 개를 고르도록 한다. 이 검사는 하나의 답을 가지고 있거나 미리 결정될 수 있는 최선의 답을 가지고 있기 때문에 객관식이라고 불린다. 반면 논술 문제나 학생들이 답을 조직해야 하는 서답형 문항은 하나의 올바른 혹은 최선의 답이 없고, 고려해야 할 응답의 범위가 다양하기 때문에 주관식이라 불린다. 그러므로 교수 목표에 따라 효율적인 검사 형태를 결정할 필요가 있다.

(3) 평가의 조건

평가의 결과는 다양한 목적으로 이용된다. 그러므로 이러한 평가의 결과는 평가되는 대상이나 평가하는 대상에게 영향을 미치게 된다. 어떤 경우에는 평가가 미치는 영향이 작을 수 있지만, 어떤 경우에는 큰 영향을 미치게 된다. 그러므로 평가 결과를 이용하는 사람은 이것을 신뢰할 수 있어야 한다. 이를 위해 평가는 타당도와 신뢰도를 고려할 필요가 있다.

1) 타당도

타당도(validity)란 측정하고자 하는 학습자의 능력을 얼마나 충실히 측정하느냐의 정도를 의미한다. 즉 평가가 측정하고자 하는 것을 측정하는가에 대한 것이다(황정규 외, 2011).

타당도는 평가로부터 만들어진 해석의 적당함과 적절성에 대한 것이다. 예를 들면 만일 평가가 학생의 성취도를 기술하기 위해 이용된 것이라면 측정할 성취 영역의 적절하고 대표성 있는 표본으로서 점수를 해석할 수 있어야 한다. 만일 결과가 어떤 미래 활동에서 학생의 성공 여부를 예상하기 위해서 이용될 것이라면, 장래 수행에 대한 성공적 판단을 할 수 있는 내용에 기초해야 한다. 타당도는 내용 타당도(content validity), 준거 관련 타당도(criterion - related validity), 공인 타당도(concurrent validity), 구인 타당도(construct validity)가 있다.

내용 타당도는 특정 영역의 내용의 적절성에 관한 것이다. 즉 평가 도구가 평가할 내용을 평가하고 있는가에 관한 것이다. 다시 말해 평가 문항이 평가하고자 하는 내용을 적절히 대표하고 있는지를 결정하는 것으로, 평가 문항이 얼마나 교육과정의 목표와 일치하는지, 교수·학습의 실제 내용과 일치하는지의 정도를 판단하는 것이다.

준거 관련 타당도에는 예언 타당도와 공인 타당도의 두 가지 종류가 있다. 예언 타당도(predictive validity)는 평가 결과가 학생의 미래 수행 정도를 예상하는 정도를 말한다. 다시 말해 검사가 얼마나 정확하게 앞으로의 수행 정도를 예상하는 지를 말한다. 예를 들면 대학 수학 능력 시험에서의 점수가 대학 입학 후의 학업 성취도를 얼마나 예언할 수 있는가의 문제이다. 공인 타당도는 어떤 평가 결과가 같은 기능에 대한 다른 평가에서도 같은 결과를 얻는가 혹은 어느 정도의 상관이 있는가에 대한 것이다. 두 번째 검사가 타당하지 않다면 단순히 두 검사의 상관의 정도만을 측정할 수 있다.

구인 타당도에서 구인(construct)이란 심리학에서 인간 행동의 본성에 대한 것을 설명하기 위해 고안된 것으로 검사 도구의 개발에 있어서 평가되는 구인은 평가가 개발되기에 앞서서 정의된다(Gipps, 1998). 이것은 검사가 타당하다고 생각되는 속성을 평가한다는 것을 확실히 하기 위해서이다. 예를 들면 읽기 능력에 대한 평가에서 평가를 시행하기 이전에 읽기 능력은 무엇을 말하는 것인지 정의해야 한다. 즉 읽기를 구성하는 요인, 소리 내어 읽기와 속으로 읽기에는 정확성과 유창함이 포함되고, 그 밖의 읽기에는 교재의 이해 등의 요인이 포함된다. 그러므로 평가가 이러한 요인을 평가하는 문항을 모두 포함하고 있을 때, 이 평가는 높은 구인 타당도를 갖는다고 한다. 만약 읽기 능력 검사에서 읽기를 구성하는 여러 가지 요인 중에서 간단한 문장의 이해 등과 같은 단지 하나의 측면만을 평가한다면 넓은 의미에서의 학생의 읽기 능력을 나타낸다고 할 수 없다. 구인 타당도는 앞의 두 가지 종류의 타당도와는 개념적으로 다른 종류이다. 내용 타당도가 교수 목표와 평가되는 것 사이의 일치 정도를 다루는 반면에, 준거 관련 타당도는 검사와 다른 준거 사이의 관계를 다룬다. 그러나 구인 타당도는 이론적으로 평가되는 학생들의 능력에 대한 책임을 갖는 구인을 확인하거나, 점수의 의미를 설정하는 것과 관련이 있다. 타당도를 논의하는 데 있어서 구인 타당도는 검사 결과의 해석을 지지하기 위해서뿐만 아니라 검사의 이용을 정당화하기 위해서 요구된다.

2) 신뢰도

신뢰도(reliability)는 측정하고자 하는 대상의 특성을 얼마나 정확하고 오차 없이 측정하고 있는지를 의미한다(황정규 외, 2011). 만일 동일한 평가 과정을 두 가지 다른 경우에 동일한 학생에게 실시할 경우, 비슷한 점수를 얻는다면 신뢰의 정도가 높다고 말할 수 있다. 만일 다른 교사가 동일한 평가 과제에 대한 학생의 수행 정도를 독립적으로 평가해서 비슷한 결과를 얻었다면, 이것도 역시 신뢰의 정도가 높다고 말할 수 있다. 전자는 학생의 수행에 대한 일관성에 관련된 것이고, 후자는 수행을 평가하는 데 있어서 일관성과 관련된 것이다. 측정의 신뢰도는 타당한 결과를 얻기 위해 요구되지만 타당성 없는 검사에서 높은 신뢰도를 갖더라도 평가로서 의미를 가질 수 없다.

2 화학 교육 목표와 평가틀

이 절에서는 화학 교육 목표 영역에 따라 지식 영역, 탐구 영역, 정의적 영역의 평가에 대해 알아본다.

2.1 지식 영역의 평가

학교에서 과학을 가르치는 목적은 시대에 따라 사회적인 요구나 과학의 본질에 대한 이해 등에 따라 변천되었다. 1950년대에 이르기까지 과학 교육에서 과학이란 주로 과학적 사실과 법칙 및 원리 등으로 대표되는 과학 지식을 의미하며, 이러한 과학 지식의 전달이 과학 교육의 주요 목표가 되었으므로 과학 학습의 평가도 주로 과학 지식의 성취도 평가에 한정되는 경향을 보였다.

1950년대에 들어서서 과학을 과정(processes)과 산물(product)로서 이해하게 되었으며, 과학의 과정을 거쳐서 생성된 변화하는 과학적 산물(= 지식)보다는 탐구로서의 과정이 강조되었다. 과학적 탐구 능력과 실험 능력의 신장 및 올바른 과학적 태도를 기르는 것이 과학 교육의 중요한 목표로 등장하게 되었으며, 이에 따라서 탐구 능력과 실험 능력 및 과학적 태도 등의 평가가 강조되었다. 그러나 과학 교육 현장에서는 많은 실제적인 어려움 때문에 탐구 능력과 실험 능력 및 과학적 태도 등의 평가보다는 과학 지식의 평가에 그치는 경우가 많았다.

근래에 들어와서는 과학을 과정과 산물로서 구분하는 것은 인위적이라는 비판과 함께 과학의 과정과 산물 사이의 상호작용 및 영향 등에 대한 새로운 이해가 깊어지고 있으며, 과학의 과정과 지식의 통합(intergration)을 통한 더 효과적인 과학 학습 방법이 모색되고 있다. 과학 학습의 평가에는 지식과 탐구 능력 및 과학적 태도 사이의 균형이 강조되고 있으나, 학교 현장에서는 많은 실제적인 어려움 때문에 여전히 과학 지식의 평가에 치중하는 경향이 강하다. 이와 같이 과학 학습 평가에서 과학 지식의 평가는 매우 중요한 위치를 차지해왔으며, 과학 교육에서 과학 지식의 중요성이 새롭게 인식되고 있으므로 앞으로도 더욱 그러할 것으로 생각된다. 과학 학습 평가에서 지식의 평가는 가장 오랜 역사를 가지고 있으며, 평가의 목적과 상황 및 평가 이론과 측정 기술의 발달에 따라서 많은 변화를 겪었다.

이 절에서는 과학 지식의 평가 틀과 평가 방법에 대한 일반적인 사항에 대하여 먼저 논의하고, 이를 바탕으로 적절한 과학 지식 평가를 위한 평가 도구의 선택 및 평가 문항 제작에 도움이 되도록 하고자 한다.

(1) Bloom의 교육 목표 평가틀

Bloom(1956)은 교육 목표를 인지적, 정의적, 심체적 기능의 3개 영역으로 구분했으며, 과학 지식의 학습은 이 중에서 인지적 영역에 해당된다. 인지적 영역의 평가는 학습의 결과로 인해서 변화된 관찰 가능한 행동을 대상으로 삼았는데, 이러한 행동은 학습한 다른 여러 내용에 걸쳐서 적용될 수 있는 일반화된 행동으로 가정된다. 여기에서 여러 내용이란 과학 교육과정에 제시된 여러 과학 분야의 선정된 내용을 말하며, 일반화된 행동은 요구되는 능력이나 작용에 따라서 단순한 것에서 복잡한 것으로 위계에 따라 분류 또는 체계화되며, 크게 나누어 '지식(knowledge)'과 '지적 능력 및 기능'으로 구분된다.

인지적 영역에 속하는 지식의 범주에는 특수 사상과 보편적 사상이 포함된다. 특수 사상은 따로 분리해서 기억할 수 있는 정보와 지식을 지칭하며, '과학적 용어'와 '과학적 특수 사실'로 구별할 수 있다. 표 5.1에 요약된 인지적 영역의 분류 체계는 그대로 또는 '지식', '이해', '적용'의 세 범주로 단순화되어 과학 교육 평가에 널리 이용되어 왔다.

보통 고등 정신 기능이라 불리는 인지적 영역의 '지적 능력과 기능'에서 '이해'는 '적용'의 기초가 되며, '종합'은 '적용', '분석' 등의 기반 위에서 가능하다는 주장 때

| 표 5.1 | 블룸 목표 분류 체계 중 인지적 영역의 범주와 특성

범주		특성(교육 목표의 예)
지식(knowledge)		• 학습된 정보를 기억해 내는 능력 (원소 기호 외우기)
지적 능력과 기능 (intellectual abilities and skills)	이해 (comprehension)	• 자료의 의미를 파악하는 능력 (기체의 PV관계 그래프 해석하기)
	적용 (application)	• 학습된 정보를 구체적인 상황에 이용하는 능력 (화학 반응식 완결하기)
	분석 (analysis)	• 구조를 파악하기 위해 자료를 그 요소로 나누는 능력 (사실과 추론을 구분하기)
	종합 (synthesis)	• 전체를 구성하기 위해 요소를 모으는 능력 (가설검증을 위한 실험 수행하기)
	평가 (evaluation)	• 준거를 세우고 적용해서 자료의 가치를 판단하는 능력 (데이터에 비추어 결론의 적절성 판단하기)

문에 '분류학'이라 명명된 것이다. 그러나 이와 같은 위계의 타당성에 대한 여러 연구 결과는 '지식'에서 '평가'에 이르는 조직적 위계의 설정에 어려움을 주고 있다. 따라서 일선 학교에서는 '적용', '분석', '종합' 및 '평가' 범주를 '적용' 의 범주로 통합해서 이용하기도 한다.

(2) Klopfer의 과학 교육 목표 분류 체계

Bloom의 교육 목표 분류학은 '과학'뿐 아니라 학교 교육의 전 교과를 위한 일반적인 교육 목표 분류 체계로 개발되었기 때문에 '과학 학습 평가틀'로 이용하는 데는 특이성이 결여되어 있다. 따라서 과학 교육을 위한 분류 체계가 요구되었으며, Klopfer의 과학 교육 목표 분류 체계가 이 필요성에 의해 개발되었다.

Klopfer의 과학 교육 목표 분류 체계는 Bloom 분류학의 이론에 기반을 두고 있기 때문에 교육 목표 분류 체계 개발의 필요성, 목적, 방법 및 일반 원칙 등은 Bloom 분류학과 견해를 같이 한다. 이러한 Klopfer의 목표 분류 체계는 과학에는 상당히 유리하나 다른 교과와의 관련성이 적기 때문에 실제 학교 현장에서는 Bloom 등의 일반적인 목표 분류 체계를 더 많이 이용하고 있다. 결국 Klopfer도 Bloom과 마찬가지로 지식의 행동 차원을 다음과 같이 범주화하고 있다.

1) 지식과 이해

학생들이 독서나 강의와 같은 간접적 경험이나 부차적인 자료로부터 거의 혼자서 과학에 관한 지식을 얻거나 이해하는 활동을 의미한다.

2) 특정 사실

특정 사실이란 학생이 학습을 수행하기 위해서 기억해야 할 특정 유형의 정보를 의미하며, 과학을 학습하거나 탐구 활동을 하는 데 있어서 출발점이 되는 기장 기초적이고 필수적인 지식이다. 여기에는 특정 사물, 인물, 자료, 현상, 사건, 장소, 시간, 속성, 특성 등과 같은 구체적인 정보가 포함된다. 예를 들어 '황산구리 수용액의 색은 파란색이다. 나트륨의 불꽃 반응 색은 노란색이다.' 등과 같은 구체적인 정보를 말한다.

3) 과학 용어

용어란 학생이 학습해야 할 교과의 특정 어휘인데(김호권 등, 1984), 과학 용어란 과학자들이 의사소통을 위해 서로 합의해서 정확하게 정의하고 사용하는 용어를 뜻한다. 예를 들어 '물질은 고체, 액체, 기체의 세 가지 상태로 존재한다.'라는 문장에서 '고체', '액체', '기체'와 같은 용어가 과학 용어이다.

4) 과학 개념

Klopfer(1971)는 과학에서 무엇이 개념을 구성하는가에 대한 일반적인 동의는 없지만, 과학 개념이라는 용어는 과학자들이 자연계를 조사하는 데 끊임없이 유용한 것으로 밝혀져 왔고, 과학자들이 정확한 정의에 동의하는 데 필요한 관찰된 현상이나 관계를 의미하는 추상적 개념이라 언급했다. '한 종류의 원자로 이루어진 물질을 원소라고 한다.'와 같은 것을 예로 들 수 있다.

5) 관습과 규약

어떤 실체나 관계를 나타내는 과학 교과에 채택되어 온 기호, 상징, 약어 그리고 관계 등을 학생들이 정확하게 사용하고 해석하는 활동을 말한다. 학생들이 과학적 체계를 이해하려면 이것들을 바르게 사용하고 해석할 수 있어야 한다. 물 분자(H_2O)는 수소 원자(H) 두 개와 산소 원자(O) 한 개로 구성됨을 알고, 화학식을 정확하게 사용하는 것을 예로 들 수 있다.

6) 경향과 순서

학생들이 자연 상태에서나 실험적 조작 조건하에서 발생하는 현상들을 올바른 순서대로 배열하는 것을 말한다. 즉 제시된 실험 과정을 올바른 순서대로 나열하는 과정이나 또는 금속의 이온화 경향성 순서를 아는 것이 이에 해당된다.

7) 분류 범주와 준거

어떤 분야에서 과학자들이 확립시켜 놓은 조직화된 구조들에 따라 학생들이 사물이나 현상들을 배열하고, 어떤 특정 범주에서 사물이나 현상들의 배치를 결정하는 특성이나 성질을 인지하는 것을 의미한다. 예를 들어 우리 주변에 존재하는 물질의 상태 구분하기, 순물질과 혼합물 분류하기, 알칼리 금속의 공통성을 알아보는 활동 등이 있다.

8) 과학적 기술과 절차

과학자들이 사용하는 다양한 기술과 절차 중에서 물질의 질량은 어떻게 측정하고,

불규칙한 모양의 고체 부피는 어떻게 측정할 수 있는지를 의미하는 것으로, 이는 과학자들이 적용한 일반적 과학적 기술과 절차를 의미한다. 예를 들어 혼합물의 분리 방법을 설계한다거나, 미지의 용액을 밝히려는 실험을 설계해 보는 과정 등이 있다.

9) 과학의 원리와 법칙

수많은 현상을 관찰한 기초 위에서 과학자들이 유추하고 확립해서 일반화한 특정 과학 원리와 법칙을 학생들이 습득하거나 회상하는 것을 의미한다. 아르키메데스의 원리는 뜨는 물체와 관련된 많은 관찰을 일반화한 것이며, 기체 반응의 법칙은 기체들의 반응에 대한 수많은 관찰을 일반화한 것이다.

10) 이론과 주요 개념 체계

이것은 원자 궤도 모형 등과 같이 과학 분야의 현상을 설명하는 데 필요한 개념, 그리고 개념으로 구성된 원리를 설명하는 데 필요한 설명 체계인 이론 등을 의미한다.

11) 새로운 상황에서의 지식의 확인

본래의 수업 상황과는 다른 새로운 상황에서 주어진 사실, 개념, 절차, 분류 체계, 분류 준거, 원리나 이론을 학생들이 확인할 수 있음을 설명하는 것을 말한다. 예를 들어 상태 변화와 열에너지를 다루는 상황에서 냉장고나 에어컨의 작동 원리를 이용하는 것 등을 들 수 있다.

12) 하나의 상징적 형태에서 다른 상징적 형태로의 지식의 변환

하나의 상징적 형태에서 주어진 사실, 용어, 개념, 규약, 경향, 원리 또는 이론을 다른 상징적 형태로 변화시키는 것을 의미한다. 예를 들면 어떤 반응에 대한 화학 반응식이 주어지면 학생들이 그 반응에 관해 언어적으로 진술하는 것이다.

(3) 평가 문항 개발 실례

화학 지식을 평가하기 위해서는 먼저 평가 목표 분류틀을 결정하여야 한다. 다양한 평가 목표 분류틀 중 학교 현장에서는 Bloom의 목표 분류 체계 중 인지적 영역의 범주를 주로 사용하고 있다. Bloom의 목표틀을 중심으로 지식 영역의 평가를 살펴보고자 한다.

1) 지식(knowledge)

인지나 재생에 의해서 아이디어나 자료를 기억해 내는 활동을 말한다.

가. 특수 사실에 관한 지식

- 용어에 관한 지식
- 특수 사실(일자, 사건, 인물, 장소, 정보원)에 관한 지식

1. 다음 중 원소의 이름과 원소 기호를 옳게 짝지은 것은?
   ① 은(Ag) ② 칼슘(Ca) ③ 헬륨(Ne)
   ④ 구리(Cu) ⑤ 규소(Si)
   답 ①
   [해설] 구체적이며, 단편적인 정보인 원소기호(용어)에 관한 지식

2. 염화 나트륨과 질산나트륨의 불꽃색은 노란색을 나타낸다. 이들의 불꽃색은 나타내게 하는 원소는?
   ① Li ② Na ③ Cl ④ K
   ⑤ Cu
   답 ②
   [해설] 원소의 불꽃 반응 색갈이라는 단순 사실에 관한 지식

3. 황산구리 수용액의 색깔은?
   답 파란색
   [해설] 황산구리 수용액의 정보에 관한 사실

나. 특수 사실을 다루는 방법에 관한 지식

- 형식 혹은 관례에 관한 지식
- 경향과 순서에 관한 지식
- 분류와 유목에 관한 지식
- 준거에 관한 지식
- 방법론에 관한 지식

1. 다음 중 윗접시 저울의 사용법으로 잘못된 것은?
   ① 영점 조절 나사로 수평을 맞춘다.
   ② 10 g의 약품을 측정할 때 분동은 왼쪽 접시에 놓는다.
   ③ 필통의 질량을 측정하고자 할 때 필통을 왼쪽 접시에 놓는다.
   ④ 분동은 손으로 직접 올려 놓는다.
   ⑤ 분동은 분동 상자에 넣어 보관한다.

답 ④
[해설] 윗접시 저울을 사용하는 방법에 관한 지식

2. CH_3COOH를 분자식과 실험식으로 고쳐 나타내 보시오.
답 분자식 $C_2H_4O_2$, 실험식 CH_2O
[해설] 화학식의 종류와 나타내는 방법에 관한 지식

3. 다음 중 불포화 탄화수소에 속하지 않는 화합물은?
① C_2H_6 ② C_2H_2 ③ C_4H_6 ④ C_2H_4
답 ①
[해설] 탄화수소의 분류에 관한 지식

다. 보편적, 추상적 사실에 관한 지식

• 원리에 관한 지식
• 이론과 구조에 관한 지식

1. 원소에 대한 설명 중 옳지 않은 것은?
① 화합물을 구성하는 기본 성분이다.
② 화학 변화 후에도 변하지 않는다.
③ 현재 100여 종의 원소가 발견되었다.
④ 화학 변화 후 다른 종류의 원소로 변한다.
⑤ 더 이상 다른 종류의 원소로 분해되지 않는다.
답 ④
[해설] 원소라는 추상적 개념에 관한 지식

2. 다음 그림과 같이 부피가 같은 두 그릇에 산소 기체와 이산화탄소 기체가 들어 있다. 두 그릇 속의 온도와 압력이 같을 때, 다음 설명 중 옳은 것은?

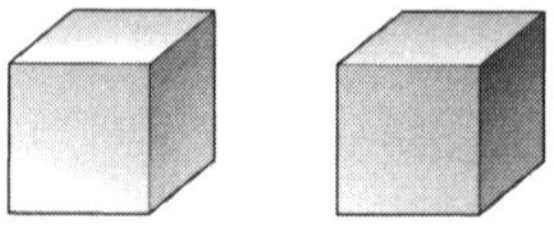
(A) 산소 (B) 이산화탄소

① A와 B의 원자수가 같다.
② A와 B의 분자수가 같다.
③ A와 B의 기체의 밀도가 같다.
④ A와 B속의 분자의 질량이 같다.
⑤ A의 산소 분자수와 B의 산소 분자수가 같다.
답 ②
[해설] 아보가드로의 법칙이라는 추상적 이론에 관한 지식

3. 돌턴이 주장한 원자설에 대한 설명이다. 다음 중 옳은 것은?
① 화학 반응에서 원자는 없어지거나 새로 생기지 않는다.
② 화학 반응에서 원자는 다른 종류의 원자로 변한다.

③ 원자의 종류가 같으면 질량은 같지만 크기는 다르다.
④ 서로 다른 원자들이 일정한 비율로 모여 혼합물을 만든다.
⑤ 모든 물질은 더 이상 쪼갤 수 없는 분자로 되어 있다.
답 ①
[해설] 원자설의 추상적 사상에 관한 지식

2) 이해력

가. 번역

어떤 자료를 원래와는 다른 언어, 용어 및 다른 형태의 자료로 바꾸어 놓을 수 있는 능력

1. 다음은 똑 같은 시험관 6개에서 10% 요오드화칼륨 수용액과 10% 질산납 수용액을 반응시킨 부피를 각각 나타낸 것이다. 이를 잘 나타낸 그래프는?

시험관	A	B	C	D	E	F
요오드화칼륨(mL)	6.0	6.0	6.0	6.0	6.0	6.0
질산납(mL)	0	2.0	4.0	6.0	8.0	10.0
앙금 높이(mL)	0	5	10	15	15	15

①
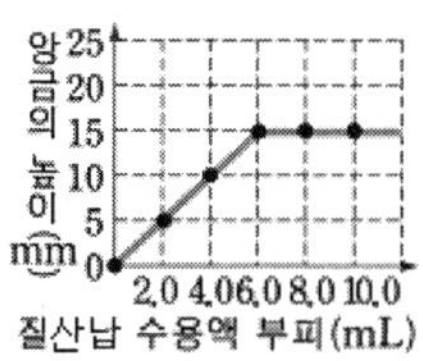

②
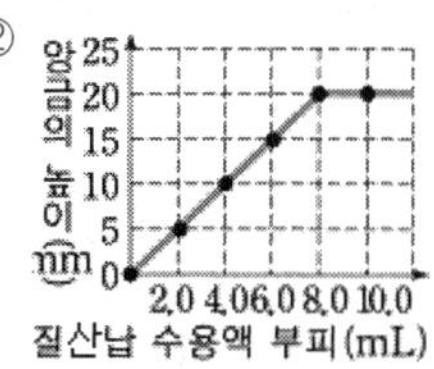

③
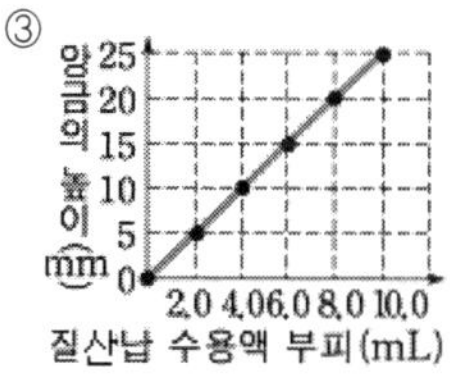

④
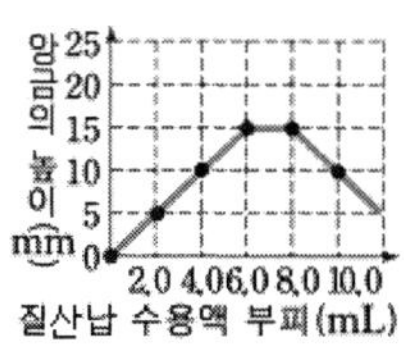

⑤
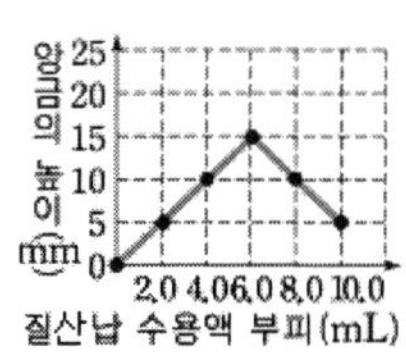

답 ①
[해설] 표의 측정값을 그래프로 옮길 수 있는 능력

2. 큰 공의 기호를 N, 작은 공의 기호를 H라고 한다면 아래의 분자식은?

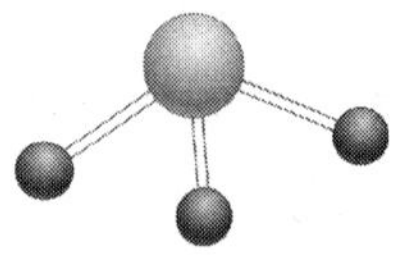

답 NH_3

[해설] 분자 모형을 분자식으로 바꾸어 놓을 수 있는 능력

3. 일정 온도에서 기체의 부피(V)와 압력(P) 사이의 관계는 그래프와 같다. 이 그래프로 보아 온도가 일정할 때 기체의 부피와 압력 사이의 관계식으로 옳은 것은?

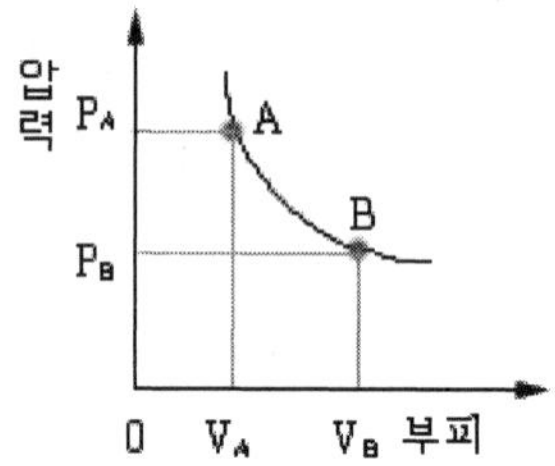

① P + V = 일정
② P − V = 일정
③ V ÷ P = 일정
④ P ÷ V = 일정
⑤ P × V = 일정

답 ⑤

[해설] 그래프에 나타난 두 변인의 반비례 관계를 수식으로 나타낼 수 있는 능력

나. 해석

자료의 주요 부분을 파악하고, 그 부분 간의 관계를 해득하며, 그것을 재조직함으로써 그 자료에 포함된 내용에 대해 어떤 전체적인 견해를 가질 수 있는 능력

1. 다음 그래프는 다섯 개 물질의 질량과 부피를 측정한 결과이다. 밀도가 가장 작은 물질은?

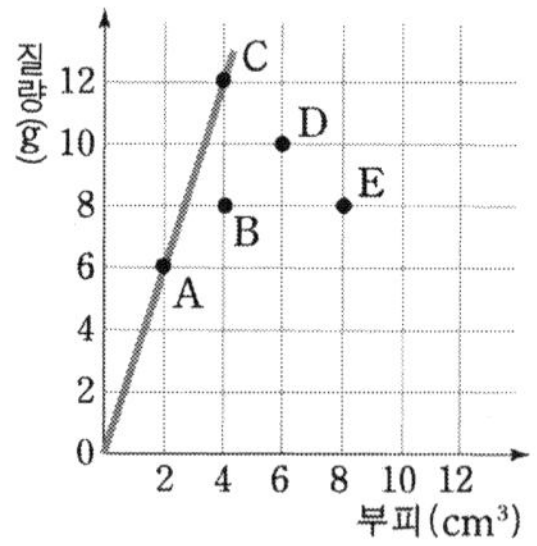

① A
② B
③ C
④ D
⑤ E

답 ⑤

[해설] 물질들의 질량과 부피를 해석하여 밀도를 구하고 비교하는 능력

2. 다음 화학 반응식에 대한 설명 중 <u>틀린</u> 것은?

$$2H_2 + O_2 \rightarrow 2H_2O$$

① 화살표의 왼쪽이 반응 물질이고, 오른쪽이 생성 물질이다.
② 수소 : 산소 : 수증기의 분자수의 비는 2: 1: 2이다.
③ 반응 전과 반응 후의 총원자수는 같다.
④ 수소 : 산소 : 수증기 기체의 부피비는 2: 1: 2이다.
⑤ 반응 전의 수소 1분자와 산소 1분자의 질량을 합한 값은 반응 후 생성된 수증기 1분자의 질량과 같다.

답 ⑤

[해설] 화학 반응식을 보고 물질들간의 관계를 해득하는 능력

3. 다음 그래프는 A, B, C, D 4종류의 고체를 가열하여 녹인 다음 공기 중에서 서서히 식힐 때의 온도 변화이다. 다음 설명 중 올바르지 못한 것은?

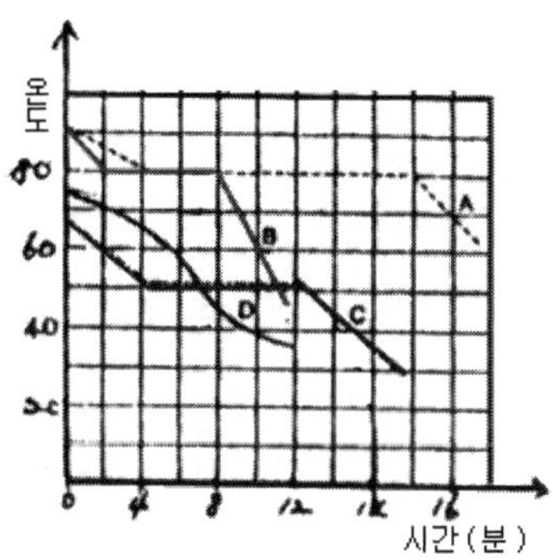

① A와 B는 같은 물질이다.
② C는 10분 후에 완전히 고체로 변한다.
③ D는 혼합물일 것으로 추측된다.
④ A는 B보다 냉각 속도가 느리다.
⑤ B는 4～8분 사이에 고체＋액체로 존재한다

답 ②

[해설] 여러 물질들의 냉각 곡선을 보고 전체적인 견해를 가질 수 있는 능력

다. 추론

자료에 담겨진 경향, 추세 또는 조건들을 해석하고 이에 근거하여 추정을 하거나 예상하는 능력

1. 세 개의 고무 풍선을 같은 크기로 불어서 각각 A, B, C로 표시하여 A는 냉장고에, B는 더운물이 들어 있는 수조에 C는 그대로 상온에 두었다. 5분이 지난 후 각각의 고무 풍선의 변화를 옳게 설명한 것은?
① A는 크기가 작아졌다.
② B는 크기가 처음보다 커졌다.
③ C는 처음과 거의 변화가 없었다.

④ 이 실험을 통해 온도와 기체의 부피 관계를 정확히 알려면 압력은 일정하게 유지시켜주어야 한다.

⑤ 이 실험은 보일 법칙과 관계있는 실험이다.

답 ⑤

[해설] 온도 조건에 따른 고무 풍선의 부피 관계를 추정하여 결과를 예측하는 능력

2. 다음 현상들을 통해 알 수 있는 사실은?

> 가. 연필을 양손으로 밀면 뾰족한 쪽이 더 아프다.
> 나. 운동화 보다 끝이 뾰족한 구두가 운동장을 더 많이 패이게 한다.
> 다. 얇은 종이에 손을 베인다.
> 라. 주사기 바늘의 끝이 뾰족하다.
> 마. 스키를 신고 눈 위를 걸으면 눈 속으로 발이 빠지지 않는다.

① 기체의 부피는 압력의 영향을 받는다.

② 기체의 밀도는 압력의 영향을 받는다.

③ 연필을 양손으로 밀 때 뾰족한 쪽에는 더 큰 힘이 가해진다.

④ 압력은 작용하는 힘의 크기에 비례한다.

⑤ 작용하는 힘이 같을 경우 압력은 밑넓이가 작을수록 커진다.

답 ⑤

[해설] 자료에 나타난 현상들의 경향을 보고 힘을 받는 밑넓이와 압력의 관계에 관련된 현상임을 추정할 수 있는 능력

3) 적용력

방법, 원리, 이론, 개념의 이해를 기초로 해서 새로운 문제 상황에 적용해서 문제를 해결하는 능력

1. 과산화수소 25.5 g, 이산화망간 3 g을 넣어 분해시켰더니 산소가 13.5 g이 생겼다. 이 때, 생성된 물의 양은?

① 5 g ② 7.2 g ③ 9 g ④ 11.4 g ⑤ 12 g

답 ⑤

[해설] 질량보존의 법칙을 과산화수소의 촉매 분해 반응에 적용하여 계산하는 능력

2. 0℃, 1기압에서 부피가 10 L인 기체가 있다. 이 기체의 압력을 일정하게 유지한 상태에서 온도를 546℃로 높였다. 이 기체의 부피는?

① 20 L ② 200 L ③ 30 L ④ 40 L ⑤ 50 L

답 ③

[해설] 공식을 이용한 계산 $V_t = V_0 + V_0 \times t/273$

3. 다음 그래프는 마그네슘의 질량과 이것이 연소될 때 필요한 산소의 질량 관계를 나타낸 것이다.

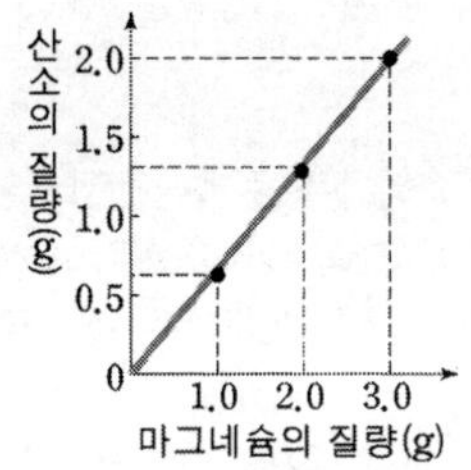

마그네슘이 연소하여 생긴 산화마그네슘 30 g을 얻으려면 마그네슘 몇 g이 필요한가?

① 12 g ② 14 g ③ 16 g ④ 18 g ⑤ 20 g

답 ④

[해설] 일정성분비의 법칙의 질량 관계에 마그네슘의 연소를 적용하는 능력

4) 분석력(analysis)

분석력은 주어진 자료를 구성 성분으로 분해하고 부분 간의 관계와 그것이 조직되어 있는 방법을 발견하는 능력이다. 자료에서 가설과 사실을 식별하는 능력, 결론과 주장을 구분하는 능력, 결론을 지지하는 증거와 그렇지 않은 것을 구분하는 능력, 주요 아이디어와 보조적인 아이디어를 식별하는 능력을 말한다.

가. 요소의 분석력

- 주어진 정보에서 진술되지 않은 여러 가정을 알아내기
- 가설을 사실과 가려내는 능력

나. 관계의 분석력

- 판단을 타당화하는데 그 어떤 특수 사실이 관련되어 있는지를 인식하는 능력
- 한 주장 속에서 논리적 오류를 발견해 내는 능력
- 역사의 기술에서 인과 관계를 찾아내고, 중요한 혹은 중요하지 않은 세부 사항을 인지하는 능력
- 문장에 있는 개념 간의 상호관계를 이해하는 지능

다. 조직 원리 분석력

- 특정한 예술 작품에서 제작 자료 및 방법의 요소와 조직에 대한 관계를 분석하는 능력
- 역사적 기술에서 필자의 견해나 편견을 인식하는 능력

※ 부탄 가스의 분자량을 구하기 위해 0℃, 1기압에서 같은 종류의 플라스크로 실험하였다. 물음에 답하시오.

〈실험 방법〉
(가) 빈 플라스크에 고무 마개를 하여 질량을 측정하였다. → Ag
(나) 같은 종류의 플라스크에 산소를 가득 채우고 고무 마개를 한 수 질량을 측정하였다. → Bg
(다) 같은 종류의 플라스크에 부탄 가스를 가득 채우고 고무 마개를 한 후 질량을 측정하였다. → Cg
(라) 플라스크 내부의 부피에 해당하는 공기의 질량을 계산하였다. → Dg

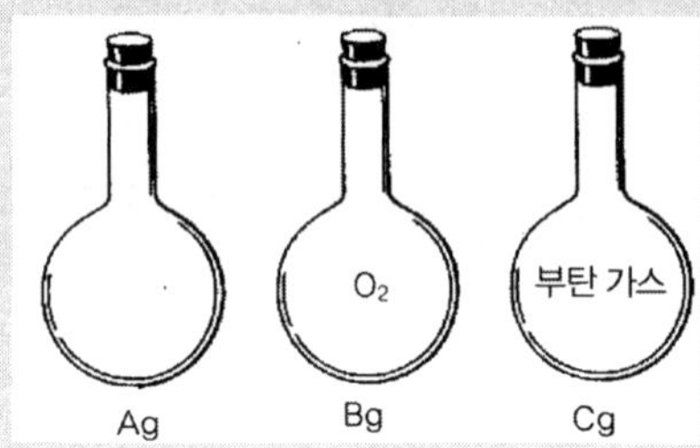

1. 부탄 가스의 분자량을 구하기 위해 설정된 가정으로 볼 수 없는 것은?
   ① 산소의 분자량을 알고 있다.
   ② 방법 (나)와 (다)에서 고무 마개를 한 후의 플라스크 내부의 압력은 같을 것이다.
   ③ 플라스크 내부의 산소 분자수와 부탄의 분자수는 같다.
   ④ 플라스크의 내부의 부피를 알고 있다.
   ⑤ 실험하는 동안 플라스크 내부의 온도는 일정하게 유지된다.
   답 ④
   [해설] 부탄 가스의 분자량은 '같은 온도와 압력하에서 같은 부피 속에는 기체의 종류에 관계 없이 같은 분자수를 포함한다.'는 아보가드로의 가설이 있어야 알아낼 수 있다. 분자수비 = 분자량비를 이용하여 같은 부피의 질량을 비교하면 되므로 플라스크 내부의 부피는 알 필요는 없다. 주어진 실험 조건에서 여러 가지 가정된 사실을 알아내야 하므로 분석력을 평가할 수 있는 문항이다.

2. 다음은 암모니아, 수소 및 질소에 대한 설명이다. 다음 내용을 모두 만족하는 반응 모형으로 옳은 것은?(단, H는 수소, O는 질소 원자이다.)

A. 암모니아는 수소 원자와 질소 원자로 되어 있다.
B. 같은 온도, 같은 압력에서 3부피의 수소와 1부피의 질소가 화합하면 2부피의 암모니아가 생성된다.
C. 수소와 질소가 화합하여 암모니아가 될 때의 질량비는 수소 : 질소 = 3 : 14이다.
D. 같은 온도, 같은 압력에서 같은 부피 속에는 기체의 종류에 관계 없이 같은 수의 입자가 들어 있다.

① 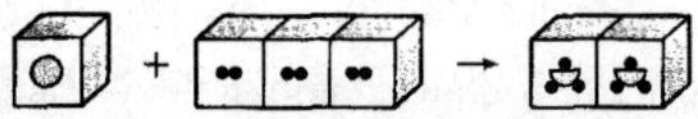

② 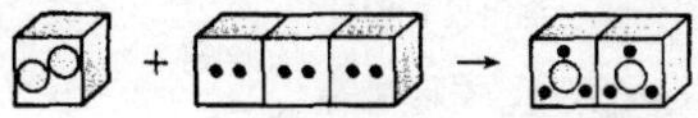

③ 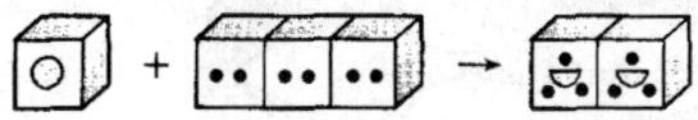

④ 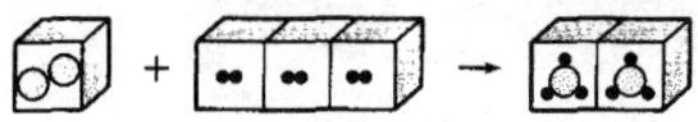

⑤ 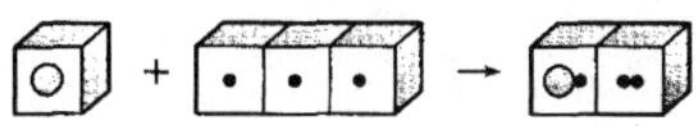

답 ④

[해설] 기체 반응의 법칙을 설명하기 위해서는 분자 개념이 도입되어야 하는데, 올바르게 도입된 분자 개념 모형을 찾는 것이다. 하나의 법칙을 설명하는데 어떤 특수 사상이 관련되어 있는지를 인식하는 능력을 평가하는 분석력 평가 문항이다.

3. 톰슨은 진공 상태의 유리관을 10,000 V 정도로 방전시켜 (–)극에서 (+)극으로 향하는 음극선을 발견하고 그 입자를 전자라고 하였으며, 이 전자에 대한 여러 실험을 하여 다음 그림과 같은 결과를 얻었다.

〈실험 I〉

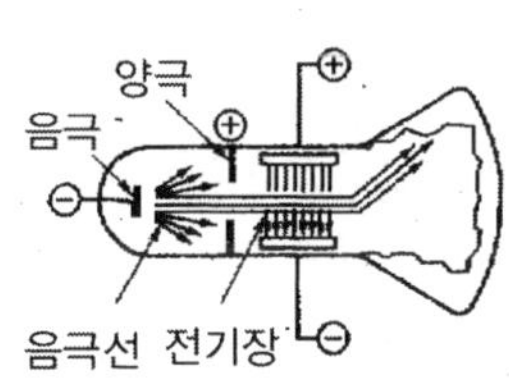

〈실험 II〉

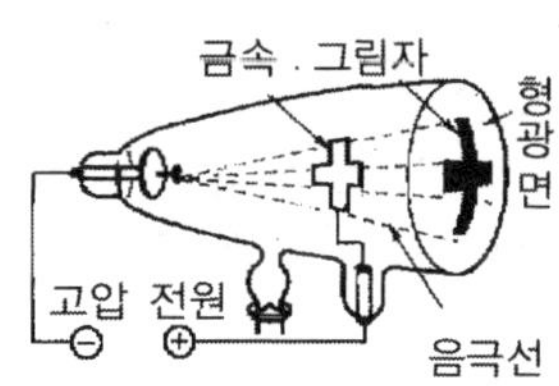

위의 실험의 결과로 세운 다음의 가설 중 옳은 것 두 가지를 고르면?

① 전자는 (–) 전하를 띠고 있다.

② 전자는 핵의 주위를 빠른 속도로 돌고 있다.

③ 전자는 질량이 매우 작다.

④ 전자는 직진한다.

⑤ 전자수는 핵 속의 양성자수와 같다.

답 ①, ④

[해설] 음극선, 즉 전자가 (+)극으로 휘어지는 것은 (–)전하를 띠고 있기 때문이며, 그림자가 생기는 것은 직진하기 때문이다. 주어진 정보에서 진술되지 않은 여러 가정을 알아내는 분석력을 알아보는 문항이다.

4. α 입자는 (+)전기를 띤 He의 원자핵이다. 얇은 금속박에 고속도의 α 선을 쬐었더니 아래 그림과 같이 대부분의 α 입자는 통과하지만 아주 적은 수의 입자는 되돌아가거나 휘어짐을 알았다.

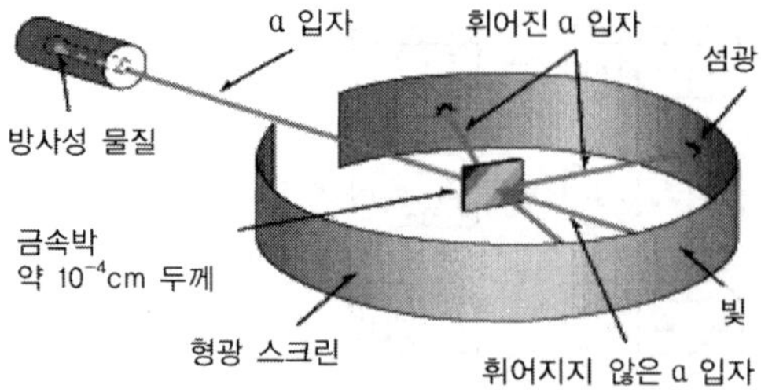

이 실험의 결과로 미루어 볼 때 원자에 대한 다음 가설 중 옳은 것은?

① 양전하와 질량은 원자 전체에 골고루 퍼져 있다.
② 양전하와 질량은 원자의 한 곳에 집중되어 있다.
③ 양전하는 한 곳에 집중되어 있으나 질량은 원자 전체에 골고루 퍼져 있다.
④ 양전하는 원자 전체에 골고루 퍼져 있으나 질량은 한 곳에 집중되어 있다.
⑤ 전자수는 핵 주위의 일정한 궤도를 따라 돌고 있다.

답 ②

[해설] 대부분 α 입자는 통과하지만 일부가 되돌아가거나 휘어지는 것은 원자의 질량과 양전하가 한 곳에 집중되기 때문이다. 실험을 통하여 가설을 알아내는 능력을 평가하는 분석력 평가 문항이다.

5. 경희는 가스 라이터 속에 들어 있는 부탄의 분자량을 구하기 위해 다음과 같이 실험하였다.

〈실험 과정〉

(1) 가스 라이터의 질량(w_1g)을 잰 다음 오른쪽 그림과 같이 수상 치환으로 메스 실린더 속에 부탄을 모아 그 부피(VmL)를 잰다(이때 메스실린더 속의 수면과 수조의 수면을 일치시킨다).

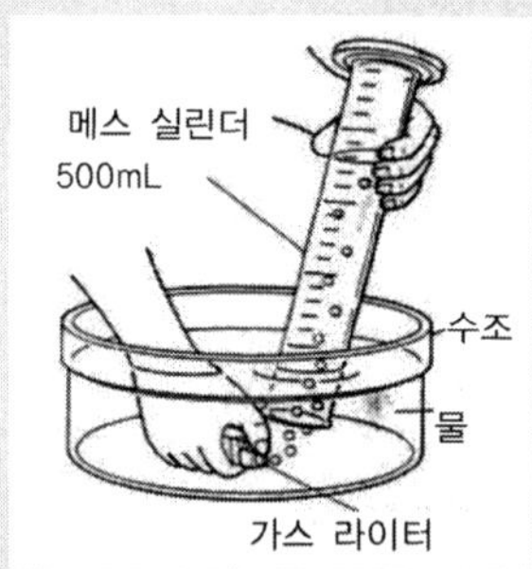

(2) 가스 라이터를 물에서 꺼내어 물기를 완전히 닦은 다음 가스 라이터의 질량(w_2g)을 다시 잰다.

(3) 실험실의 대기압 P mmHg과 수조 속의 물의 온도(t℃)를 측정한다.

(4) t℃에서 물의 증기 압력을 조사한 다음, 실험 결과를 기체의 상태 방정식에 대입하여 부탄의 분자량을 구한다.

3. 이 실험에서 경희가 가정하고 있는 것을 다음 보기 중에서 모두 고른 것은?

> **〈보기〉**
> ㄱ. 부탄은 물에 잘 녹지 않는다.
> ㄴ. 대기압이 P mmHg인 상태에서 부탄의 끓는점은 t℃보다 낮다.
> ㄷ. 메스 실린더 안의 압력은 부탄 가스만의 압력을 나타낸다.
> ㄹ. 부탄 기체는 이상 기체처럼 행동한다.
> ㅁ. 부탄 가스 기체의 온도는 물의 온도와 같다.

① ㄱ,ㄴ,ㄷ ② ㄷ,ㄹ,ㅁ ③ ㄱ,ㄷ,ㅁ
④ ㄱ,ㄴ,ㄷ,ㄹ ⑤ ㄱ,ㄴ,ㄹ,ㅁ

답 ⑤

[해설] 메스 실린더 안에 모인 기체는 부탄과 물의 혼합 기체이므로 부탄 가스와 수증기의 혼합 압력이다. 부탄의 분자량은 돌턴의 분압의 법칙을 이용해 부탄의 분압을 측정한 후 이상 기체 상태 방정식을 이용하여 구한다. 실험에서 필요한 요소와 이들의 관계를 분석하고, 진술되지 않는 가정을 알아내는 분석력 평가 문항이다.

$$P = P_{부탄} + P_{H_2O} \qquad M = \frac{W}{P_{부탄}V}RT$$

5) 종합력(synthesis)

여러 개의 요소나 부분을 전체로서의 하나가 되노록 묶는 능력으로, 창의적 사고력과 유사한 능력으로 종합력을 측정하기 위해서는 선택형(선다형)이나 단순 단답형보다는 논술형을 쓰는 것이 바람직하다.

가. 독특한 의사소통 자료의 창안

- 자기의 경험을 독특하고 효과적인 표현 방식으로 이야기하는 능력
- 짧은 시에 곡을 붙이는 것과 같은 간단한 작곡 능력
- 여러 가지 생각이나 문장을 탁월하게 조직해서 작문하는 능력
- 즉석에서 연설하는 능력

나. 계획 및 시행 절차의 창안

- 가설검증 방법을 제시하는 능력
- 실험 계획을 세우는 것
- 특정한 조작을 수행하기 위한 간단한 기계를 고안하는 능력
- 주어진 명제에 따라 건축을 설계하는 능력

다. 추상 관계의 도출

- 포함된 요인의 분석 결과에 대해서 적절한 가설을 형성하고, 새로운 요인과 고려점에 비추어 그 가설을 수정하는 능력
- 관련된 요인을 분석해서 적절한 가설을 세우는 것
- 어떤 장면에서 적용할 수 있는 이론을 구상하는 것

1. 커피 포트는 물의 온도에 따라 전기 회로의 연결이 자동적으로 끊겼다, 연결되었다 하면서 물의 온도를 일정 범위 내에서 유지해 주는 것이다. 철수는 이 커피 포트를 이용해서 물을 끓여 보기로 하였는데, 한참 시간이 지나도 물이 끓지 않는 것이다. 알고 보니 온도 조절 장치가 고장나서 물이 끓기 전에 전기 회로가 끊기는 것으로 판단되었다. 철수는 이 커피 포트 속의 물의 온도는 얼마나 올라가서 멈추는지 궁금하여 온도를 측정하려고 보니 100℃ 이상 눈금이 있는 온도계는 없고, 부엌 싱크대 서랍에 50℃까지 눈금이 새겨진 체온계가 있었다. 이 체온계를 가지고 커피 포트 속 물의 온도를 측정하는 방법을 알고 있는 대로 설명해 보아라.

   답 첫째, 일정한 양의 찬물을 섞어서 물의 온도를 50℃ 이하로 만들고 섞기 전 물이 가지고 있는 열량과 일정한 양의 찬물을 섞은 후 물이 가지고 있는 열량은 같다고 놓고 식을 세워서 섞기 전 처음 물의 온도를 구할 수 있다.

   둘째, 찬물을 커피 포트에 넣고, 체온계를 꽂고 시간에 따른 물의 온도 상승 곡선을 그린다. 물의 온도가 50℃ 이상을 넘어가면 커피 포트의 전기가 끊길 때까지의 시간을 잰 다음 그래프의 외삽을 통하여 물의 온도를 유추해 낼 수 있다. 커피 포트가 전기가 끊길 때까지의 시간은 커피 포트의 전기가 끊길 때 '틱'하는 소리 등을 감지해서 측정할 수 있다.

   [해설] 가설검증 방법이나 실험 계획을 세우는 것 등을 측정할 수 있는 종합력 평가 문항

2. 사람의 몸 속에 들어 있는 양성자의 개수를 알아내는 방법에 대하여 말해 보아라.

   답 원자의 구조에 있어서 원자의 무게는 양성자와 중성자 두 입자가 기여하고, 이 두 입자의 개수는 한 원자에 있어서 거의 비슷하게 존재한다. 특히 무거운 원자에서는 양성자와 중성자의 개수는 거의 같거나 중성자가 약간 많다. 따라서 체중이 60 kg인 사람의 경우 이 절반에 해당하는 30 kg은 양성자에 의한 무게이고, 30 kg을 양성자 한 개의 질량으로 나누면 사람의 몸 속에 존재하는 양성자의 개수를 구할 수 있다.

   [해설] 자기가 가지고 있는 원자에 관한 지식을 독특하고 효과적인 방법으로 표현하는 능력을 알아보는 종합력 평가 문항

3 철수에게 동생이 찾아와 표면 장력에 대하여 물었다. 철수는 표면 장력을 쉽게 설명해 주기 위해서 주변의 물건이나 물질을 가지고 표면 장력 현상을 확인할 수 있는 실험을 동생에게 보여주고 싶었다. 만약 여러분이 철수라면 어떤 방법으로 표면 장력 때문에 나타나는 현상을 보여줄 수 있는 실험 방법을 제안해 보시오.

   답 첫째, 물컵 위에 물보다 밀도가 큰 쇠로 된 클립을 올려 놓는 실험
   둘째, 물컵에 물을 가득 채우고, 동전을 넣어서 물컵 위로 올라오는 물 표면 관찰하기 실험
   셋째, 모세관을 이용하여 관이 가늘수록 물기둥의 높이가 높아지는 모습을 관찰하는 실험
   넷째, 유리판과 양초를 칠한 유리판에 물방울을 떨어뜨리고 물방울의 모습을 관찰하는 실험
   다섯째, 물방울과 에탄올의 방울의 크기를 관찰하는 실험
   여섯째, 물방울과 세제를 넣은 물의 물방울의 크기를 관찰하는 실험

   [해설] 가설검증 방법을 제시하는 계획 및 시행 절차의 창안을 평가하는 종합력 평가 문항

6) 평가력(evaluation)

어떤 목적으로 아이디어, 작품, 해답, 방법, 소재 등의 가치를 판단하는 능력

가. 내적 준거에 의한 판단

- 논리적인 정확성, 일관성, 기타 내적 준거에 의한 의사 전달 자료의 평가
- 작품의 판정에 일정한 준거를 적용하는 능력
- 계산의 정확성을 검증하는 능력
- 자연현상에 대한 명제를 평가하는 능력

나. 외적 준거에 의한 판단

- 선정된 준거나 기억된 준거에 의한 평가
- 특정 문화에 관한 주요 학설, 일반화 및 사실을 비교하는 능력
- 사람들이 가지는 건강에 관한 신념을 비판적으로 평가하는 능력
- 스스로 키운 표준을 일상 환경 정리를 위한 물건의 선택과 사용에 적용하는 능력

1. 다음 〈보기〉의 내용 중에서 과학과 기술이 사회에 미치는 긍정적인 영향을 모두 고른 것은?

〈보기〉

ㄱ. 핵 무기의 개발　　ㄴ. 복제 인간의 실현화
ㄷ. 교통 수단의 발달　　ㄹ. 산업 발달로 인한 공해의 증가

① ㄱ　② ㄷ　③ ㄱ, ㄴ　④ ㄴ, ㄹ　⑤ ㄷ, ㄹ

답 ②

[해설] 과학의 발달은 사회 전반에 걸쳐 많은 영향을 주게 되며, 이들 영향들 중에는 긍정적인 측면도 있지만 부정적인 측면도 동시에 갖게 된다.

ㄱ. 핵 에너지와 같은 고에너지를 소유하게 됨과 동시에 이에 맞먹는 핵무기 제조에 의한 위험 부담을 느끼게 되었다.

과학 발달에 대하여 비판적으로 평가하는 능력을 알아보는 평가력 평가 문항이다.

2. 다음 보기의 설명 중 과학기술의 발달에 의해 나타난 부작용을 모두 고른 것은?

〈보기〉

ㄱ. 여러 가지 공해 물질에 의하여 환경이 오염되어서 인간의 건강과 생태계를 위협한다.
ㄴ. 인구의 도시 집중 현상으로 여러 가지 도시 문제가 발생한다.
ㄷ. 다른 사람보다는 자기를 우선으로 생각하는 이기주의가 만연한다.
ㄹ. 기계화에 의하여 인간이 소외당하고, 인간의 가치가 떨어지고 있다.
ㅁ. 인성보다는 물질이 우선되는 황금 만능의 사회가 되고 있다.

① ㄱ, ㄴ, ㄷ ② ㄱ, ㄴ, ㄹ ③ ㄱ, ㄴ, ㄷ, ㄹ
④ ㄴ, ㄷ, ㄹ, ㅁ ⑤ ㄱ, ㄴ, ㄷ, ㄹ, ㅁ

답 ⑤

[해설] 과학기술의 발달은 인간의 생활을 윤택하고 편리하게 하는데, 인간이 선의로 이용할 때에는 혜택을 주지만 악의로 이용할 때에는 오히려 인간에게 해를 준다. 과학기술의 발전에 따르는 여러 가지 부작용을 지혜롭게 해결해야 한다. 과학 발달에 대하여 비판적으로 평가하는 능력을 알아보는 평가력 평가 문항이다.

3. 다음 글을 참고할 때, 입자 가속기에 드는 막대한 재원을 다른 분야에 쓰는 것이 옳다는 것을 뒷받침하는 주장과 가장 관계가 먼 것은?

> 미국은 물질의 궁극적인 단위인 쿼크의 성질을 연구하기 위하여 텍사스주 달라스시 부근에 약 70억 달러 이상의 비용을 들여 초전도체를 이용한 초대형 입자 가속기(SSC)를 제작 중에 있다. 이 입자 가속기는 기본적인 입자의 연구에는 상당한 기여를 할 것이 기대되나 인류 사회에 대한 직접적인 공헌에 대해서는 그 자산적 가치의 규모를 예상하기 어렵다고 한다.
>
> 많은 사람들은 그 막대한 돈을 AIDS의 치료나 환경의 보존 등 직접적으로 인류에 도움을 주는 것에 지출하는 것이 더 유익하다고 생각하고 있다.

① 해결이 더욱 시급한 사회 문제가 산재해 있다.
② 입자 가속기의 제작은 사회에 대한 직접적인 공헌도가 작다.
③ 입자 가속기를 제작하면 이에 수반되는 기술의 발전이 이루어진다.
④ 몇몇 과학자들의 호기심을 푸는 데 막대한 돈을 들이는 것은 무의미하다.
⑤ 입자 물리와 같은 기본적인 문제에 관한 연구일수록 응용 가능성이 적다.

답 ③

[해설] 입자 가속기의 제작과 같이 막대한 돈이 소요되는 것에도 불구하고 기초 과학에 대한 투자를 계속하여야 하는 이유는 이에 수반되는 많은 활동들이 궁극적으로 인류 사회의 발전을 가져오기 때문이다. 기술적인 발전도 이에 속한다. ①, ②나 ④, ⑤의 의견도 타당한 일면이 있으나 과학의 발전이야말로 인류의 문제를 해결할 열쇠이기도 하다. 그러나 문제에 주어진 글에서 주장하는 바는 ①, ②, ④, ⑤이다. 일반 사람들이 가지는 정책의 우선순위를 어디에 두느냐에 관한 문제에 있어서 논리적인 일관성 및 정확성에 준거한 의사전달 자료의 평가로 평가력을 알아보고자 하는 문항이다.

2.2 탐구 영역의 평가

2015 개정 과학과 교육과정(교육부, 2015)의 목표에 의하면 과학적 문제 해결력, 탐구하는 능력과 탐구를 통한 핵심 개념의 이해 등 탐구 능력을 강조하고 있으며, 탐구 능력으로 기초 탐구 과정(관찰, 분류, 측정, 예상, 추리, 의사소통 등)과 통합 탐구 과정(문제 인식, 가설 설정, 변인 통제, 자료 해석, 결론 도출, 일반화 등)을 제시하고 있다. 학생들의 교육과정 성취기준에 제시한 내용에 대한 도달도를 지식 외에도 탐

구 능력 관점에서 평가하는 것은 교육과정 목표 달성도 측면에서 필요하다.

- 자연현상에 대한 호기심과 흥미를 갖고, 문제를 과학적으로 해결하려는 태도를 기른다.
- 자연현상 및 일상생활의 문제를 과학적으로 탐구하는 능력을 기른다.
- 자연현상을 탐구하여 과학의 핵심 개념을 이해한다.
- 과학과 기술 및 사회의 상호 관계를 인식하고, 이를 바탕으로 민주 시민으로서의 소양을 기른다.
- 과학 학습의 즐거움과 과학의 유용성을 인식하여 평생 학습능력을 기른다.

(1) 문제 인식 및 가설 설정

자연현상에는 여러 과학 문제들이 있는데, 이를 인식하는 것을 문제 인식이라고 한다. 그리고 인식한 문제에 대한 잠정적인 결론을 진술하는 것을 가설 설정이라고 한다.

(예시) 경희는 시중에서 파는 5종류의 표백제 중에서 어느 것을 사서 쓰는 것이 가장 경제적일까를 결정하기 위해 각 표백제에 의해 표백되는 잉크의 양을 구하는 실험을 하였다. 다음은 이 실험의 과정이다.

〈표백제에 의해 표백되는 잉크의 양〉

가. 표백제 10 mL에 90 mL의 물을 넣어 용액을 묽힌다.

나. 묽힌 표백제 5 mL를 25 mL 눈금실린더 A에 넣는다.

다. 25 mL 눈금실린더 B에 20 mL의 잉크를 넣는다.

라. 스포이트를 이용하여 묽힌 표백제가 들어 있는 눈금실린더 A에 잉크를 한 방울씩 떨어뜨리며 흔들어준다.

마. 표백제에 넣은 잉크의 색깔이 사라지지 않으면 더 이상 잉크를 떨어뜨리지 않는다.

바. 눈금실린더 B에 남아 있는 잉크의 양으로부터 5 mL의 표백제에 의해서 표백된 잉크의 양을 구한다.

사. 이 실험을 3회 반복하여 평균값을 구한다.

경희가 이 실험에서 생각한 가설로 가장 타당한 것은?

① 표백제가 비쌀수록 표백되는 잉크의 양도 증가할 것이다.

② 표백제의 양이 많을수록 표백되는 잉크의 양도 증가할 것이다.

③ 표백제의 농도가 묽을수록 표백되는 잉크의 양은 감소할 것이다.

④ 표백제의 종류에 따라 일정량의 표백제에 의해서 표백되는 잉크의 양은 다를 것이다.

⑤ 잉크의 종류에 따라 일정량의 표백제에 의해서 표백되는 잉크의 양은 다를 것이다.

(2) 변인 통제(탐구 설계 및 수행)

주어진 자료에 대한 문제를 인식하고 가설이 세워지면 그 가설을 검증하기 위한 실험을 한다. 그러나 구체적인 계획 없이 실험을 하면 만족한 결과를 얻을 수 없다. 그러므로 정확한 실험을 통해 가치 있는 결과를 얻기 위해서는 탐구 설계 과정이 필요하다.

(예시) 일정량의 석회암을 삼각 플라스크에 넣고 CO_2 발생 장치를 꾸민 후 5차례 다음과 같이 실험을 하였다.

실험	1	2	3	4	5
염산의 부피(mL)	60	30	30	15	60
물의 부피(mL)	60	30	30	15	60
용액의 온도(℃)	40	40	20	40	40
석회암 상태	조각	조각	조각	조각	조각

다음 그래프를 각 실험에서 발생한 CO_2의 양을 반응 시간에 따라 나타낸 것이다.

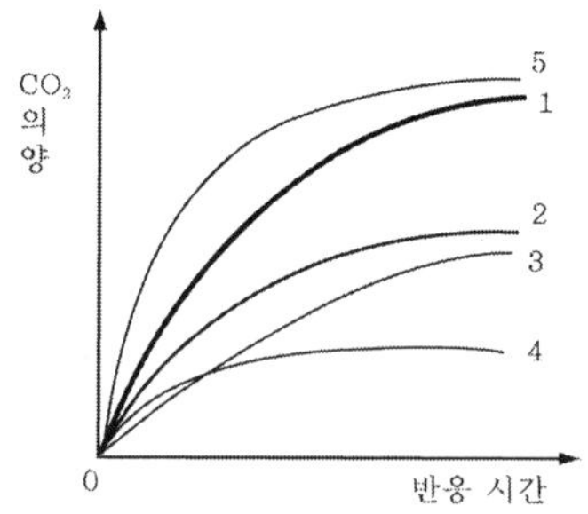

위 실험 설계로 보아 CO_2의 발생량에 영향을 줄 것으로 예상한 변인을 보기에서 모두 고르면?

> **〈보기〉**
> ㉠ 염산의 양 ㉡ 염산의 농도 ㉢ 용액의 온도 ㉣ 반응 물질의 접촉 면적

① ㉠㉣ ② ㉢㉣ ③ ㉠㉢㉣ ④ ㉡㉢㉣㉣ ⑤ ㉠㉡㉢㉣

(3) 자료 해석

설정한 가설이나 실험, 관찰로 얻은 과학적 현상의 특징, 타당성, 문제점 등을 입증하기 위해 관련된 증거 자료를 찾고, 옳게 해석하고, 어떤 경향성이나 규칙성을 만

들어내는 것이 자료 해석이다. 제기된 문제를 해결하기 위해서 주어진 자료와 정보를 통해 옳은 결론을 도출하는 과정이다. 이를 위해 이미 학습한 지식과 법칙을 적용하여 자료의 내용을 좀 더 명료하게 분석하고 평가, 종합할 수 있다.

1. 화합물 Y는 가열하면 분해되면서 기체를 발생한다. 아래 표는 5명의 학생이 화합물 Y를 25℃, 1기압에서 가열하였을 때 발생되는 기체의 양과 화합물 Y의 감소한 질량을 측정하여 얻은 값이다.

학생	A	B	C	D	E
발생한 기체의 양(mL)	24	45	60	75	90
감소한 질량(g)	0.032	0.060	0.080	0.090	0.120

5명의 학생 중에서 발생한 기체의 양을 잘못 측정한 학생은?

① A ② B ③ C ④ D ⑤ E

2. 아래 표는 몇 가지 기체의 밀도(25℃, 1기압)이다. 이 중에서 화합물 Y가 분해될 때 발생한 기체로 생각되는 것은?

기체 종류	수소	질소	산소	이산화 탄소	프로페인
밀도(g/mL)	0.00008	0.00116	0.00133	0.00184	0.00188

① 수소 ② 질소 ③ 산소 ④ 이산화 탄소 ⑤ 프로페인

(4) 결론 도출 및 일반화(결론 도출 및 평가)

실험이나 관찰로부터 얻은 자료를 해석하거나 분석하여 종합한 결과가 실험 수행 전에 설정한 가설과 일치하면 가설이 검증된다. 만약 가설을 지지하는 결과가 얻어지지 않으면 실험 결과를 반영해서 가설을 수정하거나 새로운 가설을 세워 다시 검증하게 된다. 검증 과정이 끝나면 탐구 전 과정에 문제점이 없는지 검토하고, 검증된 가설이 과학적으로 가치가 있으며 인정받을 수 있는 것인지 판단한다.

1. 철수는 금속 A, B, C, D, E의 반응성을 알아보기 위해 이들 금속 이온이 포함된 용액이 들어 있는 시험관에 각각 다른 금속 조각을 넣고, 화학 변화가 일어나는지를 관찰하였다. 실험 결과는 아래 표와 같다.

용액에 포함된 금속 이온 \ 금속 조각	A	B	C	D	E
A 이온	•	○	○	×	×
B 이온	×	•	×	×	×
C 이온	×	○	•	×	×
D 이온	○	○	○	•	×
E 이온	○	○	○	○	•

○: 반응이 일어난 경우, ×: 반응이 없는 경우

실험 결과로부터 반응성이 큰 금속부터 배열하였을 때 옳은 것은?

① A–C–D–E–B ② B–C–A–D–E ③ B–D–A–C–E ④ E–D–A–C–B ⑤ E–C–A–D–B

2.3 정의적 영역의 평가

현재의 과학 기술 사회는 개인의 질적인 수월성을 보장할 수 있는 화학에 대한 인지적 능력뿐만 아니라 흥미, 동기, 태도, 가치, 의식, 도덕성 등 일련의 정의적 특성을 요구하고 있다(황정규, 1998). 또한 우리나라 학교 교육이 추구하는 인간상은 홍익인간의 이념 아래 전인 교육을 목표로 하고 있다. 따라서 모든 교과는 명시적이든 묵시적이든 간에 지식과 기술의 인지적인 영역뿐만 아니라 태도, 감상, 흥미 등도 교육 목표로 하고 있다. 만약에 어떤 학생이 인지적 영역에서 좋은 성적을 얻었어도 과학적 소양을 갖춘 민주 시민으로서 태도와 행동을 보이지 못한다면, 화학 교육은 전인 교육의 성과를 제대로 산출해 내지 못했거나 정의적 측면에서 실패했다고 할 수 있다. 즉 화학에 대한 지식은 많이 갖추고 있으나 화학을 진정으로 사랑하고 화학과 화학 학습에 대한 긍정적인 바람직한 태도를 가지고 있지 못하다면, 그 학생은 앞으로 삶을 살아가는 데 있어서 과학적 지식을 올바르게 사용하지 못할 가능성이 높다. 그러므로 화학 학습에서 정의적 영역의 평가는 대단히 중요하다. 우리나라 제7차 화학과 교육과정에서는 '물질 현상과 화학 학습에 흥미를 가진다'와 같이 정의적 영역의 구체적인 목표를 제시하고 있다.

(1) 정의적 영역과 화학 학습 평가

학력 평가 국제 비교 연구에서 드러난 우리나라 과학 교육의 문제점은 학생들의 과학 성취도가 상위권을 차지하고 있음에도 불구하고, 과학에 대한 자신감이 상대적으로 낮은 수준에 머물고 있다는 것이다. 특히 과학에 대한 우리나라 학생들의 정의적 특성이 다른 나라 학생들에 비해서 부정적인 요소가 많은 것으로 드러난 점을 주시할 필요가 있다. 또한 초등학교보다 중학교로 올라갈수록 성적 우수 학생들의 과학 학습 흥미가 오히려 낮아진다는 기현상이 연출되고 있다. 더불어 고등학생 중에는 과학을 암기 과목이라고 생각하는 학생도 많으며, 지루하고 싫증나는 과목의 하나로 꼽는 예가 허다하다(허명, 1993). 그리고 과학과 관련된 직업은 무미건조하고 싫증날 것이라고 응답한 학생이 약 70%에 달할 정도로(박승재, 1987) 과학 교과에 대한 흥미는 낮은 것으로 나타났다.

정의적 영역의 중요성에 대한 인식은 Bloom(1976)의 학교 학습 모형에서 더욱 구체화되고 있다. 그림 5.2에서 제시된 바와 같이, 수업이 진행되는 동안 학습자는 수업이 시작되기 전에 이미 가지고 있던 인지적 투입 행동뿐만 아니라 정의적 투입 특성을 가지고 학습 과제에 임하게 된다.

Dreyfus, Jungwirth & Eliovitch(1990)은 학습은 반드시 활동뿐만 아니라 태도로 나타나야 한다고 주장한다. 또한 학생들의 과학과 관련된 태도에 따라 학생들은 여러 외적 활동에 다양한 방식으로 반응하게 되며, 미래의 경험과 활동을 선택적으로 취하는 데 중요한 역할을 하게 된다(노태희와 최용남, 1996). 즉 주의력, 의지, 용기,

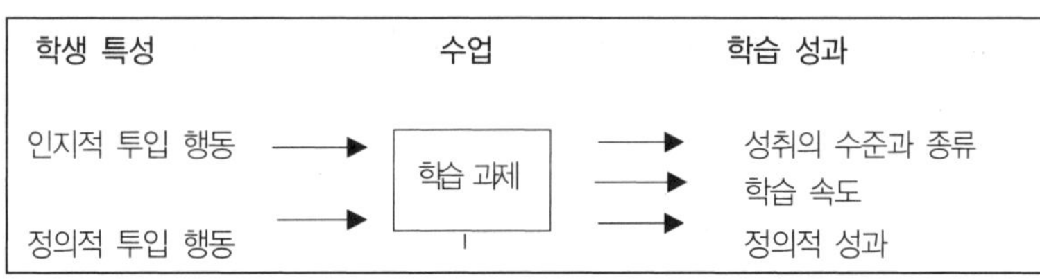

| 그림 5.2 | 학교 학습 모형에서의 주요 변인(Bloom, 1976)

| 표 5.2 | 개인 행동 결정의 변인(Ajzen & Fishbein, 1980)

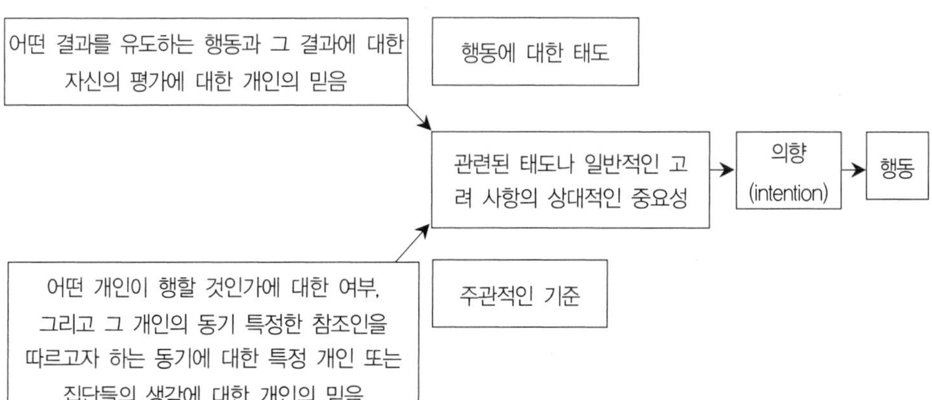

가치, 품성, 감정 그리고 정서와 같은 정의적 특성이 중요한 이유는 학교 학습이 이들 정의적 특성에 교육의 '목적으로서' 영향을 미치기 때문임과 동시에 이들 정의적 특성이 학교 학습에 '수단으로서' 영향을 미치기 때문이다(Tyler, 1973).

(2) 정의적 특성의 개념

인간의 특성은 전형적인 사고방식과 관련되어진 인지적(cognitive) 특성, 전형적인 감정의 표현 방식과 관련된 정의적(affective) 특성, 전형적인 행위의 방식과 관련된 심체적(psychomotor) 특성으로 분류한다. Anderson(1981)은 정의적 특성을 감정이나 정서를 나타내는 전형적인 인간의 속성으로 정의했다. Tyler(1973)나 Messick (1979)은 또한 정의적 영역은 인지적, 정의적, 심체적 범주 중 어느 한 범주로 완전히 분류될 수 있는 것이 아니라는 것을 주장한다. 이것은 어떤 반응이나 행동을 정의적으로 부르는 것은 바로 그 반응이나 행동이 내포하고 있는 것 중 감정적 또는 정서적 요소만을 지적하는 것이라고 할 수 있다. 그러므로 정의적 특성은 실체적인 개념이 아니라 인간에 의해서 인위적으로 구성된 구성 개념이라고 보아야 할 것이다.

인간의 정의적 특성의 일반적이고 공통적인 개념의 종류는 태도(attitude), 흥미(interests), 가치(values), 학업적 자아 개념(competence), 귀인(locus of control), 불안(anxiety), 학습 동기(motivation), 인성(personality), 행동 발달(behavior development) 등이 있다. 이러한 개념적으로 구분된 정의적 특성들은 상호 배타적인 것이 아니라 어느 정도는 서로 중복되기도 한다는 것을 감안해야 할 것이다.

(3) 정의적 영역의 목표 분류 및 평가틀

1) Klopfer의 교육 목표 분류

Klopfer는 과학 교육 목표를 구체적으로 세분화해서 제시했다.

H. 태도와 흥미
H.1 과학과 과학자에 대한 호의적 태도 표명
H.2. 과학적 탐구에 의한 사고
H.3. 과학적 태도의 적응
H.4. 과학 학습 경험을 즐김
H.5. 과학과 관계 있는 활동 및 과학에 대한 흥미
H.6. 과학에 종사하려는 흥미

첫째, 과학과 과학자에 대한 호의적 태도 표명: 학생들이 과학의 본성, 목적, 지식과 과학자에 대하여 가지고 있는 호의적 태도

둘째, 과학적 탐구에 의한 사고: 학생들이 문제에 부딪혔을 경우 과학자가 행동하는 것과 같이 행동하려 하고 과학적 탐구 방법을 적용시키는 태도

셋째, 과학적 태도에 적응: 학생들이 과학자의 정확, 정직, 자기 비판, 마음의 개방 등의 성질을 닮아 가려는 태도

넷째, 과학 학습 경험을 즐김: 학생들이 과학 학습 경험을 스스로 참가해서 즐기려 하는 태도

다섯째, 과학과 관계되는 활동 및 과학에 대한 흥미 증진: 학교에서의 수업 시간 이외의 과학 활동에 대해서 가지고 있는 태도나 자신이 직접 참가하거나 주의를 집중하려는 태도

여섯째, 과학에 종사하려는 흥미: 학생들이 자기의 장래 직업을 과학이나 과학과 관련 있는 분야를 택하려 하거나 흥미를 가지고 있는 태도 등으로 세분해서 정의하고 있다.

2) Krathwohl의 정의적 영역 교육 목표

가. 감수

화학 학습이나 실험에 대하여 스스로 참여하고자 하는 경향성과 관련된다.

예 화학을 공부하기 위한 시간이 더 있었으면 하는가?

나. 반응

단순히 관심을 기울이는 수준을 넘어서 자발적으로 반응을 하며, 선호, 흥미, 즐거움 등이 뚜렷하게 나타난다.

예 생각을 요하는 화학 문제가 나오면 흥미를 느끼는가? 아니면 포기를 하는가?

다. 가치화

사물이나 행동에 대하여 그 의미와 가치를 부여하고 내면화하여 책임 있는 행동을 포함한다.

예 현대 생활을 주도하기 위해서 화학 학습에 최선을 다한다.

라. 조직화

어떤 가치를 개념화하여 자기 나름의 내재적으로 일관된 가치 체계를 확립하는 단

계로, 그것을 개념, 활동, 사건 등에 관한 판단 근거로 사용한다.

예 환경 문제를 해결하기 위해서는 반드시 과학을 배워야 한다고 생각하는가? 그 이유는?

마. 인격화

완전히 체계화된 인생의 철학, 가치관이 확립되어 그것이 일관적으로 체계화됨으로써 모든 사건이나 행동의 바탕이 되는 단계이다.

정의적 목표의 분류	
감수(receiving / attending)	• 감지(awareness)
	• 자진 감수(willingness to receive)
	• 선택적 관심(controlled or selected attention)
반응(responding)	• 묵종적 반응(acquiescence in responding)
	• 자진 반응(willingness to responding)
	• 반응에서의 만족(satisfaction in response)
가치화(valuing)	• 가치의 수용(acceptance of a value)
	• 가치의 선호(preference of a value)
	• 가치의 확신(commitment)
조직화(organization)	• 가치의 개념화(conceptualization of a value)
	• 가치 체계의 조직(organization of value system)
인격화(characterization)	• 일반화된 태세(generalized set)
	• 인격화(characterization)

(4) 화학 학습 태도의 평가 방법

정의적 영역 평가는 크게 타인의 관찰에 의한 방법과 자기 보고에 의한 방법으로 구분될 수 있다. 첫째, 타인의 관찰에 의한 방법은 교사가 관심의 대상인 학생을 직접 관찰함으로써 그 학생의 정의적 특성에 관련된 정보를 수집하는 방법을 의미한다. 이 방법으로는 관찰법, 평정법, 체크리스트, 일화 기록법, 동료 학생 관찰에 의한 평가방법 등이 있다.

둘째, 자기 보고에 의한 방법은 관심 대상의 학생이 직접 자기 자신의 제반 특성에 관하여 서술, 구술, 체크 등 여러 가지 방법으로 보고해서 정보를 수집하는 방법이다. 구체적인 방법은 질문지, Thurstone 척도, Likert 척도, 평정법, 의미 분석법(SD: Sementic Differential Technique), 면담법 등이 있다.

1) 의미 분석법(Semantic Differential Technique)

Osgood 등이 발전시킨 것으로 사람들이 어떤 단어나 생각에 대해서 어떻게 반응하는가를 측정할 수 있는 평가 방법이다. 양극적인 형용사는 평가하고자 하는 개념이나 대상과 직접 관련이 있어야 하다. 긍정적인 형용사는 왼쪽에, 나머지 반은 오른쪽에 위치하도록 한 후 질문상의 일관성이 없이 섞어서 제시해야 한다. 두 형용사 사이의 척도는 일반적으로 5단계나 7단계로 제시된다. 학생들은 제시된 개념이나 대상에 대해 순간적으로 어떻게 느끼는지를 반영해서 빈칸에 표시를 한다. 부정적인 형용사에 가장 가까운 단계에 1점, 그 다음 단계에 2점, 이러한 식으로 점수를 주도록 한다.

형용사(X) 형용사(Y)

화학 수업은

재미 있다 _____ _____ _____ _____ _____ _____ _____
재미 없다
실험이 재미 있다 따분하다
이해가 쉽다 이해가 어렵다

2) 리커트 척도(Likert Scale)

Likert가 개발한 이 방법은 정의적 영역의 측정 도구로 널리 쓰이고 있다. 화학을 좋아하는지 혹은 긍정적 태도를 지녔는지를 알아보기 위해 긍정이나 부정적 문장을 제시해서 여러 단계의 척도 중 하나를 고르도록 되어 있다. 평가 대상에 대한 진술문들은 서로 중복되지 않고 의미가 분명해야 되며, 찬반의 척도는 2단계(예, 아니오), 5단계(매우 찬성, 찬성, 보통, 반대, 매우 반대) 등으로 구성된다.

| 표 5.3 | 리커트 척도의 예시 (계속)

지시문: 이 검사는 여러분이 과학 공부를 할 때나 평소에 생활할 때 어떤 생각을 가지고 있는지에 대하여 알아보기 위한 것입니다. 자신의 생각과 가장 일치하는 대답을 골라서 기호에 동그라미 표시를 하십시오.

| 표 5.3 | 리커트 척도의 예시

	매우 동의한다	동의한다	잘 모르겠다	동의하지 않는다	전혀 동의하지 않는다
기호	1	2	3	4	5

1. 새로운 과학적 사실에 대해 듣는 것은 지루하다.
2. 과학 시간은 시간을 낭비하는 것이다.
3. 수업이 끝난 뒤 과학에 관하여 친구들과 이야기하는 것은 재미없는 일이다.
4. 과학자들은 그들이 일하는 환경에 대하여 신경 쓰지 않는다.
5. 과학은 우리의 삶을 풍요롭게 만들어준다.

3) 서스톤 척도(Thurstone Scale)

Thurstone이 고안한 이 척도는 리커트 척도와 비교되는 특징을 지니고 있다. 리커트 척도가 응답자의 반응 결과에 의해 척도치를 결정하는 방법인 것에 비해, 서스톤 척도는 각 진술문을 응답자에게 주어 평정을 구한 후에 이를 기초해서 척도치를 결정하는 방법이다. Bellh와 Zakhariades(1975)가 서스톤 척도를 사용해서 '과학 태도 검사(SAS: Science Attitude Scale)'를 개발했다. 과학 태도 검사지의 각 진술은 11개의 범주로 구분되어 있고, 1번은 가장 긍정적으로 진술하고 있으며, 11번은 가장 부정적으로 진술하고 있다.

척도	진술문
1	새로 발견된 아이디어는 현존하는 것들과 모순되더라도 그대로 보고되어져야 한다.
⋮	… … …
⋮	
11	어떤 새로운 아이디어가 모든 사람들에 의해 수용되지 않는다면 그 아이디어는 들을 가치가 없다.

4) 관찰 척도(Observation Scale)

흔히 교사의 관찰은 학생의 학습과 발달 상황에 관한 풍부한 정보를 제공해준다. 이러한 관찰은 크게 비계획적인 관찰(spontaneous observation)과 계획된 관찰(planned observation)로 구분되기도 한다(Ebel & Frisbie, 1991). 비계획적 관찰은 아무런 계획이나 의도 없이 자연스럽게 어떠한 행동을 관찰하는 것으로서 교사들이 특별한 계획 없이 교실 환경에서 학생들의 행동을 관찰하는 것이 이 범주에 속한다. 교사나 동료 학생이 대상 학생을 관찰해서 그 학생의 정의적 특성에 관련된 정보를 수집하는 방법의 대표적인 것이다.

태도	• 알칼리 금속의 격렬한 반응에 대한 안전 수칙을 준수하였는가?				
	• 물과의 반응, 수소 기체 포집, 불꽃색 반응 관찰 등이 독창적인 방법으로 수행되었는가?				
	• 수소 기체 확인이 안 된 경우를 인식하고 해결책을 찾으려고 노력하는가?				
	• 실험 후 남은 알칼리 금속 처리 등 정리 정돈이 잘 되었는가?				
	• 실험 내용에 의문을 가지고 적극적으로 임하는가?				
	• 실험 과정에서 관찰한 내용을 사실대로 기록하는가?				
	• 실험 기구를 안전하게 취급하고 있는가?				

5) 평정법(rating scale)

평정법은 Kerlinger(1973)가 정의한 바와 같이 '관찰자가 평정 받는 대상을 어떤 항목이나 숫자의 연속선 위에 분류하는 측정 도구'이다. 즉 관찰자가 어떤 정의적 특성에 대하여 측정한 정보를 체계적으로 얻는 방법의 하나로서, 관찰해야 할 정의적 특성이나 행동의 존재 유무가 아니라 특성이나 행동의 빈도, 정도 또는 수준을 기록하는 것이다. 척도 중 3은 대부분은 그렇다, 2는 때때로 그렇다, 1은 거의 그렇지 않다는 것을 나타낸다.

| 표 5.4 | 평정법의 예시

유형	평가 관점	평정 척도		
		1	2	3
귀인	화학 학습 성취의 부진은 화학 교사가 개념을 적절히 제시하지 못했기 때문이다.			
흥미	관찰된 현상을 설명하려고 노력한다.			
태도	자신의 생각이나 믿음을 증명하기 위해서 과학적 방법으로 처리하고자 한다.			
학업적 자아개념	화학은 나 자신의 능력 밖의 교과이다.			
불안	화학 실험의 결과가 교과서와 다르게 나타나면 굉장히 당황하고 불안하다.			

6) 정의적 영역에 대한 평가문항 개발의 실례

과학과 정의적 영역의 측정에 관한 관심과 연구가 상당 부분 이루어지고 있다. 그러나 대부분의 연구가 외국에서 개발한 평가 도구를 그대로 번역해서 사용하고 있다. 초등학생들보다는 중등 학생들을 대상으로 하는 연구가 많고, 정의적 영역의 구성 요소에 대한 정의가 명확하게 제시되어 있지 않으며, 여러 구성 요소들을 혼합해서 포괄적으로 '태도'라는 하나의 범주로만 평가하고 있다(이영미, 1997).

국내	국외
가) 태도 검사지 a. 과학에 관련한 태도 검사지 • 중학생을 대상으로 개발한 도구(문정대 등, 1987) • 초등학교 학생을 대상으로 개발한 도구(김주훈 등, 1986; 이범홍 등, 1984) • 초등학교 학생을 대상으로 개발한 도구(24문항)(이명란, 1993) b. 과학적 태도 검사지(총 50문항)(한국교육개발원, 1986) 초등학교 대상 과학적 태도 검사지(총 40문항)(윤병호, 1992) 과학에 대한 태도 검사지(총 40문항)(한국교육개발원, 1994) c. 학습 태도 검사지(총 30문항)(한국교육개발원, 1985) d. 환경 오염을 위한 중학생의 태도 평가 도구 개발(42문항)(정은영, 1992) e. "과학에 대한 태도"의 감정적 요소 측정을 위한 척도 개발(총 33문항)(이경훈 등, 1996) f. 초등학교 고학년 학생들의 과학과 관련된 정의적 특성 평가 도구 개발(총 48문항) (이영미, 1997)	a. Munby(1983), Haladya & Shaughnessy (1982), Kozlow & Nay(1976)의 TOSA(총 40문항; 과학적 태도 평가) b. Billeh & Zakhariades(1975)의 SAS(총 36문항; 과학적 태도) c. Moore & Stuman(1970)의 SAI(총 60문항; 과학적 태도) d. Fraser(1978)의 TOSRA(총 70문항; Test of Science –Related Attitudes) e. Krynowsky(1988)의 ATSSS(총 21문항; Attitude Toward the Subject Science Scale) f. Germann(1988)의 ATSSA(총 14문항; Attitude toward Science in School Assessment)

연습문제

다음 주제에 대해서 정의적 영역을 평가하고자 한다. 평가 항목을 개발해서 정리하라.

학습 주제: 중학교 3학년, 불꽃 반응

3 과정중심 평가

과정중심 평가란 교육과정의 성취기준을 기반으로 교수·학습과 평가 계획을 세우고, 이 평가 계획에 따라 교수·학습 과정에서 학생의 학업적 변화와 성장에 관한 자료를 다각도로 수집해서 이 평가 결과를 바탕으로 적절한 피드백을 제공하는 평가를 의미한다(교육부, 한국교육과정평가원, 2017; 반재천, 김선, 박정, 김희경, 이해선, 2017). 과정중심 평가에 대한 개념과 실행의 방향성은 2015 개정 교육과정(교육부, 2015)에서 처음 제시되었다. 이에 따르면, 과정중심 평가는 '학습의 과정'을 중시하는 평가로 학생은 이 평가를 통해 자신의 '학습을 성찰'하도록 하고, 교사는 평가 결과를 활용하여 '교수·학습의 질을 개선'하도록 한다. 평가는 학생의 교육 목표 도달도를 확인하고 교수·학습의 질을 개선하는 데 주안점을 두며, 학교와 교사는 성취기준에 근거하여 학교에서 중요하게 지도한 내용과 기준을 평가하며 교수·학습과 평가 활동이 일관성 있게 이루어지도록 한다. 이를 위해 학습의 결과뿐만 아니라 학습의 과정을 평가해서 모든 학생이 교육 목표에 성공적으로 도달할 수 있도록 하며,

| 표 5.5 | 2015 개정 교육과정의 학교 교육과정 편성·운영 방안(교육부, 2015)

3. 평가

가. 평가는 학생의 교육 목표 도달도를 확인하고 교수·학습의 질을 개선하는 데에 주안점을 둔다.
  1) 학교는 학생에게 평가 결과에 대한 적절한 정보 제공과 추수 지도를 통해 학생이 자신의 학습을 지속적으로 성찰하고 개선할 수 있도록 지도한다.
  2) 학생 평가 결과를 활용하여 수업의 질을 지속적으로 개선한다.

나. 학교와 교사는 성취기준에 근거하여 학교에서 중요하게 지도한 내용과 기능을 평가하며 교수·학습과 평가 활동이 일관성 있게 이루어지도록 한다.
  1) 학생에게 배울 기회를 주지 않은 내용과 기능은 평가하지 않도록 한다.
  2) 학습의 결과뿐만 아니라 학습의 과정을 평가하여 모든 학생이 교육 목표에 성공적으로 도달할 수 있도록 한다.
  3) 학교는 학생의 인지적 능력과 정의적 능력에 대한 평가가 균형 있게 이루어질 수 있도록 한다.

다. 학교는 교과의 성격과 특성에 적합한 평가 방법을 활용한다.
  1) 서술형과 논술형 평가 및 수행평가의 비중을 확대한다.
  2) 정의적, 기능적, 창의적인 면이 특히 중시되는 교과는 타당한 평정 기준과 척도에 따라 평가를 실시한다.
  3) 실험·실습의 평가는 교과목의 성격을 고려하여 합리적인 세부 평가기준을 마련하여 실시한다.
  4) 창의적 체험활동은 내용과 특성을 고려하여 평가의 주안점을 학교에서 결정하여 평가한다.
  5) 전문교과 Ⅱ의 실무 과목은 성취 평가제와 연계하여 내용 요소를 구성하는 능력단위 기준으로 평가할 수 있다.

학생의 인지적 능력과 정의적 능력에 대한 평가가 균형 있게 이루어질 수 있도록 한다. 또한 학교는 교과의 성격과 특성에 적합한 평가 방법을 활용한다.

이때 과정중심 평가는 교수·학습과 유기적으로 연계 시행되어야 하므로(교육부, 2018:16), 교사는 자신이 가르치는 학급에 대해 평가 계획에서부터 문항 개발, 평가 시행, 피드백 및 결과 산출, 기록까지 개별적으로 수행할 수 있어야 한다(교육부, 2018:19).

과정중심 평가는 평가 자체가 학습이 되는 학습으로서의 평가(Assessment as Learning), 또는 학습을 위한 평가(Assessment for Learning, AFL)로서의 특성을 지닌다(최숙기, 2018). 학습을 위한 평가는 학생들의 학습에 대한 몰입과 학습 향상을 위해 평가를 설계하고자 하는 데서 비롯된 것으로, 기존의 결과중심의 평가에서 전환된 평가의 패러다임이라 할 수 있다(Black & Wiliam, 2009). 학습을 위한 평가의 가장 주요한 특징은 피드백 제공과 관련된 것이다. AFL은 학생들의 수행에 대한 실제적 정보를 제공해줌으로써 학생들의 학업을 지원하고, 교사들의 수업을 개선하기 위한 평가이다(이경화 등, 2016; 교육부·한국교육과정평가원, 2017; Black & Wiliam, 2009; Shepard, 2005; Torrance & Pryor, 1998).

우리나라 학교 현장에서 과정중심 평가의 취지를 실천하기 위한 평가 방안은 수행평가가 대표적이다(김순남, 2020; 신혜진, 안소연, 김유원, 2017; 하혜진, 2015). 교육부는 학교생활기록 작성 및 관리지침 일부를 개정하면서, "수행평가를 포함한 과정중심의 평가를 강화하되, 학교급 및 과목별 특성을 고려하여 점진적·단계적으로 적용한다."라고 명시한 바 있고(교육부, 2016, 4월), 교육부와 한국교육과정평가원

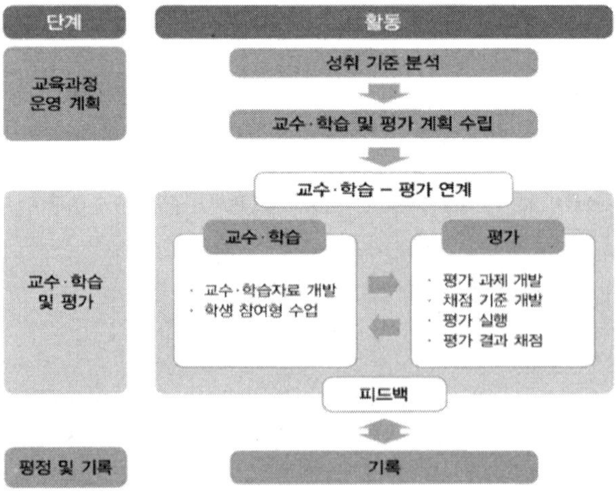

| 그림 5.3 | 과정중심 평가의 절차(한국교육과정평가원, 2017)

(2017)은 수행평가의 취지를 살리면 과정중심 평가의 방향성을 충분히 담아낼 수 있다고 설명했다.

> "수업장면에서 과정중심 평가의 방향성을 담을 수 있는 대표적인 평가 방법이 '수행평가'라 할 수 있습니다. 수행평가는 학생이 직접 만든 산출물이나 학생의 수행 과정을 평가하는 것이므로 교수 · 학습의 결과뿐 아니라 교수 · 학습의 과정을 중시하는 평가입니다. 따라서 수행평가를 원래 의도하는 바대로 시행하면 그것으로도 충분히 과정중심 평가의 방향성을 담을 수 있습니다(교육부, 한국교육과정평가원, 2017, p. 6)."

수행평가는 기존에 지속적으로 적용되어 온 선택형 지필 평가의 대안으로 도입되어 실기 평가나 과제물 평가를 포괄하면서 학습 과정과 학습 결과를 함께 평가할 수 있다는 점에서 교육적으로 많은 호응이 있었다(이경화 등, 2016). 또한 교수 · 학습 과정에서 학생의 활동을 점검해서 피드백을 제공함으로써 학습의 효과를 높일 수 있다는 점에서 지지를 받았다(김순남, 2020). 수행평가는 한 가지 특정한 평가 방법에 한정되지 않고, 다양한 평가 방법을 포함한다는 것을 특징으로 해서 교수와 일관성 있는 평가가 가능하다는 장점을 지닌다.

3.1 수행평가

(1) 수행평가의 의미

최근 우리나라에서는 교육의 다양화 · 전문화 · 특성화를 지향하기 위해 각급 학교 현장에 수행평가(performance assessment)를 도입하고 있다. 수행평가는 연구자에 따라 참(authentic) 평가, 대안(alternative) 평가, 수행기반(performance-based) 평가, 직접(direct) 평가, 포트폴리오(portfolio) 평가 등으로 불리기도 한다. 이렇게 다양한 용어들의 의미가 조금씩 다르나 크게 수행평가로 지칭한다(조희형, 최경희, 2000; 하혜진, 2015).

국내의 경우, 한국교육학회 교육 평가연구회(1994)는 수행평가를 "학생이 해답을 구하거나 무엇을 만들어냄으로써 능력이나 지식을 드러내 보이도록 요구하는 여러 가지 종류의 검사 방법을 통틀어 표현한 용어"라고 정의한다. 박도순(1995)은 수행평가를 "학생 개개인이 처한 상황이라는 요인을 고려하여 과제 수행 과정과 결과에 대한 포괄적인 정보수집 방식"이라고 했으며, 이때 수행이란 의미를 "학습 과제 및 문제 해결 상황에서 학습자가 보여주는 구성적 반응으로서 관찰 가능한 학습자의 행동이나 학습의 산출물 및 그 기록물"이라고 했다. 백순근(1999)은 "학생 스스로가 자신의 지식이나 기능을 나타낼 수 있도록 답을 작성 또는 구성하거나, 발표하거나, 산출물을 만들거나, 행동으로 나타내도록 요구하는 평가방식"이라고 정의했다. 최연희, 권오남, 성태제(1998)는 확산된 수행평가란 "학습자들이 습득한 지식, 기능이나 기술을 실제 생활이나 인위적인 평가 상황에서 얼마나 잘 수행하는지 혹은 어떻게 수행할 것인지를 관찰이나 면접 등의 방법을 통해서 종합적으로 판단하는 평가 방법"이라고 정의하고 "지식이나 기능에 의한 정답 여부나 산출물에만 관심이 있는 것이 아니라 수행 과정이나 그 결과를 평가한다"고 했다.

수행평가에 대한 정의들도 다양하게 존재하는데, Stiggins와 Bridgeford(1982)는 수행평가를 "새로운 문제나 특정의 과제를 해결하는 능력을 측정하기 위한 체계적 시도로서 실제 또는 모의 상황에서 피평가자들이 나타내 보이는 반응들을 전문가인 평가자가 직접 관찰하고 판단함으로써 이루어지는 평가방식"이라고 정의한다. Haertel (1992)은 "피평가자들로 하여금 특정의 산출물을 만들어 내거나 구체적인 활동을 수행하게 함으로써 자신들의 능력을 직접적으로 나타내 보일 것을 강조하는 평가 방식"이 수행평가라고 규정하고 있다. 그리고 Mehrens(1992)는 수행평가란 "피평가자의 반응을 평가하는 과정에서 평가자의 관찰과 전문적인 판단을 특히 중시하는 평가방식"을 의미한다고 말하고 있다. Wiggins(1993)에 의하면 수행평가는 "학습자에게 내용 지식을 연계 및 설명하게 하고, 증명할 수 있게 하는 기회를 제공할 수 있는 방식으로 고안된 평가의 형태"로 정의된다.

한편, 수행평가는 동원되는 구체적인 시행 방법들의 범주를 구분함으로써 정의될 수도 있다. Hibbard(2000)는 "수행평가는 전통적인 의미의 객관식 평가를 제외한 모든 평가를 지칭한다."고 했으며, McTighe와 Ferrara(1994)에 의하면 수행평가는 "선택형 지필 평가 이외의 다른 모든 평가 방법으로 평가하는 방식"으로 정의될 수 있다.

교육부(1998)에서도 수행평가란 "평가자가 학습자들의 학습 과제 수행 과정 및 결과를 직접 관찰하고, 그 관찰 결과를 전문적으로 판단하는 평가 방식"으로 정의하고, 방법적인 면에서 "수행평가는 선택형 지필 검사 이외의 다른 모든 방법으로 평가하는 방식"으로 정의하고 있다.

(2) 수행평가의 필요성

수행평가는 무엇보다도 교수·학습 평가에 있어서 선택형 평가와 표준화 검사에 대한 비판 및 불만족에서 비롯되었다(국립교육 평가원, 1996). 선택형 지필 평가는 객관적이고 과학적이며, 문항의 신뢰도와 타당도가 높으나 다음과 같은 비판을 받는다. 우선 선택형 검사와 표준화 검사는 고등 사고 기능에 대한 평가가 어렵다는 점이며, 학생들의 창의성과 과학적 의사소통 능력을 정확하게 평가하기가 어렵다. 또한 야외 조사 · 실험 · 실습 등 종합적 탐구력 역시 평가하기 어렵다. 선택형 검사로는 학생들의 인지적 구조의 변화나 이해 수준에 대한 정확한 진단이 어려우며, 학습의 과정에 대한 평가를 하기가 어렵다. 이러한 검사는 학습의 과정을 이해하는 데 부적절할 뿐만 아니라, 피험자의 사전학습 정도를 진단하거나, 교정 교육이나 보충 교육을 위해 선발하는 방식으로도 부적절하다. Hein과 Price(1994)는 "전통적인 지필 검사는 과학 학습과 관련된 결과들을 모두 평가하기에 부적절하다. 학생들이 무엇을 알고, 할 수 있는가보다는 무엇을 모르고 있는가에 대한 정보를 제공한다."고 했다.

수행평가는 또한 현대 구성주의 심리학에 그 기반을 두고 등장했다. 구성주의에 따르면 학습은 학습자가 학습하기 전부터 가지고 있는 인지구조의 변화이며, 그 과정은 사회적 합의의 과정이다(조희형, 1998). 즉 학습이란 학생이 정보를 수용하고, 해석하고, 자신이 이미 가지고 있는 선행 지식과 경험에 이를 연결 짓는, 그리해서 자신이 가지고 있는 지식을 끊임없이 재조직하고 재구성하는 계속적인 과정이라는 것이다. 구성주의에서는 또한 학습자를 단순히 교사로부터 전달받은 지식을 재현, 모방하는 수동적 수용자로 보는 것이 아니라 교사의 적극적인 안내에 따라 능동적으로 새로운 아이디어를 구성, 창조하는 능동적 주체자로 설명한다(김찬종, 채동현, 임채성, 1999). 구성주의 학습관에서 평가는 교수·학습으로부터 분리된 것이 아니라 수업 과정 전체를 통해 이루어지는 것이며, 다양한 평가 방법이 요구된다. 즉 평가는 학생들이 스스로 의미 구성을 하고 본인이 구성한 것을 보여 줄 수 있어야 하며, 학생들 스스로 평가에 포함할 부분과 그 의미를 자율적으로 결정할 수 있어야 한다. 이러한 인지 학습 이론은 수행평가의 필요성을 강조한다.

마지막으로 시대적 배경을 들 수 있다. 미래사회는 국제화 · 정보화 · 지방화 · 자율화 사회가 될 것이며. 이러한 사회는 학교에 이전과 다른 새로운 요구를 하고 있다. 즉 교육은 자기 주도적 학습능력, 창의성, 협력과 협동을 통한 문제 해결력, 의사소통 과정을 수행할 수 있는 지식과 기능을 갖춘 학생을 길러내야 한다. 이 밖에도 수행평가를 도입해야 하는 필요성 및 의의는 다음과 같다.

첫째, 교수 · 학습 목표와 평가 내용을 보다 직접적으로 관련시키기 위함이다.

둘째, 학생들이 아는 것과 실제로 적용할 수 있는지 여부를 파악하는 것이 중요하기 때문이다.

셋째, 구성주의는 여러 측면의 지식이나 능력을 지속적으로 평가할 수 있는 장점이 있다.

넷째, 학습자 개인에게 의미 있는 학습 활동이 이루어지도록 하기 위함이다.

다섯째, 교육 평가의 과정이 학생의 학습과 이해력을 직접적으로 조장할 수 있도록 하기 위함이다.

여섯째, 창의성이나 고등 사고 기능에 대한 평가나 학습의 과정에 대한 평가를 하기에 적합한 기법이기 때문이다.

(3) 수행평가의 방법

현재 널리 사용되고 있는 수행평가의 방법으로는 서술형(주관식) 검사, 논술형 검사, 구술 시험, 토론법, 실기 시험, 실험·실습법, 면접법, 관찰법, 자기 평가 보고서법, 동료 평가 보고서법, 연구 보고서법, 포트폴리오법 등이 있다(김찬종, 김진규, 임행, 2001; 백순근, 소경희, 김광주, 1998; Baron & Boschee, 1995; Herman, Aschbacher, & Winters, 1992; OTA, 1992). 인지적 행동 특성을 평가하는 선택형 문항의 평가와 수행평가를 구조화의 정도에 따라 연속선상의 개념으로 보고 제시한 그림(성태제, 1998a; 1998b)을 이 책에서는 수정·보완해서 다음과 같이 그림 5.4에 나타내었다.

연속선상에 있는 선다형 문항에 의한 평가와 참 평가 사이에서 어떤 평가 방법을 수행평가로 볼 수 있는가에 대한 절대적인 기준은 없다. 무엇을 평가하느냐 즉 알고 있는 지식의 정도를 행위로 나타내거나, 행위로 나타내지 못하더라도 어떻게 할 것이라는 내용을 서술하는지를 수행평가의 판단 기준으로 삼는 것이 바람직하다(성태제, 1998b).

선다형, 배합형, 진위형 문항은 평가의 척도가 맞지 않으면 틀리는 이분적 척도이며 우리나라 교육 현장에서는 이들을 흔히 전통적 평가 문항이라고 한다. 그러나 괄호형과 단답형 문항을 반드시 항상 맞지 않으면 틀리는 이분적 척도라고 볼 수만은 없기 때문에 수행평가를 실시하던 초기의 교육 현장에서 이들도 수행평가의 시작으로 간주하기도 했다(교육부, 1998). 그러나 일반적으로 수행평가 문항이라면 서술형, 논술형, 구술 시험, 토론법, 실험 실습, 실기 시험, 면접법, 보고서법, 포트폴리오, 참 평가를 지칭하는 경우가 흔하다(그림 5.4의 내용 참조). 각 각의 수행평가 방법의 내용을 구체적으로 살펴보면 다음과 같다(조희형; 최경희, 2000; 강순희, 2001).

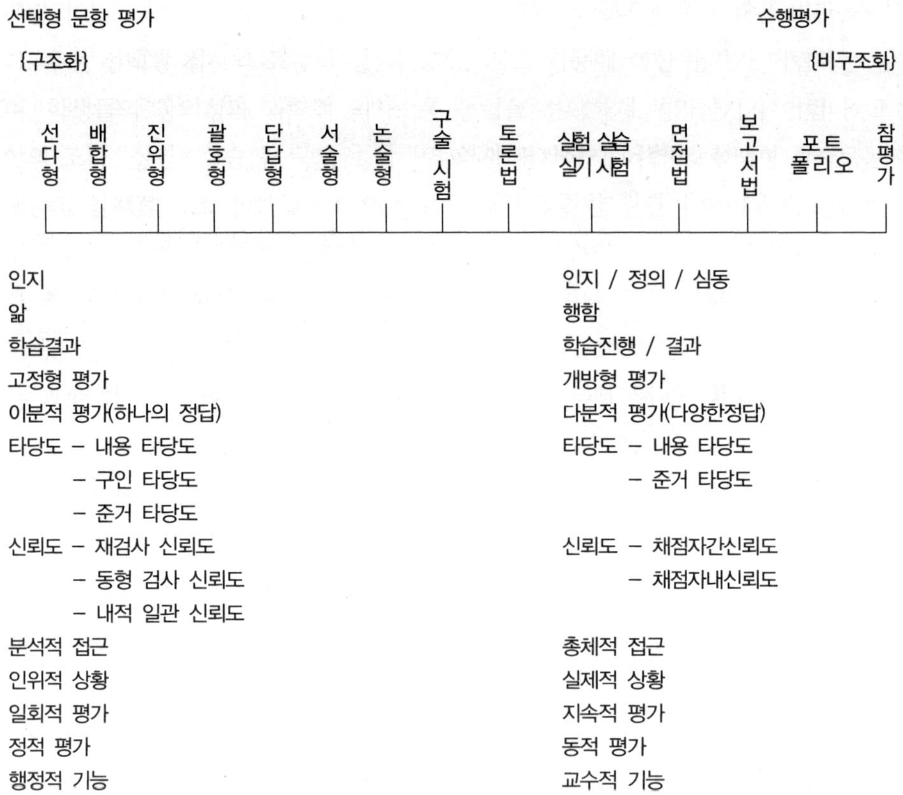

| 그림 5.4 | 선택형 문항 평가와 수행평가의 연속적 개념

| 표 5.6 | 수행평가의 방법 (계속)

방법	의미	특징 및 적용 방안
괄호형과 단답형	문장에 여백을 두어 응답을 유도하거나 간단한 단어, 구, 절 혹은 수나 기호로 응답하는 활동	• 정의, 개념, 사실 등을 질문하므로 넓은 범위의 내용을 평가할 수 있음 • 주관식 문항으로 가장 많이 출제되며 다른 수행평가 방법에 비해 간단하고 쉽게 평가 가능함
서술형(주관식) 검사	비교적 짧은 길이(1 ~ 2 문장 형태)로 답안을 작성하고 그것을 평가하는 활동	• 단순 암기가 아니라 문제 해결의 과정을 이해하고 있는지 파악할 수 있음 • 문제 해결에 필요한 지식이나 다양한 교과의 연계 지식을 평가할 수 있음
논술형 검사	서론, 본론, 결론을 갖춘 글로 자신의 생각이나 주장을 논리적으로 작성한 것을 평가하는 활동	• 학생의 생각이나 의견을 직접 기술하기 때문에 창의성, 문제 해결력, 비판력, 통합력, 분석력 등의 고등사고 능력을 평가할 수 있음 • 저학년이나 언어 역량이 부족한 학생의 경우, 내용 이해도에 비해 표현력이 미흡할 수 있음을 고려해야 함

| 표 5.6 | 수행평가의 방법 (계속)

방법	의미	특징 및 적용 방안
구술 시험	특정 내용이나 주제의 질문에 말로 답하는 활동	• 학생의 준비도, 이해력, 표현력, 판단력, 의사소통 능력 평가 • 과제의 수행 과정이나 결과에 대해 구두로 설명하도록 하므로, 학생 스스로 점검할 수 있게 하고 교사가 어려운 점을 파악하는 데 효과적임
토론법	특정 주제의 찬반에 대해 학생들이 서로 토론하는 것을 관찰해서 평가하는 활동	• 서로 다른 의견을 제시할 수 있는 주제에 대해서 개인별 혹은 소집단별로 찬성과 반대에 대한 논리적 주장의 적절성, 자료의 준비도, 상대방의 의견을 존중하는 태도, 진행 방법 등을 종합적으로 평가 • 토론 과정을 모두 모니터링하기 어려우므로 학생 간 동료 평가 방법과 병행해서 진행할 수 있음. 학급 전체 토론의 경우 발표 학생의 논리성, 태도 등을 평가할 수 있음
실기 시험	자연스러운 상황에서 교사가 학생들을 관찰하면서 지도하는 활동	• 기존의 실기 시험과 달리 평가 상황이 통제되거나 분리되지 않고 교수·학습과 연계해서 수업 활동 중에 평가가 이루어짐
실험 · 실습법	실험 · 실습 과정 및 결과에 대해 교사가 관찰한 것과 보고서를 이용하여 평가하는 활동	• 실험 · 실습을 위한 기자재의 조작 능력이나 태도를 교사가 관찰하고, 학생이 지식을 적용하는 능력, 협력적 문제 해결 능력 등을 종합적으로 평가
면접법	교사와 학생이 서로 대화를 통해 자료나 정보를 수집해서 평가하는 활동	• 지필식 시험이나 서류로 알 수 없는 정보들에 대해 보다 심도 깊이 알 수 있으며 진행상 융통성을 발휘할 수 있음
관찰법	교사의 관찰을 통해 일련의 정보를 수집하는 활동	• 특정한 장면이나 상황에서 발생하는 행동 체계를 관찰해서 일화 기록법, 체크리스트, 평정척도 등을 이용해서 기록함 • 수업 중의 학생 활동을 모둠별 또는 개인적으로 관찰하는 경우, 평가표에 체크하고 행동 특징을 간단히 기록할 수 있으며 체크 전 · 후에 피드백을 주어 학생의 학습 활동에 도움을 주도록 하는 것이 필요함
자기 평가 및 동료 평가 보고서법	학습 과정에 대해서 학생이 스스로 평가하거나 동료 학생들이 상대방을 서로 평가하는 활동	• 학습 준비도, 학습 동기, 성실성, 만족도, 다른 학습자들과의 관계, 성취수준 등을 스스로 생각하고 반성하게 함 • 교사가 학생을 관찰하고 기록한 내용과 비교·분석해서 학생을 이해하고 피드백 하는 데 활용

| 표 5.6 | 수행평가의 방법

방법	의미	특징 및 적용 방안
		• 절대적 이해도, 성취도 등을 평가하기보다는 학생 스스로가 성장 과정을 평가할 수 있도록 활용할 수 있음 • 동료 평가는 학생 수가 많은 환경에서 교사가 학생을 관찰하고 기록한 내용과 비교해서 평가의 객관성을 확보할 수 있으며, 교사 평가를 보완해서 평가의 공정성을 확보하는 데 유용함
연구 보고서법	연구 주제를 선택해서 자료를 수집하고 분석 · 종합해서 연구 보고서를 작성 및 제출하는 활동	• 계획서 작성 단계에서부터 결과물(연구 보고서나 산 출물) 완성 단계에 이르는 전 과정을 종합적으로 평가 • 초기에 학생들과 평가 계획을 수립하고 공유하며, 최종 산출물 완성을 위한 중간 산출물 생성과 교사의 피드백을 반영한 중간 산출물의 수정 보완 과정을 평가 요소에 포함해야 함
포트폴리오법	작품을 체계적으로 누적해서 수집한 작품집을 이용해서 평가하는 활동	• 학생 개개인의 변화와 발전 과정을 종합적으로 평가하기 위해 전체적이면서도 지속적으로 평가하여 학생에게 유용한 피드백을 제공할 수 있음

1) 괄호형과 단답형

괄호형 문항은 질문을 위한 문장에 여백을 두어 응답을 유도하는 문항 형태를 말한다. 여백의 형태가 괄호일 수도, 상자일 수도, 밑줄이 그어질 수도 있으며, 어떤 형태라도 무방하다. 여백 앞뒤의 문맥을 파악하는 독해능력을 측정하기 위해서 고안된 방법이다. 단답형 문항은 간단한 단어, 구, 절 혹은 수나 기호로 응답하는 문항 형태로, 용어의 정의나 의미를 질문할 때 자주 사용된다. 단답형 문항은 문항 제작이 용이하며, 정의, 개념, 사실 등을 질문하므로 넓은 범위의 내용을 측정할 수 있다. 또한 추측에 의해서 정답을 맞힐 수 있는 요인을 배제할 수 있으며, 채점이 객관적이라는 장점이 있다. 괄호형과 단답형은 현장에서 주관식 문항으로 가장 많이 출제되는 형식으로 다른 수행평가 방법에 비하여 간단하고 쉽게 평가될 수 있는 형식이다.

2) 서술형(주관식) 검사

서술형 검사란 흔히 주관식 검사라고 하는 것으로, 문제의 답을 선택하는 것이 아니라 학생들이 직접 서술(구성)하는 검사 형태이다. 보통은 모범 답안을 상정하고 있는 경우가 대부분이나 학생들이 단순히 암기하고 있는 수준이 아니라 문제 해결의 과정을 제대로 이해하고 있는지를 파악하기 위한 경우가 많다.

3) 논술형 검사

논술형 검사도 일종의 서술형 검사이기도 하지만 개인의 생각이나 주장을 창의적이고 논리적이면서도 설득력 있게 조직해서 작성해야 한다는 점에서 일반 서술형과 구분된다. 논술형 검사는 주어진 논제 또는 지시에 따라 학생이 직접 논문을 작성하거나 적어도 한 문단 이상의 문장을 답안으로 서술하는 형식의 시험을 말한다. 이 검사는 서술된 내용의 깊이와 넓이뿐만 아니라 글을 조직하고 구성하는 능력을 동시에 평가한다는 장점이 있지만 채점의 주관성으로 인한 채점의 비신뢰성, 비객관성이라는 단점을 가지고 있다.

논술형 문항은 답의 작성 범위에 따라 크게 제한형(restricted)과 확장형(extended)으로 구분할 수 있다. 때로 이 형태를 각각 응답 제한형과 응답 자유형으로 부르기도 한다. 응답 제한형은 내용 제한형, 분량 제한형, 서술 방식 제한형으로, 응답 자유형은 범교과형, 특정 교과형 또는 단독 과제형, 자료 제시형으로 구분한다. 논술형 문항은 피험자의 입장에서 제시하고, 평가의 목표와 관련성이 있게 제작하고, 질문이 명료하게 드러나도록 기술하며, 객관적인 채점이 가능하게 구성하는 것이 바람직하다. 또한 그것은 목적이나 상황에 따라, 두 사물을 비교하게, 찬반의 의사를 결정하게, 원인과 효과를 기술하게, 문장의 정확한 의미를 설명하게, 분석하게, 관계를 말하게, 토의하게, 사실을 재조직하게, 새로운 질문을 형성하게, 비판하게 작성하는 것이 좋다.

4) 구술 시험

구술 시험은 학생들로 하여금 특정 교육 내용이나 주제에 대하여 자신의 의견이나 생각을 발표하도록 해서 학생의 준비도, 이해력, 표현력, 판단력, 의사소통 능력 등을 직접 평가하기 위한 방법이다. 구술 시험은 여러 면에서 다양한 목적으로 이용되고 있다. 입학 시험 및 취직 시험에서는 면접의 일환으로 구술 시험을 치기도 하며, 학생들의 현장 연구 결과 및 실험 실습 결과, 과제의 수행결과를 구두로 발표하게 하기도 한다. 구술 시험은 중등학교의 과학 시간에 실시하기에는 많은 시간과 노력이 필요하지만, 객관식 문항으로 평가하기 어려운 내용의 평가에는 실용적이다. 구술이 학생들로 하여금 여러 가지 생각과 지식을 통합하고 조직하게 하기에, 그리고 그들이 학습하는 과정에서 어렵게 느끼는 점을 확인하기에는 특히 유용한 방법이다. 구술 시험은 진단적 평가 방법으로는 어느 방법보다 효과적이다.

5) 토론법

토론법이란 교수·학습 활동과 평가 활동을 통합적으로 수행하는 대표적인 방법으로 특정 주제에 대해 학생들이 서로 토론하는 것을 보고 평가하는 방법이다. 특히 수행평가에서는 찬·반 토론법을 많이 사용하는데, 찬·반 토론법이란 사회적으로나 개인적으로 서로 다른 의견을 제시할 수 있는 토론 주제를 가지고, 개인별로 찬·반 토론을 하도록 하거나 집단으로 나누어 집단별 찬·반 토론을 하도록 한 다음, 찬성과 반대 의견을 토론하기 위해 사전에 준비한 자료의 다양성이나 충실성, 그리고 토론 내용의 충실성과 논리성, 반대 의견을 존중하는 태도, 토론 진행 방법 등을 총체적으로 평가하는 방법이다. 이러한 찬·반 토론법은 논술형 검사와 구술 시험을 통해 얻을 수 있는 정보를 모두 얻을 수 있는 장점이 있는 반면, 학생수가 많을 경우 개별 학생들이 충분히 발언할 기회를 얻지 못하는 단점도 있다.

6) 실기 시험

수행평가에서 언급되는 실기 시험과 기존의 실기 시험의 가장 큰 차이점은 실기를 하는 상황의 성격이 다른 것이다. 기존의 실기 시험에서는 평가가 이루어지는 상황이 통제되거나 강요되는 경우가 대부분이나, 수행평가를 위한 실기 시험에서는 가능한 한 교수, 학습 활동과 평가 활동을 분리하지 않고 수업 시간에 자연스러운 상황하에서 평가하는 것이 바람직하다. 예를 들어 알코올 램프 사용하기를 평가할 때 별도의 시험 시간을 정하지 않고, 교사가 수업 시간 중에 개별 학생들을 관찰하면서 지도, 조언해주는 과정이 곧 평가 활동이 된다. 또한 잘하는 학생을 보고 배울 수 있도록 학생들 간의 상호작용을 적극적으로 장려하기도 한다.

7) 실험·실습법

실험·실습법은 자연 과학 분야에서 많이 사용하는 것으로, 어떤 과제에 대해서 학생들로 하여금 직접 실험·실습을 하게 한 후 그 결과 보고서를 제출하게 한다. 이때 개인 단위로 실험·실습을 하게 할 수도 있고 팀을 구성해서 공동 작업을 하게 할 수도 있다. 평가자는 학생들의 실험·실습 과정을 직접 관찰함과 아울러 제출된 결과 보고서를 동시에 고려해서 평가하게 된다. 이러한 방법은 실험·실습을 위한 기자재를 조작하는 능력뿐만 아니라, 지식을 적용하는 능력이나 문제 해결 과정을 포괄적이면서도 종합적으로 평가할 수 있다.

8) 면접법

면접법이란 평가자와 학생이 서로 대화를 통해서 얻고자 하는 자료나 정보를 수집하여 평가하는 방법이다. 즉 평가자가 학생과 직접 대면하여 평가자가 질문하고 학생이 대답하는 과정을 통해 지필식 시험이나 서류만으로는 알 수 없는 사항들을 알아보고 그것을 평가하는 방법이다. 면접법의 장점은 보다 심도 깊은 정보를 얻을 수 있으며, 사전에 예상할 수 없었던 정보나 자료를 얻을 수 있고, 진행상 융통성을 발휘할 수 있는 것 등이다.

9) 관찰법

관찰은 학생을 이해하고 평가하기 위한 가장 보편적인 방법 중 하나이다. 교사들은 늘 학생들을 접하고 있으며 개별 학생 단위로나 집단 단위로나 항상 관찰하게 된다. 예를 들어 학생들 간의 사회적 관계 구조를 파악하기 위해 한 집단 내에서 개인 간 또는 소집단 간의 역동적 관계를 집중적으로 관찰하는 것이다. 객관적이고 정확한 관찰을 하기 위해서는 관찰 대상을 있는 그대로 기술하는 일화 기록법이나, 체크리스트, 평정척도 등을 이용하기도 하고, 경우에 따라서는 비디오 녹화를 한 다음 분석하기도 한다.

10) 자기 평가 및 동료 평가 보고서법

자기 평가 보고서법이란 특정 주제나 교수, 학습 영역에 대하여 자기 스스로 학습 과정이나 학습 결과에 대한 자세한 평가 보고서를 작성·제출하도록 해서 평가하는 것이다. 이렇게 함으로써 학생이 자신의 준비도, 학습 동기, 성실성, 만족도, 다른 학습자들과의 관계, 성취수준 등에 대해 스스로 생각하고 반성할 수 있는 기회를 제공할 뿐만 아니라, 교사가 자신이 시행한 해당 학습자에 대한 관찰이나 평가가 타당했는지를 비교·분석할 수 있는 기회를 제공하게 된다.

이와 비슷하게 동료 학생들이 상대방을 서로 평가하도록 하는 동료 평가 보고서법을 이용하여 학생들을 평가할 수도 있다.

11) 연구 보고서법

연구 보고서법이란 교과별로나 통합 교과적으로 여러 가지 연구 주제 중에서 학생의 능력이나 흥미에 적합한 주제를 선택하되 그 주제에 대해서 자기 나름대로 자료를 수집하고 분석·종합해서 연구 보고서를 작성·제출하도록 함으로 평가하는 것이다. 이때 연구의 주제나 범위에 따라 개인적으로 또는 집단으로 할 수도 있다. 이러한 연구 보고서법은 흔히 프로젝트법이라고도 하며 학생들은 연구를 수행하고 보고서를 작성하는 과정에서 연구하는 방법, 각종 정보를 수집하는 방법, 다양한 자료를 종합하고 분석하는 방법, 보고서 작성 방법 등을 익히게 된다.

12) 포트폴리오법

포트폴리오법이란 자신이 쓰거나 만든 작품을 지속적이면서도 체계적으로 모아 둔 개인별 작품집 혹은 서류철을 이용한 평가 방법이다. 포트폴리오법은 학생들이 자신이 제작한 포트폴리오를 통해 자기 자신의 변화 과정을 알 수 있고, 자신의 장점이나 약점, 성실성 여부, 잠재 가능성 등을 스스로 인식할 수 있으며, 학습의 과정과 생활 경험을 연결해 볼 수 있는 기회를 가질 수 있다. 또한 교사들은 포트폴리오를 통해 학생들의 과거와 현재의 상태를 쉽게 파악할 수 있을 뿐만 아니라 앞으로의 발전 방향에 대해 쉽게 조언해 줄 수 있다. 이 방법은 단편적인 영역에 대한 일회적 평가가 아니며, 학습의 평가와 수업의 평가에 모두 적용할 수 있는 다목적적인 평가이며, 비교가 아닌 개선에 초점을 맞추어 학생 개개인의 변화, 발달 과정을 종합적으로 평가하기 위해 전체적이면서도 지속적인 평가를 강조하는 것으로 수행평가의 대표적인 기법 중의 하나이다.

(4) 수행평가 문항의 개발

1) 성취기준

교육의 실천 과정에서 전개되는 모든 활동은 학생으로 하여금 이미 설정해 놓은 목표에 도달할 수 있게 하기 위한 것이다. 우리나라는 국가 교육과정에 과목별로 성취해야 할 객관적이고 타당한 교수·학습 목표가 제시되어 있다. 교수·학습 목표란 "한 단위의 학습이 종료된 뒤 학습자가 나타내 보일 수 있는 행동을 구체적으로 진술한 것"이다(McMillan, 1997). 이러한 정의에 의하면 우리나라의 제7차 교육과정에서 제시하고 있는 과목별 교수·학습 목표는 학교 교육 현장에서 활용하기에 일반적이고 추상적이므로 과목별 교수·학습 목표를 수업 및 평가 상황에서 실질적으로 활용할 수 있는 학교 수준 또는 차시 수준인 성취기준의 형태로 좀 더 구체화하는 작업이 필요하다.

성취기준(achievement standards)이란 "각 과목별 교수·학습 활동에서 실질적인 기준 역할을 할 수 있도록 현행 국가 수준의 교육과정을 구체화해서 학생들이 성취해야 할 능력 또는 특성의 형태로 진술한 것"이다. 즉 국가 교육과정에 제시된 과목별 목표와 내용이 뜻하는 바를 구체적으로 한정해서 교사와 학생들에게 그들이 무엇을 가르치고 무엇을 배워야 하는지를 명료하게 제시한 것이라고 할 수 있다(백순근, 소경희, 김광주, 1998). 설정된 성취기준은 수업의 방향을 결정해주고 수업할 내용을 선정 · 조직하는 출처이자 기준이 되며 수업의 결과를 평가하는 준거가 된다(조희형, 박승재 편, 1995).

2) 평가기준

성취기준은 해당 학년 학생들이 반드시 성취해야 할 교육 내용과 행동의 범위를 진술한 것인 반면, 평가기준은 학생이 성취기준이 포함하는 내용과 행동 범위를 성취했다면 보이게 될 성취의 수준을 그 정도에 따라 구분하여 진술한 것이라고 할 수 있다.

따라서 평가기준(assesment standards)은 "과목별 평가 활동에서 실질적인 기준 역할을 할 수 있도록 각 평가 영역에 대하여 학생들이 성취한 정도를 몇 개의 수준(예: 상 · 중 · 하)으로 나누어, 각 수준에서 기대되는 성취 정도를 구체적으로 진술한 것"이다.

평가기준은 평가 도구를 개발할 때 그것의 내용과 수준을 결정하는 데 구체적인 지침의 역할을 할 뿐만 아니라, 평가 후 그 결과의 해석에 직접 참조할 수 있는 실질적인 지침의 역할을 할 수 있다. 따라서 평가기준을 개발하는 데 있어서 각 평가 영역에 대해 학생들의 성취 정도를 변별할 수 있는 수준을 제시하고 각 수준의 의미가 어떻게 변별되며, 그 근거가 무엇인지를 제시하는 작업이 수반되어야 한다. 여기서 각 수준의 의미 변별과 수준 변별의 근거는 평가기준 개발의 전 과정에서 가장 핵심적인 단계라고 할 수 있다.

이 책에서 평가기준은 각 평가 영역별로 학생들의 성취 정도를 상 · 중 · 하, 세 수준으로 구분할 수 있도록 진술했다. 이는 학생들이 합의된 성취기준을 어느 정도나 도달하고 있는지를 좀 더 구체적으로 파악할 필요가 있기 때문이다.

평가기준에서 상 · 중 · 하 각 수준의 의미는 국가 교육과정에 비추어 파악될 수 있다. 우리나라 국가 교육과정은 원칙적으로 해당 학생들이 성취하기를 기대하는 필수 내용을 중심으로 과목별 학년별로 구성되어 있다. 이러한 교육과정에 비추어볼 때, 평가기준에서 '상 수준'이란 '해당 학년 학생이 충실한 교수 · 학습 과정을 통해서 성취해야 할 것이라고 기대되는 수준'이라고 할 수 있다. 또한 '중 수준'은 '상 수준에 해당하는 것을 성취하지 못한 수준'이기 때문에 누구나 성취하기를 기대하는 필수 내용을 충실히 성취하지 못한 수준이다. 한편, 개발된 '하 수준'의 평가 기준을 살펴보면 '~할 수 없다'와 같은 표현이 사용되고 있다. 그러나 '하 수준'의 의미는 개발한 평가 도구를 사용해서 측정한 결과 그와 같이 판정된 것이며, 학생에게 학습이 전혀 일어나지 않았음을 나타내는 것은 아니다.

3) 평가 문항

교육 평가는 교수 · 학습 활동 측면에서 학생들이 교육 목표에 도달한 정도와 교육과정의 효율성을 판단하기 위해서 필요하며, 교육에 관련된 모든 사항을 교육 목적에 대한 가치를 기준으로 측정해서 판단하는 주관적 행위라고 할 수 있다. 다시 말하면, 학생 개개인이 도달해야 할 교육 목표를 어느 정도 성취했는가를 점검하고 그 결과를 학생, 교사, 학부모 등 관련 당사자들에게 제공해줌으로써 교육 효과의 향상을 도모하는 것이 교육 평가의 본질적 기능이라고 볼 수 있다. 이를 위해서는 학습자의 교육적 성취 정도를 측정할 수 있는 도구가 필요하다. 평가 문항(assessment instruments)은 바로 교육 성취도를 측정할 수 있는 도구이다.

4) 채점 기준

수행평가에서는 객관식 평가에서 이용하는 정답과 정답표(answer key) 대신에 채점 기준(scoring criteria)을 활용한다. 채점 기준은 학생들을 평가할 때 이용할 준거를 확인하기 위한 도구로서 무엇이 평가되고 있는지에 대한 공적 표현이며, 수용해야 할 성취기준이 된다(김경자 역, 2000; Doran, Chan, & Tamir, 1998). 채점 기준은 또한 수행 기준으로서 평가 대상의 수행을 이루는 기본적 요소와 질을 상대적으로 나타내며 여러 가지 형태의 수행평가에서 점수나 척도를 이용해 학생들이 도달하기를 기대하는 수행의 수준을 나타낸다(Chiappetta, Koballa, & Collette, 1998). 이와 같이 평가 문항을 채점할 때 쓰이는 상세하고 구체적인 기준은 채점 기준(scoring criteria), 채점 지침(scoring guideline), 루브릭(rubric), 채점 루브릭(scoring rubric) 등 다양한 용어로 불린다.

Herman, Aschbacher와 Winters(1992)는 채점 기준에 포함될 요소로서 학생들의 반응을 판단하는데 사용될 하나 이상의 기본적인 특성 혹은 영역, 각 특성이나 영역의 의미를 명확히 해주는 정의나 사례, 각 영역을 평정하기 위한 수치나 범주, 각 영역의 단계 · 단계별 사례 혹은 범례 · 단계별 특성을 구분하는 성취수준을 들고 있다. 또한 그들은 "채점 기준이 없는 평가는 일회적이며 분절적인 활동이 되고 만다."고 채점 기준의 중요성을 강조했다.

MSEBNRC(1993)에서는 "학생의 답을 채점하는 방법에 대한 지시가 없는 평가는 그 자체로서 아무런 의미를 지닐 수 없다.”고해서 채점 기준이 평가 도구의 중요한 요소임을 제시했다.

채점 기준의 주요 목적은 평가 과제에서 정확히 학생에게 기대하는 바가 무엇인지 전달하는 데 있다. 즉 채점 기준은 교수 · 목표와 성취기준을 전달하는 기능을 한다. 그러므로 채점 기준은 교수 · 학습의 목표를 반영해야 하며 학생들의 성취수준을 설명할 수 있어야 하고, 교사가 측정하고자 하는 모든 중요한 학습 결과가 반영되어야 한다. 채점 기준의 가치는 학생들이 알고 있거나 할 수 있는 것에 관해서 교사와 학생 및 학부모 사이의 의사소통을 가능하게 하는 특성에 있다(Chiappetta, Koballa, & Collette, 1998). 따라서 채점하는 모든 교사는 물론이고 시험을 치룬 학생과 학부모 누구나 명확하게 이해할 수 있도록 작성하는 것이 바람직하다.

많은 전문가는 수행평가의 중요한 문제점으로 채점이 어렵다는 것과 채점 결과의 신뢰도 문제를 들고 있다(성태제, 1998b; Asher, 1990; Elliott, 1995). 따라서 수행평가에서는 수행 과제의 개발 못지않게 체계적이고 명확한 채점 기준의 개발이 필요하다. 채점 기준은 수행 과제 개발과 함께 이루어져야 하며 수행 과제와 함께 제시되어야 하는데, 이는 채점 기준이 수행과제와 함께 제시되었을 때 학습자들이 과제 수행의 성취 목표로 인식할 수 있고 자신의 수행 정도를 점검해 볼 수 있기 때문이다.

채점 기준은 평가 준거에 따라 총체적(holistic) 채점 기준과 분석적(analytic) 채점 기준으로 분류할 수 있다(조희형과 최경희, 2000; Ruiz-Primo & Shavelson, 1996; Wiggins, 1998). 총체적 채점 기준은 학생들이 나타내는 반응을 전체적으로 판단하는 방법, 즉 한 문제를 해결하거나 한 과제를 수행하는 모든 과정과 그 결과를 동시에 평가하는 방식이다. 이러한 채점 방법은 수행의 특성에 대하여 부분적인 측면에 대한 정보보다는 전체를 중시할 때 유용하다. 분석적 채점 기준은 수행 과정의 핵심적 구성 요소에 평가의 주안점을 두며, 수행의 구성 요소를 몇 개의 요점으로 세분화하여 평가한다. 이를테면, 실험 보고서의 탐구력 평가 요소를 계획 · 수행 · 분석 · 응용으로 나누고, 요소마다 평가의 요점을 나열한다. 분석적 채점에 의한 결과는 개별 학생이나 수업의 강점과 약점을 피드백하는 데 유용하다. 채점 기준의 효율성과 실용성은 수행평가의 방법과 그 과제에 따라 달라진다.

채점 기준은 다양한 척도를 포함하고 있는데, 이에 따라 점수 체계, 평정 척도, 점검표로 구분할 수 있다(Ebenezer & Haggerty, 1999). 점수 체계(point system)는 수행 수준에 따라 점수를 부여하도록 고안된 채점 척도로서 현재 수행평가에서 가장 일반적으로 사용된다. 최저 수행 수준에서 최고 수행 수준까지의 수행 수준을 3, 4, 5, 7,점 등의 척도로 구분할 수 있는데, 점수 척도를 몇 개로 나누느냐 혹은 그 간격을 얼마로 하느냐 하는 것은 어떤 목적으로 그것을 사용하느냐에 따라 달라진다.

평정 척도(rating scale)는 숫자 대신에 수 · 우 · 미 · 양 · 가, 합격 · 불합격, 만족 · 불만족 등의 기술적 용어로 표현한다.

점검표(checklist)는 영역, 특성, 행동의 유 · 무를 평정할 수 있는 항목 표이다. 교사가 학습 과정을 평가하고자 할 때, 즉 무엇이 어떻게 학습되고 있는가를 알고자 할 때 점검표는 유용한 평정 척도가 된다. 앞에서 기술한 두 가지 채점 기준은 세 가지 척도 어느 것으로도 구성할 수 있다.

3.2 수행평가의 실례

실례로 제시한 다음의 수행평가 실례들(서술형, 논술형, 포트폴리오, 실험 보고서 등)의 앞에는 해당 문항에 대한 성취기준과 평가기준이 실려있다. 성취기준은 '지식', '탐구', '태도' 영역을 구분하기 위해서 성취기준의 첫 부분에 각각 K, P, A의 영문자를 붙였다. 이때, K는 지식(knowledge), P는 탐구 능력(process skill), A는 태도(attitude)를 의미한다. 또한 평가기준은 각각 EP, EK, EA로 구분하여 표시했다. 이 때, E는 평가(evaluation)를 의미한다. 마지막으로 수행평가 문항에 대한 학생들의 수행 정도를 채점할 수 있는 채점 기준을 함께 제시했다.

(1) 서술형

통합과학

학교급		고등학교	교과/과목	통합과학	영역/단원	(6) 화학 변화
교육과정 성취기준		[10통과06-02] 생명 현상 및 일상생활에서 일어나고 있는 다양한 변화의 이유를 산화와 환원에서 나타나는 규칙성과 특성 측면에서 파악해서 분석할 수 있다.				
평가준거 성취기준		[10통과06-02-00] 생명 현상 및 일상생활에서 일어나고 있는 다양한 변화의 이유를 산화와 환원에서 나타나는 규칙성과 특성 측면에서 파악해서 분석할 수 있다.				
평가기준	상 ■	생명 현상 및 일상생활에서 일어나고 있는 다양한 변화의 이유를 산소 및 전자의 이동에 의한 규칙성과 산화 환원 반응의 특성 측면에서 분석해서 설명할 수 있다.				
	중 ■	생명 현상 및 일상생활에서 일어나고 있는 다양한 변화의 이유를 산소의 이동에 의한 규칙성 측면에서 설명할 수 있다.				
	하 ■	생명 현상 및 일상생활에서 일어나고 있는 산화 환원 반응을 찾아 말할 수 있다.				

평가 문항

| 문제 1 | (가)~(바)는 캠핑장에서 볼 수 있는 현상이다. 물음에 답하시오.

(1) (가)~(바) 중 산화 환원 반응에 해당하는 반응을 모두 고르시오.

(2) (1)에서 선택한 산화 환원 반응에서 반응물과 생성물의 이름을 쓰고, 이를 토대로 산화 환원 반응의 공통점을 서술하시오.

선택한 화학 반응	반응물	생성물

산화 환원 반응의 공통점	

| 문제 2 | (가), (나)는 일상생활에서 많이 이용되는 금속인 구리와 관련된 화학 반응식이다.

(가) $Cu + 2Ag^{*} \rightarrow Cu^{2+} + 2Ag$
(나) $2Cu + O_2 \rightarrow 2CuO$

(가)와 (나) 반응에서 산화되는 물질과 환원되는 물질을 찾고, 그렇게 생각한 이유를 서술하시오.

반응	산화되는 물질	환원되는 물질
(가)		
(나)		

그렇게 생각한 이유	

예시 답안 및 해설

| 문제 1 | (1) (가), (나), (마), (바)

(다)는 상태 변화, (라)는 중화 반응이므로 산화 환원 반응이 아니다.

(2)

선택한 화학 반응	반응물	생성물
(가)	이산화 탄소, 물	포도당, 산소, (물)
(나)	포도당, 산소, (물)	이산화 탄소, 물
(마)	철, 산소	산화 철(Ⅲ)
(바)	숯, 산소	이산화 탄소

산화 환원 반응은 산소의 이동에 의해 이루어지는 반응이라는 공통점이 있다.

| 문제 2 |

반응	산화되는 물질	환원되는 물질
(가)	Cu	Ag+
(나)	Cu	O_2

화학 반응에서 전자를 잃는 것을 산화, 전자를 얻는 것을 환원이라고 한다. (가) 반응에서는 Cu는 전자를 잃어 Cu^{2+}이 되므로 산화, Ag^{+}은 전자를 얻어 Ag이 되므로 환원된 것이며, (나) 반응에서는 Cu가 전자를 잃어 Cu^{2+}이 되므로 산화, O_2의 O가 전자를 얻어 O^{2-}이 되므로 환원된 것이다.

채점 기준

평가요소	배점	채점 기준
산화 환원 반응 찾기	2	• (가), (나), (마), (바)
	1	• (가), (나), (마), (바) 중 1~3개만 작성함.
	0	• 오답 또는 무응답
산화 환원 반응의 공통점 찾기	2	• (가), (나), (마), (바)의 반응물과 생성물을 바르게 적고, 산화 환원 반응이 산소의 이동에 의한 반응이라는 서술이 포함됨.
	1	• (가), (나), (마), (바)의 반응물과 생성물을 바르게 적었으나, 산화 환원 반응이 산소의 이동에 의한 반응이라는 서술이 포함되지 않음. • (가), (나), (마), (바)의 반응물과 생성물을 적은 것 중 오류가 있으나 산화 환원 반응이 산소의 이동에 의한 반응이라는 서술이 포함됨.
	0	• 오답 또는 무응답
전자가 이동하는 산화 환원 반응 이해하기	2	• (가), (나)에서 산화되는 물질과 환원되는 물질을 바르게 적고, 그 이유를 전자의 이동에 의한 산화 환원 반응으로 설명함.
	1	• (가), (나)에서 산화되는 물질과 환원되는 물질을 바르게 적었으나, 그 이유를 전자의 이동에 의한 산화 환원 반응으로 설명하지 못함.
	0	• 오답 또는 무응답

문항 해설

성취기준 및 문항 내용 관련 해설

이 문항은 교육과정 성취기준 '[10통과06-02] 생명 현상 및 일상생활에서 일어나고 있는 다양한 변화의 이유를 산화와 환원에서 나타나는 규칙성과 특성 측면에서 파악하여 분석할 수 있다.'이다. 평가준거 성취기준 [10통과06-02-00]은 교육과정 성취기준과 동일하다. 그래서 이 문항에서는 캠핑장에서의 한 장면에서 산화 환원 반응을 찾고, 이 반응의 공통점을 산소의 이동에 의한 반응이라는 규칙성으로 설명할 수 있는가를 평가하고자 했다. 또한 산소의 이동으로 설명할 수 없는 산화 환원 반응을 제시하여 전자의 이동으로 산화 환원 반응을 설명할 수 있는가를 평가하고자 했다.

평가기준 관련 해설

이 문항은 평가준거 성취기준인 '생명 현상 및 일상생활에서 일어나고 있는 다양한 변화의 이유를 산화와 환원에서 나타나는 규칙성과 특성 측면에서 파악하여 분석할 수 있다.'에서 어느 수준에 도달했는지를 측정하기 위한 문항으로 평가기준의 상, 중, 하 수준과 관련이 있다. 캠핑장에서의 한 장면에서 산화 환원 반응을 찾을 수 있는 경우를 '하', 산화 환원 반응의 공통점을 산소의 이동에 의한 반응이라는 측면에서 찾으면 '중', 구리의 산화 환원 반응에서 전자의 이동에 의한 산화 환원 반응의 규칙성 측면에서 파악하여 산화되는 물질과 환원되는 물질을 찾으면 '상'으로 설정했다.

교과 역량 관련 해설

이 문항과 관련된 과학 교과 역량은 '과학적 문제 해결력'이다. '과학적 문제 해결력'은 과학적 지식과 과학적 사고를 활용해서 개인적 혹은 공적 문제를 해결하는 능력이다. 일상생활의 문제를 해결하기 위해서는 문제와 관련 있는 과학적 사실, 원리, 개념 등의 지식을 생각해 내고 활용하며 다양한 정보와 자료를 수집, 분석, 평가, 선택, 조직하여 가능한 해결 방안을 제시하고 실행하는 능력이 필요하다. 이 문항은 일상생활에서 접할 수 있는 캠핑장 상황에서 일어나는 화학 반응을 과학적 개념, 원리 등의 지식을 적용해서 분류하고 그 원리를 설명하도록 구성되어 있어 과학적 지식과 과학적 사고를 활용하여 문제를 해결해야 하므로 '과학적 문제 해결력'을 기르는 데 초점을 두고 있다고 할 수 있다.

수업에서의 활용 방안

이 문항은 산소의 이동에 의한 산화 환원 반응에 대해 학습한 후 모둠 활동에 활용할 수 있다. [문제 1]을 제시하고 모둠별로 논의하여 제시된 상황의 반응물, 생성물을 찾고 이를 통해 화학 반응의 공통점을 찾아 발표하는 수업을 진행한다. 이후 산소의 이동에 의한 산화 환원 반응으로 설명할 수 없는 [문제 2]를 제시해서 인지적 갈등을 유발한 후 수업을 진행하고 [문제 2]를 모둠별로 해결하는 형태로 수업을 설계할 수 있다.

(2) 논술형

화학 II

학교급	고등학교	교과/과목	화학 II	영역/단원	(1) 물질의 세 가지 상태와 용액
교육과정 성취기준	[12화학 II 01-05] 물의 밀도, 열용량, 표면 장력 등의 성질을 수소 결합으로 설명할 수 있다.				
평가준거 성취기준	[12화학 II 01-05-00] 물의 밀도, 열용량, 표면 장력 등의 성질을 수소 결합으로 설명할 수 있다.				
평가기준 상	물의 밀도, 열용량, 표면 장력 등의 특성을 설명할 수 있으며 물의 특성을 물 분자 구조와 수소 결합으로 설명하고 이와 관련된 자연현상을 제시할 수 있다.				
평가기준 중	물의 밀도, 열용량, 표면 장력 등의 특성이 수소 결합과 관련되어 있음을 설명하고 이와 관련된 자연현상을 제시할 수 있다.				
평가기준 하	물의 밀도, 열용량, 표면 장력 등의 특성이 수소 결합과 관련되어 있음을 말할 수 있다.				

평가 문항

다음 제시문을 참고해서 물음에 답해 보자.

(가)

분자 간 힘 중에는 몇몇 특별한 분자들 사이에서만 나타나는 힘이 있다. 질소(N), 산소(O), 플루오린(F) 등 전기 음성도가 매우 큰 원자와 수소(H) 원자가 결합되어 있는 분자의 경우에 쌍극자 모멘트가 매우 커서 N, O, F과 결합한 H와 이웃한 분자의 N, O, F 사이에는 강한 인력이 작용하게 되는데 이러한 힘을 수소 결합이라고 한다. 단백질의 2차, 3차 구조나 DNA 염기쌍도 수소 결합에 의해 형성된다. 〈그림1〉은 몇 가지 분자의 수소 결합을 나타낸 그림이다. 점선으로 표시된 부분이 분자 간 수소 결합이다.

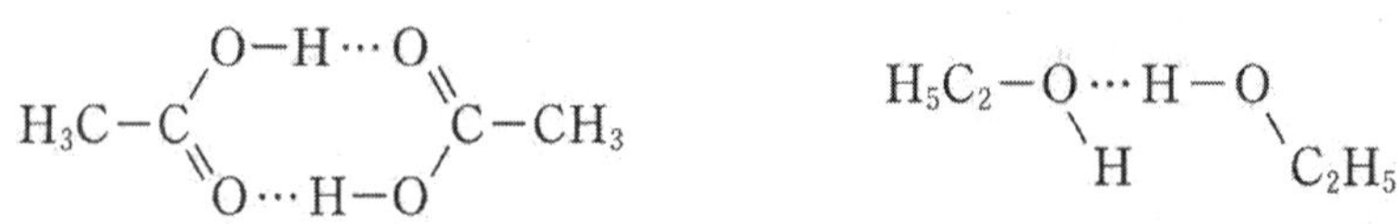

〈그림 1〉 몇 가지 분자 간 수소 결합

[출처: 천재교육(노태희 외) 교과서]

(나)

물 분자는 2개의 수소 원자와 1개의 산소 원자가 공유 결합을 통하여 〈그림2〉와 같은 굽은형의 분자 구조를 형성한다. 고체와 액체 상태의 물 분자들은 수소 결합을 통하여 강한 분자 간 상호작용을 하고 있기 때문에 분자량이 비슷한 다른 분자들에 비하여 독특한 물리 · 화학적 특성들을 가진다. 얼음의 경우 〈그림3〉과 같이 1개의 물 분자 주변에 4개의 물 분자가 수소 결합을 하고 있는 구조여서 〈그림4〉와 같은 결정 구조를 가진다.

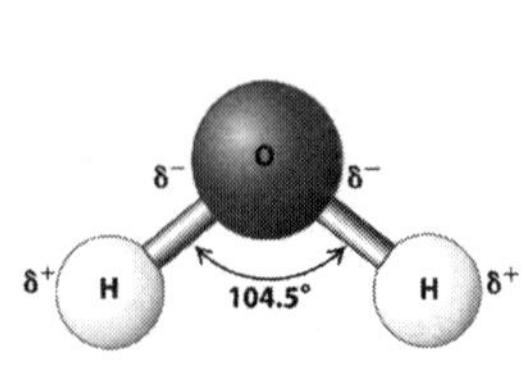

〈그림 2〉 물 분자 구조

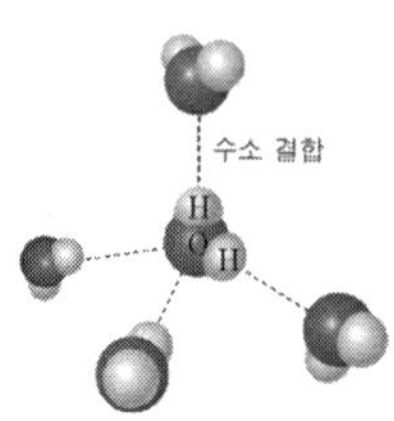

〈그림 3〉 물 분자 간 수소 결합

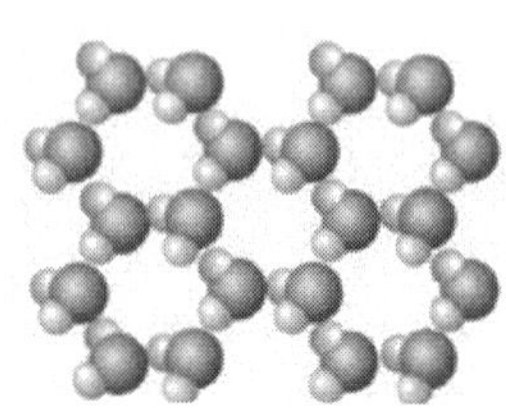

〈그림 4〉 얼음 결정 구조

[출처: 구글 이미지]

| 문제 1 | 물 분자의 구조가 굽은 형이어서 나타나는 물의 특성과 물 분자 간 상호작용이 수소 결합이어서 나타나는 물의 특성을 각각 서술해 보자.

| 문제 2 | 물의 특성에 의해 나타나는 자연현상과 물의 특성이 생명체에 미치는 영향을 구체적인 예를 들어 논술해 보자.

| 문제 3 | 수소 결합은 자연계에서 관찰되는 다양한 자연현상이 나타나고 유지되는 데 필요한 요소이다. 생명 현상에서 찾을 수 있는 수소 결합의 예를 서술해 보자.

예시 답안 및 해설

| 문제 1 | 물 분자는 전기음성도가 큰 산소 원자와 전기음성도가 작은 수소 원자가 결합하고 있고 구조가 굽은형이어서 극성 분자이다. 극성 분자인 물은 이온성 물질과 또 다른 극성 물질을 잘 녹이는 좋은 용매이다. 따라서 지구상에 존재하는 많은 물에는 다양한 물질이 녹을 수 있고 생명체 대사에 필요한 물질들도 물에 녹아 이동할 수 있다. 또한 물 분자 간 상호작용으로 얼음이 될 때 육각형의 구조를 가질 수 있기 때문에 액체인 물보다 밀도가 작다. 물 분자 간 상호작용이 수소 결합이기 때문에 분자 간 인력이 매우 크다. 따라서 물은 비슷한 분자량의 다른 액체보다 끓는점이 매우 높고, 비열과 열용량이 크고, 융해열과 기화열이 크며, 표면 장력이 크다.

| 문제 2 | 먼저 물의 특성에 의해 나타나는 자연현상으로는 첫째, 끓는점이 높기 때문에 지구상의 대부분의 물은 액체 상태로 지표에 존재해서 물의 순환을 통해 다양한 날씨 변화를 일으킨다. 둘째, 얼음의 밀도가 물보다 작기 때문에 강이나 호수는 표면부터 얼고 빙산이 물에 떠 있게 된다. 셋째, 물의 비열이 큰 편이여서 내륙 지방보다 해안 지방의 일교차가 작고 낮과 밤을 주기로 해륙풍이 분다.

다음으로 물의 특성이 생명체에 미치는 영향으로는 첫째, 물은 다른 용매에 비하여 높은 끓는점을 유지함으로써 생명활동에 필요한 여러 물질들이 존재하는 여건에서 주로 액체 상태로 존재해서 탄수화물, 단백질 등 다양한 영양소의 이동이 물을 통해 이루어지기 때문에 생명체의 생존에 중요한 역할을 한다. 둘째, 물은 상대적으로 비열과 열용량이 다른 물질보다 크기 때문에 체온 유지와 같은 항상성에 중요한 역할을 하며, 지구 표면의 대부분을 차지하고 있는 물로 인해 낮과 밤의 일교차가 크지 않아 지구에 생명체가 살 수 있는 환경을 제공한다. 셋째, 물은 다른 액체에 비해 표면장력이 큰 편으로 모세관 현상의 원인이 되는데 체내에서 혈액이 순환하거나 식물에서는 대사를 위한 물과 영양분을 이동시킨다.

| 문제 3 | 모든 생명체의 유전자는 당, 인산, 염기로 구성된 DNA로 이루어져 있다. DNA는 이중 나선 구조이며 두 사슬 사이에서 염기들은 수소 결합을 한다. 염기 중 아데닌은 티민과 구아닌은 시토신과 수소 결합을 해서 이중 나선의 사슬이 일정한

간격을 유지할 수 있게 한다. 단백질은 수백에서 수천 개의 아미노산 분자가 이어져서 생성된다. 단백질이 생체 내에서 작용하기 위해서는 아미노산 사슬이 감기고 접혀져서 특수한 입체 구조가 되어야 한다. 단백질은 단위체인 아미노산 분자 중 일부 원자들 사이에서 수소 결합을 함으로써 이러한 입체구조를 이룬다.

채점 기준

평가요소	배점	채점 기준
| 문제 1 | 분자 구조, 수소 결합과 연관된 물의 특성 제시하기	3	• 물 분자의 극성 구조와 수소 결합에 의해 나타나는 현상을 모두 서술했다.
	2	• 물 분자의 수소 결합에 의해 나타나는 현상을 서술했다.
	1	• 물 분자의 극성 구조에 의해 나타나는 현상을 서술했다.
| 문제 2 | 자연현상, 생명 현상과 관련지어 물의 특성 설명하기	3	• 자연현상, 생명 현상과 관련지어 물의 다양한 특성을 논리적으로 서술했다.
	2	• 자연현상 또는 생명 현상과 관련지어 물의 특성을 서술했다.
	1	• 물의 특성만을 서술했다.
| 문제 3 | 생명 현상과 관련된 물질의 수소 결합 설명하기	3	• DNA와 단백질에서의 수소 결합을 모두 서술했다.
	2	• DNA에서의 수소 결합을 서술했다.
	1	• 단백질에서의 수소 결합을 서술했다.

문항 해설

성취기준 및 문항 내용 관련 해설

교육과정 성취기준 [12화학Ⅱ01-05]는 '물의 밀도, 열용량, 표면 장력 등의 성질을 수소 결합으로 설명할 수 있다.'이다. 이 성취기준에서는 물 분자들 사이에는 수소 결합이 작용하고 분자 사이의 인력이 강하기 때문에 다른 물질들과 구분되는 몇 가지 특성을 가지고 있음을 알고, 얼음과 물의 밀도 차이를 수소 결합 과정의 빈 공간과 연결 지어 설명하고 물의 열용량이 지구상의 대다수 물질보다 크다는 사실과 이를 실생활과 연계시키도록 한다. 또한 물의 표면 장력이 큼을 다른 물질과 비교해서 이해하도록 한다. 이러한 성취기준을 반영해서 이 문항에서는 물의 다양한 특성을 물의 극성 구조와 수소 결합과 연관 지어 설명하고 물의 특성이 자연현상과 생명 현상에서 나타나는 예를 서술하고 DNA와 단백질 구조에서 찾을 수 있는 수소 결합의 원리를 설명할 수 있도록 구성했다.

평가기준 관련 해설

이 문항은 평가기준의 '물의 밀도, 열용량, 표면 장력 등의 성질'이 왜 다른 액체와 비교하여 크게 다른지를 '물 분자 간의 상호작용인 수소 결합'을 이용해서 설명할 수 있는지와 '물의 독특한 성질이 자연현상과 생명 현상에 미치는 영향'을 예를 들어 설명할 수 있는지 평가하고자 했다. 따라서 학생들의 도달 정도는 주어진 자료의 내용을 읽고 '물의 분자 구조와 수소 결합에 의해 나타나는 물의 특성을 서술'하고, '자연현상이나 생명 현상에서의 예를 들어 물의 특성을 논술'하고, '자연현상에서 찾을 수 있는 수소 결합인 DNA구조, 단백질 구조를 서술'하면 '상' 수준, 제시된 자료의 일부 내용만 서술하는 경우 '중' 수준, 제시된 자료에 근거하여 논술하는 데 어려움이 있는 경우 '하' 수준으로 설정했다.

교과 역량 관련 해설

이 문항과 관련된 과학 교과 역량은 '과학적 사고력'이다. '과학적 사고력'은 제시된 수소 결합의 원리, 물의 구조와 물 분자 간 상호작용의 원리를 종합적으로 이해하고 제시된 내용을 근거로 주어진 문항의 질문을 유기적이며 논리적으로 추론하는데 필요한 사고 능력이다.

수업에서의 활용 방안

이 문항은 성취기준 [12화학II01-05]를 학습하기 위한 3차시 수업 중 3차시 수업을 모두 마친 후 개별 평가에 활용할 수 있다. 1차시에는 온도 변화에 따른 물의 밀도 변화 자료를 통해 특성을 이해하고 2차시에는 몇 가지 물질의 비열을 비교해서 물의 열용량이 크다는 것을 알고 자연현상에서 찾을 수 있는 예를 찾아보게 한다. 3차시에서는 액체의 표면 장력을 알아보는 탐구를 통해 표면 장력이 나타나는 원리와 실생활의 예를 찾아보도록 한다. 3차시에 걸친 물의 특성을 모두 배운 후 평가를 통해 다양한 물의 특성과 분자 간 상호작용인 수소 결합과의 관계, 자연현상과 생명 현상에서 찾을 수 있는 수소 결합의 원리를 정리할 수 있는 기회를 제공한다. 이 문항은 수업에서 다루는 내용보다 심화된 내용을 질문한 서·논술형으로 대학 입시 논술 대비용으로 활용할 수 있도록 개발했다. 따라서 본 문항은 물의 특성과 관련된 일상생활에서 경험하는 현상들을 과학적 근거를 포함한 글로 작성하게 하는 형태로 활용하기를 권장한다.

(3) 포트폴리오

화학 I

학교급	고등학교	학년군	화학	영역/단원	(1) 화학의 첫걸음
교육과정 성취기준	[12화학 I 01-02] 탄소 화합물이 일상생활에 유용하게 활용되는 사례를 조사해서 발표할 수 있다.				
평가준거 성취기준	[12화학 I 01-02-00] 탄소 화합물이 일상생활에 유용하게 활용되는 사례를 조사해서 발표할 수 있다.				
평가 기준	상 ■	일상생활에서 사용하고 있는 대표적인 탄소 화합물을 설명하고, 탄소 화합물이 활용되는 사례를 조사하여 탄소 화합물의 유용성에 대해 발표할 수 있다.			
	중 ■	일상생활에서 사용하고 있는 대표적인 탄소 화합물을 말하고, 탄소 화합물이 활용되는 사례를 조사하여 발표할 수 있다.			
	하 ■	일상생활에 활용되는 탄소 화합물의 사례를 말할 수 있다.			
문항 유형	지필 평가	□ 선다형 □ 진위형 □ 연결형 □ 조합형 □ 단답형 □ 서술형 □ 기타( )			
	수행 평가	□ 관찰 □ 면담 □ 포트폴리오 ■ 보고서 □ 글쓰기 □ 자기평가 ■ 기타(포스터 제작 및 발표)			

평가 문항

| 문제 1 | 그림은 집안 거실의 모습이다. 탄소 화합물로 이루어진 물건을 찾아 그림에 표시하고, 그렇게 생각한 이유를 모둠별로 토의해 보자.

| 문제 2 | 우리 주위에는 탄소 화합물로 이루어진 물질이 많다. 모둠별로 일상생활에서 탄소 화합물이 유용하게 활용되는 사례를 조사하여 예시와 같이 기록해 보자.

활용 유형	탄소 화합물의 종류	특징
식품	녹말	• 탄수화물의 일종(C, H, O로 구성) • 생물체의 구성 성분이며, 에너지원으로 사용 • 쌀, 밀, 감자, 옥수수 등에 많이 들어있음

| 문제 3 | 앞에서 조사한 탄소 화합물 중 한 가지를 선택해서 물질의 성질, 활용 사례와 활용 이유 등이 포함된 포스터를 만들고 그 내용을 발표해 보자.

예시 답안 및 해설

| 문제 1 |

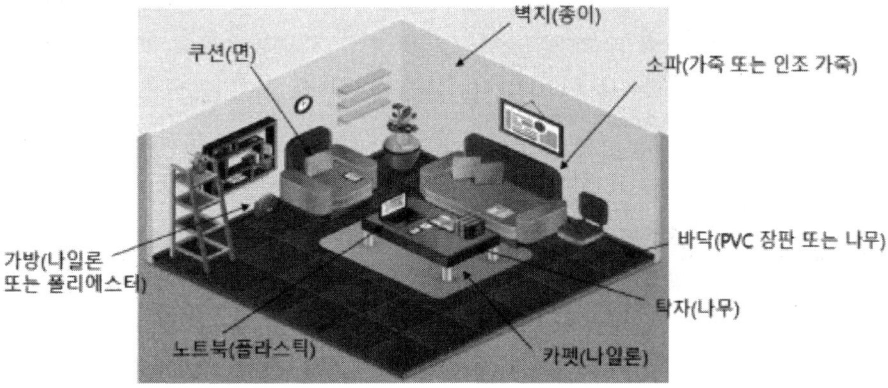

| 문제 2 |

활용 유형	탄소 화합물의 종류	특징
식품	녹말	• 탄수화물의 일종(C, H, O로 구성) • 생물체의 구성 성분이며, 에너지원으로 사용 • 쌀, 밀, 감자, 옥수수 등에 많이 들어있음
	카페인	• 화학식: $C_8H_{10}N_4O_2$ • 커피나 차와 같은 식물의 씨앗에 들어있음 • 정신을 각성시키고 피로를 줄이는 효과가 있음
의약품	아스피린 (아세틸 살리실산)	• 화학식: $C_9H_8O_4$ • 1897년 독일의 과학자 호프만이 개발한 해열 진통제
플라스틱	폴리에틸렌	• C와 H로 구성된 고분자 화합물 • 가장 많이 사용되는 플라스틱으로 비닐 팩, 포장용 필름, 각종 용기 등으로 사용

| 문제 3 |

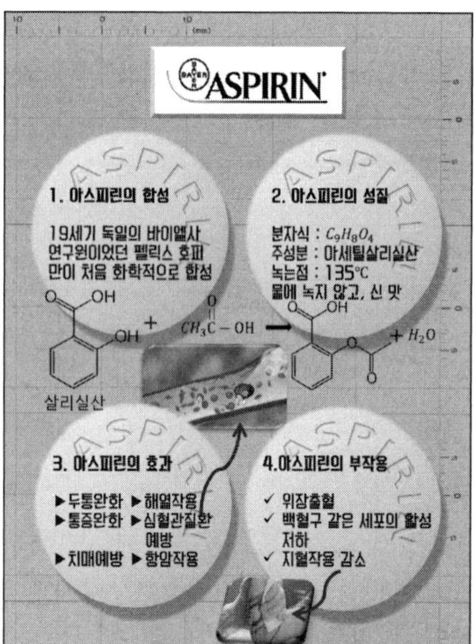

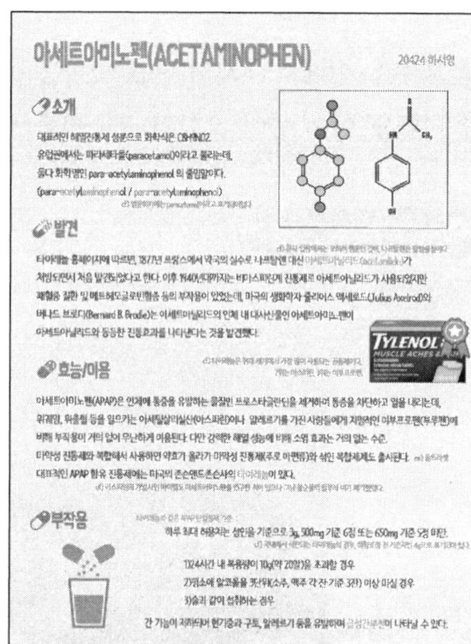

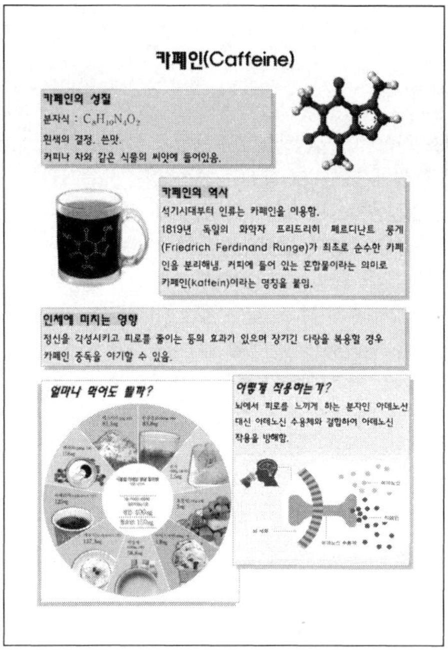

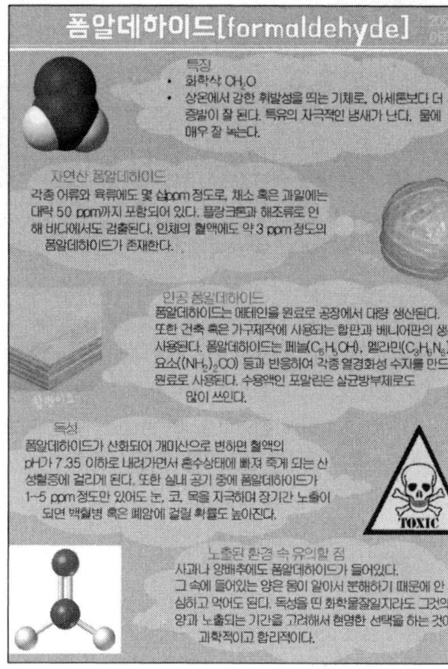

채점 기준

평가요소	배점	채점 기준
| 문제 1 | 탄소 화합물 찾기	2	• 우리 주변에서 흔히 사용되는 탄소 화합물로 이루어진 물체를 찾을 수 있다.
	1	• 탄소 화합물로 이루어진 물체를 찾는데 참여했다.
| 문제 2 | 탄소 화합물이 활용되는 사례 조사하기	2	• 일상생활에서 활용되는 탄소 화합물의 사례를 다양하게 조사해서 정리할 수 있다.
	1	• 일상생활에서 활용되는 탄소 화합물의 사례를 조사할 수 있다.
| 문제 3 | 유용하게 활용되는 탄소 화합물 소개하기(포스터 제작)	2	• 일상생활에서 유용하게 활용되는 탄소 화합물을 선택해서 적절한 정보와 유용성을 알려주는 포스터를 제작할 수 있다.
	1	• 일상생활에서 활용되는 탄소 화합물에 대한 포스터를 제작할 수 있다.
제작한 포스터 발표하기 (과학적 의사소통 능력)	2	• 자신이 전달하고자 하는 내용을 조리 있게 발표할 수 있다.
	1	• 포스터 내용을 발표하는 데 어려움이 있다.

문항 해설

성취기준 및 문항 내용 관련 해설

이 문항은 교육과정 성취기준 '[12화학Ⅰ01-02] 탄소 화합물이 일상생활에 유용하게 활용되는 사례를 조사해서 발표할 수 있다.'에 해당한다. 평가준거 성취기준 [12화학Ⅰ01-02-00]은 교육과정 성취기준과 동일하다. 교육과정 성취기준 해설에서는 일상생활에서 사용하고 있는 메테인, 에탄올, 아세트산 등과 같은 대표적인 탄소 화합물의 구조와 특징을 다루되, 결합각은 다루지 않는다. 또한 탄소 화합물의 체계적 분류, 유도체의 특성, 관련 반응, 방향족 탄화수소, 단백질, DNA 등은 다루지 않는다고 제시되어 있다. 본 문항에서는 먼저 우리 주변에서 흔히 볼 수 있는 물건 중에 탄소 화합물로 이루어진 것은 무엇인지를 찾아봄으로써 다양한 탄소 화합물이 일상생활에서 유용하게 사용되고 있음을 이해하는지를 평가한다. 다음으로 탄소 화합물이 일상생활에 활용되는 사례를 보다 구체적으로 조사하여 정리하고, 이 중 관심 있는 탄소 화합물을 선택하여 탄소 화합물의 성질과 활용 사례 등을 소개하는 포스터를 만들어 발표하는 문항으로 구성했다.

평가기준 관련 해설

이 문항은 평가기준의 탄소 화합물이 일상생활에 활용되는 사례를 조사해서 탄소 화합물의 유용성에 대해 설명할 수 있는지를 평가하고자 했다. 따라서 학생들의 도달 정도는 일상생활에서 탄소 화합물이 활용되는 사례를 조사해서 탄소 화합물의 유용성에 대해 발표할 수 있는 경우 '상' 수준, 일상생활에서 탄소 화합물이 활용되는 사례를 조사해서 발표할 수 있는 경우 '중' 수준, 일상생활에 활용되는 탄소 화합물의 사례를 말할 수 있는 경우는 '하' 수준으로 설정했다.

교과 역량 관련 해설

이 문항과 관련된 과학 교과 역량은 '과학적 문제 해결력'과 '과학적 의사소통 능력'이다. 집안 거실이라는 주어진 상황에서 탄소 화합물로 이루어진 물체를 찾아내고, 일상생활에서 탄소 화합물이 유용하게 활용되는 사례를 조사해서 이를 소개하는 포스터 만들기 활동을 통해서 과학적 문제 해결력을 기르는 데 초점을 두고 있다. 또한 제작한 포스터 발표하기 활동을 통해 전달하고자 하는 내용을 조리 있게 설명하는 과학적 의사소통 능력을 기르고자 했다.

수업에서의 활용 방안

이 단원에서는 탄소 화합물이 일상생활에 유용하게 활용되는 사례를 조사해서 발표함으로써 탄소 화합물의 유용성을 이해하도록 한다. 따라서 교수·학습 상황에서 본 수행평가 문항을 활용해서 모둠별 토의 및 조사 활동을 하고, 이를 포스터와 같은 자료로 제작해서 발표하도록 안내할 수 있다. 포스터는 꼭 포함되어야 할 내용(탄소 화합물의 성질과 활용 사례, 활용 이유)과 크기만 정해 주고 자유로운 형식으로 제작해 보도록 함으로써 학생들의 창의적 사고와 표현 활동을 독려하고, 탄소 화합물에 대한 흥미와 호기심을 가질 수 있도록 유도한다. 포스터 만들기는 상황에 따라 모둠별 또는 개인별 과제로 제시할 수 있으며, 정보의 정확성과 유용성, 작품의 완성도에 따라 채점 기준을 상세화하고 배점을 높여 평가할 수 있다.

(4) 실험 보고서

과학 탐구 실험

<table>
<tr><td colspan="2">학교급</td><td>고등학교</td><td>학년군</td><td>과학 탐구 실험</td><td>영역/단원</td><td>(2) 생활 속의 과학 탐구</td></tr>
<tr><td colspan="2">교육과정 성취기준</td><td colspan="5">[10과탐02-07] 생활 속에서 발견한 문제 상황 해결을 위한 과학 탐구 활동 계획을 수립하고 탐구 활동을 수행할 수 있다.</td></tr>
<tr><td colspan="2">평가준거 성취기준</td><td colspan="5">[10과탐02-07-00] 생활 속에서 발견한 문제 상황 해결을 위한 과학 탐구 활동 계획을 수립하고 탐구 활동을 수행할 수 있다.</td></tr>
<tr><td rowspan="3">평가 기준</td><td>상 ■</td><td colspan="5">생활 속에서 발견한 문제 상황 해결을 위한 과학 탐구 활동에서 직접 계획을 수립하고 자료를 수집하여 해석하는 활동을 수행할 수 있다.</td></tr>
<tr><td>중 ■</td><td colspan="5">생활 속에서 발견한 문제 상황 해결을 위한 과학 탐구 활동에서 자료를 수집하고 해석할 수 있다.</td></tr>
<tr><td>하 ■</td><td colspan="5">생활 속에서 발견한 문제 상황 해결을 위한 과학 탐구 활동에 참여한다.</td></tr>
<tr><td colspan="2" rowspan="2">문항 유형</td><td>지필 평가</td><td colspan="4">□ 선다형 □ 진위형 □ 연결형 □ 조합형
□ 단답형 □ 서술형 □ 기타( )</td></tr>
<tr><td>수행 평가</td><td colspan="4">□ 관찰 □ 면담 □ 포트폴리오 ■ 보고서
□ 글쓰기 □ 자기평가 □ 기타( )</td></tr>
</table>

평가 문항

탐구 문제

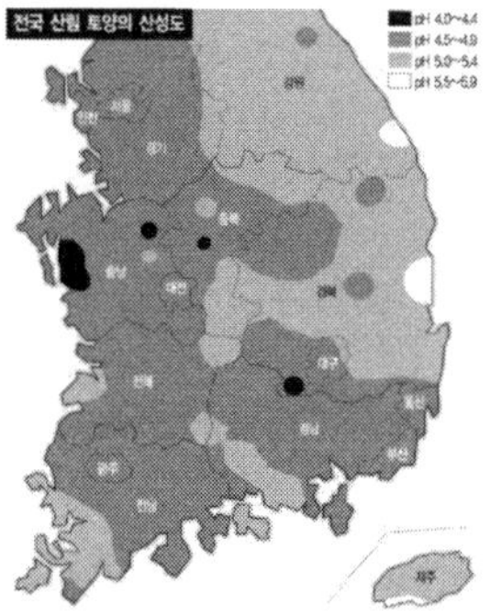

왼쪽 그림은 전국 산림 토양의 산성도(경북 매일, 2010.09.06.)를 나타낸 자료이다. 수목 생육에 적합한 pH는 5.5정도로 알려져 있는데, 자료에 따르면 우리나라 산림의 절반 이상의 지역이 pH 5.5인 것을 확인할 수 있다. 토양의 산성화가 심할 경우 수목이 양분 또는 물을 흡수하는 능력이 떨어져 성장이 더뎌지고 pH 4.5이하로 떨어지면 죽기도 하는데, 일부 지역은 pH 4.4이하인 것으로 나타났다.

이러한 문제를 해결하기 위해서는 산성화된 토양을 중화시킬 수 있는 방법이 필요하다. 우리 주변에서 산성화된 토양을 찾아 중화시킬 수 있는 방법을 고안해 보자.

<table>
<tr><th>탐구</th><th>산성화된 토양을 중화시키는 방법 고안하기</th><th>1학년 ( )반 ( )번
이름: (   )</th></tr>
<tr><td>산성화된 토양 찾기</td><td colspan="2">[실험 방법]
1. 모둠별로 주변에서 토양을 500 g씩 채취하여 비커에 담은 후 증류수를 붓는다. (단, 모둠별로 각기 다른 장소에서 토양을 채취하도록 한다.)
2. 토양의 성분이 물에 충분히 녹아 나올 때까지 기다린 후 거름 장치를 이용해서 토양을 거른다.
3. 거른 용액이 담긴 비커에 채취한 장소를 적어 붙인다.
4. pH 미터로 거른 용액의 pH를 측정하여, 다른 모둠과 공유한다.
[결과 정리]
1. 거른 용액의 pH를 기록해 보자.
<table><tr><th>모둠</th><th>1조</th><th>2조</th><th>3조</th><th>4조</th><th>5조</th></tr><tr><td>장소</td><td></td><td></td><td></td><td></td><td></td></tr><tr><td>pH</td><td></td><td></td><td></td><td></td><td></td></tr></table>
2. 토양의 산성화가 심한 곳은 어디인가?</td></tr>
<tr><td>탐구 계획</td><td colspan="2">1. 산성화된 토양을 중화시키는 방법을 모둠별로 논의해 보자. (중화시킬 수 있는 물질과 필요한 물질의 양에 대해 논의하여 작성할 것)
2. 중화시키는 방법을 확인할 수 있는 탐구 계획을 세워 보자. (탐구의 유의점을 포함하여 구체적으로 세우고, 탐구 계획을 제출하여 선생님과 논의한다.)
①
②
③
④
⑤</td></tr>
<tr><td>탐구 수행</td><td colspan="2">1. 탐구를 수행하기 위해 필요한 준비물과 탐구 시 주의사항을 모둠별로 논의하여 기록해 보자.
2. 탐구를 수행해 보자.
3. 탐구를 수행한 후 탐구 계획에서 보완해야 할 점을 모둠별로 논의하여 서술해 보자.</td></tr>
</table>

예시 답안 및 해설

● 산성화된 토양 찾기(예시)

1.

모둠	1조	2조	3조	4조	5조
장소	화단	운동장	뒷산	강변	도로 옆
pH					

모둠별로 화단, 운동장, 뒷산, 강변, 도로 옆 등에서 채취한 흙의 pH를 측정해서 그 결과를 공유하여 보고서에 기록한다.

2. pH가 가장 낮은 곳의 산성화가 가장 심하다.

● 탐구 계획(예시)

1. 산성화된 토양에 석회 가루를 뿌리면 토양이 중화될 것이다.
2. ① 산성화된 토양 600 g을 준비하여 500 mL 비커 4개에 150 g씩 나누어 담는다.
   ② 비커에 각각 다음과 같이 석회 가루를 넣는다.

	비커 1	비커 2	비커 3	비커 4
토양의 질량(g)	150	150	150	150
석회 가루의 질량(g)	–	0.01	0.02	0.03

   ③ 토양과 첨가한 석회 가루를 잘 섞는다.
   ④ 비커에 각각 300 mL씩 물을 부은 후 pH를 측정한다.

● 탐구 수행(예시)

1. 산성화된 토양 600 g, 석회 가루, 500 mL 비커 4개, 전자저울, 약포지, 약수저, pH 미터, 물, 눈금 실린더
2. 탐구 수행 시 주의점
   - 석회 가루의 양이 매우 적을 수 있으므로 소수 둘째 자리까지 측정할 수 있는 저울을 사용한다.
   - 석회를 직접 손으로 만지거나 특히 눈에 들어가는 경우에는 위험하므로 보안경과 비닐장갑을 반드시 착용한다.

• 실험 후 폐수는 반드시 분리수거한다.

3. 수돗물이 약산성이기 때문에 오차가 발생할 수 있으므로 증류수를 사용하고 사용 전에 pH를 미리 측정한다. 산성화된 토양을 중화시키기 위해서는 중화될 수 있는 석회가루의 양을 정밀하게 해야 하므로 미리 토양의 pH를 측정하고, 중화시키기 위해 필요한 양을 실험적으로 결정해야 한다.

채점 기준

평가요소	배점	채점 기준
산성화된 토양 찾기	2	• pH를 측정해서 결과를 기록하고, 토양의 산성화가 가장 심한 곳을 찾아 서술함.
	1	• pH를 측정해서 결과를 기록했으나, 토양의 산성화가 가장 심한 곳을 찾지 못함.
과학적 탐구 계획수립	4	• 산성화된 토양을 중화시킬 수 있는 물질, 산성화된 토양의 중화 정도를 확인하는 방법 등을 고려해서 탐구 계획을 구체적으로 작성함.
	2	• 작성한 계획이 탐구를 수행하기에 부족해서 모둠 구성원 및 교사의 도움을 받아 탐구 계획을 완성함.
과학적 탐구 수행	4	• 탐구 준비물과 주의사항을 숙지해서 탐구를 수행하고, 탐구 계획 및 수행에서의 부족한 점을 찾아 개선 방안을 찾아냄. 탐구 준비물과 주의사항을 숙지해서 탐구를 수행함.
	2	• 탐구 준비물을 준비하지 못하거나 주의사항을 숙지하지 못해서 모둠 구성원 및 교사의 안내를 받아 탐구를 수행함.

문항 해설

성취기준 및 문항 내용 관련 해설

이 문항은 교육과정 성취기준 '[10과탐02-07] 생활 속에서 발견한 문제 상황 해결을 위한 과학 탐구 활동 계획을 수립하고 탐구 활동을 수행할 수 있다.'에 대한 문항이다. 평가준거 성취기준[10과탐02-07-00]은 교육과정 성취기준과 동일하다. 그래서 생활 속의 문제 상황을 제시하고 이를 해결하기 위한 탐구를 계획하고 수행할 수 있는가를 평가하고자 했다.

평가기준 관련 해설

이 문항은 평가준거 성취기준인 '생활 속에서 발견한 문제 상황 해결을 위한 과학 탐구 활동 계획을 수립하고 탐구 활동을 수행할 수 있다.'에서 어느 수준에 도달했는지를 측정하기 위한 문항으로 평가기준의 상 · 중 · 하와 관련이 있다. 문제 상황을 해결할 수 있는 탐구 계획을 수립할 때 실제 수행할 수 있도록 구체적으로 작성하고 이를 수행할 수 있는 것을 '상', 탐구 계획을 수립했으나 탐구를 수행하기에 부족하여 교사의 도움을 받아 탐구 계획을 완성하고 탐구를 수행하는 것을 '중', 탐구 계획을 스스로 수립하지 못하고 모둠 구성원들이 작성한 탐구 계획이나 교사가 제시한 탐구 계획에 따라 탐구를 수행하는 것을 '하'로 설정했다.

교과 역량 관련 해설

이 문항과 관련된 과학 교과 역량은 '과학적 문제 해결력', '과학적 탐구 능력'이다. '과학적 문제 해결력'은 과학적 지식과 과학적 사고를 활용해서 개인적 혹은 공적 문제를 해결하는 능력이다. 일상생활의 문제를 해결하기 위해 문제와 관련 있는 과학적 사실, 원리, 개념 등의 지식을 생각해 내고 활용하며 다양한 정보와 자료를 수집, 분석, 평가, 선택, 조직해서 가능한 해결 방안을 제시하고 실행하는 능력이 필요하다. 과학적 탐구 능력은 과학적 문제 해결을 위해 실험, 조사, 토론 등 다양한 방법으로 증거를 수집, 해석, 평가해서 새로운 과학 지식을 얻거나 의미를 구성해 가는 능력을 말한다. 이 문항에서는 과학 개념을 활용해서 스스로 탐구를 계획하고 이를 실험을 통해 수행하므로 과학적 문제 해결력과 과학적 탐구 능력을 기르는 데 초점을 두고 있다.

수업에서의 활용 방안

이 문항은 2차시 수업에 활용할 수 있다. 1차시의 경우 거꾸로 교실의 수업 형태로 적용하는 것도 좋다. 디딤 자료로서 우리나라 산림 토양의 산성도와 토양 산성화에 대한 자료를 제시해서 토양 산성화에 대한 문제점을 생각해 본 후 1차시 수업의 준비물로 도로, 집, 개천 주변의 토양을 모둠별로 가져올 수 있도록 지도한다. 1차시 수업에서는 토양의 산성도를 pH 미터를 이용해서 측정해봄으로써 가장 산성화된 토양을 찾고, 산성화된 토양을 중화시키는 방법을 모둠별로 논의해서 탐구 계획을 세운다. 1차시 실험 활동은 학생들이 우리 주변에서 산성화된 토양을 직접 찾아봄으로써 학생들의 흥미를 유발하고, 이를 통해 자연스럽게 산성화된 토양을 중화시킨 후 중화 여부를 확인하는 방법을 익혀 탐구 계획 작성 시 활용할 수 있도록 하는 데 목적이 있다. 모둠별로 탐구 계획을 세운 후 1차시 수업을 마칠 무렵 교사가 탐구 계획을 확인하여 보완할 수 있도록 지도하고, 학생들이 직접 준비해야 하는 준비물들을 준비할 수 있도록 한다.

2차시 수업에서는 학생들이 직접 탐구를 수행해보는 활동이다. 작성한 탐구 계획에 따라 탐구를 수행하고, 부족한 부분을 개선하는 방안까지 논의할 수 있도록 지도하는 것이 좋다. 탐구 계획을 작성하지 못한 학생은 모둠의 구성원들이 작성한 탐구 계획이나 교사가 제시한 탐구 계획에 따라 탐구를 수행할 수 있도록 지도한다.

(5) 관찰 보고서

중학교 1~3학년군 과학

<table>
<tr><td colspan="2">학교급</td><td>중학교</td><td>학년군</td><td>1~3학년군</td><td>영역/단원</td><td>물질의 상태 변화</td></tr>
<tr><td colspan="2">교육과정
성취기준</td><td colspan="5">[9과05-04] 상태 변화와 열에너지의 관계를 이해하고, 상태 변화 과정에서 출입하는 열에너지가 생활에 이용되는 사례를 찾고 설명할 수 있다.</td></tr>
<tr><td colspan="2">평가준거
성취기준</td><td colspan="5">[9과05-04-00] 상태 변화와 열에너지의 관계를 이해하고, 상태 변화 과정에서 출입하는 열에너지가 생활에 이용되는 사례를 찾고 설명할 수 있다.</td></tr>
<tr><td rowspan="3">평가기준</td><td>상 ■</td><td colspan="5">상태 변화와 출입하는 열에너지의 관계를 설명하고, 이를 실생활의 사례에 적용하여 설명할 수 있다.</td></tr>
<tr><td>중 ■</td><td colspan="5">열에너지를 흡수 또는 방출하는 상태 변화에서 열에너지의 출입 여부를 설명할 수 있다.</td></tr>
<tr><td>하 ■</td><td colspan="5">상태 변화 과정에서 열에너지가 출입함을 말할 수 있다.</td></tr>
<tr><td colspan="2" rowspan="2">문항 유형</td><td>지필
평가</td><td colspan="4">□ 선다형 □ 진위형 □ 연결형 □ 조합형
□ 단답형 □ 서술형 □ 기타(　　　　　)</td></tr>
<tr><td>수행
평가</td><td colspan="4">■ 관찰 □ 면담 □ 포트폴리오 ■ 보고서
□ 글쓰기 □ 자기평가 □ 기타(　　　　　)</td></tr>
</table>

평가 문항

수행형　다음 사항에 유의해서 상태 변화 과정에서 출입하는 열에너지가 생활에 이용되는 사례를 조사하고 자료를 만들어 발표하라.

사례 조사 방법

(가) 융해, 응고, 기화, 액화, 승화(고체→기체), 승화(기체→고체) 과정에서 출입하는 열에너지가 생활에 이용되는 사례를 찾아 사진 혹은 동영상을 직접 촬영해서 자료를 수집한다.
(나) 각 상태 변화에 관련된 사진 혹은 동영상이 각각 2가지 이상 포함되도록 한다.
(다) 다음의 촬영 계획을 모둠원들이 협동해서 함께 작성하고, 분담된 역할에 따라 각각의 사례에 해당하는 사진이나 동영상을 촬영한다.

상태 변화 과정에서 출입하는 열에너지가 생활에 이용되는 사례		촬영 담당
융해		
응고		
기화		
액화		
승화 (고체→기체)		
승화 (기체→고체)		

발표 자료 작성 및 발표 방법

(가) 상태 변화 과정에서 출입하는 열에너지가 생활에 이용되는 사례를 촬영한 사진이나 동영상을 삽입해서 발표 자료를 제작한다.

(나) 발표 자료에 각 사례별로 다음의 핵심 요소에 대한 설명을 포함시킨다.

> **〈핵심 요소〉**
> (1) 상태 변화 전후의 물질의 상태
> (2) 상태 변화 시 열에너지의 출입 여부

(다) 모둠별로 조사한 사례를 발표한다.

모둠별 발표 시 생각해 볼 점

(1) 우리 모둠의 발표에서 칭찬할 점과 보완해야 할 점은 무엇인지 쓰시오.

- 칭찬할 점 :
- 보완해야 할 점 :

(2) 다른 모둠의 발표에서 상태 변화와 관련된 재미있는 사례는 무엇인지 쓰고, 그 사례에서 상태 변화와 열에너지의 관계를 설명하시오.

- 재미있는 사례 :
- 상태 변화와 열에너지의 관계 :

(3) 다른 모둠의 발표에서 이해하지 못한 사례는 무엇인지 쓰고, 더 알아보고 싶은 점을 생각해 보시오.

- 이해하지 못한 사례 :
- 더 알아보고 싶은 점 :

예시 답안 및 해설

<table>
<tr><td rowspan="6">열에너지를 흡수하는 경우</td><td rowspan="2">융해
(고체 → 액체)</td><td></td><td>미지근한 물에 얼음을 넣으면 고체 상태의 얼음이 녹으면서 융해열을 흡수해서 액체 상태로 변하므로 물이 시원해진다.</td></tr>
<tr><td></td><td>아이스박스에 넣어둔 고체 상태의 얼음이 녹으면서 융해열을 흡수해서 액체 상태로 변하므로 아이스박스 안이 시원하게 유지된다.</td></tr>
<tr><td rowspan="2">기화
(액체 → 기체)</td><td></td><td>냉장고의 증발기에서는 액체 상태의 냉매가 기화열을 흡수해서 기체 상태로 변하므로 냉장고 내부의 온도를 낮게 유지할 수 있다.</td></tr>
<tr><td></td><td>액체 상태의 분수의 물이 기화해서 기체 상태의 수증기가 되면서 기화열을 흡수하므로 분수 주위에는 시원하다.</td></tr>
<tr><td rowspan="2">승화
(고체 → 기체)</td><td></td><td>고체 상태의 드라이아이스가 기체 상태로 변할 때 승화열을 흡수하므로 주위의 온도가 낮아진다. 따라서 냉동식품을 포장할 때 드라이아이스를 이용한다.</td></tr>
<tr><td></td><td>명태를 산란기에 잡아 얼리고 말리는 과정을 반복해 가공한 것을 황태라고 부른다. 영하의 기온에서 언 명태가 마르는 것은 고체 상태의 얼음이 승화열을 흡수해서 기체 상태의 수증기로 변하기 때문이다.</td></tr>
</table>

<table>
<tr><td rowspan="6">열에너지를 방출하는 경우</td><td rowspan="2">응고
(액체 → 고체)</td><td>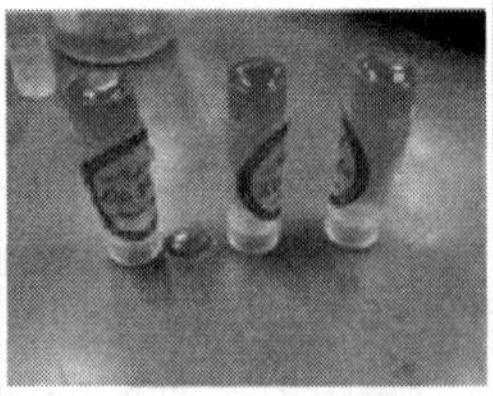</td><td>액체 상태의 립밤 재료가 굳을 때 응고열을 방출해서 고체 상태의 딱딱한 립밤이 되므로 우리가 립밤을 편리하게 사용할 수 있다.</td></tr>
<tr><td>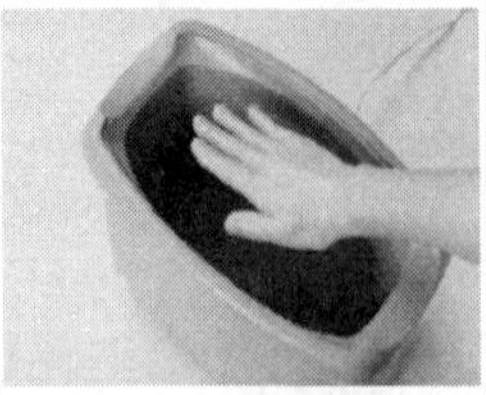</td><td>액체 상태의 파라핀과 미네랄 오일의 혼합물에 사람의 손을 넣었다가 빼면 액체 상태의 혼합물이 고체 상태로 응고되면서 응고열을 방출하는데, 이 응고열을 이용해서 손을 온열 치료한다.</td></tr>
<tr><td rowspan="2">액화
(기체 → 액체)</td><td></td><td>스팀 난방 장치에서는 기체 상태의 수증기가 액체 상태의 물로 변하면서 액화열을 방출하므로 실내 온도를 높게 유지할 수 있도록 한다.</td></tr>
<tr><td></td><td>컵라면을 먹을 때 안경이 뿌옇게 흐려진다. 기체 상태의 수증기가 차가운 안경의 표면에 닿아 액화열을 방출해서 액체 상태의 김으로 변하기 때문이다.</td></tr>
<tr><td rowspan="2">승화
(기체 → 고체)</td><td></td><td>공기 중에 존재하는 기체 상태의 수증기가 승화열을 방출해서 고체 상태의 성에가 되어 냉동실 벽에 달라붙는다.</td></tr>
<tr><td></td><td>공기 중의 수증기가 승화열을 방출해서 물체의 표면에 얼어붙은 것을 서리라고 한다. 서리는 수증기가 고체 상태로 승화한 것이다.</td></tr>
</table>

채점 기준

평가요소	배점	채점 기준
조사한 사례에 과학적 개념 적용해서 설명하기 – 과학적 탐구 능력	10점	• 제시한 사례에 대해서 다음의 핵심 요소를 모두 정확하게 설명한 경우 (1) 상태 변화 전후의 물질의 상태 (2) 상태 변화 시 열에너지의 출입 여부
	8점	• 제시한 사례 중 80% 이상의 사례에 대해 다음의 핵심 요소를 모두 정확하게 설명한 경우 (1) 상태 변화 전후의 물질의 상태 (2) 상태 변화 시 열에너지의 출입 여부
	6점	• 제시한 사례 중 60% 이상의 사례에 대해 다음의 핵심 요소를 모두 정확하게 설명한 경우 (1) 상태 변화 전후의 물질의 상태 (2) 상태 변화 시 열에너지의 출입 여부
조사 자료 구성하기 – 과학적 의사소통 능력	5점	• 조사 자료를 타인이 이해하기 쉽도록 적절한 설명과 함께 구성한 경우
	3점	• 조사 자료를 적절하게 구성한 경우
	1점	• 조사 자료를 구성하는데 어려움 있는 경우
발표하기 – 과학적 의사소통 능력	5점	• 발표 내용을 명확하게 이해하고, 다양한 양식의 의사소통 방법을 이용해서 타인이 이해하기 쉽도록 명확하게 발표할 수 있는 경우
	3점	• 발표 내용을 이해하고 있으나, 다양한 의사소통 방법을 이용해서 타인이 이해하기 쉽도록 표현하는 능력이 다소 부족한 경우
	1점	• 발표 내용을 명확하게 이해해서 발표하는 데 어려움이 있는 경우
타인의 발표 이해하고 평가하기 – 과학적 의사소통 능력	5점	• 타인의 발표 내용을 명확하게 이해하며, 능숙하게 분석하고 평가한 경우
	3점	• 타인의 발표 내용을 이해하고 분석해서 평가한 경우
	1점	• 타인의 발표 내용을 이해하고 분석해서 평가하는 데 어려움이 있는 경우

문항 해설

성취기준 및 문항 내용 관련 해설

교육과정 성취기준 [9과05-04]는 "상태 변화와 열에너지의 관계를 이해하고, 상태 변화 과정에서 출입하는 열에너지가 생활에 이용되는 사례를 찾고 설명할 수 있다."이다. 평가준거 성취기준 [9과05-04-00]은 교육과정 성취기준과 동일하다. 그래서 이 문항에서는 상태 변화 과정에서 출입하는 열에너지가 생활에 이용되는 사례를 문헌 혹은 인터넷을 이용한 조사가 아닌 실생활에서 학생들이 직접 조사하여 발표 자료를 만든 다음 각 사례에서 상태 변화와 열에너지의 관계를 발표할 수 있는지 알아보고자 했다. 또 교육과정에서 물질의 세 가지 상태와 상태 변화를 이해해서 우리 주변에서 관찰할 수 있는 상태 변화에 대해 호기심과 흥미를 갖도록 강조하고 있다. 이를 반영하여 이 문항에서는 실생활에서 상태 변화 과정에서 출입하는 열에너지가 생활에 이용되는 사례를 조사해서 상태 변화와 열에너지의 관계를 발표할 수 있는지를 평가했다.

평가기준 관련 해설

이 문항은 평가준거 성취기준인 "상태 변화와 열에너지의 관계를 이해하고, 상태 변화 과정에서 출입하는 열에너지가 생활에 이용되는 사례를 찾고 설명할 수 있다."에서 어느 수준에 도달했는지를 측정하기 위한 문항으로 평가기준의 상 · 중 · 하 수준과 관련이 있다. 따라서 상태 변화와 출입하는 열에너지의 관계를 설명하고, 이를 실생활의 사례에 적용해서 설명할 수 있는 경우 '상' 수준, 상태 변화 시 출입하는 열에너지가 생활에 적용되는 사례를 조사해서 열에너지의 출입 여부를 설명할 수 있는 경우 '중' 수준, 상태 변화 시 출입하는 열에너지가 생활에 적용되는 사례를 조사해서 열에너지가 출입함을 말할 수 있는 경우 '하' 수준으로 설정했다.

교과 역량 관련 해설

이 문항과 관련된 과학 교과 역량은 '과학적 의사소통 능력'이다. 교육과정에서 '과학적 의사소통 능력'은 과학적 문제 해결 과정과 결과를 공동체 내에서 공유하고 발전시키기 위해 자신의 생각을 주장하고 타인의 생각을 이해하며 조정하는 능력으로 정의하고 있다. 그리고 말, 글, 그림, 기호 등 다양한 양식의 의사소통 방법과 컴퓨터, 시청각 기기 등 다양한 매체를 통해서 제시되는 과학기술 정보를 이해하고 표현하는 능력, 증거에 근거해서 논증 활동을 하는 능력 등을 포함한다고 설명되어 있다. 이 문항에서는 상태 변화 과정에서 출입하는 열에너지가 생활에 이용되는 사례를 직접 조사하여 발표 자료를 만든 다음, 상태 변화 전후의 물질의 상태, 상태 변화 시 열에너지의 출입 여부를 발표하는 능력을 평가해서 '과학적 의사소통 능력'을 기르는 데 초점을 두고 있다. 이와 관련해서 중학교 1～3학년군 교육과정에서 물질의 세 가지 상태와 상태 변화를 이해해서 우리 주변에서 관찰할 수 있는 상태 변화에 대해 호기심과 흥미를 가질 수 갖도록 지도하기를 권장하고 있다.

(6) 토론법

통합과학

학교급	고등학교	학년군	통합과학	영역/단원	(1) 물질의 규칙성과 결합
교육과정 성취기준	[10통과01-04] 지구와 생명체를 구성하는 주요 원소들이 결합을 형성하는 이유와 원소들의 성질에 따라 형성되는 결합의 종류를 추론할 수 있다.				
평가준거 성취기준	[10통과01-04-00] 지구와 생명체를 구성하는 주요 원소들이 결합을 형성하는 이유와 원소들의 성질에 따라 형성되는 결합의 종류를 추론할 수 있다.				
평가기준 상 ■	지구와 생명체를 구성하는 주요 원소들이 화학 결합을 형성하는 이유를 18족 원소의 안정성과 관련해서 설명할 수 있고, 원소들의 성질에 따라 형성되는 결합의 종류를 추론해서 이를 모형으로 표현할 수 있다.				
평가기준 중 ■	지구와 생명체를 구성하는 주요 원소들이 화학 결합을 형성하는 이유를 18족 원소의 안정성과 관련하여 설명할 수 있다.				
평가기준 하 ■	원소들의 화학 결합으로 다양한 물질이 생성됨을 말할 수 있다.				
문항 유형	지필 평가	□ 선다형 □ 진위형 □ 연결형 □ 조합형 □ 단답형 □ 서술형 □ 기타(　　　　)			
	수행 평가	□ 관찰 □ 면담 □ 포트폴리오 ■ 보고서 □ 글쓰기 □ 자기평가 □ 기타(　　　　)			

평가 문항

모둠별로 토의하여 활동지에 제시된 **| 문제 1 |** ~ **| 문제 3 |**을 해결해 보자.

| 문제 1 | 아래 그림은 지구와 지구에 살고 있는 생명체를 나타낸 것이다.

생명체

(1) 지구를 구성하는 지각, 해수, 대기와 지구에 살고 있는 생명체는 어떤 원소들로 이루어져 있는지 각각 세 가지 이상 써 보자.

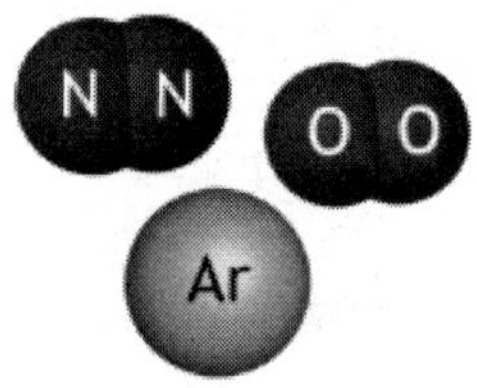

(2) 현재까지 알려진 원소는 100여 가지이지만 지구상에 존재하는 물질의 종류는 무수히 많다. 지구상에 존재하는 물질의 종류가 많은 이유는 무엇인지 설명해 보자.

| 문제 2 | 지구의 대기는 질소(N_2), 산소(O_2), 아르곤(Ar)과 같은 기체의 혼합물이다. 이 중 질소(N_2)와 산소(O_2)는 원자 2개가 결합한 분자 상태로 존재하지만, 아르곤은 원자 1개가 분자(Ar)인 일원자 분자로 존재한다.

(1) 아르곤 외에도 헬륨(He), 네온(Ne)과 같은 18족 원소는 안정하여 일원자 분자로 존재하며 다른 원소와 반응을 잘 하지 않는다. 다음의 원자 모형을 보고 18족 원소가 안정한 이유를 설명해 보자(힌트: 1~20번까지의 원소에서 첫 번째 전자껍질에는 전자가 2개까지, 나머지 전자껍질에는 전자가 최대 8개까지 들어갈 수 있다).

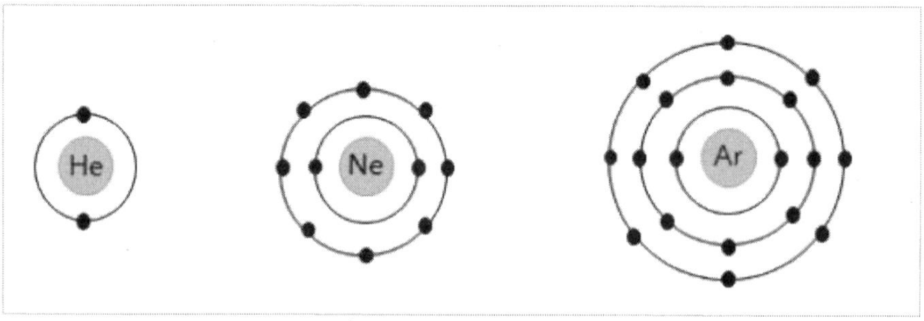

(2) 질소와 산소는 원자 2개가 결합해서 분자를 형성한다. 다음의 원자 모형에 질소와 산소의 전자 배치를 그려 보고, 18족 원소와는 달리 이들 원소가 결합을 하여 분자를 형성하는 이유를 설명해 보자.

질소	산소

| 문제 3 | 해수의 주요 성분은 물(H_2O)과 염화 나트륨(NaCl) 등으로, 물은 수소(H)와 산소(O), 염화 나트륨은 나트륨(Na)과 염소(Cl)가 결합해서 형성된다.

(1) 물을 구성하는 원소인 수소와 산소, 염화 나트륨을 구성하는 원소인 나트륨과 염소의 전자 배치를 다음의 원자 모형에 그려 보자.

수소	산소	나트륨	염소

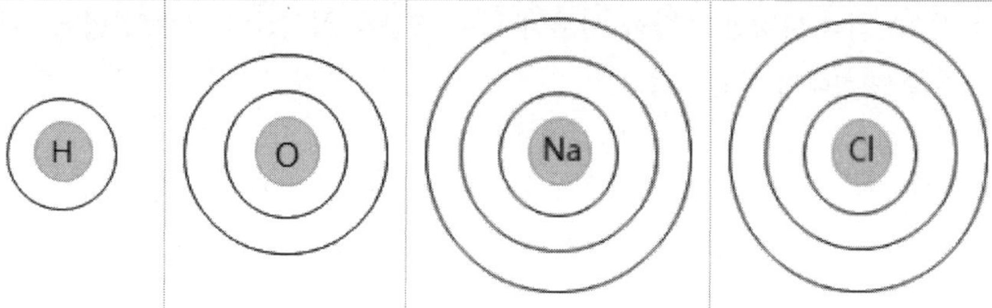

(2) 수소 원자 2개와 산소 원자 1개가 결합해서 물(H_2O)이 형성될 때 각각의 원자가 18족 원소와 같은 전자 배치를 이루기 위해서는 어떻게 해야 할지 설명해 보자.

(3) 수소와 산소의 원자 모형이 인쇄된 OHP 필름에 바둑돌을 올려놓아 물의 결합을 모형으로 표현해 보자. 이때 바둑돌은 전자를 나타낸다.

<준비물> 수소의 원자 모형(원자핵과 전자껍질 그림)이 인쇄된 OHP 필름 2장, 산소의 원자 모형이 인쇄된 OHP 필름 1장, 바둑돌

(4) 나트륨과 염소가 결합해서 염화 나트륨(NaCl)이 형성될 때 각각이 18족 원소와 같은 전자 배치를 이루기 위해서는 어떻게 해야 할지 설명해 보자.

(5) 나트륨과 염소의 원자 모형이 인쇄된 OHP 필름에 바둑돌을 올려놓아 염화 나트륨의 결합을 표현해 보자. 이때 바둑돌은 전자를 나타낸다.

<준비물> 나트륨의 원자 모형(원자핵과 전자껍질)이 인쇄된 OHP 필름 1장, 염소의 원자 모형이 인쇄된 OHP 필름 1장, 바둑돌

(6) 물(H_2O)에서 수소, 산소와 같은 비금속 원소 사이에 형성된 화학 결합은 염화 나트륨(NaCl)에서 나트륨, 염소와 같은 금속과 비금속 원소 사이에 형성된 결합과 어떻게 다른지 설명해 보자.

예시 답안 및 해설

| 문제 1 |

(1) 지각을 구성하는 주요 원소는 O, Si, Al, Fe, Ca, Na, K, Mg이고, 해수는 H, O, Cl, Na, Mg, S, Ca, 대기는 N, O, Ar, C, H 등이다. 생명체는 O, C, H, N, Ca, P 등으로 이루어져 있다.

(2) 원소들끼리 다양한 조합을 이루며 화학 결합을 형성하여 무수히 많은 종류의 물질을 형성하기 때문이다.

| 문제 2 |

(1) He은 첫 번째 전자껍질, Ne은 두 번째 전자껍질, Ar은 세 번째 전자껍질까지 전자가 모두 채워져 있다. 가장 바깥쪽의 전자껍질에 전자 8개가 모두 채워져 있어 (헬륨은 2개) 안정하다.

(2)

질소	산소
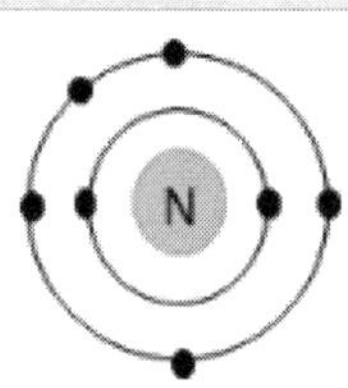	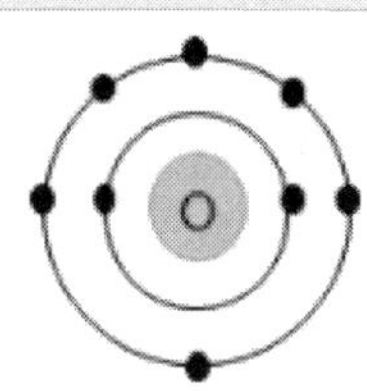

질소는 원자가 전자가 5개이고, 산소는 원자가 전자가 6개이다. 질소와 산소 원자는 다른 원자와의 결합을 통해 전자를 공유함으로써 18족과 같은 안정한 전자 배치를 이루게 된다.

| 문제 3 |

(1)

수소	산소	나트륨	염소
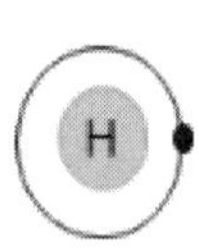	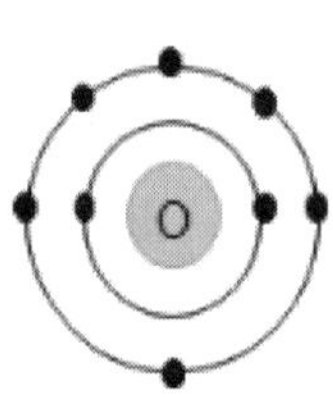	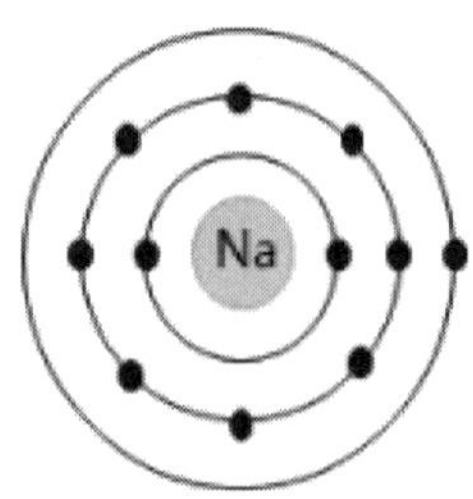	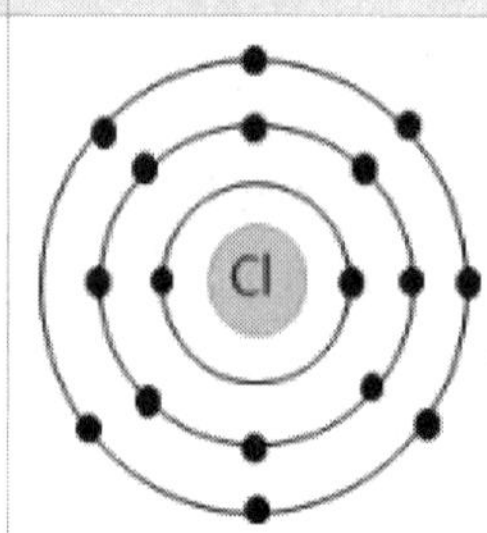

(2) 수소는 원자가 전자가 1개로 전자 1개를 얻으면 He과 같은 전자 배치를 이루어 안정해진다. 산소는 원자가 전자가 6개로 전자 2개를 얻으면 Ne과 같은 전자 배치를 이루어 안정해진다. 따라서 수소 원자 2개와 산소 원자 1개가 결합해서 물이 형성될 때 각 원자가 가지고 있던 전자를 한 개씩 내어 공유하면 18족과 같은 전자 배치를 이루어 안정해진다.

(3)

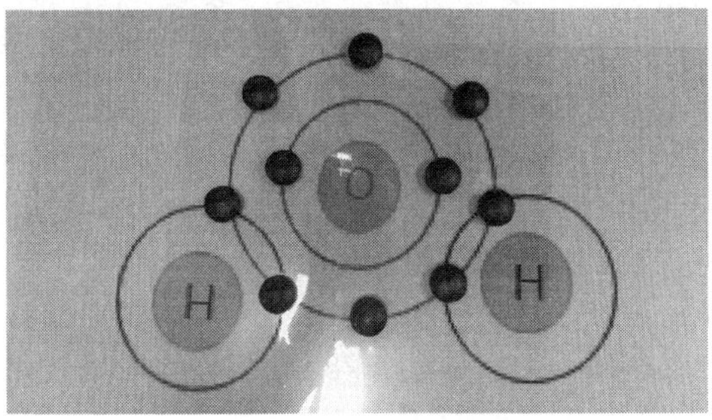

(4) 나트륨은 원자가 전자가 1개로, 전자 1개를 잃으면 Ne과 같은 전자 배치를 이루어 안정해진다. 염소는 원자가 전자가 7개로 전자 1개를 얻으면 Ar과 같은 전자 배치를 이루어 안정해진다. 따라서 나트륨과 염소가 만나면 나트륨 원자는 전자 1개를 염소 원자에 주어 나트륨 이온(Na^+)이 되고, 염소는 전자 1개를 얻어 염화 이온(Cl^-)이 되어 결합한다.

(5)

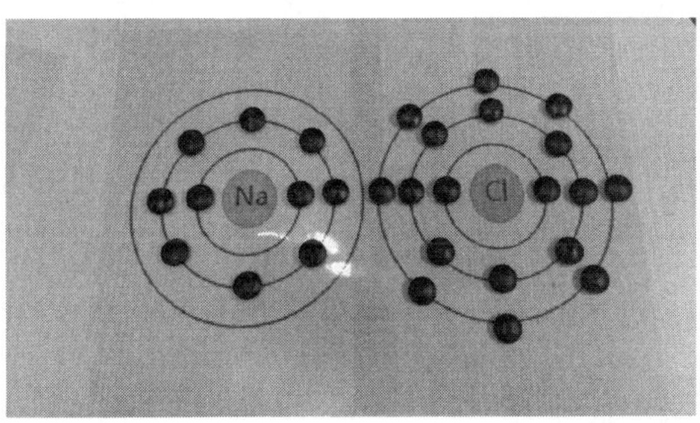

(6) 수소, 산소와 같은 비금속 원소는 전자를 얻기 쉬운 원소이다. 따라서 비금속 원소끼리 결합할 때에는 전자를 공유하는 결합(공유 결합)을 형성한다. 반면, 염화 나트륨과 같이 전자를 잃기 쉬운 금속 원소(나트륨)와 전자를 얻기 쉬운 비금속 원소(염소)가 결합할 때는 금속은 양이온, 비금속은 음이온이 되어 결합(이온 결합)을 형성한다.

채점 기준

평가요소	배점	채점 기준
| 문제 1 | 물질의 종류가 다양한 이유 설명하기	4	• 지각, 해수, 대기와 생명체를 이루는 원소의 종류를 각각 3가지 이상 열거할 수 있고, 이러한 원소들의 결합으로 다양한 물질이 생성됨을 설명할 수 있다.
	3	• 지각, 해수, 대기와 생명체를 이루는 원소 중 일부를 열거할 수 있고, 이러한 원소들의 결합으로 다양한 물질이 생성됨을 설명할 수 있다.
	2	• 원소들의 결합으로 다양한 물질이 생성됨을 설명할 수 있다.
	1	• 지구와 생명체를 구성하는 원소의 종류를 일부 나열할 수 있다.
	0	• 오답 또는 무응답
| 문제 2 | 원소들이 결합을 형성하는 이유 설명하기	4	• 18족 원소가 안정한 이유와 원소들이 결합을 형성하는 이유를 설명할 수 있다.
	2	• 18족 원소가 안정한 이유를 설명할 수 있다.
	0	• 오답 또는 무응답
| 문제 3 | 결합의 종류 추론하기	6	• 물과 염화 나트륨의 결합을 모형으로 표현하고, 원소들의 성질에 따라 형성되는 결합의 종류를 일반화할 수 있다.
	4	• 물과 염화 나트륨의 결합을 모형으로 표현할 수 있다.
	2	• 물과 염화 나트륨 중 한 가지 결합만 모형으로 표현할 수 있다.
	0	• 오답 또는 무응답
모둠별 의사소통하기 (과학적 의사소통 능력)	2	• 모둠원의 의견을 경청하고, 적극적으로 자신의 생각을 표현한다.
	1	• 모둠원과 의사소통하는 데 참여한다.

문항 해설

성취기준 및 문항 내용 관련 해설

이 문항은 교육과정 성취기준 '[10통과01-04] 지구와 생명체를 구성하는 주요 원소들이 결합을 형성하는 이유와 원소들의 성질에 따라 형성되는 결합의 종류를 추론할 수 있다.'에 해당한다. 평가준거 성취기준 [10통과01-04-00]은 교육과정 성취기준과 동일하다. 먼저 지구와 생명체를 구성하는 주요 원소들이 무엇인지 찾고, 원소들의 종류는 100여 가지로 한정되어 있지만, 지구상에 존재하는 물질의 종류가 무수히 많은 이유를 생각해서 화학 결합의 의미에 대해 설명하도록 했다. 다음으로 교육과정 성취기준 해설에서는 주요 원소들이 결합을 형성하는 이유를 안정성을 지닌 원소의 예로 설명하도록 했으므로 이를 평가하기 위해서 먼저 18족 원소가 안정한 이유를 전자 배치와 관련지어 설명하고, 다른 원소들은 왜 화학 결합을 이루는지에 대해 설명하도록 했다. 이를 바탕으로 물과 염화 나트륨이 형성되는 과정에서 18족 원소와 같은 안정한 전자 배치를 이룰 수 있는 방법에 대해 추론하고 결합의 형성 과정을 모형으로 표현할 수 있는지 알아보고자 했다. 마지막으로 원소의 성질에 따라 형성되는 결합의 종류를 모둠원 간의 토의를 통해 일반화하도록 했다.

평가기준 편관 해설

이 문항은 평가기준의 지구와 생명체를 구성하는 주요 원소들이 화학 결합을 형성하는 이유를 설명할 수 있고, 원소들의 성질에 따라 형성되는 결합의 종류를 추론해서 이를 모형으로 표현할 수 있는지를 평가하고자 했다. 따라서 학생들의 도달 정도는 지구와 생명체를 구성하는 주요 원소들을 찾아 이들이 화학 결합을 형성하는 이유를 설명할 수 있고, 원소들의 성질에 따라 형성되는 결합의 종류를 추론하여 모형으로 표현할 수 있는 경우 '상' 수준, 주요 원소들이 화학 결합을 형성하는 이유를 18족 원소의 안정성과 관련해서 설명할 수 있는 경우 '중' 수준, 원소들의 화학 결합으로 다양한 물질이 생성됨을 말할 수 있는 경우를 '하' 수준으로 설정했다.

교과 역량 관련 해설

이 문항과 관련된 과학 교과 역량은 '과학적 문제 해결력', '과학적 의사소통 능력'이다. '과학적 문제 해결력'은 지구와 생명체를 구성하는 주요 원소들을 찾고 지구상에 다양한 물질이 존재하는 이유를 설명하기, 원소들이 결합을 형성하는 이유를 18족 원소의 예로부터 찾아 설명하기, 결합의 종류를 추론하여 이를 일반화하기를 통해 평가한다. '의사소통 능력'은 문제를 해결하는 과정에서 다른 친구들의 생각을 경청하고 자신의 의견을 적극적으로 제시해서 보다 합리적인 결론을 도출하는 능력을 평가하며, 교사의 관찰 평가나 모둠별 동료 평가를 통해 이루어질 수 있다.

수업에서의 활용 방안

앞 단원에서 모든 물질은 원소들로 이루어져 있고, 원소들의 성질이 주기성을 나타내는 현상을 통해 자연의 규칙성을 찾아내는 수업을 했다. 또한 1 ~ 20번 원소의 전자 배치에 대해 학습하고, 동족 원소들이 유사한 성질을 나타내는 이유가 원자가 전자 수가 같기 때문임을 학습했다. 따라서 본 단원의 수업 초반에 수행평가 문항을 제시해서 지구와 생명체를 구성하는 원소들의 종류와 원소의 종류는 100여 가지뿐이지만 세상에 존재하는 물질의 종류가 다양한 이유를 모둠별로 토의해보도록 하고, 원소들이 결합을 형성하는 이유와 결합의 종류에 대해 추론하도록 하는 수업을 진행해도 학생들이 충분히 문제를 해결할 수 있을 것으로 판단된다. 결합의 종류를 추론하는 과정에서는 원자핵과 전자껍질이 그려져 있는 OHP 필름과 바둑돌을 준비해서 화학 결합을 모형으로 표현하도록 했는데, 이 활동은 상황에 따라 비즈 공예용 구슬과 끈과 같은 물품을 활용하거나 직접 종이 위에 모형을 그려보는 활동으로 대체해도 좋을 것이다.

연습문제

1. 전통적인 지필 평가의 대안으로 수행평가를 도입하게 된 필요성 및 의의를 설명하라.
2. 수행평가의 종류를 나열하고 각각에 대해 간단히 설명하라.
3. 1) 수행평가 문항의 제작에 앞서 성취기준을 세분화해야 하는 이유에 대해 서술하라.
   2) 평가기준의 개발이 교육 평가에서 가지는 의의를 서술하라.
4. 적합한 학년 및 학습 단원과 학습 주제를 정한 후 이에 대해서 서술형 수행평가 문항을 제작하라.
5. 적합한 학년 및 학습 단원과 학습 주제를 정한 후 이에 대해서 논술형 수행평가 문항을 제작하라.
6. 적합한 학년 및 학습 단원과 학습 주제를 정한 후 이에 대해서 포트폴리오형 수행평가 문항을 제작하라.

임용고사 기출문제

1. <자료 1>은 2015 개정 과학과 교육과정에 따른 '과학탐구실험'의 '지문 찾기'에 대한 교사의 학생 면담 내용의 일부이고, <자료 2>는 학생 면담 평가표의 일부이다. 작성 방법에 따라 서술하시오. [4점] (2021학년도)

자료 1

교사: 실험은 어땠나요?

학생: 닌하이드린 용액을 이용하여 지문을 검출한 실험은 매우 재미있었어요. 평소에 과학 수사물을 좋아해서 어떻게 지문을 검출하는지 정말 궁금했거든요.

교사: 그랬군요. 실험은 어떤 과정으로 진행했나요?

학생: 지문이 묻은 종이를 닌하이드린 에탄올 용액에 담갔다가 꺼낸 뒤 에탄올이 증발하도록 놓아두었어요. 그리고 종이가 마른 뒤에 지문이 찍힌 면을 다리미로 다려 나타나는 지문과 지문 카드를 대조했어요. ㉠ 대조한 것을 바탕으로 제 지문이 아치 모양인 궁상문 유형이라는 것을 알게 되었어요.

교사: 실험에서 닌하이드린 용액을 다룰 때 주의해야 할 점이 무엇인지 말해 보세요.

학생: 실험복과 보안경, 실험용 고무장갑을 착용했어요. 실험 중에는 95% 에탄올의 휘발성을 고려해서 (㉡). 실험 후에는 사용한 시약을 유기 용매 폐수통에 따로 버렸어요.

교사: 네, 시약 안전 유의 사항을 잘 지켰군요. 그런데 실험 활동을 관찰했는데 모둠장이 혼자서 실험을 수행하는 것 같았어요. 각 모둠원들이 실험에서 어떤 역할을 했나요?

학생: 모둠원들의 역할을 나누긴 했지만, 모둠장인 제가 혼자서 실험을 수행했어요.

자료 2

<table>
<tr><th colspan="2" rowspan="2">평가 요소</th><th rowspan="2">평가 준거</th><th colspan="2">평점</th></tr>
<tr><th>미충족</th><th>충족</th></tr>
<tr><td>기초탐구 과정</td><td>㉢</td><td>실험에서 얻은 자료를 바탕으로 새로운 사실을 이끌어 내었다.</td><td></td><td></td></tr>
<tr><td rowspan="2">과학적 태도 실험 안전</td><td>과학적 흥미와 호기심</td><td>현상에 대해 알고 싶어 하고 재미를 느낀다.</td><td></td><td></td></tr>
<tr><td>㉣ 협동성</td><td>역할을 나누고 서로 협력하여 활동을 한다</td><td></td><td></td></tr>
<tr><td>실험 안전</td><td>시약 취급 및 처리</td><td>시약에 대한 주의 사항
(성질과 다루는 방법)
을 알고 바르게 사용</td><td></td><td></td></tr>
</table>

작성 방법

- 〈자료 1〉의 ㉠에 근거하여 ㉢에 해당하는 평가 요소를 쓸 것.
- 〈자료 2〉의 시약 취급 및 처리를 고려하여 〈자료 1〉의 ㉡으로 적절한 내용을 쓸 것.
- 학생 면담 평가표의 평가 요소 ㉤을 평정하고, 그 근거를 〈자료 1〉에서 찾아 쓸 것.

2. <자료 1>은 2015 개정 과학과 교육과정의 목표이고, <자료 2>는 자유학기제 프로그램으로 화학 관련 연구소를 진로탐방한 후 학생이 작성한 소감문의 일부이다.

자료 1

가. 자연현상에 대한 호기심과 흥미를 갖고, 문제를 과학적으로 해결하려는 태도를 기른다.
나. 자연현상 및 일상생활의 문제를 과학적으로 탐구하는 능력을 기른다.
다. 자연현상을 탐구하여 과학의 핵심 개념을 이해한다.
라. (　　㉠　　)을/를 인식하고, 이를 바탕으로 민주 시민으로서의 소양을 기른다.
마. 과학 학습의 즐거움과 과학의 유용성을 인식하여 평생 학습 능력을 기른다.

자료 2

오늘은 친구들과 ㅇㅇ화학연구소를 방문했다. 우리를 친절하게 맞아주신 박사님과 인터뷰를 하면서 과학자들의 삶을 깊게 들여다 볼 수 있었다.

과학자가 되려면 대학원을 졸업해야 한다는 것은 어렴풋이 알고 있었다. 대학원에서는 지도교수님이나 선배들로부터 실험 방법이나 결과 분석 등을 배운다고 하셨다. 이렇게 연구한 내용은 학술대회에서 발표하거나 학술지에 게재한다고 하셨다.

연구소에서 과학 실험을 할 때에는 고가의 첨단 분석 장비와 비싼 시약을 사용하는 경우가 종종 있어, 연구비가 많이 필요하다고 하셨다. 연구비는 정부나 기업에서 제공하는데, 연구비를 받기 위한 경쟁이 심하다는 얘기도 하셨다. 박사님은 이렇게 받은 연구비로 우리나라의 발전에 필요한 성과를 내며 보람을 느낀다고 하셨다. 그리고 과학 실험을 하며 환경이나 안전 문제에도 신경을 많이 기울이고 있다고 하셨다.

㉡ <u>집으로 돌아와 그간 수행평가를 대비해 정리해 온 자료집을 펼쳤다. 과학 관련 신문기사 스크랩 뒤쪽에 연구소에서 받아온 홍보자료를 꽂아 두었다. 박사님과 함께 찍은 사진이랑 분석 장비 사진도 출력해서 함께 넣었다. 이제 이 소감문을 출력해서 제일 마지막에 꽂으면 된다. 자료집을 처음 만들기 시작할 때는 여러 직업에 대해 잘 몰랐지만, 이렇게 정리하며 비교해 보니 어른들이 하는 일을 더 잘 이해할 수 있어 뿌듯했다.</u>

… (하략) …

<자료 2>의 내용을 참고하여 <자료 1>의 ㉠과 관련되는 과학의 본성 1가지를 쓰시오. 또한, 수행평가의 방법 중에서 밑줄 친 ㉡처럼 학생이 만든

자료집을 가장 잘 평가할 수 있는 평가 방법을 쓰시오. [2점] (2020학년도)

3. <자료 1>은 교사 학습 공동체에 참여한 과학 교사의 대화이고, <자료 2>는 교사 A가 샤를 법칙을 주제로 계획한 교수·학습 활동이다.

자료 1

교사 A: 제가 지난주에 '과학과 핵심 역량'을 기를 수 있는 여러 가지 교수법에 관한 연수에 참여했는데요. '과학'에서는 기본 개념의 통합적인 이해와 탐구 경험을 통하여 학생들이 과학과 핵심 역량을 함양하도록 해야 한다고 합니다.

교사 B: 저도 그 연수에 참여했는데, 2015 개정 과학과 교육과정에서는 과학적 탐구 능력 함양을 위하여 교사 중심 확인 실험보다 (㉠) 실험을 강조하고 있다는 것을 알게 되었습니다.

교사 C: 저는 이렇게 (㉠)을/를 강조하는 과학 교육의 근거가 되는 학습 이론이 무엇인지 궁금하더라고요.

교사 D: 제 생각에는 브루너(J. Bruner)의 수업 이론에서 지식의 구조, 학습의 계열성, 강화와 함께 강조하고 있는 (㉡)의 중요성을 고려한 것 같아요.

교사 E: 맞아요. 오수벨(D. Ausubel)도 (㉡)과 유사한 의미로 학습 과제를 자신의 인지구조에 기꺼이 관련시키려는 태도 즉, 학습 태세를 강조하고 있어요.

교사 D: 그리고 ㉢ <u>학습자 스스로 지식을 구성하여 학습한다</u>는 구성주의 학습 이론에 근거하여 학생의 과학 탐구 경험을 강조하고 있는 것 같아요.

교사 A: 지난번 교사 학습 공동체 모임에서 함께 계획했던 '샤를 법칙' 수업은 교사 중심 확인 실험으로 구성된 것 같았어요. 그래서 제가 이것을 (㉠) 실험 수업으로 계획해 보았는데요. 적절하게 구성되었는지 오늘 선생님들과 함께 검토해 보면 좋겠습니다.

자료 2

단계	교수 · 학습 활동
(가)	• 교사는 다음의 시범 실험을 학생들에게 보여 준다. 학생들은 시범 실험을 관찰하고, 공통점과 차이점 및 궁금한 점을 이야기한다. ① 삼각 플라스크 입구에 부푼 고무풍선을 씌운 후 얼음물이 들어 있는 비커에 넣고 관찰한다. ② 삼각 플라스크 입구에 고무풍선을 씌운 후 뜨거운 물이 들어 있는 비커에 넣고 관찰한다. ③ 냉장고에서 쭈그러진 작은 페트병을 꺼내 밖에 몇 분 동안 둔 후 관찰한다.
(나)	• 교사는 온도에 따른 기체의 부피 변화를 알아볼 수 있는 실험 준비물과 실험 과정이 안내된 활동지를 학생들에게 나누어 준다.

자료 2

	• 학생들은 정해진 실험 과정에 따라 실험을 수행하고 실험 결과를 활동지에 기록하고 분석한다
(다)	• ( )
(라)	• 교사가 샤를 법칙으로 정리해 주고 분자 운동으로 설명해 준다. 학생들은 교사의 강의를 듣고 궁금한 점이 있으면 질문한다.

괄호 안의 ㉠, ㉡에 해당하는 적절한 용어를 순서대로 쓰시오. 교사 A가 ㉡을 강화하기 위하여 계획한 단계를 (가) ~ (라)에서 찾고, 그렇게 판단한 이유를 쓰시오. ㉠의 실험 수업이 되도록 (나)를 재구성하여 서술하시오. 재구성한 (나)와 (라)의 내용을 고려하여 ㉢의 구성주의 학습 이론이 반영된 (다)의 교수·학습 활동을 서술하시오. [4점] (2019학년도)

4. 다음은 2015 개정 과학과 교육과정에 따른 '통합과학'에서 교사가 계획한 [탐구 활동]과 [평가표]의 일부이다.

[탐구 활동]

• 목표
몇 가지 금속 원소의 공통점을 찾고 이를 활용하여 금속 원소를 구분할 수 있다.
• 유의 사항
- 보안경과 실험용 장갑을 착용한다.
- 금속을 물에 넣을 때 쌀알만 한 크기로 잘라 사용한다.
- 실험 뒷정리에서 (㉠).
• 과정
(가) 구리, 아연, 리튬, 나트륨을 유리판에 놓고 칼을 이용하여 단단한 정도를 비교한다.
(나) 증류수가 들어 있는 4개의 비커에 (가)의 4가지 금속을 각각 넣고 변화를 관찰한다.
• 결과 및 정리
(1) 실험 결과를 표로 정리하시오.
(2) 실험 결과를 바탕으로 4가지 금속 원소를 구분하는 기준을 2가지 쓰시오.

[평가표]

평가 요소		평가 기준
탐구기능	㉡	적절한 감각을 모두 활용하였는가?

		사물의 속성과 변화를 기술하였는가?
	자료 해석	© 금속을 구분하는 기준을 실험 결과에 근거하여 제안하였는가?

실험에서 사용한 재료의 특성을 고려하여 학생들에게 안내해야 하는 실험 안전에 관한 유의 사항 ㉠을 긍정문의 형태로 1가지를 쓰고, 기초 탐구 기능 중 ㉡에 해당하는 평가 요소를 쓰시오. 또한 ㉢에 해당하는 기준 2가지를 탐구 목표와 과정을 고려하여 쓰시오. [4점] (2018학년도)

5. 화학 교사는 '몰(mole)'의 정의 및 1몰의 입자수와 질량에 대한 수업을 계획하였다. 다음은 화학 교사의 [수업 준비 과정]이다.

[수업 준비 과정]

(가) '피아제 (J. Piaget)의 인지 발달 이론'에 근거한 '논리적 사고력 검사' 중 다음과 같은 유형의 문항으로 검사지를 구성하여 학생들의 학습 준비도를 조사하였다.

> 오렌지 4개로 오렌지 주스 6잔을 만들 수 있다. 오렌지 주스 12잔을 만들려고 하면, 오렌지 몇 개가 필요하겠는가? 그 이유를 설명하시오.

(나) 이 조사 결과에서 절반의 학생들이 '몰'을 학습하는 데 요구되는 사고 능력을 갖고 있지 않은 것으로 나타났다.

(다) 이에 화학 교사는 학생들에게 친숙한 비유를 선행조직자로 이용하는 수업을 준비하였다.

(가)에서 제시한 문항은 학생의 어떤 사고 능력을 평가하기 위한 것인지 쓰시오. 그리고 (나)의 상황을 해결하기 위해 화학 교사가 선행조직자를 선택할 때 고려해야 할 조건을 쓰시오. 또한, 그 조건에 따른 비유의 예시를 1가지 제시하고, 비유물과 목표 개념인 '몰'의 관계에서 서로 대응하는 속성들을 쓰시오. [4점] (2017학년도)

6. 다음은 김 교사가 진행한 [수업 과정]의 일부와 수업 중 토론 활동에서의 [두 학생의 발표 내용] 및 이에 관한 [채점표]이다.

[수업 과정]

(가) 도시 X에서 날씨가 좋은 어느 날 하루 동안의 일산화탄소(CO) 농도 변화에 관한 다음 자료를 학생들에게 제시한다.

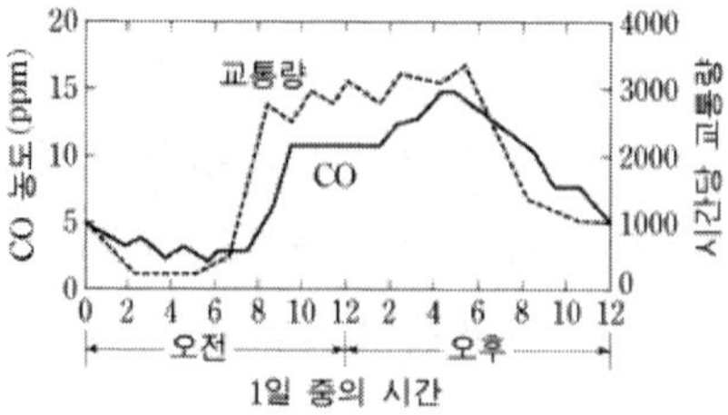

<그림 1> 도심에서의 CO 농도 및 교통량 변화

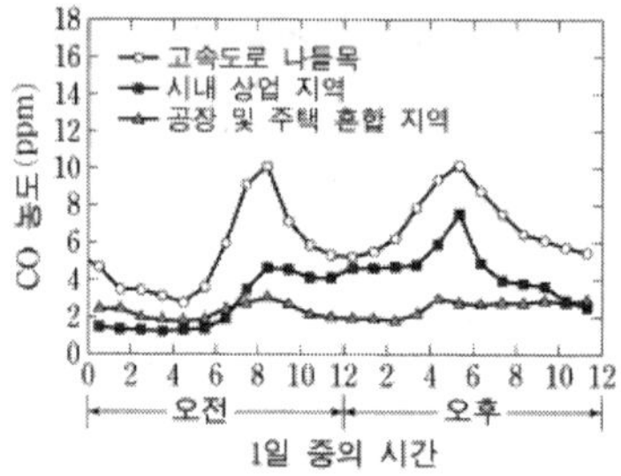

<그림 2> 지역별 CO 농도 변화

(나) 〈그림 1〉과 〈그림 2〉에 제시된 자료를 바탕으로, 기상 등 모든 조건이 동일한 다음 날 도시 X의 세 지역에서 일어날것으로 예상되는 현상들을 발표하고 토론한다. (단, 교통량을 제외하고 다른 요인이 CO 농도 변화에 미치는 영향은 고려하지 않는다.)

[두 학생의 발표 내용]

이름	도시 X에서 일어날 것으로 예상되는 현상
학생 A	세 지역 중 공장 및 주택 혼합 지역에서 하루 동안의 CO 농도 변화가 가장 적었다.
학생 B	B 고속도로 나들목에서의 교통량은 오후 5시경에 가장 많을 것이다.

[채점표]

평가 요소		채점 기준	평정 척도		
탐구 기능	예상	주어진 정보를 바탕으로 예상되는 현상을 바르게 제시하였는가?	우수	보통	미흡
	...	… (하략) …	우수	보통	미흡
태도	적극성	토론에 적극적으로 참여하였는가?	우수	보통	미흡
	...	… (하략) …	우수	보통	미흡

[채점표]와 같은 채점표 유형이 '총체적 채점표' 유형과 다른 점을 평가 요소와 채점 기준 측면에서 각각 서술하시오. 또한 평가 요소 중 '예상' 항목의 채점 기준에 비추어 **[두 학생의 발표 내용]**에서 <u>부족한</u> 점을 학생별로 각각 서술하시오. [4점] (2016학년도)

7. 다음은 중학교 1학년 '기체의 압력과 부피의 관계'에 대한 수업에서 학생이 작성한 활동지이다.

[학습 목표]

기체의 압력과 부피의 관계를 실험을 통해 알아보고, ㉠ <u>분자 모형을 이용하여 설명할 수 있다.</u>

[탐구 과정]

(가) 공기가 들어 있고 압력계에 연결된 주사기의 피스톤을 조금씩 누르면서 주사기 안의 기체의 압력과 부피를 측정한다.

(나) 측정 결과를 표와 그래프로 나타낸다.

(다) 〈분자 모형〉을 보고 기체의 압력과 부피의 관계를 설명한다.

<분자 모형>

[탐구 결과]

〈기체의 압력과 부피에 대한 표〉

주사기 안의 기체 압력(기압)	1.0	2.0	2.5	3.5	4.0
주사기 안의 기체 부피(mL)	100	50	40	28	35

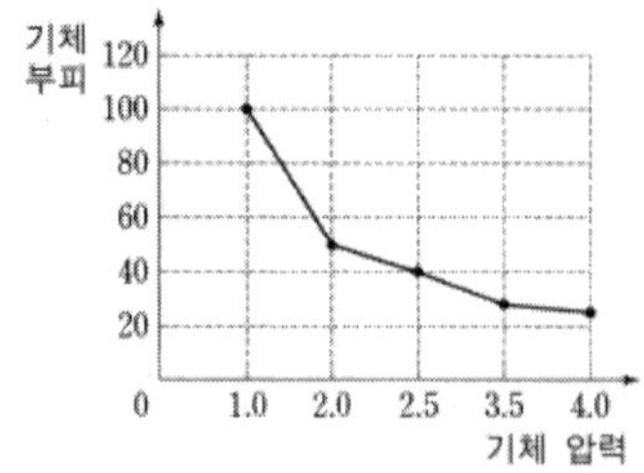

<기체의 압력과 부피에 대한 그래프>

[탐구 결과 해석]

기체의 압력과 부피는 반비례 관계에 있다. 그 이유를 분자 모형으로 설명해 보면, ㉡ 기체 분자의 모양은 구형이며, 일정한 온도에서 밀폐된 용기 안의 기체를 압축할 때 용기 안에 있는 기체 분자의 수와 크기는 변하지 않으나 기체 분자가 운동할 수 있는 공간이 줄어들어 기체 분자가 더 빠르게 운동하게 되고, 이로 인해 기체 분자가 용기의 벽에 부딪히는 횟수가 많아지기 때문이다.

학생이 작성한 그래프에서 잘못된 내용을 2가지만 쓰시오. 그리고 ㉠의 내용에 비추어 ㉡에서 잘못된 내용 2가지와 그 이유를 각각 서술하시오. [5점] (2015학년도)

8. 다음은 '물질의 녹는점'에 대한 실험 수행 과제와 이에 대한 <평가 기준표>이다.

[실험 목표]

녹는점은 물질에 따라 다르고, 같은 물질인 경우에는 양과 관계없이 일정하다는 것을 실험을 통해 확인할 수 있다.

[준비물]

로르산, 팔미트산, 비커, 시험관, 온도계, 스탠드, 집게, 삼발이, 쇠그물, 고무마개, 초시계, 알코올 램프, 윗접시 저울, 보안경, 장갑 등

[실험 과정]
로르산, 팔미트산을 녹이는 과정의 온도 변화를 관찰한다.
… (하략) …

평가 기준표

평가 요소	평가 기준
변인 통제	㉠
자료 변환	로르산, 팔미트산을 녹이는 과정의 온도 변화를 기록한 표의 자료를 그래프로 적절하게 그렸는가?
㉡	'로르산과 팔미트산의 녹는점은 서로 다르고, 각 물질의 녹는점은 양과 관계 없이 일정하다'고 진술하였는가?

이 <평가 기준표>의 ㉠에 적절한 평가 기준을 제시하고, ㉡에 들어갈 평가 요소를 쓰시오. [3점] (2014학년도)

9. 다음은 김 교사가 수소 원자 스펙트럼에 대하여 진행한 수업에서 학생이 작성한 활동지의 일부이다. [25점] (2013학년도)

[학습 목표]
수소 원자 스펙트럼을 해석하여 원자의 구조를 설명할 수 있다.

[준비물]
검은색 두꺼운 종이, 회절격자 필름, 슬릿, 테이프, 수소 방전관, 전원 장치, 모눈종이, 눈금자, 가위

[실험 과정]
(가) 검은색 두꺼운 종이를 원통형 모양으로 만든 후,슬릿과 회절격자 필름을 붙여 간이 분광기를 만든다.

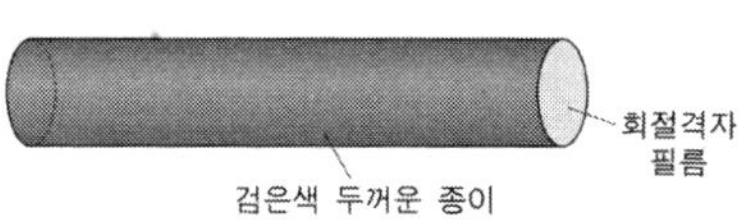

(나) 절대온도 A에서 수소 방전관의 수소를 방전시킨다.
(다) 방전되는 빛을 간이 분광기로 관찰하고 모눈종이 위에 스펙트럼의 위치와 색깔을 표시한다.

(라) 다음 식을 이용하여 (다)에서 관찰한 수소 원자 스펙트럼과 원자의 구조를 해석한다.

- $T_n = \frac{R_H}{n^2}$ T_n은 주양자수 n에 따른 파수이며, R_H는 뤼드베리 상수(cm^{-1})이다.
- $\frac{N_i}{N_J} = e^{-(E_i - E_j)/kT}$ k는 볼츠만 상수이고, T는 절대온도이다

(마) (다)에서 얻은 스펙트럼과 고성능 분광기로 얻은 스펙트럼을 비교한다.
(바) 실험 결과를 바탕으로 수소 원자의 구조에 대하여 조별 토의한다.

[실험 결과]

- 간이 분광기로 얻은 수소 원자 스펙트럼

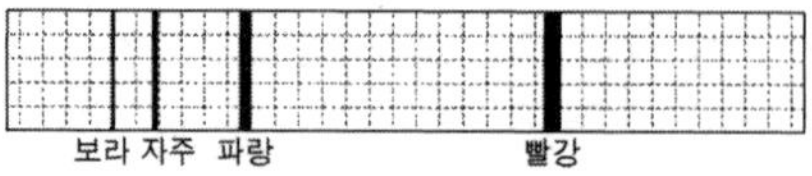

- 고성능 분광기로 얻은 수소 원자 스펙트럼

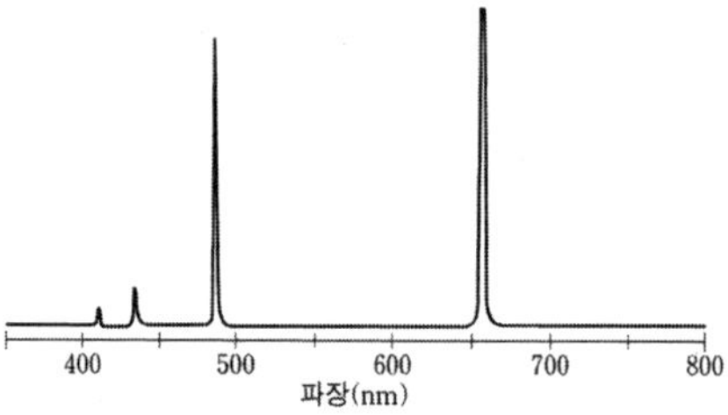

[결과 해석]

- 이 실험에서 얻은 수소 원자 스펙트럼은 발머 계열에 해당된다.

… (생략)…

10. 다음은 김 교사의 수업에 대한 평가 회의에서 두 교사가 대화한 내용이다.

박 교사: 선생님은 어떤 측면에 중점을 두고 이 수업을 진행하셨나요?
김 교사: 저는 학생들이 조원들끼리 협동하여 간이 분광기를 잘 만드는지, 그것을 가지고 수소 원자 스펙트럼을 올바르게 관찰하고 기록하며 해석하는지에 중점을 두고 순회 지도했어요.

… (중략)…

박 교사: 그러면 수소 원자 스펙트럼과 원자의 구조에 대한 학생들의 지식 수준, 학습 내용 이해 정도, 과학 탐구 능력 등의 요소들을 평가하셨나요?
김 교사: 그 요소들을 평가하지 않았어요. 수업이 끝난 후에 시험을 별도로 볼 수 있는 시간이 없어서요. 그리고 앞서 말했듯이 간이 분광기를 활용한 탐구 활동에 중점을 두고 수업을 준비하느라 평가 문제를 낼 시간도 없었어요.

박 교사: 제가 보기에는 선생님이 수업 중간에 적어도 3가지 평가 방법을 사용하여 그 요소들을 평가했다고 생각해요. 예를 들어, 순회하면서 (㉠) 등과 같은 평가 방법을 사용하여 평가를 실시하였고, 그 결과를 통해 이후 교수 행동이나 수업 진행 방법을 결정하셨거든요.

김 교사: 글쎄요. 수업 이 끝난 후에 그 요소들에 대한 학생 수준을 평가하는 지필 시험을 일괄적으로 실시하지도 않았는데, 과연 평가를 실시했다고 할 수 있을까요?

이 대화를 읽고 평가 목적에 대한 두 교사의 관점을 비교·설명하시오. 또한, ㉠에 들어갈 수 있는 평가 방법을 3가지만 제시하고, 그 구체적인 적용 사례를 각각 위 활동지와 교사 대화 내용에 제한하여 설명하시오. [10점] (2013학년도)

11. 다음은 공기의 무게에 대한 대안 개념과 유형과 김 교사가 지도하는 학생들의 선개념을 알아보기 위해 만든 검사 문항이다.

[대안 개념 유형]

- 공기는 무게가 없다.
- ㉠ <u>공기는 음(negative)의 무게를 가진다.</u>
- 공기는 중력 방향으로 작용하는 무게가 있다.
- ㉡ <u>공기뿐만 아니라 모든 물질의 무게를 부피와 연관지어 생각하기 때문에 무게와 부피를 동일시한다.</u>

[김 교사의 검사 문항]

그림과 같이 수형을 이루고 있는 윗접시 저울에 공기통 A와 B를 올려놓으면 어떻게 될까요?(다른 공기통 A보다 B에 더 많은 공기가 들어 있으며, 공기가 들어있는 두 통의 부피는 같고, 공기통 자체의 무게도 같다.)

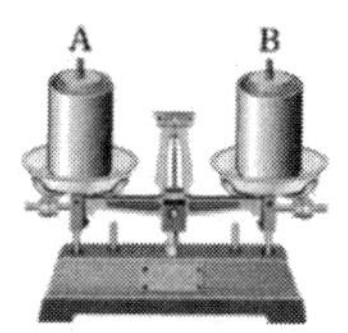

(가) A 쪽이 내려간다.
(나) B 쪽이 내려간다
(다) 변화가 없다.

이에 대한 설명으로 옳은 것만을 <보기>에서 있는 대로 고른 것은? (2012학년도)

보기

ㄱ. 대안 개념을 조사하는 활동은 개념 변화를 위한 수업에 필요하다.
ㄴ. (나)를 답으로 선택한 학생은 ㉠과 같이 인식하고 있는 학생으로 판단된다.
ㄷ. ㉡과 같이 인식하고 있는 학생은 무게가 같은 속이 찬 알루미늄구와 강철구를 보여 주었을 때 알루미늄구가 더 무겁다고 응답한다.

참고문헌

강순희(2001). 중학교 과학 1 탐구 실험서 및 지도서-제7차 교육과정 중학교 탐구 실험 및 실험 수행 평가. 자유아카데미.

교육부(1998). 제7차 과학과 교육과정(제7차 교육과정 교육부 고시 제1997-15호[별책 9]). 대한교과서주식회사.

교육부(2015). 2015 개정 교육과정 총론. 교육부 고시 제 2015-74호[별책 1].

교육부(2015). 과학과 교육과정.

교육부(2016). 학교생활 기록 작성 및 관리 지침(교육부 훈령 195호). 교육부(2016. 4. 5.).

교육부(2018). 나이스와 연계한 교사별 과정 중심 평가 기록 방법 개선 연구. 교육부 정책 연구.

교육부, 한국교육과정평가원(2017). 과정을 중시하는 수행평가, 어떻게 할까요? - 중등. 연구자료 ORM 2017-19-1.

김순남(2020). 과정 중심 평가 개념 분석 및 적용 방안 탐색. 교육문화연구, 26(5), 317-334.

김찬종, 김진규, 임행(2001). 과학과 수행평가의 이해와 활용. 경문사.

김찬종, 채동현, 임채성(1999). 과학교육학 개론. 북스힐.

김현경, 이미경, 안유민, 박현주, 안종제, 강현식, 조성이, 정주혜, 김연귀, 김승환(2018). 2015 개정 교육과정에 따른 고등학교 과학과(진로 선택 과목) 평가기준 개발 연구. 한국교육과정평가원 연구보고 CRC 2018-10.

김현경, 이미경, 이재봉, 이신영, 이양락, 곽영순, 신영준, 김재우, 박상희, 김경은 황인신, 김경화, 김승환(2016). 2015 개정 교육과정에 따른 초 · 중학교 과학과 평가기준 개발 연구. 한국교육과정평가원 연구보고 CRC 2016-2-7.

김현경, 이미경, 이재봉, 이신영, 이양락, 신영준, 안종제, 이세연, 조성연, 지재화, 정주혜, 임혁, 박창웅, 고선영, 김승환(2017). 2015 개정 교육과정에 따른 고등학교 과학과 평가기준 개발 연구. 한국교육과정평가원 연구보고 CRC 2017-5-7.

노태희, 최용남(1996). 성역할이 관점에서 조사한 과학자와 자신에 대한 이미지의 격차 및 과학 관련 태도와의 관계성 조사. 한국과학교육학회지, 16(3), 286-294.
박도순(1995). 연구의 최근 동향과 수행평가의 문제. 교육진흥, 27. 중앙교육진흥연구소.
반재천, 김선, 박정, 김희경, 이해선(2017). 2015 개정 교육과정에 따른 교사별 과정중심 평가 활성화를 위한 학생평가 모형 개발 연구. 교육부 정책연구보고서.
백순근 편(1999). 중학교 각 교과별 수행평가의 이론과 실제. 원미사.
백순근, 소경희, 김광주(1998). 국가 교육과정에 근거한 평가 기준 및 도구 개발 연구: 총론(연구보고 RRE 98-3-1). 한국교육과정평가원.
성태제(1998a). 교육평가 방법의 변화와 결과타당도. 교육학연구, 37(1), 197-218.
성태제(1998b). 학업성취도 평가를 수행평가의 과제와 전망. 1998 한국응용언어학회 겨울 학술대회 발표 논문집: 언어 수행평가의 과제와 전망. 한국 응용언어학회.
성태제(2010). 현대교육평가. 학지사.
신혜진, 안소연, 김유원(2017). 과정중심 평가 활용의 정책적 분석. 교육과정평가연구, 20(2), 135-162.
이경화, 강현영, 고은성, 이동환, 신보미, 이환철, 김선희(2016). 과정중심 평가의 실행을 위한 방향 탐색. 수학교육학연구, 26(4), 819-834.
이순형, 이영미(1997). 청소년의 가치지향과 생활만족의 관계: 집합주의, 개인주의, 가족주의와 물질주의 가치를 중심으로. 청소년학연구, 4, 1-24.
조앤 L. 허만, 파멜라 R. 아쉬바셔, 린 워더스 저, 김경자 역(2000). 수행평가 과제 제작의 원리와 실제. 이화여자대학교 출판부.
조희형(1998). 과학교육의 이론적 배경과 그 시사점. 한국과학교육학회지, 18(2), 183-200.
조희형, 박승재 편(1995). 과학학습지도: 계획과 방법. 교육과학사.
조희형, 최경희(2000). 과학 교수-학습과 수행평가. 교육과학사.
최연희, 권오남, 성태제(1998). 중학교 영어·수학 교과에서의 열린 교육을 위한 수행평가 적용 및 효과 연구(교육부 초등교육정책과 열린 교육 연구 보고서). 이화여자대학교 사범대학.
하혜진(2015). 학생의 배움과 성장을 돕는 과정중심 평가. 부산교육청 성취평가담당자연수자료.
한국교육학회 교육평가연구회(1994). 교육 측정 · 평가 · 연구 · 통계 용어사전. 중앙교육진흥연구소.
허명(1993). 초, 중, 고 학생의 과학 및 과학교과에 대한 태도 조사 연구. 한국과학교육학회지, 13(3), 334-340.
황정규(1998). 학교 학습과 평가. 교육과학사.
황정규, 서민원, 최종근, 김민성, 양명희, 김재철, 강태훈, 이대식, 김준엽, 신종호, 박인우,

김동일(2011). 교육평가의 이해. 학지사.
Asher. C.(1990). Can performance-based assessment improve urban schooling? (ERIC Document Reproduction Service No. ED 327612).
Baron. M. A.. & Boschee. F. B.(1995). Authentic assessment: The key to unlocking student success. Pennsylvania: Technomic.
Billeh. V. Y.. & Zakhariades. G. A.(1975). The Development and Application of a Scale for Measuring Scientific Attitudes. Science Education. 59(2). 155-165.
Black. P.. & Wiliam. D.(2009). "Developing the theory of formative assessment. Educational Assessment". Evaluation and Accountability 21. 5-31.
Bloom. B. S.(1956). Taxonomy of educational objectives. Volume 1: cognitive Domain. New York: McKay.
Bloom. B. S.(1976). Human characteristics and school learning. McGraw-Hill.
Chiappetta. E. L.. Koballa. T. R.. & Collette. A. T.(1998). Science instruction in the middle and secondary schools(4th ed.). Upper Saddle River. New Jersey: Merill.
Cronbach. L. J.(1960). Essentials of Psychological testin(2nd ed.). NY: Harper & Row.
Doran. R.. Chan. F.. & Tamir. P.(1998). Science educator's guide to assessment. Arlington. Virginia: National Science Teachers Association(NSTA).
Dreyfus. A.. Jungwirth. E.. &Eliovitch. R.(1990). Applying the "cognitive conflict" strategy for conceptual change-some implications. difficulties. and problems. Science education. 74(5). 555-569.
Ebel. R.L. & Frisbie. D.A.(1991). Essentials of Educational Measurement. Prentice Hall. Englewood Cliffs. NJ.
Ebenezer. J. V.. & Haggerty. S. M.(1999). Becoming a secondary school science teacher. Upper Saddle River. New Jersey: Merill.
Elliott. S. N.(1995). Creating Meaningful Performance Assessment. (ERIC Document Reproduction Service No. ED 381985).
Fishbein. M.. Jaccard. J.. Davidson. A. R.. Ajzen. I.. &Loken. B.(1980). Predicting and understanding family planning behaviors. In Understanding attitudes and predicting social behavior. Prentice Hall.
Gronlund. N.(1985). Measurement and Evaluation in Teaching. NY: MacMillan.
Haertel. E.(1992). Performance measurement. in Alkin. M.(Ed.). Encyclopedia of Educational Reasearch(6th ed.). London: Macmillan Publishing.
Hein. G. E.. & Price. S.(1994). Active assessment for active science. Portsmouth. NH: Heinemann.

Herman, J. L., Aschbacher, P. R., & Winters, L.(1992). A practical guide to alternative assessment. Alexandria: ASCD Publishers.

Hibbard, K. M.(2000). Performance-based learning and assessment in middle school science. Larchmont, NY: Eye On Education.

Kerlinger, F. N.(1973). Review of research in education. F. E. Peacock.

Klopfer, L. E.(1971). Evaluation of learning science. In B.S. Bloom, J.T. Hasting, & C.F.

Linn, R. L. & Gronlund, N. E.(1995). Measurement and Assessment in Teaching(7th ed.). Upper Saddle River, NY: Prentice Hall.

Madaus, (Eds). Handbook on formative and summative evaluation of student learning(559-641). McGraw-Hill: New York.

Mathematical Sciences Education Board of the National Research Council(MSEBNRC).(1993). Measure Up: Prototypes for Mathematical Assessment. Washington, DC: National Academy Press.

McMillan, J. H.(1997). Classroom Assessment. MA: Allyn & Bacon.

McTighe, J., & Ferrara, S.(1994). Assessing Learning in the Classroom. Washington DC: National Education Association.

Mehrens, W.(1992). Using performance assessment for accdountability purposes. Educational Measurement: Issues and Practice, Spring.

Messick, S.(1979). Test validity and the ethics of assessment. ETS Research Report Series, 1979(1), i-43.

Office of Technology Assessment(OTA). (1992). Testing in American Schools: Asking the Right Questions. Congress of the United States.

Ruiz-Primo, M. A., & Shavelson, R. J.(1996). Rhetoric and reality in science assessment: An update. Journal of research in science teaching, 33(10), 1045-1063.

Shepard, L.(2005). "Linking formative assessment to scaffolding". Educational Leadership 63(3), 66-71.

Stiggins, R., & Bridgeford, N.(1982). The role of performance assessment in day to day classroom assessment and evaluation. paper presented at the NCME conference, March, New York.

Torrance, H. & Pryor J.(1998). Investigating Formative Assessment: Teaching, Learning and Assessment in the Classroom. Buckingham: Open University Press.

TYLER, L.(1973). Measuring Human Behavior: Tools for the Assessment of Social Functioning. Psyccritiques, 18(11).

Tyler, R. W.(1949). Basic principles of curriculum and instruction. Chicago: University of Chicago Press.

Wiggins, G.(1993). Assessment: Authenticity, Context, and Validity. Phi Delta Kappan, 75(3), 202–214.

Wiggins, G.(1998). Educative Assessment. Designing Assessments To Inform and Improve Student Performance, Jossey-Bass Publishers, 350 Sansome Street, San Francisco, CA 94104.

키워드

Bloom, Klopfer, 과정중심 평가, 관찰 보고서, 관찰 척도, 교사 평가, 규준 참조 평가, 논술형, 동료 평가, 리커트 척도, 서술형, 서스톤 척도, 수행평가, 수행평가의 문항 개발, 수행평가의 실례, 신뢰도, 실험 보고서, 의미 분석법, 자기 평가, 정의적 목표, 정의적 영역, 정의적 특성, 준거 참조 평가, 지식 영역의 평가, 진단 평가, 총괄 평가, 타당도, 탐구 영역의 평가, 평정법, 토론법, 포트폴리오, 형성 평가, 화학 학습 태도.

저자 소개

남정희 부산대학교 화학교육과 교수
김현경 전북대학교 과학교육학부 교수
김현정 공주대학교 화학교육과 교수
박종석 경북대학교 화학교육과 교수
박현주 조선대학교 화학교육과 교수
백성혜 한국교원대학교 화학교육과 교수
유선아 한국교원대학교 화학교육과 교수
윤희숙 강원대학교 과학교육학부 교수
최애란 이화여자대학교 과학교육과 교수
최원호 순천대학교 화학교육과 교수

화학 교재 연구 및 지도 제5판

저 자 남정희 · 김현경 · 김현정 · 박종석 · 박현주
백성혜 · 유선아 · 윤희숙 · 최애란 · 최원호
발 행 인 김지영
발 행 처 자유아카데미
주 소 경기도 파주시 회동길 37-42
파주출판도시
전 화 031-955-1321
팩 스 031-955-1322
홈페이지 www.freeaca.com
전자우편 main@freeaca.com (대표)
editor@freeaca.com (편집)
crm@freeaca.com (영업)
등 록 제406-2003-017호, 1980. 7. 12
제5판1쇄 2021년 8월 31일 발행
정 가 36,000원

저자와의
협의하에
인지생략

ISBN 979-11-5808-319-9 93430